广 州 美 术 学 院 学 术 著 作 出 版 基 金 资 助

# 产品设计符号学

张剑◎著

# The Semiotics of Product Design

上海人民美術出版社

谨以此书献给我的父母

# 目录

# 目录

# 目录

# 目录

# 导语

本书以结构主义产品设计为中心，以使用者认知方式为基础，以产品文本意义的有效性传递为目的，按照“设计师—产品文本—使用群”的产品文本传递过程作为研究框架与编写顺序，依赖符号学及认知理论，分别对产品设计符号学理论层面的基础构建、产品设计系统的构建、产品认知语言的来源、产品修辞格的分类方式及文本编写、典型结构主义无意识设计系统方法的符形分析、产品文本的解读及文化环境对解读的影响等诸多问题展开贯通式的讨论。

## （一）产品设计符号学的研究范式

### 1. 本书采用“符号学”与“产品设计”综合的结合模式

目前国内“符号学”与“产品设计”结合的研究方式主要有两种模式、五个方向（详见1.4）。

第一种模式是符号学基础理论与产品设计整体系统的结合，实质是符号学基础理论超大文本对产品设计超大文本的解析，可分为“产品设计符号学系统理论”与“产品设计符号学方法理论”两个方向。前一个方向是符号学基础理论对产品设计整体系统的解析结果，形成较为完整且成体系的产品设计符号学系统理论。它不但作为完整的系统理论独立存在，同时为产品设计的符形学、符义学、符用学提供理论基础。后一个方向是符号学基础理论对产品设计领域各类设计方法做出较为实用主义的解析，形成可以指导符形学、符义学、符用学研究的方法基础。

第二种模式是查尔斯・莫里斯（Charles Morris）在皮尔斯符号学的基础上，将符号学领域按照符号的活动内容划分为符义学（Semantics）、符形学（Syntactics）、符用学（Pragmatics）

三个方向。这三个方向与产品设计的结合分别形成产品语义学、产品符形学、产品符用学。

本书兼顾了两种研究模式与五个方向。首先，笔者结合了“产品设计符号学系统理论”与“产品设计符号学方法理论”，以系统化的方式构建了以结构主义产品设计为核心的符号学体系，力求不只是理论性的陈述，而是以“产品设计符号学方法理论”作为指导帮助读者在设计实践中运用系统性思维的工具。其次，书中运用了符义学作为理论基础，以解释产品文本意义在社会文化规约中的重要性，并利用符形学的图式表达方式来直观有效地呈现产品设计的结构规则和编写原理，为构建产品设计符号学体系提供了必要的视觉化工具。符形学图式的运用让抽象思维活动以具象方式展现，为产品设计实践提供了直观且系统化的指导。

### 2. “产品设计符号学”是以使用者认知为基础的认知符号学

符号学自身就建立在认知的基础上。产品设计符号学以使用者的认知作为讨论的基础，这与当今符号学界的认识是一致的。以使用者的认知作为索绪尔与皮尔斯两种符号学模式在产品设计活动中进行交叉合作的统摄，其目的是进行结构主义产品设计活动文本意义的有效传递。

国内设计院校大多将索绪尔的语言符号学内容直接导入产品设计符号学中，导致符号学基础理论仅仅停留在语言研究的范畴内，很难对产品设计系统进行全面有效的解释。

产品设计是跨语言学的应用学科，因此语言的概念必须在认知领域内被泛化。凡是依赖人类的认知内容，表达并传递思想的交流方式以及途径，都应该被称为语言。如果文字语言与产品语言在认知领域需要获得一致性的讨论，那么必须厘清两者在认知过程中的差异，以及两者在产品设计活动中存在的关联，这样才能有效地利用语言的思维模式，同时避免产品设计符号学研究中的语言中心论。

产品语言是一种以使用者为认知主体，以产品为认知载体的符号化认知语言。产品语言来源于使用者与产品间知觉、经验、符号感知三种完整的认知方式，三种认知方式之间的关系是：使用者与产品间的直接与间接知觉是他们对产品的经验来源，日积月累的产品经验成为集体无意识中产品原型的基础，产品的符号感知则是每一次集体无意识原型在经验实践中的意义解释。这是使用者对产品从低级到高级的完整认知过程。三种认知方式的内容可以形成设计师产品文本编写的三种符号来源（图1）。

产品设计活动不可能脱离，也不可能完全依赖文字语言。胡壮麟在认知语言学研究中提

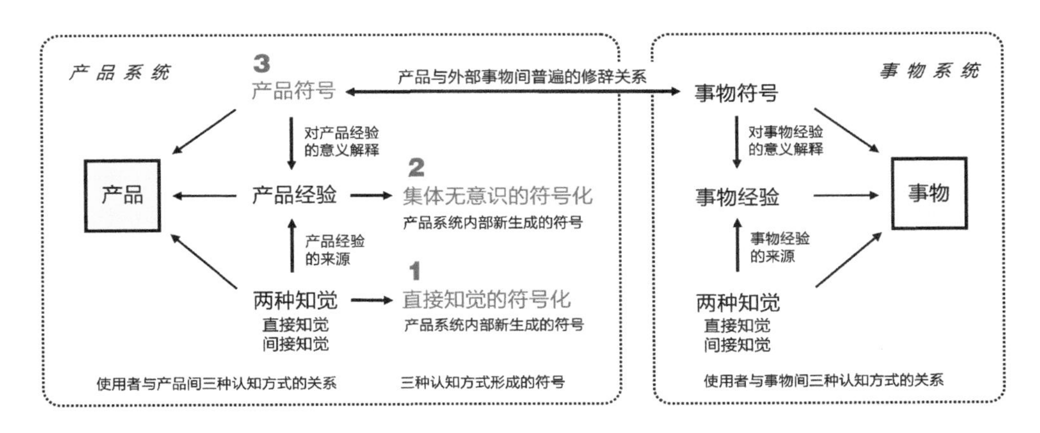


**图 1　使用者与产品间三种认知方式形成的符号**

出的“语言—认知互动论”为产品设计符号学提供了以使用者与产品间知觉、经验、符号感知三种完整认知方式为基础的“产品语言”研究方向。

### 3. 产品修辞是认知方式形成的“认知修辞”

产品设计是普遍的修辞，是设计师以产品文本外的外部事物的一个文化符号对产品文本内相关符号进行修辞解释的过程。乔治·莱考夫（George Lakoff）与马克·约翰逊（Mark Johnson）在 1980 年出版的《我们赖以生存的隐喻》一书，标志着修辞研究进入了认知领域研究的新时代。两位作者认为，修辞不仅是传统意义上的语言修辞手段，而且是一种思维、经验和认知行为方式，修辞是人类认识和表达世界经验的一种普遍方式。

本书以莱考夫提出的理想化认知模型的四类认知模式、认知域、修辞两造映射的范围与映射方式，以及罗曼·雅柯布森（Roman Jakobson）“组合—转喻”与“聚合—隐喻”两大表意倾向为基础对产品修辞格进行细分。这使得产品修辞回到认知语言学的符号文本结构层面，不再受传统语言修辞研究方式、分类方式的干扰束缚。产品修辞活动在组织编写的过程中，可视为通过两造符号指称间映射方式，达成事物与产品间两个系统局部概念的替代（提喻、转喻）或交换（明喻、隐喻）。因此准确来讲，产品修辞应是使用者对产品的“认知修辞”。

各种产品修辞格对经验完形的认知机制都有不同程度的依赖。并且，在讨论无意识设计系统方法的过程中，完形认知机制贯穿章节中的各个部分。

## （二）本书的研究框架

本书以结构主义产品设计为中心，以产品文本意义的有效性传递为目的，按照“设计师—产品文本—使用群”的产品文本传递过程作为全书的研究框架与编写顺序。因此，本书的研究框架可以分为三大部分（图2）。

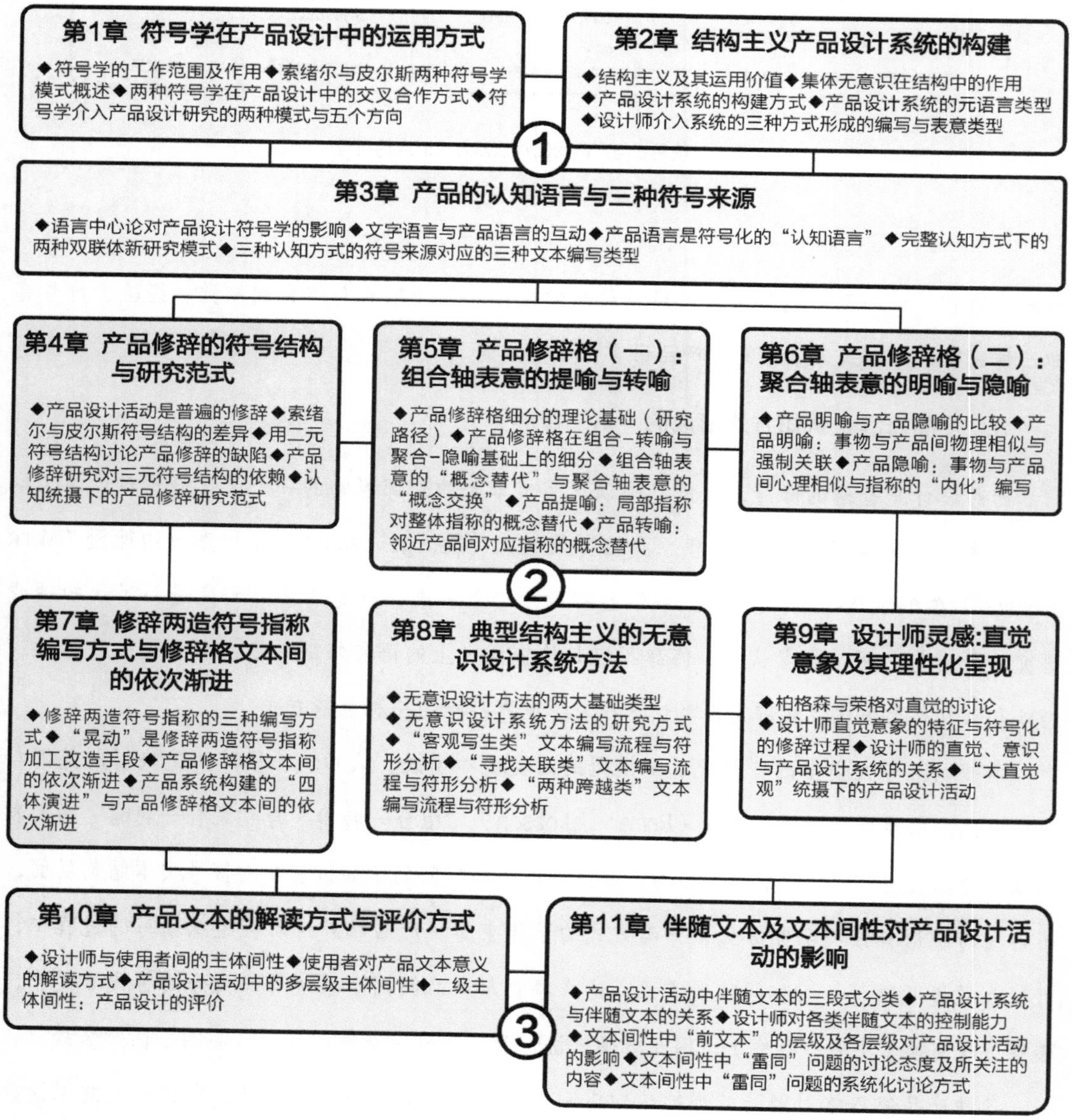

**第1章　符号学在产品设计中的运用方式**

◆符号学的工作范围及作用◆索绪尔与皮尔斯两种符号学模式概述◆两种符号学在产品设计中的交叉合作方式◆符号学介入产品设计研究的两种模式与五个方向

**第2章　结构主义产品设计系统的构建**

◆结构主义及其运用价值◆集体无意识在结构中的作用◆产品设计系统的构建方式◆产品设计系统的元语言类型◆设计师介入系统的三种方式形成的编写与表意类型

①

**第3章　产品的认知语言与三种符号来源**

◆语言中心论对产品设计符号学的影响◆文字语言与产品语言的互动◆产品语言是符号化的“认知语言”◆完整认知方式下的两种双联体新研究模式◆三种认知方式的符号来源对应的三种文本编写类型

**第4章　产品修辞的符号结构与研究范式**

◆产品设计活动是普遍的修辞◆索绪尔与皮尔斯符号结构的差异◆用二元符号结构讨论产品修辞的缺陷◆产品修辞研究对三元符号结构的依赖◆认知统摄下的产品修辞研究范式

**第5章　产品修辞格（一）：组合轴表意的提喻与转喻**

◆产品修辞格细分的理论基础（研究路径）◆产品修辞格在组合-转喻与聚合-隐喻基础上的细分◆组合轴表意的“概念替代”与聚合轴表意的“概念交换”◆产品提喻：局部指称对整体指称的概念替代◆产品转喻：邻近产品间对应指称的概念替代

**第6章　产品修辞格（二）：聚合轴表意的明喻与隐喻**

◆产品明喻与产品隐喻的比较◆产品明喻：事物与产品间物理相似与强制关联◆产品隐喻：事物与产品间心理相似与指称的“内化”编写

②

**第7章　修辞两造符号指称编写方式与修辞格文本间的依次渐进**

◆修辞两造符号指称的三种编写方式◆“晃动”是修辞两造符号指称加工改造手段◆产品修辞格文本间的依次渐进◆产品系统构建的“四体演进”与产品修辞格文本间的依次渐进

**第8章　典型结构主义的无意识设计系统方法**

◆无意识设计方法的两大基础类型◆无意识设计系统方法的研究方式◆“客观写生类”文本编写流程与符形分析◆“寻找关联类”文本编写流程与符形分析◆“两种跨越类”文本编写流程与符形分析

**第9章　设计师灵感:直觉意象及其理性化呈现**

◆柏格森与荣格对直觉的讨论◆设计师直觉意象的特征与符号化的修辞过程◆设计师的直觉、意识与产品设计系统的关系◆“大直觉观”统摄下的产品设计活动

**第10章　产品文本的解读方式与评价方式**

◆设计师与使用者间的主体间性◆使用者对产品文本意义的解读方式◆产品设计活动中的多层级主体间性◆二级主体间性：产品设计的评价

③

**第11章　伴随文本及文本间性对产品设计活动的影响**

◆产品设计活动中伴随文本的三段式分类◆产品设计系统与伴随文本的关系◆设计师对各类伴随文本的控制能力◆文本间性中“前文本”的层级及各层级对产品设计活动的影响◆文本间性中“雷同”问题的讨论态度及所关注的内容◆文本间性中“雷同”问题的系统化讨论方式

图2　本书研究框架

**1. 第一大部分（第 1 章至第 3 章）：产品设计符号学理论层面的构建基础**

这三章分别讨论符号学在产品设计中的运用方式、结构主义产品设计系统的构建、产品的认知语言与三种符号来源这三方面的问题。这些问题是产品设计符号学理论层面的构建基础。

（1）第 1 章：本章提出对索绪尔语言符号学与皮尔斯逻辑–修辞符号学采用实用主义工具化的交叉合作运用方式。产品符号感知的有效传递必须依赖以索绪尔语言学为基础的结构主义符号学进行讨论；但所有的产品设计活动都是符号对产品文本的修辞，又必须利用皮尔斯逻辑–修辞符号学。

（2）第 2 章：结构主义产品设计以产品文本意义有效传递为目的。为了编写的产品文本可以被使用者有效解读，设计师在设计活动之初需要构建以使用群文化规约为基础的产品设计系统，这样设计师对文本的编写与使用者对文本意义的解读，才能在文化规约上达成一致性。由三类（四种）元语言为基础构建的产品设计系统中，设计师依靠主观能动性改变其能力元语言与产品设计系统内各类元语言的协调关系，可以获得三种不同的产品表意类型，同时也形成了结构主义向后结构主义的转向。

（3）第 3 章：虽然产品语言是一种以使用者为认知主体，以产品为认知载体的符号化认知语言，但产品设计活动不可能脱离文字语言。首先，语言思维系统模式负责产品设计活动的认知内容与结果的系统化构建；其次，文字语言的意指在编写与解读产品文本时，通过深层结构提供产品认知语言的意指，或创建产品认知语言的新意指；再次，设计师与使用者对产品认知内容的交流，必须依赖语言思维系统模式进行系统构建，依赖文字语言的意指进行表达与交流。

产品设计活动不可能完全依赖文字语言。虽然文字语言与产品语言都是符号语言，但文字语言与产品语言的转换不是符号指称内容的直接切换，而是两种语言必须回溯到共同的认知层级，依赖语言深层结构再次或重新构建认知的意义表达。

**2. 第二大部分（第 4 章至第 9 章）：设计师对产品文本的编写**

第二大部分以设计师的视角讨论产品文本的编写问题，分为三个部分。

（1）第 4 章至第 7 章：是对产品设计常用的四种修辞格的完整讨论。产品设计符号学讨论产品修辞的重要性在于，查尔斯・桑德斯・皮尔斯（Charles Sanders Peirce）的逻辑–修辞符号学的普遍修辞理论认为，产品设计是普遍的修辞，是设计师以产品文本外的外部事物的一个文化符号对产品文本内相关符号进行修辞解释的过程。甚至可以说，产品文本的编写就是各种修辞格的文本编写，产品设计“创意”就是设计师选取一个外部事物的文化符号，对原产品文本内的相关符号做出创造性意义解释。

国内产品修辞研究与教学普遍采用索绪尔二元符号结构来分析修辞文本的编写。由于二元符号结构缺少事物的对象，因而在讨论跨系统间的产品概念修辞时呈现诸多弊端。为此，笔者在第 4 章首先确定产品修辞符号结构的选择问题，是费迪南·德·索绪尔（Ferdinand de Sassure)的二元符号结构还是皮尔斯的三元符号结构,这是符形学讨论产品修辞最基础的问题。继而，本章提出产品修辞在认知统摄下的研究范式，即结构主义的产品修辞研究应以使用群认知为中心，着重讨论它与产品修辞、认知语言学修辞理论、皮尔斯逻辑-修辞符号学具有相互关联的系统特征。在第 4 章中，笔者希望产品修辞研究应该建立在系统化逻辑层级基础上：认知统摄的研究范式是研究产品修辞的总体规则；以莱考夫提出的理想化认知模型的四类认知模式、认知域、修辞两造映射的范围与映射方式，以及雅柯布森提出的“组合-转喻”与“聚合-隐喻”的两大分类作为产品修辞格细分的研究路径；修辞两造三元符号结构的“指称”是产品修辞具体的研究机制；设计师对修辞两造符号指称的“晃动”加工与改造则是研究机制下的具体操作手段。

在第 5 章与第 6 章中，笔者将雅柯布森原有“组合轴表意”与“聚合轴表意”两大修辞类型在产品修辞活动中的修辞格细分为倾向组合轴表意的产品提喻与转喻，倾向聚合轴表意的产品明喻与隐喻，并依次对四种修辞格进行详细的讨论。由于组合轴表意的产品提喻、转喻与聚合轴表意的产品明喻、隐喻在认知表意的目的、认知域及 ICM 的映射范围、映射时的“对称性”与“非对称性”映射方式等方面都存在很大的差别，本书将组合轴表意的产品提喻、转喻放在第 5 章，聚合轴表意的产品明喻、隐喻放在第 6 章分别进行讨论。

最后，虽然我们在第 5 章与第 6 章中对产品设计常用的四种修辞格在认知原理与认知方式的层面有了较为清晰的认识，但无法指明修辞两造指称如何达成这样的映射状态，这对于指导设计师编写具体的产品修辞文本并改造修辞文本来说是有一定困难的。因此，第 7 章从各种修辞格的映射方式所形成的修辞两造符号指称在修辞文本中的编写方式入手，提出设计师通过对两造符号指称的“晃动”改造，呈现外部事物符号进入产品文本的连接、内化、符号消隐三种编写方式，同时设计师对修辞文本的改造达成修辞格文本间依次渐进的转化关系。以此塑造设计师对各种修辞格主动控制的能力，并使之成为产品修辞实践的有效指导工具。

（2）第 8 章：是对无意识设计系统方法的研究，实质是对结构主义产品设计文本编写表意有效性的研究。无意识设计活动始终围绕直接知觉的符号化、集体无意识的符号化、外部事物的文化符号、产品文本自携元语言四种符号规约展开。

一方面，四种符号规约具有使用群的“先验”与“既有”特征，保证了文本表意的精准与有效传递。另一方面，这些符号规约在文本编写时，也必须受到产品设计系统内各类元语言文化规约的协调与调控。这两点是无意识设计系统方法文本表意有效性的基础，也是其典型结构主义文本编写方式的特征体现。

（3）第 9 章：从设计师的视角讨论产品设计活动中灵感的来源问题，以及这个灵感如何在设计作品中呈现的过程。设计师的直觉即是设计活动的灵感，它以意象的方式呈现，并贯穿整个设计活动。设计活动的整个过程可以视为设计师的直觉意象通过意识被理性化呈现的过程。产品设计是在“大直觉观”统摄下的创造性文本编写活动。直觉、意识、产品设计系统三者间的共同作用与协调控制是产品创意表达与文本编写的系统化讨论方式。设计师的直觉与意识则分别代表着设计活动的创意内容与实现途径，而产品设计系统调控着直觉的创造性可以被使用者有效解读。

### 3. 第三大部分（第 10 章与第 11 章）：使用者对产品文本的解读

产品设计是由“设计师”“产品文本”“使用者”三部分组成的文本编写与解读的传递过程，第 4 章至第 9 章我们讨论的重点是放置在设计师编写文本这一端。第 10 章着重讨论使用者如何对产品文本进行意义的解读，产品文本在社会文化环境中如何获得多层级的解读及评价。第 11 章详细讨论产品文本在构思、编写与解读过程中几类伴随文本共同表意的问题，以及设计师作为产品设计活动的主导者如何能动地控制伴随文本，文本间性中的“前文本”所带来的雷同问题的系统化讨论方式等诸多问题。

（1）第 10 章：产品文本传递过程中存在“设计师”与“使用者”两个独立且自主的主体。“设计师-使用者”主体间性表现为设计师通过对使用者“解释意义”的推测进行“文本意义”的编写；“使用者-设计师”主体间性表现为使用者通过对“文本意义”的解读展开对设计师“意图意义”的推测。使用者解读产品文本的方式大致可以分为结构主义表意有效性的“主体间交流”、跨越系统层级的“无限衍义”、分散或转换概念的“分岔衍义”三种类型。产品作为文化符号在不同社会文化环境中被不同人群、不同方式进行解读评价，形成多层级的主体间性。其中二级主体间性是对产品设计活动的评价，设计师可以通过“产品设计系统”与“产品评价系统”的双重系统构建方式，对产品设计活动的评价进行控制。

（2）第11章：产品文本在构思、编写与解读过程中必定携带了一些伴随的文化规约一同表意，赵毅衡将它们命名为“伴随文本”，并按照文本传递过程依次分为生成性伴随文本、显性伴随文本、解释性伴随文本三大类。在结构主义产品设计活动中，产品设计系统控制并协调三类伴随文本，在产品文本构思、编写与解读过程中达成“设计师”“系统”“使用者”三者间共时性统一，以此获得产品文本表意的有效性。同样，设计师作为产品设计活动的主导者具有控制伴随文本的能动性。“文本间性”理论表明，任何一个产品文本不可能被独立创造，设计师在构思、编写时必定会受到前文本的启发或影响。笔者按照启发与影响的方式及内容将前文本分为五个层级。解读者会聚焦于第二层级前文本中的同类型产品与设计作品间“意图意义—意图意义”或“指称表达—指称表达”的相似性是否存在“雷同”的问题展开讨论。评判“雷同”是较为复杂的问题，需要以系统化的方式进行讨论。

最后需要补充说明的是，本书作为指导设计实践的理论工具，设计师的编写与使用者的解读并非完全分布在第二大部分与第三大部分。为保证结构主义产品设计的表意有效性，设计师的文本编写与使用者的文本解读作为一种必定存在的对应关系，自始至终贯穿本书的各个章节。

2023年 立夏
广州 番禺

# 第 1 章

## 符号学在产品设计中的运用方式

纵观符号学自身的发展以及符号学跨学科的理论与运用研究，我们可以看到，所有符号学流派以及它们在其他学科的运用研究，都是在索绪尔语言学模式的结构主义符号学、皮尔斯的逻辑-修辞符号学模式基础上的发展[1]。由于索绪尔语言符号学与皮尔斯逻辑-修辞符号学在认识论与方法论层面的本质差异，带来了在产品设计符号学系统化构建过程中，讨论各种问题所对应的两种符号学模式选择的困惑。为此，李幼蒸提出的“符号学 1”与“符号学 2”的概念，是希望两种符号学理论在跨领域的研究中做到实用主义的工具化。

产品是社会文化的产物。当某一产品最初以满足功能的器具形式出现的时候，它就已经具有了功能性文化符号的特征。在日积月累的生活经验与社会文化活动中，这一产品在被外部文化符号进行意义解释的过程中，逐步携带上了更多的文化符号。当其中某一文化符号对产品的解释被社会文化反复使用时，这种解释关系则成为象征。因此，象征是指符号与产品修辞过程中形成约定俗成的解释关系。

产品设计活动作为与符号学结合的主体，符号学理论对其进行的意义解释，是符号学理论工具化的实质。一方面，以皮尔斯逻辑-修辞符号学及赵毅衡对符号的定义视角而言：（1）所有的产品设计都是在文化环境中的意义表达；（2）产品的所有意义表达都是其文本中符号的感知传递；（3）所有产品文本感知传递的方式都是对原产品文本的修辞解释；（4）外部文化符号对产品的修辞目的与文本编写的方式形成不同类型的产品修辞格。

另一方面，以索绪尔语言符号学为基础发展的结构主义，以系统的结构方式构建了符号文本意义传递的有效性基础。对于产品设计文本的意义传递而言：（1）产品设计活动是设计师以产品为表意的载体，向使用者进行符号意义的传递；（2）如果希望传递的符号意义被使用者有效解读，那么结构主义的主体性（意义传递）是这些产品设计活动的最终目的；（3）产品设计系统以三类（四种）元语言为构建基础，产品文本意义传递的有效性，是系统内各

1. 赵毅衡：《中国符号学六十年》，《四川大学学报（哲学社会科学版）》2012 年第 1 期。

种元语言协调统一的结果。

因此，产品符号感知的有效传递必须依赖以索绪尔语言学为基础的结构主义符号学进行讨论；但所有的产品设计活动都是符号对产品文本的修辞，又必须利用皮尔斯逻辑-修辞符号学及其三元符号结构进行分析。后结构主义必须依附于结构主义而存在，在由三类（四种）元语言为基础构建的产品设计系统中，设计师依靠主观能动性改变其能力元语言与产品设计系统内各类元语言的协调关系，可以获得三种不同的产品表意类型，同时也形成了结构主义向后结构主义的转向。

# 1.1 符号学的工作范围及作用

赵毅衡将一百多年的符号学发展历史划分为三个阶段：第一阶段，20 世纪上半叶，索绪尔语言学对符号学的解释与奠定阶段；第二阶段，20 世纪 60 年代至 70 年代，以索绪尔语言符号学为基础发展起来的结构主义时期；第三阶段，20 世纪 70 年代至今，以皮尔斯逻辑-修辞符号学为基础发展起来的后结构主义符号学逐渐取代了封闭的结构主义符号学[2]。

## 1.1.1 符号学的工作范围

当今符号学研究进入第三个阶段，符号学的工作范围适合所有的人文社科领域的研究，符号学已成为学界公认的一种观点和系统方法论，是各个文化研究领域解决实际问题的有效工具。这时也出现了令人担忧的“泛符号学论”的现象，泛符号学论认为当今所有的人文科学与社会科学都属于符号学可以解释与讨论的范畴，甚至尝试以符号学对自然科学等领域的内容做出大胆解释。对于符号学工作范围以及研究边界问题，不同的学者给出了一致的建议。

翁贝托・艾柯（Umberto Eco）指出，对于符号学的工作范围有两种认识：一种是所有的研究都必须从符号学出发；另一种是所有的研究都可以用符号学的视角尝试探讨，只是有效性程度的问题[3]。很显然，前一种是“符号学帝国主义”的强加式研究，后者才是符号学对于其他学科进行切实可行的尝试性研究的态度。

---

2. 赵毅衡：《符号学的一个世纪：四种模式与三个阶段》，《江海学刊》 2011 年第 5 期。

3. Umberto Eco, *A Theory of Semiotics, Bloommington,* Bloomington: Indiana University Press, 1976, p.27.

李幼蒸为避免符号学工作范围的扩大化而导致“泛符号学论”的出现，指出符号学只研究那些意指关系欠明确的现象，一旦意指关系问题充分明确，该研究即进入科学学科阶段[4]。郭鸿也具有相同的观点：符号学研究的是意指符号，而不是非意指符号[5]。

赵毅衡对符号及符号学的定义虽极为简单，却是准确恰当的：符号是携带意义的感知，符号学就是意义学[6]。此定义既令符号学工作范围有更多的拓展可能，又对符号学的工作范围做了明确的限定：只有涉及意义解释的研究领域，才可以用符号学的观点加以讨论。这避免了泛符号学论所导致的“符号学帝国主义”的理论强加[7]。

赵毅衡同时希望符号学应具有自觉的工作范围：所有的意义活动都依靠符号以及符号学的基本规律和理论。但当一个领域的专业性过强时，符号学规律和理论只能作为一般的参照[8]。符号学“自觉的工作范围”是对每一位符号学理论研究者与课题实践者做的必要约束。

符号学成为其他学科借助的方法论工具的原因有二：第一，源于它对符号意指关系的讨论。符号的意指关系是哲学、科学、自然科学、人文科学中，任何方法都不可缺的一种“揭示”活动。就意义揭示的本质而言，它具有揭示者的主观片面特征，无数的片面化揭示构成了人类意识形态的文化场[9]。第二，只有当探索者的主体性以相适切的视角参与符号信息意义的交换时，主体性的意识形态才适用于符号领域[10]。这表明符号学通过意义解释搭建了主体与客体间的桥梁。

## 1.1.2 符号学在人文社科领域的作用

（1）美国符号学学者约翰・迪利（John Deely）绘制的符号学研究网络令我们大致了解目前国际符号学研究领域之间的关系和脉络（图 1-1）。他建议将符号学按照发展历史与研究路径分为四个层次，分别为动物符号、前语言符号、语言符号、后语言符号（文本符号）层次。

---

4. 李幼蒸：《理论符号学导论（第三版）》，中国人民大学出版社，2003，第 64 页。
5. 郭鸿：《现代西方符号学纲要》，复旦大学出版社，2008，第 3 页。
6. 赵毅衡：《符号学原理与推演》，南京大学出版社，2016，第 1 页。
7. 刘晋晋：《反符号学视野下的语词与形象：以埃尔金斯的形象研究为例》，《美术观察》2014 年第 2 期。
8. 赵毅衡：《符号学原理与推演》，南京大学出版社，2016，第 19 页。
9. 欧阳康：《社会认识论：人类社会自我认识之谜的哲学探索》，云南人民出版社，2002，第 23 页。
10. 约翰・迪利：《符号学基础》，张祖建译，中国人民大学出版社，2012，第 11 页。

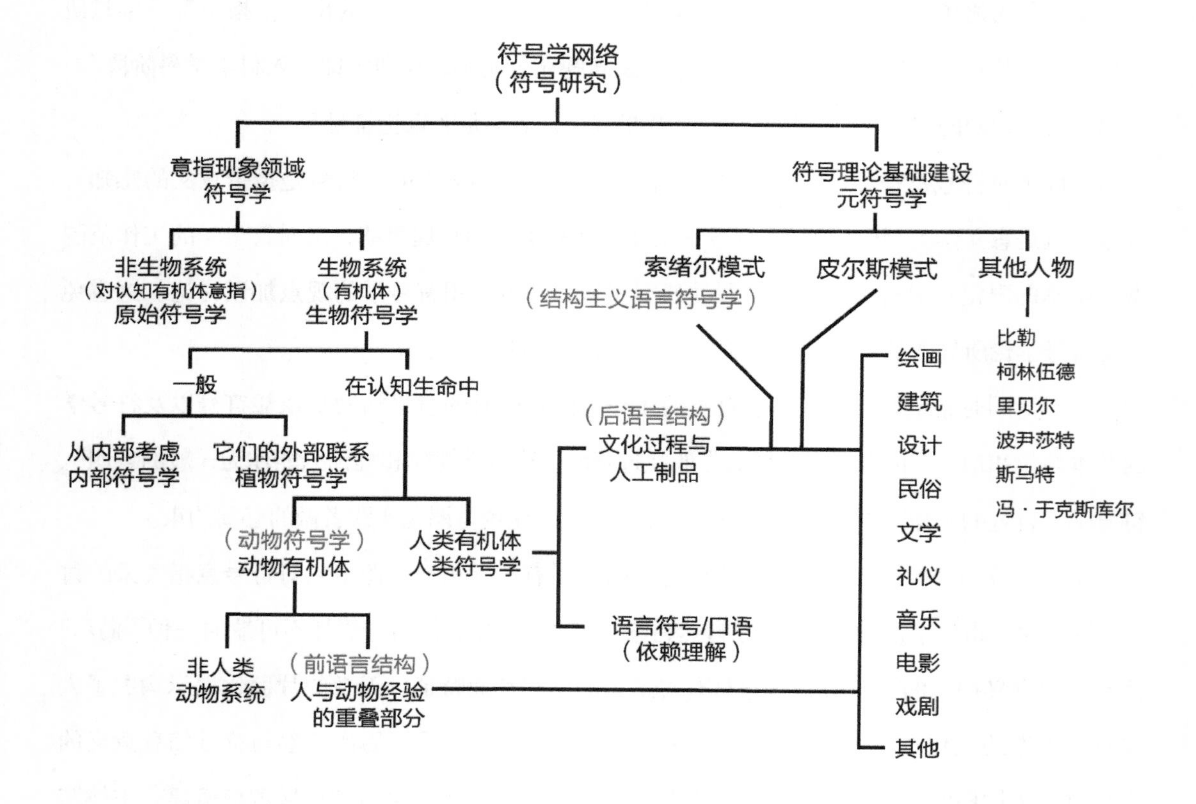


图 1-1　约翰·迪利的符号学研究网络[11]

后语言符号层次包含了以文本的结构、意义的传递为“主体性”的结构主义符号学，以及以解释文本的意义为“主体性”的后结构主义符号学，其涉及领域包含民俗、艺术、设计、建筑、绘画、音乐、电影等。

迪利的“符号学网络”对产品设计符号学系统化构建有以下三点启发。

第一，符号学网络是对符号学研究的溯源，也同样是对产品设计活动符号形成方式的溯源。产品设计符号学不应该仅停留在现有的文化符号研究上，应该将使用者生物属性的直接知觉与形成集体无意识的生活经验纳入研究的内容。

第二，使用者的认知必须统摄产品设计符号学的研究方向与方式。这是因为，产品语言来源于使用者与产品间知觉、经验、符号感知三种完整的认知方式，它们所形成的符号是产

11. 约翰·迪利：《符号学前沿》，印第安纳大学出版社，1986。

品文本编写的三种符号来源，其中产品系统内使用者对产品的“知觉”与“经验”的认知内容被设计师符号化后，可分别形成“直接知觉的符号化”与“集体无意识的符号化”两种符号。此外，“符号感知”可以同时指向产品修辞两造的符号感知。这是因为，产品在文化环境中的认知目的是产品文本内相关产品符号与外部事物的文化符号间的普遍修辞。而外部事物的文化符号是以使用群文化规约对事物经验所做的意义解释，修辞活动中的产品与外部事物在符号意义生成方式上是相同的。我们对外部事物的认知方式与对产品的认知方式是一致的，这表明产品仅是我们去认知的所有事物中的一种。设计师通过产品与外部事物的修辞，建立产品与设计文化的关联。

第三，必须以使用者的“生物属性-文化属性”与产品的“纯然物-文化符号”两种双联体模式进行产品设计符号学研究，这样可以避免产品陷入无休止的文化修辞，沦为文化符号意义表达的工具，让产品重新回溯到以功能为基础，以使用行为为研究方式的原初状态，在此基础上生成不同方向与形式的新文化符号。

（2）赵毅衡认为20世纪人文社科研究主要依赖的“四大理论支柱”分别是马克思主义文化批评、现象学-存在主义-解释学、心理分析、形式论。形式论是索绪尔语言符号学转向后的产物。形式论演变成符号学后，符号学成为跨学科研究和社会文化研究的有效方法论工具。符号学的结构主义时期以及后结构主义时期的众多学科的理论家，无不将符号学作为解释自身研究领域，以及将研究向前推进的主要途径[12]。因其可操作性的特色，符号学又被称为“文科的数学”，它适用于几乎所有的人文与社会科学学科[13]。

（3）20世纪80年代至今，国内学术界所有涉及意义活动的文化领域都出现了以符号学作为应用研究的新方向。符号学的原理不是公式，它在具体的运用实践，以及历时性的人文发展过程中，推动了其他学科继续向前发展[14]。目前国内学界对符号学运用的领域划分较为清晰：结构主义被哲学界广泛应用，索绪尔语言符号学依旧在语言学研究中发挥重要作用，文化领域则热衷皮尔斯逻辑-修辞符号学[15]。目前国内符号学与产品设计结合的研究方式主要有两种模式、五个方向，这是下文讨论的内容（详见1.4）。

---

12. 赵毅衡：《符号的新面孔》，《淮南师范学院学报》2007年第6期。

13. 赵毅衡：《符号学原理与推演》，南京大学出版社，2016，第8页。

14. 同上。

15. 赵毅衡：《形式论在当代中国》，《社会科学》2019年第4期。

# 1.2 索绪尔与皮尔斯两种符号学模式概述

赵毅衡从研究的方法与讨论问题的内容出发，将符号学研究分为四种模式：（1）索绪尔语言符号学模式；（2）皮尔斯逻辑-修辞符号学模式；（3）恩斯特·卡西尔（Ernst Cassirer）的文化符号论符号学模式；（4）巴赫金（Mikhail Bakhtin）的语言中心马克思主义符号学模式[16]。他接着指出，索绪尔语言符号学与皮尔斯的逻辑-修辞符号学，是当今符号学跨学科运用研究的两种主要模式，所有符号学流派以及他们在其他学科的运用研究，都是在这两种模式基础上的继续发展[17]。

由这两种符号学模式为基础而发展起来的“结构主义”与“后结构主义”是当今符号学讨论与争论的热点。两者的认知理论与方法不同，不可厚此薄彼。两种模式在符号学运用研究中担负不同的具体任务，对两者的结合研究与交叉合作运用才是符号学跨学科研究的正确方式。

## 1.2.1 索绪尔语言符号学模式

费迪南·德·索绪尔是现代语言学创始人，他把语言学理论应用到符号学的研究中。索绪尔语言符号学（也有学者称之为结构主义语言符号学）中关于结构的组成与关系的理论，主要来自伊曼努尔·康德（Immanuel Kant）的先验主义哲学。索绪尔语言符号学在20世纪初逐步成熟，并为20世纪60年代结构主义的兴起提供了一个清晰而坚实的理论框架[18]。索绪尔语言符号学以先验规约作为发送方与接收方进行符号意义传递的前提，这些规约是结构主义符号学的理论基础。

### 1. 索绪尔的二元符号结构奠定了系统内部意义的有效交流

为实现符号意义在系统内部的有效交流，索绪尔将一个符号结构分为“能指”与“所指”两部分（图1-2）。

（1）能指（Signifiant）是语言“声音形象”的品质部分。声音形象不是指单词、词汇的

---

16. 赵毅衡：《符号学的一个世纪：四种模式与三个阶段》，《江海学刊》2011年第5期。

17. 赵毅衡：《中国符号学六十年》，《四川大学学报（哲学社会科学版）》2012年第1期。

18. 卜燕敏：《从符号学视域看网络生态下个体对自我形象的塑造》，硕士学位论文，浙江工业大学，2012年。

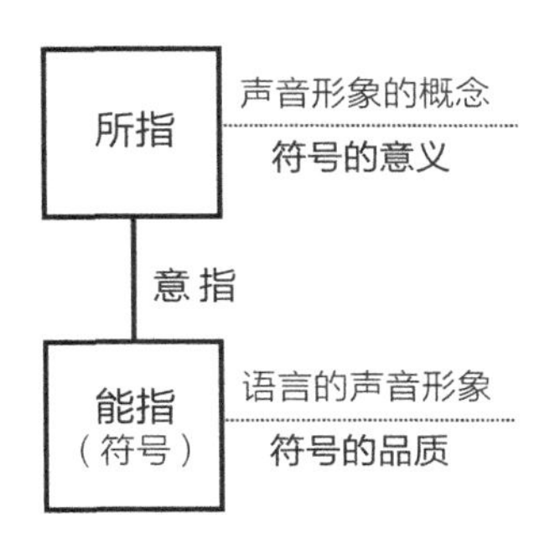


**图 1-2　索绪尔二元符号结构**

发音，也不是特指某一具体的事物，而是被大众认可的一个特定抽象化心理标志，是语言的文字或声音留下的印迹，留给我们的印象，它是符号可以被我们感知到的部分。所指（Signifie）是这个声音形象指向的概念，此概念是携带意义的感知，即符号的意义。

因此，索绪尔的二元符号结构为“能指（语言的声音形象）–所指（声音形象的概念）”，是一个声音形象和其概念的结合物。在不十分严格地讨论符号学时，符号也就是符号的“能指”，符号的意义即“所指”[19]。但笔者希望将索绪尔的二元符号结构“能指 – 所指”视为一个完整的符号在本书中进行讨论。

（2）在此需要补充符号学的“符码”与“规约”两个概念的区别：在大多数的情况下，两个词几乎是同义、通用的，都是指文本编写意义与解读意义的规则。但符码侧重某一个文本编写中，意义的编写与解读的具体规则；而规约则侧重这一类的文本编写与解读时，社会文化环境中可以促成文本意义有效解读的那些规则。符码是规约在具体化实践中的操作，规约是符码在意义传递活动中的泛化表达。本书讨论的是产品设计符号学系统化构建的问题，而非某一产品文本的具体编写，因此本书会采用“规约”一词作为文化环境中符码的泛指。

（3）索绪尔的二元符号结构是以限定在系统内部的符号意义交流为目的。罗曼・雅柯布森认为，符号与文本的生产与诠释取决于符码的存在或沟通的惯例，符号的意义取决于符号所处文化环境中的符码，符码提供了使符号合理的框架[20]。索绪尔语言符号学认为符号意义的传递必须建立在双方共用或事先约定好的规约基础上，关注发送者与接收者之间在系统内部的传递关系，以及由此带来的传播效果等各种理论倾向[21]。

---

19. 胡易容、赵毅衡：《符号学 – 传媒学词典》，南京大学出版社，2012，第 156 页。

20. 维基百科 :https://zh.wikipedia.org/wiki/%E7%AC%A6%E7%A2%BC。

21. 赵星植：《皮尔斯与传播符号学》，四川大学出版社，2017，第 84 页。

以雅柯布森为代表的布拉格学派在索绪尔语言符号学基础上提出符号传递的五点特征：一是传播、交际是语言基本功能，二是语言结构与功能结合的研究路径，三是以系统与结构的研究为目的，四是研究时的共时性视角，五是研究语言必须要用功能观点研究[22]。

本书也将在第 4 章“4.2 索绪尔与皮尔斯符号结构的差异”中对索绪尔与皮尔斯两种符号结构的差异进行详细表述。

### 2. 索绪尔语言符号学模式特征

索绪尔在《普通符号学教程》一书中所设想的符号学是研究社会生活中符号生命的科学。他认为符号学是构成社会心理的组成部分，也是普通心理学的组成部分[23]。符号学不仅仅要讨论语言的问题，还需要讨论符号由什么构成、受到什么规律支配等问题[24]。索绪尔语言符号学的特征如下。

（1）社会属性的人本主义倾向

19 世纪以德国的路德维希·费尔巴哈（Ludwig Feuerbach）与俄国的车尔尼雪夫斯基(НиколайГавриловичЧернышевский)为代表主张的人本主义，是希望从生物学角度来解释人类的一种形而上学的学说。形而上学追求事物的本质与根源，这是西方传统哲学所追求的目标，为此建构出各式各样的形而上学哲学体系[25]。人本主义者大多拒绝唯物主义，甚至有意避开讨论唯物的特征，如索绪尔的结构主义语言符号学更多在探讨“能指”与“所指”间文化规约的关系问题。

符号学中的“能指”与“所指”间的意义并非对客观世界“真相”的揭示，而是以人本主义为基础的感知解释[26]。因此，符号学不是反映世界本质的真相，而是人类的真实感知反映出的世界。

（2）符号的文化规约具有先验主义特征

索绪尔提出的能指-所指、组合-聚合、语言-言语、历时-共时的四组二元关系，是其符号学理论系统的基础。“能指-所指”间的意指关系构成一个符号的完整结构。索绪尔对符号

---

22. 赵毅衡：《符号学的一个世纪：四种模式与三个阶段》，《江海学刊》2011 年第 5 期。

23. 范亚刚：《对符号学发展轨迹的再思考：趋异 + 求同》，《当代外语研究》2012 年第 3 期。

24. 索绪尔：《普通语言学教程》，商务印书馆，1996，第 37-38 页。

25. 张贤根：《反形而上学：海德格尔与德里达》，《湛江师范学院学报》2010 年第 1 期。

26. 同上。

结构的二元设置，是希望暂时搁置符号所讨论的那个对象，其原因有两点：一是符号活动以传递意义为目的，传递的双方对“对象”事先具有共识；二是强调在已确立的社会规约的基础上，探讨符号结构的构成关系与结构规则。因此，其符号学活动的“主体性”是符号意义的传递。

结构主义者列维-斯特劳斯（Levi-Strauss）在其人类学的研究过程中，从西格蒙德·弗洛伊德（Sigmund Freud）的无意识理论与卡尔·古斯塔夫·荣格（Carl Gustav Jung）的集体无意识观点那里得到启发，以社会生活经验的无意识积累去验证构成符号意指关系规则的实质，以此对索绪尔的语言系统及结构内组成规则具有上帝创造般的自我组成与分解的能力做了重要的修正。这一修正改变了符号学对结构主义组成规则的原有认定，使得结构主义与人类文化及行为活动得到相互的解释与沟通。这也与当代认知心理学理论相一致：人的直接与间接知觉是生活经验的来源——日积月累的生活经验是集体无意识原型的形成基础——符号的感知是集体无意识原型在经验实践中的意义解释，这是个体对外部世界从低级到高级的完整认知过程。

索绪尔语言符号学发展的结构主义，具有结构整体性、稳定性、封闭性的特征，它们虽然保证了符号意义在系统内的有效传递，但始终依赖着符号意义在编写与解读时具有形而上学的先验性存在，这也是后结构主义对结构主义批判的主要内容之一。

（3）文本意义有效性传递的社会心理交流

在索绪尔看来，符号意义的传递与交流已经提前设定好了符号发送者与接收者两者间符号意义的编码与解码的一致性[27]。其符号学文本结构的封闭性特征，要求符号文本的发送者与接收者同时被约束在共同的符号意义交流的系统内，这种约束实质是将一个符号被多种人群、不同意义解释、不同时间、不同环境的不同意义解释暂时搁置一边，转而去讨论系统内的组成以及组成之间的关系与规则问题。因此，结构主义形而上学的结构特征，对社会文化与信息的交流具有一种“霸权”的前提性规则约束。其目的是通过符号文本意义的有效性传递，达到人与人之间社会心理的交流。

（4）系统是由集体无意识建构的本质特征

索绪尔的结构主义语言学重视对语言无意识的深层结构展开研究，摒弃了认知领域中日常生活方式与经验的表象研究。列维－斯特劳斯以人类学的研究方法，通过大量的田野调查、

---

27. 郭鸿：《现代西方符号学纲要》，复旦大学出版社，2008，第51页。

原始资料收集，探讨社会活动与人际关系的结构形成。他认为长期的人类日常生活方式会成为一种习惯和经验，这些习惯和经验形成思想层面的认知积累，它们是产生无意识的基础。无意识影响人的思维以及思维模式，促使形成特定的生活风格。

系统的构建与集体无意识的关系为：首先，产生和导致“结构”的深层因素是由集体日常生活的无意识经验与行为所决定的，因此结构主义者对结构深层因素的研究对象应是群体日常的行为与生活方式，这些积累形成他们无意识的总和。其次，集体无意识是共时性系统内“深层结构”的规约来源，共时性的系统积累凝聚了不同历时结构中的不同因素，而共时性又是消解历时延续性的有效力量，共时性成为检验和分析历时经验的有效手段。这也表明了共时性系统是历时性系统在时间轴上的切片。最后需要强调的是，不是集体无意识本身构建了系统，而是这些无意识奠定且明确了各种符号在交流时的意指关系。符号的意指关系即是集体内部的社会文化规约，系统由各类文化规约临时集合的元语言构建而成。

索绪尔语言符号学可总结为：它属于社会心理学的范畴，侧重于符号的社会功能探索，在其基础上发展的结构主义符号学强调在已确立的社会性的基础上，探讨符号结构的构成关系与结构规则，在探讨共时性的社会人文科学领域，以及具有整体与封闭的整体性架构特征的众多实用符号学课题中都具有运用价值[28]。但凡需要文本意义有效传递的产品设计活动，必须依赖索绪尔结构主义符号学基础理论，以及结构主义的系统观进行讨论。

### 1.2.2 皮尔斯逻辑-修辞符号学模式

与索绪尔几乎同一个时代的另一位美国学者、实用主义的创始人查尔斯·桑德斯·皮尔斯，对符号学提出了另一种全新的理解[29]。皮尔斯与索绪尔不同，他不是以语言学为模式，而是以逻辑-修辞模式讨论符号的所有类型，这样的研究模式促使符号学向非语言式，乃至非人类符号扩展[30]。

#### 1. 皮尔斯对学科的普遍三分类

皮尔斯对当代传播学最大的贡献之一是提出“普遍修辞学”概念，指明了符号在社会文

28. 郭鸿：《现代西方符号学纲要》，复旦大学出版社，2008，第 51 页。

29. 刘艺李：《符号论美学视域下弗里达绘画的建构》，硕士学位论文，中国美术学院，2018。

30. 赵毅衡：《符号学的一个世纪：四种模式与三个阶段》，《江海学刊》2011 年第 5 期。

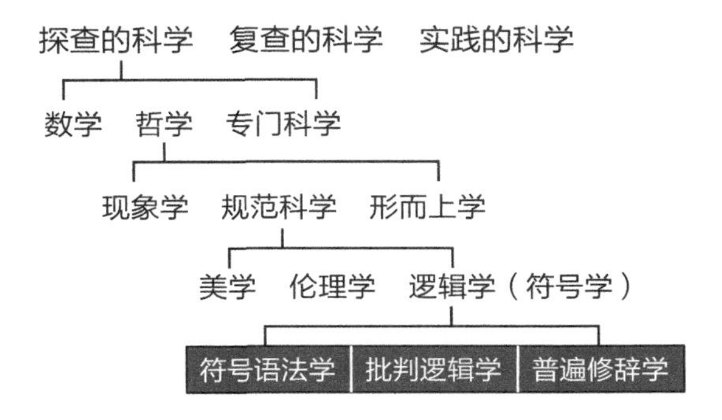


**图 1-3 皮尔斯符号学在其学科分类中的从属关系**[31]

化活动中传播的方式。皮尔斯的“普遍修辞学”是其符号学系统三个分支之一（见图 1-3），它通过从一个心灵将符号意义传递到另一个心灵的必要条件，探明一个符号产生另一个符号，并可拓展为一种思想催生另一种思想的法则。皮尔斯认为人类的认知、思维，甚至人本身在本质上都是符号[32]。

皮尔斯的普遍修辞学是建立在逻辑学基础上对符号传播普遍规律进行科学研究的有效方法。从学科的源头起，皮尔斯将最顶层的“科学”分为：（1）探查的科学，对新知识的探索，以及在原有真相的基础上探索新真相的科学；（2）复查的科学，既是理论科学，也是实用科学，它是哲学理论的综合与实证；（3）实践的科学，社会文化中对已有知识及真相的运用，即现在所讲的应用科学。

赵星植在《皮尔斯与传播符号学》一书中指出，讨论皮尔斯的符号学系统要从他对学科系统进行习惯性三分类谈起。皮尔斯将“探查的科学”三分为数学、哲学、专门科学，再将哲学三分为现象学、规范科学、形而上学，又继续将规范科学三分为美学、伦理学、逻辑学（符号学）。至此，皮尔斯符号学系统在其学科分类的归属层级为：探查的科学→哲学→规范科学→逻辑学（符号学）。皮尔斯之所以将符号学等同于逻辑学，是因为他认为所有的思想都依赖符号得以表达，逻辑学关注人类思想如何得出正确的推论并指导行为，它可以被视作关于符号传播普遍规律的科学，因此皮尔斯符号学被打上“规范科学-逻辑学”的烙印。

皮尔斯继续将逻辑学（符号学）划分了三个分支。

（1）符号语法学：主要是去阐明那些决定符号之所以为符号的形式条件，讨论符号具备

---

31. 赵星植：《皮尔斯与传播符号学》，四川大学出版社，2017，第 19 页。

32. 郭鸿：《现代西方符号学纲要》，复旦大学出版社，2008，第 15 页。

意义所必须有的形式条件，一个完整的符号必须符合“对象-再现体-解释项”所组成的三元结构，它是皮尔斯符号学体系的基础[33]。

（2）批判逻辑学：关注那些可以表达以及推断信息的符号类型，以及符号传达信息的精确性与真确性，因为这是决定符号最终解释项的关键所在[34]。它在确定了“何为符号”以及符号的类型基础上，对如何利用符号展开思考，建立良好的推理方式进行深入探究。皮尔斯提出了“试推”的概念。他认为试推是人类原初性的论证，一切科学推理都开始于试推，它来源于人类的心灵，与真相具有亲近的特性，反复有限次数的试推会接近真相。

（3）普遍修辞学：它指导前两个分支的建构。如果说符号的意义是一种思想，那么要获得这个思想，必须通过另一个符号对这个符号的意义解释。修辞是符号间解释的唯一方式和途径，普遍修辞使得符号的传播方式具有动态开放的特征，这有别于以意义传递为目的的索绪尔符号学。皮尔斯又称自己的“普遍修辞学”为“方法学”[35]。

皮尔斯符号学系统被称为逻辑—修辞模式符号学的原因有二。一方面，皮尔斯的符号学系统是建立在逻辑学基础上的对真相的科学探究，皮尔斯甚至认为逻辑学是符号学的另一个名字[36]。他希望符号学是关于符号内容与形式的学说，可以对所有科学领域进行符号学的判断和运用[37]。另一方面，真相的探究是符号意义交流与协商的互动，这是符号学研究的本质目的，而修辞是符号意义的传播路径及具体方式。普遍修辞学是其他两个分支建构的指导与依赖，也是皮尔斯符号学系统的方法论基础[38]。皮尔斯本人也赋予它极高的地位，将它视为最高且最活跃的分支，并认为普遍修辞理论会将所有的科学研究推进到最为重要的哲学结论。

### 2. 皮尔斯的三元符号结构奠定了意义交流与传播的基础

不同于索绪尔将“能指-所指”作为二元符号结构，皮尔斯对符号学最大的贡献在于对符号进行“对象-再现体-解释项”的三分法分类（图 1-4）。

（1）对象（Object）是符号直接指向的具体事物；再现体（Representamen）是这个具体

---

33. 皮尔斯：《皮尔斯论符号》，赵星植译，四川大学出版社，2014，第 159 页。
34. 同上书，第 214 页。
35. 赵星植：《探究与修辞：论皮尔斯符号学中的修辞问题》，《内蒙古社会科学（汉文版）》2018 年第 1 期。
36. 皮尔斯：《皮尔斯论符号》，赵星植译，四川大学出版社，2014，第 4 页。
37. 向容宪：《符号学与语言学和逻辑学》，《贵阳师专学报（社会科学版）》1998 年第 1 期。
38. 赵星植：《探究与修辞：论皮尔斯符号学中的修辞问题》，《内蒙古社会科学（汉文版）》2018 年第 1 期。

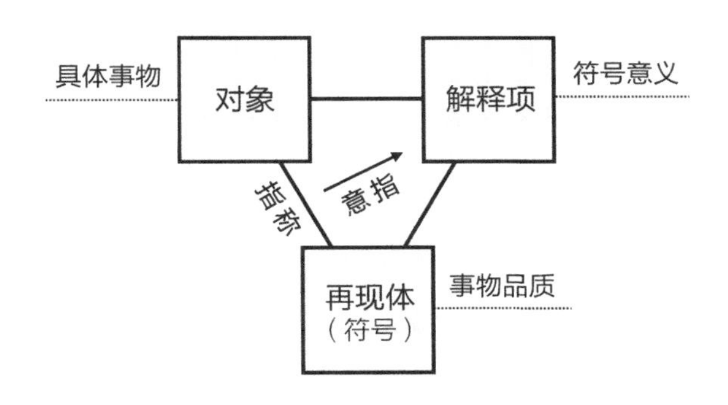


图 1-4 皮尔斯三元符号结构

事物的某种品质，等同于索绪尔的“能指”；“解释项”（Interpretant）是符号的意义。索绪尔二元符号结构中的“所指”在皮尔斯符号学中被分为对象与解释项两部分。皮尔斯三元符号结构中的对象与再现体组成一组“指称”关系，解释项是这组指称解释后的符号意义。

（2）符号的意义无法直接获得，只能通过对可以被我们直接感知到的“指称”内容的解释获得，即通过对“对象–再现体”的解释获得。指称中的对象与再现体是符号可以被我们直接感知到的内容，两者为符号的意义提供了解释的指向（意指），令符号有了可以被设计师具体操作、编写的可能性。对象与再现体是相互对应的关系，我们对具体对象进行不同方式的改造，随即就会形成对象的不同品质，进而获得各种不一样的解释项意义。

（3）通过对指称的“对象–再现体”的解释获得解释项的意义，它们之间形成符号的意指关系。皮尔斯三元符号结构中的意指关系的形成有三种方式：一是倾向指称中的对象获得解释项的意义，二是倾向指称中的再现体获得解释项的意义，三是“对象–再现体”指称创造性解释获得解释项的意义。

当然，我们必须要清楚这一点：符号不可能决定其自身的意义，符号的意义内容由环境、事物、人群三者之间的关系所赋予，符号“意指”关系的符码由深层结构的集体无意识所决定。

（4）我们可以看到，索绪尔二元符号结构中的“所指”在皮尔斯三元符号结构中被分割为对象与解释项两部分。三元符号结构可以指向这个符号所代表的事物对象。这样一来，三元符号结构中对象的确立，就为一个符号可以被另一个符号修辞解释奠定了结构的基础。

对象与解释项的分离，打破了索绪尔二元符号结构的规约在系统内预设的格局，转而强调对象及其品质（再现体）必须依赖不同的系统，以及系统所在的环境提供经验信息，以此获得三元符号意义的解释。这种意义解释的完形机制，是认知心理学感知研究的基础，所有修辞活动都可以在此结构基础上展开文本编写的符形分析。

最后需要说明的是，皮尔斯在论著中经常将再现体等同为符号，且两者经常混用[39]。就像前文讨论索绪尔的二元符号结构那样，笔者同样希望将皮尔斯的三元符号结构“对象–再现体–解释项”视为一个完整的符号在本书中进行讨论。

### 3. 皮尔斯逻辑–修辞符号学模式特征

皮尔斯符号学的理论基础是实证主义哲学、生物行为主义理论和逻辑学，是逻辑 – 修辞模式，其理论特征可以概括为以下四点。

（1）规范性而非描述性的符号学

皮尔斯认为所有的思想与经验都必须借助符号的意义表达，所有经验的准确性也要通过符号来检验最后的实践效果。皮尔斯符号学是一种经验论与认识论。一方面，人类依赖修辞认识新事物，创建新感知。修辞是认知的一种基本方式：一是通过把这个事物看成那一个事物，从而认识这个事物；二是通过与先验的经验进行修辞解释后获得新经验，从而认识世界新的信息。另一方面，所有的修辞活动都是文化符号间的意义解释。皮尔斯认为，任何一个符号的意义都需要通过另一个符号来得以解释，这是一个普遍的修辞过程；任何一个新的符号都可以视为在旧符号上叠加的新比喻。正如赵毅衡定义符号时指出的那样，符号是携带意义的感知，意义是一个符号可以被另一个符号解释的潜力，符号间的相互解释是意义获取的唯一方式[40]。

（2）意义交流与传播的特质

皮尔斯三元符号结构比索绪尔二元符号结构多出一个“对象”，此举强调了符号意义可以在事物与事物之间展开修辞解释的潜力。同时，对符号学研究与实践而言，它将事物的某一局部“对象”与这个对象的“品质”进行了有效的分离。

---

39. 胡易容、赵毅衡：《符号学–传媒学词典》，南京大学出版社，2012，第 258 页。
40. 赵毅衡：《赵毅衡形式理论文选》，北京大学出版社，2018，第 5 页。

一个符号必须通过另一个符号加以解释，解释项成为另一个符号的“再现体”，这时符号与符号之间始终处于互动之中，以此符号的意义解释跳出结构之外。皮尔斯认为符号学只不过是更广泛意义上的逻辑学代名词[41]。他甚至认为符号的文本不具有结构的特征，符号活动的主体性是解释者对文本的意义解释。这与结构主义中符号活动的主体性是意义的传递截然不同。

（3）无限衍义带来的文化关联性

一方面，皮尔斯符号学是强调信息交流的理论，他将符号的解释者作为符号传递活动的核心；另一方面，符号必须通过另一个符号加以解释，符号结构三分之后的意义“无限衍义”，这样的衍义蔓延可以将所有文化领域中文化符号的意义解释，以符号间修辞的方式产生关联，编织成网状的人类感知的符号意义世界。

（4）广泛的原动力特征

皮尔斯符号学站在符号传播的解释一端，尤其站在符号结构“解释项”的角度来分析传播的本质，其三元符号结构的传播方式表明，传播必须只能是传播主体间的意义互动与协商行为[42]。皮尔斯符号学对文本的封闭结构、形而上学的结构主义符号学做出有效的否定，其科学性、动态特征以及意义解释的互动性成为语言学乃至其他实用符号学的科学原动力，更为之后的后结构主义者瓦解结构主义奠定了明确的理论途径。皮尔斯符号学具有科学的倾向，适用于包括心理学在内的自然科学和社会科学，具有广泛的运用范围[43]。

20世纪70年代，符号学界学者在皮尔斯理论的研究基础上，将符号学继续推进到后结构主义阶段。目前的文化研究领域，索绪尔的语言符号学已被皮尔斯逻辑-修辞符号学所取代，渐渐步入边缘化境地[44]。但需要强调的是，只要人类文化存在系统的概念，符号文本的意义需要在人群中进行有效的交流，那么结构主义必定存在，它是讨论文化中系统概念，乃至达成文化间有效交流的唯一工具。同样，没有单独存在的“后结构”，任何“后结构”必须依附“结构”而存在。

---

41. 翟丽霞：《当代符号学理论溯源》，《济南大学学报》2002年第4期。
42. 赵星植：《皮尔斯与传播符号学》，四川大学出版社，2017，第82页。
43. 王铭玉：《中外符号学的发展历程》，《天津外国语大学学报》2018年 第6期。
44. 赵毅衡：《符号学的一个世纪：四种模式与三个阶段》，《江海学刊》2011年第5期。

### 1.2.3 李幼蒸提出的两种符号学模式在文化领域的研究规范

李幼蒸认为，索绪尔的语言符号学与皮尔斯的逻辑-修辞符号学，无论在认识论还是方法论层面，甚至符号活动的主体性方面，都存在本质的差异。这种差异带来的分歧远远大于二者的一致性[45]。这也带来了产品设计符号学在系统化构建的过程中，对两大符号学基础理论进行选择的困扰。

#### 1. 历史的全局观

国内许多研究符号学的论著，在探讨符号学基础理论时，都一致认为当今符号学的出发点应当是皮尔斯理论，而不是索绪尔理论。这导致了抛弃“结构”而去空谈“后结构”的普遍现象，这不单单是符号活动的主体性由“意义传递”转向“文本解释”的问题，同时主体性缺少了可以被转向的存在基础。

索绪尔语言符号学与皮尔斯逻辑-修辞符号学是符号学理论体系的两大基础，两者较为全面地涵盖了符号学的整体：符号学的认知与思维，符号学的表达与传递[46]。如果将索绪尔符号学与皮尔斯符号学两者割裂，带着厚此薄彼的偏见讨论当今符号学的发展，则很难以历史的宏观角度建立系统的符号学研究体系。

德国符号学家艾施巴赫提（Aeschbach）出了符号学系统研究的三点建议：（1）符号学理论应具有基本的批评性；（2）符号学理论应具有运用中的社会性；（3）符号学理论应具有认识自身根源、成就与错误的历史态度。对此郭鸿做了较为详细的分析。首先，通过讨论和批评，理清符号学的基本理论，将索绪尔与皮尔斯的符号学理论作为人类符号学发展的一个整体，建立一个基本全面的符号学理论体系。其次，符号学理论要研究社会文化的实际问题，用符号学解决一些其他学科中的重大争议问题，符号学必须要发挥其在社会文化领域实际的价值作用。最后，在索绪尔与皮尔斯两种符号学研究的性质、范围和方法问题上，要考虑到它们的哲学根源和讨论问题的出发点、侧重面，以此来确定各自的性质、方法和范围，这是社会文化领域的具体课题选择索绪尔或皮尔斯模式进行应用研究的前提[47]。

---

45. 李幼蒸：《结构与意义》，中国人民大学出版社，2015，第 118 页。

46. 郭鸿：《现代西方符号学纲要》，复旦大学出版社，2008，第 12 页。

47. 同上书，第 3 页。

### 2. 现实主义的整体价值观

李幼蒸在《符号学理论的科学性标准与技术性标准的分离》一文中指出了国内外符号学研究的共同现状：（1）西方符号学的技术性知识到了前所未有的丰富阶段，但研究成果会因学科的划分被稀释到具体的运用与实践领域，很难成为具有完整性的系统；（2）符号学运用领域几乎都会受到市场经济的制约，成为为商业利益服务的技术手段，很难为人文科学的全面革新提供舞台；（3）研究者的个人动机完全被全球商业化时代的市场所操控；（4）当代的人文科学逐步沦为商业化时代的寄生性学术，即使对商业化的批判本身都难免商业化，大多以符号学技术性的研究换得市场经济效益。

因此，李幼蒸建议将符号学创造性地纳入人类人文科学全球化整合的大目标之中，一方面充分利用符号学的技术性知识，另一方面避免人文思想与理论被商业经济控制的局限化现实[48]。

### 3. “衍义”与“回溯”的两种运用原则

当今符号学已成为学界公认的一种哲学观点和系统方法论，其为各个文化研究领域提供解决实际问题的有效工具，因而催生了各研究领域的应用符号学的发展。如果在具体研究领域继续深入，必定会涉及符号学基础理论与应用符号学之间的三个问题：（1）遵循该领域应用符号学现阶段的研究成果，在其基础上继续深入或展开，还是回溯到符号学基础理论的源头；（2）应用符号学现阶段的研究成果与符号学基础理论之间如何批判性结合；（3）如何在现有应用符号学研究成果的基础上继续拓展或持续深入。

回答第一个问题之前，我们需要借用符号学的文本观（详见11.4.2），以及皮尔斯的普遍修辞理论，将符号学基础理论视为文本A，符号学介入具体的研究领域是对其部分内容的解释，形成应用符号学文本B。此时继续深入研究有两种方式：第一种，以已有的应用符号学文本B对需要讨论的问题进行解释，获得研究成果文本C；第二种，重新回溯到符号学基础理论文本A，对需要讨论的问题做出解释，获得研究成果文本B2。就文本所在系统的结构层级而言，文本B与B2是同一层级，可认为是对原有应用符号学的横向补充。皮尔斯符号学中符号意义的不断解释是“无限衍义”与“分岔衍义”的过程。第一种是无限衍义的研究方式，它强调在现

48. 李幼蒸：《结构与意义》，中国人民大学出版社，2015，第39页。

阶段已有的研究成果基础上，对研究成果文本进行再次解释，这势必会出现艾柯所认为的符号意义“封闭漂流”的风险（详见 10.2.4）。第二种是分岔衍义的研究方式，它强调回溯到符号学基础理论的层面对现有问题做出解释与讨论，也是补充完善现有应用符号学的主要途径。

这样的阐述就自然而然地进入了第二个问题：随着近百年的符号学发展，无论是索绪尔语言符号学以及在其基础上发展的结构主义，还是皮尔斯逻辑 - 修辞符号学引发的后结构主义的流行浪潮，都面临着用现今共时性的元语言对其再次解释的必要。符号学基础理论是一种方法论的工具，它应该为当下的跨学科的实际研究课题服务，而不是将实际课题作为符号学原理的佐证素材。因此，为避免符号学基础理论对应用符号学现阶段研究成果的片面化主观解释，必须有取舍地将其与符号学基础理论共同放在共时性的文化环境中讨论，两者都会有新的探索与发展空间，这样就解答了第三个问题。

### 4. “符号学 1”与“符号学 2”的建议

符号学发展的第三阶段的特点是与其他学科的结合，并广泛地运用到具体课题中[49]。结构主义与后结构主义喋喋不休争论的根源，源自两种符号学模式的创始者索绪尔与皮尔斯所建立的符号学基础架构与讨论视角的差别。英国语言学家韩礼德（M.A.K. Halliday）认为符号学的研究道路有两个途径：一是索绪尔符号学从人类的认知内部讨论，研究在认知领域的语言和心理的交流活动；二是皮尔斯符号学侧重通过人类的社会属性，探讨符号由文化所产生的不同意义解释。结构主义者与后结构主义者的争论皆来源于此，我们可以从两种符号学理论各自的理论途径、目的以及对人类科学文化研究领域的意义出发加以选择[50]。

李幼蒸认为索绪尔的语言符号学与皮尔斯的逻辑 - 修辞符号学，无论是在认识论层面、方法论层面，还是在符号活动的主体性方面，都存在本质的差异，这种差异带来的分歧远远大于二者的一致性[51]。诸多符号学的运用研究领域，都面临对两大符号学基础理论进行选择的困扰。产品设计符号学在系统化构建的过程中，同样面临这样的问题。

为此，李幼蒸提出“符号学 1”与“符号学 2”的概念，用来划分两种符号学各自的分工与研究界限，摆脱无休止的相互否定与纠缠。他同时强调，现今的符号学研究及应用，应该

49. 赵毅衡：《符号学的一个世纪：四种模式与三个阶段》，《江海学刊》2011 年第 5 期。

50. 郭鸿：《现代西方符号学纲要》，复旦大学出版社，2008，第 3 页。

51. 李幼蒸：《结构与意义》，中国人民大学出版社，2015，第 118 页。

具有“跨文化符号学转向”的品质。符号学自身的任务本质就是跨学科、跨文化的延伸研究，符号学应成为现今人文社会科学跨学科方法论情境下的产物，警惕符号学理论研究的过度哲学化倾向[52]。

对于李幼蒸将索绪尔符号学与皮尔斯符号学划分为“符号学1”与“符号学2”的目的与作用，我们可以做如下两点分析。

（1）并不是符号学整体性研究的分裂主义，而是在跨文化转向的当代符号学研究应用过程中对两者进行清晰的任务分工，理清索绪尔符号学与皮尔斯符号学各自的研究范畴与工作任务：一个是研究语言与结构，一个是讨论逻辑与传播。有效地处理分工而不是分裂，是为了避免在整体性研究的过程中出现不必要的纠缠与相互批判。

（2）在跨学科与跨文化的符号学研究转向的背景下，符号学应具有整体性的全局观。索绪尔符号学与皮尔斯符号学命名为“符号学1”与“符号学2”的目的，是将两者放在同一个研究平台与工作层面，作为两种有效的、平等的方法论工具。尤其在跨学科与跨文化的整体性理论研究与符号学应用实践中，两者交替运用已成为不可避免的现实。

## 1.3 两种符号学在产品设计中的交叉合作方式

索绪尔语言符号学与皮尔斯逻辑－修辞符号学是符号学理论体系的两大基础，两者较为全面地涵盖了符号学的整体：符号学的认知、思维与符号学的表达、传递[53]。符号学已被公认是认识世界、解释文化的有效方法论工具。但凡涉及符号文本意义的认知、思维表达，以及这些文本意义的表达可以进行有效传递的人文社科领域，索绪尔符号学与皮尔斯符号学都具有共同讨论与具体分工的可能与必要。

约翰·迪利认为符号学已超越了工具的概念，成为一种观点。介于符号学对人类文化的整体性作用以及带来的影响，对符号学领域的划分不应是符号学内部的分割，而应从符号学与文化整体的关系着手，从符号学研究的内容、研究的途径与目的出发，进行有效的选择与运用[54]。

---

52. 李幼蒸：《结构与意义》，中国人民大学出版社，2015，第121页。
53. 郭鸿：《现代西方符号学纲要》，复旦大学出版社，2008，第12页。
54. 张良林：《莫里斯符号学思想研究》，博士学位论文，南京师范大学，2012。

两种符号学理论在产品设计活动中应该依据研究的要务，遵循相互交叉合作的运用原则。以下四个方面，仅列出在产品设计活动中两种符号学基础理论较为常见的交叉合作方式。

## 1.3.1 产品设计系统的构建与产品设计活动的普遍修辞

### 1. 产品设计系统的构建对结构主义的依赖

索绪尔语言符号学发展的结构主义，从生物体之间的社会文化属性出发，讨论文化规约“共时性”所形成的系统结构整体性、稳定性、封闭性的特征。它们凭借符号意义在编写与解读时具有形而上学的先验性存在，保证了符号意义在系统内的有效传递。在产品设计活动中，设计师设计的任何一款产品仅针对特定的使用人群，即我们所说的“使用群”。“共时性”的文化规约指向特定的使用群、特定的产品使用文化环境，这些使用群的文化规约不但构成产品文本内符号的意指关系（符码），同时也是设计师编写文本、使用者解读文本的各类元语言组成内容。

设计师为了让编写进产品文本内的“意图意义”向使用者有效传递，必须在设计活动之初就构建设计师与使用者共通的社会文化规约的系统——产品设计系统。产品设计系统由以使用群集体无意识为基础的三类（四种）元语言（语境元语言、产品文本自携元语言、设计师/使用群能力元语言）构建而成。结构主义产品设计依赖产品设计系统内的各类元语言进行文本的编写与意义的有效传递。这也是所有结构主义符号活动以文本意义传递为主体性的实现方式。

### 2. 产品设计是符号与符号间的普遍修辞

皮尔斯逻辑-修辞符号学认为，一个符号的意义需要另一个符号的解释才能获得，符号间意义解释的过程是普遍的修辞。人类利用符号对外部世界进行认知和思维，并通过符号间的相互解释获得更高层次的符号。认知与思维是我们对客观世界的心理建构，也是对现实的重建。产品作为文化符号，其设计活动可以视为设计师凭借自身的认知与思维对原有产品符号感知内容的重建，它是设计师以外部事物的一个文化符号对产品文本内相关的产品符号进行的修辞解释。外部事物的文化符号对产品的修辞，是任何一件产品从初始阶段仅具有功能性符号，到逐步融入社会文化，携带更多的文化符号，直至成为文化符号载体的唯一途径。

以上可概括为：一方面，几乎所有的产品设计都是以意义传递为目的，这就需要依赖结构主义的“系统观”进行讨论；另一方面，任何产品设计都是符号与符号间的普遍修辞活动，这就需要依赖皮尔斯三元符号结构进行产品文本编写的符形分析。因此，讨论产品设计活动的概念本质阶段需要两种符号学的交叉合作运用。

### 3．普遍修辞的文本编写在产品设计系统内的协调统一

产品设计活动是普遍的修辞。在产品文本的传递过程中，设计师选取外部事物的文化符号对产品文本内相关符号进行创造性的修辞解释，它们意义解释的理据性不是符号自身，更不是设计师在修辞活动中表现出的创造性，而是使用者在特定环境中，通过产品文本意义解释后获得的理据性判定。因此，为达到修辞文本对使用者的有效表意，以及使用者对修辞的理据性判定，设计师必须在由使用群集体无意识为基础构建的产品设计系统内，按照系统内的各类元语言进行修辞文本的编写。

产品设计是由设计师一方主导的符号文本编写与传递活动，也是其个人主观意识通过文化符号与产品间的修辞方式在产品文本中的表达。设计师介入由使用群集体无意识为基础构建的产品设计系统进行文本编写，更像是“佃农”[55]的身份：系统内各类元语言控制着设计师按照使用者可以理解的文化规约进行修辞文本编写。因此，最终呈现的修辞文本是设计师主观意识与系统内各类元语言协调统一的结果。

在产品设计系统内以“佃农”身份进行文本编写的设计师，其主观意识与系统内各类元语言不同的协调方式，形成其主观意识在文本内不同程度的呈现，从而获得从“精准表意”，至“有效宽幅”，再至“开放式解读”的不同设计类型的修辞文本的意义解读，这也是结构主义产品设计向后结构主义产品设计转向的主要途径。

以上可概括为：设计活动是设计师借用外部事物的文化符号与产品间的修辞，以修辞文本编写的方式进行的主观意识表达。主观意识与系统内的各类元语言协调统一的方式，不但是设计师能动性的体现，也是表意方式从“结构主义”向“后结构主义”的多样性选择。

55.“佃农”指在封建社会中自己不占有土地，租种地主土地的农民。笔者借“佃农”一词形象比喻在结构主义产品设计活动中设计师的角色：虽然是设计活动的主体，但要在由使用群集体无意识为基础构建的产品设计系统内，按照使用群的文化规约进行文本编写工作，以此达到产品文本意义向使用者的有效性传递。

### 1.3.2 修辞文本的符形结构分析与修辞两造[56]符号向各自系统的回溯

#### 1. 皮尔斯三元符号结构对产品修辞文本编写的符形分析

美国符号学家、哲学家查尔斯·莫里斯在研究皮尔斯符号学的基础上，将符号活动分为符义学、符形学、符用学三个方向。符义学讨论符号意义在解释过程中社会文化的理据性问题，在此基础上形成了产品语义学。符形学是在符义学研究的符号间意义解释的理据性基础上，通过讨论符号间修辞的结构，对文本的实际编写操作做出技术性的图式指导。需要指出的是，产品符形学研究目前在国内是较为缺失的，这也是本书希望在此方面做出必要的尝试与努力的缘由。产品符用学的应用领域非常广泛，凡是可以与消费者产生意义解释的设计领域，可以与消费者具有共时性的文化讨论，以及消费者对设计的认知评价及功效，都属于产品符用学的领域。

国内设计教学讨论产品修辞结构大都采用索绪尔“能指-所指”的二元符号结构。非语言类的修辞几乎都是概念修辞，即通过两个系统内部符号间的修辞解释，达到两个系统间局部概念的转换或替代目的。二元符号结构缺失“对象”，无法指向修辞两造的事物本身，更无法回溯到各自的系统，因此讨论产品修辞的符形编写问题，必须依赖皮尔斯 “对象-再现体-解释项”的三元符号结构进行讨论（详见 4.4）。

产品修辞是外部事物的一个文化符号与产品文本内相关符号的意义解释。需要强调的是，一个外部的“产品”对于这个“产品”而言，当然也是外部事物的一种。因此，一个产品与另一个产品间同样可以达成局部概念的替代（转喻）或交换（明喻、隐喻），甚至一个产品的局部指称概念通过替代其整体指称概念的方式形成提喻的修辞格。总之，产品与产品间的修辞解释，可以形成包括反讽在内的所有修辞格。

#### 2. 修辞两造符号在文本编写过程中向各自所在系统的回溯

首先，认知语言学修辞理论认为的修辞是系统与系统间局部概念的“替代”或“交换”，与皮尔斯普遍修辞理论认为的修辞是事物与产品两个系统间符号与符号的修辞，而非系统与

---

56. 语言修辞学认为，修辞的组成包含喻体（Vehicle）与本体（Tenor）两部分。在认知学理论中，喻体被称为始源域（Source domain），本体被称为目标域（Target domain）。本书以认知心理学作为产品修辞的研究方向，因此产品修辞的组成采用认知学的术语。在修辞活动的研究中，学界普遍将始源域符号与目标域符号合称为“修辞两造”。

系统间整体的修辞是相一致的。产品修辞是外部事物的文化符号对产品文本内相关符号的修辞解释，其修辞解释的具体方式是外部符号的指称形成的感知对产品文本内相关符号指称中品质的解释。人们用始源域系统的部分概念对目标域系统的部分概念进行“替代”或“交换”，而它们各自系统的其他概念都将被暂时隐藏。突出修辞两造系统内的局部概念，而暂时排除其他概念，是修辞活动构建与理解的基础[57]。

其次，不存在没有系统的符号意义，更不存在摆脱各自系统的修辞。也就是说，产品修辞两造的意义解释不可能发生在两个单独的符号之间。这是因为：第一，符号不可能决定其自身的意义，符号的意义内容由环境、事物、人群三者之间的关系所赋予；第二，符号“意指”关系的符码由深层结构的集体无意识所决定。以上两点也可以说，一旦符号的解读人群确定，他们对符号的意义解释都受控于这个符号所在的系统，以及这个系统所处的文化环境。正如“红色”这个符号，它不可能决定自己的意义，只有由具体的环境、红色符号所在的事物系统，以及对这个事物进行系统解读的人群这三者共同作用，才能决定红色的符号意义。例如：历史展览馆的环境——旗帜的红色——参观的人群，红色符号的意义是“革命”；过年的环境——春联、鞭炮的红色——迎接新年的人群，红色符号的意义是“喜庆”；十字路口的环境——交通指示灯的红色——司机与行人，红色符号的意义是“警示、停止”。

### 3．由使用群一方构建的修辞两造系统

产品设计是文本意义的传递过程，此过程存在设计师与使用者两个独立且自主的主体。为了达到修辞文本表意的有效性，修辞两造的符号在编写过程中向各自系统的回溯方向，应该倾向于使用者一端所确立的系统，即由使用群文化规约所构建的事物系统与产品系统，这是结构主义产品修辞活动的前提基础。产品的系统是由环境、产品、使用群三者间的关系共同建立的。如果设计一款儿童冰箱，设计师应当首先构建儿童所认定的“冰箱系统”，再去寻找一个外部事物的某个符号，去修辞解释冰箱系统中的相关符号，这是一个修辞的过程。当然，外部事物也是一个系统，由环境、事物、儿童所构建的事物认知系统。只有这样，产品修辞意义解释的理据性才能成立。

当然，修辞两造的系统构建以及回溯也可以倾向于设计师一端，即始源域系统与目标域

57. 胡壮麟：《认知隐喻学（第二版）》，北京大学出版社，2020，第91页。

系统的文化规约都是由设计师一方构建而成。此时的修辞文本更多的是设计师主观意识的表达，设计师主体主动寻求与使用者主体间的“共在关系”消失，产品修辞从结构主义的有效表意转向后结构主义的开放式意义解读。

以上的讨论可概括为以下四点：（1）必须依赖皮尔斯三元符号结构进行产品修辞文本编写的符形分析；（2）为取得修辞文本的表意有效性，在修辞文本符义的理据性问题上，又必须依赖结构主义的系统观进行讨论；（3）任何修辞活动中的始源域与目标域都必须依赖“环境”“事物”“人群”构建各自的系统，系统赋予修辞两造符号文化规约的解释内容；（4）产品设计是普遍的修辞，结构主义产品修辞的目的是设计师依赖使用群构建的修辞两造系统，进行系统间符号的理据性解释（理据性是文本传递活动中使用者一方所界定的）。而后结构主义的产品修辞则倾向设计师一方构建的修辞两造系统间符号的意义解释。

## 1.3.3 使用者认知统摄下的产品设计符号学

首先需要表明的是，以使用者的“认知”作为两种符号学模式在产品设计活动中进行交叉合作的统摄，其目的是结构主义产品设计活动文本意义有效传递的要求。

### 1. 符号学自身就是建立在认知的基础上

第一，索绪尔语言符号学以“先验规约”作为发送方与接收方进行符号意义传递的前提，这是结构主义符号学的理论基础。列维 – 斯特劳斯通过考察群体中社会生活经验的无意识积累，验证了构成符号意指关系的规则并非先验性存在，而是集体无意识原型在经验实践中的意义解释。这表明两点：一是语言意指关系的深层结构来源于认知经验所积累形成的集体无意识原型；二是索绪尔语言模式的符号学给产品设计符号学系统化构建带来了“语言中心论”的障碍（详见 3.1）。

第二，赵毅衡认为皮尔斯的逻辑–修辞符号学从开始确立，就已经非常明确地表明了认知的存在[58]。皮尔斯符号学是一种经验论与认识论，其符号学体系的建立就是以对外部世界的认知为基础，把符号间的“普遍修辞”作为人类认识新事物、创建新符号感知的一种基本方式。郭鸿认为，皮尔斯逻辑–修辞符号学从生物体内部的角度，研究人类心理和生理活动，侧重符

58. 赵毅衡：《关于认知符号学的思考：人文还是科学？》，《符号与传媒》2015 年第 11 期。

号文本在人类认知、思维中的功能，其符号学体系是建立在科学的认知方法论与修辞学基础上的逻辑学[59]。

**2. 使用者的三种认知方式是产品文本编写的符号来源**

需要说明的是，虽然心理学将个体的认知分为感觉、知觉、记忆、思维、想象和语言等内容，但笔者希望以知觉、经验、符号感知作为使用者与产品间的认知方式：一是“感觉”虽然是形成“知觉”的基础，但它反映的是使用者对产品个别属性的认识，不能对产品形成整体的认识；二是“记忆”是以使用者与产品间的各种经验的形式存在，这些日积月累的经验是使用群集体无意识产品原型的形成基础；三是“思维、想象、语言”虽然是使用者对产品不同的认知内容，但它们都必须依赖使用群文化符号的意指进行表达，而这些意指的内容是一种表层结构，其深层结构是使用群的集体无意识；四是使用者与产品间的知觉、经验、符号感知不但都可以形成使用者对产品的整体认知，而且三种认知方式是产品文本编写的符号来源。

**3. 产品语言是使用者与产品间的认知语言**

虽然所有的符号意义都可以用文字语言加以表述，文字语言可以描述设计活动从构思到编写，直至解读过程中的所有认知内容，甚至所有的设计活动都是语言的思维模式，但不能说文字语言就是产品语言，产品修辞的文本编写也不可能完全依赖文字语言模式进行实际操作。

产品语言是一种以使用者为认知主体、以产品为认知载体的符号化“认知语言”。产品语言来源于使用者与产品间知觉、经验、符号感知三种完整的认知方式，三种认知方式之间的关系是：使用者与产品间的直接与间接知觉是他们对产品的经验来源，日积月累的产品经验成为集体无意识中产品原型的基础，产品的符号感知则是每一次集体无意识产品原型在经验实践中的意义解释。这是使用者对产品从低级到高级的完整认知过程。

三种认知方式的内容可以形成设计师产品文本编写的三种符号来源，具体如下。

（1）设计师将使用者对产品的“知觉”与“经验”两种认知内容符号化后，可分别在产品系统内形成“直接知觉的符号化”与“集体无意识的符号化”两种新符号。这两种新生成的符号进入产品文本进行编写，形成一种较为特殊的修辞方式，设计师深泽直人（Naoto

---

59. 郭鸿：《现代西方符号学纲要》，复旦大学出版社，2008，第15页。

Fukasawa）在无意识设计中称之为“客观写生”。

（2）产品的符号感知是使用者对产品经验进行实践时获得的意义解释，它们属于产品系统内使用者对产品的符号感知。这些由产品经验被意义解释后形成的产品符号感知，在产品设计活动中会被设计师作为修辞两造中的符号来源，形成产品系统外部事物的文化符号与产品符号之间的双向修辞解释。通过两者间的意义解释，探索创新关于产品或外部事物新的符号感知，这是我们普遍使用的产品修辞。外部事物的文化符号，来源于我们对外部事物生活经验的意义解释，而形成外部事物经验的途径，以及我们对外部事物的直接知觉与间接知觉在日常生活中的积累。我们对外部事物的认知方式与对产品的认知方式是一致的，这并不代表“产品的认知方式”的特殊性，反而表明“产品”仅是我们认知的所有事物中的一种。

语言、符号、认知在产品设计符号学系统化构建中具有密不可分的关系。语言符号的意指关系可以表述使用群内部的社会文化规约，以及他们所有的认知内容。语言的思维模式指导影响着符义的理据性、符形的逻辑性，但语言终究不可能替代使用者与产品间的认知体验。结构主义系统内的符号意指来源，普遍修辞下的符号来源及形成方式，都应该在使用者的认知统摄下展开。

### 1.3.4 产品设计活动中对“后结构主义”的讨论方式

由皮尔斯符号学模式发展的后结构主义，是20世纪60年代在结构主义理论基础上反叛的产物，并在20世纪70年代开始广泛进入人文学科，至今已成为深刻影响和改变西方学术和思想面貌的一种理论思潮或思维方式[60]。后结构主义必须依赖结构主义进行讨论，这是因为“后结构主义”是针对结构主义反思后而觉醒的一系列思想，它甚至没有一个独立的名称，原因如下。

第一，后结构主义从结构主义脱胎后的反叛演变而来。从后结构主义的内容上来说，它同结构主义有着千丝万缕的联系，因而不能脱离结构主义去谈后结构主义，后结构主义必须经过结构主义来完成自身的定义，后结构主义理论中几乎没有一致的理论，但每一种理论都是从对结构主义的批判开始的。后结构主义者挑战结构主义，他们使用一个结构主义概念同另一个结构主义概念相对立的办法，来改造结构主义概念。后结构主义者和他们的结构主义

60. 汪民安：《文化研究关键词》，江苏人民出版社，2011，第110页。

前辈之间最明显的区别是他们放弃了结构主义的简化方法，声称它是一种能够解释所有文本的元语言，并且超越文本的中立全知观是不可能的。

第二，后结构主义本身的活动也否定了自己会有独立的定义。后结构主义者的活动热衷于把结构主义拆开讨论，对结构主义形而上学的稳定性、一致性展开批判。对于索绪尔的结构语言学，后结构主义者追求意义的无限发挥，以及不同的阅读方法带来不同的解释意义[61]。

结构主义符号活动的“主体性”是以文本意义有效传递为目的的思想交流，后结构主义符号活动的“主体性”则是文本意义的开放式解读。产品设计活动中存在“后结构主义”的方式有很多，可以说，但凡强调结构特征或强调系统性的设计活动内容，都存在具有针对性的“后结构主义”方式。

因此，笔者分别从产品文本传递活动中的“产品文本编写中的‘后结构主义’方式”与“产品文本解读中的‘后结构主义’方式”，以及“产品设计活动评价中的‘后结构主义’方式”这三方面进行讨论。

### 1.“后结构主义”对“结构主义”的反叛方式

法国后结构主义有三位代表人物的观点。第一，德里达（Jacques Derrida）的消解哲学是后结构主义的主要组成，他通过在结构内部提出质问，得到矛盾的实质，以突破结构的封闭与否定系统自定义的逻辑为路径，从而达到“消解”结构的目的。第二，米歇尔·福柯(Michel Foucault)则把后结构主义作为总体理论，越出语言、哲学、心理学的边界，扩大到社会与政治的领域作为后结构主义的发展论据。他首先通过断言权利与意志是一种独特的社会力量，去反对结构主义关于断言权利由结构决定的思想。第三，罗兰·巴尔特（Roland Barthes）在他的《符号学要素》一书中提出了“文本性”问题，他认为所有结构都可用于解释对象以及要解释的对象，因此没有最终的元语言。因为任何元语言都可以用另一种语言来解释，也就是说，任何元语言背后都有另一种元语言，这种语言经常被推迟。事实上，元语言的原始权威不断被破坏，由此不再存在所谓的元语言。

众多后结构主义者对于结构主义的反叛与革新有着各自的观点主张，徐崇温教授将后结构主义与结构主义的区别性及表现归纳为以下九个特征[62]。

---

61. 徐崇温：《结构主义与后结构主义》，辽宁人民出版社，1987，第244页。

62. 同上书，第278页。

（1）后结构主义致力于批判欧洲根深蒂固的形而上学传统，试图在客观性和理性方面确定人类认知模式和哲学研究模型，特别是基于尼采（Nietzsche）的理论，对构成黑格尔理论的各种形而上学命题进行彻底的批判。

（2）后结构主义希望强化并恢复被结构主义忽略的非理性和非伦理性事物。后结构主义对于结构主义在其自定义为“结构”的理性与次序中的自娱感到失望，希望把结构主义引领到或者是恢复到可以发挥主观的尝试。

（3）文本的逻辑性与非逻辑性、理性与荒谬的分水岭，来自结构主义与后结构主义对文本的逻辑态度。结构主义强调文本的逻辑性深究；而后结构主义则希望渗透到语言和文本的本质当中去，自然也就不去探究文本的逻辑性。

（4）结构主义者希望把语言学作为一种研究途径，并企图研究文学作品的形式与意义的“文法”，结构主义强调研究理论上的元语言，以此说明文法的各种现象和成立的意义；后结构主义者则反对这样的“文法”，认为这样的文法设定会产生自相矛盾的可能性，并尝试讨论这种规则可能被自身文本推翻的方式。

（5）结构主义者对结构的集合划分依据是，集合里的事物具有同质特征，同时结构的集合具有封闭性；不同性质的事物是后结构主义者比较关注的，他们主张将原有结构的封闭性向开放方式发展，以开放的结构容纳异质的事物，以此达到创造出多层次事物的目的。

（6）后结构主义者对事物的普遍结构是漠不关心的，他们更多的是讨论具有特殊性的文本结构，接收者阅读时的历时特征，后结构主义注重异质的存在，在他们看来人类社会的秩序、平衡、发展来源于文化上的各种差异；后结构主义反而认为导致人类社会敌对的根源，是结构中各种差异化的逐渐消失。

（7）结构主义者坚信系统的知识体系的可行性，而后结构主义者则对此表示怀疑。系统知识是与结构捆绑在一起的，后结构主义者对结构封闭性的反对，自然导致对与之关联的系统的怀疑。

（8）结构主义者强调总体性，而后结构主义者则坚持不懈地反对总体性。后结构主义者认为总体性会导致事物的停滞、思想的僵化保守，他们认为对结构稳定性与封闭性的坚持最终成为形而上学的局面，消除总体性有助于差异化的传播可能，避免社会秩序和文化思想的僵化与停滞。

（9）结构主义者认为文学作品具有一个内在的中心或结构；后结构主义者坚决认为没有

一个标准和绝对的真理，可以评价结构主义者所说的作品真理的绝对和准确意义。后结构主义者认为，文本的意义具有“无中心的系统”的特点，文本的诠释过程是一层一层不断地展开所指成分，而每一层又转化为另一个所指完成表意过程，诠释过程无穷尽。

德里达曾用一个形象的例子来说明后结构主义者对文本意义的认识：文学作品就像洋葱一样，每剥开一层都会获得不同的意义，洋葱没有内核，就像作品没有核心所指，更没有简约的本源一样，有的只是在剥洋葱时，每一层表皮的统一性和那层表皮所指的意义[63]。

### 2．产品文本编写中的“后结构主义”方式

从设计师对产品文本的编写方式而言，后结构主义的产品文本编写方式，是设计师文本编写时的主观意识“自由”，它带来使用者开放性的文本意义解读。

（1）主体间性（Intersubjectivity）是埃德蒙德·古斯塔夫·阿尔布雷希特·胡塞尔（Edmund Gustav Albrecht Husserl）提出的概念，指一个主体对另一个主体的意图推测与判定。主体间性有不同级别，一级主体间性是主体 A 对主体 B 意图的判断与推测，二级主体间性是主体 C 对 A 对 B 意图判断与推测的推测与评价[64]，此外还有三级、四级或更多级的主体间性（详见 10.3）。

产品设计是文本意义的传递过程，此过程存在设计师与使用者两个独立且自主的主体。设计师主体与使用者主体间的主体间性表现为：一是设计师通过对使用者“解释意义”的推测进行“文本意义”的编写；二是使用者通过对“文本意义”的解读展开对设计师“意图意义”的推测。两者可以称为一级主体间性。

结构主义产品设计活动中，设计师与使用者两个主体的共在关系依赖产品设计系统进行维系，产品设计系统是结构主义产品设计文本表意有效性的保障。产品设计系统内的各类元语言控制着设计师主观意识按照使用群文化规约界定的理据性进行文本编写，同时维系着系统所属的使用者在特定环境下对文本意义解读的逻辑性。

（2）而在后结构主义产品文本编写时，设计师的能力元语言不再受产品设计系统内其他元语言规约的控制，设计师个体主观意识与私人化品质可以在编写的文本中淋漓尽致地宣泄。设计师在编写产品文本时的主观意识自由，导致了使用者与设计师没有可以互通的系统规约，

---

63. 徐崇温：《结构主义与后结构主义》，辽宁人民出版社，1987，第 281 页。

64. 谢超：《洞朗对峙中的错误认知与危机缓和》，《国际政治科学》2020 年第 1 期。

因此使用者必定会借助其所在使用群的集体无意识经验与私人化品质相结合的方式解释产品文本的意义，所揭示的文本意义或许并非编写者所要表达的意图。

后结构主义产品设计活动的主体性是产品文本意义的开放式解读。许多后结构主义产品设计的意义解释，不仅仅依赖使用群集体无意识与使用者自身的能力元语言，使用者常会依赖由人类的文化整体规约组成的“元元语言”，这是人类社会文化最顶层的意义世界。在后结构主义的文本意义解释中“任何解释都是解释”的开放式解读，正是因为元元语言作为最后的解释屏障，提供了使用者各式各样的解释方向与解释内容。

（3）产品设计是普遍的修辞，也可以说，所有的产品文本的编写都是各种修辞格的文本编写。在产品设计常用的四种修辞格中，倾向组合轴表意的产品提喻与转喻由于在经验完形的认知机制上对产品系统的依赖，必定表现出结构主义的修辞文本编写方式。

倾向聚合轴表意的产品明喻与隐喻都有成为后结构主义文本编写的可能：一是通过设计师强制性建立起事物与产品间关联的明喻；二是设计师个体主观意识建立起的事物与产品间的心理相似性关联的隐喻。它们都是后结构主义的修辞文本编写方式。

反讽一定是后结构主义的修辞文本编写方式。这是因为，产品提喻、转喻、明喻、隐喻四种修辞格都力求修辞两造的符号对象异同衔接，都希望通过新符号进入产品文本编写后，保持原有的产品系统的完整性。但反讽始终针对产品系统的反叛，强调符号间在指称或意义上的排斥与冲突，希望依赖一个外部符号进入产品系统（或通过对产品系统内部符号的解构）后，要么借此对原有产品系统规约进行否定、瓦解，要么创造出新的系统类型。

### 3. 产品文本解读中的“后结构主义”方式

（1）产品符号不可能决定其自身的意义，产品符号的意义内容由环境、产品、使用群三者之间的关系所赋予，符号“意指”关系的符码由深层结构的使用群集体无意识所决定。在产品不变的情况下，环境或是使用群的改变，都会形成新的产品文本意义。因此，结构主义的产品设计活动必须以“共时性”为基础，任何“历时性”的解读都有可能成为后结构主义的解读方式。

这也表明，产品设计活动中的“结构主义”与“后结构主义”并非固定不变，结构主义产品设计可以向后结构主义进行转变，这种转变不仅取决于设计师对产品文本的编写方式。同时，产品是社会文化符号，这个符号文本必定会面对不同的社会文化环境，且被不同的人群解读。如文化语境发生改变，或解读人群发生改变，这时系统的稳定性与控制解读逻辑的作用丧失，文本意义的解读转向后结构主义的开放性，这些都会导致产品文本的后结构主义解读方式。

（2）使用者解读产品文本大致可以分为主体间交流、无限衍义、分岔衍义三种方式（详见 10.2.4）。

第一，结构主义表意有效性的主体间交流。可以达成设计师与使用者主体间交流的前提是：设计活动初期构建的产品设计系统在设计师编写文本与使用者解读文本上做到共同的文化规约控制。设计师与使用者双方必须互相承认对方是符号表意行为的主体，有意愿通过产品文本的编写与解读方式达成心理层面的意义交流。设计师将“意图意义”编排在使用者解读文本的落点位置，使之成为“意图定点”，便于使用者顺利、便捷地有效解读。

第二，跨越系统或层级在概念上的无限衍义。使用者在解读过程中无限衍义的实质是，跨越符号文本的系统或者层级关系造成讨论的文本在概念上的转换，即偷换概念。这是一种通过上下层级的系统间或层级间的概念跳跃转换，而形成的后结构主义文本解读方式。

第三，分散或转换概念的分岔衍义。使用者有意或无意地绕开或回避设计师编写进产品文本内的“意图意义”内容，转而对文本内其他符号内容进行解释的方式。使用者以分岔衍义的解读方式对文本其他内容展开解释，此时具有对文本开放式的意义解释特征，我们可以认为它是一种后结构主义产品文本解读方式。

#### 4. 产品设计活动评价中的“后结构主义”方式

除了设计师与使用者之间的文本意义传递，产品作为文化符号必定会置身于社会文化环境中，接受社会各群体以不同层级的方式解读与评价，形成多层级的主体间性。各层级的主体间性是各级主体按照自身所建立的文化规约系统，对上一层级主体间性所形成的文本的评价或解释，它们皆是后结构主义的文本解读方式。其中，二级主体间性是对产品设计活动最直接的评价，之后的各级主体间性都以上一级为基础，形成文本意义的衍义、文本内容的扩散、蔓延。

二级主体间性是不同的解读者对产品设计活动的评价，这已是后结构主义的解读方式。但设计师可以在设计活动初期，通过 “产品设计系统”与“产品评价系统”的双重构建，达到对二级主体间性的控制（详见 10.4.3），使之成为结构主义的产品评价方式。

此外，设计师可以对伴随文本进行控制，在原有系统上建构向伴随文本扩散的新系统，以弥补产品自身文本表意有效性的不足。伴随文本与产品文本组成的“全文本”表意方式同样可以达到结构主义的表意效果。

**5．不能以结构主义与后结构主义进行“产品”与“艺术”的区分**

（1）国内部分学者简单地认为产品设计是结构主义的，而后结构主义是艺术的范畴，于是避而不谈产品设计中的后结构主义。其实，产品设计与艺术活动都有利用文化规约传递文本意义的一面，也有反叛既有系统结构、文化规约，进而获得文本意义开放式解读的一面。因此，结构主义与后结构主义划分的依据是文本传递过程中符号活动“主体性”的差异，而不是文本的类型、体裁所属的领域差异。

同样，从文本意义的表达内容出发对产品与艺术进行强行分类也是没有必要的，那些认为产品表达的内容必须是功能化的生活经验，否则就属于艺术范畴的论调是极为肤浅的。正如杜威认为艺术与日常生活经验具有连续性一样，设计与艺术之间也存在由经验搭建的连续性。

（2）用结构主义与后结构主义简单粗暴地将产品设计活动分为“结构主义产品设计”与“后结构主义产品设计”的研究范式不但会显得笼统，而且不负责任。尽管大多数产品设计是倾向结构主义的，因其以意义有效传递为目的，尤以商业化产品设计更为突出，但当设计师主观意识逐步参与设计活动，产品倾向艺术化表意后，文本意义的开放式解释便会出现，导致后结构主义的倾向开始抬头。另一方面，在艺术活动中，如果艺术家利用观者的集体无意识经验来保证艺术作品的情感意义有效传递，则又会具有结构主义的倾向。

以上两点可概括为：结构主义不是产品设计的特权，而是文本的意义希望被有效传递的特权。同样，后结构主义也不是艺术家的特权，而是所有个人主观意识需要表达的特权。

## 1.4 符号学介入产品设计研究的两种模式与五个方向

自20世纪80年代以来，符号学已普遍介入设计活动的各个领域研究，目前国内符号学与产品设计结合的研究方式主要有两种模式、五个方向（图1–5）。

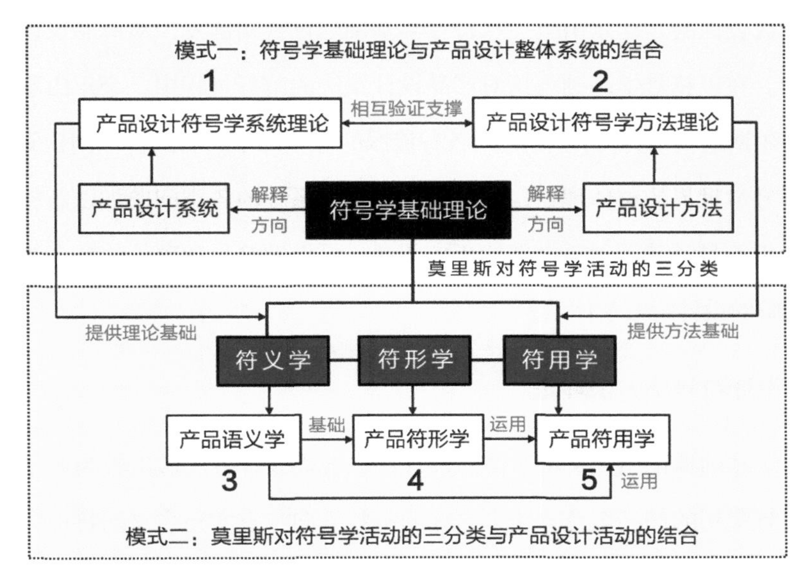


图 1-5　符号学与产品设计结合的两种模式、五个方向

## 1.4.1 模式一：符号学基础理论与产品设计整体系统的结合

塔尔图 – 莫斯科符号学派的超大符号文本观，把人类创造的各种文化看作各有功能的多种语言的综合，符号学被看作确定人与世界之间各种关系的体系。他们甚至认为 人是文本，整个宇宙也可以是文本，把所有可能成为符号携带意义的感知都看成是文本[65]。任何人文社科研究领域都可以在“大局面”符号表意的文本内构建各自研究层级的结构模型。由此可见，符号学基础理论可以被视为一个“超大文本”，当产品设计系统借助符号学进行讨论时，其实质是符号学基础理论超大文本对产品设计超大文本的意义解释，它可分为两个方向：（1）产品设计符号学系统理论；（2）产品设计符号学方法理论。具体分析如下。

### 1. 产品设计符号学系统理论

这是符号学基础理论超大文本对产品设计系统的解释，已形成较为完整且成体系的产品设计符号学系统理论，它不但作为完整的系统理论独立存在，同时为产品设计的符义学、符形学、符用学提供理论基础。

---

65. 管月娥：《乌斯宾斯基与塔尔图–莫斯科符号学派》，《俄罗斯文艺》2011 年第 1 期。

国内最具代表性的是李乐山教授从符号学基础理论视角出发，对产品设计系统做出的较为详细的解释。在以符号学基础理论对产品设计系统的解释过程中，李乐山避开了索绪尔语言符号学与皮尔斯逻辑–修辞符号学之间各种流派的理学纷争，将两种不同认知模式的符号学体系统一为符号学世界的整体理论，以此对产品设计系统的各类问题加以解释。设计学研究者没必要沉迷于符号学基础理论内部的历史纠葛，可借助符号学理论的整合与统一，构建可以被设计界理解的设计符号学体系。

#### 2. 产品设计符号学方法理论

这是符号学基础理论超大文本对产品设计领域各类设计方法做出较为实用主义的解释，获得较为全面且实用的产品系统方法，这样的解释方向具有实用主义的特征，为符形学、符义学、符用学提供了设计方法的研究基础。最为典型的研究成果是张凌浩教授的《符号学产品设计方法》一书，此书将产品作为携带功能与表意的符号对象，与使用者、环境产生种种的关联而获得可以被解释的意义，以此展开产品设计活动的符号学研究。

从符号学基础理论介入产品系统的两种方向有着共同的特点：系统性与通识性。因此这类研究大多成为高等院校设计类专业产品设计符号学系统教材的内容，在教学与实践中发挥有效的指导作用。

### 1.4.2 模式二：莫里斯对符号学活动的三分类与产品设计活动的结合

莫里斯在1938年对符号学活动内容的划分，因为得到符号学界的一致认可，一直沿用至今。莫里斯继承了皮尔斯符号学，并开拓性地把符号、行为与环境结合起来，以经验主义、实用主义、逻辑主义为基础，对符号学领域按照符号的活动内容进行了三种关系的划分：（1）符义学，符号与对象之间的关系；（2）符形学，符号与符号之间的关系；（3）符用学，符号与解释者之间的关系[66]。

为对产品设计领域的符号学研究范畴进行细分，以及做进一步的深入讨论，设计学界已普遍对应莫里斯的符号活动的符义学、符形学、符用学三分类展开第二种模式的研究，并呈现以下三个研究与实践方向：（1）产品语义学；（2）产品符形学；（3）产品符用学。

66. 张良林：《莫里斯符号学思想研究》，博士学位论文，南京师范大学，2012。

### 1. 产品语义学

首先要表明的是，符义学在产品设计活动中也叫产品语义学。产品语义学已是产品设计符号学的重要组成部分，自20世纪50年代提出，经历了近70年的发展历程，无论在国际还是国内均已形成较为完善的产品语义学理论。

（1）产品语义学的研究任务

在莫里斯的符号活动理论中，符义学涉及的问题是符号与符号所适用的对象之间在修辞解释时的关系，即皮尔斯逻辑–修辞符号学理论中，一个三元符号结构（对象–再现体–解释项）中的“解释项”与另一个三元符号结构中的“再现体”在修辞解释时理据性的关系问题[67]。符义学首先要讨论的是意义是如何产生的，以及意思被接收者接收后成为意义的实现方式：感知、接收、解释[68]。“符义学”与产品设计相结合形成的产品语义学，讨论产品设计中符号文本与对象之间的关系，以及设计修辞的理据性问题。

产品语义学是在符号消费兴起的时代背景下发展起来的一种设计方法理论。国内产品设计领域常有将“语义”与“语意”混为一谈的现象。江南大学刘观庆教授1993年率先在国内开设“产品语义”课程，笔者在几年前曾与刘老师就这一现象有过一次交谈。交谈中他认为，如果讨论产品设计所要表达的文本意义或文本思想层面的问题，应当选用“语意”一词；如讨论产品的对象与产品文本意义间的意指关系，以及外部文化符号与产品文本间解释的理据性问题，则是符义学的研究范畴，应当选用“语义”一词。这是因为，产品语义学作为一种有效的系统方法，不可能仅仅讨论文本表意的最终意图，而是更多探讨产品对象与意义间的关系、修辞两造符号意义解释的理据性等诸多问题。因此，产品语义的研究范畴是创建产品整体性意指关系的系统研究，在设计研究与实践中，“产品语义”比“产品语意”更为准确。

（2）国内日渐成熟的产品语义学研究体系

产品语义学自20世纪90年代初进入国内的设计教育，迄今已有30多年，现已成为众多设计院校的课程内容，产品语义研究书籍与论文也陆续出版发表。

虽然产品语义学在国内外已有完整的理论体系，但国内的产品语义设计实践滞后于产品语义的理论研究。究其原因：一是，国内设计院校教学水平及教师能力参差不齐，导致设计

---

67. 保罗·科布利：《劳特利奇符号学指南》，周劲松、赵毅衡译，南京大学出版社，2013，第395页。

68. 胡易容、赵毅衡：《符号学–传媒学词典》，南京大学出版社，2012，第73页。

教学的语义实践呈现肤浅的修辞层面；二是，社会大众群体对设计语义的文本表意的接受程度，始终处于直接对象表意或明喻的修辞方式阶段。后者是主要的因素。

目前，在没有新的理论产出的情况下，国内产品语义学的理论研究暂告一段落，主要任务由理论研究转为指导具体的设计实践，并以教材的形式在国内设计院校普及推广，国内设计院校普遍开设产品语义或与之相关的课程。国内日渐成熟完善的产品语义学理论研究，逐步实现由“符义学”的理论身份向“符用学”的方法工具身份转变。

## 2. 产品符形学

符形学与产品设计结合而形成的产品符形学，是在符义学讨论的符号间意义理据性修辞解释的基础上，分析一个外部事物的文化符号与产品文本内相关符号在修辞中的组织结构关系，以及在系统规则下的文本生成，还包括设计师对修辞文本的改造达成修辞格文本间依次渐进的转化关系。目前国内符形学的理论研究较为缺失，更缺乏有效的课题实践。

（1）符形学的研究任务

皮尔斯逻辑-修辞符号学认为，一个符号的意义必须通过另一个符号加以解释，这个解释的过程就是普遍修辞。修辞活动中符号与符号间修辞解释的实质，是两个符号各自所在系统间局部概念的交换或替代。在莫里斯的符号活动理论中，符形学讨论的是一个符号体系与另一个符号体系之间的修辞关系。这种关系讨论最多的是符号与符号在修辞解释的过程中，两者系统规则的组成形式，以及修辞过程中两个系统间符号指称的改造与协调；普遍修辞活动中，对修辞文本的媒介、渠道、载体的研究；同时，关于伴随文本和双轴关系等的讨论，也都属于符形学研究范畴。可以说，修辞文本具体的编写工作以及文本意义的传递方式都必须依赖符形学进行讨论。

赵毅衡认为符形学着重讨论三个方面的问题。第一，符形学讨论和研究的是遵循符号学基础理论的符形规则，即使是跨学科的其他领域或是实际的研究课题也是如此。第二，符形学研究讨论的是各级符号如何成为系统符号联合体的问题，即个别符号的形式、结构现象，与普遍适用性形式、结构规律之间的问题。第三，符形学研究讨论的是一个符号被解释为另一个符号的逻辑结构关系[69]。随着结构主义符号学研究领域的逐步拓展，对符形的定义转为各种符号的形式与结构。符形学的研究领域很广泛，不单单指符号学基础理论的符形研究，也

---

69. 胡易容、赵毅衡：《符号学-传媒学词典》，南京大学出版社，2012，第 72 页。

包括跨学科的感知符号、艺术符号、具体使用符号的研究。

（2）依赖符义学作为基础的符形学研究模式

产品符形学的研究必须依赖符义学对产品符号感知的有效解释作为内容与基础。本书的许多内容以符形学为主要的研究路径，并非抛弃符义学对符号与产品间的理据性意义解释。相反，皮尔斯的普遍修辞理论已明确表明，任何产品设计的文本编写都是外部事物文化符号对产品文本内相关符号的修辞解释，讨论任何产品文本的编写活动，都必须依赖符义学讨论符号间意义解释为基本内容而展开。因此可以说，以符形学为路径的研究方式，是建立在符义学对符号间意义解释为基础的结构描述上。通过这样的描述寻找出符号间意义解释的普遍适用性规律，修辞文本编写的结构形式，修辞格文本间依次转化的可能性等诸多实践工具，这是产品符形学在设计实践中的研究目的，也是本书讨论的主要内容之一。

本书的目的是以设计实践的视角提出各种行之有效的产品设计符号学实用化理论工具，因此符形学是符号学基础理论与产品设计实践结合的唯一路径。

（3）国内产品符形学研究的缺失

国内的设计教学普遍用符义学为基础发展起来的产品语义学对产品修辞进行分析。对普遍修辞的产品文本研究如果仅依赖产品语义学，仅停留在文本修辞表意的解释，以及修辞表意的有效性讨论上，则无法从结构层面分析其符号间编写的各种方式。

产品符形学研究在国内一直是缺失的，因为其理论研究必须以丰富的设计实践作为归纳与讨论的基础，国内设计理论与设计实践严重脱节，势必造成设计符形学研究的缺失。产品符义学的研究，需要以研究者对经验的感知解释能力为基础，这是大多数设计理论学者都可以驾驭的；但产品符形学的研究不仅需要以产品语义学对修辞两造的理据性关联分析为基础，同时需要具备丰富的设计实践经验。因此，那些试图进行产品符形学研究的学者，如果没有丰富的产品文本编写实践经验，是没有办法深入展开研究工作的。

### 3. 产品符用学

（1）符用学的运用范围

莫里斯认为符号学的主要目的是探究符号与其使用者之间的关系，凡是探讨这一关系的研究都称为符用学[70]。莫里斯在符号活动分类中认为，但凡涉及符号的发送者与接收者、符号

70. 保罗·科布利：《劳特利奇符号学指南》，南京大学出版社，2013，第366页。

的发送意图与接收者的解释意义、符号发送时的语境元语言、接收者解释符号后所发生的行为以及功效，都将纳入符用学的范畴[71]。由于符用学所涉及的范畴极为广泛，也极易成为其他研究领域的理论操作工具，以至于很多学者认为，符用学已成为当代符号学应用领域的一个超级后备箱，所有符形学、符义学无法解决的问题，都会被放置其中[72]。

（2）广泛的设计实践及研究现状

当代产品设计趋势已由消费产品功能转向消费产品的符号意义，这就不能不求助于符号学的参与。因此，产品符用学的应用领域非常广泛，凡是可以与消费者产生意义解释的设计领域，凡是可以与消费者具有共时性的文化讨论，凡是消费者对设计的认知评价及功效，都属于产品符用学的领域。尤其在本科及硕士研究生的毕业论文中，很多设计项目都从符号学入手展开讨论。但遗憾的是，大多数的设计项目仅仅是将符号学作为穿靴戴帽式的点缀，并无任何深入研究或推进。

## 1.4.3 皮亚杰的“图式”概念对产品设计符号学研究的作用

### 1. 图式对研究认知表达及结构主义众多转换规律的作用

康德最早提出图式（Schema）的概念，他认为图式是隐藏在内心的一种逻辑形式，是事物之间的认知结构，以此作为人们处理事物的技能。

瑞士心理学家让·皮亚杰（Jean Piaget）对哲学研究的贡献除了提出“有机论”结构主义理论之外，另一贡献是在研究心理学结构的过程中提出的“图式”概念。皮亚杰以实验的方式确定了图式的新定义，并得到学界的一致认可：图式是人类在相同、相似环境中，因重复活动而概括出来的行为动作的组织结构，它的特点是能从一种情景转移到另一种情景加以普遍运用、分析比较。图式强调的是人类对于某类型活动建构的相对稳定的行为模式与认知结构。因此，图式是行为模式、认识结构的呈现方式。皮亚杰甚至认为其研究的“有机论”结构主义就是由众多整体性的转换规律构成的图式体系[73]。

作为现代认知领域的图式，在系统方法研究中的作用与价值体现为以下四点。

---

71. 胡易容、赵毅衡：《符号学–传媒学词典》，南京大学出版社，2012，第 74 页。
72. 保罗·科布利：《劳特利奇符号学指南》，南京大学出版社，2013，第 367 页。
73. 石向实：《皮亚杰的图式理论》，《内蒙古社会科学》1993 年第 4 期。

（1）发生、发展于主体和客体之间相互作用的组织活动，图式是它的认知“形式”或“结构”。图式不是物质形式，而是以动态结构的有机方式存在。

（2）图式是主体内部的心理活动，或一种动态的、可变的认知组织结构，它是人类认知活动的起点以及活动的核心依据，人类依赖图式有目的、有选择地对客观刺激做出反应。

（3）图式是思想成为方法的有效途径，图式组成认知结构、大脑对客观信息选择处理等一系列活动即是认知图式。图式有组织、可重复的行为模式及心理结构在当今系统论的各领域研究中运用极为广泛[74]。

（4）一方面，图式具有相当的稳定性，一旦形成就不会改变；另一方面，图式还具有程序般的激发性，一旦认可被启动就会以方法、工具的方式被持续执行。所有新的认识都是在某一图式基础上获得的，因为图式为新的信息加工提供基础加工模式，在原图式的结构基础上，新信息被添加更新，形成新认识。

### 2. 产品设计符号学抽象思维以符形学的图式得以具象表达

皮亚杰认为图式是个体的认知与知觉对世界的反应方式，图式可以被看作是心理活动或组织结构，它是认知的起点和核心，有了图式，主体才能对客体的刺激做出反应。同样，图式使抽象的系统概念成为具有相互关系的可能，也是思想成为方法论的有效途径。理论界也普遍认为，皮亚杰“有机论”结构主义本身就是以图式的形式对结构的组成与关系所进行的描述。

结构主义产品设计依赖图式进行讨论才具有直观有效的表达效果；产品设计符号学研究的理论成果，只有通过图式的表达才能做到理论的实用主义工具化，只有依赖图式的表达才能真正进入具体的实践活动，进行有效的产品文本编写指导。产品设计符号学的研究体系与研究内容，也只有依赖符形学的图式表达才能得以系统化的构建。具体分析如下。

（1）对于结构主义产品设计而言，以符形学图式为基础讨论系统的结构与特征，才能准确地分析文本编写的结构组成与工作原理。符形学的图式作为表述工具，可以有效地落实到文本编写操作的细节。产品设计的表意所牵涉的符号学内容丰富繁杂，外部文化符号与产品文本间有多少修辞表意的方式与类型，就会有多少符形学可以进行图式研究的方向。图式对各类文本编写与表意类型的研究与聚焦方向的选择的影响，成为研究结构主义产品设计系统的整体性、系统化的关键。

---

74. 蒋永福、刘敬茹：《认知图式与信息接受》，《图书馆建设》1999年第10期。

（2）图式不是针对具体某一项设计活动的方法讨论，而是将各类方法建构成为图式的关系，并以人文主义的质化研究方式，凭借实践经验对它们进行有效的分类，成为类型分类、方法细分的依据，这些方法细分中的符形分析图式会作为所有此类设计活动的指导。在产品设计符号学系统化构建的过程中，以符形图式讨论设计方法的文本编写流程、符号间指称相互修辞的关系是最为恰当的。

（3）产品设计系统是以使用群集体无意识为基础的各类元语言搭建而成的，它以抽象思维具象化的表达形式呈现出设计师文本编写的思维方式、设计师与使用者之间心理交流的过程。设计师的能力元语言以不同的方式介入产品设计系统内，与各类元语言形成不同的交集，形成文本编写与解读方式的各种差异，这些编写与解读的不同对应关系，需要依赖符形学进行图式化表述。

（4）法国数学家勒内·托姆（Rene Thom）不仅把图式看作是对实体之间基本的时空相互作用的抽象再现，他还将图式看作是可以通过感知提取出来的事物本身的结构框架[75]。产品设计是普遍的修辞，修辞从文本编写方式而言，是外部事物的文化符号在产品文本内的指称改造，以及与产品系统规约不同的协调统一方式。对始源域符号的指称进行不同方式的改造，会形成不同的产品修辞格文本，这些也必须依赖符形学加以图式化表述。

最后可总结为：符形学图式是对产品符号活动中，结构规则、编写规律等一系列抽象思维活动的可视化总结。以符形学为研究路径，以图式作为表述方式，是产品设计符号学系统化构建的必然选择。

## 1.5 本章小结

两种符号学的基础理论内容庞大，作为理论工具所涉及的适用范围极其广泛。如果将两种符号学基础理论比作“电工工具箱”与“木工工具箱”，那么一栋房屋的搭建必定需要两种工具箱中的各个工具混合使用。这就要求产品设计符号学的研究者与教学者厘清以下几点。

1. 符号学对产品设计活动的解释是其理论工具化的唯一途径

对皮尔斯普遍修辞理论以及塔尔图－莫斯科符号学派的超大符号文本观而言，两种符号

75. 保罗·科布利：《劳特利奇符号学指南》，南京大学出版社，2013，第63页。

学理论对产品设计活动的研究，是前者的部分内容作为始源域，对后者目标域部分内容的解释活动。产品设计活动作为与符号学结合的主体，两种符号学理论对其进行的分析解释，是符号学理论在产品设计活动中得以“工具化”的实质。

2. 符号学众多理论工具在产品设计活动中的适用性及有效性选择

就如同修辞活动那样，符号学对产品设计活动的解释是多样化的。其讨论的结果必定是实用主义的工具化总结。这就需要我们熟知两种符号学“工具箱”中的各种理论工具的使用范畴，方可选到最为有效的理论工具来讨论设计问题。工具不存在对与错之分，而应以适用、有效的角度进行评判。

3. 产品设计符号研究与教学需要专业老师担当

产品设计符号学教学任务必须要由具有丰富设计实践经验的教师担当。产品设计是应用科学，几乎所有的设计理论都是外部学科对其的分析解释。也正因如此，两种符号学理论必须对产品设计活动的内容产生有效的解释，解释的过程是设计专业教师将符号学理论与产品设计活动在自身知识系统里的进行化学反应过程。这个过程不应该是简单的学科间知识体系的物理叠加，否则符号学只会是让学生们昏昏欲睡的文化选修课，而不可能成为在专业的必修课中担当设计实践的理论指导工具。专业教师对产品设计符号学的教学及研究过程，也是对自身设计经验进行理论化梳理、系统化归纳与修正的宝贵机会。

4. 不要妄想符号学能创造新的设计方法与新的设计理念

符号学就是意义学[76]，通过符号文本间的意义解释探究真相。符号学对产品设计活动的研究任务是对产品文本表意的有效性、文本修辞编写、意义解读方式等一系列相关问题，以符号学视角做出清晰的解释。产品设计活动中被解释的内容必定是那些已经存在的经验、方法、思维、理念等。因此符号学介入产品设计活动不可能创造出新的设计方法、设计理念，但给现有设计方法与设计理念以清晰化的解释，是提出新方法与新理念的基础前提。

本章最后要讲的是，符号学介入产品设计活动，以及本书对产品设计符号学系统化构建的目的，是希望符号学理论可以在有效地对已有的产品设计方法与设计理念做出系统化的清晰解释后，成为指导设计实践的有效理论工具，否则符号学仅仅是躺在索绪尔与皮尔斯论著中的一堆印刷文字。

---

76. 赵毅衡：《符号学原理与推演》，南京大学出版社，2016，第1页。

# 第 2 章

# 结构主义产品设计系统的构建

任何以文本意义有效传递为目的，以传递活动为讨论内容的符号活动，都属于结构主义研究的范畴。结构主义符号活动的主体性是文本意义的有效传递。结构主义产品文本表意的有效传递也是设计师与使用者通过编写与解读产品文本而进行的心理层面的意义交流。达成交流，需要同时满足以下三个条件：（1）设计师编写文本与使用者解读文本受到产品设计系统内各类元语言文化规约的共同控制，这也是本章主要讨论的内容；（2）设计师与使用者双方必须互相承认对方是符号表意行为的主体，有意愿通过产品文本的编写与解读方式达成心理层面的意义交流，这是第 10 章着重讨论的内容；（3）设计师将“意图意义”编排在使用者解读文本的落点位置，使之成为“意图定点”，便于使用者顺利、便捷地有效解读。

产品设计是设计师服务于使用者的文本编写活动，设计师是设计活动的主导，当其编写文本时，使用者不会在场。因此，设计师不可能与使用者以“双方约定”的方式进行产品文本的表意，也不可能通过产品文本的编写去改变使用群的文化规约。为了让编写的产品文本可以被使用者有效解读，设计师就要在设计活动之初构建以使用群文化规约为基础的“产品设计系统”。只有这样，设计师对文本的编写，与使用者对文本意义的解读，才能达成在文化规约上的一致性，这就构成了设计师与使用者之间进行文本意义传递的产品设计系统。

产品设计系统是由以使用群集体无意识为基础的各类元语言构建而成的，系统内的各类元语言分为三类（四种）：（1）语境元语言；（2）产品文本自携元语言；（3）使用群能力元语言与设计师能力元语言。每一次产品设计活动，设计师都会根据“环境 – 产品 – 使用群”三者关系构建不同的产品设计系统，一旦环境、产品、使用群三者关系确定，产品设计系统内的各类元语言也就随之确定下来，并在整个设计活动中不再更改。

设计师是设计活动的主导者，设计师能动性地改变其能力元语言，并与系统内各类元语言进行不同的协调统一，形成产品表意方式从结构主义的精准、有效，直至向后结构主义文本意义开放式解读的转向。可以说，所有产品文本的编写与解读，都是在产品设计系统内各类元语言的调控下达成的协调与统一的结果。

构建结构主义产品设计系统对设计师而言的根本任务与最终目的有以下四点。

1. 产品设计系统在结构主义产品设计活动中，要求设计师必须按照系统内的三类元语言规约进行产品文本的编写，这样使用者才能有效解读。这是对符号文本发送者按照接收者那一端所做出的文本编写规约的限定。当然，产品设计系统内的各类元语言本身就是以使用群集体无意识为基础构建而成，因此使用者也会依赖产品设计系统内的各类元语言对产品文本进行意义解读。

2. 在结构主义产品设计活动中，设计师以“佃农”的身份介入产品设计系统进行文本编写。为达到产品文本表意的有效性，设计师在文本编写的过程中，需要服务、受控于系统内的各类元语言规约，设计师个体主观意识与私人化品质也要受到系统规约的控制与协调。

3. 正如皮亚杰所认为的，结构具有“转化的概念”，为了避免静止的恒定状态，结构必须具备开放状态的转化程序。新的元素进入结构成为新的组成，结构以此不断地补充和调整[1]。产品设计系统的结构同样具有“转化的概念”，它具有对系统外部设计师个体主观意识与私人化品质进行判断、筛选，并做出适切性修正的有机特征。

4. 当然，如果设计师个体主观意识与私人化品质无视产品设计系统内元语言规约的控制，便会呈现后结构主义文本意义“开放解读”的特征。产品设计系统对设计师主观意识的不同协调与控制方式，形成了不同的产品文本编写与表意类型，产品设计活动表意的丰富性也由此而产生。

## 2.1 结构主义及其运用价值

20 世纪 60 年代，索绪尔语言符号学在各人文社会科学领域的运用与推广，为当代结构主义思想奠定了坚实的理论基础，并为对它的继续深入研究提供了正确的模式及方向。在那段时期，结构主义与符号学可以说是同一种运动的两个不同的名称，因此目前一些学者将“符号学”等同于“结构主义”。

法国人类学家和社会学家列维－斯特劳斯是“系统论”结构主义的倡导者，他认为结构主义的核心问题不是“结构”，而是“系统”。系统不是各成分的简单累积，而是各成分相互关联构成的整体，系统大于各成分之和。一个新的组分进入系统，除了自身的功能外，它

1. 让・皮亚杰：《结构主义》，倪连生、王琳译，商务印书馆，2010，第 3-10 页。

还获得了“系统功能”[2]。系统内有两种结构：（1）组分与组分之间的组合关系为“表层结构”，（2）控制组分之间意义解释的规则为“深层结构”。列维-斯特劳斯通过人类学的研究方式指出，深层结构中控制系统的规约来自系统所属群体日积月累而形成的集体无意识。深层结构是系统内规约的重要组成和结构的维系方式。结构主义研究必须承认深层结构是系统控制和重组的力量[3]。

## 2.1.1 索绪尔为结构主义研究奠定了理论基础

古希腊哲学家亚里士多德（Aristotle）认为“结构”是由形式、质料、目的、动力四种因素组成的，其理论也称为“四因说”。他认为事物是“质料”与“形式”的结合，不存在没有“质料”而存在的“形式”，也不存在没有“形式”而存在的“质料”。“形式”是事物“目的”和“动力”的原因，它是事物的本质。所以我们日常生活中将“结构”看作支撑一种客观形态的支架。这是狭隘的“形式主义”结构观，它已被当今哲学界所摒弃。“结构”的概念要求人们必须用抽象的范畴去表示。

### 1. 结构概念的哲学定义

列维-斯特劳斯强调“结构”与“模式”是有区别的：结构虽然都要通过模式加以直观理解，但两者概念完全不同。结构是一种抽象的、真实的存在，它存在于无意识基础上建立起的各种规则之中；而模式是向大家解释“结构”的示意方式。

列维-斯特劳斯试图纠正亚里士多德“四因说”中形式占主导的倾向，他认为：（1）任何事物的具象与抽象、内容与形式只有通过结构才能达到统一；（2）结构不同于直观的形式，结构是抽象的理性化存在，它需要我们对事物进行理性化再认识后才能获得；（3）结构高于具体的存在和经验，哲学范畴的“结构”摒弃了其词意原有“架子”“形式”的形象化概念；（4）结构主义者否定以往哲学界将人类的认知能力归为感性与理性的对立，而是用“结构”的方式去描述主观与客观的各种现象，把研究的范围缩小在对结构的研究上[4]。

---

2. 赵毅衡：《符号学原理与推演》，南京大学出版社，2016，第 66 页。

3. 同上书，第 67 页。

4. 渡边公三：《列维-斯特劳斯：结构》，周维宏等译，河北教育出版社，2002，第 5 页。

首先，列维–斯特劳斯从系统性出发，将结构定义为：（1）结构展示了一个系统的特征，系统由若干组分构成，任何一个组分的变化都会引起其他成分变化，结构是组成要素之间关系的总和，这种关系在一系列的变形过程中保持着不变的特性；（2）任一模式都可以排列出同类型一组模式中产生的一个转换系列，这使得结构能预测到如果某一组分发生变化，模式将如何反应，因而结构使一切被观察到的事实都可以被理解。

赵毅衡对以上两点的总结为：解读者对符号意义的解释必须依赖符号所在的系统以及系统所处的环境；不能纳入系统的符号，无法被系统储存，无法在系统内传递，无法通过系统的规约被理解[5]。由于“系统性”结构概念的普遍适用性，列维 – 斯特劳斯始终不愿将结构概念置于哲学流派的范畴，而是坚持认为对结构的研究是所有人文社科领域，甚至科学领域的一种有效的方法论。

其次，“有机论”结构主义倡导者皮亚杰对结构的定义为：由具有整体性的若干转换规律组成的一个有自身调节功能的图式体系[6]。《应用符号学》一书中将“结构”定义为：结构就是连接相互依赖的元素的关系网，讨论结构不单是讨论结构的式样与组成内容，更多的是探讨连接结构各组成间的规则[7]。法国社会学家雷蒙·布东（Raymond Boudon）强调对结构主义文本的讨论内容主要应关注两点：一是在结构主义的本文编写系统中，相互作用形成结构整体的各个组成；二是这些组成之间相互作用的关系和规则[8]。

正如本章一开始所提到的，很多学者经常会将“符号学”与“结构主义”相等同，因为两者有着共通的特质：关注事物与事物的关系，而不是事物本身；它们甚至不去考虑元素的结合是否传递意义，而只注重元素间的关系在规则下的构建方式。

### 2. 语言符号学为结构主义奠定了理论基础

结构主义主要发源于索绪尔的语言符号学和列维 – 斯特劳斯的人类学，并扩展到哲学和整个人文社会科学领域，为它们的研究与变革带来强大的力量。

索绪尔的语言符号学为当代结构主义思想奠定了坚实的理论基础，并为结构主义继续深

---

5. 胡易容、赵毅衡：《符号学–传媒学词典》，南京大学出版社，2012，第 105 页。

6. 让·皮亚杰：《结构主义》，倪连生、王琳译，商务印书馆，2010，第 8 页。

7. 斯文·埃里克·拉森、约尔根·迪耐斯·约翰森：《应用符号学》，魏全凤、刘楠、朱围丽译，四川大学出版社，2018，第 15 页。

8. 同上书，第 16 页。

入研究提供了正确的模式及方向。他在语言符号学中摒弃了对主体客观的实在观点，认为主体是一种关系，这种改变源于当时对于整体与结构化认知的兴起。索绪尔于 1906 至 1911 年期间在日内瓦大学做了系列讲座，根据学生笔记汇编而成的《普通语言学教程》于 1915 年出版，在书中索绪尔提出了语言学研究的三种新观点。

（1）语言学的研究对象为共时性的语言，语言研究的适用性以共时为基础前提，因此不应过多研究语言的历时性问题，同时也不应只研究语言的各要素，而应该更多研究各要素之间的关系[9]。

（2）在共时语言学的框架内构建语言系统理论。“系统论”是索绪尔具有独创意义的贡献，也是其共时理论思想的核心。他认为任何一种语言应当被看作一个完整的形式、一个统一的领域、一个自足的系统来研究。这是之后的所有结构主义者所坚持的研究原则。索绪尔认为事物本身真正的本质不存在于事物本身，而存在于事物之间的关系中[10]。

（3）提出结构主义符号学思想，为结构主义和符号学的系统研究奠定理论基础。他提出，语言符号的连接不依赖于事物的名称，而是依赖于“概念”和“声学图像”。“能指-所指”的语言符号结构否定了有意识的词语现象研究，转而向无意识的词语间的关系结构展开探索。

法国思想界沿着索绪尔的语言结构主义继续发展出了两个方向：一是以雅克·拉康（Jaques Lacan）和罗兰·巴尔特等人为代表，拓展到思想、行为、文化和社会现实之间复杂相互关系的新符号论研究；二是由列维－斯特劳斯推进至社会人类学的研究领域，创造性、系统性地提出了适用于各类人文社会科学领域的结构主义理论和方法。所有这些在索绪尔语言学基础上的发展与运用都具有一个共同特征：只关注各种社会文化现象之间的关系，而不去过度研究这些现象的本质，以及它们历时性的发展[11]。

## 2.1.2 皮亚杰“有机论”结构主义

皮亚杰是“有机论”的结构主义者，但他将自己的结构主义研究称为方法论结构主义、普遍结构主义、真正的结构主义[12]。他总结的结构三大概念特征被学界普遍认可。

---

9. 索绪尔：《普通语言学教程》，高名凯译，商务印书馆，1980，第 121 页。
10. 索绪尔：《索绪尔学说在中国的接受》，徐今译，武汉大学出版社，2017，第 6 页。
11. 丁尔苏：《符号与意义》，南京大学出版社，2012，第 9 页。
12. 让·皮亚杰：《结构主义》，倪连生、王琳译，商务印书馆，2010，第 14 页。

### 1. 整体性的概念 [13]

整体性强调的是内在的一致性，结构内各实在物组合在一起是完整的，不是各自独立形成的混合体。结构内各组成受到一系列内在规则的支配和影响，这些规则决定结构本身以及各组成的属性。一个结构的组成不同于一个“集合”的组成，结构内各组成之间的关系，在结构之内能独立存在；而在结构之外，由于失去结构的规则，各组成在结构内的原有关系也就不能成立。

### 2. 转化的概念 [14]

结构内部的规则不仅赋予结构存在方式，而且使其“结构化”，各组成之间相互影响并制约，构成一个完整的整合体系。整体性的结构不是静止状态，为了避免恒定状态，结构本身必须具备转化的程序。这样，结构处于一个可以开放的状态，新的元素进入结构成为新的组成，结构以此不断地补充和调整。

### 3. 自我调节的概念 [15]

结构具有不需要任何外部援助就可以自我调节的可能性，结构自身通过转化的程序，使得结构变体继续维系原有组成间的内在规则，并依旧封闭为一个独立于其他结构而存在的系统。结构自身调整后保持的守恒与封闭，表现在一个结构固有的转换不会超越结构的边界，结构只生产属于这种结构的组件，并且保持在结构规则之下。结构的守恒性以及结构自身调整后，新的边界仍具有稳定性的原因是，结构具有自我调整的机制。尽管会有新的成分无限制地构成结构的新边界，但结构的自身调节为守恒与稳定带来可能。

皮亚杰对哲学研究的另一个贡献是在研究心理学结构的过程中提出的“图式”的概念。图式在当今各领域系统论的研究中被广泛运用，在上一章“1.4.3 皮亚杰的‘图式’概念对产品设计符号学研究的作用”中已进行了分析。本章对产品设计系统的研究讨论也主要依赖图式进行直观的表述。

---

13. 让・皮亚杰：《结构主义》，倪连生、王琳译，商务印书馆，2010，第 3–10 页。

14. 同上。

15. 同上。

### 2.1.3 列维–斯特劳斯“系统论”结构主义

#### 1. 由索绪尔语言学结构存在的问题得到的启发

自20世纪50年代起，列维－斯特劳斯成为法国最具影响力的人类学家和社会学家，他的“系统化”结构主义理论轰动整个欧洲，并迅速传播到美国的学术界。列维－斯特劳斯从人类学角度对结构主义理论进行体系化的研究，同时他的研究受到精神分析学家弗洛伊德的潜意识理论、马克思历史唯物主义的“基础结构”，以及地质学地层结构相似模型的影响。

首先，列维－斯特劳斯认为索绪尔的语言符号学有如下特征。（1）将有意识的语言现象研究转变为对无意识的深层基础研究。这意味着将哲学研究、艺术创作等人文活动扩大到整个精神活动的领域。（2）研究词语间的关系，并把这一关系作为分析的基础。它突出了所有事物之间、各因素之间的各种关系，以及“系统”对“主体”的决定作用和优先权，强调了系统之间各个构成要素相互关系的重要性。（3）首次导入了“系统”的概念，为以后的结构主义者指明了研究的方向。（4）把一般性，而非特殊性的规则作为研究的基本目标，并在共时性的前提下讨论系统与符号的意指关系。

其次，他发现索绪尔语言学结构存在两个问题：（1）系统具有上帝创造般的自我分解的能力，而这些缺乏逻辑前提及经验证明；（2）系统似乎具有先验性的特征，忽视因日常生活交流而形成的符号意指活动，将生活世界排除在外[16]。

于是，列维－斯特劳斯以人类学的研究方法，从大量的田野调查收集原始资料，总结出科学的结论，进而探讨社会活动与人际关系的结构形成。他非常重视日常生活现象和基本结构，他认为人类长期的日常生活方式成为一种习惯和经验，并形成思想层面的经验积累，它们是形成无意识的基础。而索绪尔的结构主义语言学正是针对语言无意识的深层结构展开的研究，摒弃了有意识的表象研究（详见1.2.1）。

#### 2. 列维–斯特劳斯“系统论”结构主义特征

（1）结构的全域性、区分性、深层控制

列维－斯特劳斯在讨论结构时受到索绪尔语言符号学的三点启发。第一，全域性：索绪

---

16. 丁尔苏：《符号与意义》，南京大学出版社，2012，第9页。

尔语言学认为一种语言中的任何词汇都可以通过另一种语言的词汇加以翻译后解释，之所以可以做到这点，正是因为两种系统语言具有全域性的覆盖。第二，区分性：意指关系的区分特征。系统内组分的能指与所指之间的意指关系虽是任意武断的，但意指一旦确定，就会将其他的可能性排除在外。第三，深层控制：系统的变化服从一套规则，这套规则适用于系统内部的所有组分，它控制着组分间的相互关系、意义解释。组分间的组合关系为“表层结构”，控制组分间意义解释的规则为“深层结构”。深层结构的控制是系统内规约的重要组成和结构的维系方式。结构主义研究必须承认深层结构是系统控制和重组的力量[17]。

（2）结构是系统性的特征体现

结构主义的核心问题不是“结构”，而是“系统”，结构只是系统性的特征体现。系统由各个相互有关联的组分构成一个整体，但系统不是组分的简单累加。系统大于组分之和，组分一旦进入系统，除了自身的功能，还会获得“系统功能”[18]。

系统由许多的组分构成，组分在没有受到其他组分的影响下是不会改变的，但系统内任何一个组分的变化都会带来系统内其他成分的变化[19]。这句话表明，系统是一个完整的整体，虽然结构由许多组分构成，但任何组分都不会单独改变，它的变化会由于结构内其他组分的改变而改变，结构内组分之间的关系是相互制约的。

（3）结构模式间的转换特性

结构的模式不是孤立的，它同时具有同类型的组别，一种结构模式可以在这个组别中进行转换。模式具有自身的繁衍性，每一个模式都可能发生一系列的变化，变化的结果不是一种模式演变成另外的模式，而是从这一特定的模式中产生出一群同样类型的模式。例如：A 类结构模式只能繁衍出属于此类型的 A1、A2、A3 变化的模式，不可能演变成属于 B 类或 C 类的结构模式。

（4）结构内的变化导致结构模式变化

我们经常讲的“量变形成质变”对于结构模式的转变而言是一种错误的认识。量变属于结构表层现象的改变，它是结构表层形式化的改变，作为结构基础的无意识深层内容并没有产生变化。如果要让结构模式产生变化，必须在结构的无意识层面进行改变，因此只能说无

---

17. 赵毅衡：《符号学原理与推演》，南京大学出版社，2016，第 67 页。
18. 胡易容、赵毅衡：《符号学 - 传媒学词典》，南京大学出版社，2012，第 217 页。
19. 赵毅衡：《符号学原理与推演》，南京大学出版社，2016，第 68 页。

数的量变有可能带来深层无意识构架的改变。要想形成结构的质变，唯一途径就是量变本身成为日常生活经验的积累，此时才有可能形成日常生活的无意识，以此对结构的深层无意识进行“质”的替换，从而达到结构模式的改变[20]。

（5）内部元素变化导致结构功能消失

当结构内部的元素变化导致结构的功能消失时，结构存在的属性也就消失，即结构存在的意义消失了[21]。结构中某些元素的变化，一是受到深层无意识的影响而产生的蜕变和质变，二是被另外的某个结构在博弈的过程中所击败。对于结构与结构间的博弈，美国数学家冯·诺依曼（John von Neumann）在《博弈论和经济行为》一书中提出的一些观点深得列维-斯特劳斯的认同。冯·诺依曼认为同一环境的两个人产生的竞争，其博弈的结果功效等于零——胜利者所得等于失败者所失，他将此称为“均势概念”。这一理论为结构主义探讨结构与结构之间的转变提供了方式与内容的讨论方向。

（6）事物不是形式化现象，而是其内在结构

我们认识事物不是事物形式化的现象，而是它的内在结构。由于系统最终都以结构的特征模式得以表现，任何被观察到的事实都可以得到结构化的解释和理解[22]。产生和导致结构的深层因素的是日常生活的无意识经验与行为，结构主义者对结构深层因素的研究途径是人们日常的行为与生活方式，它们的日常积累形成了无意识的总和，无意识组成了共时的系统内结构的深层组分。

（7）讨论结构以共时性为前提

我们在讨论结构主义文本意义的解释时，必须以“共时性”为前提，因为系统内各个组成之间的关系只有在某一个共时性基础上才能被讨论。共时与历时是相对而言的，任何系统都是在历时性的转化中，呈现出每一个共时局面的片段。可以说，任何一个共时性结构，都是历时性结构在时间轴上的一个切片。判断历时与共时并非以时间作为依据，而是以结构系统内的组分之间关系形成的规则是否发生变化作为判断标准。

皮亚杰对列维-斯特劳斯的人类学系统论的结构主义研究给予了肯定。他把结构研究定位在介于基础和实践的意识与意识形态之间，在这个过程中他强化了若干概念图式组成的体

---

20. 高宣扬：《结构主义》，上海交通大学出版社，2017，第81页。

21. 同上。

22. 赵毅衡：《符号学原理与推演》，南京大学出版社，2016，第68页。

系，这是“人类首先就是一种心理学”所决定的。从这一点看来，列维 – 斯特劳斯的人类学系统论的结构研究是很有道理的。

### 2.1.4 结构主义在文化研究领域的价值

结构主义已被当代学者广泛关注，并普遍运用在各个研究领域。结构主义的出现，对人们关于感知属性的认识是一次重大历史性转折，呈现出一种认识世界的全新方式。

第一，世界并非像我们看上去的那样由各种独立的、特征显著的、可被清晰分类的事物所组成；每一位观察者的感知方式都有着各自内在的不同，这种不同的感知与观察方式，在很大程度上影响了最后的感知结果。

第二，并不存在对一个事物绝对纯客观的感知，因为每个观察者都必定按照自己的观察与感知方式创造出不同的结果。因此，观察者和被观察对象之间的关系就显得尤为重要，它成为唯一能够被观察到的对象，成为现实本身的要素，其中所牵涉的原则必须能作用于整个现实世界。

第三，事物的真实属性并不存在于事物本身，而在于感知者与被感知者、观察者与被观察者之间所建构的感知关系。就如同结构主义的产品设计活动可以看作是设计师与使用者之间，依赖产品建立的对产品符号感知的编写与解读关系一样。

结构主义在文化研究领域的价值可以概括为以下五点。

#### 1. 结构主义是研究领域的一种世界观

结构主义在 20 世纪 50—60 年代的法国人文社科研究领域，作为研究的方法论曾经辉煌盛行，它甚至被认为是那段时期法国知识史的一个整体，并成为一种世界观、一种人文思想。在 20 世纪 80 年代初，随着几位结构主义大师相继离世，法国结构主义热潮在很短暂的时间里销声匿迹，但真正的原因是结构主义自身诸多弊端阻碍了人文思想与主体论的改变步伐。不管怎样，结构主义依旧是当代文化领域在研究社会文化的共时性问题，以及讨论系统概念时必须依赖的方法论工具，当今流行的后结构主义研究甚至也必须依赖结构主义才能讨论。

## 2. 结构主义是一种思考世界的方式

结构主义关注的是对结构的感知与描述[23]。结构主义的要义主要表现为：（1）结构主义是解释世界的一种思维方式，它是一种哲学思潮，是为解释世界和人类自身而创造的；（2）只有当研究的内容被结合进结构中时，一切才具有意义，它们的基本概念与意义也必须依赖结构赋予，罗兰・巴尔特把结构主义视为从“符号意识”向“范式意识”的转换；（3）结构主义将各种文化现象当作可理解的相互关系网络，从各领域的文化现象之间，从相互影响的关系之间寻找到总体的视角，统一理解和分析人类文化各个方面及其表现的共同基础。

## 3. 结构主义的研究目标是永恒的结构

结构中容纳了人类个体的行为、感知、立场，研究者从结构中可以获得事物最终的本质。就如弗雷德里克・詹明信（Fredric Jameson）所说的，对思想之永恒结构、对具有组织功能的类别与形式的孜孜以求，通过这些结构，思想得以经验实践，得以为本身无意义的事物构建意义[24]。在探究人类文化创建机制的基础上，结构主义站在历史的角度，研究不同时代推动各种思想文化发生变动的动力基础，以此取代占据了西方近四百年的“主体”与“客体”二元对立及主体中心论的传统思想。

## 4. 结构主义是一种研究问题的范式

结构主义研究问题的范式，一是对原有哲学进行普遍的怀疑，主要的手段是消除意义的自然属性，瓦解意义的稳定属性，挖掘隐藏在词语背后的深层结构内容；二是与普通语言学、精神分析学、人类学三大人文学科的共同合作、相互联系[25]。世界由关系，而非事物构成，这是结构主义者看待世界的思维方式和首要原则。此原则表明：任何实体或经验的意义，都必须在这些实体或经验所处的结构中才能被感知。

## 5. 结构主义是研究方法论，而非落伍的潮流

作为一种哲学思潮，结构主义经历了由兴盛到衰退的演变过程，在此过程中，许多先前的结构主义者纷纷蜕变为后结构主义者，或是向结构主义发起强烈的质疑与批判。但列维－

23. 泰伦斯・霍克斯：《结构主义与符号学》，翟晶译，知识产权出版社，2018，第 8 页。
24. 弗雷德里克・詹明信：《语言的囚徒：结构主义与俄罗斯结构主义评述》，普林斯顿大学出版社，1972，第 109 页。
25. 弗朗索瓦・多斯：《结构主义史》，季广茂译，金城出版社，2012，前言。

斯特劳斯始终坚持将结构主义作为一种方法论，而非哲学学说或是过时的流派。他之所以这样坚持，是因为结构主义从经验中抽取社会事实作为研究的样本，并带入具体的实验课题，以此作为结构模型的素材，进而考察术语与术语之间的关系，而非单个的术语[26]。皮亚杰也坚持相同的观点，他认为结构主义要回归方法论的结构主义，而非潮流的结构主义。结构主义是一种方法，这个方法包含着建立在技术性、强制性、智慧上的“诚实”，以及在逐步研究中的进步性特征。那些时尚学说都是以同样的模式去针对原有学说的结构，并生产出走样的、歪曲的复制品[27]。

最后，以皮亚杰对结构主义的坚持作为本节的总结：（1）一切关于社会的研究必然通过结构主义的方式作为基础，因为社会只能作为整体来研究；（2）整体性是能动的，它是结构“转换性”的中枢，整体的社会结构具有规范与自我“调整性”的方向和结果，这些构成结构的整体性、转换性、调整性三要素；（3）仅有整体性、转换性、调整性这三个要素，还不能称为完整的结构主义，要进一步寻求转换规律之间的关系，对于这样自身满足的结构，要从下层的结构中寻找演绎的解释，建立有效的模型[28]。

## 2.2 集体无意识在结构中的作用

### 2.2.1 荣格的集体无意识研究及“原型”概念

无意识概念是弗洛伊德的理论基础，也是精神分析学的核心，在人文研究领域尤其被重视[29]。无意识具有存在的潜隐性、发生的自主性、内容的丰富性、对情境的依赖性、对行为的可调节性等特征[30]。

弗洛伊德认为无意识主要来源于童年时期生活中受到压抑，以及被自己遗忘的心理内容，它们与人的情感、欲望的本能受到压抑后的积累沉淀有关。他强调压抑的“性本能”对无意识的产生有至关重要的作用[31]。同时期的瑞士心理学家荣格不认同以“性欲”来解释无意识的

---

26. 弗朗索瓦·多斯:《从结构到解构:法国20世纪思想主潮(下卷)》,季广茂译,中央编译出版社,2004,第113页。
27. 让·皮亚杰:《结构主义》,倪连生、王琳译,商务印书馆,2010,第118页。
28. 同上书,第9页。
29. 李倩倩:《无意识设计研究及在公共设施中的应用》,硕士学位论文,陕西科技大学,2014。
30. 刘永芳:《社会心理学》,上海社会科学院出版社,2004,第23页。
31. 冯川:《荣格“集体无意识”批判》,《四川大学学报》1986年第2期。

基本性质，他认为性欲仅是人类的基本需求之一，人的精神需求比性欲更为重要。荣格并没有全盘否定弗洛伊德的无意识学说，而是否定了弗洛伊德无意识根源的自然主义立场，他尝试对弗洛伊德自然主义的无意识概念进行修正。

**1．意识、个体无意识、集体无意识**

荣格认为无意识有个体与群体之分，他将人的心灵结构由上至下、由浅至深分为三个层次：一是由意识而形成的“自我”；二是个体无意识的“情结”；三是集体无意识的“原型”。

（1）意识、个体无意识、集体无意识三层次之间的关系

“无意识”（个体无意识与集体无意识）对“意识”具有很大的影响。“意识”在心灵结构三个层次中仅占很小比例。“个体无意识”与“集体无意识”相比较也仅占很小比例，后者对前者的影响很大。构成个体无意识的是“情结”，集体无意识由“原型”构成。

“意识”之所以被荣格认为是心灵结构中最顶层的部分，因为它保证“自我”形成统一、完整的持续性人格，意识具有选择和淘汰的功能。“自我”如同“意识”的门卫，自觉地担负起对知觉、记忆、思维、情感等各类组成的分析，以免不符合“自我”承认的内容进入“意识”层面。

就“个体无意识”与“集体无意识”的关系而言，荣格认为“集体无意识”是人类经验形成的条件和储备，是构成并超越“个体无意识”的心理基础。个体无意识仅是表层的私人专有特征，必须依赖集体无意识作为深层的基础才能说明其具有的全部实质内容。集体无意识概念是荣格对心理学的最大贡献，也是其理论系统的核心。

（2）集体无意识的来源

荣格在早期的研究中受到法国人类学研究者列维-布留尔（Lévy-Bruhl）的“个体思维是世代相传的集体表象思维”的影响，认为集体无意识来源于社会的遗传[32]。荣格在 1928 年对之前集体无意识的来源做了补充：形成集体无意识原型的来源是多样化的，原型与各式典型的环境是对应的，有多少典型的环境，就有多少与之匹配的原型。原型通过反复的经验实践，将实践结果沉淀于集体无意识之中[33]。

当代心理学认为集体无意识来源中，先天遗传因素仅占了很少的部分，大部分集体无意

32. 莫雷：《20 世纪心理学名家名著》，广东高等教育出版社，2002，第 143 页。

33. 荣格：《荣格文集》，冯川译，改革出版社，1997，第 90–91 页。

识由一个群体在相同的社会环境与相通的历史文化因素的作用下积淀形成。集体无意识具有在相同经济、政治、文化、生活方式下的后天形成特征，它的后天形成特征也验证了人类具有主观能动性的社会文化属性的存在。

### 2．集体无意识中的“原型”概念

荣格提出集体无意识是由“本能”和与之相关的“原型”构成，本能与原型都是人格中的基本动力，两者的区别如下。

（1）本能属于生理结构的动力来源，是行为的推动力，负责执行一系列复杂行为时所表现出的合一性冲动。英国心理学家约翰·鲍比（John Bowlby）在荣格理论基础上提出，本能表现为社会交换中模式化的行为和思想[34]。

（2）原型是在某一复杂的情境下表现出的对众多无意识的选择、分析直至最终的感悟。原型作为感悟模式是心理结构的动力来源，是经验积累的方式和符号感知的意义来源。由于世界的多样性与复杂性，我们无法断言本能与原型在每一次活动中是否单独存在，更无法断言两者在每一次活动中共存时的先后顺序，本能与原型常常表现为一个活动的两面，可以说本能是对原型的无意识使用[35]。

原型是荣格集体无意识理论的重要组成，荣格认为它们来自遗传的记忆，以心灵模板的方式存在，这些记忆构筑了人类经验的全部，人类借助这些记忆经验以无意识的方式组织和理解事物。荣格认为原型不是经验，个体或群体对原型的印象才是经验。

人类无法从意识层面探究原型的组成与内容，只能通过其意象或每一次与原型相关的经验实践理解其存在[36]。原型也不是符号，而是一种象征[37]。荣格认为，原型的经验实践不具备符号的结构特征，仅代表行动与意义解释的方向。当特定的环境提供给我们可以进行原型实践可能性的时候，原型经验被唤醒，唤醒的原型经验会对我们产生强制的本能驱动力，个体会进行理性与非理性抉择，获得行为与符号意义解释的方向[38]。

---

34. 荣格：《精神分析与灵魂治疗》，冯川译，译林出版社，2012，第216–218页。
35. 袁罗牙：《个体无意识·集体无意识·社会无意识》，《山西高等学校社会科学学报》2009年第4期。
36. 申荷永：《荣格分析心理学》，中国人民大学出版社，2012，第59–60页。
37. 荣格：《人及其表象》，张月译，中国国际广播出版社，1989，第102页。
38. 荣格：《荣格文集》，冯川译，改革出版社，1997，第90–91页。

### 3. 产品设计中使用群集体无意识的"产品原型"

荣格的集体无意识理论认为生活经验是构成集体无意识原型的基础，因此，使用群内的无数个体对产品的认知是他们生活经验日积月累的积淀过程，这种经验积淀形成使用群集体无意识中关于此类产品的原型。产品原型针对的是使用群体，而非群体中的某一个体，但它适用于这个使用群体中的所有使用者个体。产品的操作体验与各类社会文化经验的汇集是使用群对产品的整体印象，当它们在社会文化生活中反复出现后，便会成为一种象征，集体无意识的产品原型以各种象征的方式存在。因此，使用群集体无意识的产品原型既不是经验，也不是符号，它具有生活方式下经验积累的特征，积累的经验也具有可以被设计活动利用的先验性特征。

另一方面，我们无法从意识层面探究原型的组成与内容，只能通过其意象或每一次与原型相关的经验实践理解其存在[39]。使用者对产品的每一次使用，都是使用群集体无意识中的产品原型进行经验实践的过程，这些通过实践的理解所形成的文化规约是产品文本自携元语言的来源之一。

最后可以说，产品原型不是与产品相关的具体某些经验，群体对产品原型的印象才是经验。产品原型是经验积累的结果，它既是使用者心理结构的动力来源，也是与产品相关意义感知的来源。

### 4. 当代心理学对集体无意识的总结

集体无意识的集体实质是群体的概念。群体成员在一些社会遗传基础上，在特定的自然或社会文化环境中，以及历史文化的发展因素共同作用下，不断形成隐性且共通的心理与行为的经验积淀，最终这些经验积淀形成原型[40]。

当代心理学对集体无意识的特征总结可概括为四点。

（1）集体无意识是在一个群体长期认知实践而获得共同经验的基础上积淀而成的。群体成员获取经验的类型有两种：直接经验，群体成员通过直接的实践所获取的经验；间接经验，群体成员通过间接的学习和自身经验在社会文化中逐步积累后进行的分析判断。

---

39. 申荷永：《荣格分析心理学》，中国人民大学出版社，2012，第 59-60 页。

40. 马瑒浩：《集体无意识及其对人的发展的影响》，硕士学位论文，海南大学，2013，第 14 页。

（2）无论是集体无意识，还是个体无意识都通过对事物的经验实践，获得对事物符号化的意义解释。符号的意义解释不是揭示客观世界的真实，而是解释者感知世界的真实反映。因此，作为集体无意识原型通过经验实践所获得的符号感知，探讨其揭示事物的科学真相与规律是不可行的，也是毫无必要的。

（3）社会遗传与文化扩散是集体无意识形成的两条途径。社会遗传表现为群体实践能力与社会文化的传递和积累，以共有的经验映射到群体里的每一个成员，并成为其个体无意识的一种来源。社会遗传奠定了集体无意识后天形成的关键基础，它需要长期的文化传承与漫长的经验沉淀积累。

集体无意识的另一种形成方式容易被忽视，那就是作为经验的文化扩散。某种外来的时尚或经验，本不属于社会遗传范畴，但因其被反复传播扩散，逐渐成为一种新的具有象征性的集体无意识原型，这是时尚文化影响并改变集体无意识的主要方式。

（4）结构主义强调在讨论符号意义时必须遵循共时性的原则，集体无意识原型的经验实践是符号化的表意活动，其必定遵循共时性的原则。虽然集体无意识是群体长久历时性的经验积累与沉淀，但就具体的实践活动而言，它必须放在共时性的背景下展开，共时是历时的一个片段。

### 5．设计师个体、使用者个体与“使用群”的关系

集体无意识由原型构成，个体无意识由情结构成。个体无意识是表层私人化的情结，如果没有集体无意识作为基础，个体无意识无法说明其全部内容和特征。个体无意识的内容与特征在集体无意识中的展现，可以看作个体无意识的情结在集体无意识产品原型中的经验实践过程。产品设计是设计师服务于使用者的文本编写活动，此时存在两类个体：（1）使用群内部的使用者个体；（2）使用群外部的设计师个体。

（1）使用群内部的使用者个体

首先，使用者个体存在于使用群之中，其个体无意识的形成或多或少受到群体生活经验的影响，使用者个体无意识情结的内容大多为集体无意识产品原型对其的映射。其次，使用群集体无意识对使用者个体无意识的情结及私人化品质具有长期规范与养成的作用，它影响着群体成员对外部世界的反映倾向，以及行为倾向。最后，个体的思想与行为不会仅依赖其个体无意识情结就能获得对产品的完整解释，而是需要凭借其所处使用群集体无意识产品原

型的经验实践和使用群的文化背景进行解释。

需要补充的是，本书中经常出现的“使用者”一词，并非特指某一个使用者，而是对使用群内所有使用者个体的泛指，这一个体代表了使用群的普遍属性特征，即使用者是群体属性特征的代表。

（2）使用群外部的设计师个体

设计师编写的产品文本希望被使用者有效解读，那就需要在设计活动之初建立以使用群文化规约为基础的产品设计系统。产品设计系统内的文化规则由各类元语言构建而成，这些元语言是使用群各类文化规约所组成的不同集合。使用群外部的设计师个体，在其携带个体无意识情结进入产品设计系统进行产品文本编写时，个体情结原有的特质与意念会有所保留，但必须被产品设计系统内的文化规约赋予属于使用群一方的新意指关系，以此获得使用群的有效解读。

当设计师个体无意识情结与产品设计系统内部规约产生意义解释的冲突时，其个体情结只有两种方向选择：一是在使用群集体无意识产品原型的经验实践影响下，进行转换和修正，以此获得使用者在解读时的认同；二是无法被纳入产品设计系统，也无法被使用者理解，自然也无法对使用者进行意义的有效传递。如果是这样，产品设计活动就会由结构主义文本的意义传递，转向后结构主义文本意义的开放解读。以集体无意识为基础构建的产品设计系统，具有对外部个体无意识情结进行判断、筛选并适切性修正的有机特征。这两种方向又包含了多种对设计师个体主观意识的处理方式，形成产品文本编写与表意的不同类型。

使用者与设计师两种个体与使用群的关系分析如下。

设计师与使用者两种个体在设计活动中的一致性情况是常态。一方面，在许多产品类型的设计中，设计师作为日常生活中的一员，既是产品的设计者，也是该产品的使用者。另一方面，在结构主义产品设计活动的初始阶段，设计师必须以使用者的身份，分别以“具身体验”方式获得使用者知觉层面的经验，以“移情作用”方式获得使用者心理感知层面的经验，所有这些都是构成使用群集体无意识产品原型的基础。在产品文本编写的过程中，直至产品完成，设计师都会以使用者的身份参与所有设计环节与文本编写细节的校验中。

可以说，在结构主义产品设计活动中，设计师只有真正充当起使用者角色，才能达成他与使用者的共在关系，也就是设计师与使用者主体间文化规约的一致性关系。

## 2.2.2 结构主义与集体无意识的相互关系

对于结构主义与无意识之间的关系，李幼蒸在《结构与意义》一书中谈到，结构主义普遍认为无意识是极为有用的：一是无意识本身就是一个只能间接加以认知的结构系统；二是无意识是产生或支配结构主义系统关系的源泉，它被认为是结构主义理论必不可少的部分；三是无意识不是具体的、个体的心理内容，而是一切个体共同受其支配的、不可直接观察到的共同性神秘实体，这些为结构主义带来非理性的特征，用精神分析学可以揭示出无意识在结构主义理论中的基础组成地位[41]。

### 1．以集体无意识为基础的系统构建

列维-斯特劳斯质疑索绪尔语言结构“能指-所指”间任意性的先天性判断，指出其忽视日常生活交流形成的符号意指活动，将生活世界排除在外。因而日常生活经验积累与符号意指关系的形成，成为他探讨系统构建的主要内容。在研究结构主义与无意识之间的关系时，列维-斯特劳斯承认受到弗洛伊德精神分析学的影响，但他并没有照搬弗洛伊德精神分析学的无意识理论，而是在其基础上有取舍地向前推进。

列维-斯特劳斯与弗洛伊德对无意识的理解有所不同：弗洛伊德从自然主义的生物学得出的无意识属于个体遗传的内在属性，是人们杂乱无章且非理智的一种冲动；列维-斯特劳斯则认为无意识就是那种将形式强加给某种外在内容的东西[42]。人类的无意识是经过生活经验的积累而先验存在的，它们对人的理性思维及之后引发的行为起着制约的作用[43]。

为更深入解答对索绪尔语言结构的两点质疑，列维-斯特劳斯首先对符号“能指-所指”间意指关系的任意性与无意识的关系做出阐述：结构内组成关系的符码规则来源于日常生活的经验积累，也就是无意识的集合。这是因为，符号“能指-所指”之间意指的“表层结构”关系是杂乱的，我们在无法获得符号本质意义时会求助于大脑的无意识“深层结构”。以无意识方式存在的“深层结构”在解释符号意义之前就已经存在，这种先验性的无意识来源于群体日常生活的经验积累[44]。符号“能指-所指”之间意指的表层结构受深层结构的无意识控

---

41. 李幼蒸：《结构与意义》，中国人民大学出版社，2015，第509页。
42. 马元龙：《雅克・拉康：语言维度中的精神分析》，东方出版社，2006。
43. 董龙昌：《列维－斯特劳斯艺术人类学思想研究》，中国社会科学出版社，2017，第94页。
44. 文军：《无意识结构与共时性研究：列维－斯特劳斯的结构人类学精要》，《理论学刊》2002年第1期。

制。所有符号的意义交流都来源于人类经验积累的无意识，符号意义的形成来自外部事物的相互关系，因此不会存在索绪尔那种将生活世界排除在符号意指活动之外的结构[45]。这是列维-斯特劳斯结构主义理论的主要特征，也是系统依赖各类规约可以被构建的重要依据[46]。

其次，列维-斯特劳斯以人类学的研究方法，通过对原始部落群体日常生活方式，以及部落群体内部文化习俗的经验研究，以大量田野调查的方式收集原始资料，总结出集体无意识与社会文化规约之间的科学结论。他认为客观的日常生活方式会产生思想层面的经验积累，它们是产生集体无意识的基础。

（1）整体的生活概念是由群体的日常生活所组成，日常生活是群体基本生存的需要，日常生活的基本需要反映出习惯性的需求与生活方式，而这些习惯性的需求和生活方式是集体无意识的集中反映。无意识影响人的思维以及思维模式，促成特定的生活习俗与文化。研究日常生活的需求与生活方式是探索无意识的必经之路。

（2）日积月累的生活经验形成了群体日常生活的共时性特点，日常生活的共时性结构内，积累凝聚了不同历时结构中的不同因素，而共时性又是消解历时延续性的有效力量，成为检验和分析历时性经验的有效场所。

（3）结构不是客观事物自身的属性，结构更不是人类认知活动固有的内容。人类心灵的最深处是无意识在发挥作用，结构来源于人类大脑的无意识运作过程[47]。结构是从经验中抽取社会事实的横向与纵向的样本，然后进入具体的实践活动中加以运用[48]。

列维-斯特劳斯提出的依赖无意识所形成的各类文化规约构建系统的理论，为结构主义理论研究与应用实践提供的共通价值是：一是使得无意识具有更多社会文化的集体性特征[49]；二是对无意识的集体性质描述，使得集体无意识能够进入各应用领域的具体实践活动之中；三是集体无意识是使系统得以存在的内部规约集合的基础，集体无意识更是系统内部文化规约的来源。

### 2. 结构主义为无意识研究提供有效的方法

雅克·拉康是法国20世纪最具影响力的精神分析学家与哲学家，他继承了弗洛伊德的无

---

45. 丁尔苏：《符号与意义》，南京大学出版社，2012，第9页。
46. A.J.格雷马斯：《论意义：符号学论文集》，吴泓缈、冯学俊译，百花文艺出版社，2011，第139页。
47. 董龙昌：《列维-斯特劳斯艺术人类学思想研究》，中国社会科学出版社，2017，第93页。
48. 弗朗索瓦·多斯：《从结构到解构：法国20世纪思想主潮（下卷）》，季广茂译，中央编译出版社，2004，第113页。
49. 胡梅叶、吕惠：《拉康结构主义的理论来源探究》，《安徽师范大学学报（人文社会科学版）》2018年第1期。

意识研究，倡导“回到弗洛伊德”去研究无意识的层次与结构问题，并创立了结构主义精神分析学。拉康通过结构主义的研究方式使无意识成为可以证实的科学化理论系统，赋予了它科学的地位。拉康认为弗洛伊德通过梦与患者心理行为“猜测”到无意识的存在，因其无法从经验去验证，所以是不科学的概念[50]。列维-斯特劳斯的结构主义理论对拉康的无意识研究影响很大，他将当时结构主义研究的新成果、新方法带入精神分析学的无意识研究之中。学界将他的系统理论称为“结构主义精神分析学”。

拉康从列维-斯特劳斯研究亲缘关系的文章中得到两点启发：（1）亲缘关系中存在一个单独的无意识基本结构，它是构成其他亲缘关系和社会关系的基础；（2）亲缘里所形成的各种关系（并非婚姻所形成的关系）具有象征性的过程。拉康推论认为，人类社会关系的实质是象征功能[51]。

如果说拉康将结构主义作为研究无意识的理论方法，那么从语言学出发则是他研究无意识的路径。结构主义本就起源于索绪尔的语言符号学，拉康借鉴了索绪尔提出的“语言存在一个内在的结构支配我们说出的话语”，认为这个结构就是无意识的组成[52]。为此，他提出“无意识具有语言的结构”这一著名论断。

（1）索绪尔的二元符号结构由“能指-所指”构成，索绪尔认为符号的能指与所指是一一对应的关系，且对应关系一旦确定就固定下来。拉康否定了这种对应的关系，他认为无意识语言结构中能指与所指是割裂的，能指相较于所指而言在符号中作为主体。能指决定所指，所指依赖能指，能指与所指是具有象征性的关系。

（2）无意识语言结构是能指的集合，语言的意义来自能指链条的组合，一个能指与另一个能指组合而成的链条形成语言的意义。能指不具有确定意义，其意义只能在能指的集合之中被映射出来。因此，语言的“所指”本身是不存在的，它是根据不同的能指组合后，由无意识提供解释的内容和方向。

（3）能指具有漂浮的特点，所指具有滑动的特性。这是因为个体在文化环境中受无意识的影响与控制，使得所指始终处于不确定的滑动状态[53]。间接知觉理论认为，环境、社会文化、

---

50. 李幼蒸：《结构与意义》，中国人民大学出版社，2015，第544页。

51. 肖恩・霍默：《导读拉康》，李新雨译，重庆大学出版社，2014，第50页。

52. 同上书，第58页。

53. 任春磊：《拉康无意识的语言结构理论研究》，硕士学位论文，太原科技大学，2016，第18-19页。

群体三者之间的关系决定经验的意义解释内容，因此，三者之间的任何变动都会带来符号解释中所指的意义改变。

拉康在无意识研究中提出的“主体”概念是最具哲学价值的概念[54]。他将“主体”与“自我”进行区分：自我属于想象界，主体属于符号界。拉康的“主体”是无意识的主体。

接着，拉康推论出主体的三层结构：实在界、象征界、想象界。G. 哈尔（G. Hall）对这三层结构关系是这样描述的：第一，想象界是象征界的子集；象征界又是实在界的子集；实在界里包含了象征界和想象界，象征界作为链条联系着实在界与想象界[55]。第二，象征界的秩序具有语言的结构，拉康认为语言的本质就是象征性，象征性是一个不在场的符号去解释并替换在场的符号。第三，实在界、象征界、想象界中最为重要的是象征界。象征界里作为语言能指的主体被显现出来，无意识是由能指材料构成的，能指作为主体担负组织着实在界与想象界之间的过渡。

## 2.2.3 使用群集体无意识对结构主义产品设计的作用

产品设计活动是文本意义的传递，它是“设计师”“产品文本”“使用者”三者通过对应的“意图意义”“文本意义”“解释意义”三环节意义而形成的一个完整的表意过程。在这个连贯的文本表意过程中有三种符号活动：一是设计师与产品文本之间的“编写活动”；二是产品文本与使用者之间的“解释活动”；三是贯穿设计师、产品文本、使用者三者间的产品文本意义的“传递活动”（详见 2.3.2）。

任何以文本意义传递为目的，以“传递活动”为讨论内容的符号活动，都属于结构主义研究的范畴，结构主义符号活动的“主体性”是文本意义的有效传递。而以“解释活动”为讨论内容的符号活动，都是后结构主义的研究范畴，后结构主义符号活动的“主体性”是文本意义的开放式解读。

### 1. 产品设计系统的构建对使用群集体无意识的依赖

（1）虽然众多学者认为结构主义是一种“霸权主义”的前提性约束，但这种约束是设计

54. 李幼蒸：《结构与意义》，中国人民大学出版社，2015，第 538 页。

55. 同上书，第 543 页。

师为了追求产品文本意义传递的有效性，特意将同一（或不同）人群对一件设计作品所做的不同意义解读暂时搁置一边，转而去讨论特定人群在特定环境下的产品设计系统内的组成，以及组成之间的规则问题，并努力去设定产品文本编写者与解读群两者间符号意义的编码与解码的一致性。这也表明，任何一件产品的合理性，只能放置在适合它的使用人群以及使用环境中进行讨论。结构主义产品设计活动的最终目的是设计师与特定使用群通过产品文本进行社会文化的心理交流。

为实现文本意义的有效传递与社会文化的心理交流，符号发送者与符号接收者必须使用同样的符码规约进行文本的编写与解读，这些符码规约是系统中组分之间的相互关系，并以各类元语言的方式构成系统的“深层结构”。因此，结构主义产品文本的编写与解读，必须在一个以不同文化环境与使用人群进行特定划分后的系统内进行。

（2）任何以文本意义有效传递为目的的产品设计活动都属于结构主义的产品设计。无论是传递使用功能、操作指示、体验方式，还是情感表达等，符号活动的主体性都是文本意义的有效传递。

能够令设计师编写的文本意义准确无误地被使用者解释的前提是，设计师对文本的编写与使用者对其的意义解读，必须使用一致性的编码与解码规约，这就需要构建设计师与使用者之间以产品文本意义传递为目的的“产品设计系统”。

结构主义产品设计遵循“设计师是产品设计活动的主导者，设计师服务于使用者”的原则。产品设计系统内的规则由各类元语言构建而成。之所以说这些元语言是使用群集体无意识所有关于产品原型经验实践后的各类文化符号的符码集合，是因为列维-斯特劳斯通过人类学的研究方法得出，组成及维系环境内某一群体系统规约的是众多无意识的集合。集体无意识奠定了产品使用人群所组成的系统内部的规约基础。

产品设计系统在结构主义产品设计活动中，要求设计师必须按照系统内三类元语言规约进行产品文本的编写，使用者才能有效地解读。因此，为达到产品文本表意的有效性，设计师文本编写的符号来源、编写方式，设计师个体无意识与主观意识都需要服务并受控于产品设计系统，即在使用群集体无意识经验实践中获得意义解释的认可。

### 2. 使用群集体无意识有效避免“伪命题”与“表意无效”的出现

皮亚杰“有机论”结构主义认为，任何一个可以持续稳定发展的系统都具有以下特征：

（1）系统在结构上的整体性；（2）结构内部的转化性；（3）结构对自身的自我调节功能。所有这些功能的动力基础皆为系统内部的文化规约，它们以临时集合的元语言方式呈现。产品设计系统内的三类元语言文化规约都是以使用群集体无意识为基础构建而成，使用群集体无意识通过“产品设计系统”对结构主义产品设计活动进行控制。无论是设计师的设计意图、符号来源、修辞文本的编写，还是设计师主观意识的表达，都被统一在以使用群集体无意识为基础形成的文化规约下进行的设计实践中，这样可以有效避免在设计活动中出现“伪命题”与“表意无效”的现象。

（1）避免设计意图的伪命题

产品设计是设计师的某种“意图”通过产品文本的编写向使用者传递的过程。使用群集体无意识可以避免设计师的“意图”成为伪命题。这是因为，在结构主义产品设计活动中，设计师所有的设计“意图”都要首先获得使用群日常生活经验积累所形成的集体无意识的认可。即使是产品使用过程中那些在功能操作上合理的设计，如果不符合使用群集体无意识经验实践的符号化解释，也是无法被使用者接受的。这也是为什么成语“合情合理”一词中，先讲合情，再谈合理的本质原因。

（2）避免符号来源的伪命题

一方面，产品语言是一种以产品为载体的符号化的“认知语言”。使用者对产品的知觉、经验、符号感知三种完整的认知方式形成不同的符号：直接知觉被符号化、集体无意识被符号化形成的两种符号，以及对产品经验意义解释所形成的产品符号感知，甚至对事物经验意义解释后形成的外部事物文化符号，它们贯穿了产品系统、文化环境中使用者生物属性的直接知觉、文化属性的经验与符号感知。它们分别具有“先验”与“既有”的特征，保证了以文本编写的表意有效性。

另一方面，皮尔斯逻辑-修辞符号学的普遍修辞原理表明，所有的产品设计活动都是外部事物的文化符号对产品文本内相关符号的修辞解释。我们所说的外部事物当然包括产品，产品是外部事物的一种，产品与产品间的修辞解释可以形成包括反讽在内的所有修辞格。设计师的设计意图是通过文化符号对产品文本的各种修辞方式而实现。因此，这个文化符号的意指关系，以及它与产品文本内相关符号间的创造性修辞解释，都需要符合使用群集体无意识经验实践的符号化解释。可以说，每一次结构主义产品设计活动都是外部符号通过修辞编写的方式在产品设计系统内的改造与转化，以此获得使用群集体无意识的认可。

（3）避免因编写导致的表意无效

在产品文本编写的过程中，集体无意识时刻控制着文本的编写，以符合使用者解读的文化规约。其控制的方式是，以使用群集体无意识为基础的三类元语言构建了产品设计系统的“深层结构”，控制着设计师的文本编写与主观意识的表达。系统在结构上的整体性，保证了所有属于这个群体的使用者都可以有效地解读设计师编写进产品文本中的设计意图，同时将其他群体能否有效解读的问题暂时搁置或抛弃在外。也就是说，使用群集体无意识的生活经验，始终控制着结构主义产品文本的编写与解读（详见 3.5.5）。

（4）避免设计师主观意识表达导致的表意无效

任何产品设计都具有设计师主观意识的表达，它们的区别只是呈现出的程度不同，以及主观意识在文本中编写方式的不同。结构主义产品设计活动中，设计师必须使其主观意识及私人化品质在使用群集体无意识产品原型的经验实践中获得理据性解释与认可，这是设计文本意义有效传递的前提。设计师是设计活动的主导者，他能动性地改变其能力元语言，并与系统内各类元语言进行不同的协调统一，可使产品表意方式从结构主义的精准、有效，转向后结构主义文本意义的开放式解读。

**3．使用群集体无意识提供文本编写的符号来源及对文本编写与解读的控制**

（1）为无意识设计活动提供文本编写的符号来源

一方面，产品的操作体验与各类社会文化经验的汇集是使用群对产品的整体印象，它们在社会文化生活中反复出现后，便会成为一种象征，集体无意识的产品原型即以这样的象征形式存在。使用者对产品的每一次使用，都是使用群集体无意识产品原型的经验实践过程。因此，产品原型具有使用群生活经验积累的特征，这些积累的经验也具有可以被设计活动利用的先验性特征。

另一方面，虽然使用群集体无意识处于无序、潜隐、非系统化的杂乱状态，并分别以社会遗传和日积月累的经验作为素材库，同时不被察觉地隐藏在使用群对产品印象的原型之中。但是一旦有与产品系统相匹配的使用环境与必要的信息出现，那些隐藏的集体无意识产品原型在环境中，会以经验实践的方式被再次唤醒，它们被设计师解释并修正或改造后成为一个文化符号，并作为符号来源参与产品文本的编写。

为此，深泽直人依据产品在环境中与使用者的知觉与感知关系，将无意识设计分为“客观写生”与“寻找关联”（外部事物的文化符号与产品文本内产品符号间的结构主义修辞）两大基础类型。“客观写生”类又分为“直接知觉的符号化”与“集体无意识的符号化”两种设计方法。

在“集体无意识的符号化”设计方法中，组成集体无意识产品原型的经验可以按照它们存在的方式分为“行为经验”与“心理经验”两种。它们在产品系统内部被唤醒后，通过经验完形的实践方式进行符号化后成为两类符号，这两类符号分别具有“行为指示”与“心理感知”的表意倾向。“集体无意识的符号化”是生成于产品系统内部，除“直接知觉的符号化”之外的第二种创新的符号来源。

关于集体无意识成为可供文本编写的符号的完整机制（详见3.5.3），以及集体无意识符号化设计方法的文本编写与符形分析（详见8.3.3），将在之后章节详细讨论。

（2）在结构主义产品设计活动中始终控制着文本的编写与解读

文化符号的符码规约来源于日常生活的经验积累，它们是无意识的集合。符号意指的“表层结构”关系是杂乱的，在无法获得符号本质意义时会求助于大脑的无意识“深层结构”。“深层结构”是我们在解释符号意义之前就已经存在的，这种先验性的无意识来源于群体日常生活的经验积累[56]。符号意指的“表层结构”受“深层结构”的无意识控制，所有符号的意义交流都来源于人类经验积累的无意识[57]。

因此，在结构主义产品设计活动中，无论是哪种类型的文本表意方式，还是哪种修辞格的文本编写方式，使用群的集体无意识经验都会参与其中，控制着文本的编写与解读。这是因为：一方面，组成产品设计系统的各类元语言是由使用群集体无意识为基础构建而成，结构主义产品设计活动的文本编写是系统内各类元语言的协调控制，可以看作设计师主观意识与使用群集体无意识在经验实践过程中的沟通与协调；另一方面，产品设计是普遍的修辞，使用群集体无意识的生活经验担负所有修辞活动中产品符号与文化符号在意指关系的理据性分析与判断的任务。

### 4．使用群集体无意识的发展促使产品设计系统的自我调整

持续不断的设计活动使得原有产品设计系统可以进行自我调整，以此适应不断变化的使

56. 文军：《无意识结构与共时性研究：列维–斯特劳斯的结构人类学精要》，《理论学刊》2002年第1期。

57. A.J. 格雷马斯：《论意义：符号学论文集》，吴泓缈、冯学俊译，百花文艺出版社，2011，第139页。

用群集体无意识产品原型经验的意义解释。产品设计系统的自我调整，不是因其自身具有某种动力得以完成的，更不是单凭设计师的不断努力所能调整的。

首先，使用者认知在历时性的文化发展过程中，众多设计师在产品设计活动中的不断努力，使得使用者关于产品经验的积累出现了改变，从而导致使用群集体无意识产品原型发生变化。其次，集体无意识产品原型的变化，形成原型在经验实践中的符号意指关系的改变。再次，系统由符号规约临时集合的各类元语言构建而成，各类元语言是系统的深层结构，它们维系着系统组成间的关系，调整着系统的发展。最后，产品设计系统因各类元语言符号规约改变而促成了系统的自我调整。

## 2.3 产品设计系统的构建方式

首先，符号学视角的产品设计活动是以“设计师—产品文本—使用者”方式传递产品文本意义的过程，产品设计系统的框架理应以符号学中符号文本意义的传递过程为结构基础进行搭建。结构主义者讨论的系统，不但要考虑系统在结构上的客观组成，而且要讨论组成间的规则关系，以及系统在这些规则关系下的工作机制。

其次，任何以文本意义有效传递为目的的产品设计活动都属于结构主义的研究范畴，结构主义符号活动的“主体性”是文本意义的有效传递。文本意义有效传递的实质是设计师与使用者通过产品文本的编写与解读达成心理层面的意义交流。双方达成交流，需要同时满足以下三个条件：（1）设计师编写文本与使用者解读文本受到产品设计系统内各类元语言文化规约的共同控制；（2）设计师与使用者双方必须互相承认对方是符号表意行为的主体，有意愿通过产品文本的编写与解读达成心理层面的意义交流，这是第 10 章着重讨论的内容；（3）设计师将“意图意义”编排在使用者解读文本的落点位置，使之成为“意图定点”，便于使用者顺利、便捷地进行有效解读。

### 2.3.1 以“文本传递过程”为框架的“产品设计系统”搭建

#### 1. 产品设计系统的定义

产品设计是设计师服务于使用者的文本编写活动。虽然设计师是设计活动的主导，但他不可能与使用者以双方约定的方式进行产品文本的表意，也不可能通过产品文本的编写去改变使用群的文化规约。为达到产品文本意义的有效传递，设计师应在设计活动之初构建以使用群文化规约为基础的产品设计系统。只有这样，设计师对文本的编写，与使用者对文本意义的解读，才能达成在文化规约上的一致性，这就构成了设计师与使用者之间进行文本意义传递的产品设计系统。

产品设计系统是由使用群集体无意识为基础的各类元语言构建而成，笔者在赵毅衡对元语言分类的基础上，将产品设计系统内的各类规则分为三类（四种）元语言：语境元语言、产品文本自携元语言、使用群能力元语言与设计师能力元语言。讨论产品设计文本的编写与表意方式全部围绕这些元语言类型，以及它们之间的相互关系而展开。可以说，所有产品文本的编写与解读，都是在产品设计系统内各类元语言的调控下达成的协调与统一的结果。

在每一次产品设计活动中，设计师都会根据环境、产品、使用群三者关系，构建不同的产品设计系统，这也是系统任意、临时性的特征表现。环境、产品、使用群三者关系一旦确定，产品设计系统内的各类元语言也就随之确定下来，并在整个设计活动中不再更改。设计师是设计活动的主导者，设计师能动性地改变其能力元语言，并与系统内各类元语言进行不同的协调统一，形成产品表意方式从结构主义的精准、有效，直至向后结构主义文本意义开放式解读的转向。

### 2．产品文本传递过程为基础的“产品设计系统”搭建方式

符号学中文本传递过程由发送者、文本、接收者组成，产品文本传递过程也由与之对应的设计师、产品文本、使用者组成。产品设计活动是人文社科领域中设计师以产品为载体进行文本意义传递的符号活动。产品设计系统的结构基础与内容组成，必须按照符号文本的普遍传递规律进行搭建。因此可以说，产品设计系统是以产品的文本传递过程为基础框架进行的系统化构建。

产品设计系统内的系统规则，则是由使用群集体无意识为基础的各类元语言构建而成。列维－斯特劳斯通过人类学的研究方法得出，组成及维系着系统基础的是群体的集体无意识。产品设计系统内的规则由三类（四种）元语言构建而成，这些元语言是由使用群集体无意识中所有关于产品原型经验实践后的各类文化符号的符码集合。结构主义产品设计要求设计师必须按照产品设计系统内三类元语言规约进行产品文本的编写，使用者才能对之有效解读。

构建产品设计系统的主要任务也是为了再次系统全面地讨论产品文本的整个传递过程，具体讨论设计师如何“编写产品文本”与使用者如何“解读产品文本”，以及编写与解读间的各种对应关系等诸多问题。例如：产品文本的编写方式与表意方式的对应关系；从设计师编写文本方式的视角，对结构主义向后结构主义转向的分析；产品文本在社会文化环境中的表意如何受到伴随文本的影响；对产品文本解读与评价活动中的各级主体间性等问题，这些都必须放置在以文本传递过程为基础框架构建而成的产品设计系统内进行深入的讨论。

### 3．“产品系统”与“产品设计系统”的区别

“产品系统”是本书提及较多的一个概念，它是从皮亚杰的“有机论”结构主义及列维-斯特劳斯的“系统论”结构主义的诸多概念衍生至产品设计活动概念的（详见 8.2.2）。从产品设计符号学视角而言，产品系统在组织构建的过程中具有以下三大特征：一是产品系统在组织构建时的任意与临时性特征；二是产品系统具有既有的特征，它本身就是以产品为中心，依赖环境、产品、使用群三者关系而存在的；三是产品系统具有上下的层级关系，设计师对产品系统的划分及构建是由主观研究任务及目的决定的。

产品系统与产品设计系统的相同与不同之处及其关系：

（1）两者相同之处：都依赖环境、产品、使用群三者关系进行的系统化构建；都具有随具体设计活动组织或构建的任意与临时性特征；两个系统内的深层结构都是使用群的集体无意识；两者作为系统结构而言，在结构的构建中都具有上下的层级关系。

（2）两者不同之处：产品系统是以产品为中心，按照环境、产品、使用群三者之间的关系组织构建而成，其目的是在每一次的设计活动中对产品可以展开具体且系统化的讨论；产品设计系统则是以产品文本的传递过程为基础进行的系统搭建，组成产品设计系统的是以使用群集体无意识为基础的各类元语言，其目的是讨论设计师文本编写与使用者文本解读的各种对应方式等问题。

（3）两者关系：产品系统与产品设计系统在特定的“环境—产品—使用群”一致情况下，具有相互对应的关系。这种对应关系在运用中表现为：设计师在产品设计系统中进行文本编写，以及使用外部事物文化符号对产品文本内相关符号进行修辞解释时，产品系统的各组成内容及相互关系是文本编写的对象，是修辞表意的目标域来源。可以说，产品系统是产品作为符号文本在社会文化环境中进行编写与解读的主要依赖。

## 2.3.2 产品文本传递过程中常用的基本概念

产品设计系统是以符号学中“文本传递过程”为基础框架构建而成。因此，在讨论产品设计系统之前，很有必要介绍符号学中关于符号文本传递过程中的一些概念，它们是产品设计符号学常用的专业术语。在此，依据赵毅衡《符号学原理与推演》一书对符号传递过程中一些基本概念的定义，结合表 2-1 对产品文本传递过程中常用的概念做简要表述。

表 2-1　产品文本传递过程中的常用概念

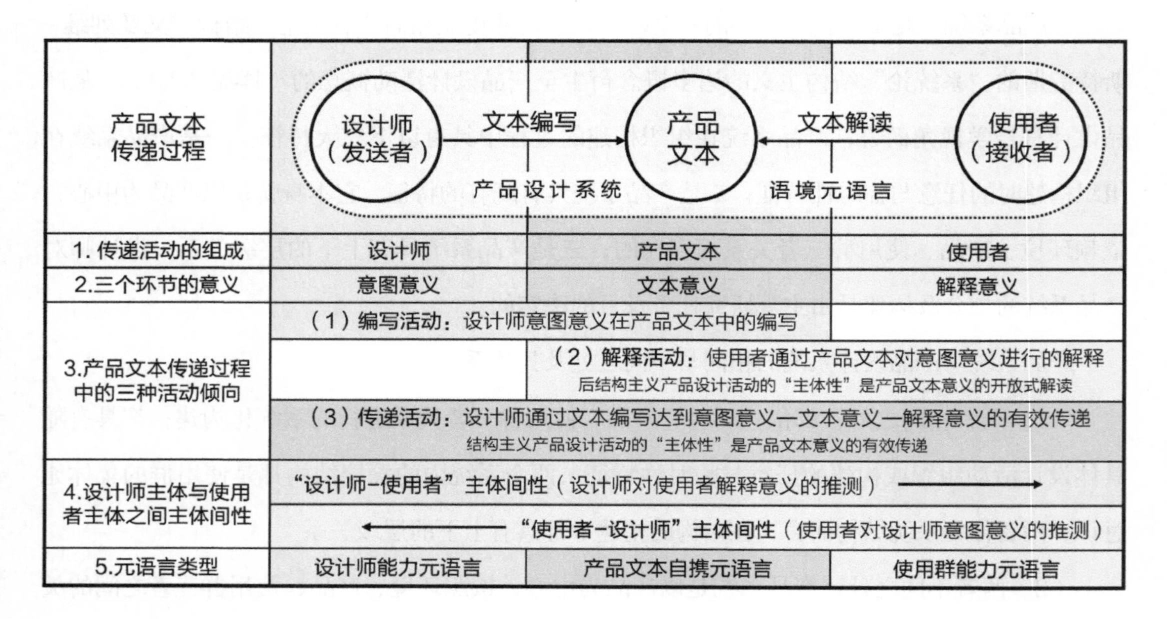

| 产品文本传递过程 | 设计师（发送者） → 文本编写 → 产品文本 ← 文本解读 ← 使用者（接收者）<br>产品设计系统　语境元语言 | | |
|---|---|---|---|
| 1. 传递活动的组成 | 设计师 | 产品文本 | 使用者 |
| 2.三个环节的意义 | 意图意义 | 文本意义 | 解释意义 |
| 3.产品文本传递过程中的三种活动倾向 | （1）编写活动：设计师意图意义在产品文本中的编写 | | |
| | | （2）解释活动：使用者通过产品文本对意图意义进行的解释<br>后结构主义产品设计活动的“主体性”是产品文本意义的开放式解读 | |
| | （3）传递活动：设计师通过文本编写达到意图意义—文本意义—解释意义的有效传递<br>结构主义产品设计活动的“主体性”是产品文本意义的有效传递 | | |
| 4.设计师主体与使用者主体之间主体间性 | “设计师-使用者”主体间性（设计师对使用者解释意义的推测）→ | | |
| | ←“使用者-设计师”主体间性（使用者对设计师意图意义的推测） | | |
| 5.元语言类型 | 设计师能力元语言 | 产品文本自携元语言 | 使用群能力元语言 |

### 1. 产品文本传递活动的组成：设计师、产品文本、使用者

符号传递活动由发送者、文本、接收者组成，产品文本传递过程也由与之对应的设计师、产品文本、使用者组成。发送者：编写产品文本的设计师；文本，被设计师编写、被使用者解读的产品文本；接收者，对产品文本进行意义解释的使用者。

需要说明的是，在结构主义符号学的符号传递活动中，“接收者”常常是指代了“接收群”的概念。因此，一些产品设计符号学的书籍与论文中，也常有用“使用者”指代“使用群”的现象。结构主义产品设计系统是以“使用群”的群体概念构建而成，本书所提及的“使用者”也都是“使用群”中的个体，但本书还是希望较为严谨地划分个体与群体的差异。

### 2．三个环节的意义：意图意义、文本意义、解释意义

一方面，产品文本传递的目的是发送者“设计师”通过编写“产品文本”向接收者“使用者”进行的符号表意活动，这是设计师主体与使用者主体通过产品进行的心理交流；另一方面，产品文本的传递活动由设计师、产品文本、使用者三部分组成，因此在整个产品文本传递过程中就有三个环节的意义。第一，设计师在编写产品文本时的“意图意义”；第二，产品文本被编写后具有的“文本意义”；第三，使用者对被编写的产品文本的“解释意义”。符号学介入产品设计活动的表意研究，几乎都会围绕这三个环节意义的“一致性”以及“差异性”中的控制方式、转变方式，展开文本编写与文本解释对应关系的讨论。

需要强调的是，符号文本传递过程中三个环节的意义不可能同时在场，三者之间的关系是后一个否定前一个，后一个替代前一个[58]。三个环节的意义在符号文本传递过程中依次被否定、被替代的实质是意义的具象化过程：意图意义在文本编写中被具象化，文本意义在接收者的解释中被具象化[59]。

符号学提出的符号文本传递过程中三个环节意义在产品设计活动中的讨论价值在于：

第一，在产品文本传递过程中的设计师、产品文本、使用者是相互独立的组成，因此三个环节的意义也相互独立。但三个环节的意义最终都会落在使用者对产品文本的解释意义上，“解释意义”是设计活动产品表意的最终目的，也是设计师在选取“意图意义”、编写“文本意义”时必须考虑到解读的结果与表意预期的一致性匹配。因此，从使用者解读产品文本的视角而言，“意图意义”是设计师主观意识表达的可能有的意义；“文本意义”是解读产品文本应该有的意义；“解释意义”是使用者解读产品后被实现的最终意义[60]。产品设计活动中，这三个环节的意义相互独立，缺一不可。

第二，三个环节意义的独立性，一方面表明设计师主体与使用者主体间的独立性。结构主义产品文本意义的有效传递是建立在设计师与使用者两个独立且自主的主体间的心理交流，这就需要建立设计师“编码”与使用者“解码”一致性的文化规约系统，达成两个主体间的“共在关系”。另一方面，产品设计是由设计师主导的服务于使用者的产品文本表意活动，“产品文本”在被使用者解读时必定存在产品的“体裁期待”以及“类型界定”，这些内容是由

---

58. 赵毅衡：《符号学原理与推演》，南京大学出版社，2016，第 49 页。

59. 同上书，第 51 页。

60. 同上。

使用群所决定的。因此，为达到产品文本表意的有效性，设计师在设计活动之初，就需要构建一个由使用群文化规约构建而成的产品文本传递系统，这个系统就是“产品设计系统”。

### 3．产品文本传递过程中的三种活动：编写活动、解释活动、传递活动

产品设计活动是文本意义的传递过程，它是“设计师–产品文本–使用者”通过对应的“意图意义–文本意义–解释意义”环节而形成的一个完整的表意过程。在这个连贯的文本传递过程中有三种符号活动（图 2–1）。

（1）编写活动：设计师与产品文本之间的编写活动，是指设计师将意图意义编写进产品文本中，产品文本因此具有了文本意义。

（2）解释活动：使用者与产品文本之间的解释活动，是指使用者通过对产品文本的意义解释获得解释意义。以皮尔斯符号学模式发展的后结构主义，其符号活动侧重符号文本意义的解释活动。

（3）传递活动：产品文本意义的传递活动贯穿设计师、产品文本、使用者三者，它强调意图意义、文本意义、解释意义一致性的有效传递。结构主义符号学认为，如果符号活动的“主体性”侧重讨论符号文本意义的传递活动，以及各类与传递活动相关的文本表意有效性等诸多问题，那么它们都属于结构主义符号活动。

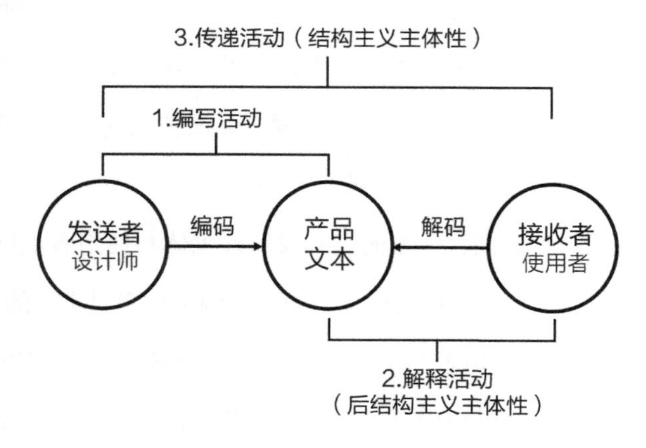


图 2–1　产品文本传递过程中的三种活动

### 4．设计师主体与使用者主体间的两种主体间性

主体间性是指一个主体对另一个主体意图的推测与判断。在产品文本传递过程中，按照“编

写”与“解读”的先后顺序存在两种主体间性：一是“设计师-使用者”主体间性，设计师主体通过对使用者主体“解释意义”的推测，进行“文本意义”的编写；二是“使用者-设计师”主体间性，使用者主体通过对“文本意义”的解读，展开对设计师主体“意图意义”的推测。这两种主体间性在结构主义产品设计活动中具有通过产品文本进行意义交流的一致性目的，设计师主体通过构建以使用群文化规约为基础的产品设计系统，保持与使用者主体的共在关系。

在“意图意义-文本意义-解释意义”各环节意义组成的连贯性表意过程中，设计师能够达成三个环节意义的一致性，既是产品设计系统对设计师编写活动的控制，也是对设计师基本设计能力的要求。使用者在此基础上，可以通过对文本意义的解释，有效地获得设计师的意图意义。也可以说，结构主义产品设计要求“设计师-使用者”主体间性与“使用者-设计师”主体间性在文化规约上达成一致性，两个主体通过产品文本进行的编写与解读的意义的一致性，是表意活动达到有效传递的基本要求（详见10.1）。

### 5. 三类（四种）元语言类型

首先要指出的是，产品设计系统的框架以文本传递过程为基础搭建，系统内的规则是由使用群集体无意识为基础的各类元语言构建而成，它们是系统的深层结构，维系着系统内组成间的关系，控制系统内所有符号意义的解释。因此，对产品设计系统的研究讨论，更多是从各类元语言在文本编写与解读时的协调统一关系出发而展开的讨论。

其次，符码在二元符号结构中是指“能指-所指”间意指关系的规则，在三元符号结构中是指“对象-再现体”组成的指称与“解释项”之间意指关系的规则。符码控制着文本意义的植入规则，控制着解释意义的重建规则[61]。符码是个别的，元语言是众多符码的临时集合。赵毅衡强调，元语言是变动不居的，任一环境的文化规约、任一群体的编码与解码能力、任一文本类型的文化规约，都可能形成各式各样的元语言的临时组合。

赵毅衡从文本的解释者视角将元语言分为三类：（1）社会文化的语境元语言；（2）文本自身的文本自携元语言；（3）解释者的能力元语言[62]。这种分类方式显然是以传播学中的解释者作为符号活动主体进行的分类。产品设计活动由设计师、产品文本、使用群三者构成：一方面，产品设计活动的主导者是设计师，服务对象是“使用群”；另一方面，产品设计活

61. 赵毅衡：《符号学原理与推演》，南京大学出版社，2016，第219页。

62. 同上书，第227页。

动是设计师编写的文本意义向特定使用群“传递”的过程，而非倾向文本意义的“传播”。“传递”与“传播”是结构主义符号活动与后结构主义符号活动“主体性”的区别。

因此，笔者在赵毅衡对元语言分类的基础上，将产品文本传递过程的元语言分为三类（四种），即多出了设计师能力元语言：（1）语境元语言；（2）产品文本自携元语言；（3）使用群能力元语言；（4）设计师能力元语言。

产品设计系统内的规则由各类元语言构建而成，这些元语言可以理解为由使用群集体无意识中所有关于产品原型经验实践后的各类文化符号的符码集合。设计师能力元语言与系统内各类元语言不同的协调统一方式，形成产品表意方式从结构主义文本意义的精准、有效传递，转向后结构主义文本意义的开放式解读。

关于产品设计系统内的元语言类型（详见 2.4），以及设计师能力元语言介入产品设计系统，与系统内各类元语言不同方式的协调统一所形成的各类文本编写与表意类型（详见 2.5），将在本章下半部分展开详细讨论。

### 2.3.3 构建产品设计系统的规则：三类（四种）元语言

在设计活动之初建立以使用群文化规约为基础的“产品设计系统”，是设计师编写的文本可以被使用者有效解读的前提。产品设计系统的框架是以产品的文本传递过程为基础进行的搭建，而产品设计系统内的系统规则，则是由使用群集体无意识为基础的各类元语言构建而成，这些元语言规则是系统的深层结构，它们不但维系着系统内组成间的关系，同时也控制着系统内符号活动的所有意义解释。

#### 1. 各类元语言是产品设计系统的深层结构

“文本传递过程”是产品设计系统进行搭建的基础框架。符号学的文本传递过程由“发送者-文本-接收者”组成，产品文本的传递过程与之对应的是“设计师-产品文本-使用者”。

雷蒙・布东强调对结构主义文本的讨论需要关注两点：第一，在结构主义的文本编写系统中，相互作用形成结构整体的各个组成；第二，这些组成之间相互作用的关系和规则[63]。与产品设计系统的客观组成相对应的各类规则分别为：设计师—设计师能力元语言、产品文本—

63. 斯文・埃里克・拉森、约尔根・迪耐斯・约翰森：《应用符号学》，魏全凤、刘楠、朱围丽译，四川大学出版社，2018，第 16 页。

产品文本自携元语言、使用者—使用群能力元语言，以及产品设计系统本身所处的文化环境—语境元语言，它是系统的基础规约。

讨论结构不单是讨论结构的式样与组成内容，更多的是探讨连接结构各组成间的规则[64]。皮亚杰的“有机论”结构主义也认为“结构”是由具有整体性的若干转换规律组成的一个有自身调节功能的图式体系[65]。

产品设计系统内的规则由使用群集体无意识为基础的三类元语言构建而成，它们是系统的深层结构。赵毅衡提出系统内组分间的组合关系为表层结构，但其背后必定存在控制组分间意义解释的规则，这是系统的深层结构。深层结构对系统的控制是结构内规约的重要组成，也是结构的维系方式，它控制着组分间的相互关系，以及系统内所有的意义解释，结构主义研究必须承认深层结构是系统控制和重组的力量[66]。

因此，产品设计系统内的各类元语言是系统的深层结构，对产品设计系统的研究讨论，基本都会聚焦在系统内各类元语言在文本编写与解读时的协调统一关系上。当设计师能力元语言介入产品设计系统进行文本编写时，各类元语言规则对其控制与协调，以此达到设计师主体与使用者主体间在编写与解读的文化规约上的共在关系，最终获得结构主义产品设计活动的文本意义的有效性传递。

### 2．产品设计系统内元语言的组成形式

意指关系是符号意义的规则，这种规则称为符码。众多符码的临时集合称为元语言。雅柯布森在《语言学的元语言问题》一文中提到，谈论符码本身的语言叫作元语言[67]。对于符码与元语言的定义与相互关系，赵毅衡指出，在符号表意的过程中，控制文本意义的植入规则与解释意义的重建规则，都被称为符码[68]。符码必须以编写和解读的方式成为体系，否则仅是众多可供选择的零散信息[69]。

前文已表明，赵毅衡从传播学的解释者视角出发将元语言分为：语境元语言、文本自携

64. 斯文·埃里克·拉森、约尔根·迪耐斯·约翰森：《应用符号学》，魏全凤、刘楠、朱围丽译，四川大学出版社，2018，第15页。
65. 让·皮亚杰：《结构主义》，倪连生、王琳译，商务印书馆，2010，第8页。
66. 赵毅衡：《符号学原理与推演》，南京大学出版社，2016，第67页。
67. 罗曼·雅柯布森：《雅柯布森文集》，钱军译，商务印书馆，2012，第62页。
68. 赵毅衡：《符号学原理与推演》，南京大学出版社，2016，第219页。
69. 同上书，第222页。

元语言、解释者能力元语言三大类。但产品设计活动由设计师、产品文本、使用群三者构成。产品设计活动的主导者是设计师，服务对象是使用群。产品设计活动是设计师编写的文本意义向特定使用群“传递”的过程，而非倾向文本意义的“传播”。因此，笔者将产品设计系统内的元语言分为三类（四种）：（1）语境元语言；（2）产品文本自携元语言；（3）使用群能力元语言；（4）设计师能力元语言。

产品设计系统内的各类元语言之间具有包含的层级关系（图 2-2），可以借用罗素（Bertrand Russell）的观点加以总结：元语言可以分出多个层级，每一层元语言的结构无法自我说明，只能依赖其上一个层级的元语言进行描述。上一个层级的元语言在内容与本质上，总比下一个层级更丰富[70]。因此，在产品设计系统中，被包含的子集元语言在产品文本编写与解读时，对包含它的上一层级元语言有更多的依赖。这也是上一层级元语言所包含的诸多经验，通过经验完形的方式，进行意义解释的过程。

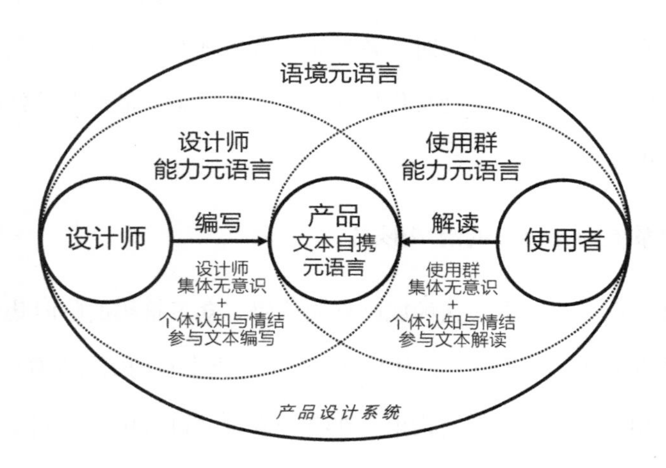


图 2-2 产品设计系统内的规则：三类（四种）元语言

## 2.3.4 产品设计系统构建过程中的层级特征

首先，一个系统的结构在构建时必定存在上下层级的关系。结构主义“有机论”的提出者皮亚杰认为，不存在没有构造过程的“结构”。无论是抽象的构造过程，还是发生学的构造过程，所有的结构在构造的过程中都存在上下层级的关系，结构建造过程中存在相对的层

70. 赵毅衡：《符号学原理与推演》，南京大学出版社，2016，第 230 页。

级关系，结构规模范畴存在着大小概念[71]。对于结构系统抽象的组成与组成间的相互关系、结构间的层级关系，皮亚杰认为以图式方式进行分析是最为有效的手段[72]。

其次，对系统结构中上下层级的关系与研究方式，捷克数学家、逻辑学家库尔特・哥德尔（Kurt Gödel）认为结构存在多与少、强与弱的概念，而且最强的结构都是在初级弱结构的基础上建立起来的，概念与范畴层层递进的抽象结构系统成为永远不会完结的构造过程。皮亚杰在此基础上认为这个不会完结的整体结构构造的过程必定会受到形式化规则的限定，于是在结构的构造过程中，会出现不同结构层级的“形式层”与“内容层”。他为不同层级的“形式层”与不同层级的“内容层”之间的研究方式总结出这样的结论：一个结构层级的“内容”永远是下一个结构层级的“形式”，一个结构层级的“形式”永远是上一个结构层级的“内容”[73]。

### 1．系统上下层级关系中的“形式层”与“内容层”是相对的

一个产品设计系统必定存在上下层级关系，而且上下层级关系中的“形式层”与“内容层”永远是相对的。如果我们将“微波炉设计”看作一个完整的且具有上下层级关系的设计系统的话，那么其上下层级的关系可以概述为：“微波炉控制面板”如果是层级 1；那么“微波炉造型”则是其上一个层级，我们将其称为层级 2；一个企业除了微波炉可能还生产其他家电产品，他们的 PI 产品形象则是微波炉造型的上一个层级，我们称之为层级 3。此时，我们可以看到：“PI 产品形象”这一层级的规约内容，是其下一层级“微波炉造型”具体表达的形式；“微波炉造型”这一层级的规约内容，是其下一层级“微波炉控制面板”的具体表达形式。这正如皮亚杰所认为的，结构永远是一个转换的体系，转换的动力是预先形成的系统工具[74]。

需要强调的是，在同一层级不同类型产品之间的比较与融合要依赖它们的上一层级的内容作为自身所在层级的形式规约。也就是说，对两个产品设计项目进行讨论比较时，首先要确定两者是否存在上下级的层级关系，这是项目间可以讨论、比较的首要前提。就如同上文的那个微波炉制造企业要研发饮水机，那么决定饮水机造型的不是已有的微波炉的造型，而

71. 让・皮亚杰：《结构主义》，倪连生、王琳译，商务印书馆，2010，第 121 页。

72. 同上书，第 3 页。

73. 同上书，第 121 页。

74. 同上。

是它的上一个系统层级“PI 产品形象”。

### 2．系统内上下层级在构建与发展过程中的相互关系

产品设计系统的层级关系是在构建的过程中，伴随着设计活动的讨论方向、构建方式而存在的上下级层级系统关系，而不是构建完一个结构层级之后，再去构建它的上一个或下一个层级。也就是说，产品设计系统的上下层级关系是系统在构建时的特质。正如在构建“微波炉造型”的层级时，其下一个“微波炉控制面板”层级必定被构建，其上一个层级“PI 产品形象”也必定需要构建。

某一类型产品的未来发展趋势不是靠这个产品自身层级的结构就可以决定，而是靠其上一个层级中的内容如何发展来决定的，即一个企业“微波炉造型”的发展不是由设计微波炉的设计师决定的，而是由其上一个层级“PI 产品形象”所决定的。当然，“PI 产品形象”也是由更高一个层级，例如国际家电设计趋势、居家生活方式等更上一层级所决定的。

### 3．产品设计系统内跨越层级的讨论会导致概念的“封闭漂流”

就像艾柯提出皮尔斯符号学中符号意义因无限衍义会导致概念的“封闭漂流”（详见10.2.4）那样，任何产品设计系统中跨越了层级的讨论都存在概念“封闭漂流”的危险。虽然讨论者可以获得夸夸其谈的掌声，但这种讨论对于指导具体的设计实践是没有丝毫作用的，就如在设计微波炉的面板时，抛开“微波炉造型”的这个层级，依赖“PI 产品形象”是不切实际的一样；也正如设计微波炉造型时，大谈特谈国际家电发展格局、未来饮食文化，对微波炉的造型设计毫无价值一样。

正如库尔特 · 哥德尔认为的，概念与范畴层层递进的抽象结构系统会成为永远不会完结的构造过程那样，“微波炉控制面板—微波炉造型—PI 产品形象”这一系列上下层级，仍然可以有向下的“控制面板的 CMF”设计系统层级，或向上的“企业战略”设计系统层级。因此，为避免系统层级间因跨越带来的“封闭漂流”现象，我们在进行具体的某一层级设计实践时，可以直接为该层级提供“规约内容”与“表达形式”的那些上下层级，才值得我们去关注。

## 2.4 产品设计系统的元语言类型

设计师不可能与使用者以双方约定的方式进行产品文本的表意，也不可能通过产品文本的

编写去改变使用群的文化规约。设计师是设计活动的主导者，设计师能动性地改变其能力元语言，并与系统内各类元语言通过不同的协调统一方式，形成产品表意方式从结构主义的精准、有效，向后结构主义文本意义开放式解读的转向。因此，对产品设计系统的研究，就是对系统内元语言类型的研究；对产品设计系统控制下的产品文本编写与表意类型的研究，就是对各类元语言相互协调与统一方式的研究。

## 2.4.1 语境元语言——产品设计系统的基础规约

首先要表明的是，语境元语言不是“环境”或“情境”中的元语言：一是“环境”作为客观的存在，它仅为文化规约的经验解释提供空间与时间维度的范围或方向；二是“情境”带有明显的个体对文化符号的解释氛围，这个氛围带有主观化的情感色彩。美国哲学家、教育家约翰·杜威（John Dewey）认为特定的文化语境为经验实践带来不同的情愫，因为情愫的存在，群体内的个体在符号意义解释上附带了自身的情感因素，而情感的因素会在很大程度上引导符号文本的意义解释向情愫方向进行，就如同“心情不好时，整个世界都灰暗了”一样。语境元语言抛开使用者个体的主观情愫，是希望使用群内的所有个体达成系统内部在文化规约上的一致性，即系统规约的共时性基础。

结构主义产品设计系统的语境元语言是按照使用者所在群体的集体无意识，以共时性为前提，在环境、产品、使用群三者关系所形成的某个特定的文化环境背景中，那些使用群集体无意识产品原型在经验实践后形成的符号意指关系的临时集合，即使用群与该产品相关的所有文化规约的临时集合。因此可以说，产品设计系统的语境元语言是由环境、产品、使用群的三者关系所决定的。

符号学认为语境元语言是系统内具体符号活动的社会文化规约“总集合”，它们是社会文化的集体无意识在群体内的映射。产品设计系统中的语境元语言是使用群集体无意识中关于特定产品的所有经验实践后的符号化的规约集合，它是使用群所有涉及该产品相关文化规约的集合。因此说，语境元语言是产品设计系统的基础规约，它控制着设计师的文本编写方式与使用者的文本解读方式。

### 1．语境元语言在环境、产品、使用群三者关系中的变动不居特征

元语言是变动不居的，语境元语言作为元语言的一种类型，同样具有变动不居的特征。

语境元语言规约的形成受控于社会文化环境、具体的产品类型、使用群的群体特征三者的关系，它们之间任何的关系变动都会带来经验实践结果的文化规约差异，三者存在的某一特定状态才能被称为“语境”。这就带来了语境元语言变动不居的特点：一是当使用群改变时，集体无意识产品原型的经验组成随之改变；二是当产品的类型改变时，使用群集体无意识对应的产品原型随之改变；三是当原型经验的实践环境与社会文化改变时，最终实践结果的文化规约也会随之改变。以上三种情况都会导致语境元语言规约的改变。

### 2．语境元语言是对编写与解读活动的整体约束

同为结构主义的“语言交流系统”与“产品设计系统”，它们的不同在于：语言系统要求语言符号的发送者与接收者，必须使用相同的语言符号意指关系所形成的元语言进行文本的发送与解读，双方必须使用共通的语言系统进行表意。但设计师与使用者往往是独立且自主的两个不同主体，结构主义产品设计活动中，为达到产品文本意义的有效传递，在设计师服务使用者的宗旨下，产品设计系统需要一个基础规约作为设计活动的整体性约束。

使用群由众多的使用者个体组成，寻找他们共同的规约集合是组建系统内基础规约——语境元语言的关键。对群体内的众多使用者而言，他们的经验积累都是这个群体的集体无意识产品原型在经验实践的过程中在他们身上的共同映射。

### 3．语境元语言对设计师与使用者个体无意识的控制与映射

荣格认为构成个体无意识的是私人化的情结，情结无法说明个体无意识具有的全部内容和特征，它必须依赖集体无意识作为深层结构的基础。系统内的语境元语言对设计师或使用者个体无意识的控制，实质是集体无意识对个体情结在经验实践后的意义筛选。在产品设计系统中，设计师与使用者个体无意识情结通过各自经验实践的方式，被使用群集体无意识产品原型经验逐一解释并筛选，不符合使用群价值观念及文化取向的意义解释则被抛弃，也就不可能进入产品设计系统中进行文本的编写与解读。

（1）语境元语言与设计师个体关系具有如下两种处理方式

任何产品修辞文本都存在修辞两造符号指称在文本内的重层，以及设计师个体主观意识在文本编写中与产品系统内使用群集体无意识形成的文化规约的重层。后者重层表明，几乎所有的设计作品都存在设计师个体无意识情结及私人化品质的表达，尤其在结构主义产品修辞活动中，设计师个人的主观意识及私人化品质都会经历语境元语言的文化规约筛选、分析、

判断、转化等一系列意指关系的加工处理过程，通过这样的方式转化为可以被使用者接纳及解读的内容，这样后者既有设计师主观意识的保留，也符合使用群集体无意识的生活经验。这种设计师主观意识在文本编写中与产品系统内使用群集体无意识形成的文化规约的重层是所有修辞文本的特征之一。

另一方面，如果设计师个体无意识情结与私人化品质并没有受到系统元语言的控制与转换，而是直接进入产品设计系统进行文本的编写，虽然设计师主观意识得以在产品文本中最大程度地被保留与体现，但有可能导致使用者无法有效解读。产品设计活动的主体性由结构主义的“意义传递”，转向后结构主义文本的“开放式解读”。菲利普·斯塔克（Philippe Starck）的作品就大多以这样的方式进行后结构主义的文本编写。设计师抛开产品系统内的文化规约束缚，是彰显其个性化修辞表意的途径，但它必须以丧失文本意义的有效传递为代价。

（2）语境元语言与使用者个体之间的关系

使用群由众多的使用者个体组成，每一个使用者都会携带个体无意识的情结。使用者个体解读产品文本的方式，必定依赖语境元语言提供的文化规约内容与范围，获得产品文本的意义解释。这一过程的实质是群体的集体无意识被映射在其个体经验解释后的自觉的心理活动。

使用者个体在解读产品文本时经常会出现以下两种情况。

第一，结构主义产品设计中，那些富有设计师个性化语言的表达，导致使用者无法依赖自身的能力元语言以及产品文本自携元语言获得文本意义的解读，那么，使用者会寻找这两种元语言的上一个层级的语境元语言寻求意义的解释，语境元语言是产品设计系统的基础元语言。这也再次表明，产品设计系统内的各类元语言之间具有包含的层级关系，每一层元语言的结构都无法自我说明，只能依赖其上一个层级的元语言进行描述。上一个层级的元语言在内容与本质上，总比下一个层级更丰富。在产品设计系统中，被包含的子集元语言在产品文本编写与解读时，对包含它的上一层级元语言有更多的依赖。

第二，在后结构主义产品设计活动中，设计师在文本编写时并没有按照产品设计系统的元语言规约进行编写，使用者也就无法依赖系统内的各类元语言完成对作品的解读，但其能力元语言的释意压力又迫使他去解释，因而他就会转而依赖更为广泛的元元语言文化规约，获得更为宽幅的文本意义解释。

元元语言是后结构主义文本解读的最后依赖与屏障。赵毅衡认为，社会文化所有相关的表意规约的总集合是元元语言[75]。元元语言是一个十分笼统的规约范畴，因为它没有特定内容，更没有界限范围，所以在设计活动中它的存在常被忽视，但它是人类所有文化活动规约的基础，任何结构主义系统的规约、后结构主义的多元意义都被包含其中。

元元语言是后结构主义产品文本解读的最后依赖与屏障，因此，在这种情况下会出现开放式的任意解释。任何解释都是解释，任何解释都是在使用群能力元语言释意压力下的获意结果。这是后结构主义文本在使用者释意压力下的开放式解读方式。

## 2.4.2 产品文本自携元语言——约定俗成的产品身份界定

产品文本自携元语言是某一群体集体无意识对某类产品在特定文化环境下约定俗成的解释与身份界定，即一个产品能够在特定文化语境中被某个群体认定为是这个产品的所有文化规约。可以说，产品文本自携元语言是使用者在文化环境中对产品文化符号的身份界定。

产品文本自携元语言对产品文本编写与解读的控制是普遍性的，没有任何一个产品文本的编写与解读可以脱离其自身属性的认定，以及周边伴随文本的影响，否则产品不可能以文化符号的身份出现在社会文化环境中。产品文本自携元语言的最主要目的是：控制设计师按照使用者界定产品的方式进行文本编写。当然，使用者也会在解读产品时依赖它，对设计文本做出类型方向的判断，再以集体无意识产品原型的经验实践做出最终的解释。

### 1. 产品文本自携元语言的来源与组成

产品的使用人群、使用环境、所属类型是产品文本自携元语言的主要组成部分。符号学认为，文本自携元语言来源于自身文本与伴随文本对文本解释的共同控制。因此，产品文本自携元语言的形成方式分为以下两大部分。

（1）使用群集体无意识的产品原型

首先，使用者对产品的认知是一个生活经验日积月累的积淀过程，这种积淀形成使用群集体无意识中关于此类产品的“原型”。产品原型既是使用者心理结构的动力来源，也是与产品相关意义感知的来源。正如荣格所认为的那样，产品原型不是与产品相关的具体某些经验，群体对产品原型的印象才是经验。因此，产品原型以各种象征的方式存在。我们无法从

75. 赵毅衡：《符号学原理与推演》，南京大学出版社，2016，第236页。

意识层面探究原型的组成与内容，只能通过其意象或每一次与原型相关的经验实践理解其存在[76]。产品原型通过实践的意义解释所形成的文化规约是产品文本自携元语言的来源之一。

（2）伴随文本形成产品文本自携元语言的方式

产品作为社会文化符号必定存在于文化环境中，对产品的评价及社会舆论等伴随文本几乎与产品自身文本同时存在。在产品自身文本的意义解释过程中，伴随文本都会参与其中进行共同的解读。不是所有的伴随文本都可能形成产品文本的自携元语言，而当某种伴随文本给产品自身文本在解读上带来足够强大的干扰或影响时，它会改变甚至重组使用群集体无意识产品经验的认知内容，从而导致产品原型的改变。

另一方面，当人们不断地用某个伴随文本作为产品文本的比喻，这种比喻成为象征后所形成的文化规约，会对原有的产品原型的经验实践带来影响。例如，作为伴随文本的“三鹿奶粉事件”被曝光后，“毒牛奶”成为一种象征，影响到国内所有奶粉品牌在消费群集体无意识产品原型的经验解释，导致了国产奶粉的品牌危机，并一直持续至今。

### 2. 影响产品文本自携元语言变化的因素

作为元语言的一种，产品文本自携元语言同样有变动不居的特征。

（1）所有涉及集体无意识产品原型的经验实践，都是在环境、产品、使用群三者特定关系为前提下进行的意义解释。一方面，不同使用人群因物质需求与精神体验等诸多差异，对相同类型产品的使用经验各不相同，形成独属于那个群体的集体无意识产品原型，从而形成属于那个群体对产品类型界定的产品文本自携元语言。例如，冰箱对家庭主妇而言，是存储一日三餐的责任；儿童认为它是冰激凌与美食躲藏的密室；对单身汉而言，它则是储藏美酒、放飞自我的仓库。

另一方面，不同的文化环境与使用场景决定着产品文本自携元语言的解释方向与内容。也可以说，群体对产品在不同文化环境中的经验认知，导致了产品文本自携元语言随环境的改变而改变。如，在餐馆的冰柜，是后厨冷藏肉类的必备；家庭里的冰柜，表明家庭成员众多；冰柜出现在警局，可能暗示着恐怖的命案。

（2）在产品创新与改良的历时性设计活动影响下，产品文本自携元语言会发生迭代方式

---

76. 申荷永：《荣格分析心理学》，中国人民大学出版社，2012，第59-60页。

的变化。如果产品系统外的某个文化符号对产品文本内相关符号进行持续不断的解释，这个符号在产品使用过程中的行为与体验便会成为日积月累的产品经验，形成集体无意识产品原型中新的“象征”。与此同时，那些因为历时性原因，不再符合使用群心理与行为习惯的经验，会从产品原型中淡出，直至被抛弃，并退出产品文本自携元语言。

（3）从宏观视角而言，当某类产品作为一种功能性工具被人类创造出来时，其集体无意识产品原型仅是功能与操作方面的经验集合，产品文本自携元语言的文化规约也较为单一。当它进入文化符号世界，被各群体的集体无意识不断地加以经验实践，被各式各样的外部文化符号不断地修辞解释，此时产品文本自携元语言的发展就会呈现出两种倾向：一种倾向是产品所具有的文化符号属性不断扩张；另一种倾向是产品类型被不断细分，导致使用群的不断细分。通常这两种情况在同一类型产品中是同步进行的。

最后，可以得出这样的结论：任何一类产品的文本自携元语言的变化，都见证了这类产品从功能性符号向文化符号剧增的发展与使用人群不断细分的历程。

### 2.4.3 设计师 / 使用群能力元语言——编写与解读文本的能力

设计师能力元语言是设计师在编写产品文本时，文本意义植入的符码规约的临时集合。使用群能力元语言是使用者在解读产品文本时，文本意义重建的符码规约的临时集合，称为使用群能力元语言。

#### 1. 设计师能力元语言与使用群能力元语言的规约来源

在结构主义产品设计系统中，设计师能力元语言与使用群能力元语言各自编写与解读的机制虽然各不相同，但两者的组分内容与内容的形成方式基本一致，因此一并讨论。

设计师能力元语言与使用群能力元语言，就规约的来源而言包含以下几类：（1）在共时性的特定文化环境中，使用群集体无意识对设计师编码活动与使用者个体解码活动做出的有选择的共同映射。（2）设计师与使用者个体与产品之间的知觉认知、经验认知、符号认知等积累，以及各自文化修养等具有私人化品质，它们需要在产品设计系统规约下获得符号化的意义解释。（3）设计师与使用者个体在特定的语境下，由个体认知经验而产生的情愫，影响到设计师文本编写的“意图意义”与使用者个体解读文本的“解释意义”的情感变化。

## 2．使用群能力元语言的释意压力

对接收者而言，不是符号文本将意义传递给接收者，也不是接收者主动去解释文本的信息而获得意义，而是接收者的能力元语言强迫自己对文本产生可解的意义[77]。这是元语言释放的释意压力，因此任何文本在元语言的释意压力下都会有解释意义，无论与发送者表达的符号意义是否一致，文本都会被解释。当设计师编写文本的规约逐步远离使用群文化规约时，使用群能力元语言的释意压力也会逐步加强。

## 3．使用群能力元语言与使用者个体之间的关系

环境、产品、使用群三者之间的关系是语境元语言作为系统基础规约的条件。对使用群内的个体使用者而言，他们在文本解读时的所有个人情结及主观意识的选择与评判，都是使用群集体无意识通过语境元语言在文本意义解释活动中的映射。这也是为什么在产品设计系统中，文本解读一端的能力元语言以“使用群”作为讨论对象，而非以“使用者”个体进行讨论的原因之一。

另一原因是，结构主义产品设计研究的要务是文本意义的有效传递，而非传递文本的具体意义内容。虽然众多使用者个体在解读产品文本时会受到各自情愫的影响，但只要可以有效地解读设计师在产品文本中所发送的“意图意义”，那么就可以称之为意义的有效性传递。例如设计师通过产品文本传递一种“诙谐”的感知，使用群内的众多使用者都可以解读到“诙谐”的意图，此时表意是有效的，设计师就没必要逐一分辨不同使用者对诙谐的理解程度。

## 4．设计师能力元语言在产品设计系统控制下的主观表达

（1）结构主义产品设计活动中的设计师“佃农”身份

产品设计是由设计师作为主导的文本编写与传递活动。但在结构主义产品设计活动中，设计师为达到“意图意义”的有效传递，设计师能力元语言被制约在由使用群集体无意识经验解释所构筑的语境元语言中，按照产品文本自携元语言进行文本的编写。对于设计师能力元语言介入产品设计系统进行文本编写，我们可以认为设计师以“佃农”的身份介入系统，并被系统内各类元语言规约共同控制。

---

77. 赵毅衡：《符号学原理与推演》，南京大学出版社，2016，第224页。

虽然结构主义产品设计是系统对设计师能力元语言控制下的文本编写，但并不代表设计活动丧失了设计师个体无意识情结及私人化品质的表达。设计师个人的主观意识及私人化品质都会被系统规约进行筛选、分析、判断、转化，使其符号“意指关系”转化为可以被使用者接纳及解读的内容，实现设计师主体与使用者主体在文化规约上的“共在关系”。这是通过改造所达成的对系统的适应方式，保留了设计师主观意识的表达。

因此可以说，任何产品设计都具有不同程度的设计师主观意识的表达，任何结构主义的产品设计都是设计师主观意识被系统改造并适应系统后的表达。

（2）设计师主观意识形成设计风格的多样化

产品设计是普遍的修辞，修辞文本的“重层性”（Found Object）是修辞文本的本质特征。需要强调的是，重层分为两种：一是修辞两造符号指称在文本内的重层；二是设计师个体主观意识在文本编写中与产品系统内使用群集体无意识形成的文化规约的重层。前一种重层，是所有修辞文本在文本结构上的本质特征；后一种重层，是所有修辞文本在表意方式上的本质特征。这也再次表明了所有的产品设计活动都是设计师主观意识不同程度的表达。

设计师主观意识形成设计风格的多样化，是因为设计师能力元语言与系统内各元语言协调统一的方式是多样化的，这些多样化方式体现了设计师主观意识与私人化品质以不同的方式参与产品文本的编写，并带来具有设计师个体特征的设计作品，这也是设计师风格形成的主要途径。

（3）设计师能力元语言与系统不同协调方式形成结构主义至后结构主义转向

产品设计系统内的规则由使用群集体无意识为基础的各类元语言构建而成。一方面，在结构主义产品设计活动中，设计师以“佃农”的身份进入系统，其能力元语言在系统内的各类元语言共同控制下进行文本的编写，以此获得文本意义的有效传递。另一方面，设计师能力元语言也可以在系统内的文本编写过程中不断强化其主观意识及个人品质的表达，这可以戏称是设计师为了摆脱“佃农”身份。因此，产品文本的最后呈现是设计师能力元语言与系统内各类元语言协调统一的结果。

### 5．设计师在文本编写过程中自始至终充当着使用者的角色

在结构主义产品设计活动初期，设计师需要分别以“具身体验”方式获得使用者知觉与生活经验的信息内容，以“移情作用”获得与使用者心理感受一致的符号感知。优秀的设计

师应当比使用者更了解使用者。

产品设计系统内的产品文本编写过程中，使用者不在场不代表使用者的诉求与对产品文本解读方式的消失，使用群能力元语言会以多种方式反复出现在整个文本的编写过程中。同时，设计师必须充当使用者的角色，在产品文本编写过程中反复按照使用者可解读的文化规约对文本进行修正。其具体表现如下。

（1）语境元语言与产品文本自携元语言的所有文化规约都是使用群能力元语言解读文本时所依赖的符码。两类元语言对设计师能力元语言的控制与影响，其实质是要求设计师在使用者可以解读出的各类规约范围内进行文本的编写活动。

（2）在产品文本编写过程中的“规则投射”是对语境元语言规约的验证，即文本的编写是否符合使用群集体无意识经验解释，以此作为判断标准在编写过程中随时、反复地修正。以使用者视角修正完善不仅发生在设计作品完成阶段，在文本编写的“规则投射”中也会发生。

（3）设计界一致认为，设计师是产品的第一位使用者，任何一位合格的设计师都需要学会角色的扮演，在产品文本表意的反馈中充当一个合格的使用者角色，用使用群能力元语言尝试对自己设计的文本进行解读，以此提出修正和完善的意见。只有这样才能达成设计师与使用者两个主体间的“共在关系”。

### 6．后结构主义研究者对设计师能力元语言的漠视

国内一些研究后结构主义的符号学文章将“能力元语言”认定为只是文本接收者一方对文本意义解读的符码集合，而放弃讨论发送者一端。这实际已踏入后结构主义文本中心论的“陷阱”。自法国著名结构主义文学理论家与文化评论家罗兰·巴尔特提出“文本出现，标志作者死亡”的观点之后，众多学者放弃以结构主义文本意义传递为主体，转而讨论文本意义的开放性任意解释。

产品设计活动是文本意义的传递，它是设计师、产品文本、使用者三者通过对应的“意图意义-文本意义-解释意义”三环节而形成的一个完整的表意过程。在这个连贯的表意活动中有三种倾向性的符号活动：设计师—产品文本之间的“编写活动”，产品文本—使用者之间的“解释活动”，贯穿设计师、产品文本、使用者三者间的产品文本意义的“传递活动”。结构主义关注的是符号文本意义的“传递活动”，后结构主义则关注解读者对文本的“解释活动”。有些符号传递过程不存在“编写活动”，例如天空的星座、秋天的落叶都能被直接

接收。但产品设计活动必定存在设计师对产品文本的“编写活动”，没有任何一件设计作品不是设计师的“意图意义”在产品中的编写，同样也没有任何一件产品设计不存在使用者对设计师“意图意义”的推测。这也表明了，即使是后结构主义的产品设计，“使用者-设计师”主体间性也必定存在。

后结构主义研究者对设计师能力元语言在文本编写活动中的漠视，不但否定了设计师作为设计活动主导者的地位，而且否定了符号传递活动中“编写活动”的存在。任何文学艺术作品，无论是结构主义的，还是后结构主义的，在本文编写的过程中作者并没有“死亡”；任何一位设计师都依赖其自身的能力元语言进行文本的编写，进行主观意识的表达。对于设计师能力元语言与结构主义、后结构主义的关系，我们可以认为：结构主义向后结构主义的转向，在某一方面是设计师能力元语言与使用群能力元语言，从一致性向差异化的分离过程。

## 2.5 设计师介入系统的三种方式形成的编写与表意类型

设计师是设计活动的主导者，设计师能动性地改变其能力元语言，并与系统内各类元语言通过不同的协调统一方式，形成产品表意方式从结构主义的精准、有效，直至向后结构主义文本意义开放式解读的转向。这即是本节要讨论的设计师介入产品设计系统的不同方式所形成的三种编写与表意类型：（1）意义的精准传递文本编写与表意类型；（2）意义的宽幅有效传递文本编写与表意类型；（3）后结构主义的意义开放式解读文本编写与表意类型。

因此，设计师能力元语言与系统内各元语言之间的协调统一方式，不但体现了设计师个体主观意识及私人化品质以不同方式、不同程度参与产品文本的编写活动，而且也体现出设计师文本编写与使用者文本解读相互对应关系的途径。

### 2.5.1 第一类文本编写与表意类型：意义的精准传递

第一类文本编写与表意类型中，设计师为了使得文本表意精准性传递，会更多关注产品系统内的使用者与产品间的直接知觉，以及集体无意识生活经验，并将这些认知内容符号化后，作为文本编写的符号来源。此类编写与表意的特征是产品系统内新符号规约的生成，以及它们意义的精准传递。

### 1．设计师能力元语言与系统各元语言关系

（1）设计师能力元语言、使用群能力元语言、产品文本自携元语言是语境元语言的子集（图2-3）

系统内各类元语言都是语境元语言的子集，表明产品设计系统对设计师编写文本与使用者解读文本的双重控制。语境元语言是产品设计系统的基础规约，它是使用群集体无意识关于该产品所有文化信息被符号化后的全部映射，它是在具体的产品设计活动中使用群集体无意识的“代言人”，它不但控制设计师在系统中按照使用群文化规约进行主观意识的表达，同时提供使用者解读产品文本意义的内容与方向。

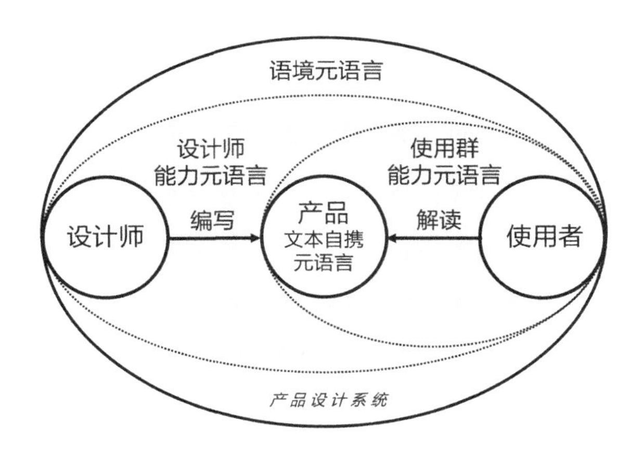


图2-3 文本意义精准传递下的设计师能力元语言与系统的关系

（2）使用群能力元语言是设计师能力元语言的子集

第一，笔者将产品语言的来源界定为使用者与产品间知觉、经验、符号感知三种完整的认知方式。它们所形成的符号是产品文本编写的三种符号来源，产品语言是以使用者为主体，以产品为载体的符号化的“认知语言”。虽然心理学将个体的认知分为感觉、知觉、记忆、思维、想象、语言等内容，但笔者希望将知觉、经验、符号感知作为使用者与产品间的完整认知方式。这是因为：感觉反映的是使用者对产品的个别属性的信息接收，不能对产品形成整体的认识。记忆以使用者对产品的各种使用与体验经验的方式存在，它们是使用群集体无意识产品原型的基础。思维、想象、语言都必须依赖符号感知进行表达。产品设计活动是普遍的符号与符号间的修辞解释，使用者与产品间的知觉、经验、符号感知不但可以形成使用者对产品的整

体认知，同时，三者的符号化是产品修辞活动中的符号来源。而使用群能力元语言是使用者对某类产品的知觉、经验、符号感知进行符号化后，所形成的符号规约的临时集合。

第二，由于符号感知与产品间的解释是普遍定义上的产品修辞，带有较强的设计师主观意识的表达，因此，在第一类文本编写与表意活动中，设计师更加关注使用者与产品间的知觉与经验的符号化问题，它们是系统内新生成的符号规约，并自始至终都带有使用者的生物属性与社会文化属性的先验与客观特征。设计师将这些由系统内部新生成的符号作为始源域去修辞产品文本，并作为文本编写与意义传递的主要内容，以此获得文本表意内容向使用者的精准传递。

需要说明的是，“符号化”所形成的符号，与产品与外部事物进行修辞活动时对产品经验、事物经验的意义“解释”而形成的文化符号，在形成方式及内容上是完全不同的。这里的“符号化”是对原有产品系统中，引发使用者直接知觉行为的可供性之物，以及集体无意识产品经验所涉及的那些事物，进行符号的“对象-再现体-解释项”三元结构的构建过程。

第三，为避免产品系统外部事物的文化符号与产品文本在解释过程中，因设计师或使用者的主观意识的融入而形成文本意义宽幅的解释，第一类文本编写与表意活动暂时搁置了产品系统外部的所有文化符号，为确保文本表意的精准性，转而去关注使用者与产品间知觉、经验符号化所形成的规约集合。

（3）产品文本自携元语言是设计师能力元语言的子集

一旦某个产品的使用群被确定，这个产品在特定文化环境下约定俗成的解释与身份界定也就被确定了，设计师需要按照使用群所界定的那些文化规约内容进行产品文本的编写，以确保每一位使用者都可以在文本解读后获得“是这个产品”的认定。

### 2．文本编写与表意特征

为达到文本意义的精准传递，设计师会更多关注产品系统内部使用者与产品间的知觉与经验的符号化，因此，设计师在文本编写时遵循两个原则：一切以可以被使用群界定的产品类型为标准的原则，一切以每一位使用者可以精准解读产品文本意义为目的的原则。

第一类文本编写与表意类型可以对应第 8 章无意识设计系统方法中的三种设计方法：（1）直接知觉符号化设计方法；（2）集体无意识符号化设计方法；（3）寻找关联至直接知觉符号化设计方法。深泽直人将前两种设计方法称为“客观写生”，第三种设计方法是笔者对无意识设计系统方法补充的“两种跨越类”（详见 8.5）中的“寻找关联至直接知觉符号化设计方法”。

利用第一类文本编写与表意类型的三种无意识设计方法，文本意义可以达到精准有效传递的原因是：

（1）直接知觉符号化设计方法（详见 8.3.2）的文本编写符号来源于产品系统内部使用者直接知觉的符号化，直接知觉脱胎于使用者的生物遗传属性，携带了人类生物属性“先定性、普适性、凝固性”三大特征[78]，这些先验性特征成为文本精准表意的基础。

（2）集体无意识符号化设计方法（详见 8.3.3）的文本编写符号同样来源于产品系统内部，它们是使用者对产品的生活经验。这些日积月累的产品生活经验是形成使用群关于集体无意识产品原型的基础，它们具有的日常生活既有特征保证了文本表意的精准性。

（3）寻找关联至直接知觉符号化设计方法（详见 8.5.3）的文本编写比较特殊复杂：设计师选取产品系统外部事物的一个文化符号，对其进行去符号化处理，使其在产品系统内与使用者之间具有直接知觉的可供性关系，再以“直接知觉符号化设计方法”进行文本的编写。文本编写的符号来源过程为：系统外部的符号经过去符号化处理—达成在系统内的直接知觉—再对其进行符号化处理—以所形成的新符号进行文本编写。

以上的直接知觉符号化设计方法、集体无意识符号化设计方法、寻找关联至直接知觉符号化设计方法将在第 8 章详细讨论，在此不再赘述。

### 3．设计案例分析

深泽直人为三宅一生品牌设计的手表（图 2-4），以十二边形的尖角取代了表盘的刻度。因为我们在看多边形时，视知觉最先关注到的是多边形的“角”，而非“边”，因此十二边形的“角”可以替代原有的刻度，精准地传递刻度的符号意义。更为精彩的是，此款手表的时针、分针粗细一致，长短也区别不大，但它不会导致误读。其原因是，两根指针虽然粗细、长短接近，但时针表面印上了反白的标志，我们的视知觉会第一时间注意到它，这与我们读取时间的习惯很好地契合。

这件作品在无意识设计系统方法中是较为典型的“寻找关联至直接知觉符号化设计方法”。

---

78. 彭运石、林崇德、车文博：《西方心理学的方法论危机及其超越》，《华东师范大学学报（教育科学版）》2006 年第 2 期。

图 2-4　深泽直人作品《十二边形手表》

十二边形作为符号并不在手表的系统之内，但将其放置在表盘的位置，则具有首先关注“尖角”的直接知觉特性；将反白的标志印在时针上也同样是利用直接知觉的操作手法。

### 4．第一类文本编写与表意类型的总结

（1）这类文本编写与表意类型对设计师提出了最为苛刻的要求：设计师要做到比使用者更了解他们。设计师必须在产品的使用环境中，通过考察与体验等多种方式，获得使用者与产品认知活动中知觉、经验的所有素材，它们既是文本编写的符号来源，也是设计表意传递的内容。

（2）文本的编写与解读具有符号规约高度一致性的特征，这也表明设计师主体与使用者主体间具有最强的共在关系。精准表意是这类文本编写与表意类型的优势，而文本编写者与解读者主观意识的弱化则是其劣势。这是因为任何多余的、产品系统之外的、无法被使用者解释的规约都要被设计师抛弃，以此获得表意的精准性，这也导致设计师与使用者双方的私人化品质均无法有效发挥，造成在设计师编写文本与使用者解读文本方面，自我主观意识在表达上的丧失。

（3）这三种设计方法无论是符号的来源（直接知觉符号化设计方法、集体无意识符号化设计方法），还是对符号的最后加工（寻找关联至直接知觉符号化设计方法），都落在产品系统内。这是因为系统内的使用者直接知觉与经验具有生物属性与社会文化属性的先验与既有特征，围绕它们可以获得文本表意内容向使用者的精准传递。

## 2.5.2 第二类文本编写与表意类型：意义的宽幅有效传递

第二类文本编写与表意类型是较为典型的结构主义产品设计修辞，即设计师选取产品系统外部事物的一个文化符号对产品文本内相关符号进行的各种修辞格解释，设计师的主观意识在系统基础规约的调控下参与文本编写，产品文本的意义解读由第一类的精准表意向有效性的意义宽幅解读转变。

### 1. 设计师能力元语言与系统各元语言关系

（1）设计师能力元语言、使用群能力元语言、产品文本自携元语言是语境元语言的子集（图 2-5）

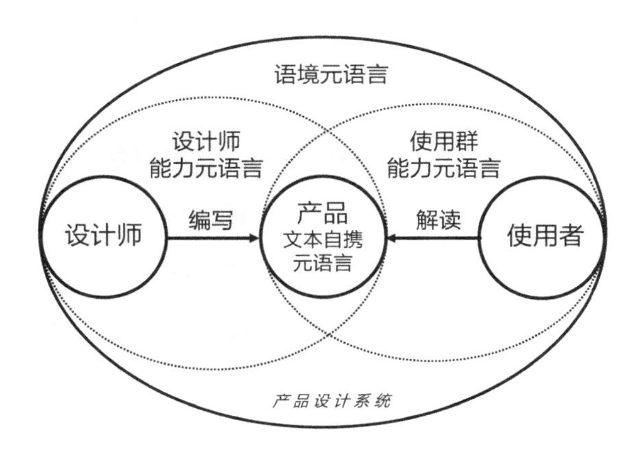


图 2-5　文本意义宽幅有效传递下的设计师能力元语言与系统的关系

语境元语言是产品设计系统的基础规约，系统内各类元语言是语境元语言的子集，表明产品设计系统对文本编写与解读的双重控制依旧存在，也表明文本的编写与表意依旧是结构主义产品设计活动的范畴。

（2）设计师能力元语言与使用群能力元语言呈现以产品文本自携元语言为中心的交集

第一，语境元语言是产品设计系统的基础规约，产品修辞的表意虽然是设计师主观意识的表达，但它在语境元语言的控制下，也必须按照使用群集体无意识生活经验进行文本意义的编写。

第二，产品文本自携元语言是设计师能力元语言与使用群能力元语言共同的子集，这表明产品文本自携元语言控制文本编写的产品类型可以被使用群内的所有使用者普遍认同。

第三，设计师能力元语言与使用群能力元语言呈现交集，表明双方在文本编写与解读时都有私人化主观意识的参与和表现：一方面，设计师在文本编写时，既服务于产品设计系统的基础规约语境元语言，又摆脱了使用群内每一个个体都需要准确解读文本的顾虑，设计师主观意识在修辞活动中得以展现；另一方面，虽然设计师主体与使用者主体不像第一类文本编写与表意那样呈现高度的共在关系，但使用群内的所有使用者可以在明确解读产品类型的基础上，回溯到集体无意识生活经验中寻求意义有效的宽幅解读。

因此，文本意义的有效性解读是以语境元语言对设计师编写的控制、使用者对语境元语言的解读依赖所达成的。同时，因为使用群中的众多个体对语境元语言的依赖方式不同，以及有各自的主观意识参与文本解释，所以形成文本表意有效性的宽幅特征。

### 2. 文本编写与表意特征

（1）修辞文本的“诗性”特征

第二类文本编写与表意类型是设计师选取产品系统外部事物的文化符号，以创造性的方式对产品文本内相关符号进行各种修辞格的解释，这种创造性既是设计师主观意识的表达，也是修辞文本“诗性”的来源。雅柯布森的“文本六因素与六特征”理论表明，当符号活动侧重文本编写时，符号文本就有了“诗性”。这是对文本具有艺术品格的一个非常直截了当的说明，也是对修辞表意的创造性意义解释的说明。诗性文本的目的是将解释者的注意力聚焦在文本本身，文本品质的意义解释成为主导[79]。

所有的修辞文本都具有“诗性”特征，诗性的来源是设计师在修辞活动中主观意识的创造性表达。结构主义与后结构主义的修辞文本都具有“诗性”，如果设计师主观意识对产品的创造性解释是按照系统的语境元语言进行编写的，那么可以被使用者有效解读的就是结构主义产品修辞文本编写方式，反之则成为后结构主义文本意义的开放式解读。

（2）文本意义有效性的宽幅解释

首先，设计师的修辞表意服务于产品，这是因为以下三点：一是产品设计系统围绕“环境-产品-使用群”展开构建，产品是系统构建的核心内容，设计师所有的文本编写与使用者的文本解读都是以产品作为表意的载体；二是修辞文本按照产品文本自携元语言进行编写，它是产品在社会文化中的身份认定；三是设计师主观意识受控于系统的语境元语言这一基础规约，

79. 赵毅衡：《符号学原理与推演》，南京大学出版社，2016，第176页。

语境元语言是使用群与产品所有相关的文化规约的临时结合。

其次，设计师能力元语言的主观意识及个性化品质脱离了使用群能力元语言的束缚，参与进文本的编写。因而，使用群内众多的个体获得了更多的文本解读自由度，这种自由度是依赖语境元语言在获得有效性表意的基础上的文本意义宽幅解释。

### 3．设计案例分析

第二类文本编写与表意类型是普遍定义上的外部文化符号对产品的修辞。产品设计常用的修辞格主要有提喻、转喻、明喻、隐喻、反讽五种。前四种是结构主义产品设计常用的修辞格，反讽则是典型的后结构主义产品设计的修辞方式。对前四种修辞格的讨论将在第 5 章与第 6 章详细展开，本节并非以修辞格的视角进行讨论，而是以编写方式与表意目的间的对应关系作为案例分类的依据。

（1）设计师主观意识表达的“情感化设计”倾向

日本设计师佐藤大（Oki Sato）在餐具内侧设置了一个小凹陷（图 2-6），至于它是酒窝、美人痣、小嘴、眼睛、肚脐，则是使用群内不同个体对文本意义的宽幅解释。餐具是设计活动的主体，“凹陷”是产品系统外部的一个符号，它修辞并服务于产品——餐具，使餐具有了微妙的表情。“凹陷”作为餐具的表情被众多使用者解读到，“表情”是文本表意的有效性传递。

（2）满足不同人群或不同场景的“多功能设计”倾向

为满足不同的使用者或不同的使用场景，设计师会为产品附加多种功能符号，不同的使用者在不同的使用场景中可以解读出属于自己群体的功能符号。笔者选用了瑞士军刀作为例子（图 2-7）来进行说明。

图 2-6　佐藤大作品《表情餐具》

图 2-7　瑞士军刀

对比“表情餐具”与“瑞士军刀”这两个设计案例，我们可以看到：“情感化设计”中，“情感”的方向在设计师编写时是单一的，但在使用者解读时呈现出意义解释方向明确、具体内容多样性的宽幅解释；而“多功能设计”在设计师编写文本时，功能符号就是多样化的，使用者在解读时，仅读取属于自己群体或所在环境的那些功能符号。当然，这类多功能的设计必须统一在共同的产品文本自携元语言之内，这是众多“功能”可以依赖产品类型进行读取的前提。

#### 4．第二类文本编写与表意类型的总结

设计师以产品系统外部事物的文化符号对产品文本内相关符号进行创造性的修辞解释，因此结构主义文本传递活动中的所有普遍定义的产品修辞，都可以放置在第二类文本编写与表意类型中进行讨论。在此对第二类文本编写与表意类型做如下总结。

（1）创造性解释可以是主观意识的情感表达，也可以是功能体验的功能创新或附加。两者分别形成倾向“情感化设计”与“功能化设计”的表意方向。当然，也有许多产品是以功能创新为基础，再在创新功能的基础上进行设计师主观意识的情感表达，对此我们要讨论产品文本最终表意的倾向性，而不应该以“情感”与“功能”进行简单划分。

（2）设计师能力元语言与使用群能力元语言以产品文本自携元语言为中心形成交集关系，因此语境元语言在此类编写与表意活动中起着关键的作用。设计师的主观创造性必须在语境元语言的制约下进行文本编写，使用群内那些无法直接解读产品文本意义的使用者个体，都会回溯到语境元语言那里寻找获得解释的帮助，并依赖个体的主观意识形成表意有效性的宽幅解释。

（3）第二类文本编写与表意类型的结构主义特征，是以语境元语言对设计师主观意识在文本编写时的控制，以及使用者个体在解读时对其的依赖所达成。反之，设计师主观意识不受控于语境元语言这一系统基础规约，使用群内的众多个体对文本意义呈现开放式解读，则为后结构主义产品设计。这也表明，设计师是设计活动的主导者，其具有控制其能力元语言与系统内各类元语言相互关系的能动性，进而达成文本编写与表意的类型从结构主义向后结构主义的转向。

### 2.5.3 第三类文本编写与表意类型：后结构的意义开放式解读

第三类文本编写与表意类型与第二类的最大区别是，设计师主观意识在第三类的文本编写中不再受到产品设计系统基础规约的控制，仅仅按照使用者可以界定的产品类型进行文本编写，使用者在使用群能力元语言的释意压力下，借助语境元语言获得文本意义的开放式解读。

第三类文本编写与表意类型已转向后结构主义的文本意义开放式解读，产品文本编写活动的主体性由结构主义的“意义传递”，转向后结构主义的“文本解读”，其转向是由设计师能力元语言的主观意识表达，逐步摆脱了产品设计系统的控制所达成的。

**1．设计师依赖产品文本自携元语言与系统建立的交集关系（图 2-8）**

至 20 世纪 70 年代，结构主义开始衰败，后结构主义兴起。后结构主义研究者们普遍漠视系统的作用，甚至否定其存在，他们更多是站在符号文本接收者的角度，去讨论文本意义开放式的解读，几乎不谈论因文本编写方式而导致的后结构主义问题。

产品设计活动与那些纯粹只关注“解读”的后结构主义不同，虽然罗兰 · 巴尔特的“文本出现，标志作者死亡”代表了后结构主义的普遍态度，但本书要讨论的是作者“死亡之前”的事情，即在结构主义的产品设计系统的基础上，设计师如何编写出后结构主义产品文本。因此本书所强调的是结构主义产品设计向后结构主义产品设计的转向，从文本的编写者视角而言，即设计师在表达主观意识时，从被产品设计系统规约所控制，向脱离系统控制的转变。

在第三类文本编写与表意类型中，设计师能力元语言依赖产品文本自携元语言与产品设计系统建立的交集关系，表明以下两点：第一点，作为后结构主义的产品文本编写方式，产

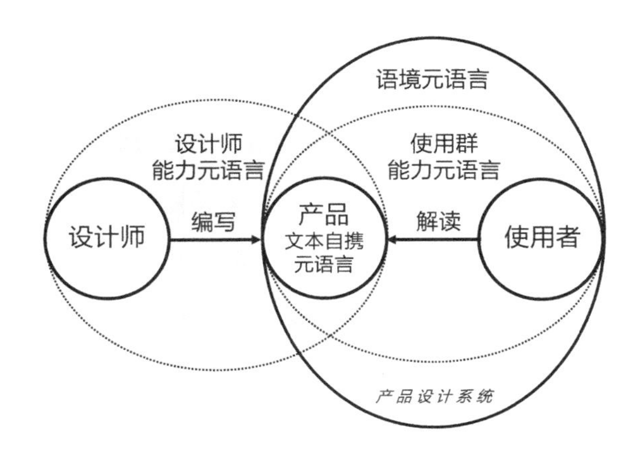


图 2-8　文本意义开放式解读下的设计师能力元语言与系统的关系

品设计系统必定还是需要存在的；第二点，设计师还是需要按照产品文本自携元语言进行产品类型的编写。对此做如下分析。

（1）此时的产品沦为设计师主观意识表达的载体，也只是担当使用者对文本开放式解读时“体裁期待”的任务。设计师不会顾及使用者能否获得文本表意的有效性，完全按照自己的主观意识进行文本编写，导致使用者在无法有效解读的情况下，回溯并依赖其所在群体的集体无意识生活经验进行解释，因而形成文本意义的开放式解读。

（2）产品设计是设计师主体与使用者主体围绕产品而展开的各式各样的产品文本传递活动，可以认为产品是两个完全独立且自主的主体间心理活动的联系纽带。而产品文本自携元语言是使用者对产品类型界定的依据，也是文本解读的“体裁期待”。因此，无论结构主义还是后结构主义的产品设计，设计师都必须按照能够被使用者辨认出的“产品类型”进行文本的编写，这样才能保证纽带的联结性。

因此可以认为，一方面，从设计师视角讨论的后结构主义产品设计，产品设计系统依旧存在的原因是对产品范畴与类型在使用群“理性经验层”的控制，语境元语言将设计活动控制在特定的产品类型范畴内，并提供使用者开放式解读的符号资源。

另一方面，以产品文本自携元语言形成的设计师与使用者的交集，表明产品是维系两个主体间符号编写与解读的纽带，这个纽带的作用是控制设计师按照怎样的方式编写，使用者才能以此产品类型为方向，寻找语境元语言中所有该产品的文化规约，在各自能力元语言的配合及释意压力下进行开放式意义解读。

### 2．文本编写与表意特征

（1）对设计师编写文本的分析

这一类文本编写与表意类型会显得非常简单：在确保使用者可以有效辨认出产品类型的基础上，设计师主观意识在产品中的彰显是非常自由、毫无限制的，设计师不需要使用者读懂其主观意图，甚至有有意“破坏”或“阻断”使用者读懂的可能性，这样在开放式文本意义的解读中，众多使用者会有层出不穷的丰富解释。

（2）对解释文本的使用者而言

第一，使用者试图依赖使用群能力元语言对设计师在产品文本中的表达意图进行有效的解读，但这是徒劳的。设计师在产品中所表达的主观意识，一是并没有按照使用群的文化规约进行编写；二是外部事物的文化符号对产品的修辞解释也是毫无理据性的关联，此处的理据性是指在符号间修辞过程中，可以被使用群认定的修辞两造文化符号意指关系间的联系性与合理性。

第二，产品此时仅是设计师主观意识、情感表达的载体与道具，设计师在文本编写时仅仅保留了可供使用者辨认产品类型的一些基本经验特征。使用者依赖产品特征获得产品所属类型的判断，众多使用者个体在其能力元语言的释意压力下，需要被迫对产品文本做出意义解释。

产品设计系统内的各类元语言之间具有包含的层级关系，每一层元语言的结构无法自我说明，只能依赖其上一个层级的元语言进行描述。上一个层级的元语言在内容与本质上，总比下一个层级更丰富。在产品设计系统中，被包含的子集元语言在产品文本编写与解读时，对包含它的上一层级元语言有更多的依赖。于是使用者回溯到产品设计系统的基础规约语境元语言中，结合各自的个体品质、生活经验，对产品文本的意义做出各式各样的开放式解读。

### 3．设计案例分析

首先简单介绍一下后结构主义与后现代主义之间的关系：后结构主义是针对结构主义在文本编写与意义有效传递方式上所形成的一系列反思与批判性理论，它是后现代主义文化意识形态中的重要组成部分。因此，后现代主义是一种普遍性的文化意识潮流，它包含了从理论层面到方法论层面的后结构主义。

当代欧洲很多后现代主义设计师与一些设计师品牌的作品，无不呈现出后结构主义文本开放式解读的表意倾向。大家熟知的法国设计师菲利普·斯塔克与意大利 Gufram 家居品牌（图 2-9）便是其中的代表。菲利普·斯塔克的《榨汁器》只保留了带槽的纺锤形，所有的使用者

图 2-9　菲利普·斯塔克作品《榨汁器》与意大利 Gufram 品牌家居

都可以判断出其产品类型，除此之外的造型与榨汁器毫无意义解释的关联。到底这个造型代表什么，设计师为什么要做出这样的造型，众多使用者展开了开放式的任意解读。

Gufram 家居品牌中的各类家具，你可以判定出它们所属的家具类型，但始终无法了解设计师做出此类造型的意图，使用者对造型意图的各种猜想过程，带来了产品文本表意的乐趣。因此，后结构主义产品文本编写方式所呈现的后现代主义风格的产品设计，具有诙谐与幽默的特性，这是由众多使用者对设计意图各种开放式的猜想所带来的。

### 4．第三类文本编写与表意类型的总结

（1）对产品设计边界的讨论

设计界经常会面红耳赤地争论这样的一类问题：什么样的设计才能算产品设计？产品设计的边界到底在哪里？如果没有合适的界定视角，这的确是较难回答的问题，但第三类文本编写与表意类型可以从产品设计系统是否存在的视角回答这个问题。

皮尔斯普遍修辞理论表明，所有的产品文本或是艺术文本的编写都是符号间的修辞。修辞活动遵循始源域符号服务于目标域系统的原则。以第三类文本编写与表意类型为例，设计师在设计活动中的目的已不再是文本意义的有效传递，而是借助产品设计系统，以产品为载体，通过外部事物的文化符号对产品进行修辞的方式，进行主观意识的表达。因此产品设计系统此时必定存在，只是丧失了对设计师主观意识表达的控制，但它却控制设计师按照产品该有的类型进行文本编写，以此保证文本编写活动不会跨越出产品的类型界限。

因此可以说，但凡存在以“环境-产品-使用群”关系所构建的产品设计系统，但凡这个系统在文本编写的过程中，对文本所属的产品类型具有控制的作用，但凡文本编写是围绕系统中的产品为核心展开的文本意义的有效传递（结构主义）或是编写者主观意识的表达（后结构主义），存在以上任何一点，该文本编写都可以被界定为产品设计的范畴。

（2）后结构主义必须依赖于结构主义

产品设计活动中的所有后结构编写与表意方式都必须从结构主义产品设计活动中进行转向而形成，这是因为产品设计活动的本质基础就是以文本意义传递为目的的设计师主体与使用者主体间的心理交流，这种心理交流必须在以双方“共在关系”所达成的文化规约一致性的系统内进行，产品设计系统是设计师主体与使用者主体间可以进行心理交流的前提。

需要说明的是，产品设计从结构向后结构的转向方式多种多样，本章节仅仅讨论了设计

师能力元语言与使用群能力元语言间的关系改变而形成的结构主义至后结构主义的转向。在产品设计活动中，只要有形成系统中结构特征的方式，那么就必定存在针对它们的后结构主义的手段。

（3）结构主义讨论的是文本的传递与解读方式

结构主义与后结构主义讨论的是文本意义传递与解读的方式，而绝非文本所属的体裁、范畴、类型等。对此需要说明的有以下两点。

① 作为文本编写者的设计师是设计活动的主导者，设计师对文本从结构主义向后结构主义的转向驾驭，是其基本设计能力的体现。设计师对结构主义的精准表意、有效性宽幅表意，以及后结构主义开放式解读的编写方式选择，并非随心所欲的任意选择。产品文本的编写与表意类型必须由环境、产品、使用群三者间的关系所决定，并按照在此关系下所形成的产品设计系统各类元语言文化规约进行编写。以公厕标识为例：因环境不同，地铁站等公共场所的公厕标识必须精准表意；酒吧、歌舞厅等场所中的公厕标识可以在表意有效性基础上加上外部文化符号对其修辞，获得稍微宽幅一些的意义解释。但公厕标识作为指示类的文本不可能被开放式解读。

可以说，本章所提出的三种文本编写与表意类型分别对应的精准表意、有效宽幅、开放式解读，是在产品设计系统构建之初就已经被环境、产品、使用群三者间关系所确定了的。因此，对文本编写与表意类型的选择，并非由设计师决定的，而是产品设计系统确定了文本传递与解释的方式后，对设计师在编写文本时做出的具体要求。

② 结构主义与后结构主义不是产品与艺术的区分标准。正如笔者在第1章讨论结构主义与后结构主义时所表述的，结构主义不是产品设计的特权，而是文本的意义希望被有效传递的特权。同样，后结构主义也不是艺术家的特权，而是所有个人主观意识需要表达的特权。在艺术类文本中，凡是那些艺术家希望观赏者可以有效获得作者意图与绘画作品表达内容的艺术作品，都是结构主义的文本绘制方式，这也是产品与艺术间的贯通带来的新探索方式。

（4）后结构主义文本解读对元元语言的依赖

后结构主义的主体性在于文本意义多元化、开放式的解释，解读者常会试图用自己元语言的解码方式进入到编写者的元语言世界里进行解读。就如我们常讲的“进入到作者的内心世界”，之所以可以试图进入编写者的元语言世界，是因为所有的编写者与解读者都共用由人类的文化整体规约组成的元元语言，这是人类社会文化最顶层的意义世界。

元元语言是后结构主义文本解读的最后依赖与屏障，其规约范畴既笼统，也没有特定内容与界限范围，因此在设计活动中常被忽视。但元元语言是人类所有文化活动规约的基础，任何结构主义系统的规约、后结构主义的多元意义都被包含其中。当无法依赖集体无意识经验实践获得意义解释时，解读者只能依靠社会文化符号的总集合，元元语言的作用这时就显露了出来。元元语言是使用者在解读产品设计作品时，无法依据其所在群体集体无意识规约进行解读后的最后依赖，“任何解释都是解释”正是使用者依赖元元语言这一最后的解释屏障获得的开放式任意解读结果。

## 2.6 本章小结

产品设计系统的框架是以产品的文本传递过程为基础进行搭建的，而其内部的系统规则则是由使用群集体无意识为基础的各类元语言构建而成。各类元语言是系统的深层结构，它们不但维系着系统内组成间的关系，同时也控制着系统内符号活动的所有意义解释。产品设计系统在结构主义产品设计活动中，对设计师的根本任务要求与最终目的是，设计师必须按照系统内的三类元语言规约进行产品文本的编写，以便使用者有效解读。这是对符号文本发送者按照接收者那一端所做出的文本编写规约限定。当然，产品设计系统内的各类元语言本身就是以使用群集体无意识为基础构建而成，使用者也会依赖它们对产品文本进行意义解读。

一方面，在结构主义产品设计活动中，设计师以“佃农”的身份介入以使用群文化规约构建的产品设计系统进行文本编写。为达到产品文本表意的有效性，设计师在文本编写的过程中，需要服务、受控于系统内的各类元语言规约，设计师主观意识与私人化品质也要获得系统规约的解释认可。

另一方面，设计师是设计活动的主导者，他可以通过改变自身能力元语言与系统内各类元语言之间的关系，获得三种不同的产品文本编写与表意类型，并达成产品表意从结构主义向后结构主义的转向（图 2-10）。设计师能力元语言与系统内各元语言之间不同方式的协调与统一关系，体现了设计师个体主观意识及私人化品质在以不同方式、不同程度参与产品文本的编写活动。

结合图 2-10，可以做如下三点补充：

（1）设计师在产品设计活动中对产品设计系统的构建是任意、临时性的，其构建的前提条件必须由“环境-产品-使用群”关系所决定。产品设计系统内的规则由使用群集体无意识

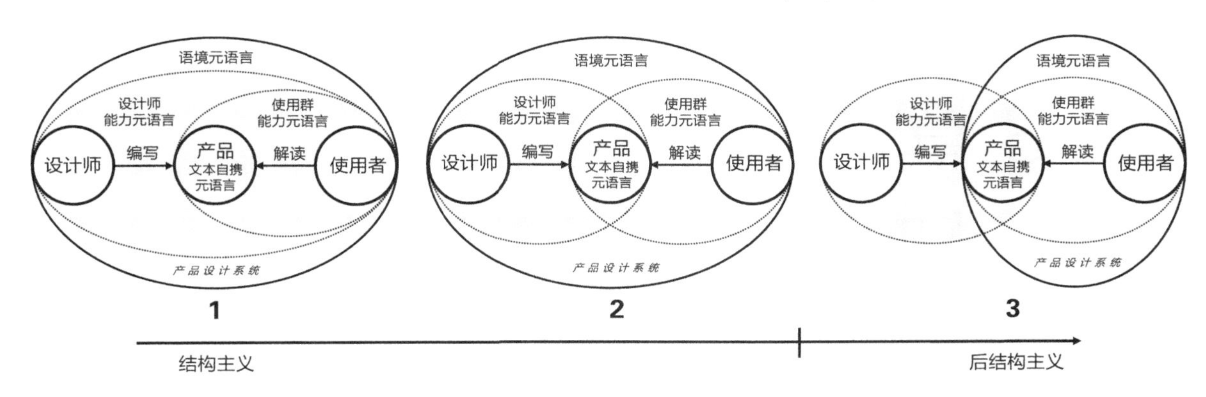


**图 2-10　文本编写与表意类型从结构主义向后结构主义的转向**

为基础的各类元语言构建而成。“与产品相关的文化规约”表明，系统的构建围绕产品展开，这既是使用者解读文本的“体裁期待”，也是对设计师在文本编写时做出的产品“类型”的界定。

（2）以使用者与产品相关的各类文化规约的临时集合（三类四种元语言）构建的产品设计系统，既表明设计师服务于使用者的关系，也表明设计活动中设计师的主观意识表达，以及文本编写活动所受到的限定因素。

（3）一方面，所有产品文本编写的方式与对应的表意方式，都是设计师能力元语言与产品设计系统内各类元语言间不同方式的协调与统一的结果；另一方面，设计师是设计活动的主导者，设计师可以通过改变自身能力元语言与系统内各类元语言之间的关系，获得三种不同的产品文本编写与表意类型，并达成产品表意从结构主义向后结构主义的转向。需要强调的是，设计师对产品文本的编写与表意类型的选择不是随心所欲的，文本的编写与表意类型必须由“环境-产品-使用群”关系所决定。

最后以三种编写与表意类型的分析图表作为本章的总结。

**表 2-2　三种编写与表意类型的比较分析**

| 比较内容 | 第一类编写与表意 | 第二类编写与表意 | 第三类编写与表意 |
|---|---|---|---|
| 设计师能力元语言与产品设计系统各元语言关系 | 1. 语境元语言控制下<br>2. 使用群能力元语言是设计师能力元语言的子集关系 | 1.语境元语言控制下<br>2.设计师能力元语言与使用群能力元语言以产品文本自携元语言为中心的交集关系 | 1.设计师能力元语言逐步摆脱语境元语言控制<br>2设计师依赖产品文本自携元语言与系统建立交集关系 |
| 文本编写特征 | 产品系统内新符号规约的形成及新符号规约的意义传递 | 设计师在产品设计系统控制下，通过修辞方式的主观意识表达 | 设计师抛开产品设计系统的约束，进行主观意识的表达 |
| 文本表意特征 | 意义精准传递 | 意义有效传递的宽幅解读 | 意义开放式解读 |
| 结构/后结构 | 典型结构主义 | 结构主义 | 后结构主义 |
| 文本编写中的符号类型 | 1. 直接知觉的符号化<br>2. 集体无意识产品经验的符号化<br>3. 文化符号去符号化的直接知觉 | 产品符号与外部事物文化符号（结构主义产品修辞） | 产品符号与外部事物文化符号（后结构主义产品修辞） |
| 对应设计方法或设计风格 | 1.直接知觉符号化设计方法<br>2.集体无意识符号化设计方法<br>3.寻找关联至直接知觉符号化设计方法 | 结构主义产品修辞文本编写 | 后结构主义产品修辞文本编写 |

# 第3章 产品的认知语言与三种符号来源

以语言为路径进行符号研究的索绪尔语言符号学模式，对符号学跨学科的理论与运用研究影响很大，但这种语言中心论给产品设计符号学的研究也带来诸多弊端。胡壮麟在认知语言学研究中提出的“语言－认知互动论”为产品设计符号学提供了以使用者与产品间知觉、经验、符号感知三种完整认知方式为基础的“产品语言”研究方向。

本章依据这种研究方向，将对产品语言来源的探讨由之前的使用者对产品的“认知途径”，转向使用者与产品间知觉、经验、符号感知的三种“认知方式”，它们所形成的符号是产品文本编写的三种符号来源，并对应了三种产品文本编写类型。设计师与使用者在认知上的一致性是结构主义产品文本意义有效传递的基础。这就要求设计师为保证文本意义传递的有效性，在编写文本之前就对使用者的认知方式与内容进行充分的考察与了解，并按照使用者的认知方式与内容进行文本的编写，设计师的主观意识参与文本编写也要符合使用者的认知。

对产品“认知语言”的讨论，不但表明了使用者在设计活动中的主体地位，而且在完整的认知过程中，呈现出使用者的“生物属性-文化属性”、产品的“纯然物-文化符号”的双联体特质。当然，在以使用群认知为中心的设计活动中，设计师是起主导作用的，设计师分别通过对使用者直接知觉、集体无意识经验、外部事物文化符号的选控与对应类型的文本编写，进行不同程度的主观意识的表达。

## 3.1 语言中心论对产品设计符号学的影响

### 3.1.1 语言中心论源自索绪尔语言符号学的影响

索绪尔语言符号学模式是以语言为路径进行对符号的研究，但这并不代表语言学就是符号学，或符号学是语言学的分支。语言文字是语言学的研究对象，也是符号学的研究内容之一。

语言学与符号学之间的从属关系，一直以来存在两种争论：一种是符号学涵盖了语言学，另一种则是语言学涵盖了符号学。绝大多数学者认同前者，原因如下。

（1）语言不该被狭隘地理解为文字与话语。作为表达与传递人类思想的工具，语言必须被泛化理解，语言的类型与存在的方式多种多样，如果从“人—人”之间的人际交流而言，还有聋哑人用的手语、盲人用的盲文、航海用的旗语、帮派用的俚语、间谍用的摩斯电码等；如果从“人—物—人”这种通过载体形成“载体语言”方式进行交流的角度讲则更多，诸如绘画语言、产品语言、舞蹈语言、音乐语言、电影语言等均是。

（2）符号学讨论的是意指间的关系，而意指活动无所不在。李幼蒸指出，凡是那些意指关系欠明确的现象，都是符号学的研究范围，一旦意指关系明确后就进入科学学科的阶段[1]。文字语言可以表述符号学的研究内容，符号学可以讨论文字语言的意指关系。

罗兰·巴尔特是持语言学涵盖符号学观点的学者之一。他认为，我们想象不出某种能够独立于语言而存在的图像或物体的所指，因为一旦对物体的意义进行思考，我们就不得不进入语言，除了文字、语言之外，没有任何符号系统比它更复杂[2]。巴尔特提出，一切人造物以及人的行为、心理都具有意指功能，它们都依赖文字语言系统进行运作，甚至一些视觉艺术作品因缺乏指称，需要依赖文字语言来定义它们的意义。巴尔特推断，既然任何所指都必须在语言中找到对应，那么所指的世界也就等于语言的世界[3]。因此，不存在任何独立于语言的文化符号活动，对物体意义的思考表达必须进入语言的世界。

巴尔特的语言中心论是存在问题的，他认为文字语言是进行符号学分析的唯一工具，但事实上还存在更多非文字语言的符号表意与传递活动。符号学依赖语言进行分析，这不代表符号学就要从属于语言，非语言符号对语言符号的依赖并不等于语言学应该兼并符号学[4]。

### 3.1.2 产品设计符号学系统化构建中的语言中心论

国内产品设计符号学的教学与研究依然受到语言中心论的影响，主要表现在符号学基础理论的教学模式，以及产品语义学研究方式与设计实践两个方面。

---

1. 李幼蒸：《理论符号学导论》，中国人民大学出版社，2003，第64页。
2. 朱炜：《索绪尔语言符号思想观照下的语言研究》，河海大学出版社，2008，前言。
3. 陈霞：《索绪尔符号学与巴特符号学之比较》，《语文学刊（外语教育教学）》2014年第8期。
4. 翟丽霞、孙岩梅：《从语言功能角度审视符号学理论》，《山东理工大学学报（社会科学版）》2002年第5期。

### 1．语言中心论对产品符号学基础理论教学模式的影响

国内几乎所有具有文科背景的设计院校都开设有符号学的理论课程。符号学形式论与马克思主义文化批评、现象学存在主义、心理学分析被称为人文社科的四大基础理论支柱。符号学即意义学。如果人类的思想是符号化的，那么人的本质也是符号性的[5]。符号创造了人类远离感觉的人的世界[6]。符号学基础理论在产品设计教学中的“工具化”运用非常重要，但该课程多由非设计学专业的教师讲授，他们通常将索绪尔的语言符号学内容直接导入产品设计符号学中，导致符号学基础理论仅仅停留在语言研究的范畴内，很难对产品设计系统进行全面有效的解释。这也是符号学被设置为文化选修课程，而非专业课程的尴尬原因。

### 2．语言中心论对产品语义学研究方式与设计实践的影响

关于符义学与产品设计修辞活动间产生关联，并促成产品语义学的兴起，第 1 章已对此进行了介绍（详见 1.4.3）。产品语义学侧重设计实践，着重讨论文化符号与产品对象之间的意义解释、解释的理据性、不同解释方式形成的各类修辞格等问题，其核心是产品的各类修辞。作为产品语义学核心内容的修辞，存在两种不同的研究方式。

方式一：以亚里士多德《修辞学》为基础发展起来的语言修辞学对产品修辞的讨论，围绕语言学各类修辞格与产品语义学各类修辞格，以对应关系展开。这种对应关系，就如同持语言中心论的巴尔特认为的那样，所有的意指活动都可以依赖语言文字系统来定义它们的意义。但语言模式意指关系的定义，不可能取代产品语言的意指方式与内容，毕竟产品语言与文字语言是认知领域里两个不同的系统。

方式二：莱考夫与约翰逊在 1980 年合著的《我们赖以生存的隐喻》一书中，把修辞研究从“传统语言学”研究模式转向认知科学领域的“认知语言学”模式。修辞不是语言的表面现象，而是人类深层的认知机制，它组织人类的思想，形成判断，并使得语言结构化[7]。莱考夫认为人类的修辞源自康德的图式理论，这表明莱考夫的认知修辞将概念的表达与符号感知、生活经验统一在系统的框架内[8]。认知修辞学对语言学的修辞研究贡献最大，也为非语言修辞

---

5. 赵毅衡：《符号学原理与推演》，南京大学出版社，2016，第 3 页。
6. 苏珊·朗格：《哲学新解》，北京广播学院出版社，2002，第 28 页。
7. 胡平、周盛：《隐喻认知——英语词汇学习的策略和工具》，《重庆三峡学院学报》2007 年第 6 期。
8. 胡壮麟：《认知隐喻学（第二版）》，北京大学出版社，2020，第 85–86 页。

领域的产品语义学研究指明了依赖认知科学进行讨论的方向。

通过以上的讨论，我们很有必要思考以下两个问题：

第一，如果在跨语言学的其他应用学科领域（产品设计）讨论修辞，语言的概念必须在认知领域内被泛化，凡是依赖人类的认知内容，表达并传递思想的交流方式以及途径，都应该称为语言。

第二，如果文字语言与产品语言在认知领域需要获得一致性的讨论，那么必须厘清两者在认知过程中的差异，以及两者在产品设计活动中存在的关联，这样才能有效地利用语言的思维模式，同时避免产品设计符号学研究中的语言中心论。

## 3.1.3 摆脱语言中心论束缚对产品语言的思考

“产品语言”可以简单地理解为，使用者认知产品与设计师编写产品所依赖的语言。这种语言是一种符号，但它不同于文字语言的符号，虽然文字语言几乎可以表达所有产品语言的意指内容，但我们不能就简单地认为文字语言是产品语言。产品语言是使用者与产品间知觉、经验、符号感知所形成的符号化认知语言。

### 1．产品语言不是文字语言

（1）任何非文字语言的应用研究领域，都有属于其自身系统领域的专业语言，舞蹈有舞蹈语言，电影有电影语言，产品设计有产品语言。虽然它们都必须依赖文字语言的系统模式进行构思编排以及解读，但不能说文字语言就可以替代这些专业语言。在具体的文本编写时，编写者无一例外地都会在不同认知方式层面进行“文字语言”与“专业语言”的转换。

（2）产品设计活动中的语言必须分为文字语言与产品语言。文字语言始终以系统思维模式的方式在产品设计中存在，控制着文本的编写与解读，对认知内容与结果进行系统化构建，在编写与解读产品文本时通过语言的深层结构提供符号意指，或创建符号新的意指，以及设计师与使用者在认知内容与结果时通过语言进行交流。产品语言不是文字语言，虽然有谐音梗的设计存在，但设计师不可能将所有的设计都设置成文字直接表意的粗劣方式。

（3）设计活动中的谐音梗将文字语言与设计作品的文本意义建立以文字、话语为标准的强制性统一，并寻求两者在符号能指发音上的一致性与所指概念的差异性，以及通过局部发音相同的字、词的替换作为修辞关联的依据。谐音梗的文本表意必定是有效的，因为当我们读出设计文本中的全部字、词的发音时，文本的意义也就立刻呈现了。谐音梗设计的乐趣在于能指同音的文字语言与文本意义在“所指”上的概念错位，而解读乐趣则仅仅是双方“能指-所指”在各自意指上的复原。当然，也有运用得非常巧妙的谐音梗设计，譬如在朋友圈里曾看到一张结婚证合影照，男孩白衬衫上绣着“无理”两字，女孩白衬衫上则绣着“闹”字。这张照片的有趣之处在于，“无理取闹”作为谐音的文字语言，“取”字是缺失的，但人们通过结婚照的场景语境完形出“无理娶（取）闹”的文本意义，使得解读者必须依赖完形的环节获意，完形的环节增加了解读者的解读乐趣。

（4）结构主义产品设计中的产品系统是由使用者一方构建而成的，他们通过系统内的各种认知内容认识产品。这表明产品语言认知的主体是使用者，认知产品的范围是产品系统。使用者与产品间的体验方式主要来自使用者身体的知觉体验、经验分析体验、符号意义的感知体验，它们都会被使用者以语言思维系统模式在大脑中进行加工处理，以再次或重新构建的方式获得意义的表达。因此，产品语言是使用者在产品系统内与产品间知觉、经验、符号感知三种完整认知方式所形成的符号化认知语言。这也表明，完全依赖语言中心论指导产品设计符号学系统化的构建是无效的。

### 2．产品语言不是产品的语言

产品语言如果从产品文本表意的认知途径进行细分是不切实际的。

（1）产品设计活动的主体是使用者，而非产品本身，产品只是产品语言存在、依赖的形式与载体。以往我们会将诸如产品的造型、材质、肌理、功能、操作、体验、感知、风格等这些认知途径作为产品语言，以认知途径细分产品语言的误区是：一是某个产品所涉及的认知范畴与林林总总的具体内容，都是使用者对产品的认知途径，这样导致产品语言的细分是无穷尽的；二是从认知途径进行产品语言细分，其实质是以所有的产品及其各种特征属性作为产品语言的分类依据，这显然是将产品作为设计活动的主体进行讨论。

（2）随着历时性的发展，产品系统内部的表意途径也不断改变。正如20年前的手机以造型作为主要的产品表意语言，如今则以操作系统的体验作为主要的产品表意语言。另外，同类型的产品在文本表意的认知途径上有不同的倾向性，按照认知途径进行产品语言来源的分类，势必造成产品设计活动的整体性无法统一，以及各类型产品在设计活动的相互修辞过程中出现无法协调的局面，这一点在不同认知途径的产品与产品间的修辞活动中更为明显。

因此，虽然产品文本表意的认知途径错综复杂、难以统一，但使用者与产品间的所有繁杂的认知途径都必须依赖知觉、经验与符号感知的三种认知方式获得。它们所形成的符号是产品文本编写的三种符号来源，产品语言是符号化的认知语言。

### 3．产品语言来源于使用者在产品系统内与产品间的三种认知方式

首先我们要明确，产品语言的认知主体是使用者，认知范围是产品系统。如果从存在的形式而言，产品语言是一种以产品为载体的载体语言；如果从内容而言，产品语言是使用者与产品间知觉、经验、符号感知三种完整认知方式所形成的符号化认知语言。

（1）使用者在产品系统内与产品间的认知方式主要由知觉、经验、符号感知组成：一是使用者与产品间通过身体接收到的刺激信息而形成的直接知觉，以及在此基础上被经验分析判断形成的间接知觉；二是使用者在产品使用中日积月累而形成的关于产品的经验；三是解读者在文化环境中对产品经验的意义解释形成产品符号，即符号感知。

知觉、经验、符号感知之间的关系是：直接知觉与间接知觉是形成使用者对产品经验的来源，经验的日积月累构成使用群集体无意识产品原型，使用者对产品的符号感知，是产品原型通过经验实践后的意义解释。

（2）使用者在产品系统内与产品间的知觉、经验、符号感知三种认知方式的每一种都可以形成使用者对产品的整体认知。因此，直接知觉的符号化、集体无意识的符号化、产品符号感知是产品文本编写的符号来源。

知觉—经验—符号感知是使用者在产品系统内与产品间由低级向高级发展的认知过程。它们构成了产品语言的来源，它们所形成的符号是产品文本编写的三种符号来源。同时，它也贯通了使用者对产品的生物属性至文化属性的认知方式。

（3）产品修辞是产品文本内的产品符号与产品系统外部事物文化符号间的意义解释。产品与外部事物无论哪一方作为始源域或目标域，修辞两造符号意义的形成方式都是相同的，它们都是按照使用群一方的文化规约为基础，对产品系统中的产品经验、事物系统中的事物经验做出的意义解释，以此建立两者在修辞解释上的创造性关联。

这表明了极为重要的一点：外部事物的文化符号，也是来源于对我们对外部事物生活经验的意义解释；而形成外部事物经验的途径，同样来源于我们对外部事物的直接知觉与间接

知觉在日常生活中的积累。我们对外部事物的认知方式与对产品的认知方式是一致的，这并不代表产品的认知方式的特殊性，反而表明产品仅是我们去认知的所有事物中的一种。

## 3.2 文字语言与产品语言的互动

胡壮麟在《认知隐喻学》一书中，对语言与认知关系的研究历史做了三个阶段的表述。

第一阶段，语言中心论。语言是沟通认知与世界的主要手段，语言是社会文化的组成部分，社会文化是语言的沉淀，这与索绪尔语言符号学的研究方式相一致。

第二阶段，认知中心论。认知语言学是在反对以语法生成为首的主流语言学基础上建立起来的，其哲学基础是经验主义哲学与非客观主义的经验现实主义哲学，其理论基础是生物行为主义。认知语言学在理论上属于皮尔斯符号学系统，认知语言学把语言看作认知的一部分，认为使用语言的过程就是认知的过程，意义不是客观事物的反映，而是人对客观事物认知的结果，并强调身体经验与思维的想象力是形成语言的基础[9]。

第三阶段，语言－认知互动论。这种观点是在第二阶段观点基础上的修正。两阶段的基本观点都认为语言来自身体的经验、想象力的生物行为主义与经验主义，但互动论不再强调语言与认知的从属关系，而是强调两者之间相互促进发展的模式，语言可以促进知觉范畴的获得，也可以影响对事物认知的范畴化过程[10]。为表述第三阶段中的认知与语言在“事物的认识”与“文化的创新”间的关系，胡壮麟绘制了“语言－认知互动论图式”（图 3-1）。

语言研究的“认知中心论”与“语言－认知互动论”在哲学与理论基础上是一致的，唯一有区别的是，互动论将“认知”与“语言”视为相互作用的两部分，其最大的益处在于，为非语言学科的认知研究以及它们的语言类型研究指明了可以讨论的方向。

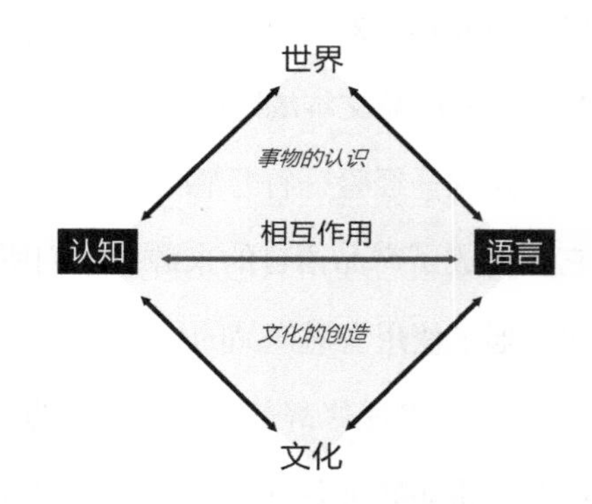


图 3-1　语言－认知互动论图式[11]

9. 郭鸿：《现代西方符号学纲要》，复旦大学出版社，2008，第 93-95 页。

10. 胡壮麟：《认知隐喻学（第二版）》，北京大学出版社，2020，第 4-5 页。

11. 同上书，第 5 页。

## 3.2.1 产品语言与文字语言共同参与设计活动

产品设计活动中的产品语言不同于文字语言的表现方式而存在，它们是以使用者对产品的知觉、经验、符号感知三种认知方式为符号来源的认知语言，这也是本章对产品设计符号学系统化构建中出现的“语言中心论”的批判途径。需要指出的是，不同的学者按照不同的研究内容，依赖不同的基础理论作为研究的视角，对产品语言的定义与分类各不相同。

其次，我们需要从符号学的视角，讨论产品文本意义的传递过程，即设计师编写文本与使用者解读文本的方式，以及针对这些方式，依赖认知语言学的“语言－认知互动论”，分别讨论使用者与产品间的知觉、经验、符号感知三种认知方式，文字语言与产品语言间的加工转换方式，从而进行产品语言的定义与类型的细分。

### 1. 文字语言在产品文本意义传递过程中的作用

文字语言是文化符号的一种，人类认知是语言符号形成的基础。语言符号是人际交往中表述认知、交流意义的主要手段，甚至所有涉及意指功能的人类活动，都依赖语言思维系统模式进行运作。在对物质世界的认识与文化世界的构建过程中，认知与语言的互动关系使得我们不断完善对事物的认知、对文化的创造。文字语言在设计活动中的作用可做如下几点分析。

（1）由皮尔斯逻辑－修辞符号学可推论，产品设计是设计师对产品原文本的再次解释。这个解释过程是设计师用一个外部事物的文化符号对产品文本内相关的产品符号做的修辞。文字语言的思维系统模式控制着修辞活动的运作，必须要强调的是，控制修辞文本编写与解读的是文字语言的思维系统模式，而非文字语言的内容及语言本身。

（2）产品设计活动是产品文本的意义传递过程。对于设计师而言，任何产品设计的创意构思过程、文本的编写过程以及文本编写的修正或改造，都是语言思维系统模式的表达，即使作为设计师的我们不会把那些内容书写在纸面上，但它们都会在我们的大脑中以语言思维系统模式进行框架组织，被逻辑评判、修正或改造。

对于使用者而言，他们对产品的认知过程就是对产品文本意义的构建过程。虽然产品文本的意义解释是使用者对产品的认知结果，但对于这个认知的结果，使用者必须通过其语言思维系统模式以及文字语言的意指内容进行表述。

（3）语言构思以及表述产品文本意义，是对语言深层结构中意指关系的再次使用，是依赖深层结构重新构建意指关系的过程，它是我们对事物构建的思维体系的系统化表述。设计师与使用者在产品文本的编写与解读过程中，所有认知方式及认知内容，以及在文化活动中的交流，都必须依赖语言的意指进行表达，依赖语言的思维系统模式进行选择、分析、评判。

（4）需要补充的是，产品文本在社会文化环境的传递过程中，除了产品自身文本的表意内容之外，同时还携带了伴随的文化规约一起表意。在第 11 章讨论伴随文本及文本间性对产品设计活动的影响时，赵毅衡将这些文本传递过程中伴随的文化规约命名为“伴随文本”。他按照文本传递“编写者—文本—解读者”的三段式，将伴随文本分为生成性伴随文本、显性伴随文本、解释性伴随文本三大类。这三大类的伴随文本大多以文字语言的文本形式存在，例如产品标题、设计说明、社会评论等，它们以语言符号的表意方式直接影响着产品文本在社会文化环境中的解读。

### 2．设计师与使用者在认知上的一致性是文本意义有效传递的基础

（1）结构主义产品设计活动对文本意义有效传递的要求

作为结构主义的产品设计活动，其主体性是产品文本意义的有效传递。因此，使用者对产品解读的认知方式与内容，需要与设计师对产品编写的认知方式与内容相一致。反过来讲更为准确：设计师为保证文本意义传递的有效性，在编写文本之前就已对使用者的认知方式与内容进行了充分的考察与了解。也可以说，结构主义的产品设计活动，设计师是按照使用者的认知方式与内容进行的文本编写，甚至连设计师的主观意识参与文本编写，也要符合使用者的认知。第二章所讨论的结构主义产品设计系统是由使用群集体无意识为基础的各类元语言构建而成，是对符号文本发送者按照接收者一端所做出的文本编写规约限定。

（2）设计师与使用者跨越文字语言障碍进行产品认知语言的交流

即使设计师与使用者因文字语言的不同，无法通过各自的文字语言进行文本意义的交流，但使用者依旧可以有效解读设计师编写在文本内的意图意义。这是因为：首先，可以被交流的文本意义是建立在设计师与使用者的认知（知觉、经验、符号感知）基础上的，如果设计师与使用者在认知的方式与内容上保持一致性，那么产品文本的编写与解读就能获得意义的有效传递；其次，设计师与使用者可以完全抛开文字语言不同的障碍，依赖双方认知的一致性，获得在产品语言上的一致性文本意义编写与解读。解读是文本意义的解释，因此设计师与使用者双方认知的一致性，分别来源于知觉、经验、符号感知被符号化编写进产品文本内的一致性。

产品设计活动的主导者是设计师，产品设计的服务对象是使用群，因此，设计师自身的

认知是其设计能力的体现，使用者的认知则是结构主义设计活动主体性的基础。而产品语言是使用者与产品间三种完整认知方式所形成的符号化认知语言。讨论产品语言脱离不开认知的方式与内容，讨论产品语言必须以使用者与产品间的认知方式与认知内容展开。

最后，以使用者与产品间三种认知方式作为产品语言来源的分类，设计师在产品设计中可以通过对使用者认知方式与内容的设置，达到对结构主义文本意义传递有效性的控制。

### 3.2.2 产品语言与文字语言在设计活动中的互动关系

通过对上一节文字语言与产品语言共同参与设计活动方式的讨论，并结合“语言 - 认知互动论”的观点，我们可以做出这样的结论：产品语言是载体语言，但不是以产品为主体的产品的语言；产品设计活动的主体是使用者，产品语言是以使用者为主体的认知语言；产品语言不是文字语言，产品的文本编写不是两种语言间的直接转换；产品语言来源于使用者对产品的三种完整认知方式。

一方面，产品语言是使用者与产品间知觉、经验、符号感知三种认知方式所形成的认知语言，而不是文字语言；另一方面，任何产品设计活动中，无论是产品文本的编写还是解读，都不可能脱离文字语言，产品设计本身也不可能完全依赖文字语言，产品的认知语言与文字语言具有互动的关系。

从结构主义符号学角度而言，产品设计是设计师将自身的感知，以产品文本编写的方式传递给使用者的过程。这是一个简单的描述，这一传递过程凭设计师的认知、使用者的认知，以及文字语言、产品语言的积极参与才能完成（图 3-2）。根据下图并结合胡壮麟的“语言 -

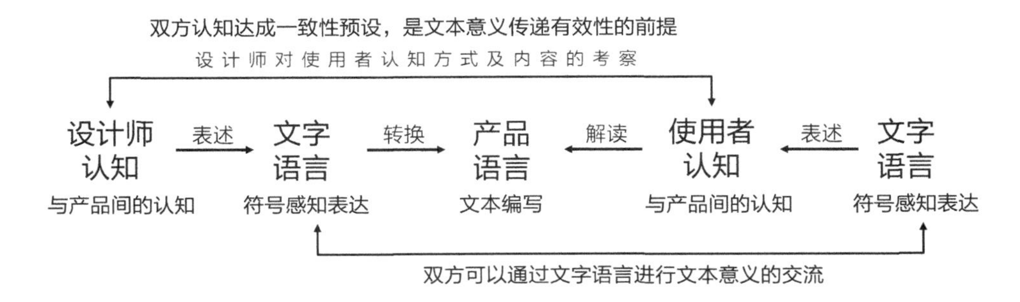


图 3-2 产品设计中文字语言与产品语言的关系

认知互动论图式”，我们可以对产品语言与文字语言在设计活动中的互动关系做如下的分析。

### 1．产品设计活动不可能脱离文字语言

前文已表述，在产品设计活动中，文字语言始终以思维系统模式的方式存在，任何产品设计活动的文本编写与解读都是在语言思维系统模式下形成的。产品设计活动中，文字语言、语言思维系统模式的作用可概括为以下三点：第一，语言思维系统模式负责产品设计活动的认知内容与结果的系统化构建；第二，文字语言的意指在编写与解读产品文本时，通过深层结构提供产品认知语言的意指，或创建产品认知语言的新意指；第三，设计师与使用者双方对产品认知内容的交流，必须依赖语言思维系统模式进行系统构建，依赖文字语言的意指进行表述与交流。

另外，产品文本在社会文化环境的传递过程中，除了产品自身文本的表意内容之外，同时还携带了生成性伴随文本、显性伴随文本、解释性伴随文本一起表意。这三大类的伴随文本很多都是直接以语言符号的表意方式影响着产品文本在社会文化环境中的解读。

### 2．产品设计活动不可能完全依赖文字语言

结构主义产品设计的文本意义有效性传递，是建立在设计师与使用者认知一致性基础上的。设计师在文本编写过程中，语言与认知关系的顺序是：用户考察（设计师对使用者完整认知方式与内容的考察）—设计构思（文字语言系统思维对设计意图的表述）—设计意图的文本编写（在产品文本内对认知方式及内容的符号化设置）。

使用者在解读产品文本时，语言与认知关系的顺序是：产品认知体验（对设计师在产品上设置的符号化认知内容进行认知体验）—文本意义解读（认知体验后系统思维的语言表述）。

从以上的编写与解读的顺序可以看到，文字语言与产品语言是需要在认知这一层面相互转换的。语言学研究的“认知中心论”与“语言－认知互动论”都认为，语言形成的基础来源于认知，使用语言的过程就是认知的过程，意义不是对客观事物的反映，而是人对客观事物认知的结果，身体经验与思维的想象力是形成语言的基础[12]。使用者与产品间的体验方式来自他对产品的知觉、经验、符号感知的三种认知方式，它们是形成产品语言的基础。

虽然文字语言与产品语言都是符号语言，但文字语言与产品语言的转换不是符号指称内

12. 郭鸿：《现代西方符号学纲要》，复旦大学出版社，2008，第 93–95 页。

容的直接切换，而是两种语言必须回溯到共同的认知层级，依赖语言深层结构再次或重新构建认知的意义表达。

### 3．产品语言与文字语言的互动关系图式

我们讨论的产品语言是认知语言学研究中跨语言研究领域的专业语言，以使用者与产品间的三种认知方式进行产品语言来源的分类。这不但建立起了产品语言以使用者为主体的研究模式，同时也与认知语言学对语言的研究以认知为主导的模式相一致。

最后，在胡壮麟认知语言学的“语言-认知互动论图式”的基础上，笔者将讨论的范围缩小至产品设计活动，由此获得产品设计的产品语言与文字语言之间的互动关系图式（图3-3）。产品语言是使用者与产品间三种完整认知方式所形成的符号化认知语言，它们与文字语言相互作用，共同构建起产品功能创新、产品文化符号创新的产品设计系统。

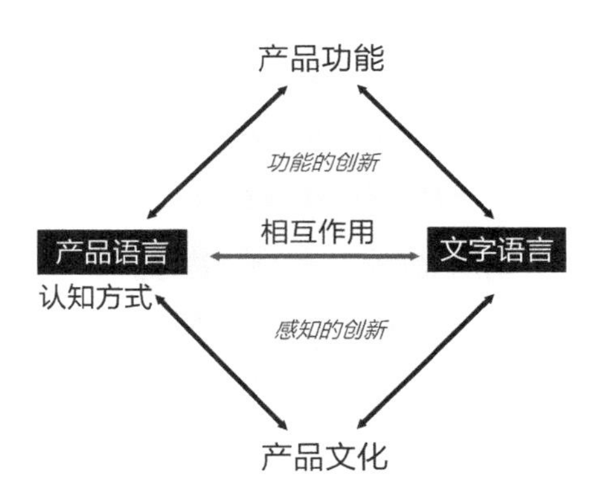


图3-3 产品语言—文字语言的互动图式

## 3.3 产品语言是符号化的“认知语言”

一方面，心理学将个体的认知分为感觉、知觉、记忆、思维、想象和语言等内容。但笔者希望从使用者在产品系统中与产品间的知觉、经验、符号感知三种认知方式作为使用者认知产品的讨论方向。这是因为，就使用者与产品间的认知活动而言，感觉虽然是形成知觉的基础，但它反映的是使用者对产品个别属性的认识，而不是对产品整体形成的认识。记忆是通过使用者与产品间各种经验的记录、保持、回忆三个环节展开的认知活动，且这些日积月

累的产品经验是使用群集体无意识产品原型的形成基础。思维、想象、语言都是对产品的符号化表达，都必须依赖文化符号的意指进行表达，而这些意指的内容是一种表层结构，其深层结构是使用群的集体无意识生活经验。

另一方面，本章讨论的产品语言是使用者一方与产品间知觉、经验、符号感知所形成的符号化认知语言。这是因为，设计师与使用者在认知上的一致性是结构主义产品文本意义有效传递的基础。这就要求设计师为保证文本意义传递的有效性，在编写文本之前就对使用者的认知方式与内容进行充分的考察与了解，并按照使用者的认知方式与内容进行文本的编写，甚至连设计师的主观意识在修辞两造符号的意义形成以及修辞文本编写过程中也要符合使用者的认知。

## 3.3.1 使用者在产品系统中与产品的三种认知方式

虽然心理学将个体的认知分为感觉、知觉、记忆、思维、想象和语言等内容，但这些认知过程在产品设计中具有自身的特殊性。产品设计是符号间的普遍修辞，产品设计符号学中的产品语言是指可以形成产品符号的那些认知内容。一方面，使用者与产品间感觉、知觉、记忆、思维、想象和语言，都分别围绕知觉、经验、符号感知三种认知方式展开；另一方面，它们的认知内容是产品文本编写的三种符号来源。

### 1. 心理学对个体认知的讨论

认知心理学家从 20 世纪 60 年代起将个体的认知分为感觉、知觉、记忆、思维、想象和语言等过程，这是个体认知从低级至高级的排序。

（1）感觉：是指外界的各种刺激信息作用于个体各种感官渠道，在个体的头脑里经过加工产生的各种各样最为初级的经验和知觉。感觉在个体的认知活动中虽最为初级，但起着十分重要的作用，因为只有通过感觉，个体才能分辨事物的个别属性，它是个体认识客观事物的第一步，是我们关于世界一切知识的最初源泉。一切较高级、较复杂的心理活动，如知觉、记忆、思维、想象和语言等，都是在感觉的基础上产生的[13]。

感觉虽然是其他认知活动的基础，但它反映的是使用者对产品的个别属性，不能像知觉、

---

13. 黄希庭：《心理学导论（第二版）》，人民教育出版社，2007，第 189 页。

记忆、思维、想象和语言认知过程那样，能够对产品形成整体的认识。感觉是使用者对产品刺激信息的初级体验加工，它们被作为其他认知活动的基础素材来源。

（2）知觉：是个体对感觉信息的组织过程，外部世界的大量刺激冲击个体的感官，个体有倾向、有选择地输入信息，把感觉信息整合、组织起来，形成稳定、清晰的完整印象[14]。感觉和知觉是不同的心理过程，知觉比感觉复杂，感觉仅依赖个别感觉器官的活动，而知觉依赖多种感觉器官的联合活动。感觉反映的是事物的个别属性，知觉反映的是事物的各种不同属性、各个部分及其相互关系，是对事物整体的认识。直接知觉与间接知觉被当代心理学界公认为是人类在环境中认识事物形成知觉的两种方式（笔者将在下文对两种知觉进行详细比较）；同时，直接知觉与间接知觉是个体形成生活经验的两种来源。

（3）记忆：是一些经历过的事情在个体头脑中留下的痕迹，并在一定条件下呈现出来的过程。记忆的认知过程包括记录、保持、回忆三个环节。记录是个体获得知识、经验的阶段，具有选择性特点；保持是指已获得的知识、经验在人脑中巩固的阶段；回忆是在不同条件下恢复过去经验的阶段。记忆各阶段环节的内容，都是围绕着经验展开的，个体的经验来源于直接知觉与间接知觉。个体不同的经验所形成的记忆可以分为形象记忆、运动记忆、情绪记忆、逻辑记忆。

（4）思维：是指在脱离了现实的情境下，对有关的条件进行分析后，求得问题解决的高级认知过程。思维是运用了观念、表象、符号、语词、命题、记忆、概念、信念的内隐内容，进行的认知操作或心智操作。思维之所以被称为高级认知过程，一方面，是因为它不同于感觉、知觉和记忆这样低级的认知过程[15]。思维活动是通过对个体感觉、直接知觉与间接知觉、经验记忆调用后的分析、判断、推理等一系列复杂的心理活动，为了解决问题而进行的高级认知活动。另一方面，思维是一种历时的产物，又是一种共时的现象，它无时无刻不在支配语言的表达，并作为语言表层结构样式的深层机制[16]。

除了分辨事物个别属性的感觉认知之外，知觉认知中的直接知觉与间接知觉，记忆认知中的经验，以及以解决问题为目的的思维认知，它们都可以用不同的方式，在不同的层面获得对事物的完整认识。需要强调的是，知觉所感知到的结果会成为思维的基础，而思维也会

---

14. 黄希庭：《心理学导论（第二版）》，人民教育出版社，2007，第223页。

15. 同上书，第383页。

16. 刘宓庆：《汉英对比研究的理论问题》，《外国语（上海外国语学院学报）》1991年第5期。

渗透到知觉之中。信息加工的顺序是缠结在一起的，是交叉的[17]。

（5）想象：是人在头脑里对已储存的感觉、直接知觉与间接知觉、经验记忆进行加工改造后，创造出事物新形象的心理过程。想象是一种创造性的思维，它突破了时间和空间的束缚，在个体的大脑中对已有表象进行加工改造而创造出新形象。想象是对世界提出意义解释的一种基本能力。

作为一种新颖的、独特的并具有社会价值的创造性思维活动，想象是人类最高智慧的表现。科学中新概念、新理论的提出，新机器的发明，文学艺术、设计作品的创作等，都是不同实践领域中的创造活动，它们在人类文化的传承中起着极为重要的作用。想象作为创造性的思维，具有思维的流畅性、变通性、独特性、敏感性等特征[18]。

（6）语言：是人与人之间由于沟通需要而制定的具有统一编码与解码的庞大符号系统，它影响着我们系统的思维模式，同时对所有认知进行意义的表述与传递。语言必须通过符号进行意义的交流，索绪尔语言符号学模式就是以语言为路径进行符号学研究的，但这并不代表语言学就是符号学，或符号学就是语言学的分支。符号学讨论的是意指间的关系，而意指活动无所不在。凡是意指关系欠明确的现象，都是符号学的研究范围[19]。

符号学涵盖了语言学，这是因为：语言不该被狭隘地理解为文字与话语。作为表达与传递人类思想的工具，语言必须被泛化理解，语言的类型与存在的方式多种多样，这也表明产品语言不是文字语言。但要强调的是，产品设计活动中设计师与使用者双方不可能脱离文字语言，产品设计活动的文本编写与解读都是语言模式的系统思维。

### 2．使用者在产品系统中对产品的两种知觉认知

使用者在产品系统中对产品形成的知觉认知有两种：直接知觉与间接知觉。直接知觉与间接知觉是生态心理学概念，生态心理学是认知心理学的分支学科环境心理学的重要组成部分，它尝试以生态学的研究方式，在不同的环境内建立个体生物属性与社会属性之间的关联。生态心理学对两种知觉研究的出发点，令个体的生物属性与文化属性依赖各自环境，取得连贯性的统一，这为自然科学与人文科学架起了一座桥梁[20]。生态心理学将对个体的心理研究

17. 黄希庭：《心理学导论（第二版）》，人民教育出版社，2007，第 383 页。

18. 同上书，第 413-416 页。

19. 李幼蒸：《理论符号学导论（第三版）》，中国人民大学出版社，2003，第 64 页。

20. 秦晓利：《生态心理学》，上海教育出版社，2006，第 6 页。

放置在环境中，利用自然科学的量化研究方式，建立起环境、身体、大脑三者协调的心理学感知组织结构[21]。

（1）直接知觉

美国知觉心理学家詹姆斯·吉布森（James Gibson）在1985年出版的《生态学的视觉论》中提出了生态心理学中的直接知觉的可供性（Affordance）概念[22]。直接知觉是指生物属性的个体具有智能的特征，主动地获取环境信息的刺激，环境提供给个体足够多的可供性信息，个体以“刺激完形”的方式获得对事物的完整认识，并引发个体的行为。

（2）间接知觉

众多主流心理学家承认直接知觉的存在，但反对将人片面化地视为环境中的生物体进行知觉的研究，漠视个体已有的生活经验与社会文化属性。他们坚持认为个体在环境中获得的刺激信息是模糊的、片面化的，无法全面描述外部事物。针对“直接知觉”的缺陷，心理学界提出了“间接知觉”的概念，以强化个体在环境内获得的所有信息都需经过个体的经验分析后，才能形成对事物的知觉。

直接知觉与间接知觉可以通过以下三个方向进行差异化比较（表3-1）。

（1）研究环境的不同

生态心理学将依赖身体获得直接知觉的环境视为“非经验化环境”，将依赖个体经验获得间接知觉的环境作为“经验化环境”。“非经验化环境”中所有的人造物及非人造物都被视作去符号化的纯然物，即生活世界向纯然物世界的转向，这样个体才能以生物体属性的面貌与环境中的事物产生身体间的相互关系，获得直接知觉。

间接知觉讨论的环境包含“非经验化环境”与“经验化环境”，借用胡塞尔的术语，这两种环境可统称为“生活世界”。无论是自然物还是人造物，人们都通过个体的生活经验分析判断后获得知觉，这个环境实质是个体经验的认知积累，社会文化属性的集合。

（2）完形方式的不同

直接知觉的研究趋向于生物体的科学化模式，主张必须将个体放置于真实的环境中去讨论环境与个体之间的相互关系。个体在环境中所获得的刺激信息足以提供完形的知觉，不需要心像（头脑中的经验和表象进行分析整合，形成一个清晰的形象）、图示或个体经验作为

21. 何文广、宋广文：《生态心理学的理论取向及其意义》，《南京师大学报（社会科学版）》2012年第4期。

22. 后藤武、佐佐木正人、深泽直人：《设计的生态学》，黄友玫译，广西师范大学出版社，2016，第27页。

表 3-1 直接知觉与间接知觉的比较

| 比较内容 | 直接知觉 | 间接知觉 |
| --- | --- | --- |
| 讨论的环境 | 非经验化环境 | 生活世界（经验化与非经验化环境） |
| 关注的内容 | 生物体与环境中事物间的关系 | 个体经验、知觉与社会文化环境的关系 |
| 事物与个体关系 | 生物属性的“可供性” | 生活经验以及“示能” |
| 知觉的形成 | 环境提供个体足够多的刺激信息，以“刺激完形”方式形成知觉 | 环境内刺激信息模糊片面，需要依赖个体已有生活经验进行假设与认定，以“经验完形”方式形成知觉 |
| 知觉形成路径 | 自下而上加工 | 自上而下加工 |
| 知觉加工模式 | 数据驱动加工模式 | 概念驱动加工模式 |
| 完形方式 | 无需心像、图式或者表征为中介，直接做出整体性的“刺激完形” | 生活经验对刺激信息以及直接知觉的分析判断，个体生活文化的“经验完形” |
| 系统关系组成 | 环境-身体-大脑 | 环境-社会文化-心理行为 |
| 对行为的影响 | 直接知觉可以直接引发行为；或进入个体经验分析判断，成为间接知觉 | 所有的信息都依赖个体已有经验进行分析，得出判断与行为选择 |
| 认知活动中的表现 | 大多数直接知觉都会依赖个体生活经验，对其内容及引发的行为加以分析、判断，以“经验完形”的方式形成间接知觉，直接知觉与间接知觉是个体形成生活经验的两种来源 | |

中介参与知觉的形成过程，知觉的形成是刺激信息的“刺激完形”。

间接知觉的研究者们承认直接知觉的存在，但他们认为任何刺激信息在成为知觉之前，都是碎片化、不完整的，都需要回到个体的社会文化属性当中，用其积累的认知经验加以分析判断，形成对事物最终的完整知觉，这种方式称为“经验完形”。因此，大多数的间接知觉都是在直接知觉的基础上，个体利用生活经验对直接知觉的内容以及其引发的行为加以分析、判断，以“经验完形”的方式获得对事物的完整认识。

（3）加工模式的不同

美国认知心理学家林塞与诺曼都认为，直接知觉在形成知觉的过程中，信息具有数据化的特征，知觉形成路径是自下而上的加工方式，属于数据驱动加工模式。间接知觉在形成过程中，诺曼提出的“示能”是信息综合分析后的最终判断，知觉的形成路径是自上而下的加工方式，属于概念驱动加工模式。

当下，面对文化符号修辞产品的泛滥，产品设计应当回溯到产品系统中使用者与产品间的“知觉”研究，这不但可以还原产品最初的实用性功能与具身体验，还可以建立产品的“纯然物－文化符号”双联体（详见3.4.1）与使用者的“生物属性－文化属性”双联体（详见3.4.2）的研究模式。

### 3．使用者在产品系统中对产品的经验认知

直接知觉与间接知觉是个体形成生活经验的两种来源，经验是记忆认知过程的核心内容。在产品设计活动中，它是以使用者与产品间各种直接知觉、间接知觉的记录、保持、回忆三个环节展开的认知活动。产品经验是生活经验的一部分，它是与产品使用、体验等相关的那部分生活经验。在本章所提及的使用者“生活经验”，也包括使用者在日常生活中与产品相关的那些经验内容，它们是使用群集体无意识产品原型的形成基础。符号感知则是每一次集体无意识产品原型在经验实践中的意义解释。

使用群的集体无意识在结构主义产品设计中起到至关重要的作用：一是结构主义产品设计活动中，修辞两造的符号“意指”关系的符码，都是由深层结构的使用群集体无意识所决定；二是修辞两造关联的理据性、合理性必须依赖使用群集体无意识生活经验进行监控与评判；三是以使用群集体无意识为基础构建的产品设计系统内的三类元语言，是所有结构主义产品设计活动都必须遵循的规约，所有结构主义产品设计活动的文本编写都是在产品设计系统内各类元语言的协调控制下达成的统一。

可以说，使用者在产品系统中对产品的三种认知方式中，经验认知是最为重要的中间环节。使用者在产品系统内的经验认知，一是对直接知觉与间接知觉的分析、判断、筛选，使得两种知觉的认知内容可以以经验积累的形式，成为使用群集体无意识产品经验的组成；二是对使用群集体无意识产品经验的意义解释，是形成产品系统内产品符号感知的唯一途径；三是虽然产品修辞是符号认知活动中符号与符号间的意义解释，但修辞两造意义的形成、修辞两造理据性的关联、产品设计系统的构建都必须依赖使用群集体无意识产品经验、生活经验的分析与判定。

### 4．使用者在产品系统中对产品符号的认知

心理学讨论的思维与想象在产品设计符号学中涉及产品文本的编写与解读，它们是设计师编写产品文本、使用者解读产品文本时属于高级认知的符号活动，产品符号的感知是使用者在产品系统内对产品经验的意义解释。产品设计是普遍的修辞，是设计师选取外部事物的文化符号与产品文本内产品符号的意义解释。因此，思维与想象在产品设计符号学中，可以

归结为所有关于产品文化符号感知的认知活动。

产品设计是普遍的修辞，是产品系统外部事物的文化符号与产品文本内产品符号间的修辞解释。但我们很少去关注产品系统内的产品符号以及外部事物的文化符号是如何形成的。

生态心理学的“直接知觉”与“间接知觉”理论以个体的生物属性与文化属性依赖各自环境，取得连贯性的统一，并将对个体的心理研究放置在环境中，建立起环境、身体、大脑三者协调的心理学感知组织结构。在产品设计活动中，这种组织结构反映了产品使用者与产品之间，由对产品的低级知觉向更高一级的社会文化经验，直至符号感知发展的完整认知过程。

产品系统内知觉-经验-符号感知，是使用者与产品间一个由低级向高级发展的认知过程。它贯通了使用者对产品的生物属性至文化属性的认知方式。三种认知方式中的每一种，都可以形成使用者在不同环境内对产品较为完整的认识，并引发他们做出相对应的意识与行为。因此在无意识设计活动中，设计师会利用直接知觉的符号化、集体无意识产品经验的符号化进行文本的编写。

产品系统内产品符号形成的完整过程如下（图 3-4）。首先，直接知觉是使用者生物属性的身体在非经验化环境中，与物化了的产品间的“可供性”信息，依赖“刺激完形”的方式获得的对产品的完整认识，它可以引发使用者的行为。其次，直接知觉几乎都会进入使用者文化属性的经验化环境，通过生活经验对直接知觉的内容以及将要引发的行为进行分析、判断，以“经验完形”的方式形成间接知觉[23]。再次，直接知觉与间接知觉如果在日常生活中反复出现，那么它们会成为产品经验的积累，两种知觉是形成使用者关于产品经验的两种途径，日积月累的产品经验是集体无意识产品原型的形成基础。最后，产品符号的感知则是每一次集体无意识产品原型在经验实践中的意义解释。

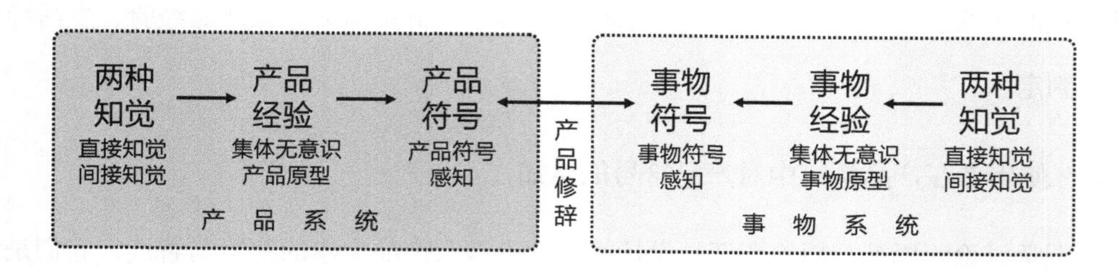


图 3-4　产品与外部事物具有相同的认知方式

23. 何文广、宋广文：《生态心理学的理论取向及其意义》，《南京师大学报（社会科学版）》2012 年第 4 期。

当然，我们在具体的修辞活动中只会关注并讨论形成符号的最后一个环节，即符号的感知是对经验的意义解释。我们讨论产品符号的完整形成过程，是要表明经验并非符号意义形成的初始环节，而是至关重要的中间环节。

### 5．外部事物与产品具有相同的认知方式

我们对外部事物的认知方式与对产品的认知方式是一致的，这并不代表产品的认知方式的特殊性，反而表明产品仅是我们去认知的所有事物中的一种。

首先，我们必须要承认，在修辞活动中，无论是产品还是外部事物，它们都是我们认知世界中的各种事物中的一种。我们对任何一种事物的认知方式都是一致的：首先会构建认识这个事物的系统，在这个系统中我们会依赖我们的身体，获得与这个事物相关的五感知觉，它们是关于这个事物经验的来源；日积月累的事物经验是形成这个事物集体无意识原型的基础；事物的符号感知则是每一次集体无意识事物原型在经验实践中的意义解释。

其次，与产品进行修辞的外部事物可以是认知世界中的任何事物，它们可以是各种自然界的事物，也可以是人造物。在人造物中，它们可以是同为设计类型的平面设计作品、建筑设计作品等，也可以是同为产品类型的各种产品，甚至是这个产品自身（形成提喻）。

但凡某个事物的局部概念可以构建“对象-再现体-解释项”的三元符号结构，那它就可以与产品文本内具有同样三元结构的相关符号进行结构主义的理据性意义解释或后结构主义强制性关联。当然，设计活动中修辞的目的，不是为了将产品与某个事物进行理据性关联或强制关联，而是关联后修辞文本在表意时的价值。人类依赖符号的修辞来认识新事物，创建新感知，修辞是我们认识世界最基本的认知方式。因此，我们没必要用这种最基本的认知方式作为我们设计活动的目的。

### 6．三种认知方式形成符号化的产品认知语言

从符号角度而言，产品文本的编写是符号参与文本中的编写活动。对产品语言的讨论，是希望使用者对产品的三种认知方式的内容，可以通过符号化的方式参与文本的编写与解读，达成设计意图的有效传递。

使用者在产品系统内与产品间的认知主要通过具身操作、经验分析、情感体验三种形式进行，它们所对应的认知方式分别为知觉、经验、符号感知。为此，对使用者与产品间的三种认知方式所形成的符号化产品“认知语言”做如下分析。

（1）直接知觉符号化后形成的符号

直接知觉来源并脱胎于使用者的生物遗传属性，携带了人类生物属性的先定性、普适性、凝固性等三大特征（详见 3.5.2）[24]。直接知觉作为独立且完整的认知内容，其认知结果可以引发个体的行为。当直接知觉被生活经验分析判断，并被符号化后成为一个具有指示行为的指示符号，这个符号的意指规约必定具有在那个环境下使用群的任何个体都可以解读的普适性指示特征。因此，设计师利用使用群的直接知觉符号化作为文本表意的内容，可以获得文本意义精准有效的传递。在无意识设计中，这被称为“直接知觉符号化设计方法”。

（2）集体无意识产品经验符号化后形成的符号

集体无意识产品原型的经验可以按照它们存在的方式分为行为经验与心理经验两种，它们在产品系统内部被唤醒后，通过经验完形的实践方式被符号化后，形成的两类符号也分别具有行为指示与心理感知两种表意倾向。因此，设计师利用使用群集体无意识的符号化作为文本表意的内容，通过设置可以唤醒使用群既有的行为经验与心理经验，从而获得文本意义精准有效的传递。在无意识设计中，这被称为“集体无意识符号化设计方法”。

以上两种设计方法在无意识设计系统方法中被称为客观写生类，两种设计方法以产品系统内两种新符号规约的生成，以及新符号规约的意义传递作为设计活动的目的。

（3）产品符号与外部事物的文化符号

使用者与产品间知觉、经验、符号感知三种认知方式所形成的符号化产品认知语言中，这个对经验意义解释后所获得的“符号感知”，一般情况下被视为产品系统中的产品符号。

但我们要明确的是，上文已表明外部事物与产品具有相同的认知方式。结构主义产品修辞活动中，产品文本中的产品符号与外部事物的文化符号，它们符号意义的形成方式是相同的：无论是外部事物的文化符号，还是产品文本的产品符号，它们都是文化符号；无论是事物经验，还是产品经验，它们都是使用群生活经验；无论是产品还是外部事物，它们的符号意义都是以使用群一方的文化规约为基础，对经验的意义解释，并以此建立起相互的关联。

因此，本章乃至之后几章讨论的符号感知不仅仅指向产生于产品系统内的产品符号，同时也指向具有与产品系统同样认知方式的外部事物系统中外部事物的文化符号，这也是为了便于从始源域符号的来源对产品修辞展开讨论。

24. 彭运石、林崇德、车文博：《西方心理学的方法论危机及其超越》，《华东师范大学学报（教育科学版）》2006 年第 2 期。

最后，我们从产品设计符号学的视角，将知觉、经验、符号感知作为使用者认知产品的方式。这样看来，符号感知仅是人类完整认知过程的一部分。产品设计活动是一个外部事物的文化符号对产品文本内相关的产品符号的修辞解释，使用者与产品间的三种认知方式是产品文本编写的符号来源，认知理论参与产品设计符号学的研究讨论，是对产品以及外部事物符号意义生成源头、生成过程、生成方式的科学补充，体现了产品设计符号学为了自身发展而进行的自我完善。

## 3.3.2 三种认知方式对环境的重新分类与界定

以往的设计活动中，设计师也会重视环境的因素，尤其在设计初期的调研考察阶段，环境被笼统地视为使用者使用产品的空间范围，这是一种物理层面的划分，不符合使用者认知方式所对应的环境研究。

### 1．依据设计活动中知觉、经验、符号感知对环境重新划分的方式

认知科学对于环境的概念讨论，是按照使用者的生物属性与文化属性进行环境的细分。针对使用者与产品间知觉、经验、符号感知的三种完整认知方式，本书将其分别对应了三类环境：（1）形成使用者与产品间直接知觉的“非经验化环境”；（2）形成使用者与产品间间接知觉与经验的“经验化环境”；（3）修辞活动中外部事物生活经验、产品经验被意义解释后成为符号感知的“文化符号环境”。

对使用者认知过程中的非经验化环境、经验化环境、文化符号环境三类环境进行划分，不是将某一个整体环境机械地分隔为三个部分，而是将一个整体环境，分别从使用者与产品间的直接知觉、生活经验、符号感知（外部事物与产品间的修辞活动）三个不同认知维度做出不同界定，即一个环境可以同时被视为三种不同的属性。三类环境也许具有同样的客观组成，但这些客观组成在不同的认知方式中呈现不同的属性特征，详见表3-2。

使用者生物属性与文化属性既是一种二元对立的关系，在对产品的三种完整认知方式中又获得了连贯性的统一，具体表现如下。

（1）使用者生物属性是在非经验化环境中，使用者依赖身体与去符号化的产品间形成的直接知觉；使用者的文化属性则包含了在经验化环境中那些通过经验完形获得的间接知觉，以及以两种知觉为基础形成的生活经验。

表 3-2　使用者三种认知方式所对应的三类环境

<table>
<tr><th>环境类型</th><th colspan="2">认知方式与内容</th><th>认知的形成方式</th><th>认知的形成范围</th><th>使用者属性特征</th></tr>
<tr><td>非经验化环境</td><td>直接知觉</td><td rowspan="2">知觉</td><td>可供性信息的刺激完形</td><td rowspan="3">产品系统内部</td><td>使用者生物属性</td></tr>
<tr><td rowspan="2">经验化环境</td><td>间接知觉</td><td>生活经验的经验完形</td><td rowspan="3">使用者文化属性</td></tr>
<tr><td colspan="2">生活经验</td><td>两种知觉日常生活的积累<br>（集体无意识原型形成基础）</td></tr>
<tr><td>文化符号环境</td><td colspan="2">符号感知<br>（产品与外部事物）</td><td>对生活经验的意义解释</td><td>产品系统与<br>外部事物系统</td></tr>
</table>

（2）直接知觉与间接知觉是使用者形成产品经验的两种来源，两种知觉形成的产品经验，又会成为下一次直接知觉通过经验完形变成间接知觉的素材依据。其次，使用者与产品相关的生活经验是其知觉、经验、符号感知完整认知过程中的中间环节，并起着极为重要的作用。日积月累的产品经验是形成集体无意识产品原型的基础。

（3）产品修辞活动中的外部事物与产品具有相同的认知方式。无论是外部事物的文化符号，还是产品文本的产品符号，它们都是文化符号；无论是事物经验还是产品经验，它们都是使用群生活经验；无论是产品还是外部事物，它们的符号意义都是以使用群一方的文化规约为基础，对经验的意义解释，并以此建立起相互的关联。结构主义产品修辞活动中，产品文本中的产品符号与外部事物的文化符号，它们符号意义的形成方式是相同的。“符号感知”可以指向产品符号，同时也可以指向外部事物的文化符号。

使用者与产品间的知觉、经验、符号感知在各自所属环境中所形成的符号化的产品认知语言，是设计师编写产品文本的符号素材来源。三种认知方式的符号来源对应了三种文本编写类型（详见 3.5），这便是第 8 章讨论的无意识设计中的三种设计方法：（1）符号来源于产品系统内使用者的直接知觉，形成直接知觉符号化的文本编写类型；（2）符号来源于产品系统内的使用者的产品经验，形成集体无意识符号化的文本编写类型；（3）符号来源于文化环境中的外部事物的文化符号，形成寻找关联，也就是设计师普遍使用的外部事物文化符号与产品文本内相关的产品符号进行的结构主义修辞。

最后要说明的是，情境与环境是两个不同的概念，这两个概念经常在设计研究中被混用，心理学界为此做出了明确的区分：情境是个体在某种特定的场合中，可以通过感知获得的那部分内容；情境是个体与环境内的要素发生了感知的相互关系，这类已经产生感知关系的环境要素的集合称为情境。

### 2．知觉、经验、符号感知对环境的不同依赖方式

认知心理学认为个体的心理与行为需要两种基础：生物基础和环境基础[25]。

（1）直接知觉与间接知觉对环境的依赖

现代认知心理学与生态心理学都以个体的身体与环境内事物间的关系作为研究的基础。现代认知心理学认为，知觉是人类对环境内所获得的刺激信息进行的分析判断。人类所有的知觉都来源于外部环境的事物与人类感觉器官之间的相互作用，任何知觉都发生在人类所处的环境之中。吉布森在讨论生态心理学时同样认为，生物基础是人类作为生物体与生俱来的，但生物基础需要在环境的作用下才能发挥其功能。环境是与生物体产生联系的外部世界，与生物体没有产生联系的外部世界不能称为环境。

生态心理学将知觉分为直接知觉与间接知觉两种。在讨论个体生物属性与文化属性在各自环境中获得两种知觉的方式时，环境也被划分为两类：一是非经验化环境，讨论个体的直接知觉的形成方式；二是经验化环境，讨论个体间接经验的形成方式。

直接知觉论者认为，生物属性的个体具有智能的特征，在非经验化环境中的个体主动地获取环境信息的刺激，环境提供给个体足够多的可供性信息，个体以“刺激完形”的方式获得对事物完整的认识，即直接知觉。直接知觉可以引发个体相对应的行为。

间接知觉论者所讨论的环境，包含了非经验化环境与经验化环境两类。虽然间接知觉论者承认直接知觉的存在，但他们更注重经验化环境，认为任何刺激信息在成为知觉之前，都是碎片化、不完整的，都需要凭借个体的生活经验加以分析判断，以经验完形的方式形成对事物的完整认识，即间接知觉。

（2）经验积累与无意识形成对环境的依赖

“系统论”结构主义的倡导者列维–斯特劳斯以人类学的研究方法，从大量的田野调查出发，探讨群体的日常生活现象、社会活动中人际关系的结构形成。他发现，在特定的环境中，人类长期的日常生活方式成为一种习惯和经验，这些客观的日常生活方式会产生思想层面的经验积累，是产生无意识的基础[26]。精神分析学家荣格也认为，日积月累的生活经验所形成的

---

25. 黄希庭：《心理学导论》，人民教育出版社，2007，第80页。

26. 丁尔苏：《符号与意义》，南京大学出版社，2012，第9页。

集体无意识产品原型是在特定环境中产生的，那个特定的环境也是唤醒集体无意识产品原型进行经验实践的前提基础。

（3）符号感知的意义解释对环境的依赖

修辞活动中的产品与外部事物都是我们认知外部世界中各种事物的一种，我们对产品与外部事物具有相同的认知方式，本章提到的“符号感知”是指产品修辞活动中的产品符号与产品系统外部事物的文化符号。结构主义产品修辞活动中，产品文本中的产品符号与外部事物的文化符号，它们符号意义的形成方式是相同的。符号不可能决定其自身的意义，符号的意义内容由环境、事物、人群三者之间的关系所赋予，符号“意指”关系的符码由深层结构的集体无意识所决定。因此，解读者对任何符号意义的解释都受控于系统，以及系统所处的文化环境。文化环境所形成的语境元语言提供给解读者进行文本解读的符号规约。结构主义者尤其认为，符号的任何意义都是其系统在特定的文化环境中所赋予的，即符号的任何意义都不可能脱离系统与系统所处的文化环境。同时，如果希望获得文本意义的有效传递，那么文本的编写者与解读者必须具有共时性的相同文化环境，即编写与解读的语境元语言一致性。

因此，使用者对事物（包括产品）的知觉、经验、符号感知都必须依赖环境获得对事物的整体认识。结构主义文本编写活动中，编写者与解读者只有依赖共同文化环境的语境元语言，才能进行文本意义的有效传递。

### 3．胡塞尔提出的“生活世界”概念

现象学的奠基人胡塞尔最早提出“生活世界”的概念，他在提出这个概念时并没有否定笛卡尔对身心的二元分类，而是将人类的知识划分为两类：第一类是人类对于外部世界的经验积累所形成的知识，这类是人类“外在导向”经验，属于自然科学；另一类知识是人类对自身的思考研究所获得的“内在导向”的经验积累，这类知识属于哲学。胡塞尔将心理学视为沟通人类外在导向的自然科学与内在导向的哲学间的桥梁，希望心理学作为中间科学，建立两者间的整合与沟通。

生活世界是人类日常生活的世界，它不但是胡塞尔进行现象学研究的核心概念，也为格式塔心理学提供了研究方法的指导，并对之后的科学主义哲学观起到了明确研究视角的重要作用。产品修辞中所涉及的经验完形都是发生在生活世界中的内容。

胡塞尔希望“生活世界”是一个较为单纯的、没有被任何科学领域的研究者人为概念化、

规范化的世界。生活世界是由人类的知觉组成的，并由这些知觉构成生活日常经验积累的世界。生活世界具有永恒变化的动态特征，这个变化通过人类的知觉和经验进行不断修正和补充。

李文阁认为，胡塞尔的“生活世界”是人类生活在其中，并可以直接获取经验的生活主体世界，它具有以下四点特征。第一，生活世界是我们人类赖以生存的真实的世界。第二，生活世界是科学世界之前的世界，它不带有任何人为刻意的科学化概念与规范，更没有任何的主题色彩。生活世界与科学世界是正反相合的关系，前者是后者进行科学研究的参考点和经验基础。内在、具体、经验是生活世界的三大特征，科学世界是外在、客观、非经验的。第三，生活世界是人类主体的构造之物，人类的知觉在这个世界形成，并经过日常的经验修正或改造成为新的经验积累。第四，人类在生活世界中的经验积累是人类文化符号意义形成的基础[27]。

因此，生活世界的概念在个体认知过程中，是指可以形成个体众多生活经验的所有环境，即“非经验化环境”与“经验化环境”的整合。

## 3.4 完整认知方式下的两种双联体新研究模式

通过现代认知心理学个体认知过程的连贯性，与个体的主观能动的协调统一作用，笔者希望在产品设计符号学中建立产品的“纯然物-文化符号”与使用者的“生物属性-文化属性”两种双联体的新研究模式。

一方面，符号学界将世界分为由纯然物组成的“物的世界”和由符号组成的“意义的世界”，并将作为符号载体的事物按“物源”分为自然事物、人工制造器物、人造纯符号三种。任何事物都以“纯然物-文化符号”的双联体方式存在：事物如果倾向于纯然物一端，则不具有符号意义；如事物倾向符号载体一端，则携带符号感知[28]。

另一方面，生态心理学的“直接知觉”与“间接知觉”理论以个体的生物属性与文化属性依赖各自环境，取得连贯性的统一，建立起环境、身体、大脑三者协调的心理学感知“组织结构”。在产品设计活动中，这种组织结构反映了产品使用者与产品之间，由对产品的生物属性的直接知觉认知，向更高一级的文化属性的产品经验认知，直至符号感知的完整认知

27. 李文阁：《回归现实生活世界》，中国社会科学出版社，2002，第 98 页。

28. 赵毅衡：《符号学原理与推演》，南京大学出版社，2016，第 27 页。

过程，这体现了使用者在认知产品过程中“生物属性–文化属性”的双联体特征（图 3–5）。

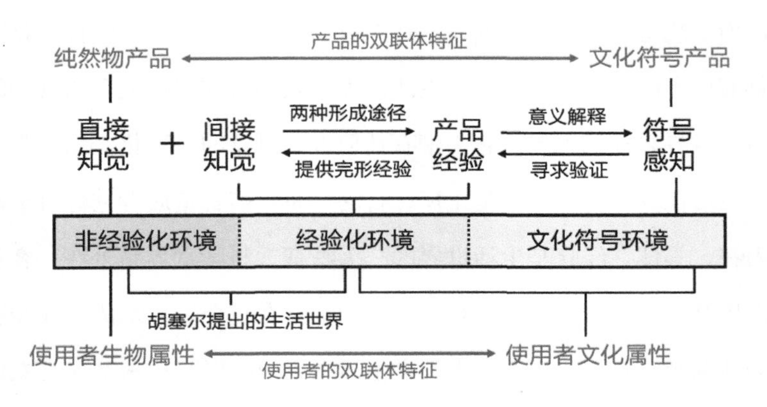


图 3–5　产品的双联体与使用者的双联体特征

## 3.4.1 产品“纯然物–文化符号”双联体的研究模式

### 1．产品“纯然物–文化符号”双联体的贯通方式

产品“纯然物–文化符号”之间贯通的双联体特征，源自使用者与产品间知觉 – 经验 – 符号感知三种认知方式的贯通，具体分析如下。

（1）使用者对产品的直接知觉，是在非经验化环境中依赖生物属性的身体，获得作为纯然物产品间的可供性关系，以刺激完形方式形成对事物的认识，并引发使用者的行为。使用者的直接知觉几乎都会进入经验化环境，并通过生活经验的选择、分析、判断成为间接知觉，间接知觉体现了使用者的文化属性。

（2）直接知觉与间接知觉是使用者生活经验的两种形成途径，生活经验被符号化意义解释后，成为产品的符号感知。由此可见，生活经验是使用者在对产品的三种认知过程中的中间环节，也是最为重要的环节：生活经验的形成过程需要依赖直接知觉与间接知觉；对生活经验的意义解释获得产品符号感知，生活经验使得三种不同认知方式连贯一体。

（3）使用者对产品连贯一体的认知过程，使得产品具有“纯然物–文化符号”的双联体特征，即直接知觉的“纯然物”至符号感知的“文化符号”。产品“纯然物–文化符号”的双联体特征，提供给设计师可以从使用者与产品间知觉、经验、符号感知三个阶段分别进行研究的可能性。需要说明的是，每一个阶段的研究任务、目的、方式及内容各不相同。

### 2. 产品“纯然物－文化符号”双联体的成因

（1）产品在社会文化环境中的发展与使用历程，导致产品“纯然物－文化符号”双联体研究模式的形成。任何产品在最初阶段都是以功能器物、使用工具的单一功能符号出现的。就如一个杯子，我们在刚开始设计它时更多关注视觉上具有可装水的可供性、端起时与手部拿握的关系、饮水时与嘴部的关系等，所有这些都是杯子作为纯然物与使用者生物属性的身体间的关系。

（2）随着技术更新、使用环境的多样化、新功能的增加等，社会文化越丰富，对产品功能符号的细分也就越多样化。杯子由最初的陶制烧制发展到有各种材料、工艺，同时又分为不同的使用场景、不同的用途。另一方面，使用者对产品也不再仅限于功能使用，更多追求外部文化符号对产品的修辞解释，产品逐步沦为文化符号的意义载体。杯子除了具有简单的容器功能外，更多被赋予了诸如风格、档次、品牌、气质、格调等文化符号。

### 3. 产品“纯然物－文化符号”双联体研究模式的价值

（1）一个产品的文化符号意义越丰富，其符号载体的角色就越强，产品也越难回到最初的功能器物、使用工具的单一符号角色。设计师也就不可能将产品视为纯然物，去关注考察使用者生物属性的身体与纯然物的产品间因可供性所形成的直接知觉。

产品的“纯然物-文化符号”双联体特征向“纯然物”一端滑动，不但可以有效避免设计师沉溺于文化符号对产品的修辞，而且可以回溯到使用者与产品间知觉与经验的考察与利用，这会引导设计师关注以下两点：第一，产品作为纯然物与使用者身体间的直接知觉关系；第二，产品作为最初功能性器物而形成的间接知觉与产品相关的使用经验。

（2）产品“纯然物-文化符号”的双联体特征使得产品以最初器物的角色存在，设计师在考察使用者认知时，可以将产品回溯到“纯然物”一端。使用者通过身体与“纯然物”产品间形成的各种直接知觉，可以成为产品设计活动的新素材，以及产品系统内符号规约新的来源。

（3）有人会提出疑问，几乎在所有涉及功能、操作、体验的产品设计活动中，设计师都会通过人机工程学的研究方式，对使用者的身体与产品间做出知觉与经验的合理性分析判断。当然，我们承认这是对使用者知觉与经验的一种研究方式，但它与我们所提出的产品“纯然物-文化符号”双联体研究模式在设计目的上截然不同。

人机工程学注重产品设计过程中，对使用者与产品间知觉、经验的合理性选择与判断。而产品双联体研究模式则将考察、探究使用者与产品间的知觉、经验作为设计活动的出发点，即通过考察，探究产品系统内使用者生物属性的知觉与潜隐的经验，并判断其是否具有设计的价值，再以符号化的方式编写进产品文本，进行意义的表达，这也是这类设计活动的创意点。

## 3.4.2 使用者“生物属性－文化属性”双联体的研究模式

### 1．使用者“生物属性-文化属性”双联体研究模式及其价值

（1）使用者“生物属性-文化属性”双联体特征的实质是表明了使用者对产品“知觉-经验-符号感知”的完整认知的贯通过程，是在三类不同的环境中完成的。使用者在这三类环境中，呈现出两种不同的属性特征：第一，非经验化环境内的直接知觉，呈现出使用者生物属性特征；第二，经验化环境内的间接知觉、生活经验，与文化符号环境内的产品符号感知，呈现出使用者文化属性特征。

（2）对使用者认知的知觉讨论，虽然没有彻底改变自笛卡尔以来个体“身心二元”的对立格局，但在两者的关系上，否定了它们之间割裂的局面，重新构建了以使用者生物与文化属性，以及使用者认知过程为区分标准的“非经验化环境”“经验化环境”“文化符号环境”的新格局。以此格局作为新的研究路径，有效地否定了经验的“先天论”，并在使用者的生物属性与社会文化属性之间建立了以知觉形成方式为纽带的通道，至此，使用者的生物属性与文化属性，在两种不同知觉的形成与持续演变中得到整体性的贯通。

### 2．使用者与产品两种双联体特征具有的对应关系

（1）产品“纯然物-文化符号”双联体特征，与使用者“生物属性－文化属性”的双联体特征具有对应的关系。它们表现在：第一，两种双联体特征是使用者主体与产品客体在认知活动中，按照不同认知方式、研究内容、研究目的而形成的不同对应关系；第二，设计师首先需要按照具体设计活动，选择使用者三种认知中具体认知的考察内容与考察方式，进而选择相对应的环境类型，以及产品双联体的对应区间；第三，所有的设计活动中，产品最终都要回到“文化符号”的一端，使用者最终都要回到“文化属性”的一端。这是因为，产品设计是普遍的修辞，设计师对产品文本的编写是符号与产品文本间的修辞活动，使用者对产

品的解读是对产品文本的意义解释。

（2）产品“纯然物－文化符号”与使用者“生物属性-文化属性”的对应关系还表明，对使用者认知方式的知觉讨论，其目的是考察收集更多的使用者经验素材，以此摆脱目前设计活动沉迷于无休止的外部文化符号对产品的解释的局面，避免产品沦为文化符号的表意工具。

同时，使用者知觉与经验素材以符号化形式参与产品文本的编写，为产品系统添加新的文化符号。也就是说，使用者与产品间“知觉（直接知觉）符号化”与“经验符号化（集体无意识符号化）”，是除外部文化符号对产品的修辞外，产品系统增加文化符号的另外两种途径。

通过以上的讨论，我们可以得出这样的结论：除了外部事物的文化符号与产品文本内产品符号的修辞之外，还存在生成于产品系统内部的符号与产品的修辞。

首先，使用者与产品间的知觉、经验、符号感知中的每一种认知，都可以形成对产品完整的认识。因此，除符号感知外，那些设计师考察到的使用者知觉、经验内容，也同样可以通过符号化的方式编写进文本，对原有产品文本进行修辞解释。这就会出现以下两种新的符号来源以及修辞方式：一种是依赖使用者与产品间的直接知觉所形成的符号，对原产品文本进行修辞解释；另一种是依赖使用者与产品间生活经验（集体无意识）所形成的符号，对原产品文本进行修辞解释。

另外，我们需要将直接知觉的符号化、集体无意识的符号化与产品提喻做出明确的区分：直接知觉与集体无意识在产品原有系统内并非以符号的方式存在，而是通过设计师对它们进行符号化，成为可以与产品文本进行修辞解释的新符号。产品提喻的始源域符号虽然也来自产品系统内部，但这个符号是系统内本就存在的局部概念，在提喻活动中，这个局部的符号概念替代了产品整体指称的概念，即“局部替代整体”。

## 3.5 三种认知方式的符号来源对应的三种文本编写类型

以使用者与产品间的知觉、经验、符号感知三种认知方式为来源所形成的符号，它们涵盖了使用者与产品间生物属性与社会文化属性的全部认知内容，它们是产品设计活动中符号来源的素材库。同时，素材库中的认知内容随着产品自身的发展、使用者认知的完善、设计师对使用者认知考察能力的提升、产品与外部事物的广泛修辞，呈现出丰富与多样性的特征。

使用者与产品间的知觉、经验、符号感知三种认知方式所形成的符号，形成三种不同的文本编写类型。三种认知方式所对应的文本编写类型不应该被视为三种设计风格，设计师应该熟练地在使用者认知素材库中，寻找他们与产品间三种认知方式可能形成的文化符号来源进行设计创作，这应该是产品设计师的基本功。

在深泽直人众多的无意识设计作品中，我们可以清晰地看到他对知觉、经验、符号感知这三种认知方式的熟练运用。本节将结合深泽直人的一些作品，对使用者三种认知方式所形成的三种符号来源以及它们所对应的三种不同文本编写类型进行详细讨论。

## 3.5.1 三种符号来源与对应的三种文本编写类型概述

典型结构主义的无意识设计系统方法，是以使用者三种认知方式为符号的素材来源。作为设计活动中文本编写的全部内容，这些符号的素材来源本身就具有使用者生物属性的“先验”与社会文化属性的“既有”特征，它们保证了文本表意的精准与有效传递。需要说明的是，深泽直人无意识设计中的“无意识”是指以使用群进行划分的集体无意识，而非个体无意识的情结。

（1）依赖产品系统内使用者与产品间的直接知觉所形成的新符号，再与原产品进行修辞解释，此类型文本编写称为“直接知觉符号化”（图 3-6 标注 1）。

（2）依赖产品系统内使用者与产品间的生活经验（集体无意识）所形成的新符号，再与原产品进行修辞解释，此类型文本编写称为“集体无意识符号化”（图 3-6 标注 2）。

以上两种文本编写类型是笔者在深泽直人“客观写生”基础上再次进行细分的设计方法。

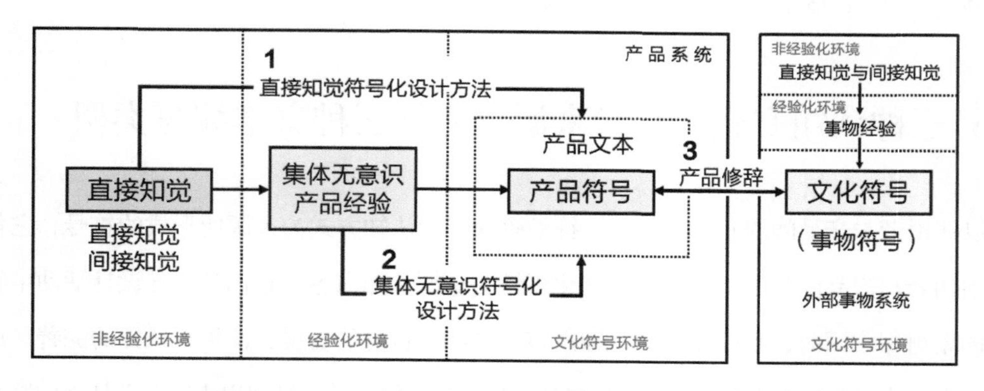


图 3-6　产品系统内与系统外符号三种来源与修辞文本编写方式

它们是设计师对使用者与产品间的各种行为与心理的客观描述，它们很少掺杂设计师主观的意识与个人情结，其内容是产品系统内部使用者知觉与经验两种认知方式中先验的客观存在。

需要再次强调的是，产品设计是符号与符号间的普遍修辞，那些产品系统内先验的内容只有通过符号化的转换成为一个符号后，才能在产品文本内进行编写，才能进行文本的表意活动，符号化的意义才能被传递。

（3）设计界最常用的外部事物文化符号对产品文本内相关的产品符号的修辞解释（图3-6标注3），在深泽直人的无意识设计中被称为“重层性”。此命名是对产品修辞文本中呈现两种事物品质的描述，其实质是修辞文本中两造符号指称共存的本质特征，也是判断文本是否使用修辞的标准。为与前两种以修辞编写的类型命名保持一致，笔者将“重层性”改称为“寻找关联”，即强调寻找始源域与目标域之间的关联，既突出了产品系统外部事物的文化符号对产品文本内相关的产品符号具有理据性的意义解释，同时也体现了典型结构主义的无意识设计系统方法文本表意有效性的前提。

## 3.5.2 符号来源于产品系统内的知觉：直接知觉的符号化

### 1. 符号来源于使用者直接知觉的产品精准表意优势

深泽直人在其访谈类著作《设计的生态学》一书中坦言，吉布森的生态心理学直接知觉理论对他提出“无意识设计”的影响很大。深泽直人首次从“知觉”的角度去讨论无意识设计，也是首次将使用者个体的生物属性放置在环境中讨论其与产品的关系。深泽直人在设计实践中发现，设计师如果利用直接知觉的“可供性”，能以实验的方式溯源到使用者身体与产品最直接的接触关系，以及这种关系所引发的直接知觉行为，就能以此摆脱使用者对产品原有各类经验的束缚。

直接知觉源于个体的生物属性与环境中事物之间的可供性关系所提供的各类刺激信息。吉布森认为这些信息是完整的、丰富的，足以概括事物的整体，不需要经过社会文化的再次分析判断，因此直接知觉的信息完形的方式也称为“刺激完形”。这种研究方式在研究过程中刻意削弱，甚至暂时搁置人类个体的社会文化属性，将个体在环境中所获得的知觉视为某一类生物体的“物种”本性。直接知觉作为独立且完整的认知内容，其认知结果可以引发个体的行为。

直接知觉因来源并脱胎于使用者的生物遗传属性，因此携带了人类生物属性的先定性、普适性、凝固性三大特征[29]。

（1）先定性：直接知觉的先定性包含三部分，一是个体在环境中所表现出的智能属性；二是个体对信息的“刺激完形”能力；三是直接知觉所涉及的具体内容。三者都是个体遗传的天性，不需要后天的训练与经验的积累，是一种与生俱来的生物本能属性。

（2）普适性：生物属性的人类个体在环境中所获得的直接知觉具有适用于同类个体与环境对象的普遍性。这是因为，个体在环境内通过信息“刺激完形”的直接知觉，具有生物体共同的遗传特征与规律。

（3）凝固性：一方面直接知觉“刺激完形”的形成方式固定不变；另一方面由于先天的遗传特征，具有生物属性的个体在环境中所获直接知觉的内容固定不变。直接知觉的凝固性是属于生物体对环境获取信息刺激的方式与内容，因此凝固性只针对直接知觉而言，直接知觉的凝固性一旦进入个体间接知觉的经验分析、判断，即成为生活经验的完形方式。

因为产品系统内的直接知觉具有以上特征，所以当它被生活经验分析判断，引发直接知觉行为的可供性之物被符号化后成为一个指示性符号，这个符号的意指规约必定具有在那个环境下使用群的任何个体都可以解读的普适性指示特征。因此，设计师经常利用使用群的直接知觉进行符号化，作为文本表意的内容，以此获得文本意义精准有效的传递，这也是典型的结构主义产品文本编写方式之一。

直接知觉形成的符号规约是产品系统在非经验化环境内新生成的符号规约，它是隐性至显性的过程，也是产品系统内部新符号与新感知创新的重要途径。新生成的创新符号的意义传递，即产品文本创新的文本表意。

盖弗建议在设计理论与设计方法的研究中应遵循吉布森直接知觉元理论的立场，他认为无论科学技术与人类文化如何发展，都需要坚持生态学的研究方法，从生态心理学直接知觉的可供性出发，可以有效地改进人类对原有人造物创新的操作，提升产品使用的效能[30]。

29. 彭运石、林崇德、车文博：《西方心理学的方法论危机及其超越》，《华东师范大学学报（教育科学版）》2006 年第 2 期。

30. Gaver,W.Technology affordances[C]//Proceedings of CHI'91.NY:ACM,1991:79-84.

## 2．由设计案例分析“直接知觉符号化”文本编写方式

（1）案例分析：深泽直人《可放置木勺的电饭煲》

符号来源于产品系统内使用者的直接知觉，形成“直接知觉符号化”的文本编写类型。其文本编写的步骤为：第一步，非经验化环境下使用者身体与环境内事物间的可供性，形成生物属性的直接知觉；第二步，设计师通过使用者生活经验对直接知觉进行分析判断后，对引发直接知觉行为的可供性之物进行修正或改造；第三步，修正或改造后的可供性之物被设计师符号化成为一个具有指示性的符号；第四步，设计师再将这个指示性的符号带入原产品文本内进行修辞编写，最终产品文本具有“行为指示”的指示符特征。

使用者用电饭煲的木勺装完饭后，经常会随手将其放置在电饭煲的盖子上。此时的电饭煲盖子是一个“纯然物”，它具有给使用者放置木勺的可供性，并引发使用者的直接知觉行为。深泽直人观察到这点，认为在日常生活中很有必要为这样合理且连贯的行为而重新设计电饭煲，于是他在电饭煲的盖子上设置了放勺子的凸起支架。支架这个指示性符号为原有的直接知觉行为提供了合理性的功能指示（图3-7）。

图3-7 深泽直人《可放置木勺的电饭煲》

（2）精准有效的文本表意特征

直接知觉来源于产品系统内使用者的生物属性，其具有先定性、普适性、凝固性的遗传特征。当直接知觉被生活经验分析判断后，“可供性”之物被修正或改造为携带感知的指示性符号，必定具有在那个环境下，使用群的任何个体都可以精准解读到符号意义的普适性特征。因此，结构主义产品设计中，设计师经常利用产品系统内使用群的直接知觉符号化作为文本

表意的内容，以此获得文本意义精准有效的传递。

设计师通过对使用者直接知觉内容与方式的不同考察，可以获得两种不同的产品文本编写类型：一类是通过对人的身体与“纯然物”之间的可供性关系获得直接知觉，完成创新的产品工具设计，给人类创新的产品工具带来新的创新思路启发；另一类是考察使用者身体与去符号化后的产品之间的可供性关系，在原有产品的功能与操作上进行改良，为产品系统带来新的符号规约，并在之后的生活习惯中沉淀为使用群的经验，成为使用群集体无意识产品原型的一部分。

直接知觉形成的符号规约是产品系统内部新符号与新感知创新的重要途径。新生成的创新符号的意义传递，也是产品创新的表意内容。

## 3.5.3 符号来源于产品系统内的经验：集体无意识的符号化

### 1. 符号来源于使用群集体无意识的产品精准表意优势

（1）产品经验的形成与集体无意识的产品原型

美国实用主义哲学家约翰·杜威认为，个体的经验并非一般经验主义者所认为的“纯粹由个人的认知组成”，除了个人的认知之外，它还具有特定的环境下个体感受到的喜悦、痛苦等情愫。因此，个体的经验是其认知的积累与在特定的情境下情绪与认知有机结合的整体表现。个体的经验不是割裂的，是社会文化环境对个体的整体影响，个体的所有经验都是相互联系并被环境所影响的。同时，个体的经验在实践的过程中，随个体的发展呈现出绵延不断的发展态势，新经验的增加会更替、修正或改造之前的经验。

产品经验是使用者对产品有目的、有针对性、有范围的认知活动的积累。它围绕着使用者对产品的一系列认知展开，而产品作为社会文化的组成部分，产品经验势必带有使用者所属群体的认知烙印，即使用者个体对产品的认知是其所在群体的集体无意识产品原型在经验实践中所产生的一系列社会文化判定。产品系统内的产品经验具有如下特征。

第一，产品经验是使用群个体每一次产品实践活动中，在特定环境中各种要素交织协调的结果，而不是普遍存在的客观现象。每一次的产品实践因环境及认知要素的不同而产生不同的产品经验。

第二，产品经验虽然是使用者个体对产品的实践活动，但受到其所在群体的集体无意识的影响，因为个体的直接知觉与间接知觉必须在集体无意识中获得最终判断与后续的意义解释。

第三，在具体的设计活动中讨论使用者个体的产品经验，通常是讨论其所在群体对于产品实践活动的普遍认知。因此也可以说，使用者个人的产品经验是其所在群体的集体无意识中关于产品原型的各种经验在个体上的映射。

荣格的集体无意识理论认为生活经验是构成集体无意识原型的基础。产品的操作使用与社会文化经验的汇集是使用群对于产品的印象，当它们在社会文化生活中反复出现，成为一种象征后，原型即以这样的象征形式而存在。因此，产品的原型既不是经验，也不是符号，而是使用者对产品日积月累的生活文化经验所形成的集体无意识产品原型。使用者对产品的每一次使用，都是使用群集体无意识产品原型的经验实践过程。原型具有生活方式下经验积累的特征，而积累的经验具有可以被设计活动利用的先验性特征。

（2）集体无意识在结构主义产品设计活动中的作用

深泽直人无意识设计中的“无意识”是指以使用群进行划分的集体无意识。无意识设计活动对集体无意识的依赖与利用，源于使用群集体无意识是客观先验的存在，虽然它们处于无序、潜隐、非系统化的杂乱状态，分别以社会的遗传方式和日积月累的经验作为素材库的方式，不被察觉地隐藏在使用群对产品印象的原型之中。一旦有与产品系统相匹配的使用环境与必要的信息，那些隐藏的集体无意识，会以其原型在环境中经验实践的完形方式被再次唤醒，它们被设计师符号化修正或改造后成为与产品文本进行修辞的符号。

使用群集体无意识在结构主义产品设计中的作用表现为两点。

第一，符号化后的意义传递。无意识设计是典型的结构主义产品设计，与其他结构主义的产品设计类型相比较，更显“结构性”。它对产品设计系统内的规约在编写时具有依赖性，在将集体无意识符号化后，新生成的符号规约作为文本编写的表意内容，贯穿整个设计活动。

第二，产品设计系统内各类元语言的构建。为达到产品文本意义的有效传递，结构主义产品设计系统内各元语言规约是在使用群集体无意识基础上构建而成的。

### 2. 由设计案例分析“集体无意识符号化”文本编写方式

（1）案例分析：深泽直人《X形书架》

符号来源于产品系统内的使用群集体无意识产品经验，形成“集体无意识符号化”的文本编写类型。其文本编写的步骤为：第一步，组成使用群集体无意识产品原型的经验有行为经验与心理经验两种，它们通过设计师在经验化环境中的设置被唤醒；第二步，被唤醒的经验以经验实践的方式被设计师符号化后，分别形成行为指示与意义感知两种方向的符号；第三步，设计师再将这两种方向的符号带入产品文本内进行修辞编写，最终产品具有行为指示或意义感知的文本表意特征。

深泽直人发现，书架上的书如果没有塞满，即使竖直放置，不久也会斜倒下来。出于这样的生活经验，他设计了带倾斜格挡的书架，书斜倒下来的状态也就显得很自然了（图 3-8）。

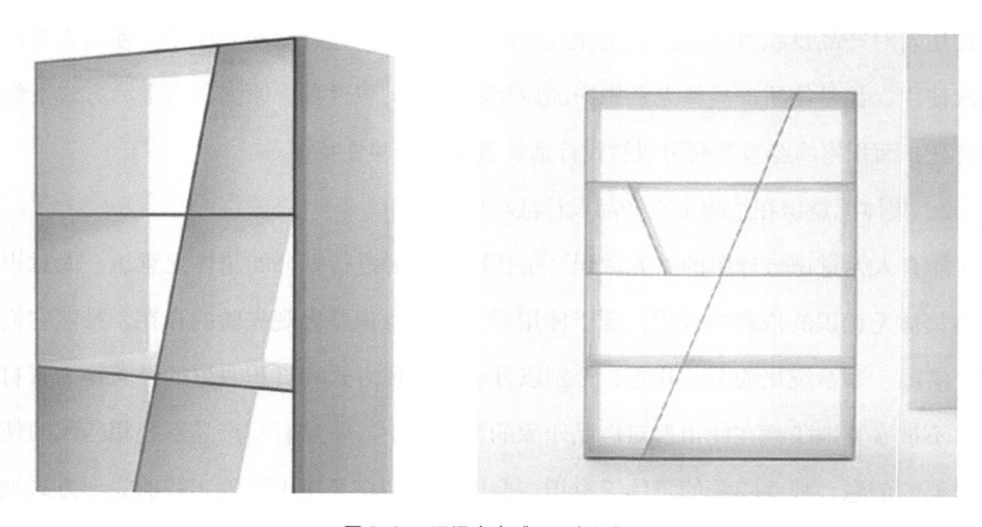

图 3-8　深泽直人《X 形书架》

（2）精准有效的文本表意特征

集体无意识是群体成员基于社会遗传基础，并在特定的社会文化环境中，不断形成的隐性且共通的经验积淀，它们构成了集体无意识中的产品原型。集体无意识具有社会遗传与文化扩散的特性，一旦有与产品系统相匹配的使用环境与必要的信息，那些隐藏的集体无意识，会以其原型在环境中经验实践的完形方式被再次唤醒，符号化后可获得群体内普遍性精准解读。

组成集体无意识产品原型的经验可以按照它们存在的方式分为行为经验与心理经验两种。利用这两种经验编写的文本，它们在产品系统内及使用环境中，在已有的经验被唤醒后，通过设计师的符号化，形成的两类符号也分别具有行为指示与心理感知的两种表意倾向。因此，结构主义产品设计中，设计师经常利用使用群集体无意识的符号化作为文本表意的内容，通过设置唤醒使用群既有的行为经验与心理经验，以此获得文本意义精准有效的传递。

集体无意识符号化是生成于产品系统内部，除直接知觉符号化之外的第二种创新符号来源。新生成的创新符号的意义传递也是产品创新的表意内容。

### 3.5.4 符号来源于外部事物的文化符号：寻找关联

#### 1. 产品作为文化符号与社会文化的广泛交流融合

皮尔斯符号学的普遍修辞理论认为，符号通过修辞方式成为另一个符号，一个符号的意义通过另一个符号的解释而获得。普遍修辞是符号间解释的唯一途径，它使得符号在社会文化活动中得以传播[31]。修辞是我们依赖某个熟悉的符号感知，去理解另一个我们不熟悉的符号特征。从两个符号间的三元结构而言，修辞是一个符号结构中的解释项感知，去解释另一个符号结构中的再现体品质。产品正是以修辞的方式与社会文化产生广泛的交流与融合，才由最初使用工具的单一功能性符号向各种文化符号蔓延。

无意识设计中的“寻找关联”类设计方法，即设计师普遍使用的结构主义产品修辞。这一类设计侧重产品外部事物的文化符号与产品文本内产品符号修辞解释的理据性，以此获得结构主义文本意义传递的有效性。所谓结构主义产品修辞活动中的理据性，是使用群一方认定的理据性，表现在设计师在选喻、设喻、写喻的各个阶段都要在由使用群集体无意识为基础的各类元语言构建而成的产品设计系统内进行，并受到系统内各类元语言的控制。由于产品符号与外部事物的文化符号在符号意义的形成方式上相同，都是设计师以使用群文化规约为基础，对产品经验与事物经验的意义解释，以此建立事物与产品间理据性的关联，这从符号意义来源保证了修辞两造关联的理据性。

“寻找关联”按照文化符号与产品相互修辞的方向，可以分为文化符号服务于产品、产品服务于文化符号两种。两者始源域符号规约的来源各异，设计目的也不相同：（1）文化符号服务于产品，始源域符号来源于使用群文化环境中某一事物的文化符号，设计师利用它对产品进行理据性的修辞解释；（2）产品服务于文化符号，始源域符号来源于产品文本自携元语言内约定俗成的文化规约，设计师借此对一个社会文化现象或事物进行修辞解释。这两种修辞方向，一方面表明文化符号可以为产品系统增添更多的文化感知；另一方面，作为文化

31. 赵星植：《探究与修辞：论皮尔斯符号学中的修辞问题》，《内蒙古社会科学（汉文版）》2018 年第 1 期。

符号的产品，也可以利用其约定俗成的文本自携元语言中的文化规约去解释社会文化现象或事物，以此获得表意的有效性传递，同时加强了产品对于社会文化的符号功能价值。

需要再次强调的是，我们所说的外部事物当然包括产品，产品是外部事物的一种，产品修辞可以是一个产品对另一个产品的修辞解释，甚至可以像提喻那样，是一个产品的局部对其整体进行的修辞解释。产品与产品间的修辞解释可以形成提喻、转喻、明喻、隐喻，包括反讽在内的所有修辞格。

### 2. 由设计案例分析“寻找关联”文本编写方式

（1）案例分析：深泽直人《沙锤胡椒罐》

符号来源于外部事物的文化符号，形成“寻找关联”的文本编写类型。其文本编写的步骤为：第一步，设计师提取使用者所属文化环境中外部事物的一个文化符号的感知，去解释产品文本内产品符号的品质；第二步，设计师依赖使用者生活经验对产品符号与文化符号之间意义解释的理据性进行分析评判；第三步，外部事物的文化符号进入产品文本内，通过对产品符号的解释方式，达成外部事物与产品间局部概念的替代（提喻、转喻）或交换（明喻、隐喻）。

我们在摇晃胡椒罐撒胡椒的时候，胡椒与罐体碰撞发出的“沙沙”的声音，像极了沙锤乐器在演奏。深泽直人将胡椒罐设计成沙锤的造型，无论是使用方式还是发出的声响，都与沙锤达到了理据性的关联（图3-9）。

图3-9　深泽直人《沙锤胡椒罐》

（2）有效宽幅的文本表意特征

寻找关联类，即设计师普遍使用的结构主义产品修辞。此类型将产品视为文化符号，它与社会文化现象及事物展开普遍的修辞，获得更为广泛的文化感知。在外部事物文化符号对产品文本内相关的产品符号进行修辞解释的过程中，修辞两造符号关联的理据性必须获得使用群集体无意识的经验判定，这是结构主义产品设计文本编写与解读意义一致性的前提，也是文本表意有效性的基础。

结构主义修辞文本意义的宽幅解释，是在文本表意有效性传递基础上的宽幅。宽幅的意义解释一方面来自文本中修辞两造指称的共存，修辞两造符号指称共存是修辞文本的本质特征；另一方面来自设计师主观意识在文本编写中与使用群集体无意识所构建的系统规约的共存。以上两种共存关系也称为“重层性”，它们为使用者带来在修辞文本意义解释上的宽幅特征。

最后，产品的“纯然物-文化符号”双联体研究模式，以及使用者的“生物属性-文化属性”双联体研究模式，可以重新将产品回溯以功能为基础的人造物，讨论使用者与产品间通过知觉方式、生活经验方式形成的新符号，以此作为产品新符号除文化修辞外的另两种来源方式。同时，使用者生物属性直接知觉、集体无意识产品原型经验、产品符号与外部事物文化符号可以形成相互贯穿及相互联系的整体，以此打破设计界客观与主观长期的二元对立。

## 3.5.5 三种符号来源对应的三种产品文本编写类型总结

深泽直人依据产品在环境中与使用者的知觉与符号感知关系，将无意识设计分为“客观写生”与“重层性（寻找关联）”两大基础类型。前者是产品系统内新符号规约的生成，并以其意义作为文本传递的内容；后者是产品系统外部事物的文化符号与产品之间相互的修辞解释。客观写生类又分为“直接知觉符号化”设计方法与“集体无意识符号化”设计方法，两者都以产品系统内部的新符号规约的生成与传递表意为文本编写目的。

### 1. 三种符号来源与编写方式总结

（1）符号来源于产品系统内的直接知觉

符号来源于产品系统内的直接知觉，形成“直接知觉符号化”产品文本编写类型。直接知觉来源并脱胎于使用者的生物遗传属性，因此携带了人类生物属性的先定性、普适性、凝固性等三大特征[32]，直接知觉作为独立且完整的认知内容，其认知结果可以引发个体的行为。当直接知觉被生活经验分析判断，并被符号化后，成为一个引发行为的指示性符号，这个符号的意指规约必定具有在那个环境下使用群的任何个体都可以解读的普适性指示特征。

（2）符号来源于产品系统内的经验

符号来源于产品系统内的经验，形成“集体无意识符号化”产品文本编写类型。集体无意识经验以社会的遗传方式和日积月累的经验作为素材库的方式，不被察觉地隐藏在使用群

32. 彭运石、林崇德、车文博：《西方心理学的方法论危机及其超越》，《华东师范大学学报（教育科学版）》2006年第2期。

对产品印象的原型之中。一旦有与产品系统相匹配的使用环境与必要的信息，那些隐藏的集体无意识，会以其原型在环境中经验实践的完形方式被再次唤醒，被设计师符号化修正或改造后，成为与产品文本进行解释的符号。

以上两种产品文本编写类型都以产品系统内部新符号规约的生成与传递新符号的意义为文本编写目的，且具有精准的表意特征。有如下两点需要表明。

第一，这两种文本编写类型的符号形成，是对产品系统中本就存在的直接知觉可供性之物，以及集体无意识产品经验的“符号化”过程，即“对象-再现体-解释项”符号结构的构建过程，而非修辞活动中对产品经验与事物经验的意义解释。

第二，这两种文本编写类型与产品提喻是完全不同的，前者是通过设计师对直接知觉、集体无意识进行符号化后，成为可以与产品文本进行修辞解释的新符号。产品提喻的始源域符号虽然也来自产品系统内部，但这个符号是系统内本就存在的局部概念，以“局部替代整体”的方式形成提喻。

（3）符号来源于产品系统外部事物的文化符号

符号来源于产品系统外部事物的文化符号，即我们常说的产品修辞。结构主义产品设计活动常用的产品修辞格为提喻、转喻、明喻、隐喻四种。这些修辞格不但是产品系统内局部指称的概念对系统整体指称概念的“替代”（提喻），产品系统与产品系统之间局部指称概念的“替代”（转喻），也是外部事物的局部概念与产品系统内局部概念的“交换”（明喻与隐喻）。修辞具有系统性的特性，不仅仅是因为修辞是系统间概念的替代或交换，更是所有的符号意义都依赖系统以及系统所在的语境赋予的。因此，不存在任何独立于系统及环境之外的符号意义，更不存在任何脱离系统及环境的符号间修辞。

修辞文本的本质特征是“重层性”，产品修辞的重层包含两种：一是修辞两造符号指称在文本内的重层；二是设计师个体主观意识在文本编写中与产品系统内使用群集体无意识形成的文化规约的重层，这是设计师参与设计活动的主观意识及其创造力的表现。前一种重层，是所有修辞文本在文本结构上的本质特征，后一种重层，是所有修辞文本在表意方式上的本质特征。这两种“重层性”也是产品修辞文本在意义解释时的张力来源。

外部的文化符号对产品文本的广泛修辞，使得产品不断与社会文化产生融合与交流，这是产品融入社会文化的唯一途径。另一方面，某个外部的文化符号对产品的反复修辞，这个修辞文本的意义有可能成为社会文化的某种象征。对于象征的形成方式，赵毅衡从符号学的修辞理据性角度指出，象征不是单独的符号，也不是独立的修辞，而是比喻（指各种修辞格）被反复使用后形成的一种修辞变体，它是理据性不断上升的二度修辞格，并成为社会文化约定俗成的公认规约[33]。当产品因修辞成为某种象征后，它被社会文化规约所绑定，并被当作象征中文化规约意指关系的对象而存在，产品的功能性、体验性自然被削弱、忽略。

### 2．使用群集体无意识经验始终控制着结构主义产品文本的编写与解读

在知觉、经验、符号感知三种认知方式的符号来源对应的三种产品文本编写类型的图式分析中，可以发现这样一个规律：在结构主义产品设计活动中，无论哪种文本编写类型，使用群的集体无意识经验都会参与其中，控制着文本的编写与解读，这表明了以下三点。

（1）列维-斯特劳斯指出，结构内组成关系的符码规则来源于日常生活的经验积累，也是无意识的集合。符号“能指-所指”之间意指的“表层结构”关系是杂乱的，在无法获得符号本质意义时会求助于大脑的无意识“深层结构”。深层结构是我们在解释符号意义之前就已经存在的，这种先验性的无意识来源于群体日常生活的经验积累[34]。符号“能指-所指”之间意指的表层结构受深层结构的无意识控制，所有符号的意义交流都来源于人类经验积累的无意识[35]。

（2）产品设计是符号间的修辞，符号的来源是使用者与产品间知觉、经验、符号感知的三种完整认知方式。知觉—经验—符号感知是一个由低级向高级的认知过程，使用群集体无意识产品原型的经验实践是认知过程中的重要环节，它担负所有涉及产品符号意指关系按照使用群一方进行合理性分析与判断的任务。

（3）使用群集体无意识的经验实践参与所有产品文本的编写，这也表明了产品设计活动的文本编写是系统内各类元语言的协调控制。第2章“2.3 产品设计系统的构建方式”已表明，设计师如果希望编写的产品文本可以被使用者有效解读，那就需要在设计活动之初建立以使用群为基础的产品设计系统。产品设计系统内部的规则是由使用群集体无意识为基础的各类元语言构建而成，系统内各类元语言对产品文本编写与解读的调控机制，可以看作是设计师主观意识与使用群集体无意识的经验实践间的沟通与协调。

---

33. 赵毅衡：《符号学原理与推演》，南京大学出版社，2016，第194-200页。
34. 文军：《无意识结构与共时性研究：列维-斯特劳斯的结构人类学精要》，《理论学刊》2002年第1期。
35. A.J.格雷马斯：《论意义：符号学论文集》，吴泓缈、冯学俊译，百花文艺出版社，2011，第139页。

### 3.5.6 以使用群认知为中心的设计活动中的设计师的主导作用

产品设计活动是普遍的修辞，即以使用群为中心的知觉、经验、符号感知三种认知方式内容所形成的符号对产品文本的修辞解释。使用者与产品间的三种认知方式的符号来源对应了三类文本编写类型：（1）符号来源于产品系统内的直接知觉，形成直接知觉符号化的文本编写类型；（2）符号来源于产品系统内的经验，形成集体无意识符号化的文本编写类型；（3）符号来源于外部事物的文化符号，形成寻找关联的结构主义修辞的文本编写类型。

另一方面，产品设计是由设计师一方主导的符号文本编写与传递活动。作为结构主义产品设计，其“主体性”是设计师作品的文本意义向使用群的有效传递。为此，结构主义产品设计在设计活动初始阶段就必须以使用群集体无意识为基础的各类元语言构建产品设计系统，所有的产品文本编写都是设计师主观意识在产品系统内与各类元语言协调与统一的结果。

以上几点是设计师对产品编写的认知方式与内容，与使用者对产品解读的认知方式与内容达成一致性的基础条件，只有这样才能做到：设计师通过产品文本的编写，使用者通过产品文本的解读，达成双方在认知语言一致性基础上的文本意义交流。

在以使用群认知为中心的结构主义产品设计活动中，设计师必须从三种符号来源的选控与对应类型的文本编写方面进行操作，以此达到文本意义的有效传递。下图（图 3-10）仅对这些内容做简要的归纳梳理。

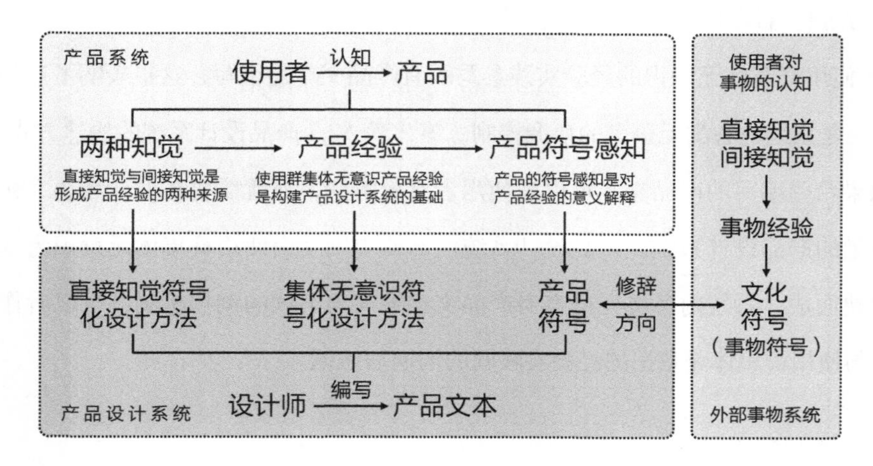


图 3-10　在使用群认知为中心的设计活动中设计师的主导地位

### 1．对使用者“直接知觉”的选控与对应类型的文本编写

第一步，设计师在具体真实的使用环境中，对使用者生物属性的直接知觉内容及行为进行考察、收集、分析、判断、取舍；第二步，设计师需要凭借自身的设计经验，对引发直接知觉行为的可供性之物加以修正或改造，使之携带“示能”，并可以成为引导使用者行为、操作的指示符；第三步，设计师将指示符带入产品设计系统内进行文本编写，产品文本具有行为与操作的指示性特征。因此，直接知觉符号化文本编写类型具有设计师主观参与的痕迹。

### 2．对使用者“集体无意识经验”的选控与对应类型的文本编写

第一步，设计师需要向使用者提供使用环境以及必要的信息，有选择地唤醒使用群集体无意识产品原型的经验实践方向与内容；第二步，设计师对获得的经验实践内容进行修正或改造，并使之符号化；第三步，符号化的集体无意识经验实践内容的选取、修正或改造，已有设计师主观意识的参与，设计师再拿这个符号与原产品文本进行修辞解释后，既是使用者原有生活经验的符号化，也是设计师主观意识参与的文本加工。

我们对以上两种符号来源及对应类型的文本编写中设计师的主导作用做如下总结。

（1）直接知觉的符号化与集体无意识的符号化对应的两种文本编写类型，在深泽直人无意识设计中被称为“客观写生”。“客观写生”一词出自日本俳句大师高滨虚子的《俳句之道》一书，书中提出：长期对客观的写生，主观意识便不自觉地在写生中显露出来，随着客观写生能力的提升，主观意识也会随之加强[36]。无意识设计活动中的“客观写生”是对客观存在之物在原基础上做出的筛选、判断，并对其进行有目的、有价值的主观修正或改造。写生不是复制，更不是主观的解释，而是对其符号化，符号化的过程虽带有设计师主观的意识，但更多的是对客观的修正、改造，使之构建为一个完整的三元符号结构。

（2）“精准表意”是这两种符号来源及对应的文本编写类型的优势。为此，设计师会关注使用者与产品间的直接知觉与经验的符号化，设计师在产品的使用环境中，通过对使用者的考察与自身的体验等多种方式，获得使用者与产品认知活动中知觉、经验的所有素材，它们既是文本编写的符号来源，也是设计表意传递的内容。在文本编写时，设计师会遵循两个原则：一切以可以被使用群界定的产品类型为标准的原则，一切以每一位使用者可以精准解

36. 后藤武、佐佐木正人、深泽直人：《设计的生态学》，黄友玫译，广西师范大学出版社，2016，第 171 页。

读产品文本意义为目的的原则。

（3）设计师主观意识表达的弱化是这类文本编写与表意类型的劣势。这是因为，任何多余的、产品系统之外的、无法被使用者解释的符号规约都被设计师抛弃，以此获得表意的精准性，导致设计师与使用者双方的私人化品质均无法有效展开，对设计师编写文本与使用者解读文本而言，都是自我主观意识在表达上的丧失。

### 3．对外部事物文化符号的选控与对应类型的文本编写

设计师在使用者的文化环境中选取产品系统外部事物的文化符号，以创造性的方式对产品文本内相关的产品符号进行各种修辞格的解释，这种创造性既是设计师主观意识的表达，也是修辞文本表意中“诗性功能”的来源。

这类符号来源与对应的文本编写类型在深泽直人无意识设计中被称为重层性，笔者将其改称为“寻找关联”。深泽直人的“重层性”是对所有产品修辞的统一表述，从修辞文本的结构而言，重层性即是修辞文本中两造符号指称共存的客观体现，是所有修辞文本在文本结构上的本质特征。

任何产品修辞中都存在另一种“重层”，即设计师参与设计活动的主观意识及其创造力的表现，是所有修辞文本在表意方式上的本质特征。为达到修辞文本对使用者的有效表意，以及使用者对修辞的理据性判定，设计师主观意识的表达必须在产品设计系统内按照以使用群集体无意识为基础构建的各类元语言进行编写。

产品设计系统的框架是以产品的文本传递过程为基础进行的搭建，而产品设计系统内的系统规则，则是由使用群集体无意识为基础的各类元语言构建而成，这些元语言规则是系统的深层结构，它们不但维系着系统内组成间的关系，同时也控制着系统内符号活动的所有意义解释。意义的宽幅有效传递是这类符号来源与对应的文本编写类型的典型特征。设计师能力元语言的主观意识在产品设计系统内脱离了使用群能力元语言的束缚，参与进文本的编写。因而，使用群内众多的个体获得了更多的文本解读自由度，这种自由度是依赖语境元语言在获得有效性表意的基础上的文本意义宽幅解释。

## 3.6 本章小结

语言修辞给产品设计符号学带来“语言中心论”的障碍，但不代表要抛弃语言的思维模式而完全转向使用者的认知研究。一方面，认知的形成必须依赖语言的系统化思维模式进行；另一方面，文化语境中的产品，在语言系统思维模式的指导下，使用者对产品的认知范畴与有效性才能保障。文字语言与产品语言在产品设计活动中共同参与文本的编写与解读，其实质是语言与认知间的转换。

产品设计符号学研究语言的方式，应该放在语言意指关系中的规约与使用者各种认知间的联系中进行讨论。产品设计活动中所有的符号来源都与认知方式及认知内容有关；与产品设计活动有关的语言意指规约，都是建立在使用者与产品以及外部事物普遍的认知结果的基础之上；设计活动中所有与产品相关的符号感知，都是由使用者普遍认知结果所形成的语言意指关系的映射。

产品语言的来源不是使用者与产品间错综复杂的认知途径，而是知觉、经验、符号感知的三种认知方式，这表明以产品为设计活动的主体向使用者为主体的转向，同时为产品语言与文字语言间的研究提供可操控的方向。产品语言来源于使用者与产品间知觉、经验、符号感知三种完整的认知方式，它们所形成的符号是产品文本编写的三种符号来源，并且对应了三种文本编写的方式，这也为结构主义与后结构主义的研究提供了另一种分野的标准。

同时，本章讨论的使用者与产品间知觉、经验、符号感知三种完整的认知方式，以及它们所形成的符号来源所对应的三种文本编写方式，为第8章讨论典型结构主义无意识设计系统方法做好了详尽的理论基础。甚至可以说，三种文本编写方式是对无意识设计系统方法从使用者与产品间三种完整的认知方式与符号来源出发的另外一种分析与表述方式。

# 第 4 章
# 产品修辞的符号结构与研究范式

本书将用第 4 章到第 7 章共四章对产品修辞做出较为完整的论述。皮尔斯逻辑-修辞符号学认为，产品设计活动是普遍的修辞：产品外部事物的一个文化符号对产品文本内相关符号的意义解释。产品修辞因符号间不同的表意目的、映射方式、编写方式，形成不同的产品修辞格。国内产品修辞研究与教学普遍采用索绪尔二元符号结构来分析修辞文本的编写，语言符号学的二元符号结构主要讨论系统内部事物品质与感知的意指，因其缺少事物的“对象”，故在讨论跨系统间的产品概念修辞时存在诸多弊端。

与索绪尔语言符号学不同的是，皮尔斯的逻辑-修辞符号学是一种规范性的科学，而不是一种描述性的科学。皮尔斯的符号学是关于符号的总体性和形式性的理论，其总体性在于适用于任何的符号活动，其形式性在于认知科学本身是形式性的。皮尔斯符号学讨论的对象是符号和符号活动，无论其是在人类、动物、机器，还是别的什么东西之中[1]。产品设计是普遍的修辞，皮尔斯三元符号结构在产品修辞文本符形分析中的适用性表明两点：（1）产品修辞的编写实质是修辞两造符号的指称在产品系统内部协调统一的结果；（2）修辞两造三元符号结构的“指称”共存是产品修辞文本的本质特征，两造指称不但是第 5 章、第 6 章讨论产品各种修辞格概念映射方式的研究机制，也是第 7 章讨论修辞两造符号指称的三种编写方式、修辞格文本之间依次渐进的转化关系的研究机制。因此，以符号学为基础的产品修辞理论在实践中的工具化途径，是以修辞两造符号指称展开的对各种修辞格的符形讨论。

本章对产品修辞的讨论，希望首先确定产品修辞符号结构的选择问题：是索绪尔的二元符号结构还是皮尔斯的三元符号结构，这也是符形学讨论产品修辞最基础的问题。继而，本章提出产品修辞在“认知统摄”下的研究范式，即结构主义的产品修辞研究，应该以使用群认知为中心，着重讨论它与产品修辞、认知语言学修辞理论、皮尔斯逻辑 - 修辞符号学具有相互关联的系统特征。之后，本书将在第 5 章与第 6 章对产品设计常用的提喻、转喻、明喻、

---

1. 保罗·科布利：《劳特利奇符号学指南》，周劲松、赵毅衡译，南京大学出版社，2013，第 100 页。

隐喻四种修辞格进行详细讨论。

## 4.1 产品设计活动是普遍的修辞

当今所有符号学流派的理论发展，都是建立在索绪尔语言符号学模式与皮尔斯逻辑 - 修辞符号学模式基础上的。两种符号学模式在认识论与方法论上存在着本质的差别：索绪尔语言模式符号学具有人本主义倾向、社会心理交流和系统的结构特征，皮尔斯逻辑-修辞模式符号学则具有科学主义倾向、经验主义、生物行为与个体认知特征、动态的互动模式[2]。两种符号学模式在产品设计符号学中的运用方式各不相同：一方面，在产品设计活动中，讨论产品文本传递过程的文本表意有效性问题，必须依赖以索绪尔语言符号学为基础发展起来的结构主义诸多理论进行分析；另一方面，由于产品设计是普遍的修辞活动，产品与文化符号之间的修辞解释，以及普遍修辞理论下的产品各种修辞格的映射方式、文本编写的结构分析，必须依赖皮尔斯逻辑 - 修辞符号学展开讨论。

### 4.1.1 皮尔斯逻辑 - 修辞符号学的普遍修辞理论

首先，人类依赖符号的修辞来认识新事物，创建新感知。修辞也可以称为广义的比喻，美国文学理论家乔纳森 · 卡勒（Jonathan Culler）认为，比喻是认知的一种基本方式，人们通过把这个事物看成那一个事物，从而认识这个事物。美国文学批评家艾 · 阿 · 理查兹（I. A. Richards）这样描述比喻：比喻是认识世界新信息的一种途径，我们对世界的感受是比喻性的，我们通过与先验的经验进行比较后获得新经验。赵毅衡认为修辞学之所以被认为是广义的比喻学，一是因为其他各种修辞格都是由比喻发展出的不同变体；二是因为符号体系都是通过比喻积累而成，并依赖比喻延伸，由此扩展了人类的认知世界；三是因为社会文化活动中所有符号的新组合，都是依赖广义的比喻对原有符号做出的新描述[3]。

其次，赵毅衡在对“符号”做定义时提出，符号是携带意义的感知，意义是一个符号可以被另一个符号解释的潜力，符号间的相互解释是意义获取的唯一方式[4]。皮尔斯逻辑-修辞

---

2. 郭鸿：《现代西方符号学纲要》，复旦大学出版社，2008，第 41 页。
3. 赵毅衡：《符号学原理与推演》，南京大学出版社，2016，第 183 页。
4. 赵毅衡：《赵毅衡形式理论文选》，北京大学出版社，2018，第 5 页。

符号学认为，任何一个符号的意义都需要通过另一个符号得以解释，这是一个普遍的修辞过程；任何一个新的符号都可以视为在旧符号上叠加的新比喻。因此，产品设计的文本表意也同样遵循这样的规律：设计师如要通过产品文本向使用者传递某种意义，必须寻找产品文本以外的一个符号，与文本内部相关符号进行修辞解释后完成意义的传递。任何新的产品文本表意都可视为在原有文本上叠加的新比喻。设计师对产品文本的修辞解释是一切设计活动的本质，修辞增加了产品与社会文化间的交流，并拓展了产品新的感知与概念类型。

### 4.1.2 普遍修辞理论对产品设计活动的再定义

产品设计活动是一个文本表意与意义传递的过程，无论是以功能还是以情感为目的的产品设计，都是设计师向使用者表达意图的过程。产品是一个携带意义的符号文本载体，这个表意载体的组织形式就是产品文本。任何一件传递与表达设计师意图的产品，都可视为一个符号文本；任何一件产品都是传递意义的符号文本，都具有文本结构的特征，且不可能以单一的符号形式而存在。赵毅衡认为文本具有两大特征：一是文本中有被组合在一起的符号；二是文本内符号的组合可以被符号的接收者进行合一性解释，并具有合一的时间和意义向度[5]。至此，以皮尔斯逻辑－修辞符号学的普遍修辞理论，我们可以对产品设计活动做出如下详细的再定义。

1. 产品设计活动是设计师以产品文本外的外部事物的一个文化符号对产品文本内相关符号进行修辞解释的过程。所谓的产品设计创意，是设计师选取怎样的一个外部事物的文化符号，对原产品文本内的相关符号做出怎样的创造性意义解释。

需要强调的是：（1）我们所说的外部事物当然包括产品，产品是外部事物的一种，产品修辞可以是一个产品对另一个产品的修辞解释，也可以像提喻那样，是一个产品的局部对其整体进行解释。产品与产品间的修辞解释可以形成包括反讽在内的所有修辞格；（2）在很多情况下，产品设计修辞会出现一个符号修辞多个符号、多个符号修辞一个符号、多个符号之间相互修辞等多种修辞方式。多个符号与产品间的修辞有两种方式：一是多个符号对产品文本的组合修辞，几个外部符号各自寻找产品文本内与它们相关的适切符号进行修辞，形成设

5. 赵毅衡：《广义符号叙述学：一门新兴学科的现状与前景》，《湖南社会科学》2013 年第 3 期。

计作品多个修辞单元的组合；二是多个符号对产品文本的多重修辞，多符号对产品文本的多重解释在设计叙事中被广泛运用，每一次修辞解释就是叙事活动的一个情节。

2. 产品修辞常用的修辞格有提喻、转喻、明喻、隐喻、反讽五种。设计师所选取的外部符号与产品文本内相关符号间不同的表意目的、映射方式、编写方式，形成不同的产品修辞格，所有的产品设计活动都以不同的修辞格进行文本编写。在雅柯布森组合轴、聚合轴表意倾向的两大分类基础上，产品修辞格可细分为：倾向组合轴表意的产品提喻与转喻和倾向聚合轴表意的产品明喻与隐喻。

3. 产品修辞始终围绕系统性展开文本的编写：产品提喻是产品系统内局部指称的概念对系统整体概念的替代，产品转喻是产品系统与产品系统之间局部指称的概念替代，产品明喻与隐喻则是外部事物的局部概念分别依赖物理相似与心理相似和产品系统内局部概念的交换。

4. 产品修辞从文本符形结构的编写操作视角而言，是那个外部符号的指称与产品内相关符号指称间相互改造、协调统一的过程。改造与调节的方式不同会形成不同的修辞格，这也表明设计师具有通过对已有修辞文本中始源域符号指称的改造，获得修辞格文本之间依次渐进的转化能力。

5. 在聚合轴表意的产品明喻与隐喻中，外部符号与产品文本间修辞解释的方向不同，形成两种设计倾向：（1）外部符号作为始源域，对产品文本内相关符号进行修辞解释，此时外部符号服务于产品系统；（2）产品文本内的符号，依赖产品文本自携元语言规约，去修辞解释产品外部的某个符号，即产品文本内的符号服务于外部符号所在的事物系统。因修辞活动服务的主体差异，前者是对产品的修辞，后者是借助产品约定俗成的文化规约，对文化现象或事物进行修辞，可以达到结构主义艺术化表意有效传递的目的。

6. 外部文化符号对产品的普遍修辞是产品融入社会文化的唯一渠道。产品是社会文化的产物。产品最初以功能器具的形式出现时就已具有了较为单一的功能性文化符号，在日积月累的生活经验与社会文化活动中，各种外部事物的文化符号对其进行了意义解释，产品又逐步携带了更多的文化符号，成为文化符号的载体，甚至成为文化符号的象征对象。

## 4.2 索绪尔与皮尔斯符号结构的差异

索绪尔与皮尔斯在符号学的研究方向上各不相同，也形成了各自独特的符号结构特征。

索绪尔“能指－所指”二元符号结构注重符号所在系统的社会性，皮尔斯“对象－再现体－解释项”三元符号结构则倾向于符号意义在跨系统间的逻辑解释[6]。

在第 1 章比较两种符号学模式的过程中，我们曾对索绪尔“二元符号结构”与皮尔斯“三元符号结构”做过一些讨论。本章为讨论产品修辞在两种符号结构间的选择问题，有必要先对两种符号结构的差异进行详细的比较。（图 4-1）

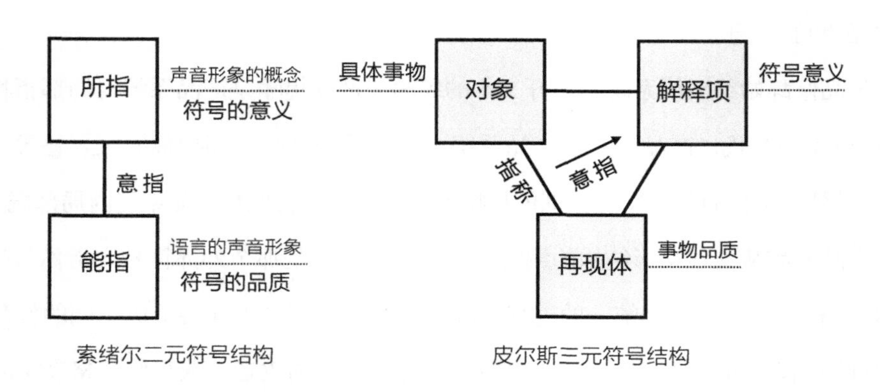


图 4-1　索绪尔“二元符号结构”与皮尔斯“三元符号结构”

## 4.2.1 索绪尔二元符号的结构特征

索绪尔语言符号学以先验规约作为发送方与接收方进行符号意义传递的前提，这些先验规约形成的文本意义有效传递是结构主义符号学的理论基础。索绪尔语言学模式的二元符号结构的所有研究方法都属于人类心理学关于语言的研究范畴[7]。

### 1. 二元符号结构的组成：能指－所指

索绪尔将符号分为能指和所指两部分，索绪尔的二元符号结构是“所指”（概念）和“能指”（声音形象）的结合物（图 4-1 左）。其中，“能指”的声音形象不是指单词、词汇的发音，也不是特指某一具体的事物，而是被大众认可的一个特定抽象化心理标志；“所指”是该声音形象指向的概念，此概念是携带意义的感知。因此，二元结构的语言符号是一个声音形象

6. 乐眉云：《索绪尔的符号学语言观》，《外国语（上海外国语大学学报）》1994 年第 6 期。

7. 代玮炜、赵星植、阿赫提–维科・皮特里宁：《皮尔斯符号学及其三分模式论：皮特里宁教授访谈》，《宜宾学院学报》2016 年第 3 期。

和其概念的结合物[8]。

索绪尔形象地将一个符号文本比作纸张的两个面，一面是能指，指声音语言；另一面是所指，指概念。就像纸张如何分割都有正反两面一样，一个符号如何再分割，总有能指与所指。这也表明了任何一个符号或符号文本都具有可以上下细分的层级结构。

**2. 系统内部的意义交流为跨系统的修辞活动带来不便**

二元符号结构以限定在系统内部的符号意义交流为目的，讨论的是语言中话语的“声音形象”与“概念”间的关系问题，没必要指向话语指向的那个对象，因而抛弃了语言指向的那个事物对象，导致二元符号结构是被封闭在系统内的。正是由于对象的缺失，二元结构的符号自身难以得到另一个来自系统外部符号的解释[9]。

二元符号结构的“能指–所指”间的意指是符号的符码规约，它是语言符号学的主要话题，而这一话题既成为产品符义学研究产品修辞文化规约的主要内容，其意指关系的文化属性也是结构主义产品设计活动进行有效表意的符号规约依赖。但二元符号结构同时也带来了产品跨系统修辞活动中，修辞两造映射方式、文本编写结构分析的诸多不便。

## 4.2.2 皮尔斯三元符号的结构特征

皮尔斯侧重符号自身逻辑结构的研究，他将符号学视为逻辑学的代名词[10]。皮尔斯逻辑–修辞符号学将符号必须通过另一个符号的解释进而获得意义作为符号结构的关键点。皮尔斯三元符号结构具有科学的倾向，强调信息的交流，符号的意义解释跳出结构之外。其符号学适用于心理学在内的自然科学和社会科学，具有广泛的运用范围，符号学界称其为泛符号论。

**1. 三元符号结构的组成：对象–再现体–解释项**

皮尔斯将符号分为对象、再现体、解释项三部分（图 4–1 右）：对象是符号直接指向的具体事物；再现体是这个具体事物的某种品质，等同于索绪尔的能指；解释项是符号的意义。索绪尔符号的所指在皮尔斯符号学中被分为对象与解释项两部分。三元符号结构中的对象与

8. 郭鸿：《现代西方符号学纲要》，复旦大学出版社，2008，第 47 页。
9. 代玮炜、赵星植、阿赫提–维科・皮特里宁：《皮尔斯符号学及其三分模式论：皮特里宁教授访谈》，《宜宾学院学报》2016 年第 3 期。
10. 翟丽霞：《当代符号学理论溯源》，《济南大学学报》2002 年第 4 期。

再现体组成一组指称关系，解释项是这组指称解释后的符号意义。

因而，通过指称“对象－再现体”的解释获得解释项的意义，它们之间形成符号的意指关系。意指关系的形成有三种方式：（1）倾向指称中的对象获得解释项的意义；（2）倾向指称中的再现体获得解释项的意义；（3）通过“对象－再现体”指称及指称内容的创造性解释获得解释项的意义。

## 2．指称在符号表意与修辞文本编写中的作用

指称（Reference），在皮尔斯逻辑－修辞符号学中是指三元符号结构中再现体与对象关联的方式。

指称在符号表意中的作用分别是：第一，由一个明确的客观实体关系（对象－再现体）转变成为抽象意义（解释项）的衍义过程[11]；第二，指称中的对象与再现体是符号可以被我们直接感知到的内容，两者为符号的意义提供了解释的指向，即“意指”关系。对象与再现体组成的指称令符号有了可以被设计师具体操作、编写的可能性。第三，指称中对象与再现体是相互对应的关系，我们对具体对象进行不同方式的改造，随即就会形成对象的不同品质，进而获得各种不一样的解释项意义。

指称在各类产品修辞格文本编写时的作用分别是：第一，三元符号指称在修辞活动中起到回溯两造各自系统的作用；第二，三元符号指称是修辞实践中意义可被感知与编写的内容及途径；第三，两造三元符号指称是修辞活动的动力结构；第四，修辞两造三元符号“指称”共存带来修辞文本表意的张力。以上四点将在下文“4.5.3 修辞两造三元符号结构指称是产品修辞的研究机制”中展开详细讨论。

在索绪尔二元符号结构中也存在指称，它是“能指”通过符码规约引向“所指”的过程。二元符号结构的指称在本书几乎没有提及，是因为二元符号结构在产品修辞文本的符形分析过程中存在诸多缺陷，这也是下一节要讨论的内容。

## 3．对象的提出为符号间的修辞奠定了结构的基础

当符号的接收者解释出“对象－再现体”组成的指称关系所表达的解释项意义后，符号

11. 胡易容、赵毅衡：《符号学－传媒学词典》，南京大学出版社，2012，第 265 页。

会指向与之相关的对象，对象就是这个符号的指称物（Referent）[12]。在索绪尔“能指－所指”的二元结构中不存在对象。

皮尔斯三元符号结构中的再现体相当于索绪尔二元符号的能指。解释项是符号的意义解释，等同于索绪尔符号结构的所指部分[13]，但索绪尔二元符号结构的所指在皮尔斯三元符号结构中分割为对象与解释项两部分。因此，三元符号结构可以指向这个符号所代表的事物对象。这样一来，三元符号结构中对象的确立，就为一个符号可以被另一个符号修辞解释奠定了结构的基础，所有修辞活动都可以在此结构基础上展开文本编写的符形分析。

三元符号结构相较二元符号结构多出了对象，这是两种符号学研究模式的最大差异。皮尔斯认为，符号的对象决定着符号的再现体品质，后者又决定着一个解释项，由此，对象就间接地决定了解释项[14]。解释项的提出、解释项与对象的分离，是皮尔斯对符号学的最大贡献。一方面，皮尔斯将对象与解释项分离后，符号文本的对象对于不同的接收者都是相对固定的，不同的解读人群面对同样的“对象－再现体”的指称，按照各自文化规约获得广泛性的解释项意义解释[15]。另一方面，对象与解释项的分离，打破了索绪尔二元符号的规约在系统内预设的格局，转而强调对象及其品质（再现体）必须依赖不同的系统，以及系统所在的环境提供经验信息，以此获得三元符号意义的解释。这种意义解释的完形机制，是认知心理学感知研究的基础。

最后，我们可以把皮尔斯三元符号结构特征在符号表意与产品修辞文本编写中的作用概括如下。第一，三元符号结构中“对象－再现体”组成的指称既可以用于讨论所有符号的意义形成，也可以作为所有跨系统的各类产品修辞格文本在编写时的结构分析工具。修辞两造三元符号结构的“指称”是产品修辞的研究机制。第二，三元符号结构的对象奠定了所有非语言修辞活动中，一个系统内的符号被另一个系统内的符号进行跨系统修辞解释的符形分析基础。

12. 胡易容、赵毅衡：《符号学－传媒学词典》，南京大学出版社，2012，第 265 页。

13. 赵毅衡：《符号学原理与推演》，南京大学出版社，2016，第 95 页。

14. 赵星植：《论皮尔斯符号学中的“对象”问题》，《中国外语》2016 年第 3 期。

15. 赵毅衡：《符号学原理与推演》，南京大学出版社，2016，第 95 页。

## 4.3 用二元符号结构讨论产品修辞的缺陷

语言修辞学认为，修辞的组成包含喻体（Vehicle）与本体（Tenor）两部分；在认知学理论中，喻体被称为始源域（Source Domain），本体被称为目标域（Target Domain）。本书以认知心理学作为产品修辞的研究方向，因此产品修辞的组成采用认知学的术语。在对修辞活动的研究中，学界普遍将始源域符号与目标域符号合称为“修辞两造”。

始源域，是指我们熟悉的文化生活经验、概念范畴，并对它们有着较为丰富且明确的心理感知。目标域，是指我们需要认识的事物，它是抽象的，且是我们无法直接表述或理解的事物概念或某些品质。

符号学认为修辞的过程是我们依赖某个熟悉的符号感知，去理解另一个我们不熟悉的符号特征，即我们将始源域的符号指称，以图式结构的方式映射到目标域相应的位置，在通过始源域符号的指称对目标域进行解释的过程中，获得目标域感知的清晰认识。

国内产品设计符号学研究与教学普遍采用索绪尔的二元符号结构。二元符号结构对学生而言较为简单易懂，它似乎可以直接用符号学对“修辞”的定义，并借助索绪尔“语言符号”来分析修辞的结构：以外部符号的感知（所指），去修辞解释产品文本内符号的品质（能指）。但由于索绪尔二元符号结构中“对象”的缺失，它在指导产品修辞文本编写的实践中会遇到一些无法解决的问题。

### 4.3.1 符号缺少“对象”，修辞两造无法回溯各自的系统

产品修辞是一个外部事物系统内的符号对产品系统内相关符号的意义解释，它是一个系统与另一个系统之间，通过映射关系形成的局部概念的替代或交换。我们以《盗宝戒指盒》（图4-2）为例，来分析如果以二元符号结构讨论修辞文本编写时常会遇到的几种问题。

《盗宝戒指盒》将原本藏于盒子内的戒指以展示柜造型进行展示，这让戒指的美感得以直接呈现。展柜有机玻璃罩作为开启戒指盒的盖子，设计了较高的高度，可整体深嵌于展柜内壁缝隙之中，让人每次拿取戒指时要小心翼翼，感觉就像在盗取珍宝一样。

我们用索绪尔二元符号结构对修辞活动进行分析（图4-3）：始源域符号的二元结构为“上提展罩（能指）- 小心翼翼（所指）”，目标域符号的二元结构为“拿取戒指（能指）- 盗宝感觉（所指）”。我们发现始源域符号缺少对象“展示罩”，目标域符号也缺少对象“戒指盒”。

图 4-2　张剑《盗宝戒指盒》

这是因为，索绪尔语言符号的二元结构讨论系统内语言中话语的声音形象与概念间的关系规则问题，排除了语言指向的事物“对象”。

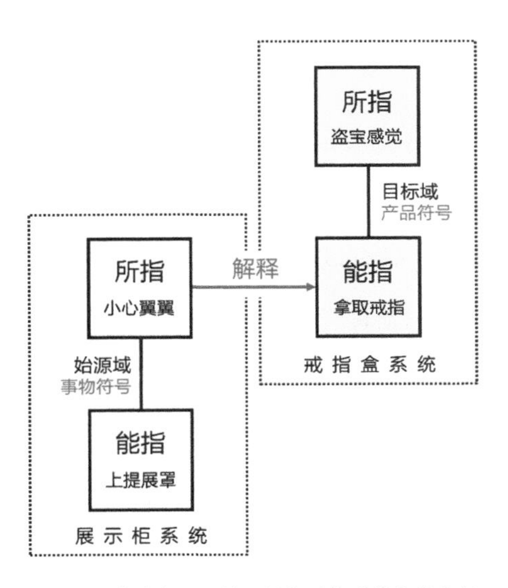


图 4-3　索绪尔二元符号结构对修辞结构的分析

索绪尔二元结构符号是限定在系统内的意义传递，但产品修辞强调“跨越系统”以及“回溯系统”，其目的是：产品修辞虽然是两个系统符号与符号间的意义解释，但其最终任务是达成系统间局部概念的“替代”（提喻、转喻）或“交换”（明喻、隐喻），这是人类通过修辞去了解另一事物的认知方式。修辞活动中如果对象缺失，即代表修辞两造符号各自指向的具体事物被搁置。在二元符号结构对《盗宝戒指盒》修辞文本的符形分析中，始源域与目标域分属展示柜系统与戒指盒系统两个独立的系统，符号结构中各自的具体对象被搁置后，其无法回溯各自的系统，也就无法进行系统间局部概念替代或交换的认知机制讨论。

因此，二元符号结构讨论修辞，仅限于符号与符号间的意义解释，无法通过缺失对象的“能指 – 所指”二元结构回溯符号各自的系统。这是由语言符号学事先以限定在系统内意义交流为前提而放弃符号指向的具体对象所决定的。

### 4.3.2 “对象”缺失无法进行修辞文本编写的实际操作

莫里斯在皮尔斯符号学的基础上，将符号学活动分为符义学、符形学、符用学三大类。由符义学发展的产品语义学大多采用二元符号结构讨论产品修辞，只能停留在符号“能指－所指”间意指的理据性层面，无法真正从符形学角度讨论修辞文本编写的文本结构。这是因为，语言符号的二元结构中能指是事物的抽象化品质，而并没有指向具体事物“对象”，设计师不可能依赖事物的抽象品质“能指”进行具象化的设计操作。

作为一个可以被另一个符号进行修辞解释的符号，修辞两造符号必须要有各自可以再现的事物“对象”，各自符号的意义也必须指向各自的事物“对象”。修辞两造任何一方符号的事物“对象”缺失，都无法在修辞活动中达成意义解释的具体指向，更无法指向修辞两造所在的各自系统。

二元符号结构对《盗宝戒指盒》修辞文本的符形分析中，缺少具象化的展示罩对象与戒指盒对象，文本编写只能停留在两个符号间意义的理据性解释层面，无法展开具象化产品文本编写的实质性操作。

而皮尔斯的三元符号结构存在一个事物的具象化“对象”，它与事物品质“再现体”之间搭建的指称是符号“解释项”意义解释的依据。三元符号结构的“对象－再现体”以具象事物与其对应的品质组成的“指称”在产品修辞文本编写中具有以下作用（详见4.5.3）：三元符号“指称”在修辞活动中回溯系统的作用；三元符号“指称”是修辞实践中意义可被感知与编写的内容及途径；修辞两造三元符号“指称”是修辞活动的“动力结构”；修辞两造三元符号“指称”共存带来修辞文本表意的张力。

更为重要的是，指称中“对象－再现体”是相互对应的关系，设计师对具体“对象”展开不同方式的编写操作，随即就会形成对应的不同品质，进而获得各种不一样的“解释项”意义。因此我们可以得出以下两点。

第一，设计师通过对修辞两造符号指称的不同方式编写，可以获得不同的修辞表意内容与修辞方式，并以此达成修辞格文本之间依次渐进的转化关系。

第二，如果说修辞两造三元符号结构的指称是研究产品各种修辞格文本编写与符形分析的主要机制，那么设计师对修辞两造符号指称的改造方式则是此研究机制的有效手段。

### 4.3.3 无法对修辞活动中“动力对象”的问题展开讨论

皮尔斯三元符号结构中的修辞活动，必须依赖对象回溯到修辞两造符号各自的系统，去追溯系统的概念。这些概念在修辞活动前，就以日积月累的生活经验的集合形式存在。因此，皮尔斯在讨论符号的三元结构时认为，通常符号具有两个对象：符号直接再现的那个对象是“直接对象”；依赖生活经验进一步引导，真正决定符号最终解释的是“动力对象”。动力对象会引导解读者调动其日积月累的生活经验，获取进一步的信息，并对其进行意义的再次深入解释[16]。

例如，有人在网上晒自家猫咪的可爱照片，有留言说，“问问你家猫咪喜欢什么颜色的麻袋”，这句话就有“动力对象”的存在。麻袋本身是“直接对象”，但又可以被生活经验进一步引导为“动力对象”，因此这句话并不是讨论麻袋的颜色问题，而是打趣道：“小心哦，我要用你家猫咪喜欢的那个颜色的麻袋去偷它！”之所以麻袋可以具有“动力对象”的再次解释，是因为我们从小就听过人贩子用麻袋偷小孩的故事。

原研哉（Kenya Hara）在为梅田医院设计标识牌时，特意将标识牌用白布包裹，并印上信息（图 4-4）。医院标识牌大多用白色，显得医院清洁卫生。原研哉选用易脏的白布，迫使医院不断换洗保持其清洁。这个设计中出现了始源域符号的动力对象：白布是“对象”，具有“洁白”的“再现体”品质，“白布 - 洁白”组成的指称获得干净、卫生的“解释项”

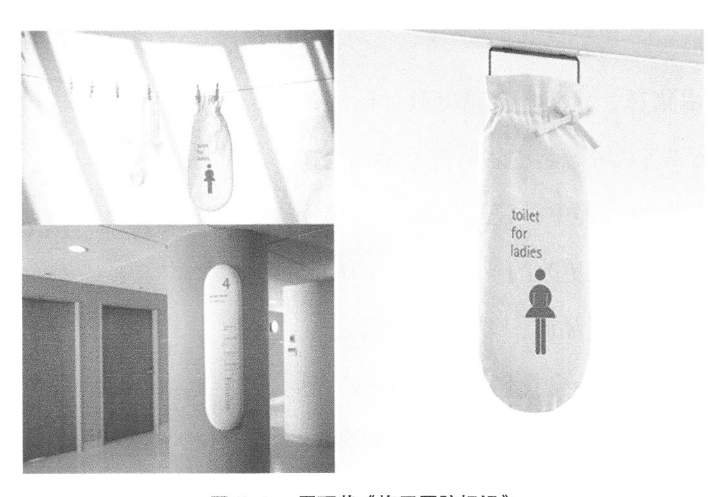


图 4-4　原研哉《梅田医院标识》

16. 赵星植：《论皮尔斯符号学中的“对象”问题》，《中国外语》2016 年第 3 期。

感知，“白布（对象）－洁白（再现体）－干净卫生（解释项）”构成了符号的三元结构。这个符号去修辞解释目标域“标识牌”，获得“医院标识牌像白布一样清洁卫生”的印象。但“对象”白布具有易脏的生活经验，解读者通过医院为了保持白布的洁净，必须经常清洗更换而获得设计师的最终意图，从而使得我们对医院的清洁卫生更具信任感。

动力对象的意义解释是依赖解读者在原有直接对象基础上，通过系统及环境内的生活经验对意义展开进一步探究，这让作品在意义解释的过程中变得耐人寻味。

## 4.4 产品修辞研究对三元符号结构的依赖

在产品设计活动中，产品文本传递过程中的文本表意有效性问题，必须依赖以索绪尔语言符号学为基础发展起来的结构主义符号学诸多原理进行分析。产品设计是普遍的修辞活动，产品与文化符号之间跨领域、跨系统的修辞解释，以及普遍修辞理论下的产品修辞文本编写的符形分析，必须依赖皮尔斯逻辑－修辞符号学展开讨论。

### 4.4.1 符号结构的形成与修辞两造符号的结构分析

日本设计师佐藤大的作品《猪鼻存钱罐》（图 4-5）利用“猪鼻子”符号去解释存钱罐的投币口。此案例可表述修辞两造三元符号结构的形成以及符号间的修辞。

（1）“猪”由猪鼻、猪头、猪蹄等具体的局部“对象”构成一个“猪系统”。皮尔斯符号学认为，对象在事物系统表意的过程中就已经确定了，它作为系统的组成是不会轻易被更改的[17]。“猪”的局部对象具有各自相对应的诸多品质，“猪鼻”的形态、肌理、颜色等都是其品质。当我们选择“形态”品质时，就构建了一个三元符号结构中“对象（猪鼻）－再现体（形态）”的指称，这组指称不仅具有吐纳

图 4-5　佐藤大《猪鼻存钱罐》

17. 赵毅衡：《符号学原理与推演》，南京大学出版社，2016，第 95 页。

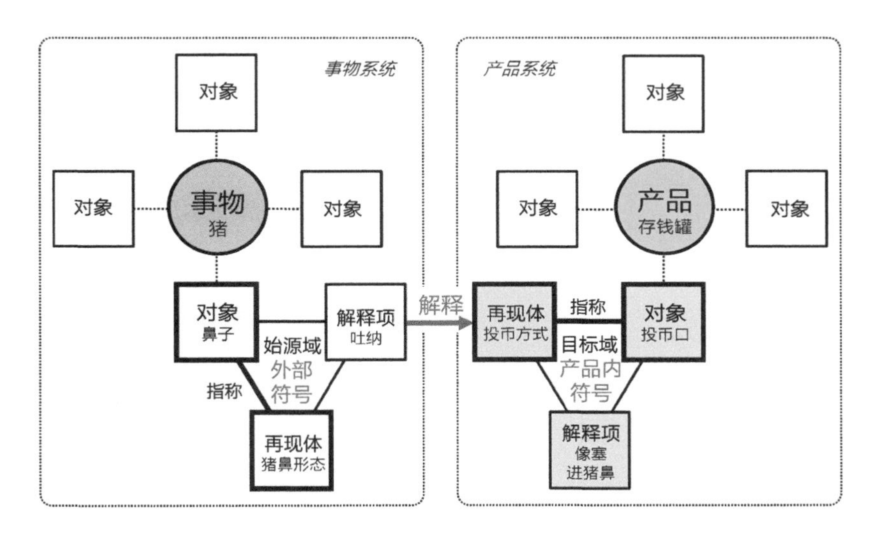


图 4-6 修辞两造符号结构的形成

的感知意义（解释项），同时携带了“猪系统”赋予它的“慵懒”“肥硕”等意义（图4-6左），但这些系统赋予的更多意义在修辞活动中会被暂时搁置。结构主义的系统论认为，任何实体或经验的符号意义，都必须在这些实体或经验所处的系统及环境中才能被赋予、被感知、被选择[18]，即“对象-再现体-解释项”的三元符号结构必须依赖自身的系统及文化环境赋予符号的意义。

因此，任何事物都是系统化的组成，组成系统的对象都可以依赖其某种品质，组成三元符号结构中“对象-再现体”的指称。解释项的意义需要对象所在的系统及环境赋予。

（2）存钱罐由罐体、投币口、材质、色彩、操作等具体的局部“对象”构成完整的产品系统。对象具有各自相对应的诸多品质，设计师选择投币口“对象”的投币方式品质，组建了一个三元符号结构中“对象（投币口）-再现体（投币方式）”的指称（图4-6右）。设计师用之前构建好的“猪鼻符号”去解释“投币口符号”，获得“向存钱罐里投币，就像把钱塞进猪鼻子里一样”的感觉，这是符号间修辞的过程。

此案例表明以下三点。

第一，认知语言学的修辞理论认为，修辞是系统与系统间局部概念的替代或交换。产品修辞两造的意义解释不可能发生在两个单独的符号之间。这是因为：符号不可能决定其自身

18. 弗朗索瓦·多斯：《结构主义史》，季广茂译，金城出版社，2012，前言。

的意义，符号的意义内容由环境、事物、人群三者之间的关系所赋予；符号“意指”关系的符码由深层结构的集体无意识所决定。在使用群确定的情况下，修辞活动中的始源域符号与目标域符号，必须依赖各自所在的产品或事物系统，以及产品的使用环境赋予两造符号的意义，所有产品修辞的两造不可能脱离各自的系统，也不可能脱离修辞文本所处的文化环境。因此，不存在没有系统的符号意义，更不存在摆脱各自系统的修辞。

第二，人们用始源域系统的部分概念对目标域系统的部分概念进行替代或交换，而它们各自系统的其他概念都将被暂时隐藏。突出修辞两造系统内的局部概念，而暂时排除其他概念，是修辞活动构建与理解的基础[19]。

第三，产品修辞是外部事物的文化符号对产品文本内相关符号的修辞解释，其修辞解释的具体方式是外部符号的指称形成的感知对产品文本内相关符号指称中品质的解释。

因此，在使用群确定的情况下，修辞一方面是符号间意义的解释，解释依赖各自系统与环境提供符号的意义与概念；另一方面也是外部符号所在系统与产品系统在遮蔽了各自系统其他概念的基础上，所进行的局部概念的替代或交换。

## 4.4.2 两造符号指称共存是判断修辞的唯一标准

修辞两造符号指称共存是所有修辞文本的本质特征，也是判断文本是否采用修辞的唯一标准。I.A. 理查兹认为，要判断一个文本是否使用了修辞，可以通过文本中是否同时出现了始源域和目标域两种事物对象及品质，且两者是否存在于合一的文本内，具有共同作用下的包容性文本意义来进行。文本能被解读者分离出两种互相作用的意义，那就是使用了修辞[20]。

### 1．二元符号结构无法讨论两造指称的共存

（1）索绪尔语言学的“能指－所指”二元符号结构中的“能指”并不是指单词、词汇，或是它们的发音，而是指声音形象。这个形象是被大众认可的一个特定抽象化心理标志，而非指向具体的某事物，“所指”是该声音形象指向的概念。索绪尔二元符号结构中也存在“指称”，它强调的是“能指”通过符码规约引向“所指”的过程。

---

19. 胡壮麟：《认知隐喻学（第二版）》，北京大学出版社，2020，第 91 页。

20. 束定芳：《理查兹的隐喻理论》，《外语研究》1997 年第 3 期。

如果依赖二元符号结构讨论修辞两造符号指称共存，会遇到如下两个问题。

第一，修辞两造符号结构缺少“对象”，修辞活动无法回溯各自的系统。“对象”是系统必要的组成，莱考夫与约翰逊的“概念映射”理论表明，修辞是两个系统间通过符号指称的不同映射方式形成的局部概念的“替代”或“交换”。修辞文本的结构分析不可能缺少“对象”的原因是，不存在没有系统的符号意义，更不存在摆脱各自系统的修辞。

第二，如果是仅仅讨论或分析产品修辞两造关联的文化规约理据性问题，二元符号结构还是可以胜任的，毕竟“能指 – 所指”间的意指是两造符号规约理据性的主要内容。本章的目的并非站在符义学的角度分析产品修辞两造间关联的理据性问题，而是从设计师的视角讨论如何编写修辞文本，这必须回到符形学的修辞文本结构上进行讨论。

（2）皮尔斯的“对象 – 再现体 – 解释项”三元符号结构提供了设计师编写改造修辞文本的可能性。三元符号结构中的“指称”是“再现体”的品质与客观实在物“对象”关联的方式，指称的作用是由一个明确的客观实体关系（对象 – 再现体）转变成为抽象意义（解释项）的衍义过程[21]。

皮尔斯三元符号结构中的“指称”作用在于：

第一，就莱考夫与约翰逊的概念映射理论而言，指称中的对象可以在修辞活动中回溯到两造各自的系统，以及明确各自系统局部概念的指称特征与文化属性。

第二，从具体的操作编写活动来说，设计师通过对客观实体关系“对象 – 再现体”之中任何一方的主观改造，都可以获得不同的“解释项”意义，通过修辞结构中两造指称的改造，达成实际操控编写修辞文本的目的。

第三，就具体的指称加工与改造手段而言，设计师通过“晃动”来控制修辞两造符号指称中对象的还原度，以及其系统的独立性，作为指称加工改造的具体手段（详见 7.2）。

第四，从设计师对各种修辞格文本的主动性改造而言，设计师通过两造指称的改造，可以达成各种修辞格文本之间依次渐进的转化关系，从被动地选择修辞格转向主动地控制改造修辞格文本的类型。这将在第 7 章详细讨论。

### 2. 皮尔斯三元符号结构表述两造符号指称共存的关系

莱考夫与约翰逊提出的修辞概念映射理论，可以表述修辞文本两造指称共存的实质。修

---

21. 胡易容、赵毅衡：《符号学 – 传媒学词典》，南京大学出版社，2012，第 265 页。

辞是将一个集合中的要素与另一个集合中的要素联系起来，也就是将某一始源域模型的结构映射到一个目标域模型的结构中[22]。隐喻是一种心理映射，是人们将对此事物的认识映射到彼事物上，实现了始源域向目标域的跨越。

修辞两造符号指称共存，即前文表述的修辞文本中两造符号指称的“重层性”特征。深泽直人提出无意识设计方法的两大基础类型：“客观写生”与“重层性”。笔者将重层性改名为“寻找关联”（详见 8.1.3），即设计师普遍使用的结构主义产品修辞。“重层性”也正是表达了同样的意思：使用者在一件作品中可以分离出两种事物的品质特征（即两种事物各自的符号指称），可以分离出的两事物被设计师设置得具有相互关联，且协调统一地在设计文本中同时呈现。

在产品修辞文本中，使用者可以分离出两种事物“对象”，以及各自的“再现体”品质特征，即修辞两造各自的符号指称“对象 - 再现体”的共存，它们相互关联、协调统一地在产品修辞文本中同时呈现。

皮尔斯三元符号结构可以清晰表述产品修辞两造符号指称共存的关系（图 4-7）：

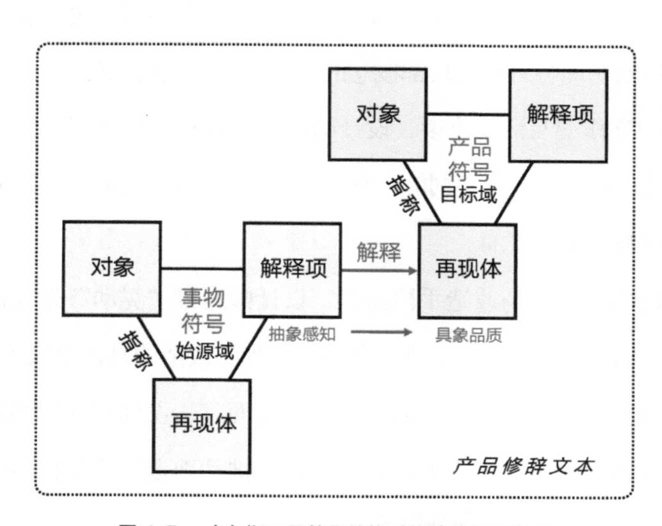


图 4-7 皮尔斯三元符号结构对修辞结构的分析

22. 王文斌：《隐喻的认知构建与解读》，上海外语教育出版社，2007，第 30 页。

一方面，产品修辞是以一个外部事物的事物符号作为始源域，我们用其熟知的感知（解释项）去解释目标域“产品符号”的品质（再现体）。事物符号的感知（解释项）以抽象的形式存在，它必须依赖五感所能触及的对象及其再现体的品质，组成一组“对象 – 再现体”指称，并在此基础上获得感知，即符号的解释项。

另一方面，作为目标域被解释的“产品事物符号，其再现体品质必须依附于产品自身的对象才能体现品质的存在，两者也组成一组“对象 – 再现体”指称，以接受事物符号的感知对其品质的解释。

因此，如果说产品修辞是事物符号对产品符号的修辞解释，倒不如说是外部事物符号的“指称”与产品文本内相关符号“指称”关于概念的各种映射关系，这样的表述也符合莱考夫与约翰逊提出的概念隐喻的映射理论。在产品修辞的文本编写及最终的表意文本中，修辞两造符号的指称必定始终存在。三元符号结构中，如果修辞两造符号中的任何一方的品质（再现体）消失，作为对象的事物则转为纯然物，如果修辞两造符号中的任何一方的对象消失，品质（再现体）也就根本不会存在了。

产品设计活动是符号与产品间普遍的修辞，“指称”共存不但是产品修辞文本的本质特征，而且，产品所有修辞格无不依赖两造符号“指称”间的各种不同关系进行各种修辞格的文本编写。因此，将所有产品修辞格还原到两造符号指称进行解释的基础“动力结构”，继而以符形学为基础，对修辞两造符号“指称”的设置、指称物的还原度与各自系统的独立性展开操作的分类讨论，是产品各种修辞格在设计实践中理论工具化的有效表现。

## 4.4.3 修辞是系统间局部指称概念的替代或交换

### 1. 符号间的修辞不可能脱离各自所属的事物系统

就莱考夫与约翰逊的认知语言学修辞理论而言：一方面，所有的修辞都是两个系统间通过符号与符号间不同映射方式的意义解释，而达成的系统间局部概念的“替代”（提喻、转喻）或“交换”（明喻、隐喻）；另一方面，进行修辞解释的两个符号不可能脱离各自所在的系统。系统间的符号修辞是两个系统间局部概念的替代或交换，而不是系统整体的替代或交换，即修辞不是一个事物的整体，去替代或交换另一个事物的整体。

不存在没有系统的符号意义，也不存在摆脱两造系统的产品修辞。产品修辞虽然是一个

“外部事物”文化符号对产品文本内相关符号的意义解释，但这个符号所在的事物系统与产品自身系统间的相互作用不可忽视。修辞活动中始源域符号不可能凭借单独的符号“指称”，就在目标域产品系统内获得具有始源域系统的概念；产品系统内的符号也不可能抛弃其系统的概念，接受始源域符号的解释。总而言之，产品修辞的意义解释不可能发生在两个单独的符号之间。

具体分析如下。（1）莱考夫在讨论隐喻时指出，隐喻对人类认知活动的影响是潜在而深刻的，它是人类概念系统组织和运作的一个重要手段[23]。这也就是说，符号与符号间的修辞，实质是修辞两造各自系统间部分概念的替代或交换；（2）修辞活动中的始源域与目标域符号，必须依赖各自所在的系统及环境赋予意义的编写与解读；（3）莱考夫强调修辞活动中的系统性容许人们用始源域的部分概念去解释目标域的部分概念，而它们各自系统的其他概念都将被暂时隐藏。突出修辞两造系统内的局部概念，而排除其他概念，是修辞构建与理解的基础[24]。

因此，产品修辞是外部符号对产品内部相关符号的意义解释，也是外部符号所在系统与产品系统在遮蔽了各自系统其他概念的基础上，所进行的局部概念的交换。修辞是符号间意义的解释，而解释依赖各自系统与环境提供的概念。

### 2. 修辞文本中两造符号指称共存代表系统间局部概念的“替代”或“交换”

赵毅衡认为，修辞学之所以被认为是广义的比喻学，是因为其他各种修辞格都是由比喻发展出的不同变体，所有的符号修辞都是“概念修辞”。“概念修辞”是本体与喻体跨媒介与渠道的概念联结，它的边界是文化，而不是始源域符号与目标域符号呈现的客观方式和表达途径[25]。产品修辞是“概念修辞”，产品修辞活动中的外部事物系统内的始源域符号，产品系统内的目标域符号，它们均脱离了传统语言修辞的语言、文字束缚，皆以各自系统的各类规约为文化边界，不受其存在的媒介方式、传播的渠道影响，并在跨系统的两个符号间获得系统概念与感知意义的协调解释。

在非语言的产品修辞活动中，必定出现始源域与目标域之间渠道以及媒介的差异，从而

23. 束定芳：《隐喻学研究》，上海外语教育出版社，2000，第 138 页。
24. 胡壮麟：《认知隐喻学（第二版）》，北京大学出版社，2020，第 91 页。
25. 赵毅衡：《符号学原理与推演》，南京大学出版社，2016，第 185 页。

图 4-8　《小桌 - 衣架》（作者：欧阳玲）

导致两个概念域之间有超越符号形式之上、跨越系统之间的映射关系。这种映射关系的操作实质是，修辞两造符号意义的解释依赖“指称”共存，以达成各自所在系统间局部概念的替代或交换。因此，不存在没有系统的符号意义，也不存在脱离修辞两造系统的产品修辞。

产品的“概念修辞”不单体现出设计师对事物与产品间创造性概念的替代或交换，更是产品与产品之间，产品与社会文化之间广泛融合的渠道。

《小桌 - 衣架》(图 4-8)是典型的转喻修辞：在一个完整的小方桌的桌面上有一个近似完整的衣架，两者以各自指称的较高还原度及各自较为完整的系统规约联接呈现。如果缺失使用环境，对于这件作品的整体指称无法判定为“可以挂衣服的方桌”，还是“可以放置物品的衣架”。当适合挂衣服的环境出现，它就会被完形判定为“可以放置物品的衣架”。当适合放置杂物的环境出现，它会被完形判定为“可以挂衣服的方桌”。在转喻文本中，两造符号指称相互替代对方对应的部分，同时在修辞文本中它们可以清晰分辨，也可较为完整地剥离，并依赖环境进行完形，最终获得产品类型的确认。

产品设计活动是符号与产品间普遍的修辞，修辞两造符号指称的共存代表系统间局部概念的替代或交换。指称共存是产品修辞文本的本质特征，产品所有修辞格也无不依赖两造符号指称间的各种不同关系，进行各种修辞格的文本编写。

### 4.4.4 从修辞两造三元符号结构指称编写方式对产品修辞格进行定义

产品修辞的文本编写必须依赖皮尔斯三元符号结构进行符形结构分析。前文已表述，与其说产品修辞是外部符号对产品文本内相关符号的修辞解释，倒不如说是外部符号的指称与产品文本内相关符号的指称关于概念的各种映射关系，这样表述也符合莱考夫与约翰逊提出的概念隐喻的映射理论。因此，产品各种修辞格从编写的符形结构而言，可概括为：始源域的符号进入目标域产品系统内，与相关符号进行各种方式的概念映射，具体表现为修辞两造指称在目标域的系统规约控制下，以不同方式进行协调与统一。

雅柯布森从索绪尔的组合轴、聚合轴表意的倾向性推论认为，倾向组合轴表意的是转喻修辞，以邻近性关系进行的指称间的概念替代；倾向聚合轴表意的是隐喻修辞，以相似性进行的指称意义的交换。笔者在此基础上，将“提喻”从组合－转喻中分离，将“明喻”从聚合－隐喻中分离，最终细分为倾向组合轴表意的提喻、转喻，倾向聚合轴表意的明喻、隐喻（详见 5.2）。

### 1．组合轴表意的产品提喻与转喻

组合轴表意的产品提喻与转喻分别围绕产品自身的系统与产品的范畴，展开产品局部指称与整体指称的概念替代，产品间局部指称的概念替代。这些修辞活动替代映射的内容，以及在产品整体指称的经验完形中依赖的认知“凸显点”内容，以及产品原型的经验内容，都是使用群对于产品的理性经验层的内容。

（1）产品提喻

产品提喻是产品系统内的一个符号指称对该产品整体指称的概念替代，即提喻的始源域是产品系统内的一个符号，目标域符号是该产品的整体指称。产品提喻的始源域符号在选取时必须遵循：该符号指称在产品系统内固有的认知凸显点特征，该凸显点在使用环境中的唯一性，以及在编写时与产品原型靠拢的典型性。产品提喻文本同样是一种不完整的产品概念系统，因此，产品提喻的认知机制是依赖始源域符号指称的认知凸显点，以及与其产品原型对应的典型性，在环境内通过经验完形获得整体指称的认定。提喻在文本编写时有始源域“完全替代产品整体指称”与“非完全替代产品整体指称”两种方式。

（2）产品转喻

产品转喻是同范畴、不同类型产品间对应位置的符号指称的概念替代，它以非对称性映射方式形成一种不完整的产品概念系统。产品转喻文本需要修辞两造各自的使用环境提供适配的信息，使得其符号指称成为环境中的认知凸显点，依赖各自产品原型的经验，以经验完形的认知方式对各自产品整体指称进行指认。因此，产品转喻的修辞两造指称在选择与编写的过程中，必须具有向各自产品原型靠拢的典型性，才能在遇到各自使用环境提供的适配信息时，使符号指称成为认知的凸显点，继而依赖产品原型经验进行各自产品整体指称的指认。

由此可见，转喻修辞的两造具有互为始源域与目标域的特性。

### 2．聚合轴表意的产品明喻与隐喻

聚合轴表意的产品明喻与隐喻都是围绕相似性（明喻物理相似性、隐喻心理相似性）的问题展开的事物与产品间的映射。无论是明喻中事物与产品间的物理相似性，还是隐喻中事物与产品间客观存在与主观创造的心理相似性，它们都需要设计师的主观理解，创造性达成相似性的关联。因此，聚合轴表意的产品明喻与隐喻活动中，所有相似性所涉及的经验内容，与组合轴表意的产品提喻、转喻围绕的指称概念的“理性经验层”内容相对比而言，它们都是属于使用群对于事物与产品的“感性经验层”内容。

（1）产品明喻

产品明喻是事物与产品间依赖物理相似性进行的对称性概念映射所形成的表意文本。明喻两造在形式上是物理相似性的“相类”关系，这种相类关系所形成的修辞两造在文本中的比对，也直接导致明喻的喻底在文本中呈现，这也是区分产品明喻与隐喻的一个主要标志。从设计师对明喻文本的编写角度而言，产品明喻可以分为两大类型：一是以事物与产品间物理相似性为基础的产品明喻构建；二是事物与产品间强制性的关联，这是后结构主义的文本编写方式。

（2）产品隐喻

产品隐喻是事物与产品间依赖心理相似性进行的对称性概念映射所形成的表意文本。隐喻两造是心理层面的心理相似性的“相合”关系，它是始源域事物的部分概念向目标域产品转移并映射的结果。从设计师对隐喻文本的编写角度而言，产品隐喻的来源可以分为两大类型：一是设计师分别利用事物与产品间客观存在的心理相似性或主观创造的心理相似性进行产品隐喻的构建，简称为“心理相似性的隐喻”；二是设计师通过对其他修辞格文本中始源域符号指称的晃动，使得其在产品文本内形成内化的编写方式，以此达成事物与产品在心理层面“相合”的相似性关系，简称为“其他修辞格文本改造的隐喻”。

### 3．“反讽”修辞格的特殊性

本书没有去讨论“反讽”修辞格的文本编写类型，是因为以下两点特殊性。

一是，后结构主义特征。产品提喻、转喻、明喻、隐喻四种修辞格都是比喻的变体或是延伸，它们都力求修辞两造的符号对象异同衔接，它们都希望通过新符号进入产品文本编写后，保持原有的产品系统的完整性。而反讽修辞与其他修辞相比很特殊，它强调符号对象间的排斥与冲突，即反讽希望依赖一个外部符号进入产品系统后（或通过产品系统内部符号的解构），要么借此对原有产品系统规约进行否定、瓦解，要么创造出新的系统类型。因而，反讽因其对系统规约特征以及整体指称的瓦解与否定，具有鲜明的后结构主义特征。

二是，形成“反讽”方式的不确定性。对反讽的形成方式进行分类，似乎是一件不可能的事情，如同我们无法去给“后结构主义”做出一个详尽的分类一样，有多少可以形成“结构”的方式，就有多少可以成为“后结构”的可能。同样也正因如此，有多少可以对结构进行瓦解、对系统内符号规约以及系统整体进行否定的方式，就存在多少“反讽”的操作方式。

虽然产品修辞中反讽的形成方式无法进行类别的讨论，但就反讽文本表意的目的而言，笔者将其分为两大类型：一是对原有产品系统规约的否定或瓦解；二是产品整体指称的创新，即新产品类型的创新（详见 5.2.3）。

## 4.5 认知统摄下的产品修辞研究范式

首先我们要厘清理论研究中经常提及的范式、路径与机制这三个概念及相互关系。

1. 范式一词是美国科学哲学家托马斯·库恩（Thomas Kuhn）在《科学革命的结构》一书中提出的。美国马里兰大学教授乔治·瑞泽尔（George Ritzer）认为，范式是某一学科领域内关于研究对象的基本意向，范式界定了研究应该遵循的总体规则，它能够将存在于一研究领域中的不同范例、理论、方法和工具加以归纳、定义并相互联系起来。其次，范式与模式是不同的概念，范式是规则下的表现形式，模式是表现形式的标准化模型。规则的改变，必然会改变范式，并且必然出现新模式；而模式的改变，则未必会改变规则，未必会改变范式。

2. 路径是关于一个问题怎么解决可供选择的不同做法、渠道、方式与手段，路径的研究往往是围绕着一个目标去思考分析可供选择的做法、渠道、方式与手段，有些是既定的，但更多的应该具有创新性。研究路径需要因时、因地、因事而异，针对特定情形与条件，路径可能是唯一的，但宏观与整体的路径选择比较多，因此，路径是分层次的。

3. 机制是研究事件、现象、实践经验、方案设计内部运行时的过程、结构、逻辑、原理与制度规则的思考分析。研究机制与研究路径之间也有关系，路径的概念与范畴更大，而机制是路径之下的或进一步的问题。

本书对产品修辞的研究是建立在系统化逻辑层级基础上的。

1. 研究范式：这是本节详细展开讨论的内容。本书采用的是在认知统摄下的研究范式，即结构主义的产品修辞研究，应该以使用者与产品间知觉、经验、符号感知三种完整认知方式为中心，着重讨论它们之间由低级认知向高级认知的发展规律，它们在普遍修辞的产品设计活动中形成文化符号的方式，以及它们与产品修辞、认知语言学修辞理论、皮尔斯逻辑－修辞符号学具有相互关联的系统特征。“认知统摄”是研究产品修辞的总体规则。可以说，在此之后的产品修辞研究路径、研究机制、操作手段等各层级的研究方式，都必须在认知的统摄下展开。

2. 研究路径（详见 5.1）：对产品修辞的研究路径，是以莱考夫提出的理想化认知模型的四类认知模式、认知域（Cognitive Domain）、修辞两造映射的范围与映射方式，从雅柯布森对索绪尔组合轴与聚合轴表意倾向性出发，提出的“组合–转喻”与“聚合–隐喻”的两大分类方式入手，以他们的研究作为理论基础，对产品修辞格进行再次细分的研究。他们的研究既是产品修辞格细分的理论基础，也是产品修辞的研究路径。这些内容将分别在第 5 章、第 6 章详细讨论。

3. 研究机制（详见 4.5.3）：修辞两造三元符号结构的指称是产品修辞具体的研究机制。笔者在 2022 年出版的《无意识设计系统方法的符形学研究》一书中首次提出了“修辞两造指称作为产品修辞研究的基础”这一观点[26]。在本书对产品修辞的研究中将继续贯彻，并将其视为产品修辞的研究机制。此处的指称特指皮尔斯三元符号结构中“对象－再现体”所组成的指称关系。修辞两造符号指称的共存是产品修辞文本的本质特征，修辞两造的符号指称不但是产品各类修辞格概念映射方式的研究机制，也是第 7 章讨论修辞两造符号指称的三种编写方式、修辞格文本之间依次渐进的转化关系的研究机制。

4. 操作手段（详见 7.2）：设计师对修辞两造符号指称的“晃动”加工与改造是研究机制下的具体操作手段。产品设计是普遍的修辞，设计师通过对两造符号指称的晃动改造，呈现外部事物符号进入产品文本的“联接”“内化”“符号消隐（明喻修辞文本中文化符号消隐至直接知觉符号化）”三种编写方式。“联接”“内化”编写方式针对的是外部文化符号

26. 张剑：《无意识设计系统方法的符形学研究》，江苏凤凰美术出版社，2022，第 146–171 页。

对产品文本的修辞。“符号消隐”是对明喻文本中始源域文化符号属性的消隐，使之转向直接知觉符号化的文本编写方式。“晃动”则是设计师对修辞两造符号指称加工与改造的手段，它可以达成三种编写方式及它们对应的各修辞格文本之间依次渐进的转化关系，以及文化属性的符号感知与生物属性的直接知觉之间的贯穿，以此达到设计师对修辞格主动控制及修辞格文本间依次渐进的转化目的，并使之成为产品修辞实践的有效指导工具。

## 4.5.1 语言修辞的弊端与认知科学的介入

### 1. 语言修辞运用在认知领域的弊端

国内一些学者认为修辞的核心是语言运用，修辞的目的是调控语言或对语言进行修饰，它通过对语言的优化创新，达成较为理想的表达效果[27]。他们认为修辞学应该立足于研究语言运用的方法、技巧和规律，将那些建筑、雕塑、音乐、设计领域的修辞都视为泛化的修辞学。泛化的修辞是“隐喻”意义下的修辞，泛化的修辞所依赖的“语言”，其含义等同于“符号”，和语言学的“语言”不同质[28]。

在人类的实际修辞活动中，语言修辞比符号修辞显得更为强势：一是语言不仅用来命名具体事物，同时也命名并确认事物间的关系、人与事物间的关系；二是语言赋予符号意义的方式，语言使事物的世界进入符号的意义世界[29]。如此看来，语言具有独裁者的特征，人类不可能超出语言的界限而自由地表达思想，语言控制了宇宙万物可以被言说的内容，人类掌握了语言的能力，反而是被语言所言说着，人如同语言一样成为言说的工具[30]。这就导致了语言修辞学似乎可以覆盖符号修辞学。

语言修辞在认知领域研究中存在的弊端主要体现在以下几点。

（1）我们并不否认语言修辞模式的强势与广泛适用性，所有的“泛化修辞”必须依赖语言修辞的基础思维模式、逻辑方式进行分析研究，并依赖语言进行最终表述。语言修辞与非语言的“泛化修辞”不可能分割，更没必要为了研究领域的专业性进行取舍。语言虽不完全等同于符号，但语言的交流即符号意义的传递。

---

27. 胡习之：《论修辞与修辞的本质》，《阜阳师范学院学报（社会科学版）》2012 年第 1 期。

28. 胡习之：《对中国修辞学发展问题的几点思考》，《重庆邮电大学学报（社会科学版）》2012 年第 11 期。

29. 耿占春：《隐喻》，东方出版社，1993，第 130 页。

30. 吕红周：《符号学视角下的隐喻研究》，博士学位论文，黑龙江大学，2010，第 23 页。

语言学只不过是符号学这门总学科的一部分，符号学的所有规律都适用于语言学研究，语言学为符号学提供心理内涵与意指的研究基础[31]。否定语言修辞中的符号作用，实质是刻意强化语言作为交流的存在方式，而无视语言作为认知的交流目的。

（2）语言修辞的“语言”特指自然语言，它排除了手势、图式、音乐、设计、影视等领域存在的非自然语言。语言修辞学所讨论的修辞，特指依赖自然语言进行的修辞活动；因而，语言修辞所获得的对世界的认知，也限定为通过自然语言的修辞活动所获得的对世界的认知内容。

赵毅衡对此分析认为：一方面，语言的表现力具有其他符号体系无法比拟的清晰度，这导致修辞学一直被视为语言修辞，而其他非语言符号的修辞问题，都需要依赖语言修辞的表述，导致非语言符号修辞与语言修辞间的混淆，非语言符号修辞常被认为是语言修辞的变形或借用；另一方面，完全依赖语言修辞来进行非语言的符号修辞研究是不现实的，非语言的符号修辞案例在实际的讨论中，始源域与目标域之间并没有“是”“像”“如”之类的连接词，符号意义必须依赖接收者的解释才能获得，它们要比语言修辞困难许多。

（3）20世纪出现了一系列方向不同的新修辞学，以“符号修辞学”最为典型，尤其是对图像的修辞研究，早已超越了语言的束缚而进入符号领域。符号修辞学有两个研究目的：一是以符号学为基础，重新构建修辞学的专业术语；二是讨论传统语言修辞格在非语言符号环境中的变异及实践运用[32]。这两个研究目的在产品设计符号学的修辞研究中都具有现实的价值。

（4）使用者对产品的直接知觉与间接知觉，是形成使用者产品经验的两种来源方式；所有产品符号都是对使用者产品经验的意义解释。产品修辞文本编写的语言是使用者对产品的知觉、经验、符号感知三种认知方式所形成的文化符号。其中直接知觉被符号化所形成的符号、集体无意识产品经验被符号化所形成的符号，它们是产品系统内生成新的文化符号的两种途径。

产品的“符号感知”在文化环境中的认知目的是产品文本内相关产品符号与外部事物的文化符号间的普遍修辞。而使用者对外部事物与产品的认知方式是相同的，因此修辞活动中的产品与外部事物在符号意义生成方式上是相同的，都是对产品经验与事物经验的意义解释。因此，使用者对产品三种认知方式中的“符号感知”，可以指向修辞活动中产品的符号感知、外部事物的符号感知。

---

31. 郭鸿：《现代西方符号学纲要》，复旦大学出版社，2008，第14页。

32. 赵毅衡：《修辞学复兴的主要形式：符号修辞》，《文学艺术论评》2010年第9期。

### 2. 以认知科学为背景的认知语言学修辞理论研究

（1）认知科学发展的两个阶段

第一代的认知科学起源于20世纪50年代，是心理学与计算机技术、神经科学交叉研究的结果。它以计算机与人工智能作为感知的研究手段，认为心智的输出需要结构内部的计算，以此获得符号信息最后的加工结果。计算机语言是一种符号，但符号的范畴远不止计算机语言，符号是人类所有文化的集合。因此，这一代的认知科学与符号学、修辞学之间不存在方法与内容的重合与相似，它只是依赖计算机的符号信息加工方式，对符号学中符号与文本间意义解释的修辞流程做出相似性的类比关系[33]。

第二代的认知科学于20世纪70年代开始出现，以体验哲学为理论基础，主张人的心智来源于个体的经验。他们认为心智首先来源于身体与环境的体验积累、个体生活经验的社会文化积累。其次，认知来源于身体与环境的体验，这些体验成为生活习惯、文化经验积累的组成来源，它们具有精神分析学的无意识特征。最后得出这样的结论：人类思维的方式和过程类似符号间的相互解释，思维具有隐喻的特征。

（2）认知语言学的兴起

认知语言学是语言学的分支，它以第二代认知科学和体验哲学为理论背景，在反对主流语言学转换生成语法的基础上诞生，认知语言学随着认知科学的发展获得新的研究方向。认知语言学涉及人工智能、语言学、心理学、系统论等多个学科，它针对生成语言学天赋观，提出：语言的创建、学习及运用，必须能够通过人类的认知而加以解释，因为认知能力是人类获取知识的根本。

认知科学指导语言学从人们对世界的经验感知、系统概念、认知方式进行语言研究[34]。因而，认知语言学将人的认知与体验放在研究的首要位置，认为它们是语言形成的前提基础。它提出的体验哲学观表现为个体的心智与经验结合，客观与主观的结合，并遵循“现实-认知-语言”的原则[35]。

（3）认知语言学的修辞理论研究

莱考夫与约翰逊合著的《我们赖以生存的隐喻》把修辞研究从传统的语言学研究模式转

33. 薛晨：《认知科学的演进及其与符号学关系的梳理》，《符号与传媒》2015年第11期。

34. 赵艳芳：《认知语言学概论》，上海外语教育出版社，2001，第14页。

35. 吕红周：《符号学视角下的隐喻研究》，博士学位论文，黑龙江大学，2010，第24页。

向认知科学领域。修辞不应该仅作为语言的专属工具，它是人类深层的认知机制，我们依赖修辞组织思想、形成事物的判断，最终使得语言得以结构化[36]。他们认为，人类的共同经验应是人类思维之所以有意义的促动因素。因而，表达人类思维的修辞活动的基础是人类的经验，经验是形成修辞活动中概念的基础。他们做出推论，我们赖以进行思考和行动的日常概念系统，在本质上是隐喻性的[37]。我们日常的思维、经验和行事也几乎都是隐喻的。隐喻构建我们的感知、思维，以及我们的行为方式，隐喻是人类认识和表达世界经验的一种普遍方式。

在讨论隐喻修辞时，束定芳认为修辞在人类认知方面起到了创造新的文化符号意义与提供看待事物的新视角两大作用。人类要认知周围的世界，探索未知的领域，就需要借助已知的概念系统，并将它们映射到未知的领域，以获得新的知识和理解。这表明，无论在科学思维中，还是在对新概念的探索和阐述中，修辞都是一种重要的工具和手段[38]。

### 3．两种符号学模式与认知的密切关系

符号学有两种研究模式：索绪尔语言符号学从生物体之间的角度研究语言的社会文化属性[39]；皮尔斯的逻辑 - 修辞符号学则从生物体的内部角度研究语言的心理与生理活动，他把人的认知活动等同于生物适应环境的本能活动[40]。这两种模式与认知有着密切的关系。

（1）索绪尔语言符号学以“先验规约”作为发送方与接收方进行符号意义传递的前提，这是结构主义符号学的理论基础。列维 - 斯特劳斯通过考察群体中社会生活经验的无意识积累，验证了构成符号意指关系的规则并非具有上帝创造般的先验性存在，而是集体无意识原型在认知经验实践中的意义解释。这表明语言意指关系的深层结构来源于认知经验所积累形成的集体无意识原型。

（2）皮尔斯的逻辑 - 修辞符号学从开始确立，就已经非常明确地表明了认知与感知的存在。因此，在认知科学的影响下，符号学出现了“认知符号学”的新分支。赵毅衡对此持否定态度，他认为当今认知科学已成为一个覆盖面巨大的伞形术语，认知符号学是从认知科学那里借用了一些研究方法，对符号学本有的认知倾向做出再次强调；同时，符号学不应该像认知科学

---

36. 胡平、周盛：《隐喻认知 - 英语词汇学习的策略和工具》，《重庆三峡学院学报》2007 年第 6 期。

37. 束定芳：《隐喻学研究》，上海外语教育出版社，2000，第 28 页。

38. 同上书，第 100 页。

39. 郭鸿：《语言学科跨学科研究的实质和规律》，《外国语文（四川外语学院学报）》2010 年第 2 期。

40. 胡壮麟、朱永生、张德录：《系统功能语法概论》，湖南教育出版社，1998，第 9 页。

那样，采用脑神经心理科学的研究套路，否则符号学会丧失人文本色[41]。

郭鸿也持有相同的观点。他认为皮尔斯逻辑－修辞符号学从生物体内部的角度研究人类心理和生理活动，侧重符号文本在人类认知、思维中的功能，其符号学体系是建立在科学的认知方法论与修辞学基础上的逻辑学[42]。

（3）当今的符号学界并没有对认知心理学与符号学的研究内容进行分离。郭鸿分析认为，从研究内容与范畴而言，无论是索绪尔的语言学模式，还是之后发展起来的结构主义模式，乃至当今的皮尔斯逻辑－修辞符号学模式都是与认知心理学形成相互交叉的研究模式、多媒体的研究路径[43]。

## 4.5.2 产品认知符号与语言符号在意指上的差异与联系

### 1．回溯到认知层是讨论两种符号意指的前提

（1）索绪尔语言符号的二元结构中能指的“声音形象”不是具体的事物对象，而是被大众认可的一个特定抽象化心理标志。所指是该声音形象指向的携带意义感知的“概念”，二元符号结构的意指实质是“话语的声音形象”与“声音形象的意义”之间的关系，前者是表层结构的内容，后者是深层结构的内容。所有的文化符号，以及所有文化符号之间的修辞，都可以依赖语言符号的二元结构搭建“文化符号的心理形象（能指）”与“文化符号的意义（所指）”这样的意指关系。也正是因为这样的搭建方式，文字语言可以表述所有产品认知语言所形成符号意指的准确内容。虽然语言符号的意指可以表述所有人类认知的所有内容，以及担负起依赖语言文字的交流与传递，但不能说语言符号的意指可以替代各类认知方式及内容。

（2）索绪尔认为语言符号中的能指与所指间的意指关系是任意且先验的，雅克·拉康与列维－斯特劳斯分别从无意识具有的语言结构和系统结构内规则的来源两个不同的角度讨论结构内符号意指的规则。他们一致认为，结构内组成意指的符码规则来源于日常生活的经验积累，也是无意识的集合。这也表明，语言符号的意指关系并非先验的，而是由群体的认知内容决定的，这为产品认知符号与语言符号在使用群认知层面讨论两者意指关系的共同性与

41. 赵毅衡：《关于认知符号学的思考：人文还是科学？》，《符号与传媒》2015 年第 11 期。

42. 郭鸿：《现代西方符号学纲要》，复旦大学出版社，2008，第 15 页。

43. 郭鸿：《作为“普通符号学”起点的科学符号学》，《符号与传媒》2015 年第 10 期。

差异性等诸多问题奠定了可能。

（3）产品符号是使用者与产品间知觉、经验、符号感知三种完整认知方式的内容“符号化”所形成的认知符号。产品符号与语言符号都是使用群的认知内容所形成的文化符号。产品符号与语言符号的意指关系不可能简单地转换与对应，如果把利用谐音梗进行产品符号与语言符号间意指的粗暴转换作为修辞表意的内容，不但容易落入“封闭漂流”的解释陷阱，同时也因为强制性地关联，使得文本表意的理据性被质疑。

因此，讨论产品符号与语言符号的意指关系，必须回溯到使用群的认知层级，依赖语言深层结构重复或重新构建认知意义的方式进行沟通与表达。

### 2. 产品修辞离不开语言符号意指与语言思维系统模式

一方面，索绪尔语言学模式的二元符号结构的所有研究方法，都属于人类心理学关于语言的研究范畴[44]。“文字语言与产品语言的互动”一节表明（详见 3.2），产品设计活动不可能脱离文字语言，也不能完全依赖文字语言。另一方面，由于产品设计是普遍的修辞，以及文字语言本身就是文化符号的这两点，可推论认为：产品修辞不可能离开语言符号的意指，也不可能离开语言思维系统模式的控制。具体分析如下。

（1）语言符号在产品修辞中的意义表述，本身就是对语言符号深层结构中意指关系的再次使用，或是依赖使用群集体无意识这一深层结构重新构建意指关系的过程，它是我们对事物构建的思维体系的系统化表述。无论是设计师与使用者在产品修辞活动的文本传递过程中的所有认知内容，还是在文化活动中的交流，都必须依赖语言符号的意指加以表达，必须依赖语言思维系统模式进行选择、分析、评判。

（2）产品修辞活动是一个文本意义的传递过程。对于设计师而言，任何产品修辞在选喻、设喻、写喻的过程都是语言思维系统模式的表达。即使作为设计师的我们不会把那些内容书写在纸面上，但它们还是会在大脑中以语言思维系统模式进行框架组织，进行逻辑评判及修正。语言始终以思维系统模式的方式控制着设计师修辞文本的整个编写过程。必须要强调的是，控制产品修辞文本编写过程的是语言的思维系统模式，而非语言符号的意指，更不可能是语言符号的指称。

对使用者而言，他们对产品修辞文本的认知过程就是对修辞文本意义解释的构建过程。

---

44. 代玮炜、赵星植、阿赫提–维科・皮特里宁：《皮尔斯符号学及其三分模式论：皮特里宁教授访谈》，《宜宾学院学报》2016 年第 3 期。

虽然产品修辞文本的意义解释是使用者对产品的认知结果，但这些认知结果必须通过语言思维系统模式，以及语言符号的意指内容进行表述。

（3）我们可以将语言符号的意指、语言思维系统模式在产品修辞活动中的作用归纳为三点：一是语言思维系统模式负责产品修辞活动中认知内容与结果的系统化构建；二是语言符号的意指在编写与解读修辞文本时，通过深层结构提供产品认知符号的意指，或创建产品认知符号新的意指；三是设计师与使用者双方对产品认知内容的交流，必须依赖语言思维系统模式进行系统构建，依赖语言符号意指进行表达与交流。

### 3．产品认知符号的三种来源方式

产品符号是认知符号，本书第3章将使用者对产品认知的知觉、经验、符号感知所形成的符号化内容作为产品语言的三种来源，这也表明了产品认知符号的来源方式。

（1）产品设计是普遍的修辞，产品修辞文本的编写必须以符号化的方式进行。产品符号是使用者与产品间三种认知方式的内容被符号化所形成的认知符号，因此产品符号不是产品自身的符号，它不可能按照以产品为主体的，诸如造型、材质、肌理、功能、操作、体验、感知、风格等繁杂的认知途径进行分类与讨论。所有产品认知途径的表意内容，都会被知觉、经验、符号感知这三种认知方式进行体验并符号化。

（2）虽然心理学将个体的认知分为感觉、知觉、记忆、思维、想象和语言等认知过程，但这些认知过程在产品设计中具有自身的特殊性。一方面，心理学的个体认知过程在产品设计活动中都分别围绕与产品间的知觉、经验、符号感知三种认知方式展开；另一方面，三种认知方式的内容符号化是产品文本编写的三种符号来源。

（3）使用者与产品间的三种认知方式是使用者获得文本意义解释的三种符号来源，这也表明产品设计活动的主体是使用者，而非产品本身。设计师可以在使用群的认知层面达到对结构主义文本意义传递有效性的控制。

### 4．产品符号意指、语言符号意指与使用群认知经验的关系

首先需要说明的是：（1）本书中经常出现的“使用者”一词，并非特指某一个使用者，而是对使用群内所有使用者个体的泛指，这一个体代表了使用群的普遍属性特征，即使用者是群体属性特征的代表。在本节中讨论的“认知经验”还是应回归“群体认知经验”的表述为宜。（2）

我们讨论的“产品符号”是指产品系统内对使用群产品经验意义解释后获得的产品文化符号。产品设计是普遍的修辞，是产品与外部事物间的修辞解释，无论是哪一方作为始源域或是目标域，修辞两造的符号意义的形成，都是设计师以使用群文化规约为基础，对产品或事物的生活经验做出的意义解释，以此建立两者在修辞解释上的关联性。

产品符号的意指、语言符号的意指与使用群认知经验的关系，可以通过下图（图 4-9）表述：

（1）所有与产品相关的文字语言符号“能指 - 所指”间的意指，都是由以使用群认知经验为基础的集体无意识赋予并提供的，而文字语言符号对产品认知内容的描述，是使用群集体无意识通过文字语言在产品上的符号化映射。

（2）使用群的集体无意识是以群体的认知经验为基础构建的，它为使用者与产品间的知觉、经验、符号感知的内容与结果提供符号化的意义解释，意义解释的内容需要依赖文字语言的意指进行表述与交流。而文字语言的意指对三种认知方式所形成的符号内容表述，必定受到使用群认知经验在深层结构上的控制。

（3）使用者与产品间三种认知方式的内容是产品语言的来源，在整个产品设计活动中的作用如下：一是作为产品修辞文本编写的三种符号来源；二是对使用群关于产品认知经验的积累与补充；三是产品与外部事物相同认知方式下进行的普遍修辞，使得产品与各种文化符号得以广泛交流；四是认知经验在使用群集体无意识的深层控制下，提供文字语言符号的意指内容，或重构新符号的意指内容。这种积累、补充、重构的方式为产品文化符号的意义创新提供保障与基础。

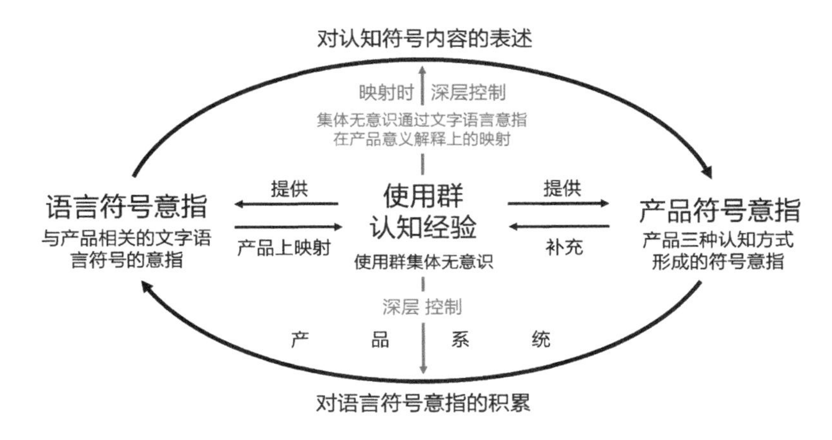


图 4-9 产品符号意指、语言符号意指与使用群认知经验的关系

### 4.5.3 修辞两造三元符号结构指称是产品修辞的研究机制

本书对产品修辞系统化的研究逻辑层级如下。（1）结构主义产品修辞研究应该以使用者与产品间的知觉、经验、符号感知为中心，以“认知统摄”作为产品修辞的研究范式，之后的产品修辞研究路径、研究机制、操作手段等各层级的研究方式，都必须在认知的统摄下展开；（2）以莱考夫提出的理想化认知模型的四类认知模式、认知域、修辞两造映射的范围与映射方式，以及以雅柯布森“组合－转喻”与“聚合－隐喻”两大表意倾向为基础对产品修辞格进行细分，作为产品修辞的研究路径（这些内容将分别在第5章、第6章详细讨论）；（3）修辞两造三元符号结构的“指称”是产品修辞的研究机制。“指称”是特指皮尔斯三元符号结构“对象－再现体－解释项”中“对象－再现体”所建立的关联方式（图4-1右）；（4）设计师对修辞两造符号指称的“晃动”加工与改造则是这种研究机制下的具体操作手段。

需要表明的是，修辞两造三元符号结构的“指称”不但是讨论产品各类修辞格概念映射方式的研究机制，而且是讨论修辞两造符号指称的三种编写方式、修辞格文本之间依次渐进的转化关系的研究机制。我们甚至可以说，但凡以实践的姿态去讨论产品修辞，不可能绕开修辞两造三元符号结构的“指称”。

#### 1. 三元符号“指称”在修辞活动中回溯系统的作用

产品修辞是外部事物的文化符号对产品文本内相关符号的意义解释，修辞两造符号指称共存是所有修辞文本的本质特征。产品修辞的意义解释不可能发生在两个单独的符号之间，因为不存在没有系统的符号意义，更不存在摆脱各自系统的修辞。

虽然索绪尔二元符号结构“能指－所指”中也存在指称，它是“能指”通过符码规约引向“所指”的过程，但索绪尔语言符号的二元结构中能指的“声音形象”不是具体的事物对象，而是被大众认可的一个特定抽象化心理标志。其符号结构缺少客观实体的“对象”，修辞活动无法回溯到各自的系统，因此无法讨论产品修辞格各种映射方式等问题，也就无法在修辞实践环节指导具体的产品文本编写。

皮尔斯将符号分为“对象－再现体－解释项”三部分，其中“对象－再现体”组成一组“指称”关系，客观实体的对象是系统必要的组成。认知语言学的修辞理论表明，产品修辞是两个产品系统间通过符号指称的不同映射方式形成的局部概念的“替代”或“交换”。三元符号结构中“指称”在修辞活动中回溯系统的作用分析如下。

（1）皮尔斯三元符号结构中的“再现体”相当于索绪尔二元符号的“能指”。“解释项”是符号的意义解释，等同于索绪尔符号结构的“所指”部分[45]，但在皮尔斯三元符号结构中被分割为“对象”与“解释项”两部分。客观实体的“对象”与抽象意义的“解释项”分离后，产品文本中的“对象”面对不同的使用群、解读群必定是相对固定的，不同的使用人群与解读人群面对同样的“对象－再现体”的指称，可以按照他们各自的文化规约获得更为广泛性的“解释项”意义解释。

（2）符号通常具有两个对象：直接对象与动力对象。符号直接再现的那个对象是“直接对象”，依赖生活经验进一步引导。真正决定符号最终解释的称为“动力对象”，其意义解释是依赖解读者在原有“直接对象”基础上再次回溯系统，依赖系统以及环境内的生活经验对意义展开进一步探究，产品的意义解释过程变得耐人寻味，例如前文提到的原研哉《梅田医院标识》。

（3）产品文本中的“对象”与“解释项”分离，打破了产品系统内规约预设的格局。这个固定的对象必须依赖不同的产品系统，以及系统所在的文化环境提供经验信息与文化规约，以此获得解释项的意义解释。例如不锈钢材料这个固定的对象，用在男士剃须刀上，体现出“刚毅”的意义解释，而用在餐具中，则是“耐用”的意义解释。这些意义解释都是产品系统内经验完形的认知机制，是认知心理学感知研究的基础，也是“认知统摄”的一种体现。

（4）皮尔斯三元符号结构中指称的“对象”奠定了“认知语言”的产品修辞活动中，一个产品系统内的符号被另一个事物（产品）系统内的符号进行跨系统修辞解释的符形分析基础，即修辞两造可以回溯两造各自的系统，以及明确各自系统局部概念的指称特征与文化属性。

因此，三元符号结构中“对象－再现体”组成的指称不但可以讨论所有符号的意义形成，同时也可以作为所有跨系统的产品修辞文本在编写时的结构分析工具。

### 2．三元符号“指称”是修辞实践中意义可被感知与编写的内容及途径

产品修辞是外部事物的文化符号对产品文本内相关符号的意义解释，其修辞解释的方式

45. 赵毅衡：《符号学原理与推演》，南京大学出版社，2016，第95页。

是外部符号的指称形成的感知，对产品文本内相关符号指称中品质的解释。修辞两造符号指称共存，是所有修辞文本的本质特征，也是判断文本是否采用修辞的唯一标准。

产品修辞文本中的“两造指称共存”对于产品文本在编写与解读时的认知作用表现在：

（1）皮尔斯三元符号结构中的指称作用是由一个明确的客观实体关系（对象－再现体）转变成为抽象意义（解释项）的衍义过程[46]。从认知的方式与途径可以看到，产品修辞文本中两造抽象的符号意义不可能直接获得，其获意的唯一途径必须是可以被个体直接感受的内容，通过感受到的内容才能获得符号意义的解释。客观实体的“对象”与其品质“再现体”所组成的指称关系，是个体唯一可以直接感受到的符号内容。

正因如此，产品文本的编写者（设计师）必须依赖“对象－再现体”组成的一组指称内容进行表意操作，而文本的解读者（使用者）也只能通过设计师在“对象－再现体”指称中编写的内容进行意义的解释。这时“指称”与“解释项”形成一种意指关系。意指关系的形成有三种方式：一是倾向指称中的“对象”获得解释项的意义；二是倾向指称中的“再现体”获得解释项的意义；三是“对象－再现体”指称及指称内容的创造性解释获得解释项的意义。

（2）三元符号结构的指称中“对象－再现体”是相互对应、制约的关系。设计师对符号指称中客观实体“对象”的形态、造型改造，会形成对应“再现体”的不同品质；同样，设计师对“再现体”品质的修正或改造，也会出现不同于之前“对象”的形态、造型。因此，符号指称“对象－再现体”中任何一方的改造与修正，都会带来另一方的改变，从而形成全新的意指关系，最终为使用者带来“解释项”新的意义解释。

在产品修辞活动的文本编写中，修辞两造符号指称共存，因而这种改造方式适用于始源域符号或目标域符号的任何一方。

（3）从对指称的具体改造操作手段与方式来说，“晃动”是最为形象的表述（详见 7.2.1），即设计师通过修辞两造指称中对象的还原度，以及其系统独立性的控制，作为指称加工与改造的具体手段。设计师对修辞两造指称的晃动改造是设计活动最平凡、最常态化的操作手段，其主要作用与目的为：一、通过晃动始源域符号指称，可以调控其意指关系的表意方式，进而可以创造两造间新的意义解释；二、结构主义产品修辞力求修辞文本作为系统的整体性，对始源域符号指称的晃动是为了使其向产品系统靠拢。与此同时，产品文本内目标域符号指

46. 胡易容、赵毅衡：《符号学－传媒学词典》，南京大学出版社，2012，第 265 页。

称也会为此做出对应的晃动调整；三、设计师可以通过两造符号指称的改造，达成修辞格文本之间依次渐进的转化关系，从被动地选择修辞格转向主动地控制改造修辞格文本的类型。

### 3．两造三元符号“指称”是修辞活动的动力结构

产品设计是以设计师为主导的产品文本传递过程，这个传递过程是设计师以产品外部事物的文化符号对产品文本内相关符号的修辞。在产品修辞文本的编写过程中，设计师的主观意识表达是修辞活动的“动力源”，而这个动力源需要依赖某个结构才能发挥功效，修辞活动中两造符号指称是产品修辞活动的动力结构。

莱考夫的隐喻图式理论认为，修辞是将始源域的认知图式投射到目标域上，从而使目标域被置于始源域熟知的生活经验之中，即始源域符号“解释项”的抽象概念意义建立在目标域可感知到的“对象－再现体”组成的指称基础上。在产品修辞活动中，跨系统的抽象概念需要指称获得意义的解释。因此，修辞两造符号的指称是修辞活动始源域与目标域意义解释的动力结构。通过对修辞两造符号指称的编写操作讨论产品修辞，是设计师主观且能动地控制抽象的符号意义（解释项）的唯一途径，也是修辞文本编写的实际操作方式。

### 4．修辞两造三元符号“指称”共存带来修辞文本表意的张力

符号学文本表意的“张力”一词，最早来源于物理学的术语，是指作用于同一物体相反方向的两个力所构设的一种动态平衡的状态，在文学艺术理论中被定义为“不同的理论交锋或两种思想意识在紧张状态下的一致性”[47]。形成产品文本表意的张力类型有很多，只要存在于同一个表意过程中，相互制衡且处于动态平衡的解释倾向都是张力的表现。张力有强弱之分，张力的强弱来源于使用者对产品文本进行解释时，其使用群能力元语言释放的释意压力。

修辞两造符号指称共存，即前文表述的修辞文本中两造符号指称的“重层性”特征。之所以说指称共存是所有产品修辞文本表意的张力来源，是因为：一方面，修辞两造符号分别来自两个系统，修辞是通过符号间意义的解释达成系统间局部概念的替代或交换，因此修辞两造带来的文本表意张力，是文化符号系统与产品系统间，因各自固有的系统规约而形成的对抗与平衡；另一方面，产品设计是普遍的修辞，是设计师主观意识通过符号间意义解释而

---

47. 项念东：《“张力”抑或“张力”论：一个值得省思的问题》，《衡阳师范学院学报》2009 年第 1 期。

进行的表达，设计师主观意识对产品系统内文化规约的解释及改造，带来了主观意识与产品系统间的表意张力。

修辞两造符号指称共存形成的文本表意张力表现在：（1）产品提喻文本中在场的产品局部指称在完形不在场的产品整体指称时所表现出的张力；（2）产品转喻修辞文本中，存在两种不同类型产品整体指称的判断；（3）产品明喻与隐喻修辞文本中，存在两种不同方向的符号意义解释。这种差异性越大，使用群能力元语言的释意压力就会越大，文本表意的张力就会越强。

## 4.5.4 构建以使用群认知为中心的产品修辞研究系统

结构主义的产品修辞研究应该以使用群认知为中心，着重讨论它与产品修辞、认知语言学修辞理论、皮尔斯逻辑 - 修辞符号学的相互关系，它们之间具有相互关联的系统特征。笔者将它们的关系构建为如下图的一个系统（图 4-10），并将这个系统内部组成间的关系分为两部分展开讨论。第一，使用群认知的统摄作用：使用群认知与产品修辞、认知语言学修辞理论、皮尔斯逻辑 - 修辞符号学之间的关系。第二，产品修辞与系统内其他组成间的关系，包括产品修辞与认知语言学修辞理论、皮尔斯逻辑 - 修辞符号学之间的关系。

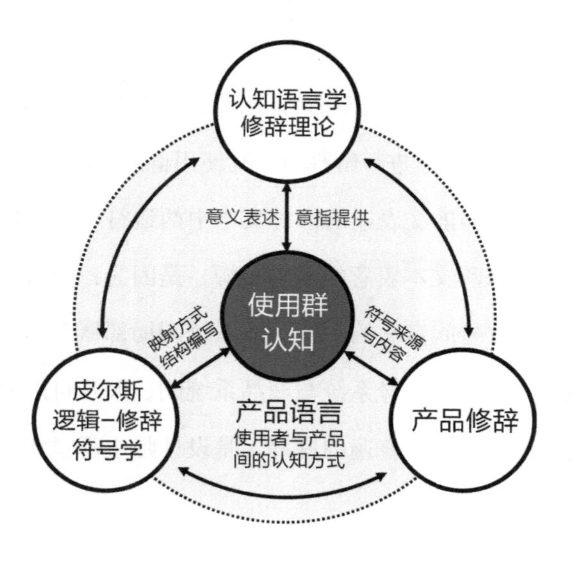


图 4-10　以使用群认知为中心的产品修辞研究系统

### 1. 使用群认知在系统中的统摄作用

（1）使用群认知与产品修辞的关系

使用者与产品间知觉、经验、符号感知的三种认知方式内容的符号化是产品修辞的三种符号来源。

产品修辞是认知形成的符号修辞，而非语言符号修辞。可以说，所有的产品设计活动都是围绕着使用者与产品间的知觉、经验、符号感知展开的。

首先，在无意识设计系统方法的客观写生类中，“直接知觉符号化设计方法”与“集体无意识符号化设计方法”更是将使用者的直觉知觉、使用群集体无意识行为或心理经验作为设计活动表意的内容。其次，“符号感知”是指产品修辞两造的符号感知。这是因为，产品在文化环境中的认知目的是产品文本内相关产品符号与外部事物的文化符号间的普遍修辞。而外部事物的文化符号是以使用群文化规约对事物经验的意义解释，修辞活动中的产品与外部事物在符号意义生成方式上是相同的，产品与外部事物相同认知方式下进行的普遍修辞，使得产品与各种文化符号得以广泛交流。

（2）使用群认知与认知语言学修辞理论的关系

一方面，使用群的认知提供给认知语言修辞的表意内容，使用群的集体无意识认知经验又是认知语言修辞活动中意指关系的深层结构，它控制着每一次认知语言修辞的意指关系的组建。另一方面，在图 3–3“产品语言—文字语言的互动图式”中，我们可以清晰看到产品语言与文字语言之间通过相互作用的方式，分别为产品提供了在功能、感知方面创新的可能性。

（3）使用群认知与皮尔斯逻辑 – 修辞符号学之间的关系

前文已表述，赵毅衡与郭鸿一致认为，皮尔斯逻辑 – 修辞符号学从开始确立，就已经非常明确地表明了认知与感知的存在[48]。逻辑 – 修辞符号学从生物体内部的角度，研究人类心理和生理活动，侧重符号文本在人类认知、思维中的功能，其符号学体系是建立在科学的认知方法论与修辞学基础上的逻辑学[49]。

同时，郭鸿认为当今的符号学界并没有对认知心理学与符号学的研究内容进行分离。从研究内容与范畴而言，索绪尔的语言符号学模式，以及在其基础上发展起来的结构主义模式，

48. 赵毅衡：《关于认知符号学的思考：人文还是科学？》，《符号与传媒》2015 年第 11 期。

49. 郭鸿：《现代西方符号学纲要》，复旦大学出版社，2008，第 15 页。

乃至皮尔斯逻辑－修辞符号学模式，都与认知科学有着密切的交叉关系[50]。

### 2．产品修辞与系统内其他组成间的关系

（1）产品修辞与认知语言学修辞理论的关系

莱考夫与约翰逊的认知科学视角下的语言修辞具有与产品修辞进行相互讨论的可能性，他们认为表达人类思维的修辞基础是人类的认知经验，经验是形成各种修辞概念的基础。修辞活动构建我们的感知、思维以及行为方式，它是人类认识和表达世界的一种普遍方式[51]。因此，产品修辞的研究必须依赖认知语言学的修辞理论，但不可能完全照搬认知语言的修辞内容，毕竟两者讨论的符号属性与内容各不相同。如果目前研究较为成熟的认知语言学修辞理论可以对产品修辞有所帮助与借鉴，那么两者必须回溯认知的层级。

同时，语言符号的意指直接参与产品文本的修辞是不合适的，那样不但会成为谐音梗的无理据表意方式，而且会带来在意义解释时的“封闭漂流”风险。

产品文本在社会文化环境的传递过程中，除了产品自身文本的表意内容之外，还伴随着三大类伴随文本共同表意。它们很多都是以语言的修辞方式，并以语言符号的意指进行的表意。

（2）产品修辞与皮尔斯逻辑－修辞符号学之间的关系

一方面，产品修辞的目的是通过事物与产品间符号指称不同的映射方式，达到两个系统间局部概念的替代或交换，产品修辞的本质特征是修辞两造符号指称的共存，修辞两造三元符号结构“指称”是产品修辞的研究机制。因此，对修辞文本的结构分析必须依赖皮尔斯符形学理论进行。

另一方面，莫里斯在皮尔斯符号学基础上对符号学活动内容进行了符义学、符形学、符用学三分类。由符义学发展的产品语义学，主要讨论产品的对象与产品文本意义间的意指关系，以及外部文化符号与产品文本间解释的理据性问题，它们是产品符形学研究讨论的基础。产品符形学则是在产品符义学的基础上，讨论修辞的结构关系问题。这些关系侧重修辞两造符号映射方式与组成形式，以及符号指称在产品设计系统规约协调控制的改造问题等。由此可见，皮尔斯逻辑－修辞符号学细分出的符义学与符形学整合的研究模式，是产品修辞文本编写的理论指导工具，其中修辞的符形学在具体的实践操作中有突出的重要位置。

---

50. 郭鸿：《作为“普通符号学”起点的科学符号学》，《符号与传媒》2015 年第 10 期。

51. 束定芳：《隐喻学研究》，上海外语教育出版社，2000，第 28 页。

最后，我们可以对产品修辞的研究系统做出如下四点概括总结。

第一，在认知统摄下的产品修辞研究，必须围绕使用群的认知内容，以及它们所形成的符号化产品认知语言而展开。认知科学从使用者对产品的三种认知方式出发讨论产品修辞，这是因为三种认知提供了可以进行符号化修辞解释的内容与符号来源。

第二，产品的“符号感知”在文化环境中的认知目的是产品文本内相关产品符号与外部事物的文化符号间的普遍修辞。而使用者对外部事物与产品具有相同的认知方式，修辞活动中的产品与外部事物在符号意义生成方式上是相同的，设计师通过对产品与事物的经验按照使用群文化规约进行意义解释，建立产品与外部事物的关联，使得产品融入广泛的文化符号世界。

第三，语言修辞是产品修辞依赖的思维模式与讲述方式。产品修辞的研究模式可以视为认知语言学修辞理论转向产品认知修辞后的变体，但两者不应该也不可能直接对应，而是依赖它们上一层级作为人类认知方式的共通性展开讨论。

第四，皮尔斯逻辑 - 修辞符号学中的符义学与符形学是产品修辞实践中文本结构编写的操作工具。产品修辞实践是修辞文本的编写，修辞文本的编写必须依赖符号的结构，修辞两造三元符号结构的“指称”是设计师编写文本唯一的依赖方式，也是产品修辞的研究机制。

## 4.6 本章小结

产品设计活动是普遍的修辞。产品修辞是一个外部符号与产品内相关符号的意义解释，也是这两个符号所在系统之间局部概念的替代或交换。皮尔斯三元符号结构相较索绪尔二元符号结构多出个“对象”，它为跨系统的产品概念修辞奠定了事物对象之间意义解释的基础，三元符号结构更适用于从符形学角度讨论产品修辞的操作实践。

修辞两造符号指称共存是修辞文本的本质特征，指称是修辞两造符号意义解释的动力结构，产品所有修辞格都依赖两造符号指称间各种不同的映射关系进行修辞文本的编写。设计师可以通过对始源域符号指称在产品系统内的改造，获得修辞格文本之间依次渐进的转化关系，这将在第 7 章进行讨论。因此，修辞两造三元符号结构的指称是产品修辞的研究机制。以修辞两造指称为机制讨论修辞，并不代表修辞文本的编写就是修辞活动的目的。我们应将它视为一种产品修辞活动的工具，这样是为了防止我们陷入以编写文本为设计活动目的的层面。

选择皮尔斯的三元符号结构讨论产品修辞，绝不代表就要放弃在索绪尔语言符号学基础上建立的结构主义，所有产品修辞表意的有效性传递，都必须依赖结构主义的系统观进行讨论。

认知统摄下的产品修辞学研究，依赖但不可完全照搬认知语言学修辞理论，需要以皮尔斯逻辑－修辞符号学作为研究基础，并从认知科学的角度将产品语言重新规范为以使用者为认知主体、以产品为认知载体的符号化的认知语言。产品语言来源于使用者与产品间知觉、经验、符号感知三种完整的认知方式，它们所形成的符号是产品文本编写的三种符号来源：首先，产品系统内使用者对产品的知觉与经验的认知内容进行符号化后，可分别形成“直接知觉的符号化”与“集体无意识的符号化”两种符号；其次，产品的符号感知在文化环境中的认知目的是产品文本内相关产品符号与外部事物的文化符号间的普遍修辞。

认知统摄下的产品修辞学研究不但为符号学研究产品修辞做好符号来源的基础，而且为使用者与产品间完整的认知方式、使用者生物属性与文化属性间的贯通、产品系统内部符号生成与外部符号间的普遍修辞提出继续深入讨论的可能性。

# 第 5 章

# 产品修辞格（一）：组合轴表意的提喻与转喻

在第 5 章与第 6 章对产品各种修辞格展开研究之前，我们有必要再次回顾产品修辞系统化的研究逻辑层级。

1. 研究范式（详见 4.5）：结构主义产品修辞研究应该以使用者与产品间的知觉、经验、符号感知为中心。本书采用的是在认知统摄下的产品修辞研究范式，在此之后的产品修辞研究路径、研究机制、操作手段等各层级的研究方式，都必须在认知的统摄下展开。

2. 研究路径：这是本章在开始部分需要展开讨论的内容。它以莱考夫提出的理想化认知模型的四类认知模式、认知域、修辞两造映射的范围与映射方式，以及雅柯布森“组合-转喻”与“聚合-隐喻”两大表意倾向为基础对产品修辞格进行细分，细分为倾向组合轴表意的产品提喻与转喻、倾向聚合轴表意的产品明喻与隐喻。对产品修辞格细分的目的，是希望产品修辞活动可以获得在认知领域的各修辞格符形结构的系统化讨论。

3. 研究机制（详见 4.5.3）：修辞两造三元符号结构的指称是产品修辞具体的研究机制。此处的符号指称特指皮尔斯三元符号结构中“对象-再现体”所组成的指称关系。修辞两造符号指称的共存是产品修辞文本的本质特征，修辞两造的符号指称不但是本章与下一章研究产品各种修辞格两造映射方式、文本编写与符形分析的主要机制，也是第 7 章讨论设计师通过指称晃动达成产品各种修辞格文本之间依次渐进的转化关系的研究机制。

4. 操作手段（详见 7.2）：设计师对修辞两造指称的晃动加工与改造是以两造三元符号结构的指称作为研究机制下的具体操作手段。设计师通过对修辞两造三元符号指称的晃动改造，呈现外部事物符号进入产品文本的“联接”“内化”“符号消隐”三种编写方式。晃动修辞两造符号指称可以达成三种编写方式及它们对应的各修辞格文本之间依次渐进的转化关系，以及文化属性的符号感知与生物属性的直接知觉之间的贯穿，以此达到设计师对修辞格主动控制及修辞文本类型转化的目的，并使之成为产品修辞实践的有效指导工具。

本书对产品设计常用的修辞格讨论分为两章。

第5章主要讨论提喻与转喻：（1）产品修辞格细分的理论基础；（2）产品修辞格在组合-转喻与聚合-隐喻基础上的细分；（3）组合轴表意的“概念替代”与聚合轴表意的“概念交换”；（4）产品提喻：产品的局部指称对整体指称的概念替代；（5）产品转喻：邻近产品间对应指称的概念替代。

第6章主要讨论明喻与隐喻：（1）产品明喻与产品隐喻的比较；（2）产品明喻：事物与产品间物理相似与强制关联；（3）产品隐喻：事物与产品间心理相似与指称的“内化”编写。

在对产品的提喻、转喻、明喻、隐喻展开详细的讨论之前，我们还需要强调三点。

第一，我们常说，产品设计是普遍的修辞，是外部事物的文化符号对产品文本内相关符号的意义解释，外部事物当然包括了产品。产品与产品间的修辞，如果依赖“理性经验层”的内容进行相互间的修辞，只能形成提喻或转喻（注：提喻可视为一个产品的局部与其自身的整体间的修辞）；如果依赖“感性经验层”的内容进行相互间的修辞，只能形成明喻或隐喻。因此可以说，产品与产品间的修辞解释可以形成包括反讽在内的所有修辞格。

第二，本书之所以按照提喻、转喻、明喻、隐喻的顺序依次进行讨论，是因为四种修辞格在修辞两造映射的认知域及范围里有从“窄”至“宽”的变化：提喻的映射发生在产品系统的内部。转喻的映射发生在同范畴、不同类型的产品系统之间；明喻的映射发生在跨越认知域的事物与产品间物理层面的相似性；隐喻的映射则更强调发生在跨越认知域的事物与产品间创造性的心理层面的相似性。

由此可以看到，提喻是我们对产品系统最为直接的依赖；转喻则是在两个产品系统间局部概念替代的对等的交流，正因提喻、转喻对产品系统的依赖，它们必定是结构主义的产品修辞；明喻与隐喻则努力地跨越产品系统去寻找一个文化符号对其系统的局部概念进行物理相似性与心理相似性的意义解释。以上四种修辞格的认知顺序，可以视为我们依赖完备且稳定的产品系统，向创新的符号意指探索的过程。

第三，本书所讨论的产品修辞，仅仅是产品设计活动中各种认知的表意方式，而非设计活动的最终目的。修辞活动的最终目的，是设计师利用外部文化符号对产品进行的创造性意义解释，而不是炫耀各种修辞格文本的熟练编写。

## 5.1 产品修辞格细分的理论基础（研究路径）

一方面，莱考夫提出的“认知模型”与“理想化认知模型”使得修辞活动中的意象概念结构化，从而推动修辞研究在认知机制的方向具有可深入讨论的广泛空间。在他提出的理想化认知模型的四类认知模式中：“命题模式”包含了其他三类认知模式，并为所有研究活动提供了语言的研究形式；“意象图式模式”是修辞活动的基础，也是修辞认知的立足点，“转喻模式”与“隐喻模式”都是通过意象图式的方式，对人们的生活经验进行意义的解释，各种修辞格可视为是“意象图式模式”的具体体现或手段。

从认知语言学研究修辞的莱考夫和约翰逊在《我们赖以生存的隐喻》一书中，将传统语言修辞研究的范围拓展到哲学、认知科学、语言学等领域。两位学者指出，隐喻的实质是用一种类型的事物去理解、体验另一种类型的事物。人类思维的深化和发展，在很大程度上是借助或依赖于隐喻手段进行的[1]。莱考夫的“概念隐喻”认为，隐喻是人类重要的思维方式和行为方式，主张概念隐喻以人的身体对现实的体验为出发点，他推翻了几千年来人们普遍认为的隐喻是一种修辞方式的传统观点[2]。

另一方面，索绪尔语言符号学认为，人类大脑语言工作区分为“组合”与“聚合”，所有的符号表意都必须同时使用组合轴与聚合轴。雅柯布森以索绪尔语言符号学中的组合轴、聚合轴表意为研究途径，通过对两类失语症的研究，他在 1956 年发表的《语言的两个方面与失语症的两种类型》一文推断，人类交流的话语通常沿着两条不同的路径展开：一是通过组合轴的邻近性，具有转喻特征；二是通过聚合轴的相似性，具有隐喻特征。因此，在修辞活动中，不同文本可以有偏向组合或聚合的表意倾向：倾向组合轴表意的，各组分互相之间的关系是邻近的关系，是“组合－转喻”的方式；倾向聚合轴表意的，各组分互相之间的关系依赖相似性，是“聚合－隐喻”的方式。

雅柯布森提出的“组合－转喻”依赖邻近关系的概念替代，“聚合－隐喻”依赖相似性的概念交换，与莱考夫提出的“概念隐喻”以及“理想化认知模型”在讨论修辞活动中意象图式的映射时，在修辞表意的具体操作层面是极为吻合的。本节也正是在他们研究内容的基础上对产品修辞格进行细分。

1. 魏屹东：《认知、模型与表征：一种基于认知哲学的探讨》，科学出版社，2016，第 331 页。

2. 同上书，第 338 页。

### 5.1.1 莱考夫提出的理想化认知模型的四类认知模式

在人们的认知过程中，对那种抽象、不易掌握其性质，但客观存在的整体系统，认知模型提供了一种有效的解决办法，即我们可以建立一种认知模型来模拟客观的人类认知活动[3]。

#### 1. 认知模型（CM）

“认知模型”（Cognitive Model，以下简写为 CM）是人们在认识事物、理解世界的过程中，形成的一种相对固定成形的心智结构。CM 是组织和表征知识的模式，它由概念及其相对固定的联系构成。莱考夫认为 CM 具有如下三点主要特质：第一，体验性与互动性，CM 的这两种特质是在人类与外界互动的基础上形成的；第二，完形性。CM 不仅是由各组分构成，同时被视为一个整体的完形结构；第三，内在性。CM 是心智中认识事物的基本方式。除此之外，CM 还具有开放性、选择性、关联性、原型性、体验性、普遍性等特质。

CM 与情景、语境有所不同：情景是现实世界中存在或表现出的某种情形，语境是意义可以被理解的一个系统化的文化背景体系。CM 是建立在情景与语境基础上的，某一领域中所有相关知识的表征，是形成范畴和概念的基础。一个 CM 里面包含了众多的情景、语境和概念，而一个范畴或概念仅对应于 CM 内的某一个成分。

CM 可以按照人的五感、行为，以及心理活动进行分类。大多数情况下 CM 都会呈现较为复杂的模型状态，复杂的 CM 是若干基本 CM 的结合，其分类主要有两种方式：第一，结构性的结合，CM 内的构件可以独立存在，其结构整体的意义是它所包含成分的函数；第二，完形式的融合，构件成分不能独立存在，整体的意义不能仅通过构件单独成分的意义，或是构件简单的组合方式获得，而必须通过心智的整合运作的完形方式才能获得。

#### 2. 理想化认知模型（ICM）

在认知模型的基础上，莱考夫 1987 年提出了“理想化认知模型”（Idealized Cognitive Model，以下简写为 ICM）的概念。ICM 是在特定的文化背景中，人们在认识事物的过程中所形成的统一的、理想化的、常规的概念组织形式，它是对世界的一种总的表征（Representation），表征是知识在个体心理的反映和存在方式[4]。

---

3. 魏屹东：《认知、模型与表征：一种基于认知哲学的探讨》，科学出版社，2016，第 339 页。

4. 马真真、王震、杨新亮：《理想化认知模型四种类型关系探讨》，《现代语文》2011 年第 10 期。

莱考夫指出，人类往往凭借结构来组织知识，并对现实进行表征，每个 ICM 都是一个复杂的结构整体，每个适用的 ICM 都会构造一个心理空间。同时，ICM 是由若干 CM 组成的一个集合：$ICM=CM_1+CM_2+\cdots\cdots CM_n$，ICM 是基于若干 CM 的一种复杂的、整体性的完形结构，是一种具有格式塔性质的复杂认知模型[5]。

人类通过 ICM 进行知识结构的组织，每个 ICM 都是复杂的结构整体，具有格式塔特性。尽管 ICM 并不一定如实地反映现实，其表征的内容也不一定和客观的世界完全吻合，但通过 ICM 的表征可以获得理想化的框架知识，它们具有想象性、创造性和灵活性的特质。ICM 在日常生活中的作用表现在，当我们遇到一个实体时，我们可以使用 ICM 推断它与另一个实体的关系。ICM 在帮助我们了解世界方面起着非常重要的作用，它提供了一个高度概括和特殊的生活经历和行为模式的形象图式，使我们能够在简洁、有意义的认知框架中进行活动。

ICM 不仅包括某个特定领域的生活经验，而且包括该领域的文化、习俗等[6]，它们是对一些背景假设的高度简化。由此可见，ICM 所涵盖的内容更多的是指 CM、认知域、框架、图式、文本、常规（正常情景下的理智化心智表征）等，这些内容基本等同于一个概念（图 5-1）。

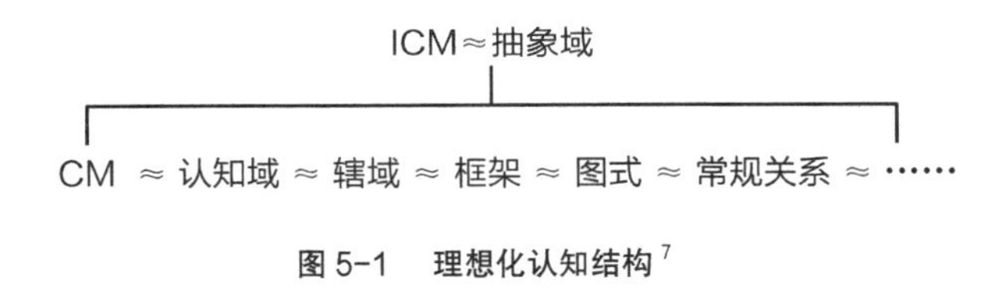


**图 5-1　理想化认知结构**[7]

国内学者王寅将莱考夫提出的 CM 与 ICM 的主要内容总结为以下四点[8]。第一，CM 包括概念及概念间相对固定的联系。第二，CM 的性质包括：体验性、互动性、基础性、抽象性、结构性、完形性、内在性、原型性、开放性、稳定性、相对灵活性、选择性、关联性、无意识性、普遍性等。第三，CM 可分为基本 CM 和复杂 CM。基本 CM，包括空间、时间、颜色、温度感知、活动情感；复杂 CM，又可分为结构性结合和完形性结合。第四，莱考夫将 ICM 分为四类认知模式：命题模式、意象图式模式、转喻模式、隐喻模式。

5. 伊娜：《换喻与提喻差异的认知分析》，《当代教育理论与实践》2010 年第 4 期。

6. 文旭、叶狂：《转喻的类型及其认知理据》，《解放军外国语学院学报》2006 年第 6 期。

7. 王寅：《认知语言学》，上海外语教育出版社，2006，第 213 页。

8. 同上书，第 208-209 页。

认知域是一个重要的概念，在之后的组合轴、聚合轴表意倾向的修辞格研究中经常会提及。认知域是指概念化在人脑中形成的过程中构建而成的一个内在的、连贯的、凝聚在一起的范围结构。概念是由复杂的语义概念结构组成的，在这个范围结构内可以进行语义描写，意义就是概念化的过程与结果，概念化过程形成的结构称为认知域。

### 3. ICM的四类认知模式及相互关系

莱考夫认为，人类往往依据结构来组织知识和表征现实，每一种ICM均是一个复杂的结构化整体，而且每一种ICM均能构建一个心理空间。依据结构形式的不同，ICM表现为四类认知模式：命题模式、意象图式模式、隐喻模式和转喻模式。莱考夫同时强调，这四类认知模式是人脑为感知世界进行组织和表征的方式，是人类创造的，并不是客观存在的，每一种认知模式都是一个复杂的结构化整体，而且每一种认知模式都能建构一个心理空间[9]。

（1）命题模式

ICM由若干CM组成，命题模式会详细解释组成中的CM所涉及的概念、特征，以及概念的关系。命题模式只是一种描述关于世界真假值的模式，其主要的任务是判断及选择，它是外部客观世界在心智中具有实时性的映射，不需要运用任何的想象手段。

人类具体的知识结构大多以命题模式存在。所有的语言形式都可以称为命题，因此可以说，利用语言思维模式进行讨论的意象图式模式、转喻模式、隐喻模式都在命题模式的范围之内，命题模式是一切模式的基础。也正因命题模式作用的范围过于庞大，认知语言学家反而更加重视研究意象图式模式、转喻模式、隐喻模式这三种认知模式，因为它们对讨论认知的抽象结构组织、修辞的认知机制、各修辞格的映射方式更具实际价值。

（2）意象图式模式

首先，心理学界的意象是指人们在感知体验外界事物过程中所形成的抽象表征。这种表征不是原事物具体而丰富的形象，而是删除具体细节后的有组织的结构，是事物在大脑中的一种抽象类概念[10]。意象图式是指人类作为认知主体与外部世界形成一种空间关系，这种关系经过多次反复，在大脑中形成一种抽象的认知结构。人的经验和知识是基于这些基本结构和

---

9. 黄丙伟、于应机：《ICM的四种类型及其关系》，《现代语文》2013年第2期。

10. 赵艳芳：《认知语言学概论》，上海教育出版社，2001，第74页。

关系形成的。可以说，意象图式是人类认知的基础与立足点[11]。

意象图式模式是指所有意象图式都涉及的空间结构，凡是涉及形状、移动、空间关系的知识都是以此模式储存[12]。它是人类在对现实世界体验的基础上，通过互动所形成的前概念意象，是概念形成和扩展的基础。需要强调的是，意象图式并非事先组织好存储于长期记忆中的，它是对所进行活动的一种模拟，在人类从事认知活动时产生，是人类自身组织系统在认知活动中不断反复体验、自然产生的特性。因此，意象图式也称为“经验格式塔”，其认知的方式是有意义且稳定的经验完形[13]。意象图式模式与各种修辞活动有着密切的关系，莱考夫认为意象图式是一种内部结构和组织，人的经验中具有多种意象图式，它们是修辞活动的基础，也是修辞认知的立足点，各种修辞格可视为是意象图式模式的具体体现或手段。

（3）转喻模式

认知语言学认为转喻不是传统的修辞方式，而是一种认知过程。转喻映射主要发生在同一认知域中，用同一认知域中容易感知理解的部分来映射整体或整体其他部分。因此，它是一个概念实体为另一概念实体提供心理通道的认知操作过程。莱考夫认为转喻的发生总是基于同一模式或者框架内概念之间的邻近性，这种邻近性不仅存在于框架整体和部分之间，也存在于框架内的各部分之间。前者形成提喻的模式，后者则是转喻的模式。

（4）隐喻模式

首先，隐喻模式是意象图式模式的一种具体体现手段。隐喻是从一个认知域的某个概念结构向另一个认知域的某个概念结构的映射，其认知立足点是意象图式，这些意象图式由人类日常生活的基本经验形成，并由此获得符号意义[14]。

其次，莱考夫提出隐喻模式的映射，是两个认知域之间的对应集，对应集的关联方式可以分为三种：一是A事物与B事物的外在表象存在相似性的关联（形成明喻的物理相似性映射方式）；二是A事物与B事物的内在特性存在相似性的关联（形成隐喻的心理相似性映射方式）；三是以上两者兼而有之的关联（既有明喻的物理相似性映射方式，又有隐喻的心理相似性映射方式，最终的映射方式由解读者判定）[15]。以上三种都是不同认知域之间的意象图

11. 马真真、王震、杨新亮：《理想化认知模型四种类型关系探讨》，《现代语文》2011年第10期。

12. 赵艳芳：《认知语言学概论》，上海外语教育出版社，2001，第73页。

13. 马真真、王震、杨新亮：《理想化认知模型四种类型关系探讨》，《现代语文》2011年第10期。

14. 王文斌：《论汉语“心”的空间隐喻结构化》，《解放军外国语学院学报》2001年第1期。

15. 王文斌、林波：《论隐喻中的始源之源》，《外语研究》2003年第4期。

式映射。具体而言，它是指一个意象图式依赖“相似性”从某一个认知域映射到另一个认知域中相对应的结构上。

以上可表明，莱考夫所提出的“隐喻”实际上包含了明喻与隐喻，两者映射模式的相似性分为：第一，“物理相似性”，是指始源域与目标域之间存在客观上的共有特征，形成明喻映射模式；第二，“心理相似性”，是指始源域与目标域之间存在主观上的共有特征，形成隐喻模式的映射[16]。对比明喻的相似性，隐喻的相似性不是绝对客观的，是在人们经验基础上创造出来的相似性[17]。这样看来，明喻在产品修辞活动中很有必要从隐喻中分离。

明喻与隐喻的映射模式之所以可以扩展我们对认知域的认识范围，正如莱考夫与约翰逊所说：隐喻（包含明喻）的本质就是以另一件事和经验来理解和经历这一件事和经验。这是因为隐喻（包含明喻）映射模式是施喻者对两种认知域内事物的认识、理解和阐释的过程，表现出施喻者认知的心路历程[18]。明喻与隐喻涉及始源域与目标域之间的对应，即它们是将始源域映射到目标域之上，映射的动因是施喻者的经验[19]，因此，明喻与隐喻是施喻者凭借个人对于世界的知识、经验、记忆等个体要素进行的事物与事物间相似性的构建。

（5）四类认知模式间的相互关系

ICM 可分为四大类认知模式：命题模式、意象图式模式、转喻模式、隐喻模式，它们之间的关系如图 5-2 所示。

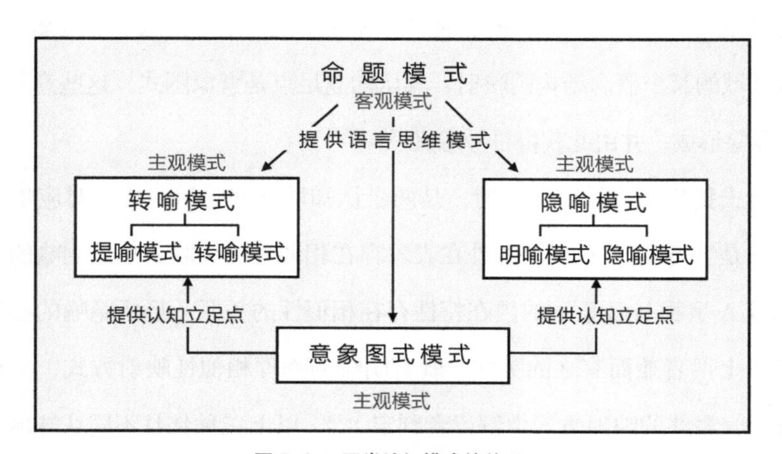


图 5-2　四类认知模式的关系

16. 黄丙伟、于应机：《ICM 的四种类型及其关系》，《现代语文》2013 年第 2 期。

17. 李诗平：《隐喻的结构类型与认知功能研究》，《外语与外语教学》2003 年第 1 期。

18. 王文斌：《论隐喻构建的主体自洽》，《外语教学》2007 年第 1 期。

19. 王文斌：《西方隐喻研究理论视点述要》，《宁波大学学报》2006 年第 2 期。

第一，命题模式是一种客观模式。其他三种都是主观模式，也是修辞研究主要讨论的模式。命题模式包含了意象图式模式、转喻模式、隐喻模式这三种模式，并为它们提供语言思维的模式。其次，命题模式与意象图式模式是 ICM 的结构形式，以及主要内容与基础，而转喻模式与隐喻模式则是建立在命题模式和意象图式模式基础上的[20]。

第二，意象图式模式不是具体形象的，而是抽象的认知结构，可以说它是命题的抽象化结构。而转喻模式、隐喻模式也已经完全脱离了命题意义[21]。转喻模式与隐喻模式是意象图式模式的具体体现或手段。转喻模式与隐喻模式都是通过意象图式方式，对人们的生活经验进行意义的解释。对隐喻修辞格以及转喻修辞格的讨论离不开意象图式模式的重要认知机制，意象图式具有修辞活动的内在结构，以及直接通过经验解释获得的符号意义。因此说，隐喻或转喻活动是展现意象图式的手段或工具，意象图式模式是修辞活动的基础，也是修辞认知的立足点。

第三，转喻模式与隐喻模式都是人类重要的认知模式，它们都产生于人类对世界知识和社会文化规约的把握，以及施喻者的日常生活经验和记忆的基础之上。两种映射模式的实质是概念性的、自发的、无意识的认知过程[22]。

第四，鉴于转喻模式与隐喻模式在具体修辞活动中所涉及的认知域范围、相似性类型、映射方式等差异，因此很有必要对两者进行再次细分，即将转喻模式分为提喻模式与转喻模式，把隐喻模式分为明喻模式与隐喻模式。

### 5.1.2　雅柯布森提出的组合轴、聚合轴表意修辞倾向

雅柯布森创造性地发展了索绪尔组合与聚合的双轴理论，将组合关系和聚合关系上升到文化认知的层面加以考察，并得出组合、聚合对应的思维方式分别是转喻和隐喻，两者是一种典型的二元对立模式的结论。转喻对邻近性的依赖，隐喻对相似性的依赖，分别指向人类世界两种普遍的思维方式[23]。雅柯布森对组合轴表意与聚合轴表意两大倾向的分类，形成符号

---

20. 黄丙伟、于应机：《ICM 的四种类型及其关系》，《现代语文》2013 年第 2 期。

21. 同上。

22. 马真真、王震、杨新亮：《理想化认知模型四种类型关系探讨》，《现代语文》2011 年第 10 期。

23. 刘涛：《视觉修辞学》，北京大学出版社，2021，第 129 页。

学在修辞研究中在认知层面的“聚合－隐喻”与“组合－转喻”两大分类趋势。认知语言学认为，转喻与隐喻是人类基本的认知手段[24]。

雅柯布森提出表意倾向组合轴是转喻方式，其任务是邻近关系的替代；倾向聚合轴是隐喻方式，其任务是相似关系的比较与选择。“组合－转喻”与“聚合－隐喻”是人类思维与交流的基本方式。因此，笔者在雅柯布森的“组合－转喻”与“聚合－隐喻”的基础上对修辞格的细分，是讨论产品修辞跨系统文本编写的首要任务。

### 1. 索绪尔的组合轴、聚合轴概念

索绪尔理论中有四个二元对立：能指/所指、语言/言语、共时/历时、组合/聚合，其中组合/聚合强调了任何文本都有两个展开的向度。任何符号表意活动，必然在这个双轴关系中展开。所谓“轴”，主要是对文本中各种元素组分之间结构关系和发生空间的限定[25]。

组合，是符号文本的构成方式，是文本中若干符号组合在一起的形式，这种组合是被显示出来的。聚合，是符号文本的“建构”方式，是符号文本背后所有可比较的，从而有可能被选择的成分，一旦文本构成，聚合的内容就会退居幕后。

组合与聚合的关系是：（1）任何文本被编写出来，最终在场的只有组合轴的组分内容，而在聚合轴上呈现出来的那些被挑选出来的组分内容，以及聚合轴上众多没有被挑选到的组分内容，则是退却的、隐匿的、不在场的[26]；（2）我们只有通过组合轴在场的组分内容与它们编写的方式，来激活那些不在场的聚合轴的组分内容，进而获得文本的意义解释。因此说，聚合是组合的根据，组合是聚合的投影；（3）赵毅衡认为，聚合轴的选择是基于各种不同的要求与标准，聚合关系中的符号，选择某一个就会排除其他备选成分，聚合里的选择与排除不是符号意义的选择与排除，而是聚合里符号结构的选择与排除[27]。

### 2. 雅柯布森提出的组合－转喻与聚合－隐喻的修辞倾向

首先，在《语言的两个方面与失语症的两种类型》一文中，雅柯布森提出，人类大脑的语言工作区分成两个部分，两者对信息的处理加工方式分别类似组合与聚合的模式。雅柯布

24. 张炜炜：《隐喻与转喻研究》，外语教学与研究出版社，2020，第 31 页。

25. 刘涛：《视觉修辞学》，北京大学出版社，2021，第 128 页。

26. 同上。

27. 赵毅衡：《符号学原理与推演》，南京大学出版社，2016，第 156 页。

森将索绪尔的组合轴称为“结合轴”，组合轴上的操作围绕邻近性关系展开，它的任务是对邻接关系的黏合替代。他将聚合轴称为“选择轴”，聚合轴上的操作围绕相似性关系展开，它的任务是对相似关系的比较与选择。

其次，雅柯布森在此基础上推论认为，双轴分别对应着“转喻”与“隐喻”两种修辞方式。人类交流的话语通常沿着两条不同的路径展开：一是某个话题通过组合轴的邻近性引向另一个话题，转喻方式是描述这种情况的术语；二是某个话题通过聚合轴的相似性引向另一个话题，隐喻方式是描述这种情况的术语[28]。

继而，雅柯布森再次做出推论，不同的人或不同的文本，可以有偏向组合轴或偏向聚合轴表意的倾向，从而形成文本修辞、风格、体裁等方面的巨大差异。具体表现为：第一，倾向组合轴表意的，各组分互相之间的关系是邻近的关系，是转喻的方式（注：此处的转喻包含提喻）；第二，倾向聚合轴表意的，各组分互相之间的关系依赖相似性，是隐喻的方式（注：此处的隐喻包含明喻）[29]。

需要强调的是，人类进行符号表意，必须同时使用组合轴与聚合轴。只有同时进行选择与组合，人类才能进行思维及表达[30]。组合与聚合是人的思考方式与行为方式最基本的两个维度，也是任何文化得以维持并延续的二元[31]。

## 5.2 产品修辞格在组合-转喻与聚合-隐喻基础上的细分

### 5.2.1 提喻、明喻分别从“组合-转喻”与“聚合-隐喻”中的分离

#### 1. 提喻从“组合-转喻”中的分离

首先，认知语言学的修辞理论认为，提喻是ICM中局部替代整体的一种凸显关系：如果一个ICM中的部分与部分是邻近关系，它们之间的相互替代可以形成转喻的修辞格。但如果ICM的一个组成部分与ICM整体是包含关系，这个组成部分替代了整体，那么就是局部在

28. 胡易容、赵毅衡：《符号学-传媒学词典》，南京大学出版社，2012，第235页。

29. 赵毅衡：《符号学原理与推演》，南京大学出版社，2016，第162页。

30. 同上。

31. 同上书，第156页。

整体中被有意凸显出来的关系，这种关系不能形成转喻，只能形成提喻的修辞格[32]。

在传统语言修辞学研究中，许多学者将提喻归于转喻来讨论，而对提喻的单独分析和研究似乎是凤毛麟角。莱考夫和约翰逊在讨论转喻的邻近性关系及相应分类时就直接涵盖了提喻[33]。在产品修辞活动中，提喻与转喻有共同之处：第一，都是倾向组合轴表意；第二，在映射活动中都以两造符号指称的替代方式达成概念映射；第三，都依赖使用环境进行整体指称完形的认知机制。但两者还是存在诸多的差异。

（1）认知域范围的差异

产品提喻是发生在ICM或认知域内部，产品系统内的一个符号指称对该产品整体指称的概念替代。产品提喻文本与转喻一样，都是以非对称性映射方式形成一种不完整的产品概念系统。产品转喻则是发生在ICM或认知域内部，同范畴、不同类型的产品间依赖邻近性的关系进行的对应位置符号指称的概念替代，产品转喻以非对称性映射方式形成一种不完整的产品概念系统。

（2）修辞两造符号选择以及完形机制的差异

产品提喻的始源域是产品系统内的一个符号，目标域符号是该产品的整体指称。在选取始源域符号时，必须选取在产品系统内具有固有认知凸显点特征的符号，且该凸显点在使用环境中具有唯一性，以及在编写时与产品原型靠拢的典型性。只有同时满足以上认知条件，产品提喻才能在使用环境中，通过经验完形的认知方式获得产品整体指称的认定。

产品转喻的修辞两造指称在选择与编写的过程中，必须具有向各自产品原型靠拢的典型性，才能在遇到各自使用环境提供的适配信息时，让符号指称成为认知的凸显点，继而依赖产品原型经验进行各自产品整体指称的指认。由此可见，转喻修辞的两造具有互为始源域与目标域的特性。

（3）修辞文本的类型与编写方式的区别

产品提喻的文本编写类型：一是始源域完全替代产品整体指称；二是始源域非完全替代产品整体指称。

产品转喻的文本编写类型：一是使用环境下经验完形的产品转喻；二是产品间显著度（Sliencex）差异的产品转喻。

---

32. 伊娜：《换喻与提喻差异的认知分析》，《当代教育理论与实践》2010年第4期。

33. 陈善敏、王崇义：《提喻的认知研究》，《外国语言文学》2008年第3期。

### 2. 明喻从“聚合-隐喻”中的分离

鉴于一些学者将所有的修辞格都视为在隐喻以及转喻基础上的变体，甚至将隐喻视为所有修辞格的统称，赵毅衡指出，修辞是广义的比喻，即所有的修辞格都可以视为不同的比喻方式，隐喻仅是广义比喻中的一种，所有的修辞格从根本上说就是比喻的各种变体[34]。因此，比喻不是一种具体的修辞格，它是对所有修辞格的统称。

从符号学的双轴表意倾向而言，明喻与隐喻都是以聚合轴作为表意倾向，依赖两个系统间局部概念的相似性展开。从认知语言学的认知域而言，产品明喻与隐喻都是跨越ICM或认知域的事物与产品间，依赖修辞两造“相似性”进行的对称性概念映射所形成的表意文本。鉴于以上诸多的相同，有不少学者将明喻与隐喻归为一种修辞格。但明喻与隐喻存在以下显著的不同，明喻很有必要从“聚合-隐喻”中分离。

（1）相似性的区别

明喻两造在形式上是物理相似性的相类关系，这种相类关系所形成的修辞两造在文本中的比对，直接导致明喻的喻底在文本中呈现，这是区分产品明喻与隐喻的主要标志。隐喻两造则是在心理层面的心理相似性的相合关系。最为重要的是，它是始源域事物的部分概念映射在目标域产品上并发生了概念意义的转移。

（2）修辞文本的类型与编写方式的区别

产品明喻的文本编写类型：第一，事物与产品间以物理相似性为基础的产品明喻构建；第二，事物与产品间强制性的关联，这是后结构主义的文本编写方式。从修辞的结构编写角度而言，事物与产品间可以通过两造符号间“对象－对象”的形态、“再现体－再现体”的品质进行物理相似性的关联，即明喻的两种构建方式。

产品隐喻的文本编写类型：第一，设计师分别利用事物与产品间客观存在的心理相似性，或主观创造的心理相似性，进行产品隐喻的构建，简称“心理相似性的隐喻”；第二，设计师通过对其他已有修辞格文本中始源域符号指称的晃动改造，使其在产品文本内形成内化的编写方式，以此达成事物与产品在心理层面相合的相似性关系，简称“其他修辞格文本改造的隐喻”。

34. 胡易容、赵毅衡：《符号学－传媒学词典》，南京大学出版社，2012，第9页。

### 5.2.2 组合轴、聚合轴表意对应的四种产品修辞格总结

最后以表格的方式，在雅柯布森的组合轴、聚合轴表意倾向基础上对产品修辞格的分类进行总结（表 5-1）。

莱考夫与约翰逊在《我们赖以生存的隐喻》一书中，虽然将明喻包含在隐喻内，将提喻包含在转喻内，但他们指出，隐喻（注：明喻与隐喻）和转喻（注：提喻与转喻）是不同类型的认知方式。隐喻主要是将一个事物比拟成另一个事物，其主要功能是帮助理解；而转喻的主要功能则在于指代，即用一个事物来代替另一个事物[35]。

表 5-1　在组合轴、聚合轴表意倾向基础上对产品修辞格的分类

| 修辞格种类 | 倾向组合轴表意 | | 倾向聚合轴表意 | |
|---|---|---|---|---|
| | 产品提喻 | 产品转喻 | 产品明喻 | 产品隐喻 |
| 两造关联方式 | 修辞两造邻近性的概念替代 | | 修辞两造相似性的概念交换 | |
| 认知域 | 产品系统内 | 同范畴、不同类型产品间 | 事物系统与产品系统之间 | |
| 映射范围 | 认知域内的映射 | | 认知域与认知域之间映射 | |
| 映射方式 | 局部指称概念替代产品整体指称概念 | 邻近产品间局部对应指称概念的替代 | 物理相似与强制性连接 | 心理相似 |
| 映射的实质 | 非对称性映射，形成不完整的整体指称文本 | | 对称性映射 | |
| 指称共存方式 | 在场指称作为认知的“凸显点”，不在场指称是完形的深层结构 | | 两造指称以交换方式同时在场 | |

### 5.2.3 反讽是极为特殊的一种修辞格

反讽从字面意思而言具有讽嘲与滑稽的成分，这也导致了我们对反讽修辞的误解。但凡提及反讽，我们都会将其归为艺术文本的范畴，具有很强的艺术化特征。同时，因为设计界长期将结构主义与后结构主义作为设计与艺术的分界，因而反讽修辞格很少被放置在产品设计活动中进行讨论。反讽虽然是以后结构主义的方式，对产品系统规约或整体指称的否定，但在产品类型的创新活动中，反讽修辞运用得非常广泛，并且反讽修辞格的表意目的要比它的字面意思宽广很多。

35. 乔治・莱考夫、马克・约翰逊：《我们赖以生存的隐喻》，何文忠译，浙江大学出版社，2015，第 33 页。

### 1. 反讽的特征与两大类型

（1）反讽与其他修辞相比较的特殊性

产品提喻、转喻、明喻、隐喻四种修辞格都是比喻的变体或是延伸，它们都力求修辞两造的符号对象异同衔接，都希望通过新符号进入产品文本编写后，保持原有的产品系统的完整性。

反讽与其他修辞相比很特殊，它强调符号间在指称或意义上的排斥与冲突，即反讽希望依赖一个外部符号进入产品系统后（或通过对产品系统内部符号的解构），要么借此对原有产品系统规约进行否定、瓦解，要么创造出新的系统类型。因而，反讽因其对系统的瓦解与对系统内规约的否定，具有鲜明的后结构主义特征。

（2）反讽可以针对所有修辞格进行否定

反讽可以做到对每一种产品修辞格的否定：一是产品提喻是产品系统中的部分替代这个系统整体，而反讽则是产品系统中的部分对系统整体的排斥；二是产品转喻是邻近的产品系统间局部概念的合作，而反讽则是邻近的产品系统间局部概念的分歧；三是产品明喻与隐喻依赖外部符号与产品系统内相关符号的相似性进行关联，而反讽则依赖外部符号针对产品系统内相关符号进行系统的瓦解或规约否定。因此，反讽可以认为是对所有产品修辞格的总否定。

（3）反讽的两大类型

从文本表意的目的而言，笔者将产品反讽分为两大类型：一是依赖外部或内部的文化符号对原有产品系统的瓦解或对系统内部符号规约的否定，这类主要运用在产品思辨设计类型中；二是产品整体指称的创新，即新产品类型的创新。其中又可以分为两种：符号指称与符号指称之间的整合，创造出新的产品整体指称类型；外部符号对原有产品整体指称的否定，创造出新的产品整体指称类型。

### 2. 反讽在产品类型创新中的作用

（1）符号指称与符号指称之间的整合，创造出新的产品整体指称类型。1914 年第一次世界大战期间，英国人将马克沁机枪安装在履带式拖拉机上，人类有了第一辆坦克——“马克I型”坦克。坦克的“机枪”否定了它是农用拖拉机，坦克的“履带”否定了它是机枪，整合后的符号对各自产品原系统的否定，需要新的指称关系进行命名取代，于是新的创新产品类型“坦克”诞生了。

（2）外部符号对原有产品整体指称的否定，创造出新的产品整体指称类型。随着坦克的发展，榴弹炮这个符号进入坦克的系统中，对原有的坦克整体指称进行否定，形成了既不是榴弹炮，也不是坦克的新火炮类型——自行榴弹炮。同样，运送兵力的符号也进入坦克的系统中，对原有的坦克整体指称进行否定，形成了既不是装甲车，也不是坦克的新车辆类型——步兵战车。

最后，对反讽在产品设计活动中的作用做两点总结：（1）所有产品类型上的创新，都是反讽修辞格；（2）反讽一方面可以在产品系统构建的过程中起到修正作用，另一方面在产品系统完善时起到重建的作用。可以说，一个产品系统各个阶段的修正或重建都必须依赖反讽。

## 5.3 组合轴表意的“概念替代”与聚合轴表意的“概念交换”

修辞活动中的映射是指将始源域的局部概念结构投射到目标域，从而使被投射的结构将其元素、特征、性质加在目标域中的对应成分上[36]。上一节，我们在雅柯布森双轴表意的“组合－转喻”与“聚合－隐喻”的基础上对产品修辞格进行了再次细分：倾向组合轴表意的有产品提喻、转喻，倾向聚合轴表意的有产品明喻、隐喻。修辞是两个系统通过符号间意义解释的映射方式达成的局部概念的替代或交换。

如果按照雅柯布森的术语，“组合－转喻”的修辞活动围绕邻近性关系展开，其任务是邻近关系的“替代”映射，那么，邻近的内容和替代映射的内容是什么？同样，“聚合－隐喻”的修辞活动围绕相似性关系展开，其任务是相似关系的“交换”映射，那么，相似的内容、交换映射的内容是什么？另外，产品修辞格中概念“替代”与“交换”的本质区别又是什么？这是我们接下来要讨论的内容。

### 5.3.1 组合轴表意的“理性经验层”内容与聚合轴表意的“感性经验层”内容

首先要表明的是，本节讨论的是雅柯布森提出的，倾向组合－转喻、聚合－隐喻表意的修辞活动中，那些组合轴表意的内容以及聚合轴表意的内容，都具有怎样的统一性的问题，而不是讨论索绪尔组合轴的符号结合，以及聚合轴的符号选择的问题。

---

36. 张炜炜：《隐喻与转喻研究》，外语教学与研究出版社，2020，第 35 页。

### 1. 组合轴表意的修辞：产品的“理性经验层”内容

以莱考夫提出的理想化认知模型的四类认知模式、认知域、修辞两造映射的范围与映射方式，以及雅柯布森“组合-转喻”与“聚合-隐喻”两大表意倾向为基础对产品修辞格进行细分是产品修辞的研究路径。

我们从雅柯布森理论出发可以对组合轴表意的产品修辞内容做以下分析：首先，组合轴表意的产品修辞依赖的邻近性是依赖产品的范畴（转喻）以及自身系统（提喻）等客观框架因素确定的邻近；其次，产品间相互替代的内容都是围绕范畴与系统中的产品整体指称概念问题，诸如品类、功能、操作、形式、材质等展开的。因此，在使用群与产品间众多的经验里，如果把这些涉及产品具体物体属性的经验进行归类的话，那么它们都属于“具体物体的理性经验层”的内容，笔者将其简称为产品的理性经验层。

我们可以推断，组合轴表意的产品提喻与转喻中，那些产品局部指称对整体指称的概念替代内容，产品间局部指称的概念替代内容，在产品整体指称的经验完形中依赖的认知凸显点内容，以及产品原型的经验内容，都是使用群对于产品的理性经验层的内容。

### 2. 聚合轴表意的修辞：产品的“感性经验层”内容

莱考夫与约翰逊认为“隐喻模式”的本质是事物与事物间依赖相似性的关系，以一个事物的经验来理解或经历另一个事物的经验，具体表现为：一个认知域的某个事物的局部概念，依赖相似性关系向另一个认知域的某个事物的局部概念进行的交换映射。分属两个认知域内的事物与事物间的相似性关联，体现了施喻者对两种事物的认识、理解和阐释过程，表现出施喻者认知的心路历程[37]。因此，聚合轴表意的明喻与隐喻是施喻者凭借个人对于世界的知识、经验、记忆等个体要素进行的事物与事物间相似性（明喻物理相似性、隐喻心理相似性）的主观构建，这种主观性参与的相似性构建活动与倾向组合轴表意的提喻、转喻有着本质的不同。

莱考夫提出“隐喻模式”的映射实质，是两个认知域之间对应集的三种关联方式：1. 事物之间外在表象存在的相似性关联，形成明喻映射方式；2. 事物之间内在特性存在的相似性关联，形成隐喻映射方式；3. 以上两者兼而有之的关联，形成既有明喻的映射方式，又有隐喻的映射方式[38]。聚合轴表意的产品明喻与隐喻分别通过事物与产品间的物理相似性与心理相

37. 乔治·莱考夫、马克·约翰逊：《我们赖以生存的隐喻》，何文忠译，浙江大学出版社，2015，第33页。

38. 王文斌、林波：《论隐喻中的始源之源》，《外语研究》2003年第4期。

似性建立起相似性关系的交换映射。

所有聚合轴表意的产品明喻与隐喻都是围绕相似性问题展开的事物与产品间的映射。无论是事物与产品间的物理相似性（明喻），还是心理相似性（隐喻），它们都需要设计师主观理解，再以创造性的方式达成相似性的关联。因此，与组合轴表意围绕的指称概念的“理性经验层”内容相比而言，聚合轴表意的产品明喻与隐喻活动中，所有相似性所涉及的经验内容都是属于使用群对事物与产品的“非物质知识的感性经验层”内容，笔者将其简称为感性经验层。

那么，产品明喻物理相似性的内容，以及产品隐喻心理相似性的内容具体是什么？它们有什么区别呢？这些相似性如何构建产品明喻、产品隐喻的修辞结构？产品明喻与产品隐喻在文本表意上有怎样的区别？笔者将在第 6 章“6.1 产品明喻与产品隐喻的比较”中对上述问题展开详细的讨论。

对组合轴表意的理性经验层内容与聚合轴表意的感性经验层内容的讨论，我们同时也可以获得以下结论。1. 提喻与转喻利用使用群对于产品的理性经验层内容，它们在产品整体指称的完形过程中对于产品系统及产品原型的依赖，表明产品提喻与转喻必定是结构主义的产品修辞。2. 明喻与隐喻利用使用群对事物与产品的感性经验层内容，进行明喻的物理相似性与隐喻的心理相似性构建，如果这些相似性具有使用群认知经验可以被认定的理据性，那么这类明喻与隐喻是结构主义的产品修辞。3. 在产品明喻中还包括强制性关联的明喻，在隐喻中也包含一些设计师个体主观意识所认定的心理相似性关联，它们则是后结构主义的产品修辞方式。

## 5.3.2 组合轴表意的产品提喻、产品转喻的映射方式

### 1. 组合轴表意“概念替代”的非对称性映射实质

首先，组合轴表意的产品提喻、转喻两种修辞格中，始源域与目标域之间的概念映射关系发生在同一认知域或 ICM 内部：产品提喻发生在产品系统内部；产品转喻则是发生在同范畴、不同类型两个产品间。组合轴表意的产品提喻与转喻都是围绕局部指称以及整体指称展开完形的认知活动，它们都属于使用群对于产品的理性经验层的内容。

其次，组合轴表意的各修辞格概念间的替代实质是由“非对称性映射”所决定的。所谓“非对称性映射”，是指始源域不会将其局部的概念以系统匹配的方式在目标域内与对应的映射概念进行共享，而是以取而代之的方式替换掉对方对应的概念[39]。因此，非对称性映射方式所形成的提喻与转喻文本，在产品整体指称上是不完整的，都需要依赖完形的认知机制获得产品整体指称概念的最终确认。因此可以说，所有的产品提喻与转喻一定是结构主义产品修辞，因为它们必须放置在结构主义的论阈中进行讨论，否则使用者无法获得产品整体指称的完形。

需要强调的是，概念替代映射方式的产品提喻与转喻文本中，被替代的符号指称在修辞文本中是不在场的，而不在场的符号指称却是完形认知机制中所依赖的深层结构。非对称性映射中的所有在场指称都需要依赖不在场指称获得系统经验的完形，这是修辞两造在场符号指称与不在场符号指称通过完形的认知机制而达成的共存关系。

### 2. 产品提喻“概念替代”的映射方式

产品提喻的修辞格是认知域或 ICM 内部，即产品 A 系统内部的局部指称替代产品 A 整体指称概念的映射（图 5-3 左）。例如产品 A 文本结构由符号 a1、a2 组成，如果 a1 符号作为局部指称替代产品 A 的整体指称概念（此时的产品 A 可以视为一个完整的符号），那么替代映射关系所形成的提喻修辞文本结构就是 a1。

需要指出的是，产品提喻有两种方式（详见 5.4.5）：一种是其他符号被 a1 符号尽可能地替代，并消除它们作为符号的表意特征，简称“完全替代式提喻”；另一种是 A 产品的其他符号都围绕 a1 符号的指称特性进行编写，以突出 a1 符号对产品整体指称的取代性，简称“非完全替代式提喻”。

### 3. 产品转喻“概念替代”的映射方式

产品转喻的修辞格是认知域或 ICM 内部，同范畴、不同类型产品间局部对应概念的替代映射（图 5-3 右）。例如产品 A 文本结构由符号 a1、a2 组成，产品 B 文本结构由符号 b1、b2 组成，如果产品 A 作为始源域，其 a1 符号去映射目标域产品 B 内所对应位置的 b1 符号，替代映射关系就形成转喻修辞文本结构 a1、b2。

---

39. 张炜炜：《隐喻与转喻研究》，外语教学与研究出版社，2020，第 35 页。

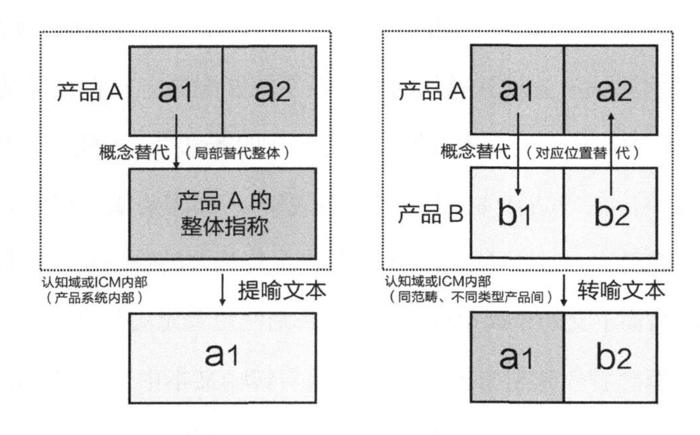


**图 5-3　组合轴表意的产品提喻、转喻概念“替代”的映射方式**

由于转喻修辞两造互为始源域与目标域的特性（详见 5.5.1），我们也可以说，产品 B 作为始源域，其 b2 符号去映射目标域产品 A 内所对应位置的 a2 符号，形成的转喻修辞文本结构同样是 a1、b2。

## 5.3.3 聚合轴表意的产品明喻、产品隐喻的映射方式

### 1. 聚合轴表意“概念交换”的对称性映射实质

首先，在聚合轴表意的产品明喻、隐喻两种修辞格中，始源域事物与目标域产品之间的概念映射关系都发生在两个认知域或 ICM 之间，它们都以局部概念的相似性作为符号间映射的依据，所有相似性（明喻物理相似性、隐喻心理相似性）所涉及的内容，都属于使用群对于事物与产品的感性经验层内容。

其次，聚合轴表意的产品明喻、隐喻概念间的交换实质是由对称性映射所决定的。所谓的对称性映射是指始源域与目标域在修辞文本中共享相似性的局部概念，以及意象图式结构[40]。因此可以说，概念交换的对称性映射使得始源域与目标域的符号指称在修辞文本中同时在场，这形成明喻与隐喻极为明显的修辞两造符号指称共存的关系。

40. 张炜炜：《隐喻与转喻研究》，外语教学与研究出版社，2020，第 35 页。

### 2. 产品明喻“概念交换”的映射方式

产品明喻是发生在两个认知域或ICM之间，事物与产品间依赖物理相似性进行的概念交换映射。例如事物A文本结构由符号a1、a2组成，产品B文本结构由符号b1、b2组成，如果事物A作为始源域，其符号a1与目标域产品B内的符号b1具有物理相似性，两符号交换映射后所形成的明喻修辞文本结构为（a1+b1）、b2（图5-4左）。

明喻两造在概念交换后形成物理相似性的“相类”关系修辞文本，这种相类关系也导致明喻的喻底在文本中呈现，这也是区分产品明喻与隐喻的另一主要标志。

从设计师对明喻文本的编写角度而言，产品明喻可以分为两大类型：第一，事物与产品间物理相似性为基础的产品明喻构建。第二，事物与产品间强制性的关联，这是后结构主义的文本编写方式。两类产品明喻都是按照下图（图5-4左）的映射方式进行修辞文本的编写。

### 3. 产品隐喻“概念交换”的映射方式

产品隐喻同样发生在两个认知域或ICM之间，是事物与产品间依赖心理相似性进行的概念交换映射。例如事物A文本结构由符号a1、a2组成，产品B文本结构由符号b1、b2组成，如果事物A作为始源域，其符号a1与目标域产品B内的符号b1具有心理相似性，两符号交换映射后所形成的隐喻修辞文本结构为（a1b1）、b2（图5-4右）。

与产品明喻不同的是，明喻两造映射后是在形式上的物理相似性的相类关系，而产品隐喻两造映射则是在心理层面的心理相似性的相合关系，它是始源域事物的部分概念映射在目标域产品上并发生了概念意义的转移。正如古恩（Le Guern）认为的那样，明喻与隐喻并不与量的比较有关，因为两者都破坏了各自原有语境的同位素。但明喻与隐喻恢复同位素的方法不同，明喻不发生意义转移的现象，而隐喻则发生了意义转移的现象[41]。

从设计师对隐喻文本的编写角度而言，产品隐喻的来源可以分为两大类型：第一，设计师分别利用事物与产品间客观存在的心理相似性，或主观创造的心理相似性进行产品隐喻的构建，简称为“心理相似性的隐喻”；第二，设计师通过对其他已有修辞格文本中始源域符号指称的晃动改造，使其在产品文本内形成内化的编写方式，以此达成事物与产品在心理层面相合的相似性关系，简称为“其他修辞格文本改造的隐喻”。两类产品隐喻都是按照上图（图

---

41. 束定芳：《隐喻学研究》，上海外语教育出版社，2000，第49页。

5-4 右）的映射方式进行修辞文本的编写。

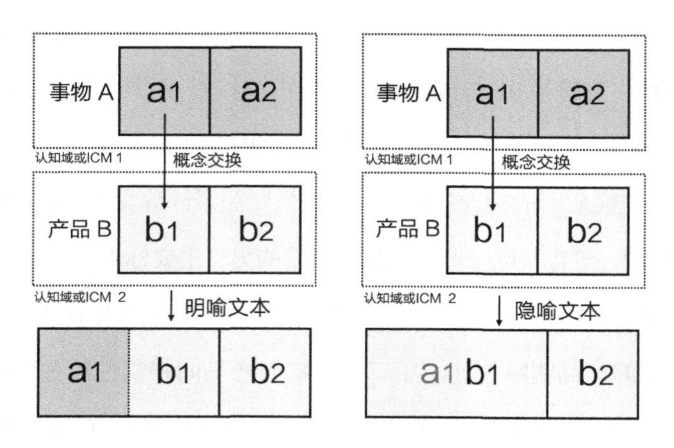


**图 5-4 聚合轴表意的产品明喻、隐喻概念“交换”的映射方式**

## 5.4 产品提喻：局部指称对整体指称的概念替代

传统语言修辞和认知语言学的修辞研究大多将提喻归于转喻来讨论，提喻也只被看作转喻的一种，对提喻的研究仅停留在对其外在特征、表现形式以及始源域与目标域的隶属关系的层面，对提喻的单独分析和研究更少[42]。

法国修辞学家皮埃尔·方丹（Pierre Fontanier）认为提喻和转喻是“绝对独立的整体”，应该将提喻从转喻中独立出来，因为提喻体现的是事物内部的连接关系，一个事物的存在包含在另一个事物的存在之中，而转喻体现的是两个事物之间“相关或对应的关系”[43]。因此，提喻通常指以部分替代整体，或是以整体替代部分，或是以材料替代所构成的事物，总而言之，提喻强调的是始源域和目标域之间必须具有一种隶属性质的关系，它与转喻有着本质的区别[44]。

雅柯布森从索绪尔组合、聚合双轴表意的倾向性出发，提出“组合－转喻”与“聚合－隐喻”

42. 陆月华：《提喻和转喻关系的再探究》，《科技文汇》2017 年第 8 期。

43. 陈新仁、蔡一鸣：《为提喻正名：认知语义学视角下的提喻和转喻》，《语言科学》2011 年第 1 期。

44. 陈善敏、王崇义：《提喻的认知研究》，《外国语言文学》2008 年第 3 期。

的两大分类。笔者在此基础上将提喻从“组合－转喻”中分离，将明喻从“聚合－隐喻”中分离，从而按照双轴表意的倾向性，将产品修辞细分为：组合轴表意的产品提喻与转喻，聚合轴表意的产品明喻与隐喻。

造成转喻涵盖提喻的研究局面的原因是，提喻和转喻有许多相似之处：（1）产品提喻与转喻的概念映射都发生在ICM或认知域内部；（2）产品提喻与转喻都属于倾向组合轴表意的修辞活动，两者都以修辞两造符号指称间“替代”的方式进行“非对称映射”映射；（3）产品提喻与转喻在两造符号选取及编写的过程中，认知“凸显点”符号指称都保持着与产品原型靠拢的典型性；（4）产品提喻与转喻的始源域符号都以“非对称性映射”方式替代目标域符号，修辞文本都呈现整体指称概念不完整的状态；（5）产品提喻与转喻都依赖使用环境中的认知凸显点符号指称指向其产品原型，获得产品整体指称的概念完形。

## 5.4.1 产品提喻与转喻在映射区域上的差异

既然“提喻”是从“组合－转喻”中分离出来的，那么在讨论产品提喻的时候必定要与产品转喻在映射活动发生在怎样的区域上做比对。产品提喻与转喻都是发生在ICM或认知域的内部，但产品提喻是产品系统内部的局部指称对该产品整体指称的概念替代；产品转喻则发生在同范畴、不同类型的两个产品之间局部对应概念的替代上。这表明产品提喻与转喻在映射的区域上存在着明显的不同。

### 1. 产品提喻映射活动的区域及三个相近概念的区分

产品提喻的映射活动发生在产品系统内部，这也是其映射活动被限定的区域。在讨论产品提喻的映射区域时，出现了三个相近似的概念，在此需要加以区分。

（1）产品系统（详见8.2.2）：这是从皮亚杰的“有机论”结构主义、列维－斯特劳斯的“系统论”结构主义的诸多概念中衍生至产品设计活动的概念。从产品设计符号学视角来看，产品系统在组织构建的过程中有三大特征，这三大特征与提喻的认知有着密切的关系，具体分析如下。第一，产品系统在组织构建时的任意与临时性特征，产品系统内的组成具有区分性的特征。这是提喻发生在产品系统中，作为始源域的局部指称区分于系统内其他局部指称的基础。第二，产品系统具有既有的特征，它本身就是以产品为中心，依赖环境、产品、使用群三者关系而存在着的，产品系统内既有的文化规约是提喻可以被使用群经验完形的认知基础，这也是提喻必定是结构主义产品修辞的原因。第三，产品系统在结构的构建中具有上下的层级关系，设计师对产品系统的划分及构建是由主观研究任务及目的决定的。产品系统的层级关系为产品提喻的整体指称的指认与判定明确了方向与内容。

（2）产品原型（详见 2.2.1）：产品原型本身不是产品经验，使用群对产品的印象才是经验，产品原型是使用群对产品日积月累的认知经验沉淀，以使用群的集体无意识的方式存在。产品设计是普遍的修辞活动，而每一次产品修辞文本的编写与解读，都是对产品原型的经验实践过程。产品原型是提喻、转喻活动中，修辞两造符号指称在选取、编写时的对应，以及产品整体指称在概念完形时的对照。

（3）产品文本自携元语言（详见 2.4.2）：是一个产品能够被某个使用群认定是这个产品的所有文化规约，它是产品文化符号的身份界定，也是设计师在文本编写时对修辞两造符号结构调控、改造的主要参照依据。

这三个概念在结构主义产品修辞活动中都必定会涉及，这是因为：第一，产品系统强调在修辞活动中的产品自身系统结构特征，以此规范修辞文本编写的各个阶段都以表意有效性传递为目的；第二，产品原型是在修辞活动中，产品整体指称完形认知的对应与经验依赖；第三，产品文本自携元语言是结构主义产品修辞文本编写时的文化规约限定与参照。至此，我们可以清晰地看到，产品提喻局部指称概念替代产品整体指称概念的映射活动，以产品系统作为区域的界定是最为恰当的。

### 2. 范畴概念与产品转喻映射活动的区域

（1）ICM 内部细化的范畴概念

首先，范畴是认知模型（CM）中细化的内容，一个范畴或概念仅对应于 CM 内的某一个成分。范畴与概念不同，范畴是事物在认知中的归类，它的主要作用是为每一次认知活动划定内容的边界。概念是在范畴基础上形成的词语的意义范围，概念是推理的基础与结果[45]。

赵艳芳在《认知语言学概论》中对范畴的形成过程强调了以下三点：一是范畴不是对事物的任意切分，而是基于大脑范畴化的认知能力；二是所有事物的认知范畴是以概念上凸显的原型定位的，原型对范畴的形成起到重要的作用；三是相邻范畴是互相重叠、相互渗透的[46]。

---

45. 赵艳芳：《认知语言学概论》，上海外语教育出版社，2001，第 55 页。

46. 同上书，第 63 页。

其次，产品设计活动中常用的范畴界定如下。（1）一种事物及其类似成员可以构成一个范畴。例如椅子及其类似的竹椅、实木椅、塑料椅等；（2）一类事物及此类型中包含的各种事物可以构成一个范畴。例如坐具中所包含的椅子、凳子、沙发、躺椅、摇椅、户外坐具等；（3）一个场域及这个场域中出现的各种事物可以构成一个范畴。例如办公桌作为一个场域，办公桌上常出现的茶杯、笔筒、镇纸、文具盒、插座、充电线等构成一个范畴；（4）一类抽象的概念及这个概念涉及的各种事物可以构成一个范畴。例如婚庆这个抽象的概念，婚庆所涉及的玫瑰、婚戒、喜糖等事物构成一个范畴。

当然，范畴的界定是极为丰富的，因为范畴本身就是一个主客观相互作用而形成的模糊范围。客观世界如此杂乱，大脑需要对其充分认识，便采取了分析、判断、归类等主观的分类与定位，经过认知加工过的世界是主客观结合的产物，主客观相互作用对事物进行分类的过程即范畴化的过程。只有在范畴化的基础上，人类才具有形成概念的能力，才有了语言符号的意义[47]。范畴随每一次的认知实践活动而改变，范畴化的认知过程同时涉及事物的原型概念问题，这也导致范畴具有层级结构的特征。

（2）产品转喻映射活动的区域

产品转喻映射活动所发生的区域是同范畴、不同类型的邻近产品间局部对应概念的替代。深泽直人创作的 Substance Chair 坐具是非常典型的转喻案例（见图 5-15），如果说这件作品是 ICM 或认知域内部，凳子与椅子间以替代关系进行的局部对应概念映射，那么转喻的映射范围就显得含糊不清了。而同范畴则清晰地表明了凳子与椅子是以“坐具”这一层级划分的认知域界限。当然，产品转喻中映射范围的同范畴不单单是指产品类型的分类，也可以是同一使用场景中的产品分类，甚至是产品类型的历时性分类等各种认知归类方式。

范畴是主客观相互作用对事物进行的分类，主观因素的差异势必带来范畴内容以及界限的不同，在产品设计活动中的主观因素主要来自使用群的差异。在成年人的认知中，茶叶罐、糖果盒、饼干桶属于礼品的概念范畴，但在小学生眼中，他们会把糖果盒与文具盒归为同一“场域范畴”，常被小朋友们一起放在书包里。如果要为小朋友们设计一款文具盒，那么“糖果盒—文具盒”的转喻设计一定是一个很不错的创意。

---

47. 赵艳芳：《认知语言学概论》，上海外语教育出版社，2001，第 55 页。

## 5.4.2 产品提喻的始源域：产品的凸显性局部指称

产品提喻的映射区域是产品系统，是产品系统内部的局部指称对产品整体指称以替代方式进行的非对称性映射。因此，产品提喻中的始源域符号是产品局部指称，目标域符号则是产品整体指称。但并不是产品系统内任何符号都可以作为始源域符号去替代产品的整体指称。接下来我们要讨论产品系统内怎样的一个符号才能担当始源域去替代产品整体指称的问题。

### 1. 产品提喻与转喻在始源域符号选择与编写中的两个概念

本书在讨论组合轴表意的产品提喻与转喻在始源域符号选择及编写的过程中，经常会提及认知的凸显点，以及这个认知凸显点向产品原型靠拢的“典型性”这两个概念，在此对这两个概念做简单的介绍。

（1）始源域符号的认知凸显点

人们会用具有典型性特征的成员来以偏概全地认识和表达整个系统；或凸显某一个模型，而缺省另外一些模型，从而形成整体与部分之间的包含与被包含关系。陈善敏与王崇义在他们的文章《提喻的认知研究》中指出：凸显的信息往往可以激活一个 ICM 或认知域，系统中的某个成员可以因其凸显性而激活整个系统。因此，凸显的局部可以激活事物的整体，事件发展中的某个凸显环节可以激活整个事件[48]。从认知的角度来说，这是一种概念域或 ICM 整体与其中某一系统成员之间的一种凸显关系[49]。

认知语言学的凸显观认为，语言结构中信息的选择与安排是由信息的凸显程度决定的。凸显程度高的信息起到认知参照点的作用，用以激活其他不那么凸显的成分，凸显程度高的认知局部称为“原型典型成员”或“类典型成员”[50]。笔者从产品提喻与转喻的两造指称出发，将产品系统内具有认知凸显性的指称概念称为认知凸显点。

产品提喻，一方面要求始源域符号具有在产品系统内的固有的认知凸显点。固有的认知凸显性是关于选择怎样的产品局部指称才能替代产品整体指称的概念。另一方面，在使用环境中这个认知凸显点应具有唯一性，这是要求这个认知凸显点的符号指称在产品使用的环境

48. 陈善敏、王崇义：《提喻的认知研究》，《外国语言文学》2008 年第 3 期。

49. 伊娜：《换喻与提喻差异的认知分析》，《当代教育理论与实践》2010 年 4 期。

50. 陈善敏、王崇义：《提喻的认知研究》，《外国语言文学》2008 年第 3 期。

中可以排除其他的产品，避免局部指称替代整体指称时带来的完形干扰。

在产品转喻中，因为修辞两造互为始源域与目标域，因此转喻要求修辞两造都必须具有在各自使用环境中的认知凸显点特征。转喻文本中指称的在场是作为认知凸显点的表层结构，而不在场的符号指称则是完形依赖的深层结构。所有在场指称都需要依赖不在场指称的系统经验获得完形；所有不在场指称都负责激活另一方在场指称的概念，以此进行各自产品的整体指称完形。

不是说其他的修辞格就不需要认知凸显点进行整体指称的概念完形，任何在修辞活动中涉及向系统靠拢，或依赖系统对修辞文本最终的整体指称进行指认的活动，都或多或少离不开在选择始源域符号时的认知凸显性。只是组合轴表意的提喻、转喻的认知机制的本质就是依赖局部指称对整体指称的概念完形，因此这个局部指称具有的认知凸显性显得尤为重要。

（2）认知凸显点向产品原型靠拢的“典型性”

认知凸显点向产品原型靠拢的典型性，是指具有认知凸显点的始源域符号指称在编写的过程中保留对象的较高还原度，以及较为完整的系统规约独立性，以便向产品原型进行回溯，以此快速地达到产品整体指称的概念完形。此处的典型性是始源域符号指称的认知凸显性在编写过程中向其所属的产品原型靠拢的程度。

同为组合轴表意的产品提喻与转喻对始源域符号认知凸显点的内容要求，以及在编写中对认知凸显点向产品原型靠拢的典型性的要求，有着很多相同之处。

第一，产品提喻与转喻在修辞活动中所涉及的符号指称的认知凸显点内容，以及产品原型的经验内容，都是属于使用群对于产品的“理性经验层”内容。产品提喻与转喻文本在产品整体指称概念上都是不完整的，都需要依赖始源域符号作为认知凸显点，通过经验完形的认知机制获得产品整体指称的最终确认。

第二，产品提喻与转喻在认知凸显点符号选择、编写、解读的过程中都需要遵循向各自产品原型靠拢的典型性特征，为此在编写的过程中应尽可能保持符号对象的高还原度以及其系统的独立性。

### 2. 产品提喻的始源域符号在产品系统内认知“凸显点”的固有特征

提喻是产品系统的局部指称的概念替代其产品整体指称的概念，因此提喻的认知凸显点仅针对始源域符号，这个始源域符号指称在产品系统内应具有固有的认知凸显点特征。产品提喻的认知机制是依赖始源域符号指称的认知凸显点，以及与其产品原型靠拢的典型性，在环境内通过经验完形获得整体指称的认定。

需要指出的是，提喻可以在系统区域内选取的固有认知凸显点不是唯一的，固有的认知凸显性也可以是在常用的语境或场景下具有高凸显性；也就是说，系统区域内的其他成员也具有固有凸显性的可能，它们都可以作为提喻的始源域，用以替代产品的整体指称概念。

例如墙上的挂钟系统，“三根指针”是系统内固有的认知凸显点，我们仅依赖墙上的三根指针就可以判定它是计时器，并顺利读取时间；“时间刻度”同样也是系统内固有的认知凸显点，它是挂钟作为功能性产品存在的最主要特征。至于挂钟的造型、颜色、品牌、机芯、电池等很难成为系统内固有的认知凸显点，因为它们必须依赖“挂钟系统”才能获得符号意义，因此它们单独拿出来都不可能指代“挂钟”这一产品。

### 3. 产品提喻的始源域在使用环境中认知“凸显点”的唯一性要求

产品提喻的始源域符号指称在产品系统内有固有的认知凸显点，必须保证其在使用环境中具有唯一性。

一方面，系统内意指关系的区分性。“系统论”的结构主义倡导者列维－斯特劳斯在讨论索绪尔语言符号学时指出，系统具有“全域性”“区分性”“深层控制”三大特征。其中“区分性”是指符号意指关系在系统内的区分特征，即系统内组分的能指与所指之间的意指关系虽是任意武断的，但意指一旦确定，就会将其他的可能性排除在外[51]。

另一方面，系统结构具有上下层级特征。使用者在使用产品时不可能脱离具体的使用环境。使用环境是以共时性为基础，在使用空间、内容、时间、文化规约等众多要素控制下构建的一个封闭的系统结构。皮亚杰的“有机论”结构主义的系统结构层级理论表明，产品使用环境可视为一个“大系统”，在这个大系统的下一层级，存在各种不同的产品类型，每一种产品类型又都可视为独立的产品系统，每一个产品系统的符号指称都由各自系统赋予其概念。

产品提喻的始源域符号指称在产品系统内应该具有固有的认知“凸显点”特征，但它必须同时满足在使用环境的大系统中具有认知的凸显性，即这个认知凸显点需要具有独一无二的区分性，如此这个符号才能在使用环境的大系统中替代其产品整体指称。例如，一位很胖

---

51. 赵毅衡：《符号学原理与推演》，南京大学出版社，2016，第 67 页。

的同学绰号叫“胖子”，“胖”是他在班级系统中的固有认知凸显点，“胖子”这个绰号即提喻。如果这位同学转学到新的班级，新班级是另一个系统，新班级里可能已经有好几个更胖的学生，那么他“胖子”的绰号就不能在这个环境系统中再用用了。

同样，上一段提及的挂钟例子中，指针与刻度都是挂钟系统内固有的认知凸显点。如果它挂在居家的墙面，作为使用环境的墙面系统不可能再有另外的指针与刻度的概念存在，因此指针、刻度在使用环境中依旧保持其认知的凸显点。如果它挂在到处都是仪表刻度的实验室或工厂车间，那么挂钟的指针、刻度在这些环境中就不再具有凸显性，也就不可能在此环境中作为提喻的始源域符号。

### 4. 产品系统内认知“凸显点”符号指称的形成方式

产品系统内认知凸显点的符号指称有两种存在方式：一是在某一语境或场景下具有高凸显性，这种常用作转喻，依赖环境提供经验信息，使得符号指称具有认知的凸显性；二是概念化或常规化所形成的高凸显性，某个符号指称在产品系统内本身就具有凸显性，常作为提喻的始源域符号[52]。

学界对产品系统内认知凸显点符号指称的形成原因以及类型研究很少，但笔者尝试对其形成做以下几点分析。

（1）由于产品具有功能性，在产品系统中那些与产品密切相关的功能性符号，在使用者长期的使用活动中具有了认知经验的凸显特征，成为产品系统内的认知凸显点。就如同挂钟一样，一个产品系统内或许存在多个固有的认知凸显点，它们依赖不同的语境和使用场景获得认知的凸显性。

（2）由于各类约定俗成的社会文化规约对产品系统内的组成符号进行了层级、主次的划分，占据主导位置的符号指称具有认知的凸显性特征。

（3）当产品系统中某个符号在修辞活动中因为理据性的积累成为象征后，象征作为反复修辞的结果所形成的特殊符号，在产品系统内就成为最具认知凸显点的特征。

（4）在产品系统内可以成为认知凸显点符号指称的，不仅仅局限于产品自身的文本，诸如敲门的手势可以替代“门”的整体指称，手握方向盘的姿势可以替代“驾驶活动”的整体指称。

52. 陈善敏、王崇义：《提喻的认知研究》，《外国语言文学》2008 年第 3 期。

当然，这些行为与姿势需要在产品使用环境中具有凸显性与唯一性，这也是下一段要讨论的问题。

（5）产品受到社会文化环境中伴随文本（主要以评论性伴随文本为主）的影响，产品系统中受到伴随文本影响的那些非凸显性的符号可能转为凸显性的认知凸显点。如2016年三星note7手机被报道发生多次电池爆炸事件后，电池在该品牌手机系统内原本不具有认知凸显性，但因舆论的报道，成了新的认知凸显点。

（6）设计师可以通过反讽修辞方式，形成外部符号对产品系统的对抗、瓦解或否定，这个外部符号相对于产品系统而言成为文本表意的认知凸显点。

提喻活动主要考虑前面的四点，因为它们具有产品系统中固有的认知凸显点特征，所以可以作为产品提喻中的始源域符号对产品整体指称进行替代。

## 5.4.3 产品提喻的目标域：产品整体指称

产品提喻的始源域符号是产品系统内部的局部指称，目标域符号则是产品整体指称。组合轴表意的产品提喻与转喻都是围绕局部指称以及整体指称展开的完形认知活动。这是因为，产品提喻与转喻以非对称性映射方式所形成的修辞文本，在产品整体指称概念上是不完整的，它呈现一个系统整体被隐藏的那部分，需要依赖环境进行完形方式的指认[53]。产品整体指称也是产品提喻、转喻在完形机制下，对产品系统的整体指称概念做出指认与判定的认知结果。

需要强调的是，产品整体指称作为提喻的目标域，在提喻文本中是隐藏不在场的，但不是缺失的，所谓缺失则意味着产品整体指称的概念是无法完形，无法获得的，也就意味着无法形成提喻修辞。

### 1. 产品整体指称作为一个完整的目标域符号

符号学的文本观认为，符号文本具有系统结构的层级属性，任何文本都是在共时性基础上，由众多符号组成的合一表意集合，同时任何一个文本也都可以视为一个完整的符号。因此，产品整体指称既可以以文本的形式存在，也可以被视为一个单独的符号。在产品转喻活动中，

53. 郭鸿：《现代西方符号学纲要》，复旦大学出版社，2008，第164页。

产品整体指称作为目标域应该被视为一个完整的符号。

至此我们可以认为，提喻是产品系统内部的一个符号作为始源域，以概念替代的“非对称性映射”方式替代这个产品的整体指称。产品整体指称此时作为目标域是一个完整的符号，它被局部指称替代后，在提喻文本中是不在场的，它需要依赖提喻文本中替换掉它的那个符号指称的概念，对其进行整体指称概念的完形。

### 2. 产品整体指称在概念完形时与产品原型的对应

在组合轴表意的产品提喻、转喻中，整体指称的完形与产品原型有着密不可分的对应关系。

（1）产品整体指称是对产品类型的指认与判定结果，它不是特指具体的哪一件、哪一款、哪一种风格的产品。例如：一百件风格各异、造型独特的凳子，我们最终判定的整体指称是“凳子”，而那些各异的风格、独特的造型则作为非一致性的认知因素，会被我们在概念的完形过程中暂时屏蔽，甚至无视。

（2）产品整体指称的指认是一个完形的认知过程，它需要我们依赖修辞文本中与产品原型具有典型性对应关系的符号指称进行产品整体指称的概念完形，这个与产品原型具有典型性对应关系的符号指称，即前文提及的认知凸显点。在提喻修辞活动中，我们利用符号指称在自身产品系统内固有的认知凸显点，以及其在使用环境中的“唯一性”进行整体指称的完形。在转喻修辞活动中，始源域或目标域某一方使用环境依赖两造符号指称的认知凸显点特征，进行属于该环境的产品整体指称的完形。

（3）产品整体指称在提喻中作为一个完整的目标域符号，其原有文本的内容与组成中的一些特殊性因素暂时被搁置，转而以产品类型指认的目的向产品原型靠拢。如果修辞文本中凸显点符号指称具有与其产品原型靠拢的典型性特征，那么认知凸显点指称就成为“整体指称”与“产品原型”间串联的纽带，即达成产品整体指称的完形过程。

最后也可以说，无论是产品提喻还是产品转喻，它们完形认知的实质，都是依赖产品原型的经验对修辞文本中产品整体指称的概念指认，而作为认知凸显点的符号指称则是完形活动中连接产品原型与产品整体指称这两者的纽带，并起到作为整体指称完形的依据与方向引导的作用。由此也可以看到，设计师在文本编写环节选取哪一个符号指称作为认知“凸显点”，在后续的解读环节中，使用者能否对产品整体指称进行完形，起到至关重要的作用。

## 5.4.4 产品提喻的完形认知结构

### 1. 提喻中“使用环境、产品原型、始源域符号指称”的认知从属关系

使用环境、产品原型、始源域符号指称是产品提喻认知结构的组成。而整体指称的经验完形、始源域符号在系统内固有的认知凸显点、认知凸显点向产品原型靠拢的典型性，以及认知凸显点在使用环境中的唯一性，是结构组成间的相互关系，它们共同构建了提喻的认知结构。

笔者绘制了提喻活动中，使用环境、产品原型、始源域符号指称的认知从属关系图式（图5-5），并做如下说明。

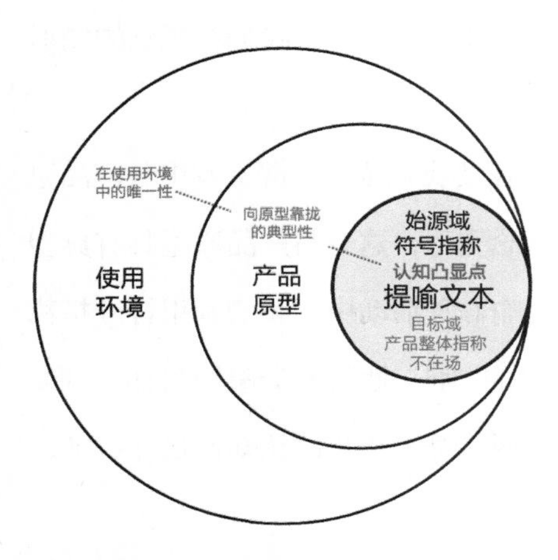


**图 5-5 产品提喻活动中使用环境、产品原型、始源域符号指称的认知从属关系**

首先，组合轴表意的提喻与转喻在认知机制以及修辞符号的选择、编写过程中，都会涉及：第一，因“非对称性映射”方式形成的指称替代关系，修辞文本在产品整体指称概念上都是不完整的，需要依赖使用环境提供的适配信息、产品原型的经验，对认知凸显点符号指称进行产品整体指称的经验完形；第二，具有认知凸显点的始源域符号在编写过程中，保持符号对象较高的还原度，以及其所在系统的独立性，以此达到向其产品原型靠拢的典型性特征。提喻同时强调始源域符号的认知凸显点在使用环境中的唯一性。

其次，产品提喻的始源域是产品系统内固有认知凸显性的符号指称，目标域则是产品的整体指称。与转喻不同的是，提喻对始源域符号还有特殊的要求：始源域符号的认知凸显性在产品系统内是固有的，凸显性在使用环境中是唯一的。这是因为，提喻产品必定存在于某个使用环境中，使用环境是提喻产品与其他类型产品共存的一个系统，按照结构主义系统论的区分性要求，符号指称的认知凸显点在使用环境中是唯一的，即它不应该指向可能存在的第二种产品原型，否则会加大完形指认的难度，增加完形的错误率。

因而，如果提喻文本想要获得整体指称的完形，那么始源域符号指称必须在其产品系统中具有固有的认知凸显性，其认知的凸显性在提喻的使用环境中也必须具有唯一性。

### 2. 提喻中“使用环境、产品原型、始源域符号指称”组成的认知结构

与产品转喻完形的认知结构相较而言，提喻较为清晰、简单，转喻是发生在同范畴、不同类型的两个产品之间对应位置符号指称间的概念替代，而提喻则是产品系统内部的符号指称对产品整体指称的概念替代。下面通过图 5-6 对产品提喻完形的认知结构做必要的说明。

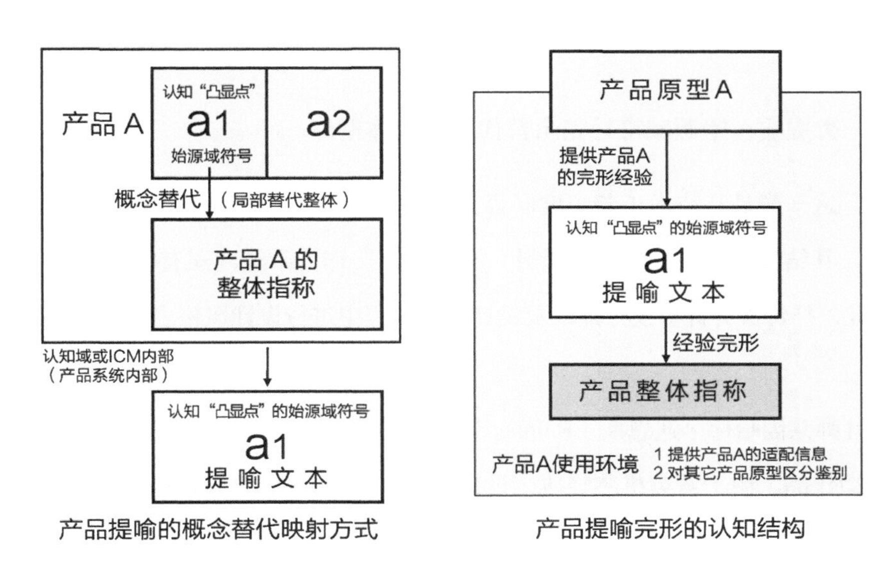


图 5-6　产品提喻完形的认知结构

首先，认知语言学之所以称提喻具有以偏概全的特性，是因为：可以“概全”的始源域符号在其所在的系统内具有固有的认知凸显性特征，且凸显性在产品使用环境系统中具有独一无二的区分性特征，这是其可以在使用环境内对产品整体指称进行准确、有效完形的前提。如果能够形成提喻，以上两点缺一不可。

其次，产品提喻与转喻的使用环境在系统功能上有所不同（详见 5.5.3），提喻中使用环境的系统功能：一是要提供给使用者产品适配的信息，使得始源域符号指称成为认知的凸显点；二是要在使用环境中，按照始源域符号对环境中其他产品的原型进行区分性鉴别。

使用环境中如有其他产品也具有类似的符号指称，那么始源域符号的凸显性就变弱，使用者进行产品整体指称完形的难度就会加大，错误率也会提升。这也是笔者强调的，提喻始源域符号在系统内固有的“凸显点”需要在使用环境中具有唯一性的原因。

### 5.4.5 两类产品提喻文本的编写与解读

提喻是产品系统内具有凸显性的局部符号指称（始源域）对产品整体指称（目标域）的替代。但由于产品系统内部的组成内容繁简各异，因而在“局部”替代“整体”的方式及文本的编写上，呈现出始源域符号对产品整体指称的“完全替代”与“非完全替代”两种情况，从而形成两类产品提喻：（1）始源域符号完全替代产品整体指称；（2）始源域符号非完全替代产品整体指称。

**1．第一类提喻：始源域符号完全替代产品整体指称**

“挂钟”这一产品从技术工艺角度而言，科技含量低、工艺结构简单；从符号文本的系统角度而言，其结构内组成较少，“指针”与“刻度”作为系统内固有的凸显性符号指称极为明显。因此，挂钟成为许多设计师以及设计院校课程中进行设计风格表达、方法创新的“实验道具”。

德国设计师莱因哈德·迪恩斯（Reinhard Dienes）设计的 Wyzer 挂钟（图 5-7）是运用提喻修辞的典型作品。由于石英机芯轻薄，设计师将其隐藏在两个较大的指针内部，挂钟设计成只有指针，没有表盘、刻度的样子。图 5-8 是以 Wyzer 挂钟为例，绘制的产品提喻文本修辞结构的编写流程。

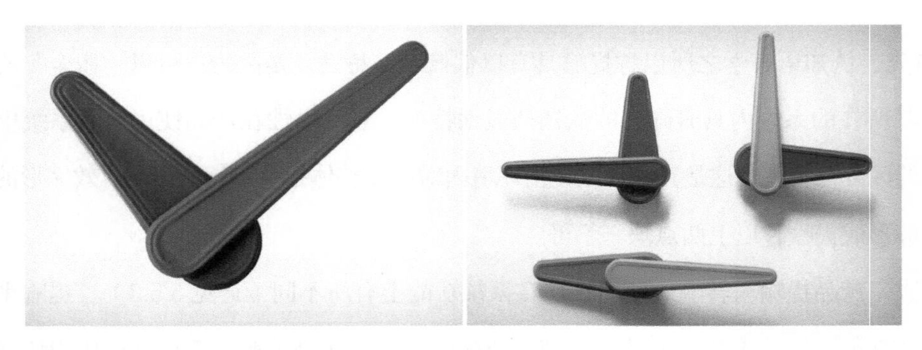

图 5-7 莱因哈德·迪恩斯设计的 Wyzer 挂钟

（1）这件作品的目标域是“挂钟”这一整体指称，可以替代它的那个始源域符号必须具备两点：一是在挂钟系统内固有的认知凸显点特征；二是在挂钟使用环境中，这个认知凸显点具有唯一性。在家居墙面的使用环境中，不太可能出现除“指针”符号之外的凸显性符号。

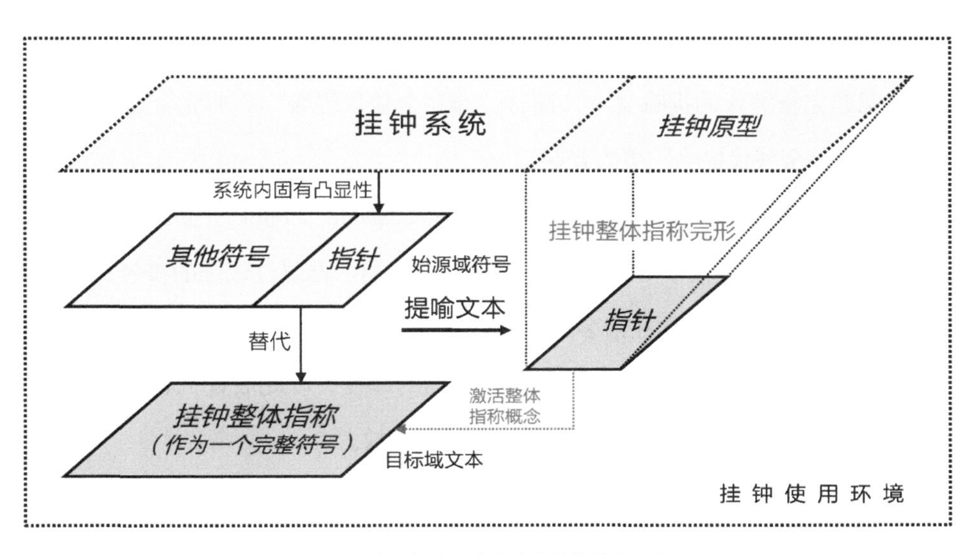


图 5-8　产品提喻文本修辞结构的编写流程

因此，墙面上的“指针”可以激活“挂钟”的整体指称。

但如果将其体积缩小，设置成磁吸方式贴在厨房的冰箱上，那么“指针”很有可能会与贴在冰箱上的“定时器”产生混淆。这表明，提喻的认知凸显点符号指称不但在产品系统中本身就具有凸显性，同时在使用环境中应具有唯一性。

（2）如果 Wyzer 挂钟将原有挂钟的指针直接贴在墙上，那么它就像是一件 DIY 的手工，提喻中始源域符号与产品原型靠拢的典型性，不是原封不动地将符号指称照搬进提喻文本。在第 4 章“4.1.2 普遍修辞理论对产品设计活动的再定义”中，笔者强调，产品创意是设计师选取怎样的文化符号对原产品文本内符号做出创造性的意义解释。Wyzer 挂钟夸张且时尚化的指针设计，即设计师对原有指针的创造性解释。

“典型性— 创造性”关系对应了“使用群集体无意识产品原型经验—设计师主观意识”两者间的权衡，甚至也可以说，几乎所有的结构主义产品修辞活动的修辞符号的编写改造，都是在这两端的区间内进行微妙的权衡，以获得设计师“主观创造性”与对使用者“表意有效性”的协调统一。

### 2. 第二类提喻：始源域符号非完全替代产品整体指称

更多的产品并非如挂钟系统那么简单，它们系统内各种必需的功能、操作、体验、工艺等不可变的组成因素，导致始源域符号指称不可能以完全替代的方式替代掉系统内所有的组成，因而呈现非完全替代的提喻文本，简称“非完全替代提喻”。非完全替代提喻在实际的设计活动中比“完全替代提喻”更为普遍。

日本设计师村田智明（Chiaki Murata）设计的lunacalante CD机（图5-9）是较为典型的“非完全替代提喻”。设计师选用了CD机系统中“遥控器”这一凸显性较强的符号，用它替代“CD机整体指称”。CD机系统中存在诸多无法被始源域遥控器符号替代的功能性组成，因此设计师在文本编写时分别做了如下操作：加大了遥控器的厚度，以此放置机芯设备；遥控器表面开槽，用于插入CD唱片；配置方形支架，便于CD播放。

从上面的设计案例中可以看到，设计师在对“非完全替代”的提喻文本进行编写操作时会注意到这一点：产品系统内无法被始源域符号替代的那些组成，都会以始源域符号为中心，以围绕始源域符号、适应始源域指称特征的方式进行编写，且编写时不会产生强于始源域符号指称的认知凸显性，以此避免在提喻文本的系统内存在第二个或另外的认知凸显点。这样编写的目的在于突出始源域符号，使其符号指称在提喻文本中能够保持认知的凸显点特征，便于对产品整体指称的概念完形。

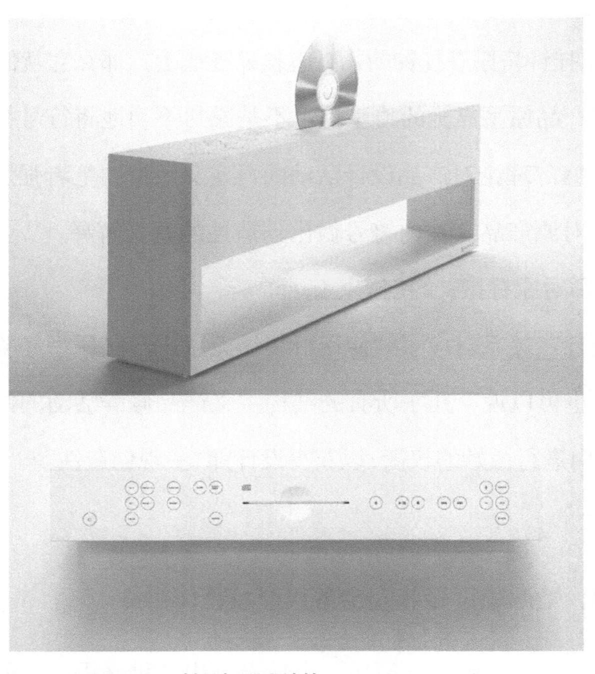

图5-9　村田智明设计的lunacalante CD机

### 5.4.6 产品提喻文本的表意张力分析

首先，符号学所讨论的文本表意的“张力”一词，最早来源于物理学的术语，是指作用于同一物体相反方向的两个力所构设的一种动态平衡状态，在文学艺术理论中被定义为“不同的理论交锋或两种思想意识在紧张状态下的一致性”[54]。形成产品文本表意的张力类型有很多，只要存在作用于同一个表意过程中、相互制衡且处于动态平衡的解释倾向，都可视为张力的表现。张力有强弱之分，张力的强弱来源于使用者在对产品文本进行解释时，其所属群体认知经验的能力元语言释放的释意压力。

对产品文本表意的张力，我们可以概括地说：（1）虽然产品文本表意张力的设置由设计师完成，但张力强弱的判定权一定是在使用者一端；（2）表意张力是使用者解释产品文本时，其能力元语言释放的一种释意压力；（3）张力的强弱具有向上的抛物线特征，即张力不可能无限制加强，达到极值时会迅速下滑，即使用者对表意文本无解，也就是俗话讲的看不懂。

其次，所有以设计师修辞表意有效性传递为目的的产品修辞活动，都必须放置在结构主义论阈中进行讨论。因此，所有结构主义修辞文本的表意张力分析，需要在使用群认知经验所形成的投影范围内展开讨论。影响产品提喻文本表意张力的因素主要有以下五个方面（图5-10）。

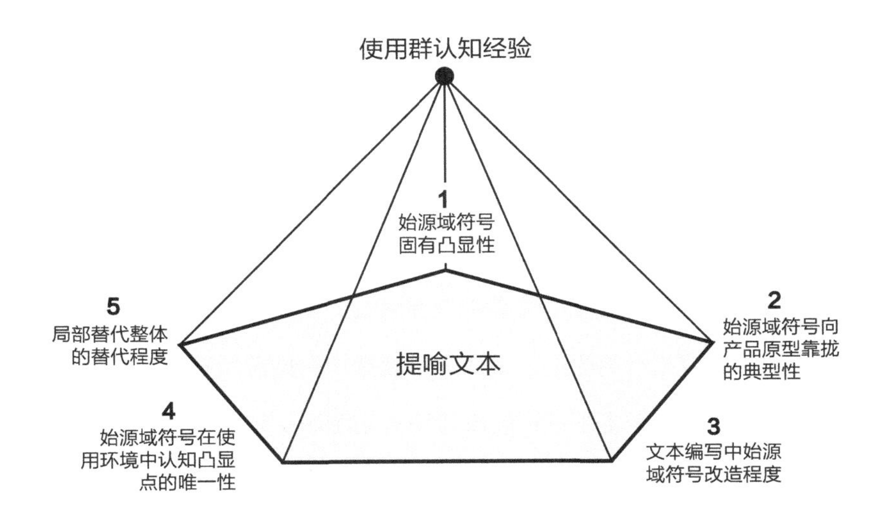


图5-10 产品提喻文本的表意张力分析

54. 项念东：《“张力”抑或“张力”论：一个值得省思的问题》，《衡阳师范学院学报》2009年第1期。

### 1. 始源域符号在产品系统内的固有凸显性

提喻是产品系统内的局部符号指称（始源域）对产品整体指称（目标域）的替代，这个始源域符号在产品系统内本身就应该具有认知的凸显点特征。其认知的凸显性越强，对产品原型的指向就越迅速、准确，进行产品整体指称的概念完形就越快捷，文本表意的张力就越弱。反之，当选取的始源域符号在系统内缺乏固有的凸显性，提喻文本的表意张力就会增强，过强的表意张力甚至导致整体指称的无法完形。

在此需要强调的是，文本表意的张力是一种由使用群认知经验形成的能力元语言所释放的意义解释压力。张力的强弱并不代表设计文本的优劣，张力较强的文本虽然会带来一些解释的乐趣，但同时也会干扰对产品整体指称的判定，影响意义解释的精准性和有效性。因此，修辞文本表意的张力不是越强越好，越弱越差，张力的强弱需要设计师按照设计意图进行有选择地调控，即文本的表意张力为设计意图服务。

### 2. 始源域符号向产品原型靠拢的典型性

首先要指出的是，组合轴表意的提喻与转喻修辞依赖认知凸显点指向各自产品原型，认知的凸显性是符号指称向产品原型靠拢的典型性。与产品原型之间非典型性的符号指称不可能形成提喻及转喻文本。

在提喻活动中，始源域符号与产品原型对应的典型性越强，文本表意张力越弱；反之亦然，直至无法进行局部指称对整体指称的替代，即提喻不成立。

### 3. 文本编写过程中始源域符号的改造程度

上文在分析 Wyzer 挂钟时指出，始源域符号在提喻文本中编写时，必定要经过设计师主观意识的改造，不可能直接照搬，否则就像 DIY 的手工。Wyzer 挂钟夸张且时尚化的指针设计，即设计师主观意识对原有指针的改造。设计师主观意识对始源域符号的改造，使得提喻文本表意张力加强，究其原因，是主观意识的改造使得始源域认知凸显点符号指称与产品原型靠拢的典型性降低，从而增加了使用者与产品原型对应的难度。但这个对应的难度如果在使用者的努力下得以实施，那便是使用者在文本意义解释时的乐趣。

提喻对始源域符号的改造方式是对其指称中对象还原度的晃动。需要指出的是，文本表意张力的增减具有抛物线的特征，当张力达到极值后会迅速下滑，即文本表意的张力过强，会导致使用者无法解读，文本表意无效。因此文本表意的张力存在一个尺度，设计师需要准确拿捏对始源域符号指称的改造程度，改造程度的标准依旧是使用群的认知经验。

**4. 始源域符号的凸显性在使用环境内的唯一性**

提喻的始源域符号指称不但在系统内具有认知的凸显点特征，同时要在使用的环境中具有唯一性。系统论结构主义的区分性原则，以及有机论结构主义的系统结构层级理论表明，产品使用环境可视为一个大系统，在这个大系统的下一层级，存在各种不同的产品类型，每一种产品类型又都可视为独立的产品系统，每一个产品系统的符号指称都由各自系统赋予其概念，就如贴附在冰箱表面的各种“指针”而言，有计时器的指针、时钟的指针、温度干湿度的指针。

因此，“指针”虽然都是这三种产品各自的认知凸显点，但指针在冰箱表面的使用环境中不具有唯一性，这就导致了如果将“指针”作为提喻的始源域替代各自产品的整体指称，那么在完形的过程中会同时指向三种产品原型，无法指向具体的产品原型，此时文本表意张力过强，导致提喻不成立。

**5. 局部替代整体的替代程度：完全替代与非完全替代的比较**

在讨论提喻局部替代整体方式中，存在“完全替代”与“非完全替代”两种替代方式：一是因产品系统组成较为简单，始源域符号指称对产品整体进行完全替代，如莱因哈德·迪恩斯设计的 Wyzer 挂钟；二是因产品系统组成较为复杂，始源域符号指称不可能完全替代产品系统内的全部组成内容，那些无法被替代的符号围绕始源域符号进行文本编写，如村田智明设计的 lunacalante CD 机。

因此通常情况下，“完全替代”的提喻文本比“非完全替代”的文本表意张力要强，因为在“非完全替代”的提喻文本中，那些无法被替代的符号都会提供产品整体指称的完形经验与完形机会，即它们都会积极地参与指向产品原型的认知活动，都会辅助始源域符号对产品整体指称的完形工作。

## 5.4.7 产品提喻与极简主义的区别

极简主义是一种美学上追求极致简单的设计风格，产品设计中的极简主义始于 20 世纪 80

年代，它受到现代主义运动和密斯·凡·德·罗（Mies Van der Rohe）“少就是多”设计思想的直接影响[55]。极简主义希望去除所有不必要、多余的内容，还原产品功能及体验的本源。日本设计师深泽直人也是极简主义的倡导者与实践者，他在2003年创建了“±0”品牌，希望每一件产品都有一个极致简单的原型。深泽直人所说的原型实质是形态原型，与产品设计符号学中的产品原型有所不同：形态原型是指产品原有形态具有趋向某种极致的简单原始形态的可能性，设计师应该将产品造型向那个极致的简单形态靠拢；产品原型是使用群关于产品各种经验日积月累而形成的一种集体无意识，其以一种象征的方式存在。产品原型是形态原型的基础，即极简主义中“向那个极致的简单形态靠拢”的操作过程必须符合使用群集体无意识产品原型的认定。

至此，我们可以看到极简主义的设计操作有两种途径：一是删减多余的内容及文化符号，向产品原型靠拢；二是产品造型向其形态原型靠拢，靠拢时以产品原型作为评判的标准。

之所以将提喻文本与极简主义进行比较，是因为产品整体指称被系统内的局部符号替代后的提喻文本，其文本结构组成简单，符号指称也极为单一，因而从文本的呈现形式上往往被设计界归为极简主义，但产品的提喻修辞活动与极简主义有着本质的差别。

（1）设计活动目的差异

极简主义强调去除产品多余的文化符号，回归产品经验原型与形态原型的本源状态；提喻则是通过以偏概全的完形认知方式，选取产品系统内某个固有凸显性的符号指称，以这个符号作为始源域，要么是对产品整体指称进行“完全替代”的编写，要么产品系统内的其他符号围绕始源域符号进行“非完全替代”的编写。

（2）文本编写的对象差异

虽然极简主义与产品提喻修辞都不是针对具体哪一款、哪一件产品，而是针对某种产品类型的普遍性操作。但极简主义活动针对的对象是现有产品类型的普遍客观状态，产品提喻修辞是指在经验认知中存在的产品类型。

（3）编写方式的差异

极简主义产品文本的编写核心是删减，对原有产品文本的删减，以此还原到或趋向至产品原型、形态原型的本源；提喻修辞文本的编写核心是替代，即产品系统内的认知凸显点符

55. 谢云峰、刘苏、黄奕佳：《从深泽直人设计探讨极简主义的本质》，《艺术百家》2009年第1期。

号指称的概念替代产品整体指称的概念。

（4）认知机制的差异

极简主义产品文本不受使用环境的过多限定，努力与产品原型、形态原型以对照的关系获得产品整体指称的认定；提喻文本则通过认知凸显点符号指称，依赖环境提供的经验信息，并与产品原型对应的典型性，以完形方式获得产品整体指称的认定。

（5）设计活动中创造性的差异

极简主义本身就是一种风格，设计师在对原有文本进行删减时必定带有主观意识的改造，因此，极简主义中极简本身就是产品设计活动的创意目的，即设计师主观创造性的表达；产品提喻是一种认知的表达方式，或更为准确地说是一种依赖修辞方式进行设计师主观意识表达的工具。在提喻活动中，设计师主观意识的展现体现在：认知凸显点符号指称与产品原型靠拢的典型性——设计师对凸显点符号指称创造性改造的对应关系，即使用群集体无意识经验——设计师主观意识间的权衡。

## 5.5 产品转喻：邻近产品间对应指称的概念替代

亚里士多德将所有的修辞格都视为一种隐喻，直到1954年雅柯布森从索绪尔组合轴、聚合轴表意的倾向性出发提出，隐喻和转喻是基于相互对立原则基础上的两种不同形态，自此转喻从隐喻中分离出来，以独立的姿态出现在研究领域[56]。用转喻进行思维与交流的方式是人类日常生活的重要组成部分，它是我们思维与谈论日常事件的方式，并构筑了文学艺术的符号象征论的基础[57]。转喻是建立在感知与经验基础上的ICM及认知域中，始源域的概念实体为另一个目标域的概念实体提供认知的心理通道的过程。

莱考夫认为的转喻实际是将提喻包含在内的，他提出转喻的发生总是基于同一模式或者框架内概念之间的邻近性，这种邻近性不仅存在于框架整体和部分之间，也存在于框架内的各部分之间。前者实质是提喻的模式，后者则是转喻的模式。

雅柯布森从索绪尔组合、聚合双轴表意的倾向性出发，提出“组合－转喻”与“聚合－隐喻”的两大分类。笔者在此基础上将提喻从“组合－转喻”中分离，将明喻从“聚合－隐喻”中分离，

56. 朱建新、左广明：《再论认知隐喻和转喻的区别与联系》，《外语与外语教学》2012年第5期。

57. 魏在江：《概念转喻与语篇衔接》，《外国语》2007年第2期。

从而按照双轴表意的倾向性，将产品修辞细分为：组合轴表意的产品提喻与转喻、聚合轴表意的产品明喻与隐喻。

## 5.5.1 产品转喻对修辞两造符号指称的要求

赵毅衡认为转喻在非语言符号中大量使用，转喻的本质是非语言的，转喻涉及的几乎都是两造符号间指称的问题[58]。产品设计的转喻也几乎都是“指称转喻”，即同范畴、不同类型的两个产品，依赖邻近性进行对应位置符号指称相互间的概念替代。可以替代的邻近性指称包含产品所属的类型、使用功能、操作行为、体验方式、形态肌理等。

### 1. 转喻是修辞两造间符号指称的概念替代

张炜炜在《隐喻与转喻研究》一书中提出转喻的四个基本特征：（1）转喻具有概念性；（2）转喻具有体验性，转喻的体验更多是生理、经验上的体验，而隐喻体验更多涉及社会文化内容；（3）转喻是其他认知模型的基础；（4）转喻涉及体验上或观念上的关联，即涉及邻近元素[59]。

潘瑟（Panther）和桑伯格（Thornburg）按照两造间的替代内容，将转喻分为三类：（1）概念间的相互替代的指称转喻，也称为概念转喻；（2）表达方式间相互替代的述谓转喻；（3）语言行为间相互替代的言语行为转喻。莱考夫认为以上三种转喻类型涉及最多的是关于两造符号间的指称问题[60]，即围绕两造间的指称展开的概念转喻。这个过程通过直接的联系，按照邻近关系的原则构成，邻近关系所对应位置的两造符号指称的概念替代是转喻的根本任务。郭鸿指出，转喻因两造符号的相互替代形成修辞文本不完全的系统，它呈现一个系统整体被隐藏的那部分，并需要依赖环境进行完形方式的指认[61]。

一方面，对于转喻活动中的指称性（Referentiality），雅柯布森认为当符号文本表意的功能性侧重于对象时，符号文本具有较强的指称性，文本意义明确地指向外延，符号的对象即

58. 赵毅衡：《符号学原理与推演》，南京大学出版社，2016，第 190 页。

59. 张炜炜：《隐喻与转喻研究》，外语教学与研究出版社，2020，第 31 页。

60. 李勇忠：《语言结构的转喻认知理据》，《外国语》2005 年第 6 期。

61. 郭鸿：《现代西方符号学纲要》，复旦大学出版社，2008，第 164 页。

是意义指向的目的所在[62]。另一方面，指称转喻主要针对概念的本体，它必须有两个概念直接的通达关系，同时还可以伴随两个形式的通达关系。典型的指称转喻是“形式 1”所表达的指称“概念 1”，转喻到“形式 2”所表达的目标“概念 2”。这样的转喻表述为：形式 1—概念 1—形式 2—概念 2[63]。

因此，产品转喻的修辞两造在编写的过程中都以一方符号指称替代另一方相应位置符号指称的概念展开文本的编写，同时在文本的解读过程中都是依赖各自使用环境提供的适配信息，以及各自产品原型的经验，获得对各自产品整体指称的指认。

### 2. 产品转喻修辞两造间互为始源域与目标域

首先，我们举个简单的例子：“狮身人面像”是典型的转喻，我们既可以说，作为始源域的“人头”，替代了目标域相应位置的“狮头”；当然也可以说，作为始源域的“狮身”，替代了目标域相应位置的“人身”。当遇到“人的系统环境”，我们将其判定为“人”；当遇到“兽的系统环境”，我们将其界定为“狮”。举这个案例是为了表明，转喻修辞的两造具有互为始源域与目标域的特性。

对产品转喻而言，它是发生在认知域或 ICM 内部，依赖同范畴、不同类型的两个产品之间的邻近性，通过对应位置符号指称的替代达到概念的映射。

转喻文本因产品间邻近关系的概念替代，始源域不会将其局部指称的概念以系统匹配的方式在目标域内与对应的映射概念进行共享，而是通过符号指称取而代之的方式替换掉对方对应的概念，这种非对称性映射使得转喻文本在整体指称辨识度上出现不完整的特征。这就要求产品转喻的修辞两造在选择以及替代的编写过程中，始终保持着各自符号指称中对象的高度还原，以便在两造各自的使用环境提供的适配信息下成为认知的凸显点，依赖各自产品原型的经验，对产品整体指称的概念进行完形认定。正如学者李勇忠认为的，转喻是在同一理想化认知模型中的运作，以完形的方式获得符号间映射替代后的整体指称判定[64]。

产品转喻文本的整体指称的概念完形认知过程可以概括为：转喻文本中的修辞两造，如果某一方产品的使用环境里出现提供给使用者进行完形的适配信息，这一方在转喻文本中的

62. 张骋：《符号学视角论“传媒艺术”的命名：兼辨“传媒 / 媒介 / 媒体艺术”之异》，《现代传播》2018 年第 9 期。

63. 程琪龙：《转喻种种》，《外语教学》2010 年第 5 期。

64. 李勇忠：《语言结构的转喻认知理据》，《外国语》2005 年第 6 期。

符号指称会成为认知凸显点，使用者通过这个认知凸显点指称，依赖其所属的产品原型经验对转喻文本的产品整体指称做出最终的概念判断。

在整体指称概念的完形过程中，转喻文本中各自“不在场”的符号指称，激活文本对应位置中对方“在场”符号指称的概念，这是转喻特有的两造指称双向且相互激活的特性。转喻文本中始源域符号指称与目标域符号指称都可以依赖各自的使用环境成为认知的凸显点，都可以在完形的过程中依赖“不在场”激活对方“在场”的指称概念。以上表明转喻的修辞两造具有互为始源域与目标域的特性。

### 3. 产品转喻对两造指称在各自使用环境中具有认知“凸显点”的要求

首先，系统内部认知凸显点不一定都是那些在常规化下固有的认知凸显点，也可以是在某一语境或场景下具有高凸显性，也就是说，系统区域内的其他成员也具有凸显的可能性[65]。因而，在产品系统中能够成为认知凸显点的符号指称有两种情况：一是在一个产品系统内，某个符号指称具有约定俗成的固有高凸显性，这个符号往往可作为产品提喻的始源域符号，去替代其产品整体指称的概念；二是在某一文化语境或产品使用环境下，这个符号的指称具有高凸显性，这往往是产品转喻中依赖环境进行完形的认知方式。

由于转喻修辞的两造具有互为始源域与目标域的特性，认知凸显点是对转喻修辞两造指称在选取时的共同要求，强调两造符号指称在各自使用环境中都应具有认知的凸显性。两造符号指称可以成为认知凸显点的措施是，在符号指称的选择及编写过程中都必须向各自产品原型靠拢，即具有与各自产品原型的经验性相对应的典型性。我们也可以认为这种典型性的符号指称在概念上具有与产品原型在认知经验上的一致性与趋同性。

产品转喻中两造认知凸显点的符号指称向各自产品原型靠拢的典型性不存在特定的标准与式样，在选择与文本编写时具有以下特点。

（1）认知凸显点的符号指称具有的向产品原型靠拢的典型性，是三元符号结构中“对象－再现体”两者协调统一后所呈现的千变万化的可感知内容。典型性是指称的概念，这一概念是否存在与产品原型靠拢的典型性是由组成使用群集体无意识产品原型的认知经验所决定的。

（2）那些但凡符合产品原型认知经验的符号指称，都或多或少具有与产品原型靠拢的典

65. 陈善敏、王崇义：《提喻的认知研究》，《外国语言文学》2008 年第 3 期。

型性。这里需要表明三点：一，修辞两造符号指称越向各自产品原型靠拢，其典型性越强；二，在转喻文本编写时，指称中对象的还原度越高，其典型性越强；三，转喻文本中典型性越强的符号指称，其回溯并依赖产品原型进行产品整体指称的完形就越准确、越迅速。以上三点也再次表明，产品原型是转喻文本经验完形认知机制中的经验来源。

使用者在解读转喻文本时，当某一方的使用环境出现后，环境提供给使用者这一方面产品的适配信息，其在转喻文本中的符号指称成为认知的凸显点，使用者依赖产品原型的经验，对认知凸显点符号指称进行产品整体指称的完形。因此，提喻修辞两造的认知凸显点更强调在各自使用环境中的凸显性。

## 5.5.2 产品转喻修辞两造各自整体指称的“经验完形”方式

组合轴表意的产品提喻与转喻在两造指称间的概念替代是一种“非对称性映射”方式（详见 5.3.2）。非对称性映射方式所形成的修辞文本，在产品整体指称概念上是不完整的，它们都需要依赖经验完形的认知机制获得产品整体指称的最终确认。

因此，转喻在修辞两造符号指称的选择以及文本编写的过程中，两造指称必须能够在各自使用环境提供的适配信息下成为认知的凸显点，凭借它们的凸显特性，依赖对应的产品原型的经验，才能获得产品整体指称的概念完形。

### 1. 格式塔心理学的完形认知机制

完形心理学又称格式塔心理学。完形组织法则（Gestalt Laws of Organization）是格式塔心理学对所有实验进行佐证的知觉组织法则，它注重经验与行为的整体性研究[66]。完形心理学将行为分为个体在环境中活动的“显明行为”与个体自身内部活动的“细微行为”，它主要研究个体的显明行为。完形心理学的完形认知机制适用于时间、空间、知觉，以及所有心理现象，它最大的特质就是遵循将零散的经验材料组织成完整的整体这一原则。

建立在完形心理学理论基础之上的生态心理学也同样认为：首先，个体对任何事物的认识都不能脱离环境，环境中诸多的信息为个体完整地认识事物提供可以完形的经验基础，个体的行为也与环境产生密切的关系；其次，环境对个体认识事物的完形过程存在着“确认”

---

66. 于仙：《初探音乐教育本质的“格式塔”式特征》，《黄河之声》2018 年第 12 期。

与“排除”的同步，即环境既提供个体对事物完形的诸多适配的经验信息，又排除事物中那些非环境经验存在的要素。

最为著名的经验完形案例，是完形心理学家爱德加·鲁宾（Edgar Rubin）1915年绘制的正负反转图形《花瓶幻觉》（图5-11）[67]。图中最左边的图片，因没有黑色或白色的环境区分，人脸与花瓶始终处于持续不断的选择与对抗状态。中间的图片，白色被框选为环境，当人注视白色环境时，看到的是花瓶，人脸作为白色环境的组成部分被排除。图中最右边的图片，黑色被框选为环境，当人注视黑色环境时，看到的是人脸，花瓶作为黑色环境的组成部分被排除。

图5-11　德加·鲁宾《花瓶幻觉》

## 2. 转喻两造在各自环境下的整体指称完形方式

转喻的“非对称性映射”方式所形成的文本，无论是对始源域产品的整体指称，还是目标域产品的整体指称而言都是不完整的，两者都需要依赖各自的使用环境提供适配的信息、各自产品原型提供的完形经验、进行整体指称的概念完形。

产品转喻文本的整体指称完形过程中，存在“在场”的符号指称与“不在场”的符号指称两类指称。前者是指在产品转喻文本中出现的两造符号指称，它们是认知凸显点，作为认知活动的表层结构，担负向各自产品原型对应的任务；后者是指被修辞两造符号指称替代掉的，不在转喻文本中出现的那两个符号指称，它们是完形认知机制中所依赖的深层结构，因为它们要担负起激活对方对应位置的符号指称的概念的任务。

67. 高懿君：《福田繁雄平面设计作品的创意与表现研究》，《中国包装》2017年第1期。

因此，所有在场指称都需要依赖不在场指称的系统经验获得完形，所有不在场指称都负责激活另一方在场指称的概念。这两句对应的表达听起来十分拗口，似乎也难以理解，如果我们用“狮身人面像”这一转喻的例子（图5-12）进行分析就会清晰很多。

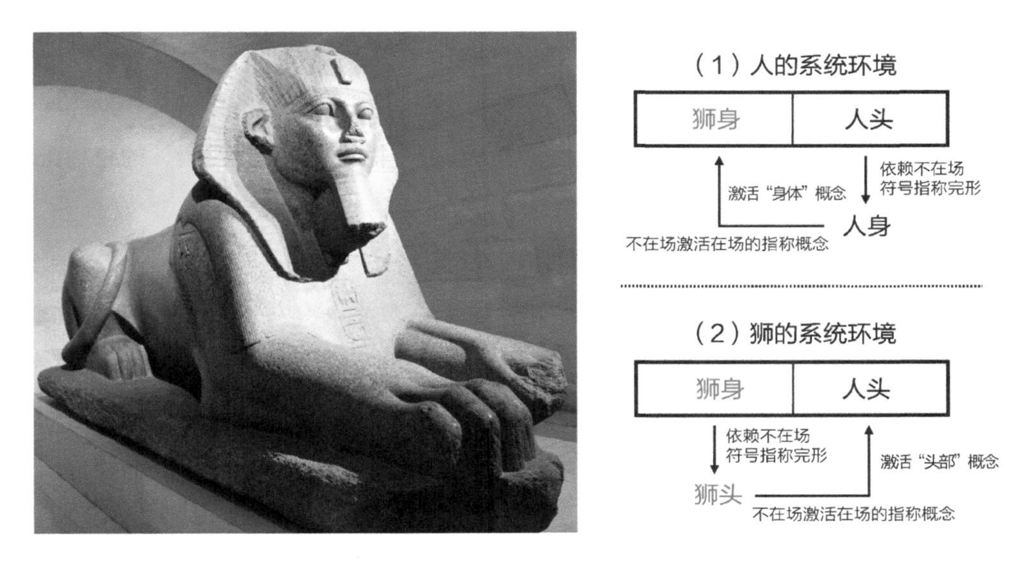


图5-12 “狮身人面像”转喻文本的经验完形分析

狮身人面像由“狮身+人头”组成，既可以理解为是“人头”替代了“狮头”，也可以理解为是“狮身”替代了“人身”，这是因为转喻修辞两造具有始源域与目标域身份互换的特性，所以两造符号指称在各自的使用环境中，都依赖相同的经验完形的认知方式获得各自整体指称的指认。

第一种情况（图5-12右上）：如果遇到“人的系统环境”，“人头”是在场的符号指称，也是人的系统环境中的认知凸显点。“人头”需要依赖“人身”获得“人”这一整体指称概念的确认，但转喻文本中“人身”的位置被“狮身”替代了。然而在我们的生活经验中，那个不在场的“人身”符号指称具有“身体概念”，这个“身体概念”激活了在场“狮身”符号指称所具有的同样的“身体概念”。最终，我们依赖在场的“人头”符号指称，与被激活的“狮身”的“身体概念”，即“人头符号指称+身体概念”获得“人”整体指称的概念判定。

第二种情况（图5-12右下）：如果遇到“狮的系统环境”，在场符号指称“狮身”是系统环境中的认知凸显点。同样，“狮身”需要依赖“狮头”获得“狮”这一整体指称的确认，但文本中“狮头”被“人头”替代了，于是不在场的“狮头”激活了在场的“人头”的“头部概念”。最终，我们依赖“狮身符号指称＋头部概念”获得“狮”整体指称的概念判定。

至此我们可以总结为，转喻发生在A、B两个产品之间，转喻文本遇到A的系统使用环境时，其经验完形方式是：转喻文本中A方“在场”的符号指称需要依赖A方被替代掉的那个不在场的符号指称进行系统经验的完形。因而，A方不在场的符号指称，负责激活替代它位置的B方在场符号指称的概念。

因此，产品转喻的经验完形，实质上是“在场符号指称”加上“被激活的指称概念”所获得的产品整体指称的指认。

## 5.5.3 产品转喻的完形认知结构

通过以上讨论我们可以看到：经验完形是转喻的认知机制，认知凸显点是在遇到各自使用环境时显现的认知凸显性，向产品原型对应的典型性是修辞两造符号指称向各自产品原型靠拢的程度。

以上三个概念皆围绕使用环境、产品原型、两造符号指称三者展开。因此，它们是产品转喻认知结构的组成，而经验完形、认知凸显点、向产品原型靠拢的典型性，则是认知结构组成间的相互关系，它们共同构建成产品转喻的认知结构。

### 1. 产品转喻中“使用环境、产品原型、两造符号指称”的认知从属关系

图5-13是转喻活动中使用环境、产品原型、两造符号指称三者认知从属关系图。

首先，产品原型是使用群在特定的使用环境下，对某类产品日积月累的经验沉淀，这些经验沉淀是使用群集体无意识产品原型的组成部分。使用环境与使用群是形成该群体集体无意识产品原型的基础。因此，使用环境决定了产品原型的经验组成。

其次，修辞两造符号在选取时，其符号指称向各自产品原型靠拢，以获得与产品原型对应的典型性，并在文本编写时保持符号对象的高度还原与符号所在系统的独立性。至此，在遇到两造某一方的产品使用环境时，环境提供该产品的适配信息，转喻文本中这一方的符号指称便可以成为认知的凸显点，继而依赖产品原型的经验进行整体指称的完形。

因而，如果转喻文本可以获得整体指称的完形，那么修辞两造的符号指称必定在各自产

品原型的认知与经验范围内，与产品原型具有“典型性”的对应。

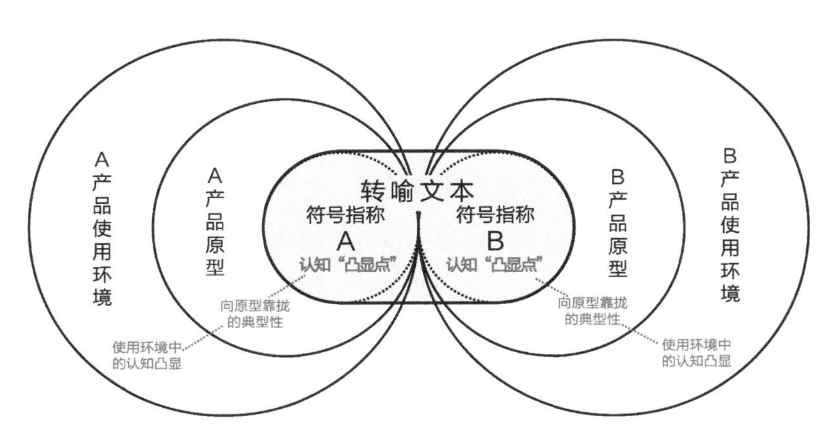


图 5-13　产品转喻中使用环境、产品原型、两造符号指称的认知从属关系

## 2. 产品转喻中“使用环境、产品原型、两造符号指称”组成的认知结构

经过以上的讨论，我们可以清楚地看到：在使用群固定的情况下，使用环境、产品原型、两造符号指称三者是产品转喻认知活动的主要组成，这三部分组成间的各种认知关系是转喻认知机制的完形方式，它们共同组成转喻完形的认知结构。结合前文“产品转喻概念替代映射方式图式”（图 5-3 右），图 5-14 对产品转喻的认知结构做如下总结：

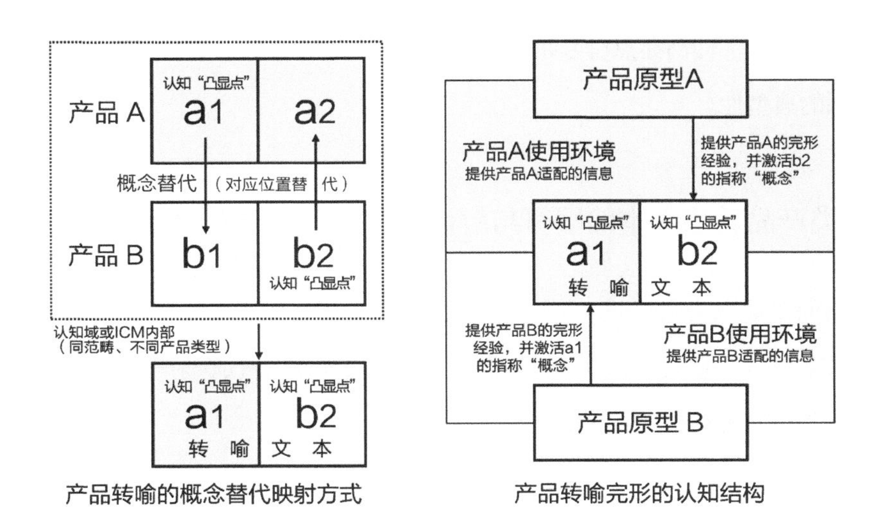


图 5-14　产品转喻完形的认知结构

（1）产品转喻是认知域或ICM内部，同范畴、不同类型产品间局部对应概念的替代映射。产品A由符号a1、a2组成，产品B由符号b1、b2组成。产品A作为始源域，其a1符号替代产品B对应位置b1符号，形成的转喻修辞文本结构为a1、b2。

由于转喻修辞两造符号指称互为始源域与目标域，我们可以说，这个转喻是a1替代了b1形成的转喻，也可以说是b2替代了a2形成的转喻。之所以要强调转喻的修辞两造具有始源域与目标域身份互换的特性，是因为两造指称在各自的使用环境中，都依赖相同的经验完形的认知方式获得各自整体指称的指认。

（2）使用环境在产品转喻的认知结构中起到关键的作用，当使用者遇到产品A使用环境时，环境为使用者提供适配产品A的必要信息，因而符号指称a1成为认知凸显点。但它需要依赖不在场的符号指称a2获得系统经验的完形，于是不在场的a2符号指称依赖产品原型A提供的经验，激活了替代它位置的b2符号指称的概念。使用者凭借符号指称a1与被激活的b2符号指称的概念，获得产品A的整体指称确认。如果遇到产品B使用环境，完形的方式也是一致的。

这也再次表明，产品转喻修辞两造在完形过程中，在场的符号指称需要依赖不在场符号指称获得系统经验的完形，不在场符号指称激活另一方在场符号指称的概念。产品转喻的经验完形，实质上是在场符号指称加上被激活的概念所获得的产品整体指称的指认。

（3）产品原型是转喻文本经验完形认知机制中的经验来源。修辞两造符号指称在选择与编写时向各自产品原型靠拢的典型性，是它们在各自使用环境提供的适配信息下，可以成为认知凸显点的前提基础，即凸显点符号指称之所以具有凸显性，是因为它与对应的产品原型具有高度对应关系的典型性。

### 5.5.4 两类产品转喻文本的编写与解读

转喻可以简单地视为同范畴、不同类型的两个产品间，依赖邻近性关系进行的局部对应位置符号指称的替代，以此达成两个产品间局部指称的概念替代映射。产品与产品间通过局部指称替代成为转喻文本的方式有以下两类。

（1）使用环境下经验完形的产品转喻

产品与产品间通过局部指称的替代，根据各自的使用环境提供的适配信息，依赖各自产品原型经验，以及在场的符号指称与被激活的指称概念，获得各自产品整体指称概念的确认。

这类转喻中的修辞两造具有始源域与目标域身份互换的特性，是因为两造在各自的使用环境中，都依赖相同的经验完形的认知方式获得各自整体指称的指认。

（2）产品间具有“显著度”差异的产品转喻

首先需要区别的是，显著度与上文提到的认知凸显点是两个不同的概念：知觉心理学认为，事物之间存在显著度的差异，显著度强调的是两个事物间在认知上的识别度比较；凸显点指的是产品系统中固有的，且在使用环境中最易被识别的那个符号指称。虽然两者都是在认知识别上的比较，但显著度是两个事物间的比较，凸显点是事物内部组成在环境中的比较。

在现实的使用环境中，产品与产品间存在客观先验的显著度差异，显著度低的产品作为始源域，其局部指称映射并替代显著度高的产品，通过显著度高的产品在认知识别的优先上，对其做出整体性指称的激活。

### 1．第一类转喻：使用环境下经验完形的产品转喻

（1）以深泽直人 Substance Chair 坐具为例

深泽直人为意大利 Magis 品牌设计的 Substance Chair 坐具（图 5-15）是典型的转喻修辞。凳子和椅子是同属“坐具”范畴，但不同类型的两种邻近产品。深泽直人选取了一款典型靠背椅的“椅面”与一款典型凳子的“凳腿”转喻成“椅面－凳腿”的新坐具。

由于这类转喻中的修辞两造具有始源域与目标域身份互换的特性，因此在没有使用环境的家具店里，它可以是“一把有凳腿的椅子”，也可以是“一张有椅面的凳子”，它可以同时分属于椅子与凳子两个不同的商品类别。客户来购买坐具时，大多按照需要使用的环境，以及那个环境中产品的原型进行挑选：一种情况，公司采购者因隆重的会场环境，把我们认为的“椅子原型”作为挑选标准，认定其为“一把简约的椅子”。另一种情况，夜宵店老板因露天大排档的环境，会将我们认定的“凳子原型”作为挑选标准，视其是“一张舒适的凳子”。此坐具在没有具体产品整体指称的情况下，给客户提供在两种环境下挑选不同坐具的机会。

图 5-15　深泽直人 Substance Chair 坐具

以 Substance Chair 坐具为例，笔者做了“产品转喻文本修辞结构的编写流程”，如图 5–16。（注：此图式同样适用于产品间具有显著度差异的产品转喻。）

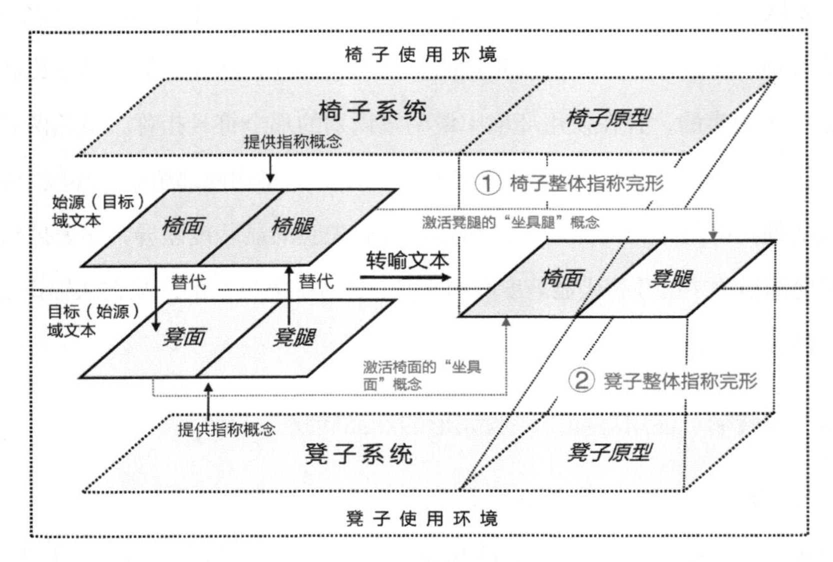


图 5–16　产品转喻文本修辞结构的编写流程

椅子与凳子同属坐具范畴、不同产品类型，两者具有邻近性关系，“椅面”映射在对应的“凳面”位置上，并将其替代，形成转喻文本“椅面－凳腿”。由于这类转喻中的修辞两造具有始源域与目标域身份互换的特性，我们也可以说是“凳腿”映射在对应的“椅腿”位置上，并将其替代，形成转喻文本“凳腿－椅面”。

人们在认知过程中，往往是通过较易感知的部分来把握整体或整体的另一部分[68]。深泽直人特意选择最具典型性的“凳腿”与“椅面”，究其原因：一方面，这两造符号指称，即“经典的凳腿”与“经典的椅面”，具有向各自“凳子原型”与“椅子原型”靠拢的典型性；另一方面，深泽直人在文本编写的过程中，尽可能对两造符号对象保持较高程度的还原，以及各自原有系统的独立性，以此保持与各自产品原型对应的典型性。因此，在遇到两造某一方的产品使用环境提供的适配信息时，其符号指称便可以成为认知的凸显点。

第一种情况：在办公及会场的环境中（图 5–16 中①），这件作品会被解读为“一把简约

68. 张硕、陆国君：《转喻的认知关联机制探究》，《语言文字学术研究》2020 年第 2 期。

的椅子”，办公及会场的使用环境提供了与“椅子”适配的各自信息，在场的“椅面”成为这个环境的认知凸显点，它需要依赖“椅腿”获得系统经验的完形。但在转喻文本中，“椅腿”被“凳腿”替代了，于是不在场的“椅腿”激活了在场“凳腿”的“坐具腿”的概念，最终使用者依赖在场的“椅面”与被激活的“坐具腿”概念，获得“椅子”这一整体指称的确认。

第二种情况：在露天排档的环境中（图5-16中②），这件作品会被解读为“一张舒适的凳子”，露天排档的使用环境提供了与“凳子”适配的各种信息，在场的“凳腿”成为环境中的认知凸显点。它原本需要依赖不在场的“凳面”获得系统经验的完形，于是不在场的“凳面”激活了在场“椅面”的“坐具面”的概念，最终使用者依赖在场的“凳腿”与被激活的“坐具面”概念，获得“凳子”这一整体指称的确认。

（2）使用环境对转喻整体指称完形的影响与转喻修辞格的判定

转喻文本中的修辞两造互为始源域与目标域，只有当一方使用环境出现，才能获得对这一方产品整体指称的完形。因此，两造使用环境是否出现直接影响着各自整体指称的完形，甚至因为某一方使用环境出现概率低，导致转喻修辞格被判定为明喻。具体分析如下。

第一，再以深泽直人 Substance Chair 为例，如果转喻文本始终没有遇到任何一方的使用环境，也就无法获得环境所提供的适配信息，转喻文本中“椅面”与“凳腿”分属两个不同的坐具类型，且两造符号指称保持符号对象的高度还原，使得两者始终处于产品类型间的对抗状态，此时文本表意的张力最强。这种张力是因为无法通过使用环境下经验完形获得产品整体指称的指认导致的。

第二，如果转喻文本在某个使用场景中，某一方的使用环境是高概率的出现，另一方的环境是低概率的出现，那么我们很有可能将其视为明喻，而非转喻，即低概率环境一方产品的局部概念作为始源域去修辞服务高概率环境一方的目标域产品系统。

例如，最为普通的一张折叠沙发床放在两个不同的使用场景中：一个是蜗居在只有几平方的单身公寓，白天将其折叠起来作为沙发办公，晚上铺开作为床睡觉，一天中沙发的使用环境与床的使用环境都是高概率，因此在这个使用场景中我们很容易判定其为转喻修辞；另一个使用场景是将折叠沙发床放置在宽大的别墅客厅，预备每年春节那几天作为老家来的亲戚的临时床铺，此时“床”的使用环境是低概率的，我们会判定其为“可以临时作为床的沙发”的明喻修辞，即“床”的局部概念作为始源域去服务目标域“沙发”这个产品系统。

### 2. 修辞两造非典型性符号指称无法形成产品转喻

深泽直人设计的坐具 Substance Chair 之所以可以较为快速、准确地依赖椅子或凳子的使用环境，以及各自的产品原型进行整体指称的概念完形，是因为深泽直人选取的“椅背”与“凳腿”是各自产品类型中最为典型的造型，这种典型性与使用群集体无意识的椅子原型、凳子原型的认知经验高度趋同。

笔者在此着重强调的是：修辞两造任何一方的符号指称与其产品原型不具有典型性，也就无法形成转喻修辞。笔者在网上分别寻找了一款极具设计风格的椅子与凳子，试图设计一款类似的转喻坐具。按照它在本章中的图号，暂且命名其为“17 号坐具”。（图 5-17）

图 5-17　非典型性符号指称形成的明喻修辞

这时我们会发现，“椅背”在椅子的使用环境中具有与产品原型的典型性，我们可以认定其为“椅子”；但“凳腿”的夸张设计离典型性相距甚远，它无法在凳子的使用环境中成为认知的“凸显点”，相反，凳腿的特殊造型成为整个修辞文本的“刺点”。

赵毅衡在《符号学－传媒学》词典中对“刺点”做了这样的定义：展面／刺点是巴尔特提出的一对符号风格学概念，其中刺点是文本中一个独特的局部，它是把文本的展面搅乱的要素。刺点就是文化“正常性”的断裂，就是日常状态的破坏，也是艺术文本刺激“读者性”解读，要求读者介入以求得狂喜的段落[69]。巴尔特刺点理论的意义在于，它强调了正常化的艺术媒介很容易被视为文化正规，而正规的媒介让人无法给予更多的意义解读。在艺术中，任何体裁、任何媒介的正常化，都足以使接收者感到厌倦而无法激动。此时，突破媒介常规的努力，可能带来意外的收获。艺术是否优秀，就看其刺点的设置与安排[70]。

刺点与凸显点不应该混淆。前者是文本表意时，文本局部符号与文本整体在解读时的冲突；后者是在某个产品系统中固有的，且在使用环境中最易被识别的那个符号指称。

通过“17号坐具”的例子，我们可以得出以下结论。

首先，转喻修辞两造具有互为始源域与目标域的特性，它们在向各自产品整体指称经验完形认知的过程中，那些不在场的符号指称之所以可以激活在场的符号指称概念，是因为两造指称都具有在各自使用环境中的认知凸显点特征，即它们都必须具有与各自产品原型靠拢的典型性，越靠拢产品原型认知经验的典型性，越具有产品整体指称完形的可能。

其次，转喻修辞两造符号指称的典型性不明显，或其典型性在使用环境中缺乏辨识度，那么这个符号的指称概念不可能进行产品整体指称的完形，反而成为文本中的刺点。刺点的特殊性是符号指称与产品原型在认知经验上的对抗。对抗无法激活另一个产品不在场符号指称的概念，转而需要使用者去努力解释，从而从同一产品范畴的理性经验层，转向两个认知域的感性经验层，即邻近关系的组合轴表意方式向相似性关系的聚合轴表意方式的转变。

因而，产品整体指称的经验完形，必须依赖产品原型的经验，当修辞两造符号指称不具备各自产品原型的典型性，自然无法进行整体指称的完形操作，也自然不可能成为转喻。“5-17坐具”文本中夸张的“凳腿”很难回溯“凳子原型”，夸张的凳腿与椅面的结合形成一种无理据的强制性关联，具有鲜明的明喻修辞特征。

### 3. 第二类转喻：产品间具有“显著度”差异的产品转喻

前文已表明，显著度与认知凸显点是两个不同的概念：前者强调产品在使用环境中，两件产品间在认知上的识别度比较；后者则是指产品系统内固有的，且在使用环境中最易被识别的那个符号指称。

---

69. 胡易容、赵毅衡：《符号学－传媒学词典》，南京大学出版社，2012，第261-262页。

70. 赵毅衡：《符号学原理与推演》，南京大学出版社，2016，第165页。

（1）产品间的显著度概念

显著度是知觉心理学的概念，它发生在事物与事物间的识别比较之中。显著度高的事物容易吸引人的注意，易识别，在认知中会被优先处理，并可以激活显著度低的事物，这是转喻的另一规律[71]。在产品转喻活动中，显著度是两个产品整体指称在认知识别度上的比较，显著度低的产品往往会作为转喻的始源域，其文本内部的符号映射并替代显著度高的产品文本相对应的符号位置，希望显著度高的产品在认知识别的优先上可以对显著度低的事物做出整体性指称的激活。

产品间的显著度是事先就已经客观存在的，其先验性的显著度差异由使用群的社会属性与生物属性共同决定。产品间显著度的差异主要表现为以下五点。第一，因为体量大小的原因，体量大的产品比体量小的产品显著度高。第二，因为可见与不可见的原因，可见的产品比不可见的产品显著度要高。第三，因为动态对视觉的刺激大于静态对视觉的刺激的原因，活动或运动中的产品比静止的产品显著度要高。第四，因使用频率与存在状态的原因，使用频繁或常态化存在的产品比使用率低或非常态存在的产品显著度要高。第五，因为体验感的代入及情感原因，有生命的或有机材料比无生命的、工业材料的显著度要高。

（2）以“海绵刷肥皂盒”为例

产品间显著度差异的产品转喻，可以看作是一个显著度低的产品借助邻近的显著度高的产品，依赖其具有的认知优先特权，以符号指称概念替代的方式组合，借助使用环境的适配信息，获得完整指称的表达。这类转喻文本的编写与解读分为以下几个步骤。

第一步，一个显著度低的产品（始源域）借助与之相比显著度高的邻近产品（目标域），依赖其文化经验或生物认知优先的“特权”，以指称替代的方式进行概念的映射。

第二步，编写过程中，低显著度产品作为始源域，其符号在映射替代过程中按照显著度高的产品系统规约进行文本编写。修辞两造在一定程度保留各自系统独立性的基础上，双方符号对象的还原度得到较大程度保留。

第三步，使用者解读转喻文本时，借助显著度高的产品指称对另一方显著度低的产品指称进行激活。激活的前提是，必须具有激活显著度低的产品的使用环境，环境提供经验完形的适配信息，使用者才能获得显著度低产品的整体指称的概念判定。

71. 沈家煊：《转指与转喻》，《当代语言学》1999 年第 1 期。

以“海绵刷肥皂盒”为例，这是一款在网上很常见的产品：洗手池作为一个认知域的范畴而言，肥皂盒与海绵刷同属这个认知域里的两种邻近且不同类型的产品。肥皂盒是常态化放置的容器，它比作为偶尔清洗工具的海绵刷显著度要高。海绵刷可以作为始源域映射在显著度高的目标域肥皂盒上，并对肥皂盒的“容器”指称进行替代。在转喻文本中，无论是对于肥皂盒，还是海绵刷，都是不完整的产品指称，只有在各自的使用环境中，才能给出产品整体指称的判断：在常态的放置环境下，该产品被解释为“海绵刷的肥皂盒”，在刷洗工具的非常态环境下则是“可以装肥皂的海绵刷”。（图 5-18）

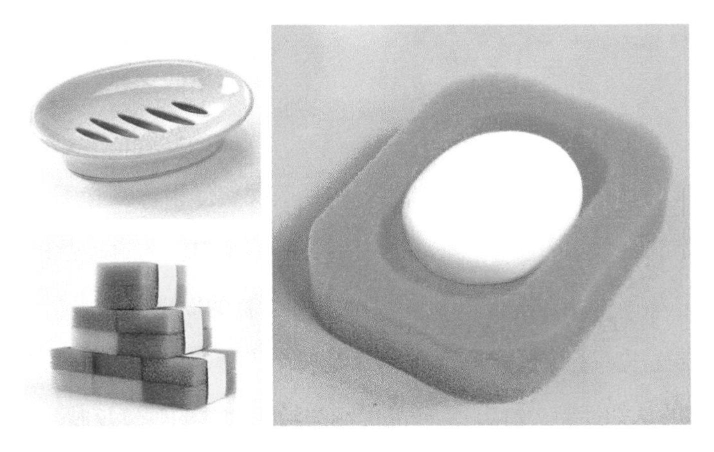

图 5-18　显著度高的肥皂盒对显著度低的海绵刷的激活

（3）显著度低的符号指称向显著度高产品系统靠拢原则

转喻从编写角度来看，可分为两类：一是使用环境下经验完形的产品转喻，二是产品间显著度差异的产品转喻。

深泽直人的 Substance Chair 坐具属于第一类转喻。这类转喻的文本编写，两造符号所在的系统呈现极强的独立性，从而形成两造指称中对象的高度还原。其原因是：第一，两造产品既然不存在客观的显著度差异，同时各自使用环境的出现概率均等，那就没有必要向对方系统规约妥协；第二，两造指称只有形成如此大的对抗性的独立，使用者才有机会在两造各自的使用环境里，寻找到适合两造整体指称的完形条件，即凸显点才足够明确。

产品间显著度存在差异的产品转喻，在文本编写时会出现两造符号指称的主次之分。显著度低的“海绵刷”为获得显著度高的“肥皂盒”的激活，符号指称在编写时会有意向“肥皂盒”系统规约靠拢，这就形成显著度低的产品的符号在进入显著度高的产品文本内编写时，会向显著度高的产品系统规约进行必要的妥协，妥协的方式即是对始源域“海绵刷”的指称晃动，直至适应肥皂盒的系统规约。只有这样，才能便于使用者快速地判定显著度高的产品整体指称，以此为基础激活显著度低的产品。

这里的“晃动”概念是对设计师加工改造修辞两造符号指称时极为形象的行为表述。它是始源域事物符号映射到目标域产品文本时，与相对应的产品符号以及产品系统相互协调的具体方式（详见 7.2.1）。

## 5.5.5 产品转喻文本的表意张力分析

转喻文本表意的张力与提喻文本表意的张力具有很多相似之处：产品提喻与转喻的概念映射都发生在 ICM 或认知域内部；都属于倾向组合轴表意的修辞活动，两者都以修辞两造符号指称间的替代方式进行非对称映射，修辞文本都呈现整体指称概念不完整的状态；在两造符号选取及编写的过程中，符号指称都保持着与产品原型对应的典型性；都依赖使用环境中的认知凸显点符号指称指向其产品原型获得产品整体指称的概念完形。

此外，组合轴表意的提喻与转喻文本的解读是一个推理的机制，它受控于人们的认知经验，同时又反映了人们的认知经验[72]。因此，产品提喻与转喻文本的解读反映了使用者的认知经验，不同的使用者在使用环境适配的情况下，经验完形的能力存在差异，从而导致文本的张力在解读时的各异。

产品转喻以产品类型之间、风格之间、功能之间、行为逻辑之间等邻近性的关系，进行修辞两造间的替代，这样形成一种不完整的产品概念系统，转喻强迫使用者依赖经验积累对其做出适合其使用环境的产品完整指称的判定，产品转喻的最终目的是获取产品的整体指称。转喻文本的表意张力可简单概括为：来源于两造符号指称的概念替代后，通过完形方式获取产品整体指称概念时产生的两造符号对象之间的对抗冲突，以及对它们各自系统规约在环境下的“取”与“舍”的纠缠。

转喻文本的表意张力分析同样需要在使用群认知经验所形成的投影范围内展开讨论。影响产品转喻文本表意张力的主要因素有五种，结合图 5-19 对产品转喻文本表意张力的影响因素做如下分析。

72. 魏在江：《概念转喻与语篇衔接》，《外国语》2007 年第 2 期。

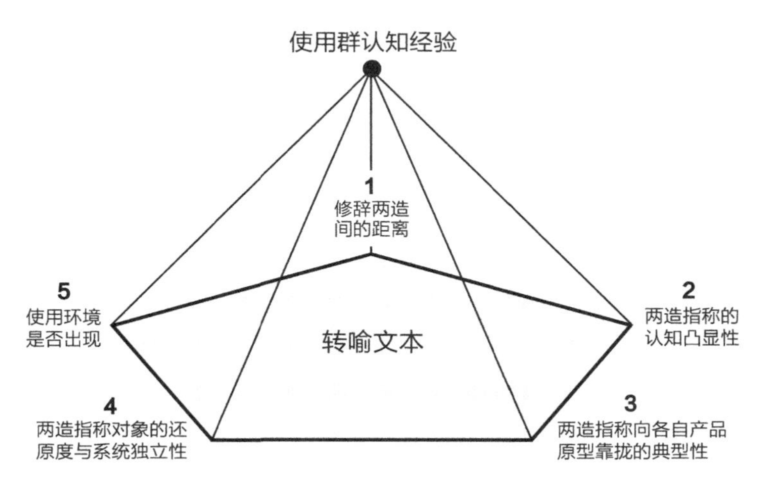


图 5-19　产品转喻文本的表意张力分析

## 1. 修辞两造间的距离

转喻文本的表意张力来源之一是由修辞两造间的距离产生的。两造间的距离越近，相互的作用力越大，文本表意张力越强；距离越远，相互作用力越小，文本表意张力越弱[73]。这种距离是产品与产品在类型分类上的认知经验距离，就如凳子与椅子间的距离，要比凳子与柜子间的距离要近。因此，凳子和椅子形成的转喻文本表意张力要比凳子和柜子形成的转喻文本强。

需要强调的是，产品转喻必须发生在 ICM 或认知域内部，同范畴、不同类型的产品间，依赖邻近性的关系进行的对应位置符号指称的概念替代。当两个产品间的认知经验距离超越了认知域及产品范畴，或是从理性经验层的指称概念内容转向感性经验层的相似性内容，那两者间不可能形成转喻修辞，而会出现两种情况：（1）形成一个产品的局部指称概念服务于另一个产品系统的明喻修辞；（2）两个产品的局部指称以并列方式组成一个合一的表意产品文本，这是以反讽的修辞方式，要么对原有各自产品类型进行否定，要么创新出一种新的产品类型。

## 2. 修辞两造指称的认知凸显性

首先，使用环境提供的适配信息，使得两造符号指称具有认知的凸显点，其凸显性才能

73. 沈家煊：《转指与转喻》，《当代语言学》1999 年第 1 期。

指向其所属的产品原型，进行整体指称的经验完形。在两造符号的选择与文本的编写过程中，凸显性越明显的符号指称，其产品整体指称完形过程就会越顺畅，文本表意的张力越弱；反之，张力越强。因此，凸显性对转喻文本的表意张力表现在，两造在各自产品整体指称完形过程中的顺畅程度。

需要说明的是，转喻修辞两造互为始源域与目标域的特性，使得对修辞两造各自指称的认知凸显性所形成的文本表意张力分析是一致的。

### 3. 两造符号指称向各自产品原型靠拢的典型性

典型性是修辞两造符号指称向各自产品原型靠拢的程度。它是转喻修辞两造符号指称可以在各自使用环境内成为凸显点，并回溯到各自产品原型进行整体指称完形的前提。可以说，产品转喻修辞两造符号在选择与编写的过程中，无不围绕与各自产品原型对应的典型性而展开。

产品转喻中的修辞两造如果与各自产品原型之间是非典型性的符号指称，那么不可能形成转喻文本。由于转喻的修辞两造互为始源域与目标域，因此，与产品原型对应的典型性是对转喻修辞两造共同的要求。

产品转喻修辞两造指称向各自产品原型靠拢的典型性越强，两种产品类型的对抗性越激烈，文本表意的张力越强；反之越弱，甚至不可能形成转喻，而成为其他的修辞方式。

### 4. 编写中修辞两造指称对象的还原度与其系统独立性

转喻文本编写中，修辞两造符号指称中的对象还原度越高，系统的独立性越强，文本表意的张力则越强，反之，张力越弱。这是因为两造符号指称的改造程度越小，越能保持它们与各自产品原型对应的典型性，以及各自系统的完整性。

如果一方的符号对象修改后，丧失了与其产品原型对应的典型性，那么很有可能从邻近关系的“替代”编写方式，转换为相似关系的“交换”编写方式，即由转喻文本渐进为明喻的编写方式，甚至再次渐进为隐喻的编写方式，最终形成隐喻文本（详见 6.3.3-2）。

在各类产品修辞格中，设计师对始源域符号对象的还原度改造，一般情况下具有如下规律：（1）组合轴表意的修辞（提喻、转喻）对符号对象的改造，还原度要高于聚合轴表意的修辞（明喻、隐喻）；（2）同为组合轴表意的提喻与转喻中，转喻对象还原度高于提喻；（3）同为聚合轴表意的明喻与隐喻，明喻对象还原度高于隐喻。

### 5. 使用环境是否出现

转喻文本依赖修辞两造所属的使用环境提供适配信息，促使属于使用环境那一方的符号指称成为认知的凸显点，并依赖其与产品原型对应的典型性特征经验，获得产品整体指称的概念完形。因此，使用环境提供符号指称与产品原型适配的信息，这种完形适配的信息越完善，文本表意的张力就越弱；反之，张力则越强。

如果没有具体的使用环境出现，那么修辞两造始终处于因产品类型的不确定性而表现出文本表意张力的对抗状态。

## 5.6 本章小结

本章以莱考夫提出的理想化认知模型的四类认知模式、认知域、修辞两造映射的范围与映射方式，以及雅柯布森“组合－转喻”与“聚合－隐喻”两大表意倾向为基础对产品修辞格进行细分，这是本书讨论产品修辞的研究路径。它使得产品修辞回到认知语言学的符号文本结构层面，不再受传统语言修辞研究方式、分类方式的干扰束缚。组合、聚合轴表意是设计活动思考方式与行为方式中最基本的两个维度。产品修辞活动组织编写的过程，可视为通过两造符号指称间的映射方式，达成事物与产品间两个系统局部概念的替代或交换。

（1）倾向组合轴表意的产品提喻与转喻都是发生在认知域或ICM内部，围绕产品局部指称与整体指称的概念展开各种方式的非对称性映射，都需要依赖经验完形的认知机制，获得产品整体指称的概念确认。产品提喻与转喻在修辞活动中所涉及的指称概念、认知凸显点、产品原型的经验等所有内容，都是属于使用群对于产品的理性经验层的内容。

产品提喻是产品系统内部的局部指称替代产品整体指称概念的映射，产品转喻是同范畴、不同类型产品间局部对应指称概念的替代映射。提喻与转喻在整体指称的完形过程中对于产品系统及产品原型的依赖，表明产品提喻与转喻必定是结构主义的产品修辞。

（2）倾向聚合轴表意的产品明喻与隐喻都是跨越认知域或ICM间，依赖相似性（明喻物理相似性、隐喻心理相似性）进行的事物与产品间局部概念的对称性映射方式，这些相似性都是属于使用群对于事物与产品的感性经验层的内容。

明喻有两种：一是事物与产品间依赖物理相似性形成的相类关系，二是设计师强制将事物与产品进行的关联。

隐喻的相似性则是事物与产品间在心理层面感受上的相合关系。同时，隐喻除心理相似性外，在文本编写的来源上，也包含设计师对其他各种修辞格文本的始源域符号指称晃动改造后渐进并转化为隐喻相合的心理相似性编写方式。产品明喻与隐喻将在第 6 章详细讨论。

（3）不是所有产品的局部指称都可以替代其整体指称的概念成为提喻，也不是所有具有同范畴、不同类型的邻近产品间都能形成转喻。正如有人说，将一把现代木椅的椅腿模仿成明式圈椅椅腿的式样，那不也是在产品范畴内、不同类型间的转喻修辞吗？其实不然，原因如下。

首先，产品范畴认知的内容是产品的理性经验层内容，而模仿是一种相似的感性经验层内容的表达，这些非物质知识的感性经验分属两个独立的产品使用文化及环境，构成“现代木椅”与“明式圈椅”两个独立的感性经验认知域。因此，模仿是发生在两个感性认知域之间的，依赖物理相似性形成的明喻修辞。

其次，两造符号指称是意义解释的“对称性映射”方式，而非相互替代后的“非对称映射”方式。从认知活动及修辞表意的目的而言，也是最为重要的一点，始源域“明式圈椅”与目标域“现代木椅”之间是明喻修辞的服务与被服务的关系，而非转喻修辞依赖两造各自使用环境进行的整体指称完形，即在任何环境中我们都可以解读出“一把椅腿像明式圈椅的现代木椅”。

因此，组合轴表意的产品提喻、转喻与聚合轴表意的产品明喻、隐喻，分别在认知表意的目的上，在认知域及 ICM 的映射范围上，在映射时的“对称性”与“非对称性”映射方式上，都存在很大的差别。这也是本书将组合轴表意的产品提喻、转喻与聚合轴表意的产品明喻、隐喻分为两大章，分别进行讨论的原因。

# 第 6 章

## 产品修辞格（二）：聚合轴表意的明喻与隐喻

雅柯布森以索绪尔语言符号学中的组合轴、聚合轴表意为研究途径，通过对两类失语症的研究，推论出人类交流的话语通常沿着两条不同的路径展开：（1）通过聚合轴，各组分互相之间的关系依赖相似性，是“聚合－隐喻”的修辞方式；（2）通过组合轴，各组分互相之间的关系是邻近的关系，是“组合－转喻”的修辞方式。实际上，在“聚合－隐喻”中包含明喻，在“组合－转喻”中包含提喻，雅柯布森并没有对它们再次细分。

在传统语言修辞学中，隐喻和明喻被当作两种并列的修辞格，亚里士多德就将明喻与隐喻看作是同一类[1]。在现代隐喻学中，明喻也被视为隐喻的一个种类[2]。甚至有许多词典以及教科书将明喻与隐喻作为同一种修辞概念，统称为“隐喻”。正如莱考夫和约翰逊在《我们赖以生存的隐喻》一书中将明喻包含在隐喻之中进行讨论。彭宣维认为莱考夫对明喻和隐喻这两种修辞格没有进行区分，是因为明喻与隐喻均涉及了“相似性”的认知加工过程，即从始源域向目标域的单项映射的交换过程[3]。

束定芳从莱考夫和约翰逊所表述的隐喻的表现形式、功能效用、认知特点等角度，将隐喻再次分为“显性隐喻”与“隐性隐喻”，前者是明喻，后者为隐喻。明喻的特点是明确说明两者是一种比对、比较的关系[4]，明喻是对客观的物理相似性进行比对与比较。

语言学视角的修辞研究普遍认为隐喻和明喻的区别是：（1）在修辞的语言结构方面，明喻通常会有“像”“似乎”“如”这样的喻词出现，而隐喻则不会；（2）从文本意义或修辞效果角度而言，因为喻词的出现，明喻中始源域和目标域的关系不如隐喻那样密切。当然，产品明喻根本不可能出现语言修辞中的那些喻词，这一点在本书第 3 章已表明，产品语言是

1. 束定芳：《隐喻学研究》，上海外语教育出版社，2000，第 52 页。
2. 束定芳：《论隐喻与明喻的结构及认知特点》，《外语教学与研究》2003 年第 3 期。
3. 彭宣维：《论明喻和隐喻产生的先后顺序：一项以〈诗经〉为语料的认知研究》，《北京师范大学学报（社会科学版）》2007 年第 3 期。
4. 束定芳：《隐喻学研究》，上海外语教育出版社，2000，第 51 页。

一种以使用者为认知主体、以产品为认知载体的符号化认知语言。

同作为聚合轴表意的产品明喻与隐喻，在文本表意的目的性、编写方式、相似性的经验来源等方面具有一些相同的特征：（1）都是跨越认知域的事物与产品间的修辞；（2）都是依赖相似性（明喻的物理相似性、隐喻的心理相似性）进行事物与产品间的关联；（3）修辞活动中所有相似性都是属于使用群对于事物与产品的感性经验层内容；（4）都是通过符号间对称性映射方式，达成事物系统与产品系统间的概念交换；（5）结构主义的产品明喻与隐喻都必须遵循始源域事物符号在目标域产品文本内编写时服务于产品系统的原则。

## 6.1 产品明喻与产品隐喻的比较

莱考夫从认知语言学，而非传统语言修辞学的立场提出，隐喻是从一个认知域的某个概念结构的意象图式向另一个认知域的某个概念结构的意象图式进行的映射，这些意象图式由群体日常生活的基本经验形成，并由此获得符号意义[5]。莱考夫此处的隐喻包含了明喻，他接着指出，映射后的修辞文本是两个认知域之间的对应集，对应集的关系可以分为三种：（1）事物与事物的外在表象形成的联系（这是明喻的映射方式）；（2）事物与事物的内在特性形成的关联（这是隐喻的映射方式）；（3）以上两者兼而有之的关系（明喻或隐喻都有的映射方式，修辞格的判定权在文本解读者一端）[6]。

事物与事物之间的相似性是明喻与隐喻得以实现的认知前提。按照修辞两造相似性的存在类型，它可分为明喻的"物理相似"与隐喻的"心理相似"。

著名教育家、修辞学家陈望道先生认为，明喻的修辞两造在形式上只是相类的关系，隐喻的修辞两造在形式上却是相合的关系[7]。这表明了产品明喻中始源域事物与目标域产品之间的物理相似性是对照的相类关系，而隐喻中始源域事物与目标域产品之间的心理相似性是一致的相合关系。

对产品明喻的研究讨论，本节是以与隐喻进行相互对比的方式展开，主要比较的内容为：（1）产品明喻与隐喻在相似性上的区别；（2）明喻物理相似与隐喻心理相似在修辞结构、

---

5. 王文斌：《论汉语"心"的空间隐喻结构化》，《解放军外国语学院学报》2001 年第 1 期。

6. 王文斌、林波：《论隐喻中的始源之源》，《外语研究》2003 年第 4 期。

7. 陈望道：《修辞学发凡》，上海教育出版社，1979，第 72 页。

形成方式的区别；（3）产品明喻与隐喻在文本表意上的区别。

### 6.1.1 产品明喻与隐喻在相似性内容上的区别

#### 1. 明喻修辞两造的物理相似性

物理相似性也称为客观相似性，是指始源域事物与目标域产品之间在客观上存在的共有特征。产品明喻往往以三元符号结构“对象 – 再现体 – 解释项”中指称的“对象”形态、“再现体”的品质，通过视觉、听觉、味觉、嗅觉以及触觉等感官较为直观且容易获取的客观感受、客观生活经验的方式，建立修辞两造间的联系，形成产品明喻“相类”的映射模式。

《符号学 – 传媒学词典》从文本编写者的角度，将明喻分为两大类：（1）物理相似性的关联。事物与事物间物理性的形态、品质相似，即符号指称中对象、再现体相似；（2）事物间强制性的关联。修辞的编写者在事物间的表达层上建立了一种强迫性比喻关系[8]。如果从符号文本传递的表意有效性而言，第二类明喻属于后结构主义的编写方式。法国当代设计师菲利普·斯塔克与意大利阿莱西（Alessi）设计公司的很多作品都采用这种强制性关联的明喻修辞方式，以获得后结构主义文本意义的开放式解读。

#### 2. 明喻物理相似性形成修辞两造的“相类”关系

产品明喻两造间物理相似的“相类”是事物与产品间的对比或比较，就是俗话说的打比方，它是设计师根据事物与产品间相类似的联想或是它们之间认知经验形成的关联，即选取一个事物的某种特征来描述一个产品的某种特征。需要补充强调的是，这个事物有时候可以是某个产品，也就是设计师借用一个产品的某种特征，去描述另一个产品的某种特征，即产品与产品间的明喻修辞。

明喻的精髓在于用始源域来类比目标域，始源域的物理性特征在明喻修辞中占有核心、关键的地位。此处从修辞两造的符号结构做如下分析。

（1）在产品明喻修辞活动中，物理性的特征是设计师在认知活动中，通过使用群五感可以直接感受到的内容，并依赖他的生活经验形成事物形象思维的内容。从修辞两造的三元符

8. 胡易容、赵毅衡：《符号学 – 传媒学词典》，南京大学出版社，2012，第148页。

号结构而言，这种可以被使用者五感直接感受到、由他们的生活经验转化为形象思维的“物理相似”更多倾向于“对象（形态）-再现体（品质）”的指称内容，即通过始源域事物与目标域产品之间的“形态-形态”“品质-品质”建立起的物理相似性的类比关系。

（2）陈嘉映认为，明喻之所以被称为典型的比喻，是因为明喻是两个现成的、具体且分离的事物与事物之间的类比，这种类比既依赖施喻者的生活经验，同样又以事实知识为基础[9]。正是这样的经验与事实才能搭建起事物与产品间物理相似的相类关系。

### 3. 隐喻修辞两造的心理相似性

心理相似性是指始源域与目标域之间存在主观感受上的相似[10]。两造间感受的心理相似性需要借助人类的抽象思维，经过联想、判断、推理等理性认知才能构建成功[11]。产品隐喻以设计师对修辞两造三元符号结构中的“对象”“再现体”或“指称”依赖使用群生活经验进行意义解释为基础，建立修辞两造在“解释项-解释项”之间意义解释的心理相似性关联，形成心理层面“相合”的映射模式，以此构建隐喻的修辞结构。

从心理相似性的运用方式，以及存在方式上而言，认知语言学普遍认为隐喻的心理相似分为客观存在与主观创造（详见 6.3.2）两种。需要强调的是，隐喻客观存在的心理相似性不是明喻的“物理相似性”，其所谓的客观是以使用群既有的文化规约的符号意指关系而存在，而非像明喻那样可以被使用群五感直接感受，并依赖他们的生活经验形成事物形象思维的内容。

由于产品修辞文本编写过程中，设计师具有对文本结构的改造与加工能力，对于那些原本通过邻近性关系进行指称间概念替代的转喻文本，以及通过两造间物理相似性构建的明喻文本，设计师采取对始源域符号指称“晃动”的改造手段，使其对象的还原度削弱、系统的独立性降低，最终以内化的编写方式达到与目标域产品的相合关系：（1）从明喻文本渐进为隐喻文本；（2）从转喻文本渐进为明喻文本，再渐进为隐喻文本。

在此可以简单总结出产品隐喻有两大类型：心理相似性的隐喻与其他修辞格文本改造的隐喻。而产品隐喻的心理相似性种类包括：（1）客观存在的心理相似性；（2）主观创造的

---

9. 陈嘉映：《语言哲学》，北京大学出版社，2003，第 334 页。

10. 王文斌：《再论隐喻中的相似性》，《四川外国语学院学报》2006 年第 2 期。

11. 郭振伟：《钱锺书隐喻理论研究》，中国社会科学出版社，2014，第 95 页。

心理相似性；（3）设计师对转喻与明喻文本中始源域符号改造后所达成的心理相似性。

最后要强调的是，尽管明喻与隐喻的相似性分属“物理”与“心理”两种类型，但钱锺书认为，人们对两种相似性的构建和理解，都是靠人的主动感知和体验才得以实现[12]。也就是说，产品明喻与隐喻中的事物与产品间所有的相似性都属于使用群对于事物与产品的感性经验层内容，它们都是设计师主观感知与体验的心理活动。

### 4. 隐喻心理相似性形成修辞两造的“相合”关系

产品隐喻是跨越认知域的事物与产品间，依赖心理相似性进行的对称性概念映射所形成的表意文本。事物与产品间的心理相似性在文本中的相合关系可以做如下分析。

（1）产品隐喻追求的心理相似性本质，不是像产品明喻那样通过事物与产品间物理属性的相似进行的类比或比较。产品隐喻的心理相似可以理解为事物与产品间达成以生活经验的意义解释为基础，心理层面的一致性相合关系。为此，赵毅衡从皮尔斯三元符号结构出发认为，与明喻的“对象－再现体”指称间形态类比关系的物理相似不同的是，隐喻强调“解释项”意义解释上的心理相似[13]。

（2）陈嘉映在明喻与隐喻的区分上同赵毅衡有着相同的理解，但他更强调始源域是否具有结构性是区分隐喻和明喻的最重要标准。明喻依赖属性上的物理相似性，而隐喻不是事物与事物间现成属性之间的物理相似。隐喻是一个事物借助或参考另一个事物某种已有的结构来成像、成形，并且借以形成概念。因而隐喻具有引导经验上升为语言的功能[14]。

（3）陈嘉映强调的隐喻中始源域“结构性”可以理解为以下三点。

第一，任何修辞两造的符号都具有“对象－再现体－解释项”三元结构。产品明喻的“物理相似”是设计师通过使用群五感可以直接从事物与产品各自符号中“对象”的形态、“再现体”的品质那里感受到，并依赖生活经验加工转化为形象思维的内容。而产品隐喻则需要以设计师对修辞两造三元符号结构中的“对象”“再现体”或“指称”通过生活经验进行意义解释为基础，建立修辞两造在解释项与解释项之间意义解释的心理相似性关联，形成心理层面“相合”的映射模式，以此构建隐喻的修辞结构。

---

12. 郭振伟：《钱锺书隐喻理论研究》，中国社会科学出版社，2014，第96页。

13. 胡易容、赵毅衡：《符号学－传媒学词典》，南京大学出版社，2012，第248页。

14. 陈嘉映：《语言哲学》，北京大学出版社，2003，第334页。

第二，明喻的“物理相似性”是事物与产品间在认知与经验基础上的那些客观相似性内容的直接关联；而隐喻的“心理相似性”则是事物与产品间在认知与经验基础上，需要设计师再次解释，形成在符号意义之间，即解释项与解释项间的心理相似性关联。因此，产品明喻中的始源域概念在修辞过程中没有发生意义的转移，而是拿到目标域产品中与它的局部概念进行了类比。

第三，产品隐喻中，不但始源域概念的意义解释必须依赖其系统的集体无意识深层结构，而且目标域也必须依赖系统的集体无意识深层结构才能获得两造间心理相似性匹配。因而产品隐喻中的始源域概念在修辞过程中必定发生了意义的转移，也可以通俗说是转移到目标域产品中去解释它的局部概念。

### 6.1.2 明喻物理相似与隐喻心理相似在建立方式、修辞结构的区别

皮尔斯“对象－再现体－解释项”三元符号结构中的对象与再现体组成一组指称关系，解释项是这组指称解释后的符号意义。符号的意义无法直接获得，只能通过对指称及其内容的解释获得，即通过“对象－再现体”的解释获得。因而，“对象－再现体”组成的指称与解释项之间形成符号的“意指”关系。意指关系的形成有三种方式：（1）倾向指称中的对象获得解释项的意义；（2）倾向指称中的再现体获得解释项的意义；（3）“对象－再现体”指称创造性解释获得解释项的意义。

皮尔斯逻辑－修辞符号学认为，一个符号的意义必须通过另一个符号的解释而获得，这是一个普遍的修辞过程。由皮尔斯普遍修辞原理可推论认为，产品设计是普遍的修辞，是始源域事物的一个文化符号对目标域产品文本内相关符号的修辞解释。产品明喻与隐喻从修辞两造的符号结构而言可以表述为，设计师用某个事物的符号感知作为始源域，去解释目标域产品中某个符号的品质特征。

#### 1. 明喻从修辞两造“对象－对象”“再现体－再现体”建立物理相似性关联

明喻的“物理相似”是指那些可以被我们五感直接感受到，依赖经验加工转化为形象思维的内容，它们存在于三元符号结构的“对象－再现体”指称的内容之中，解释项是这些内容被解释后的符号感知。因此，产品明喻的始源域符号对目标域产品符号的修辞，从它们的修辞结构出发，有两种方式可以构建起双方“物理相似性”的关联（图 6–1）。

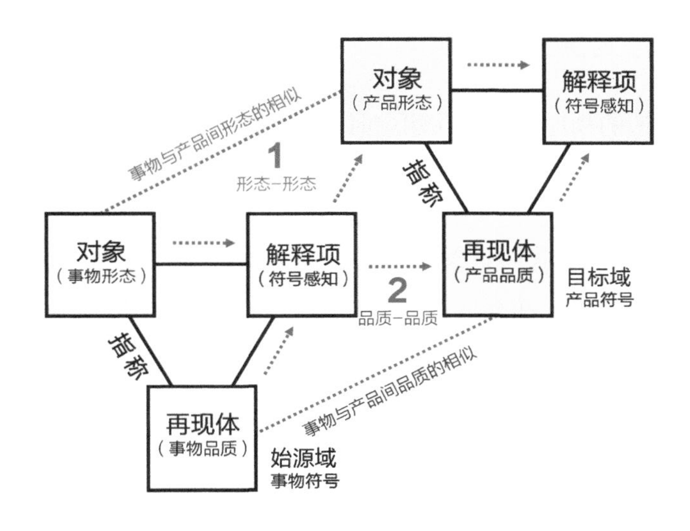


图6-1 产品明喻修辞两造建立物理相似性的两种方式

（1）修辞两造“对象–对象”间建立的物理相似性（图6-1之1）

在始源域符号“对象－再现体”的指称中，通过对象一端的解释获得符号解释项的意义，以此与目标域产品符号指称中的对象进行类比，建立“对象–对象”间物理相似性的关联。

产品修辞符号中的对象大多是指事物的形态，它可以是事物整体的基本形态，也可以是事物局部的形态。例如：在产品明喻中，用蛇的造型与一款充电线建立物理相似性的关联，这是事物的整体形态对产品整体形态的修辞；用大象鼻子造型与一款洒水壶的喷口建立物理相似性的关联，这是事物局部形态对产品局部形态的修辞。

（2）修辞两造“再现体–再现体”间建立的物理相似性（图6-1之2）

在始源域符号“对象－再现体”的指称中，通过再现体一端的解释获得符号解释项的意义，以此与目标域产品符号指称中的再现体进行类比，建立“再现体–再现体”间物理相似性的关联。

“再现体”是符号对象的某种品质，一个对象往往具有可以通过五感直接感受到的多种品质经验。修辞活动的系统及环境决定了修辞两造各自符号对象特定的某种品质经验，以及这个品质对应的感官方式、体验方式、经验内容等，而其他的品质经验会被暂时屏蔽、搁置。例如：用棉花柔软的触感与暖水袋建立起触觉的物理相似性关联，那么它们两者的形态、颜色、体积、重量等诸多品质经验会暂时被我们屏蔽、搁置。

需要说明的是，大多数的仿生设计都是始源域事物与目标域产品通过“再现体-再现体”，即“品质-品质”间建立的物理相似性明喻。

### 2. 明喻修辞两造的物理相似性在建立时的特点

（1）物理相似性不可能脱离修辞两造的指称

首先，物理相似是可以被我们五感直接感受到，并依赖经验加工转化为形象思维的内容，它们存在于符号结构的“对象-再现体”指称的内容之中。其次，虽然产品明喻修辞两造通过各自符号结构中“对象-对象”“再现体-再现体”建立起物理相似的类比关系，但所有物理相似性的联系都必须在各自“对象 - 再现体”的指称中进行，并最终获得两造间“相类”的意义解释。

这是因为：第一，修辞两造“对象 - 对象”的物理相似性，在文本编写时必须依赖各自对象的品质（再现体）进行具体的文本编写；第二，修辞两造“再现体 - 再现体”的物理相似性，它们的品质不可能脱离具体的实在物——“对象”而存在。

（2）物理相似性在修辞两造指称内容上的对应关系

在产品明喻中，如果始源域事物的符号“对象（形态）”与目标域产品建立物理相似性关联，那么可以建立起关联的一定是目标域产品符号的“对象（形态）”，即修辞两造依赖“对象-对象”间的造型、形态建立的物理相似性。同样，始源域事物的符号“再现体（品质）”也只能与目标域产品符号的“再现体（品质）”建立物理相似性的相类关联，即修辞两造依赖“再现体-再现体”间的品质特征建立的物理相似性。

（3）“再现体-再现体”间的品质跨越感官渠道形成的通感

修辞两造“再现体-再现体”间的品质特征建立起的物理相似性，大多数情况下是依赖相同的感官渠道建立起来的，例如，通过视觉获得的始源域品质经验与目标域视觉获得的品质经验建立物理相似性关联。当然，也存在跨越感官渠道的修辞活动，通感是跨越感官渠道发生的表意与接收，并落到两个不同的感官渠道中，人们便会依赖之前的感官经验进行两者间的转换，它是一种较为特殊的修辞方式[15]。需要说明的是，通感是各种修辞格在表意时跨越了感官渠道而引起的不同感官经验之间的转换，因此通感不是一种修辞格。

---

15. 赵毅衡：《符号学原理与推演》，南京大学出版社，2016，第130页。

### 3. 隐喻以修辞两造指称及内容意义解释为基础建立"解释项-解释项"间心理相似性关联

正如陈嘉映所认为的，隐喻不像明喻那样依赖两个现成事物的现成属性之间的相似，隐喻需要用一个具体的东西来比拟不具体的东西[16]。具体之所以可以对不具体进行关联，是施喻者对具体的对象或品质的意义解释，与不具体的符号感知建立起的心理相似性。赵毅衡认为与明喻的"对象－再现体"指称间形态、品质类比关系的物理相似不同的是，隐喻强调"解释项"意义解释上的心理相似[17]。郭振伟认为，隐喻应该注重情感价值，而不是观感价值，不能仅仅是单纯的形似，而应该在联想的基础上寻找神似。隐喻是基于两事物的合成相似，必须深入人们的认知结构中去寻找隐喻结构的解释[18]。

因此，与明喻直接通过"对象-对象""再现体-再现体"的物理相似性建立起修辞结构不同的是，隐喻的心理相似性是"解释项-解释项"之间意义解释的关联，它必须要在修辞两造各自符号指称以及指称内容"对象""再现体"，通过生活经验做出相似性的意义解释的基础上，才能建立"解释项"与"解释项"之间在心理层面的相似性，才能构建隐喻的修辞结构。至此，我们可以得出结论，设计师可以通过以下三种方式，建立始源域事物与目标域产品在"解释项-解释项"间心理相似性的隐喻修辞结构（图6-2）。

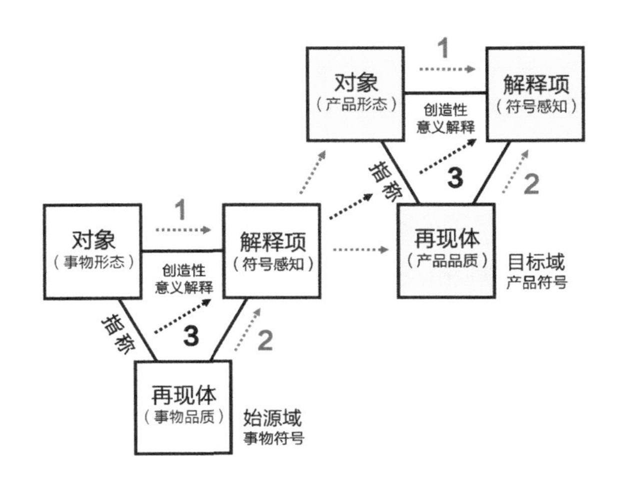


图6-2　产品隐喻修辞两造建立心理相似性的三种方式

16. 陈嘉映：《语言哲学》，北京大学出版社，2003，第334页。

17. 胡易容、赵毅衡：《符号学－传媒学词典》，南京大学出版社，2012，第248页。

18. 郭振伟：《钱锺书隐喻理论研究》，中国社会科学出版社，2014，第114页。

（1）以修辞两造“对象”的意义解释为基础建立“解释项-解释项”间心理相似性

设计师分别对始源域事物符号与目标域产品符号中各自对象的形态、造型，通过生活经验做出意义解释，以此建立修辞两造在“对象”基础上意义解释后的“解释项-解释项”间心理相似性的关联，构建产品隐喻的修辞结构（图6-2之1）。

依赖修辞两造对象的意义解释建立起的“解释项-解释项”间心理相似性的隐喻文本，其中的“心理相似性”关联是一种创造性的意指关系，因为在原有的产品文本以及该类型的产品原型中根本不存在这种意指关系的文化规约。

（2）以修辞两造“再现体”的意义解释为基础建立“解释项-解释项”间心理相似性

设计师分别对始源域事物符号与目标域产品符号中各自“再现体”的品质特征，通过生活经验做出意义解释，以此建立修辞两造在“再现体”基础上意义解释后的“解释项-解释项”间心理相似性的关联，构建产品隐喻的修辞结构（图6-2之2）。例如：设计师将舞厅镜面旋转球的“旋转晃眼”品质解释为逍遥快活的意义；单身汉的冰箱中装满啤酒饮料，也是一种逍遥快活的意义；如果将冰箱里的照明小灯设计成舞厅的镜面旋转球灯，单身汉打开冰箱取啤酒时就更能感受到逍遥快活的意味。

通过修辞两造“再现体”的意义解释建立起的“解释项-解释项”间心理相似性的隐喻文本中，同样存在创造性的意指关系，它是由两造“再现体”品质的意义解释而建立的创造性心理相似性关联。

（3）以修辞两造“指称”的意义解释为基础建立“解释项-解释项”间心理相似性

这种方式与前两种不同的是，对两造指称意义解释的目的是希望创造出新的“意指”关系。“解释项-解释项”间的心理相似性关联的实质，是依赖集体无意识的深层结构在两种创造性的意指关系基础上构建的隐喻心理相似性关联（图6-2之3）。这种方式在产品隐喻中最为常用，因为创造性的新“意指”是隐喻达成新、奇、特最有效的手段。

### 4. 隐喻修辞两造的心理相似性在建立时的特点

（1）心理相似性不可能脱离修辞两造的指称内容

隐喻在修辞两造心理相似的构建过程中同样不可能脱离修辞两造的指称及指称内容。与明喻物理相似性构建过程中对两造指称内容的依赖不同的是，“物理相似”本身就是两造符号指称中“对象”形态、“再现体”品质间的相似性关联。而隐喻的心理相似性实质是修辞两造“解释项-解释项”间符号意义解释的心理相似性关联。符号学强调一个符号“解释项”的意义必须通过其指称或指称内容（对象或再现体）的意义解释而获得。因此，隐喻修辞两造“解释项-解释项”间心理相似性的符号意义，必须依赖对各自符号对象的形态、再现体的品质或者符号指称的概念，进入生活经验中进行意义的解释而获得。

（2）创新的意指关系必须依赖语言的深层结构进行表述

陈嘉映提出隐喻具有引导经验上升为语言功能的原因是，隐喻的“心理相似性”不同于明喻的“物理相似性”，之所以说它是一种创造性的“心理相似性”，是因为它不可能直接通过我们的五感在两造符号的对象、品质中获得，它是需要对集体无意识的生活经验做出解释后才能获得的心理相似性文化规约。而这些文化规约在原有的产品文本以及该类型的产品原型中不可能存在。这就需要我们调动语言深层结构的内容，对创新的意指进行不断的匹配性“试推”才能获得心理相似性的意义解释，也就是说，隐喻的意义解释必定要调动我们语言的深层结构才能进行表述。

## 6.1.3 产品明喻与产品隐喻在文本编写与表意上的区别

首先要表明的是，同为聚合轴表意的产品明喻与隐喻，在文本表意的目的性、编写方式等方面具有一些相同的特征：（1）都是跨越认知域的事物与产品间的修辞；（2）都是依赖相似性（明喻物理相似性、隐喻心理相似性）进行事物与产品间的关联；（3）都是通过符号间对称性映射方式，达成事物系统与产品系统间的局部概念交换；（4）结构主义的产品明喻与隐喻都必须遵循始源域事物的符号在目标域产品文本内编写时服务于产品系统的原则。

### 1. 产品明喻文本的表意特征

（1）由于明喻是通过修辞两造符号的“对象-对象”“再现体-再现体”建立的物理相似性“相类”的比对关系，因此，设计师采用明喻表意多用于“描述”和“解说”：第一，用于描述时，明喻能形象生动地勾画出不同形状、动作、表情或状态等，让原本常见的产品特征产生新意，帮新产品塑造出熟悉的感觉；第二，用于解说时，明喻能把深奥、抽象的产品特征或行为现象等表述得简单具体或浅显易懂。

我们可以看到，许多文创产品都采用了描述的明喻修辞手法，通过视觉感官渠道将文化符号与产品在各自“对象”的形态上进行关联性描述，为普通的产品添加文化符号的新意。大多数的仿生设计都是修辞两造通过“再现体-再现体”的品质建立物理相似性明喻。

（2）束定芳从修辞文本的表意结构出发，提出明喻文本中除了始源域和目标域同时出现外，还会出现修辞两造的相似之处，也就是“喻底”[19]。这是因为，明喻依赖修辞两造间物理相似性进行“相类”的比对，而这些物理相似性内容可以直接通过我们的五感在两造符号的对象、品质中获得，我们可以通过对象-对象间的相似、品质-品质间的相似，依赖生活经验将物理相似加工为具象的思维形象。因而，明喻的相似性喻底在文本中是被呈现出来的。这也再次表明，明喻是一种依赖物理相似性的客观经验对事物与产品进行描述与说明的修辞行为。

### 2. 产品隐喻文本的表意特征

产品隐喻不可能直接通过修辞两造的“对象”或“再现体”获意，即不可能直接依赖我们的五感在文本中获得心理相似性。一方面，产品隐喻在构建时，需要设计师以修辞两造的“对象”“再现体”或“指称”的再次解释为基础，建立两造在“解释项-解释项”之间意义解释的心理相似性关联，以此构建隐喻的修辞结构。另一方面，产品隐喻在解读时，使用者必须通过对使用群集体无意识生活经验在产品使用文化环境中的意义解释，以此获得隐喻中事物与产品在心理层面相似性的喻底。产品隐喻的喻底不可能像明喻那样存在于文本结构的表层，它需要依赖隐喻文本中修辞两造系统的深层结构内容进行解释以后获得，修辞两造各自系统的深层结构是使用群集体无意识形成的各种文化规约。

美国哲学家唐纳德·戴维森（Donald Davidson）从美学角度阐明了明喻与隐喻在表意特征上的差异。隐喻比明喻更加具有生动性以及一种内嵌的美学特征，隐喻比明喻包含了更多的东西，人们很难为隐喻提供详尽的解释，也不可能改述隐喻的内容。戴维森认为表述一个隐喻就像用语言解释图画、乐曲一样，会失去它们的生动性，他甚至提出“语言不是解释隐喻的适当货币”[20]。

---

19. 束定芳：《认知语义学》，上海外语教育出版社，2008，第 203 页。

20. 马蒂尼奇：《语言哲学》，牟博译，商务印书馆，1998，第 867 页。

### 3. 产品明喻与隐喻在文本编写与表意上的区别

接下来我们从产品明喻与隐喻在编写时对产品设计系统的依赖程度，以及文本表意时意义解读的宽窄程度这两个方面进行比较分析。

（1）文本编写时对产品设计系统依赖程度的区别

在结构主义产品修辞活动中，相较于明喻而言，隐喻对产品设计系统的依赖性更强。这是因为：产品设计系统构建的最终目的是设计师文本表意的有效性传递。虽然明喻修辞也具有设计师主观意识的表达，但明喻依赖知觉、经验可感知的形态（对象）、品质（再现体）建立事物与产品间的物理相似性，而这些物理相似性所涉及的众多符号意指，在产品设计系统内具有使用群一端的“先验”特征，因而形成明喻文本的表意具有较为单一且明确的特征。当然，明喻有两大类型，一是物理相似性关联，二是设计师强制性联结，这里要排除第二类，它是设计师通过事物与产品间的强制性关联所形成的后结构主义文本表意类型。

隐喻对产品设计系统的依赖性强于明喻表现在：设计师以始源域与目标域符号指称以及指称内容的解释为基础，构建了始源域事物与目标域产品在心理层面意义解释的相似性。这些创造性的心理相似性是设计师个体主观意识的表达，为达到结构主义修辞文本表意的有效性传递，设计师会在隐喻文本构建过程的选喻、设喻、写喻三个步骤中，在产品设计系统内反复权衡自身主观意识与使用群文化规约之间的协调与统一。

（2）文本表意时意义解读的宽窄程度的区别

由于设计师主观意识的积极参与，隐喻在表意有效性传递的前提下，意义解释方面比明喻更宽幅一些，文本表意张力也会更强一些。这是因为：第一，与明喻的“物理相似性”相比较，隐喻的“心理相似性”是人们在经验基础上通过意义解释创造出来的相似性[21]。产品隐喻是设计师运用其对于世界的知识、经验、记忆等个体要素进行的事物与产品间相似性的文化符号的意义构建，正如莱考夫与约翰逊所说，隐喻映射模式是施喻者对两种认知域内事物的认识、理解和阐释过程，表现出施喻者认知的心路历程[22]。第二，使用者对产品隐喻的解读具有一定的开放性（在意义解释方向上的宽幅，而非后结构主义的任意解读），不像明喻那

21. 李诗平：《隐喻的结构类型与认知功能研究》，《外语与外语教学》2003 年第 1 期。

22. 王文斌：《论隐喻构建的主体自洽》，《外语教学》2007 年第 1 期。

样具有单一的指称目标，以及强迫性的解释方向。

## 6.2 产品明喻：事物与产品间物理相似与强制关联

从明喻修辞结构的构建而言，所有的明喻都可以通过修辞两造符号间“对象-对象”的形态、“再现体-再现体”的品质这两种方式进行物理相似性的关联（详见 6.1.2）。

从设计师对明喻文本的编写角度而言，产品明喻可以分为两大类型：（1）物理相似性产品明喻，事物与产品间以物理相似性为基础的产品明喻构建；（2）强制性关联的产品明喻，事物与产品间强制性的关联，这是后结构主义的文本编写方式（图 6-3）。

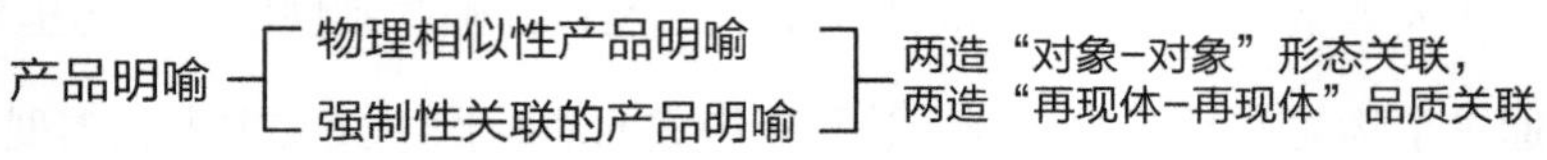

产品明喻 —— 物理相似性产品明喻 / 强制性关联的产品明喻 —— 两造“对象-对象”形态关联，两造“再现体-再现体”品质关联

图 6-3 产品明喻的类型细分

### 6.2.1 第一类明喻：物理相似性产品明喻

从文本编写的设计师角度而言，产品明喻可分为两大类：（1）事物与产品间物理相似性的关联；（2）事物与产品间强制性的关联。本节讨论的是第一大类的产品明喻。

产品明喻修辞中，始源域事物符号对目标域产品符号的修辞，从它们的修辞结构出发，有“对象-对象”与“再现体-再现体”两种方式可以分别建立起双方在形态与品质上的物理相似性关联。在此需要再次强调的是：

第一，明喻的物理相似是设计师依赖五感获得后，通过经验加工为具象思维的内容。但作为修辞文本的编写与解读，这些认知经验需要被意义解释成为携带感知的符号，方可进行符号间明喻的类比修辞解释。这与隐喻心理相似的符号来源截然不同，隐喻需要对修辞两造符号指称以及内容依赖生活经验进行再次的意义解释，以达成两造间“解释项 - 解释项”在心理层面的理据性关联，即隐喻的心理相似性。

第二，明喻所有的物理相似性关联都必须在事物与产品各自符号“对象 - 再现体”的指称中进行，并最终获得两造间相类的意义解释。因此，不存在脱离两造符号品质的形态相似，也不存在脱离两造符号形态的品质相似，即修辞两造的符号对象与再现体在整个修辞活动中必须同时存在。这也再次表明了依赖皮尔斯三元符号结构，而非索绪尔二元符号结构讨论产品修辞编写的有效性。

### 1．产品明喻文本修辞结构的编写流程

一方面，明喻的物理相似性在修辞两造符号结构的指称中分为“对象-对象”“再现体-再现体”两种，但两者在文本编写时有着相同的方式和共同的要求。另一方面，从文本编写的设计师角度，产品明喻可分为“事物与产品间物理相似性的关联”与“事物与产品间强制性的关联”两大类。但强制性的关联方式也必须从修辞两造符号结构的“对象-对象”与“再现体-再现体”两种方式中寻找可以进行强制关联的可行性，并进行文本的编写。

因此可以说，从修辞的结构而言，所有的明喻都可以，且必须通过修辞两造符号间“对象-对象”的形态、“再现体-再现体”的品质这两种方式进行物理相似性的关联，即明喻修辞结构的构建。

笔者绘制了“产品明喻文本修辞结构的编写流程”（图6-4）做进一步分析：

（1）第5章我们提到，组合轴表意的产品提喻与转喻在ICM或认知域内部围绕邻近性关系展开，它们的任务是邻近关系的“替代”映射。替代映射形成“非对称性映射”文本，即始源域的局部概念，以取而代之的方式替换掉目标域对应的概念，造成在产品整体指称上不完整的文本，因而产品提喻与转喻必须依赖完形的认知机制获得产品整体指称的最终确认，这也是提喻与转喻修辞活动的目的。

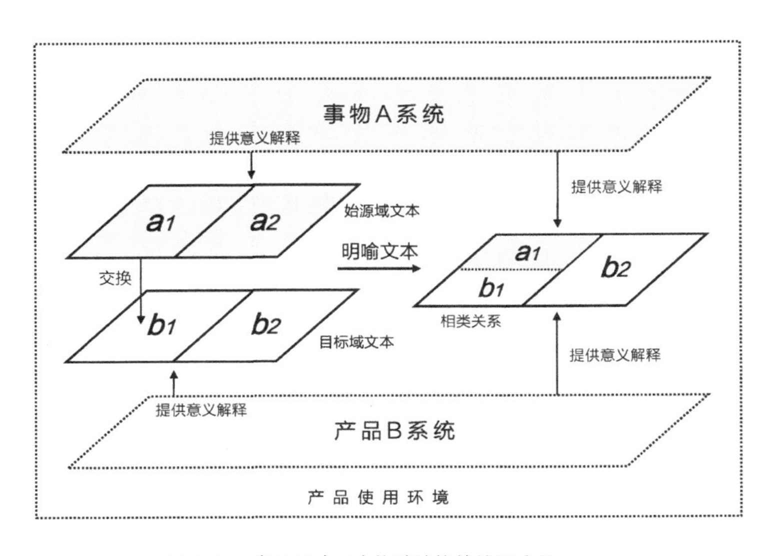


图6-4　产品明喻文本修辞结构的编写流程

聚合轴表意的产品明喻与隐喻是跨越ICM或认知域，围绕事物与产品间相似性（明喻物理相似性、隐喻心理相似性）关系展开，它们的任务是相似关系的交换映射。交换映射形成“对称性映射”文本，即始源域事物与目标域产品在修辞文本中共享相似性的局部概念，使得修辞两造符号指称在文本中同时在场，这形成极为明显的修辞两造符号指称共存的关系。

（2）所有的产品修辞都是通过符号间的意义解释达成的系统间局部概念的替代或交换，而具体的操作则是设计师对修辞两造符号指称的不同编写与改造方式。就产品明喻而言，在产品使用的文化环境中：始源域“事物A”文本结构由符号a1、a2组成，目标域“产品B”文本结构由符号b1、b2组成，如果a1与b1存在物理相似性，符号a1去映射符号b1时，形成的明喻修辞文本结构为a1+b1、b2。

（3）产品明喻修辞两造符号指称在文本编写时较大程度保留了各自对象的还原度，以及各自系统的独立性。当然，它不可能像转喻那样，为了获得认知的凸显点，以及与各自产品原型的典型性，以两造对象高度还原、两造所在系统高度独立进行编写。结构主义的产品明喻遵循始源域符号服务于目标域产品系统的原则，设计师会对两造符号指称做出必要的修正或改造，以达成它们之间在文本中相类的类比关系。

（4）设计师在对明喻两造符号指称修正改造的过程中，始源域事物符号对象与品质的部分特征被保留下来，这些被保留下来的特征即与目标域产品符号具有“物理相似性”的那些内容。正如束定芳提出的，明喻文本中不但始源域与目标域同时出现，同时修辞两造的物理相似之处也会在文本中同时呈现，即明喻的“喻底”会在文本中呈现[23]。

## 2. “对象－对象”物理相似性明喻案例分析

通过事物与产品间各自符号的“对象－对象”间的物理相似性构建的产品明喻，是指在始源域符号指称中，通过对象一端与目标域产品符号指称中的对象进行相似性的类比，建立起物理相似性的关联。需要说明的是，两造对象的“物理相似性”具有我们五感可以直接感受到，通过生活经验可以在形态基础上确定的相似性特征。

日本设计师佐藤大设计的一款“舷窗手表”（图6-5），利用飞机舷窗的形态特征，建立与手表表盘的物理相似性关联。这是极为典型的利用两造对象间形态的物理相似性编写的

23. 束定芳：《认知语义学》，上海外语教育出版社，2008，第203页。

明喻文本。通过这件设计，我们可以对“对象－对象”物理相似性的明喻做如下补充分析。

图6-5 佐藤大“舷窗手表”

（1）结构主义产品明喻修辞活动中，设计师对事物与产品间的“物理相似性”是以使用群五感为认知基础，以使用群生活经验为相似性的形象构建，即结构主义修辞活动的设计师主观意识表达必须以使用群认知为基础。

由于聚合轴表意的明喻与隐喻是跨越认知域的事物与产品间的相似性关联（明喻物理相似性、隐喻心理相似性），结构主义的产品明喻与隐喻修辞活动既构建了以使用群认知为基础的产品设计系统，同时也明确了外部事物与产品之间“谁服务于谁”的原则——作为始源域的外部事物的符号在产品文本内编写的过程中，必须遵循服务于产品系统的原则。

在“舷窗手表”案例中，始源域“舷窗”的造型在目标域“手表”文本的系统内编写，必须尽可能按照“手表”系统中表盘约定俗成的符号规约进行编写。始源域符号向目标域系统规约的靠拢，可视为设计师按照产品系统规约对始源域符号指称进行的改造，改造的程度与具体方式没有固定的标准，也不可能有固定的标准，因为这是在产品系统规约的限定下设计师个体主观意识的能动性表达。

（2）作为结构主义的产品明喻修辞，设计师必须对改造始源域符号指称的方式做出明确的规范——围绕始源域符号对象的还原度，以及此符号所在系统的独立性进行改造。一方面，此规范要求设计师在处理产品明喻文本的物理相似性过程中，不但修辞两造指称同时出现，而且相似性的喻底也在文本中被呈现出来。在“舷窗手表”案例中，使用者可以轻松地解读出“表盘像飞机的舷窗”这一喻底。因此，设计师对始源域符号对象的还原度及其系统独立性的控制，是对修辞两造符号指称以及喻底在文本中共同呈现的保证。

另一方面，此规范要求设计师对明喻修辞两造符号指称的改造保持以物理相似性的相类方式为原则，而非隐喻相合那样的内化方式。因而，就存在设计师对始源域符号的改造，可能由两造间的相类关系渐进转化为相合的关系，这正是明喻文本通过始源域符号指称的“晃动”渐进至隐喻文本的编写方式（详见 6.3.3）。

（3）当然会有一些使用者在明喻的喻底“表盘像飞机的舷窗”基础上继续解读，“戴上手表就像在旅途中的感觉”，显然这已是再次解读所获得的心理层面相似性的隐喻。这种情况正如莱考夫认为的那样：A 事物与 B 事物既有物理相似，又存在心理相似，判定权交给修辞文本的解读者。作为设计师，我们无法干涉使用者对产品文本中设计师意图意义的再次解释，但我们应该对使用者再次解释的可能性，以及再次解释的意义方向、内容做出预判。

### 3. “再现体 - 再现体”物理相似性明喻案例分析

通过事物与产品间各自符号的“再现体 - 再现体”间的物理相似性构建的产品明喻，是指在始源域符号指称中，通过“再现体”一端与目标域产品符号指称中的“再现体”进行相似性的类比，建立起物理相似性的关联。需要说明的是，两造对象的品质是在我们五感认知的内容、被生活经验分析判断的基础上，具有客观存在的物理相似性特征。

前文也提出，大多数仿生设计都是始源域事物的符号与目标域产品符号通过各自“再现体 - 再现体”，即事物的某种品质与产品的某种品质建立起物理相似性的关联。澳大利亚的生物学家发现，海洋中鲨鱼皮肤表面的 V 形皱褶可以大大减少水流的摩擦力，使鲨鱼身体周围的水流更高效地流过。生物学家与设计师将此特性运用在泳衣上，设计制造出的“鲨鱼皮泳衣”（图 6-6）可以减少 3% 水的阻力，大大提高了游泳运动员的比赛速度。通过这件“鲨鱼皮泳衣”案例，我们可以对明喻修辞中“拟人”与“仿生”的区别做如下分析。

（1）将产品设计中的“拟人”与“仿生”混为一谈是国内设计教育极为普遍的问题，两者都是采用有机体或生命体作为始源域对目标域产品进行修辞，这是它们常被混淆的主要原因。“拟人”与“仿生”不是修辞格的种类，而是修辞活动中始源域有机体或生命体对目标域产品的服务方式与服务目的的划分。

（2）从修辞活动的目的而言，仿生是将一个生命体的某种品质特征与产品的某种品质特征建立起物理相似性的关联，并以前者服务后者为目的，在产品系统中解决诸如功能体验、

图 6-6　鲨鱼皮泳衣

人机功效、物理结构等诸多实际问题。

而拟人则是将产品的局部形态或整体形态模拟为具有生命体的某些特征，即产品与事物间建立以形态为基础的物理相似性，以达到产品与使用者之间“人格化”的交流。莱考夫与约翰逊对“拟人”的定义则更为宽泛：拟人是一个笼统的范畴，覆盖了各种修辞格，它选取了“人”的不同方面或者是观察“人”的不同方式。它们的共同点是让我们根据“人”来理解世界万象，并能够基于“人”自身的动机、目标、行动，以及特点来加以了解[24]。

（3）就物理相似性在修辞结构中的形成方式而言，拟人的物理相似性是修辞两造“对象-对象”间通过形态构建而形成的相似性关联；仿生的物理相似性则是修辞两造“再现体-再现体”间通过品质构建而形成的相似性关联。

（4）很多情况下，设计师在文本编写时既有仿生的服务产品系统，又有拟人的“人格化”交流。也就是说，修辞文本中既有修辞两造间“品质”的相似，也有两造间“形态”的相似，这时对于“仿生”与“拟人”的界定权则交由使用者，以及使用者所在的文化环境。

（5）大多数仿生设计通过“再现体-再现体”间的品质形成物理相似性的明喻，但绝不能说，但凡通过“再现体-再现体”形成的明喻都是仿生设计。例如产品与产品之间的材质替换：电冰箱外壳是塑料的，如果改换为木质、帆布等材质等，属于产品 CMF 品质经验交换形成的明喻。因此，界定仿生需要讨论始源域是否具有有机体的生命特性。

24. 乔治·莱考夫、马克·约翰逊：《我们赖以生存的隐喻》，何文忠译，浙江大学出版社，2015，第 31 页。

最后，区分“拟人”与“仿生”的设计类型，其目的是在设计活动初期，就明确产品文本表意的最终目的，为达到此目的所应该采用的物理相似性来源，以及文本编写的操作手段。

### 6.2.2 第二类明喻：强制性关联的产品明喻

前文已表明，从文本编写的设计师角度而言，产品明喻可分为两大类：（1）事物与产品间物理相似性的关联；（2）事物与产品间强制性的关联。本节讨论的是第二大类的产品明喻。

#### 1．强制关联的产品明喻具有后结构主义特征

（1）首先，在结构主义产品修辞活动中，物理相似性明喻中的所谓“物理相似”是指以使用群认知为基础的产品设计系统内，可以被使用群认定的那些认知经验，即设计师以使用群可以通过五感直接获取、依赖他们的生活经验为基础对事物与产品间进行的“相似性发掘”“主观构建”“修辞两造修正改造”等一系列的明喻构建与编写操作。正是因为这类明喻的“物理相似性”解读与评判权在使用群一端，设计师编写的明喻文本意义才可以有效传递。需要补充一句，组合轴表意的产品提喻与转喻，需要放置在结构主义的论阈中进行讨论，否则使用者无法获得产品整体指称的完形，因此可以说，所有的产品提喻与转喻一定是结构主义产品修辞。

而强制关联的产品明喻在产品修辞活动中是较为特殊的修辞方式。一方面，设计师以主观意识为手段对事物与产品进行强制性关联，其结果势必会导致使用者对文本的意义向后结构主义的开放式解读转变。另一方面，强制关联的产品明喻也不可能归为艺术作品，毕竟这类明喻文本借助产品特有的功能性、实用性为表意载体，进行设计师极具个性及私人化品质的主观意识表达，但其依旧是产品的类型范畴，即无论事物与产品间如何强制关联，始源域符号始终服务于产品系统，因而产品的系统性与结构依旧存在。我们不能因其文本编写与解读的后结构方式，而否定其产品系统与结构的丧失。

（2）强制关联的产品明喻修辞与产品反讽修辞虽然都是后结构主义的文本编写与表意方式，但两者在设计活动的目的性和编写方式上有着本质的不同。

第一，反讽与其他的修辞格有着本质的区别（详见5.2.3）。组合轴表意的产品提喻、转喻，聚合轴表意的产品明喻、隐喻四种修辞格都是比喻的变体或延伸，它们都力求修辞两造的符号对象异同衔接，它们都希望通过新符号进入产品文本编写后，保持原有的产品系统的完整性。

反讽修辞与其他修辞相比很特殊，它强调符号对象间的排斥与冲突，即反讽希望依赖一个外部符号进入产品系统后（或通过产品系统内部符号的解构），要么借此对原有产品系统规约进行否定、瓦解，要么创造出新的系统类型。反讽因其对系统规约特征以及整体指称的瓦解与否定，具有鲜明的后结构主义特征。

第二，强制关联的产品明喻是设计师强迫事物与产品间建立某种关联，但这种强迫的关联在文本的编写过程中并没有对产品系统进行否定性的瓦解，无论事物与产品间如何强制关联，产品的系统性与结构依旧存在。同时，强制关联产品明喻的始源域符号始终服务于产品系统，它没有借助始源域符号的进入而创新出新的产品类型。其主要目的是通过外部始源域事物的符号与目标域产品符号间的强制性关联，进行设计师个体主观意识的表达与情感的宣泄，以获得使用者开放式意义解读。

### 2．强制关联的产品明喻案例分析

Moooi 是极具设计师风格的一个荷兰家居设计品牌，该品牌的两位女性设计师苏菲亚·拉格维斯特（Sofia Lagerkvist）和安娜·林格伦（Anna Lindgren）在 2006 年设计的“动物家居”系列（图 6-7），将雕塑感极强的动物造型运用在台灯、落地灯、边桌等产品设计中。

6-7　Moooi 品牌的动物家居系列设计

在这组设计中我们可以看到，两位设计师用“兔子”“马”“猪”分别与台灯的“底座”、落地灯的“支架”、边桌的“桌腿”进行强制性的关联。这里所谓的强制性关联是指三种动物符号的“对象”形态与三件产品在使用者的认知经验中不存在任何的物理相似的理据性关联。三个动物与产品间“对象 - 对象”形态的无理据强制关联，使得使用者面对此类明喻文本时，给出开放式的任意解读结果。

最后我们可以做出总结：从设计活动的主导者——设计师的视角而言，结构主义的“物理相似性”产品明喻是为了达到设计师修辞意图在文本编写及解读过程中的有效传递；而后结构主义的强制性关联的产品明喻则是设计师个体观念的表达与主观意识的宣泄，它进行可以获得使用者开放式的任意解读。

## 6.2.3 产品明喻两大类型的分析总结

首先，从设计师文本编写的角度而言，明喻可以分为两大类型：（1）事物与产品间物理相似性的关联；（2）事物与产品间强制性的关联。其次，产品设计活动是普遍的修辞，它是设计师的主观意图以修辞的方式向使用者进行传递或表意的过程。因此，讨论产品明喻的两大类型必须放置在“设计师 - 修辞文本 - 使用者”的文本编写与传递过程中，从修辞文本传递过程中设计师与使用者两个主体间的共在关系对两类明喻修辞进行综合分析与鉴别。在此结合下图（图 6-8）对两类产品明喻做如下分析。

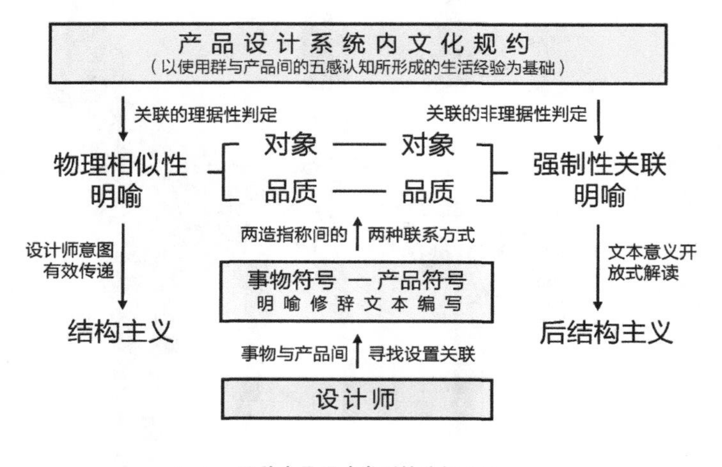


6-8 两种产品明喻类型的分析总结

### 1．“相似”与“强制”的判定权在使用者一端

（1）结构主义产品修辞活动的文本意义有效传递是建立在设计师与使用者两个独立且自主的主体间的心理交流。这就需要在产品设计系统内，以设计师“编码”与使用者“解码”的文化规约一致性达成两个主体间的共在关系（详见 10.1）。因此，明喻的“物理相似性”可以成立的前提，是在产品设计系统中设计师“编写”与使用者“解读”所依赖的文化规约的一致性。

结构主义产品修辞的主体性是修辞文本意义的有效传递，但有效性的判定权在使用者一端。因此，设计师在构建事物与产品间明喻的物理相似性关联时，必须将使用群与产品间的五感认知所形成的生活经验作为物理相似的理据性基础。

（2）明喻的强制性关联是产品设计系统中“设计师主体”与“使用者主体”在编写与解读文化规约上的独立。由于强制性的判定权在使用者一端，就有可能出现两种情况：第一种情况，设计师在构建事物与产品间物理相似性关联时，并没有按照使用群的五感所形成的生活经验进行关联，导致修辞文本中的物理相似性成为无效、无理据的表意；第二种情况，设计师有意将事物与产品进行强制关联，追求个体主观意识的表达和情感的宣泄，以此获得后结构主义的文本意义开放式任意解读。由此看来，第一种情况是因为设计师专业能力低下而导致的明喻文本表意无效传递，不应该属于我们的讨论范围。

### 2．“相似”与“强制”都是通过事物与产品间“形态”与“品质”进行的关联

前文已表述，物理相似性的明喻从修辞两造符号的结构出发，有两种物理相似性的关联方式：（1）事物与产品间通过两造符号间“对象-对象”的形态，构建物理相似性的关联；（2）事物与产品间通过两造符号间“再现体－再现体”的品质，构建物理相似性的关联。

认知语言学的修辞理论认为，明喻修辞格是事物与事物间的“类比”或“比较”，即设计师选取一个事物的某种物理特征来描述一个产品的某种物理特征。物理性的特征是认知活动中，我们通过五感可以直接感受到的，并依赖我们的生活经验形成事物形象思维的内容，它们在符号结构中表现为“对象”的形态、“再现体”的品质。因此，即使是强制性关联的明喻，在构建关联的方式上也必须通过事物与产品间符号的“对象-对象”“再现体-再现体”的方式进行强制性联系。

### 3．所有明喻文本都因喻底出现而表现为描述与说明的功能

“知觉-经验-符号感知”是使用者对产品的完整认知过程。使用者对产品的知觉由直接知觉与间接知觉组成，两种知觉是形成使用者对产品经验的两种途径，使用者对产品的经验被意义解释后成为符号感知。其次，产品设计是外部事物的符号与产品文本内相关符号之间普遍的修辞。明喻的物理性相似关联、强制性关联都通过两造符号间的“对象-对象”与“再现体-再现体”进行构建。产品明喻中这些事物与产品间具体且形象的特征形成两造间类比的关系，类比的关系本身就需要以喻底的呈现得以实现。明喻文本中喻底的出现，其目的是借用事物来描述或说明产品。

## 6.2.4 产品明喻文本的表意张力分析

前文讨论组合轴表意的产品提喻、转喻文本的表意张力时已表明：所有以设计师修辞表意有效性传递为目的的产品修辞活动，都必须放置在结构主义论阈中，即必须以使用群认知经验为基础构建的产品设计系统中进行讨论。因此，明喻文本表意的张力分析，需要在使用群认知经验内进行。影响产品明喻文本表意张力强弱的主要因素有四种（图 6-9），本节讨论的产品明喻文本的表意张力，是将“物理相似性”明喻与“强制性关联”明喻进行统一讨论。

### 1．五感中感官渠道的差异

乌尔曼（Stephen Ullmann）在研究通感的过程中，排列出可及性从强至弱，从低级至高级，从简单至复杂的六种感官顺序：触觉—温觉—味觉—嗅觉—听觉—视觉[25]。在各种感官所获得的知觉中，触觉的可及性最强，但也最低级简单；视觉可及性最弱，但最为高级复杂。这是因为，视觉所

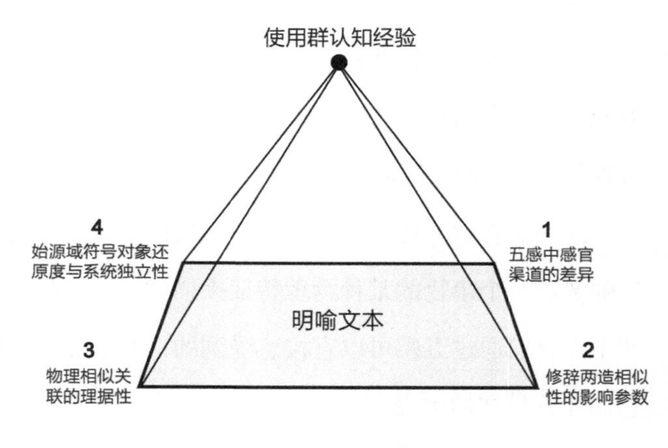


6-9　产品明喻文本的表意张力分析

25. 赵毅衡：《符号学原理与推演》，南京大学出版社，2016，第 132 页。

获得的刺激信息经过经验完形的认知方式加工后，直接进入文化符号的意义世界。

事物与产品间以视觉信息构建的物理相似性最接近使用群的生活经验；反观以事物与产品间触觉信息构建的物理相似性，因触觉属于低级简单的知觉，触觉的相似性信息必须依赖生活经验进行筛选、比对、判定等一系列流程的组织加工。因而，可及性强且低级简单的相同感官，例如触觉间要比可及性弱且高级复杂的相同感官，例如视觉间所形成的明喻文本表意张力要强。如果用煎药的“砂锅”与装现代中药的“药瓶”建立物理相似性关联，那么将“药瓶”做出在触觉上类似“砂锅”粗陶的质感，要比将“药瓶”做出“砂锅”视觉造型在文本表意张力上要强很多。

### 2. 修辞两造物理相似性程度的影响参数

从相似性的程度及相似性的辨识度出发，香港岭南大学教授安德鲁·格特力（Andrew Goatly）将影响隐喻（包含明喻）变化的参数大致分为五大类的比对趋向：相似性大—相似性小；常规化—非常规化；标记性—无标记性；无矛盾性—矛盾性；明确性—不明确性[26]。在这五组比对中，越靠近左边各项参数，所形成的明喻文本表意张力就越弱；越靠近右边各项参数，所形成的明喻文本表意张力就越强。

### 3. 修辞两造物理相似的理据性

物理相似的理据性也是明喻文本表意张力的重要内容，在此我们分两种情况进行比较。

（1）后结构主义强制性关联明喻的无理据性主观表达

产品明喻按照设计师的编写方式与目的可以分为两大类型：物理相似性关联的明喻与强制性关联的明喻。前者是结构主义的修辞文本编写方式，后者则是后结构主义的修辞文本编写方式。

结构主义产品修辞文本编写的活动，都必须在以使用群认知经验为基础构建的产品设计系统内进行编写。设计师的主观意识受到系统内各类元语言的控制，并与各类元语言达成最终的协调统一，以此保证修辞文本表意的有效性传递。因而，此类明喻文本中事物与产品间的物理相似是可以被使用群认知经验认定为具有理据性的。而后结构主义产品修辞活动则是在保证产品类型可以被使用群指认的基础上，设计师主观意识及设计风格的表达。事物与产

---

26. 束定芳：《隐喻学研究》，上海外语教育出版社，2000，第73页。

品间的强制性关联对使用群的认知经验而言不存在任何的理据性，修辞文本的意义呈现开放式任意解读。因此，强制性关联的明喻文本表意张力要强于物理相似性明喻文本的表意张力。

（2）结构主义物理相似性关联明喻的表意有效性与非有效性

物理相似性关联的产品明喻又可以分为表意的有效性传递与非有效性传递。前文已表明，因设计师自身能力原因导致的文本意义“非有效性传递”与设计师主观意识表达的强制性关联的明喻截然不同。虽然两者在文本意义的解读上都呈现开放式任意解读，但前者是在结构主义修辞活动中，因设计师能力原因导致的有效性表意的失败；而后者的任意开放式解读则是设计师有意而为之。因此，在结构主义的物理相似性明喻文本表意张力的讨论中，文本意义非有效传递的文本表意张力要强于文本意义有效传递的那些明喻文本。这种现象一定会存在，但其原因是设计师能力缺陷所导致，因此并没有讨论的价值。

### 4．文本编写中始源域符号指称对象的还原度及其系统的独立性

（1）文本编写中始源域符号指称对象的还原度

第一，结构主义的产品明喻与隐喻都必须遵循始源域事物符号在目标域产品文本内编写的过程中服务于产品系统的原则。这样一来，始源域符号为适应产品系统，需要对符号对象进行必要的修正或改造，以适应产品系统内的文化规约；与此同时，目标域符号的对象也必定要配合始源域符号对象的修正或改造进行必要的调整。

第二，虽然产品明喻没必要像提喻、转喻那样，为保证始源域符号的认知凸显点，以及与产品原型间的典型性，而刻意保持始源域符号对象的高度还原度，但产品明喻的始源域符号对象在修正或改造的过程中，必须保证与目标域产品符号间的物理相似的存在，保证两者以相类的关系进行类比，以及明喻物理相似性的喻底在文本中呈现。

因此，始源域符号对象修正或改造的程度，即对象还原度影响明喻文本的表意张力为：始源域符号对象还原度越高，文本表意张力越弱；始源域符号对象还原度越低，文本表意张力越强。

第三，设计师对始源域符号对象的修正或改造，可以理解为是对“对象－再现体”指称的晃动。当明喻修辞文本中的始源域符号指称被晃动到以内化的程度在产品文本内编写时，事物与产品间由认知比较的相类关系，转化为心理感受的相合关系。被转换后的相合是指事物与产品在心理层面的某种融合，此时的明喻文本渐进为隐喻文本的编写方式。

（2）文本编写中始源域符号所在系统的独立性

产品设计是普遍的修辞，是通过符号与符号间指称的非对称性映射方式（提喻、转喻）与对称性映射方式（明喻、隐喻）分别达成概念的替代与交换。在产品明喻中，修辞两造为实现物理相似的类比关系，以及喻底在文本中的呈现，需要保持修辞两造各自所在系统的独立性。

一方面，系统的独立性与符号对象的还原度往往是关联在一起的，即对象的还原度越低，系统的独立性就越弱。需要指出的是，任何产品修辞活动对始源域符号对象的加工或改造，其系统必定在修辞文本中存在。这是因为，产品符号的意义内容由“环境”“产品"“使用群”三者之间的关系所赋予，符号意指关系的符码由深层结构的使用群集体无意识所决定。使用者对符号意义的解释都受控于符号所在的系统，以及这个系统所处的文化环境。因此，只有始源域系统的存在，才有始源域符号意义内容的存在。始源域系统在修辞文本中的存在当然不是以完整、原始的样式而存在，而是依赖始源域符号获得对其系统的认知完形。

另一方面，由于结构主义的产品明喻决定了始源域事物的符号服务于目标域产品系统的原则，因而始源域符号所在的系统规约在目标域产品文本内编写时，不可能保留其原有的完全独立性，而是按照产品系统规约做出适应性的调整，以获得与产品的匹配。因此，在适应性调整与匹配的过程中，会出现始源域系统独立性越弱，文本的表意张力则越强，以及对始源域符号对象的修正或改造过度，渐进转化为隐喻文本编写方式的情况。

## 6.3 产品隐喻：事物与产品间心理相似与指称的“内化”编写

从隐喻修辞结构的构建而言，产品隐喻以修辞两造三元符号结构中的“对象”或“再现体”或“指称”通过生活经验的意义解释为基础，建立修辞两造在“解释项-解释项”之间意义解释的“心理相似性”关联（详见6.1.2）。

从设计师对隐喻文本的编写角度而言，产品隐喻的来源可以分为两大类型：（1）心理相似性的隐喻。设计师分别利用事物与产品间客观存在的心理相似性，或主观创造的心理相似性进行产品隐喻的构建；（2）其他修辞格文本改造的隐喻。设计师通过对其他已有修辞格文本中始源域符号指称的晃动改造，使得其在产品文本内形成内化的编写方式，以此达成事物与产品在心理层面“相合”的相似性关系（图6-10）。

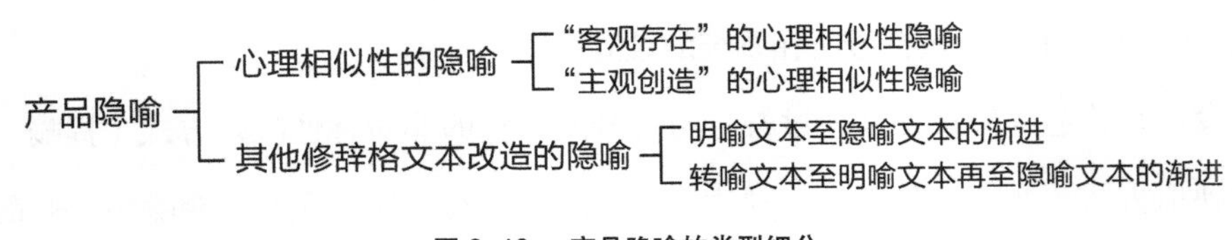


图 6-10　产品隐喻的类型细分

束定芳认为隐喻在人类认知方面有两大作用：一是创造新的文化符号意义；二是提供看待事物的新视角。人类的认知能力不但受到时间和空间的限制，而且还受到自身感知器官结构的限制；人类的经历不仅相当有限，而且具有证伪性。因此，人类要认知周围的世界，探索未知的领域，就需要借助已知的概念系统，并将它们映射到未知的领域，以获得新的知识和理解。这表明，无论在科学思维中，还是在对新概念的探索和阐述中，隐喻都是一种重要的工具和手段[27]。

在传统语言修辞学中，隐喻和明喻被当作两种并列的修辞格，亚里士多德也将明喻与隐喻看作是同一类[28]。现代隐喻学中的明喻是广义隐喻的一个种类[29]。许多词典以及教科书也将明喻与隐喻统称为“隐喻”。从认知语言学研究修辞的莱考夫和约翰逊在《我们赖以生存的隐喻》一书中，也将明喻包含在隐喻之中进行讨论。

同作为聚合轴表意的产品明喻与隐喻，在文本表意的目的性、编写方式等方面都具有跨越认知域，依赖相似性（明喻物理相似性、隐喻心理相似性），符号间对称性映射，以及结构主义修辞中外部事物符号服务产品系统的共同原则，但这不代表两种修辞格可以混合讨论。

束定芳将莱考夫和约翰逊所表述的“隐喻”再次细分为“显性隐喻”与“隐性隐喻”。显性隐喻就是人们所说的“明喻”，隐性隐喻则是真正意义的“隐喻”[30]。从编写的角度而言，明喻有“物理相似性关联的明喻”与“强制性关联的明喻”两大类型。隐喻的相似性是心理层面相合的心理相似性。古恩认为，明喻与隐喻都破坏了各自原有语境的同位素。但隐喻与明喻恢复同位素的方法不同，明喻不发生意义转移的现象，而隐喻则发生了意义转移的现象[31]。

27. 束定芳：《隐喻学研究》，上海外语教育出版社，2000，第 100 页。
28. 同上书，第 52 页。
29. 束定芳：《论隐喻与明喻的结构及认知特点》，《外语教学与研究》2003 年第 3 期。
30. 束定芳：《隐喻学研究》，上海外语教育出版社，2000，第 51 页。
31. 同上书，第 49 页。

### 6.3.1 隐喻研究的五种理论观点

束定芳在《隐喻学研究》一书中提出，从研究的范围和方法来看，西方隐喻研究可以划分为三个不同的时期[32]。（1）隐喻的修辞学研究。从亚里士多德到理查兹，大约从公元前300年到20世纪30年代，跨度近2000多年；（2）隐喻的语义学研究。从20世纪30年代到70年代初，从逻辑和哲学角度对隐喻的语义研究，以及从语言学角度对隐喻的语义研究；（3）隐喻的多学科研究。从20世纪70年代至今，从认知心理学、哲学、语用学、符号学、现象学、阐释学等领域展开对隐喻的多角度多层次研究。

笔者结合胡壮麟《认知隐喻学》（第二版）与王文斌《隐喻的认知构建与解读》中对隐喻研究理论观点的分类，按照可以与产品隐喻进行讨论的可能性大小，列举以下五种隐喻研究立论观点：（1）隐喻研究的“替代论”；（2）隐喻研究的“比较论”；（3）隐喻研究的“互动论”；（4）隐喻研究的“创新论”；（5）隐喻研究的“映射论”。

#### 1. 隐喻研究的“替代论”

亚里士多德最早提出隐喻“替代论”的观点，他认为隐喻是一个事物直接替代另一个不相干的事物，或以同义域里的一个词语替代另一个词语。在他的《诗学》中，隐喻是用一个词去替代另一个词的修辞现象，或者以属代种，或者以种代属，或者以种代种，或者通过类推及比较[33]。

亚里士多德的替代论观点存在两个弊端：一是替代论主要存在于知识的使用规则之中，而不是知识本身；二是替代论仅仅可以表述语言的组合轴关系，而不能表述语言的聚合轴关系，隐喻在大多数情况下都必须依赖组合、聚合轴共同完成表意[34]。前文表明，产品修辞按照组合轴表意分为提喻与转喻，按照聚合轴表意分为明喻与隐喻。

#### 2. 隐喻研究的“比较论”

“比较论”是亚里士多德隐喻观的衍生。“比较论”也称作“相似论”或“类比论”，认为隐喻的实质是比较，通过对两个义域的词语进行相似性比较建立起联系，以事物间的“相似

32. 束定芳：《隐喻学研究》，上海外语教育出版社，2000，第2页。

33. 胡壮麟：《认知隐喻学（第二版）》，北京大学出版社，2020，第20-21页。

34. 同上书，第24-25页。

性”作为隐喻研究的基础[35]，即始源域与目标域之间的特征比较是构成隐喻解读基础的基本过程，它是对两个不同义域里的词进行相似性比较而建立起来的一种联系[36]。

隐喻的“比较论”观点主要强调：（1）隐喻是一事物成为另一事物的比较；（2）隐喻极具想象力地通过不相似的始源域寻找与目标域的特征，将一些心理意象传送到目标域中；（3）隐喻中两个成分之间建立的联系是通过对两者语义的比较之后发现的相似性特征，从而建立的隐喻关系[37]。“比较论”通过事物间意义解释的语义建立关联，它与明喻的“物理相似性”划清了界限。以心理层面的相似性为基础研究隐喻的方式，被之后的隐喻研究所保留，并不断修正。

从现代认知语言学的研究角度来看，莱考夫和约翰逊对“比较论”提出两点质疑：一是“比较论”仅仅针对语言的讨论，没有涉及隐喻思维与隐喻行为的问题；二是“比较论”的相似点是两事物比较过程中先前已经存在的，但“比较论”并没有告诉我们如何创造相似点[38]。

### 3. 隐喻研究的“互动论”

I.A. 理查兹是隐喻研究“互动论”的创始者。他在 1936 年出版的《修辞哲学》一书中，首次提出隐喻由“喻体”与“本体”组成的术语，被学界沿用至今。他认为隐喻的实质是互动，这里所谓的互动是指隐喻中的两个词义相互影响，相互启示才能把握意义，即隐喻必须是两个分属不同义域的词语在语义上相互作用之后，才能产生新的语义[39]。

以上表明两点：（1）隐喻文本中，修辞两造符号的指称必须在文本中共存，且始源域与目标域共同作用，才能获得隐喻的意义解释；（2）隐喻活动具有两个词汇所在系统间的互动关系；（3）隐喻的意义受到解读者及语境的影响。由于理查兹的“互动论”从隐喻的两造符号结构出发，讨论隐喻认知的互动与统一关系，被之后的隐喻研究者广泛采纳。

理查兹提出的判断文本是否使用隐喻的重要标准，同样被学界沿用至今：一个文本是否使用了隐喻，可通过它是否提供了一个本体和一个喻体，且两者共同作用产生了一种包容性意义来判断。束定芳以此为基础，分析了“互动论”中修辞两造的互动方式：我们首先关注

---

35. 胡壮麟：《认知隐喻学》，北京大学出版社，2004，第 21-23 页。
36. 胡壮麟：《认知隐喻学（第二版）》，北京大学出版社，2020，第 26 页。
37. 同上书，第 26-27 页。
38. 同上书，第 37 页。
39. 同上书，第 19 页。

的是喻体的一系列特征，即所谓“隐含复合体”，然后找出本体中那些相对应的部分，再确定哪些可作为适合本体的可能陈述。在这一过程中，本体和喻体互为参照，本体是源，喻体是限制某些理解的“过滤器”[40]。

### 4. 隐喻研究的“创新论”

（1）隐喻思维与两造语义概念关联性的创新解释

20 世纪 60 年代，马克斯·布莱克从对亚里士多德“比较论”的相似性存在的问题出发，结合理查兹的“互动论”展开深入的讨论。他提出隐喻中两个词项或概念的相似点不一定都是预先存在的，而是通过互动创建的。由于理查兹的“互动论”没有对相似点展开深入讨论，因此布莱克将研究重点放在相似点的创新上。

布莱克认为，隐喻将两个事物的系统同时在大脑思维中激活，两事物的系统产生互动，两者的意义产生变化后进行语义的重新组织。为此，他提出“隐喻思维”的观点，并举例认为：儿童把星星看作五角形，是因为儿童事先知道五角形的画法，概念中已经认识了两者的形状，星星像五角形是原有经验中两个概念间物理相似性的描述，显然这是明喻，而非隐喻。如果把星星比作没有完成的愿望被挂在了天上，则是隐喻。隐喻需要施喻者通过观察、思索和发现他人没有产生过的想法，在思想层面做到隐喻概念的创新。

布莱克认为“心理相似性”是施喻者创造出来的，是他人未曾使用过的两造间语义概念的关联。在讨论创造性的心理相似性选择时，布莱克还提出隐喻的过滤作用，两个事物间能用到的语义被过滤出来，用不到的则被放弃，过滤对两事物的语义选择同时进行[41]。

（2）赫斯曼在隐喻相似点创新上的三个观点[42]

第一，所指的独特性。隐喻创造出了修辞文本中新的所指，这个所指既不同于始源域，也不同于目标域，而是被施喻者在两造互动的基础上创造出来的，在修辞文本中的新所指不同于两造，而具有自主性。

第二，外部语言概念。隐喻创造的新所指的属性不属于语言范畴，隐喻不能用纯语言学的方法进行分析，隐喻涉及思想与概念的新范畴。第一点与第二点涉及摩尔对隐喻创造的新

---

40. 束定芳：《论隐喻的运作机制》，《外语教学与研究》2002 年第 2 期。

41. 胡壮麟：《认知隐喻学（第二版）》，北京大学出版社，2020，第 59–62 页。

42. 胡壮麟：《认知隐喻学》，北京大学出版社，2004，第 54–55 页。

所指，以及心理相似性可以被我们理解的有关论述，将在隐喻的“映射论”中进行表述（详见 6.3.1）。

第三，个体性。隐喻是施喻者对事物与事物间心理相似性的创造性关联。在关联的过程中，两造事物的“对象-品质”与“解释项”之间所形成的意指关系是动态且任意的，但意义的解释不是单纯的主观过程，符号的表意活动受到外部语言部分（文化环境）的客观影响。

（3）隐喻的“焦点”与“框架”

布莱克曾经提出“焦点”与“框架”两个概念。他认为，一个隐喻文本中只有部分词用作隐喻，其他部分用作字面理解才能构成隐喻，如果整个句子都是隐喻性的，那就成了谚语。因此，作隐喻性理解的词或词组就是“焦点”，而作字面理解的其他部分就是“框架”[43]。

束定芳对布莱克的“焦点”与“框架”概念进行分析后认为：布莱克把隐喻看作一种句子以及上层级结构的话语现象，相比传统隐喻把隐喻当作字词间的意义转换是巨大的进步，但隐喻仅限于句子层级关系是很困难的，隐喻应该是文化语境中的话语现象[44]。隐喻是以词为焦点，语境为框架的语用现象，隐喻的意义是两个语义场之间的语义映射。因此，语境是确认和理解隐喻的依据，不但隐喻的判断需要语境，隐喻的意义理解也离不开语境[45]。

### 5. 隐喻研究的“映射论”

（1）莱考夫与约翰逊的概念隐喻

1980 年美国芝加哥大学出版社出版了莱考夫与约翰逊合著的《我们赖以生存的隐喻》一书，标志着隐喻进入了认知科学研究的一个新时代。莱考夫与约翰逊发现英语的许多表述方式均来自基本的隐喻，他们将这些基本隐喻称为“概念隐喻”。在提出“概念隐喻”的基础上，他们发现隐喻不仅是传统意义上的语言修辞手段，还是一种思维、经验和行为方式[46]。

对此，莱考夫与约翰逊分析认为：隐喻的本质之所以是通过一种事物来理解和体验另一种事物，是因为人类的共同经验应是人类思维之所以有意义的促动因素，表达人类思维的隐喻基础是人类的经验，经验是形成隐喻概念的基础。因此，我们进行思考和行动的日常概念系统在

43. 束定芳：《隐喻学研究》，上海外语教育出版社，2000，第 35 页。

44. 同上。

45. 同上书，第 35–43 页。

46. 王文斌：《隐喻的认知构建与解读》，上海外语教育出版社，2007，第 29 页。

本质上就是隐喻性的[47]，甚至我们日常的思维、经验和行事也几乎都是隐喻的。隐喻构建我们的感知、我们的思维以及我们的行为方式，隐喻是人类认识和表达世界经验的一种普遍方式。

（2）隐喻是修辞两造模型结构的映射

意象图式模式（详见 5.1.1）是修辞活动的基础，也是修辞认知的立足点，各种修辞格可视为是意象图式模式的具体体现或手段。莱考夫提出了著名的隐喻映射理论，“将一个集合中的每一个要素与另一个集合中的每一个要素联系起来”，即是指一个隐喻就是将某一始源域模型的结构映射到一个目标域模型的结构[48]。

王文斌和林波补充认为，隐喻是一种心理映射，是人们将对此事物的认识映射到彼事物上，形成了始源域向目标域的跨越。隐喻的心理映射有三种方式：一是此事物与彼事物的外在表象联系（图 6-3 之 1），二是此事物与彼事物的内在特性的关联（图 6-3 之 2）；三是前两者兼而有之的关系（图 6-3 之 3）[49]。

（3）映射发生在事物间的局部，而非整体

莱考夫与约翰逊指出，始源域与目标域属于不同的活动内容，两者只涉及部分特征的映射及运用。束定芳认为，隐喻意义是始源域的部分特征向目标域转移并映射的结果[50]。这也再次表明了，产品隐喻是跨越认知域的事物与产品间局部概念的映射，而非事物的整体与产品的整体间发生的映射。正如笔者前文表述的那样，产品明喻与隐喻是通过事物与产品间符号与符号的相似性（明喻的物理相似性、隐喻的心理相似性）修辞解释，达成两个系统间局部概念对称性的交换映射。

（4）隐喻通过两造语义结构创造出心理相似性

理查兹的隐喻“互动论”主要讨论隐喻中意义互动转移的工作机制，传统语言修辞学同样注意到了这一点，但他们无法解释在隐喻出现之前两个事物之间并不存在任何的相似性，但也可以构成隐喻的可能性。隐喻的心理相似性是可以创造出来的，这恰恰是现代隐喻学最为关注的问题之一[51]。布莱克在其隐喻“创新论”的基础上提出“隐喻思维”的观点，他主张

47. 束定芳：《隐喻学研究》，上海外语教育出版社，2000，第 28 页。

48. 王文斌：《隐喻的认知构建与解读》，上海外语教育出版社，2007，第 30 页。

49. 王文斌、林波：《论隐喻中的始源之源》，《外语研究》2003 年第 4 期。

50. 束定芳：《隐喻学研究》，上海外语教育出版社，2000，第 43 页。

51. 同上书，第 46 页。

施喻者通过观察、思索和发现他人没有产生过的想法，在思想上创造隐喻的新概念。他强调隐喻中的心理相似性是创造出来的，是之前未曾使用的两造间的语义概念。

莱考夫与约翰逊持有同样的观点。首先，他们通过心理语言学实验发现，隐喻因为涉及语义的转移，当这类语义转移经常发生时，始源域的语义特征就成为目标域的一部分，隐喻性逐渐削弱成为所谓的“死喻”，就如同产品设计中经常用“沙漏”隐喻时间流逝一样。其次，隐喻是以始源域和目标域之间的心理相似性作为意义转移的基础，而始源域和目标域之间的语义结构相似是隐喻的意义转移、文本编写和解读的依据[52]。因此就存在对修辞两造语义结构创造出心理相似性的可能。

莱考夫与约翰逊对隐喻的创造性心理相似性可总结如下[53]。第一，隐喻本质上是一种思维和行为现象，语言中的隐喻只是一种派生现象。第二，隐喻能以原有就存在的心理相似性为基础形成常规性的隐喻，毕竟它们是我们文化生活中的现实经验，常规隐喻解决了修辞活动可以获得的现实性的问题。第三，那些通过隐喻而创造出来的心理相似性是最为重要的。这是因为，隐喻基本功能是提供通过某一经历来理解另一经历的某些方面的可能性，这种可能性既包括通过原有的心理相似性，也可以通过创造新的心理相似性。

隐喻创造出来的心理相似性可以被我们理解，乔治·爱德华·摩尔( George Edward Moore )对此这样分析，隐喻涉及的是对我们已有意义的一种召唤性使用，即施喻者与解喻者都希望通过想象、探索，去再创造出我们第一性语言中原来没有编码过的一系列心理相似性。这种创造性的心理相似性之所以可能成立，是因为我们必定会回到语言的思维模式，用文字语言的意义去解释它们[54]。

（5）隐喻的“映射论”今后可以继续讨论的方向

莱考夫与约翰逊提出概念隐喻的“映射论”在当今修辞研究领域已被广泛接受，对概念隐喻以及映射理论的完善，李福印提出了十二条可以继续深入讨论的方向[55]：方法论问题，映射的量化标准问题，隐喻鉴别的问题，映射的经验基础问题，恒定原则问题，心理真实性问题，概念隐喻在历时研究方面的问题，跨语言验证问题，语言和思维的关系问题，用两个语域之间

52. 束定芳：《隐喻学研究》，上海外语教育出版社，2000，第 44 页。

53. 同上。

54. 同上书，第 45-46 页。

55. 翁朝袅：《对概念隐喻理论的反思》，《太原城市职业技术学院学报》2011 年第 11 期。

的映射来解释隐喻理解是不充分且缺少实证根据的，概念隐喻的概念本质是否站得住脚，隐喻意义与字面意义哪一个先被加工。以上这些问题都是可以结合产品隐喻进行深入讨论的内容。

（6）“映射论”对产品隐喻“心理相似性”的两点推论

隐喻是跨领域的事物间心理相似性的意义映射，它也是人类对新概念探索和阐述过程中一种重要的工具和手段[56]。莱考夫与约翰逊认为，所有的隐喻都必须遵循心理相似性原则。心理相似性来源于人们的感知，隐喻把两种不同的事物相关联，是因为我们在认知两事物时，在生活经验中产生了相似性的心理联想，使得我们能够解释、评价、表达我们对客观世界的主观心理感受。因此，心理相似性实际上是认知经验在联想中的结果，而不是修辞的专属[57]。莱考夫与约翰逊在概念隐喻的“映射论”基础上提出的心理相似性的创造性，可以在产品隐喻中推论出如下两点。

第一，隐喻的“心理相似性”需要设计师的主观创造。产品隐喻的心理相似性并不是存在于修辞文本中，也不可能像明喻那样通过我们的五感认知获取相似性的内容，更不像明喻那样依赖生活经验就能获得喻底。产品隐喻是一种创造性思维，它是设计师在生活经验的基础上，对事物与产品间在心理层面上做出的创造性关联解释，即“主观创造”的心理相似性。这种主观创造的心理相似性不是后结构主义表意那样的设计师主观意识表达或情感的宣泄，它是被设计师创造出来的心理相似性，虽然在使用群以往的生活经验中不曾出现，但使用者依赖其群体的无意识深层结构可以获得对这个心理相似性的理据性解释。

摩尔认为隐喻创造出来的心理相似性是可以被我们理解的，在结构主义产品修辞活动中，对创造出来的心理相似性不存在无法解释的可能。但凡设计师在产品设计系统内，按照各类元语言文化规约进行文本的编写，其主观意识对心理相似性的创造性表达，都可以借助语言的思维模式，用文字语言的意指去解释那些心理相似性。

第二，某一种“心理相似性”被设计师反复使用，有可能成为死喻。当然，死喻如果通过设计师再次创造性解释，依旧具有“复活”的可能，甚至能产生全新的创造性相似。前文提到沙漏的“流淌”隐喻时间“流逝”如果是一个死喻，我们可以在死喻的基础上创造性地解释，形成一种创新的心理相似性。沙漏分上下两部分，上部分漏完一天结束，翻转过来，

56. 束定芳：《隐喻学研究》，上海外语教育出版社，2000，第100页。

57. 郭振伟：《钱锺书隐喻理论研究》，中国社会科学出版社，2014，第86页。

第二天开始，如此上下反复，隐喻一种被迫且麻木的生活现状，这比之前的死喻要好很多。事物间的心理相似性本来就是被我们创造出来的，从原则上讲，不可能存在绝对的死喻。

## 6.3.2 第一类隐喻：客观存在与主观创造的心理相似性隐喻

产品明喻与隐喻都是跨越认知域的事物与产品间依赖相似性进行的对称性概念映射所形成的表意文本。产品明喻的修辞两造在形式上是物理相似性的相类关系，而隐喻的修辞两造则是心理相似性的相合关系。

从设计师对隐喻文本的编写角度而言，产品隐喻的来源可以分为两大类。

（1）心理相似性的隐喻。从“心理相似”的运用以及存在方式分，隐喻又可分为“客观存在”的心理相似性隐喻与“主观创造”的心理相似性隐喻。

（2）其他修辞格文本改造的隐喻。设计师对其他已有修辞格产品文本中始源域符号指称的晃动改造，以内化的编写方式达成事物与产品在心理层面相合的隐喻文本。

本节讨论的“客观存在与主观创造的心理相似性隐喻”是针对“心理相似性”这一大类的隐喻而言。

### 1.“客观存在”的心理相似性隐喻

（1）“客观存在”的心理相似性便于使用者有效解读

在前文中，莱考夫与约翰逊将客观存在的心理相似性（包含象征）所形成的隐喻文本称为常规隐喻，并指出常规隐喻文本中包含了大量我们文化生活中的现实经验。常规隐喻的目的是为了解决修辞活动中，大多数解读者可以有效且快速获取隐喻的心理相似性的问题。因此，产品隐喻活动中，设计师利用客观存在的心理相似性或象征进行文本编写的目的，是为了修辞文本的表意有效性，即用大家都能理解的心理相似性创建隐喻，以获得大家的理解，当然，这会丧失隐喻在创造性与解读时的乐趣。

产品隐喻中“客观存在的心理相似性”是指那些在特定的使用人群以及使用环境中，事物与产品间在某些概念、语义上存在既有的心理相似性的关联。它们是使用群生活经验的沉淀积累中，那些关于事物与产品的意义解读在使用群文化规约中具有趋同或一致性的体现。例如，“电冰箱”在生活经验中具有“保鲜”的意义解读，“婚戒”具有婚姻“长久”的意义解读，将戒指盒设计成冰箱的造型，隐喻长久的婚姻能够一直保持新鲜感，我们为其取名为“婚姻保鲜婚戒盒”。这里的婚姻“长久”与冰箱“保鲜”在使用群的文化规约中本身就存在既有的心理相似性。

（2）“象征”是意指单一且较为牢固的“客观存在”的心理相似性

“象征”在使用群文化语境中意指单一且最为牢固的一种“客观存在”的心理相似性。赵毅衡在谈到生成象征的方法时指出：象征不是一种独立的修辞格，而是一种二度修辞格，它是比喻（指各种修辞格）理据性上升到一定程度的结果。象征是在文化社群中反复使用，意义积累而发生符用学变异的比喻。形成象征的基础可以是提喻、转喻、明喻、隐喻中的任一种修辞格[58]。

因此，产品隐喻如果利用使用群社会文化规约中已有的象征作为事物与产品间心理相似性的关联，那么隐喻文本表意的有效性，会因其牢固的意指关系远大于其他客观存在的心理相似性隐喻。对于这一点，赵毅衡提出“符号”的外延应当比“象征”宽得多的观点[59]。也就是说，利用象征形成的隐喻文本，在解读时符号的意指关系是极为单一且明确的，而其他符号形成隐喻文本的意指关系，即意义的解读则会丰富一些。就如上一段“婚姻保鲜婚戒盒”案例，可能有人会解读为“处理婚姻中的问题需要像冰箱里的温度一样冷静”，也可能有人会解读出“婚姻面对的是琐碎现实问题，就如同冰箱里装的一日三餐”。但如果戒指盒改为“玫瑰”造型，那么解释就会单一且明确，因为“玫瑰”与“爱情”是被牢牢固定在一起的一种“象征”关系，不太可能会出现其他的意义解读。

### 2.“主观创造”的心理相似性隐喻

（1）隐喻研究对“主观创造”心理相似性的强调

对隐喻心理相似性的主观创造问题，不同阶段的西方隐喻研究理论研究都较为重视。第一，理查兹的“互动论”认为隐喻是分属不同义域的词语在语义上的相互作用所产生的新语义。第二，布莱克的“创新论”提出了“隐喻思维”的观点，即施喻者需要观察、思索，去努力发现他人没有产生过的想法，在思想层面做到隐喻概念的创新。第三，莱考夫与约翰逊的“映射论”认为隐喻的本质是一种思维和行为现象，语言中的隐喻只是一种派生现象。隐喻基本

58. 赵毅衡：《符号学原理与推演》，南京大学出版社，2016，第 200-202 页。

59. 同上书，第 195 页。

功能是提供通过某一经历来理解另一经历的某些方面的可能性，这种可能性既包括通过原有的心理相似性（客观存在心理相似性）达成，也可以通过创造新的心理相似性（主观创造的心理相似性）达成。

（2）“主观创造”的心理相似性可以被理解的基础

莱考夫与约翰逊虽然认为语言中的隐喻仅是一种思维与行为的派生现象，但语言符号是人际交往中表述认知、交流意义的主要手段。正如本书第 3 章“3.2.2 产品语言与文字语言在设计活动中的互动关系”中表述的那样，所有涉及意指功能的人类活动，都依赖语言系统模式进行运作。因此摩尔认为隐喻创造出来的心理相似性是可以被我们理解的，这是因为隐喻涉及的是对我们已有众多文化符号意义的一种召唤性使用。我们面对隐喻中创造性的心理相似性，都会回到语言的思维模式，依赖文字语言的意义去解释它们。根据以上分析，产品隐喻“主观创造”的心理相似性可以被使用群解读的原因可以做以下推论。

第一，虽然产品语言不是文字语言，而是一种以使用者为认知主体、以产品为认知载体的符号化认知语言，但产品修辞不可能摆脱文字语言的控制，它不但受到语言系统的思维模式控制，而且语言符号的意指可以在修辞构建阶段以及解读阶段表达所有修辞的意义内容。文字语言之所以可以表述所有产品语言所形成的修辞文本，是因为两者都以认知经验作为共同的基础来源。

需要注意的是，所有的语言符号意指内容都是一种表层结构，而使用群集体无意识的认知经验是支配语言符号意指的深层结构。产品隐喻中设计师创造的心理相似性之所以可以被使用群理解，是因为产品隐喻涉及的是对使用群已有文化符号意义的一种召唤性使用，即对使用群集体无意识的认知经验这一深层结构内容的召唤。

第二，设计师对事物与产品间在心理相似性关联上做出的创造性解释是设计师创造力的体现。其实，设计师与使用者都希望通过想象、探索创造出各自文字语言符号中原来没有编码过的一系列心理相似性，再依赖语言符号意指的深层结构，对创造出来的心理相似性，利用集体无意识认知经验做出与现有语言符号意指最佳的趋同和适配的表述。

因此，设计师在隐喻活动中对修辞两造做出的主观创造的心理相似性，并非像后结构主义那样的个体意识的表达与情感的宣泄。设计师创造出来的心理相似性必须放置在以使用群集体无意识生活经验为基础建立的产品设计系统中，获得系统内各类元语言的理据性解释，即以结构主义产品隐喻文本的编写方式，达成创造性心理相似性向使用群的有效传递。

（3）“主观创造”的心理相似性需要使用者更多的解释努力

赵毅衡认为“解释努力”是文本压力的效果，这也就证明意义有解释的可能[60]。相较于“客观存在”的心理相似性可以被使用群普遍地有效解读，主观创造的心理相似性则需要使用者更多的解释努力，甚至会出现在使用群内部因个体解读能力差异而导致的无法解读或任意解读的现象，这是必须面对的现实问题，设计师对此要有充分的思想准备。因此，主观创造的心理相似性产品隐喻，要比客观存在的心理相似性产品隐喻在使用群的选择上、解读环境的选择上具有较高的要求，这也是在商业化产品设计活动中，很少出现主观创造的心理相似性隐喻产品的原因。

（4）商业化产品较少使用的修辞格类型

可以说，在商业化的产品设计中，从明喻与隐喻的相似性角度而言：第一，物理相似性的明喻产品远远多于隐喻产品；第二，在隐喻产品中，客观存在的心理相似性隐喻产品又远远多于主观创造的心理相似性隐喻产品；第三，那些强制性关联的明喻产品则多为后现代风格的商业化产品，如果没有强大的“知名品牌”或“著名设计师”或“舆论炒作”作为此类商业化产品的伴随文本，强制性关联的明喻产品在一般情况下很难被消费者接受。

### 6.3.3 第二类隐喻：其他修辞格文本改造形成的隐喻

从设计师对隐喻文本的编写角度而言，产品隐喻的来源可以分为两大类型。

（1）设计师分别利用事物与产品间客观存在的心理相似性，或主观创造的心理相似性进行产品隐喻的构建，简称为“心理相似性的隐喻”。

（2）设计师通过对其他已有修辞格文本中始源域符号指称的晃动，使得其在产品文本内形成内化的编写方式，以此达成事物与产品在心理层面相合的心理相似性关系，简称为“其他修辞格文本改造的隐喻”。

本节仅针对有哪些产品修辞格文本可以渐进转化为产品隐喻文本的编写方式做出简要的概述。

60. 赵毅衡：《符号学原理与推演》，南京大学出版社，2016，第51页。

### 1. 明喻文本—隐喻文本的渐进方式（详见 7.3.2）

产品明喻的相似性是事物与产品间通过“对象-对象”的形态，或是“再现体-再现体”的品质等物理相似性建立的相类的比对关系，因此明喻的喻底在文本中必定呈现，这就要求修辞两造在编写时尽可能以各自对象较高还原度、系统较强独立性的联接方式进行文本的编写。

隐喻的相似性则是事物与产品间心理相似性的相合关系，它需要设计师对事物的“对象”形态，或“再现体”品质，以及“对象-再现体”形成的指称，通过生活经验的意义解释为基础，以此建立起事物与产品在“解释项-解释项”上的心理层面的相似性关联。它要求始源域的符号指称在编写时尽可能地削弱对象的还原度，降低其系统独立性的内化编写方式，与目标域产品达成在心理层面的“相合”关系。

如果设计师晃动明喻文本中始源域符号对象的还原度，其对应的再现体的品质也必定发生改变，系统的独立性也随之弱化。始源域符号以内化的适切性编写方式融入产品文本，达成一种在心理层面的相合关系，则可以达成明喻文本向隐喻编写方式的转化，最终获得由明喻文本渐进而形成的隐喻文本。

### 2. 转喻文本—明喻文本—隐喻文本的渐进方式

设计师也经常会将已有的产品转喻文本改造为明喻文本，再改造渐进为隐喻文本。整个过程为转喻文本—明喻文本编写方式—隐喻文本编写方式的依次渐进顺序，此过程中的操作手法都是设计师对始源域符号指称的晃动改造，具体步骤分析如下。

（1）第一步：转喻文本—明喻文本的渐进（详见 7.3.1）

这一步的主要目的是，由转喻文本中两产品同范畴的邻近性关系，向明喻跨认知域的物理相似性关系的转化。从认知拓扑机制来看，任何两件事物只要能找到一个共享要素，就可以建立拓扑通道，生成相似性的明喻与隐喻[61]。如果在已有的产品转喻文本基础上渐进为明喻文本的编写方式，那么必须首先要寻找到转喻文本中两个产品之间共享的相似性要素。

产品转喻文本中必定存在同一产品范畴的修辞两造，为了从转喻的邻近性关系指称间的概念替代，转向明喻的物理相似性概念交换。这就需要设计师从相同范畴产品的“理性经验层”

61. 王怿旦、刘宇红、张雪梅：《隐喻、转喻与隐转喻的认知拓扑升维研究》，《外语研究》2021 年第 4 期。

内容，向两个产品各自感性经验层内容的转换，在产品与产品的感性经验层里寻找到它们的物理相似性，以此达成转喻文本向明喻编写方式的转化。

（2）第二步：明喻文本—隐喻文本的渐进（详见7.3.2）

这一步的主要目的是，由第一步渐进形成的明喻文本中两产品间的物理相似的相类比对关系，向隐喻在心理层面的相合关系转化。设计师对明喻文本通过晃动始源域符号指称，即削弱符号对象的还原度，降低其系统的独立性的方式，使始源域符号以内化的方式在目标域产品文本内编写，以获得一种在心理层面的相合关系。至此，完成由最初的转喻文本，先渐进为明喻文本，再最终渐进为隐喻文本的全过程。

### 3. 其他修辞格文本改造成为隐喻的总结

（1）将已有明喻文本渐进为隐喻文本是设计师最常用的修辞格改造方法。几乎所有的“物理相似性”明喻文本，通过设计师对始源域符号指称的晃动，以削弱对象的还原度，降低其系统的独立性方式，都可以改造渐进为隐喻文本。

（2）晃动是设计师对始源域符号指称的对象还原度，以及其系统独立性在产品文本内编写过程中有计划地改造，使之可以在不同修辞格文本之间持续渐进的操作手段。设计师在晃动始源域符号指称时，目标域符号指称也随之需要做出对应方式的修正与改造。

（3）晃动始源域符号指称是设计师主观意识的表达方式。在结构主义产品修辞活动中，设计师对符号指称的晃动，必须以文本表意的有效性为前提，在产品设计系统内各类元语言的共同制约下达成协调与统一。

（4）产品转喻文本向隐喻文本的渐进，必须经历明喻的编写方式，即从转喻文本中邻近性的理性经验层内容，转向明喻修辞的相似性感性经验层内容，而正是这样的转向，使得修辞活动中的两个产品从同一范畴的理性经验认知域，分裂为两个各自独立的感性经验认知域，形成跨认知域的物理相似性概念映射。

（5）前文已表明，产品修辞是外部事物的文化符号对产品文本内相关符号的修辞解释。我们所说的外部事物当然包括产品，产品是外部事物的一种，产品与产品间的修辞解释可以形成包括反讽在内的所有修辞格。结构主义产品修辞活动中（排除反讽修辞格），一个A产品修辞另一个B产品，不一定都是转喻。形成转喻修辞的两个必要条件是：第一，两件产品同处于理性经验层的同一产品范畴内；第二，设计师必须依赖两件产品理性经验层的指称概念内容，才能进行产品间对应指称的概念替代。如果修辞两造的内容涉及 A 产品与 B 产品的感性经验层内容，那么这两个产品所形成的修辞必定是明喻或隐喻（注：不可能是提喻，提喻发生在产品系统内部，局部指称对该产品整体指称的替代）。

（6）产品提喻文本无法渐进为其他结构主义产品修辞格文本，这是因为提喻的始源域符号是产品的局部指称，目标域是产品的整体指称，在提喻文本中整体指称作为目标域是不在场的，它必须依赖在场的具有认知凸显性的局部指称进行整体指称的经验完形。如果提喻文本希望渐进为其他的修辞格文本，途径必定是对在场的局部指称进行对象还原度及系统独立性的改造，这势必会打破始源域符号与产品原型的对应关系，拉远始源域符号指称与其所属产品系统的距离。这只能成为后结构主义的反讽修辞文本的编写方式，即对产品系统的瓦解或对系统内原有产品符号指称（提喻中的始源域）的否定。

### 6.3.4 产品隐喻构建的三步骤：选喻、设喻、写喻

赵艳芳指出，隐喻利用一种概念表达另一种概念，需要这两个概念之间的相互关联，这种关联是客观事物在人的认知领域里的联想。任何事物之间都会存在或多或少的相似性，一种来源于客观经验的物理相似，形成明喻修辞；另一种来源于感知形成的心理相似，形成隐喻修辞。完全基于物理特征的相似性不可能形成隐喻，这早已为人们所接受[62]。

钱锺书先生一直对修辞中的隐喻现象极为重视，留下了大量关于隐喻的宝贵论述，内容涉及隐喻的本质、隐喻的功能、隐喻的基础、隐喻的工作机制等隐喻研究的基本问题[63]，尤其对隐喻的构建提出许多独到的见解。他站在施喻者的视角将隐喻的构建分为三个步骤：选喻、设喻、写喻。本节遵循钱锺书提出的隐喻构建的三个步骤对产品隐喻展开讨论。

需要强调的是，所有修辞格从文本编写者的角度而言都必定经历“选喻、设喻、写喻”三个步骤。也就是说，无论是组合轴表意的产品提喻、转喻，还是聚合轴表意的产品明喻、隐喻，甚至后结构表意的反讽修辞，它们在设计师文本编写的过程中都必定经历这三个步骤。本节讨论的“产品隐喻构建的三步骤”仅仅是将产品隐喻的编写分析放置在“选喻、设喻、写喻”这三个步骤中进行讨论。

---

62. 赵艳芳：《认知语言学概论》，上海外语教育出版社，2001，第 99–100 页。

63. 郭振伟：《钱锺书隐喻理论研究》，中国社会科学出版社，2014，第 1–2 页。

### 1．选喻：心理相似性的“远取譬”原则

（1）钱锺书提出的“远取譬”原则

心理相似性仅仅作为隐喻的映射内容和判断的依据，但始源域对目标域修辞的特殊作用往往来自它们之间的差异性，而非相似性，这是隐喻产生新奇效果的重要来源[64]。南北朝梁代著名文学理论批评家刘勰《文心雕龙·比兴》中提出“故比类虽繁，以切至为贵，若刻鹄类鹜，则无所取焉”，以及对隐喻的“物虽胡越，合则肝胆”的观点，即两种事物虽差异悬殊，但通过隐喻可以使两者变得像肝、胆一样密切相连。钱锺书在理查兹的隐喻“互动论”基础上提出隐喻研究的著名论断“远取譬，合而仍离，同而存异”。这句话表明他与理查兹有近似的观点：“不同处愈多愈大，则相同处愈有烘托；分得愈远，则合得愈出人意表，比喻就愈新颖”。

“远取譬”的选喻原则在具体的隐喻活动中是如何操作的呢？对此，钱锺书提出“不类为类”的选喻方式[65]，即始源域和目标域之间的距离越远，跨度越大，相似性与差异性就越显得“似是而非”地统一。产品隐喻中“远取譬”的选喻距离包含物理距离与心理距离两种。

第一，选喻的物理距离：是指事物与产品各自存在的空间位置和距离、各自的物理属性或化学属性的差异、各自的表面经验特征而引发的使用群直接知觉差异。物理距离是客观现实存在的距离，其现实的客观性具有事先被使用群熟知的先验、既有特征。

第二，选喻的心理距离：是指事物与产品因社会文化所属范畴和类型的差异距离，因历时性导致的意义解释差异，以及文化差异导致的符号意指差异所形成的心理层面的距离等。

因此，创建新奇的产品隐喻既要突出事物与产品二者的差异、拉大认知距离，又要在远距离看似毫无联系的事物与产品之间营造独特的相似点，这样的隐喻文本会向使用者释放更大的释意压力，从而形成隐喻文本表意的较强张力。

（2）理查兹对相似性与差异性所形成的张力表述

理查兹在《修辞哲学》一书中认为，隐喻中始源域与目标域的距离越远，两者呈现的张力就越大，因为两者之间的差异性和它们的相似性具有同等的拉力作用。对于张力的表述，理查兹以“弓弦”作为比喻：随着两个事物之间差异的增大，其中产生的张力是弓之弦，是

---

64. Richards LA，*The Philosophy of Rhetoric*, London: Oxford University Press, 1936，pp.124 – 126.

65. 钱锺书：《七缀集》，生活·读书·新知三联书店，2002，第44页。

引发力量的源泉，但我们不能误将弓的力量看作是射击的成绩，或将能力看作目标。如果我们的大脑可以从修辞文本中得到恰当的暗示，修辞两造那些看起来不可能、不现实的关联，可以同时成为一种容易和强有力的调节，因为我们的大脑总是在试图发现联系，并接受语言符号的意指和环境的引导[66]。

（3）对产品隐喻的选喻方式与选喻距离的三点建议

第一，隐喻的心理相似性（包括明喻的物理相似性）是仅存在于事物与产品之间的局部概念，而非整体之间，即不可能是事物的整体与产品的整体建立相似性关系，这是隐喻以及明喻成立的前提。同时，设计师在选喻过程中，尽可能在事物与产品的各自符号“对象”的类型、“再现体”品质特征方面拉开较大的差异性，即修辞两造所在的认知域及 ICM 尽可能要远。

第二，事物与产品间的各种相似性存在程度的差异。一般来说，事物与产品属于同类时，相似性会较多；事物与产品不属于同类时，相似性会较少。相似性多的同类事物与产品之间很难形成隐喻，大多成为明喻。

第三，当事物与产品间差异性很大时，没有明显的相同之处，相似性越少、越不易被发现时，依赖设计师个人的感受力发现心理层面的相似性，甚至创造心理层面新的相似性形成的产品隐喻才最具有新颖的效果，这也是钱锺书对于隐喻“远取譬”的取喻原则。

### 2．设喻：心理相似性的创造力解释

（1）心理相似性的非逻辑特征

陈汝东认为，虽然隐喻的心理相似性许多情况下是修辞者的主观创造，但只要读者认可本体和喻体之间的相似关系连接，隐喻就可以成立[67]。这是因为，心理相似是以抽象思维、联想方式生成的，它具有开放自由、不受现实束缚的特征。施喻者可以彰显个性的想象空间，任意两事物之间都可以建立在心理感知层面的相似性联系[68]。

钱锺书强调施喻者的创造力，他认为施喻者需要在远距事物间创造新奇的、尚未被发现

---

66. 束定芳：《隐喻学研究》，上海外语教育出版社，2000，第 157 页。

67. 陈汝东：《当代汉语修辞学》，北京大学出版社，2005，第 214 页。

68. 郭振伟：《钱锺书隐喻理论研究》，中国社会科学出版社，2014，第 98 页。

的心理相似性[69]。他将隐喻的跨领域特征称为“譬喻以不同类为类”[70]。郭振伟对此分析为，隐喻必须在两个不同领域内才得以发生，而心理相似性是沟通两个不同领域的关键，隐喻是相似性与差异性的辩证统一，而构建新奇隐喻必须强化两个不同领域之间的差距性，隐喻是相似性与差异性的辩证统一[71]。

钱锺书同时强调隐喻是非逻辑的感知表述，就逻辑性而言，事物本质不同是根本无法相互关联的，也毫无逻辑可言。但文学艺术作品中的隐喻则可以摆脱逻辑的束缚，即使再遥远、毫无关联的两个事物都可以通过施喻者的想象，进行心理相似性的隐喻，进而产生关联[72]。

因此我们可以说，任何事物与产品之间都有形成心理相似隐喻的可能性，这决定于设计师主观创造性地对修辞两造进行关联解释；产品隐喻中的任何心理相似性都是设计师非逻辑的思维加工、理据性地关联与思维表达。

（2）修辞两造舍弃差异，凸显相似原则

钱锺书认为，隐喻是以万物之间的联系作为心理相似性沟通的纽带，而这些纽带并非一根。施喻者可以选择显而易见的物理相似性为基础去构建明喻，也可以选择抽象联想的心理相似性为基础去构建隐喻。但无论怎样的选取，都应该遵循“舍弃差异、凸显相似”的原则，这是强化两个事物之间心理相似性的抽象思维加工过程[73]。

王文斌在《隐喻的认知构建与解读》一书中提出了选择事物间心理相似性的“冲洗”原理[74]，后者在产品修辞中表现为，设计师凭借个人对产品的认知经验、个体无意识情结的私人化品质，联系到事物散发的各类品质有目的的选取，荡涤不相关的旁枝侧节，淘拣并存留事物与产品间最为突出的心理相似点，并进行创造性的意义解释，形成具有准确、明晰、典雅、自然、协调和恰当等特征的隐喻修辞。

（3）设计师对心理相似性的创造原则

隐喻所有的“心理相似性”，无论是客观存在的还是主观创造的心理相似性，都依靠人的主观感知去发现和创造，对隐喻心理相似性的创新是必要的，也是可能的。客观存在的心

69. 郭振伟：《钱锺书隐喻理论研究》，中国社会科学出版社，2014，第126页。

70. 钱锺书：《七缀集》，生活·读书·新知三联书店，2002，第44页。

71. 郭振伟：《钱锺书隐喻理论研究》，中国社会科学出版社，2014，第85页。

72. 同上书，第108页。

73. 同上书，第99页。

74. 王文斌：《隐喻的认知构建与解读》，上海教育出版社，2007，第120–121页。

理相似性隐喻邀请读者在事物和产品间进行比较，“比较”是意义的转移，建立在二者之间早已存在的相似性上。读者初次面对主观创造的心理相似性隐喻时，在事物和产品间发现不了什么相似性，隐喻被吸收、同化之后，事物和产品间才出现被创造出来的心理相似性。因此，束定芳认为，所谓主观创造的心理相似性隐喻主要指在隐喻使用前，人们并没有意识到事物与事物之间存在什么心理相似性的关联，二者间的心理相似性是施喻者将两个截然不同的事物并置后想象出来的[75]。莱考夫和约翰逊更认为，虽然隐喻可以部分地建立在个别的相似性之上，但是许多重要的心理相似性是经由隐喻创造出来的[76]。

产品隐喻文本的创意性实质，是设计师对隐喻心理相似性的创造。那些常见的、熟知的心理相似性（客观存在的心理相似性）都不会成为出色的产品隐喻设置的选择内容。设喻过程中对心理相似性的创造，是设计师个体意识经验在使用群集体无意识生活经验基础上的彰显。一方面，设计师个体的差异导致隐喻文本效果的各异、设计风格的多样性；另一方面，设计师以创造性的心理相似性隐喻，逐步搭建了产品与社会文化中各种事物间在情感表达上互通的桥梁，从而使得产品获得更多的情感化符号感知，进而丰富其文化符号的特殊属性。

（4）心理相似性服务于产品系统而非符号单元

产品修辞是始源域事物的一个符号对目标域产品文本内的某个符号的修辞解释，以此达成的事物系统与产品系统间局部概念的替代（提喻、转喻）或交换（明喻、隐喻）。不存在事物与产品间符号意义的单独解释。这是因为，任何产品文本都是由众多符号结合在一起的合一的表意整体，任何产品文本都具有系统与结构的特征。始源域事物的符号修辞目标域产品文本内的符号，不是单纯的符号与符号之间的修辞解释，而是始源域符号服务于产品系统，以此达到事物与产品间系统的局部概念交换。

### 3．写喻：“合则肝胆”的理据性匹配

钱锺书在《管锥编》一书中强调，编写隐喻时要充分考虑心理相似性的匹配，确保隐喻达到“切至”的效果。他认为，在隐喻文本的编写过程中，始源域与目标域在认知中应该是距离较为遥远的，人们通过发现二者间的相似点，产生相应的联想。而相似点的选取必须恰当，应该体现施喻者特殊情境下的个性体验，做到“切至”才会让读者在相似点被点明后，真正

75. 束定芳：《隐喻学研究》，上海外语教育出版社，2000，第 58 页。

76. Lakoff C.& M.Johnson, *Metaphors We Line by*, Chicago: The University of Chicago Press,1980，p.154.

体会到“合则肝胆”的感觉。“合则肝胆”的“合”不是指两个事物完全等同，而是“合而仍离，同而存异”。保罗·利科（Paul Ricoeur）也指出，隐喻的必要条件应该是“准确、明晰、典雅、自然、协调”[77]，这些条件明确了隐喻文本编写时心理相似性的追求目标。

从产品修辞的始源域符号在产品文本中编写的方式而言，笔者在2022年出版的《无意识设计系统方法的符形学研究》一书中，首次提出“联接”“内化”“符号消隐（明喻修辞文本中文化符号消隐至直接知觉符号化）”三种编写方式。提出这三种编写方式的目的在于提出（详见7.1.1）：一，产品设计是普遍的修辞，它们是对所有产品修辞格两造符号指称加工、改造方式的综合性概述；二，设计师在进行各种修辞格文本编写实践时行之有效的操作工具；三，设计师灵活运用这三种编写方式的转换，可以达成产品修辞格文本之间依次渐进的转化关系，以及文化属性的符号感知与生物属性的直接知觉之间的贯穿。

其中，内化的编写方式适用于所有的隐喻文本：始源域符号的指称适切性地内化至产品文本中进行相似性的意义解释，并按照目标域产品系统规约进行必要的改造。所有内化的编写方式都是隐喻的[78]。内化编写方式的具体操作则是对始源域符号指称的晃动，即削弱始源域符号指称中对象的还原度，以及降低符号所在系统的独立性，以达到内化于产品文本系统的目的。

产品隐喻的“写喻”环节，更多指向设计师对隐喻文本的具体编写。为此，笔者对产品隐喻文本修辞结构的编写流程，结合下图（图6-11）做如下补充。

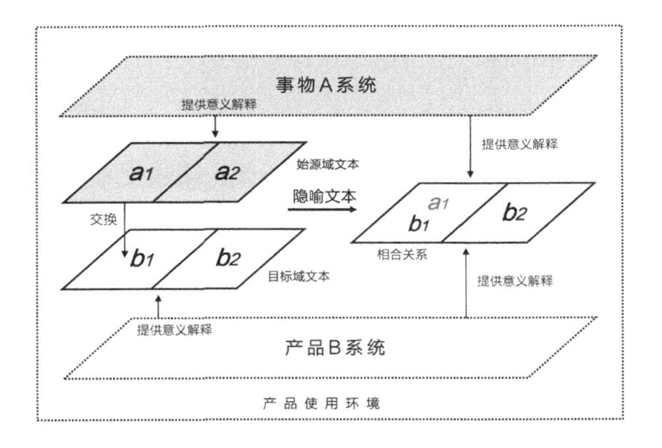


图6-11 产品隐喻文本修辞结构的编写流程

77. 王文斌：《隐喻的认知构建与解读》，上海教育出版社，2007，第119页。

78. 张剑：《无意识设计系统方法的符形学研究》，江苏凤凰美术出版社，2022，第162页。

（1）聚合轴表意的产品明喻与隐喻都是围绕相似性（明喻物理相似性、隐喻心理相似性）关系展开局部概念的“交换”映射，形成两造符号指称在文本中同时在场的“对称性映射”文本，这形成极为明显的修辞两造符号指称共存的关系。

（2）产品隐喻分为“心理相似性的隐喻”与“其他修辞格文本改造的隐喻”两大类。第一类隐喻又分为客观存在的心理相似性隐喻与主观创造的心理相似性隐喻。第二大类中分为明喻文本—隐喻文本的渐进，以及转喻文本—明喻文本—隐喻文本的渐进。无论是哪种类型与种类的产品隐喻，在文本编写过程中，始源域符号指称都以“内化”的方式进入产品文本的系统中进行晃动改造（削弱对象的还原度，降低始源域系统的独立性），以达到与目标域符号适切性的目的。

在产品使用的文化环境中：始源域“事物 A”文本结构由符号 a1、a2 组成，目标域“产品 B”文本结构由符号 b1、b2 组成，如果 a1 对 b1 进行心理相似性的解释，符号 a1 去映射符号 b1 时，形成的隐喻修辞文本结构为（a1 b1）、b2，这是修辞两造“一对一的适切性模式”。当然，也会出现符号 a1 对符号 b1 与 b2 同时的心理相似性解释，这是修辞两造“一对多的适切性模式”，形成的隐喻修辞文本结构为（a1 b1）、（a1 b2）。这两种适切性模式会在下文“6.3.5 隐喻构建三步骤中心理相似的‘适切性’原则”详细讨论。

（3）产品隐喻不会像产品明喻那样，在文本编写时修辞两造符号指称保留较大程度的对象还原度，以及各自系统的独立性。明喻的物理相似性是为了将事物与产品进行类比，这种相互的比对关系势必导致明喻的喻底会在文本中呈现。

隐喻一方面依赖心理相似性，使得始源域符号的意义向目标域发生转移的现象；另一方面在编写中，始源域符号指称以内化的方式进入文本编写，心理相似性形成相合的内化文本。以上两点导致隐喻的喻底不可能在文本中呈现。因此，隐喻文本的喻底需要使用者更多的解释努力。

（4）对使用者而言，隐喻心理相似性解释同样要像设计师构建隐喻那样，需要建立在跨认知域基础上的创造与联想。使用者在修辞文本的解读过程中，事物与产品间心理相似的理据性匹配来自使用群集体无意识产品原型与事物原型间那些相似性的经验实践，即文化符号的意义解释。因此，使用者对产品隐喻的解喻过程，是通过集体无意识相应原型的经验实践，进而获取意义解释的相似性匹配过程。这个过程与所有内容都是设计师选喻、设喻、写喻的来源与编写依据，也是结构主义产品隐喻文本意义可以被有效解读的前提。

## 6.3.5 隐喻构建三步骤中心理相似的“适切性”原则

适切（Appropriate）即贴切度、合适度、适当、理据程度等意思。“适切性”最早由罗兰·巴尔特提出，他认为文本的编写是按照结构主义的框架结构，并应该规定一种结构内部可以被限定的原则——“适切性原则”进行符号间意义的选择与文本的编写。“适切性”在修辞活动中也可以称为两造间的匹配性与意义解释的理据性。在产品隐喻修辞文本的编写活动中，“适切性”贯穿选喻、设喻、写喻三步骤的全过程。

在讨论隐喻构建三步骤中心理相似的“适切性”原则时，需要表明的是：

产品隐喻依赖客观存在的或主观创造的心理相似性构建起事物与产品间在心理层面的相合关系。相合是隐喻文本将心理相似性最终构建完成的一种心理状态，而隐喻的“适切性”则是设计师在选喻、设喻、写喻三步骤中，为了达成相合这一心理状态而采用的手段与策略。另一方面，设计师对事物与产品间在选喻、设喻、写喻三阶段的适切性，并非设计师个体主观意识所认定的适切性，而是通过其主观意识的创造所获得的可以被使用者认可的适切性，这是结构主义产品设计活动文本表意有效性所要求的。

虽然明喻在构建两造相类的比对关系过程中，同样也需要两造间物理相似性的适切性，但产品隐喻构建的两造心理层面相合的适切性关系相较于明喻而言，更加复杂，更值得讨论。

### 1. 选喻、设喻、写喻过程中心理相似的“适切性”表现

（1）选喻与设喻过程中的“适切性”

第一，选喻过程中的“适切性”是指设计师按照某种合适度进行事物对象的收集。遵循符号意义的片面化解释原则，设计师只需要强调事物的某个局部对象的意义解释与产品之间是否存在某种重要的心理相似特征，进而暂时忽略或屏蔽事物其他的所有特征，对于设计师所选定的这些心理相似特征，巴尔特称之为“适切项”[79]。适切性可以理解为事物符号与产品符号间可以解释的贴切属性，适切项则是组成这些贴切属性的具体因素。

巴尔特继续指出，适切性的实质是研究对象的意指作用，所有的研究活动最初阶段，只会针对对象间具有的意义关系进行研究。在研究的结构系统框架尚未建立之前，很少去涉及

79. 罗兰·巴尔特：《罗兰·巴尔特文集》，李幼蒸译，中国人民大学出版社，2008，第73页。

或过早涉及对象的社会文化因素、心理因素、物理因素等非适切项因素。那些非适切项因素并不是被排斥在系统之外，而是这些因素可能都会被编写者创造性地解释后，成为适切项进入结构系统之中，同时它们的位置与功能都会按照文本系统的结构进行排列[80]。

第二，对设喻过程中的适切性问题，巴尔特着重阐明了非适切项很有可能经过主观的改造成为适切项，进而具有对文本意义解释的适切性。这也从隐喻心理相似性的另一个角度再次表明三点：一是看似没有任何联系的事物与产品间，设计师可以通过个体的能力创造出心理相似的适切项；二是原先隐喻中客观存在的心理相似性，通过设计师再次加以主观解释，获得主观创造的心理相似性；三是那些事物与产品间已经被滥用的死喻，以及约定俗成的象征，通过设计师对它们的再次创造性解释，可以获得新奇的适切项，从而形成在原基础上新颖的隐喻。

（2）写喻过程中的“适切性”编写方式

罗兰・巴尔特对符号文本编写中意义解释的适切性描述，以及适切项被编写者主观能动地创造性发掘，在产品隐喻文本编写中可以进行如下几点的概述。

第一，设计师在选择与产品具有心理相似性的事物符号介入产品文本内进行编写时，要关注符号间意指关系的贴切度、配合度，即两造间的心理相似性解释应具有的适切性。适切是一种合乎情理的文化理据，这些理据以两造间的适切项内容存在。理据性的评判标准是使用群集体无意识所形成的文化规约，即产品设计系统内的各种元语言规约。

第二，在隐喻编写的过程中，那些原先在使用群集体无意识所形成的文化规约中没有相似性贴切度、匹配度的符号间意指关系，经过设计师主观能动地创造解释，成为符合使用群文化规约下理据性的适切项。这样创造出来的适切项在解读时，比原来就具有适切性的“适切项”在文本表意上更具张力。

第三，事物与产品间的一些符号，本身不具有心理相似的适切性，但经由设计师创造性解释与改造，成为贴切度、配合度较高的适切项，这是设计师个体感知能力、生活经验、专业素养的彰显。同时，每一位设计师寻找心理相似性的适切项方式与途径各不相同，这就形成了同样的心理相似性内容，不同设计师因寻找与创造的适切项内容的不同，呈现出来的隐喻效果丰富各异的局面。

---

80. 罗兰・巴尔特：《罗兰・巴尔特文集》，李幼蒸译，中国人民大学出版社，2008，第 74 页。

### 2．产品隐喻构建过程中的两种“适切性”模式

适切性不单单指隐喻中始源域事物符号与目标域产品符号两个符号间心理相似性的贴切度、匹配度，同时还包括始源域事物符号向产品文本内寻找所有贴切、匹配的符号，即一个始源域符号可以解释产品文本内的一个心理相似性的符号，也可以解释文本内所有可能与之具有心理相似性的那些符号。这就形成了产品隐喻修辞两造间“一对一的适切性”与“一对多的适切性”两种模式。

（1）修辞两造一对一的适切性模式

修辞两造一对一的适切性是指，设计师通过始源域事物中的一个符号，对产品文本内的一个符号进行心理相似的适切性修辞解释，这是一种“一对一”的解释模式。

我们经常在电视剧中看到这样的情节，已婚的男子为追求貌美的女性，摘掉婚戒谎称单身。为此笔者在2019年设计了一款婚戒，取名为“考验”（图6-12）。这是为考验婚姻的忠贞而设计的婚戒：戒指由白金的戒指环和内嵌的黄金戒面组成，戴上戒指时两个部分牢牢镶嵌在一起，一旦戒指被摘下，内部镶嵌的戒面便会很容易失落、丢失，以此隐喻婚姻的忠诚如黄金戒面一般珍贵，一旦因欺骗或背叛摘下戒指，忠诚则瞬间遗失。这件作品是很明显的“一对一”心理相似性解释模式，以“戒面失落”隐喻因婚姻不忠而导致的“爱情遗失”。

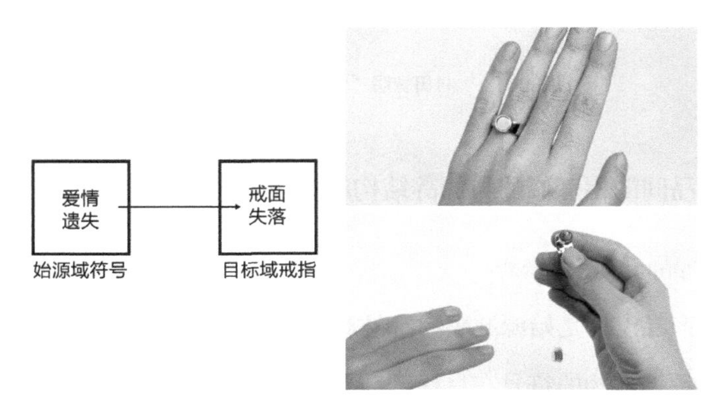


图6-12　“考验”婚戒设计（设计：张剑）

（2）修辞两造一对多的适切性模式

修辞两造一对多的适切性是指，设计师通过始源域事物中的一个符号，对产品文本内所有可能与之具有心理相似性的那些符号进行适切性的修辞解释，这是一种“一对多”的解释模式。至于产品文本内哪些符号与始源域符号可能具有心理相似的适切性解释，都依赖设计

师创造性解释，以及改造那些原本没有适切性的符号成为贴切度、配合度较高的适切项。

村田智明是日本当代具有影响力的设计师。他的作品“优雅气质的清酒瓶”（图 6–13）中，设计师希望一改清酒瓶过于男性化的气质，利用“优雅气质”这一符号对“清酒瓶”进行修辞。为了达到“优雅”与“酒瓶”在心理层面的相似性关联，设计师分别对酒瓶文本中多个符号进行心理相似性的改造，使它们成为优雅气质的适切项：一是造型，纤细的瓶颈与瓶身润滑过度的造型，使得酒瓶具有优雅的气质；二是行为，细长的瓶身造型需要双手持握，使得倒酒的行为优雅，具有极强的仪式感；三是肌理，锡制酒瓶表面的磨砂处理，使得酒瓶不再冰冷，拉近与人在使用时的亲近关系；四是工艺，摆脱原有酒瓶制作工艺烦琐要求的束缚，尤其一改以往酒瓶底部的凹陷设计，换以简洁的平面，瓶身更具整体的优雅气质。

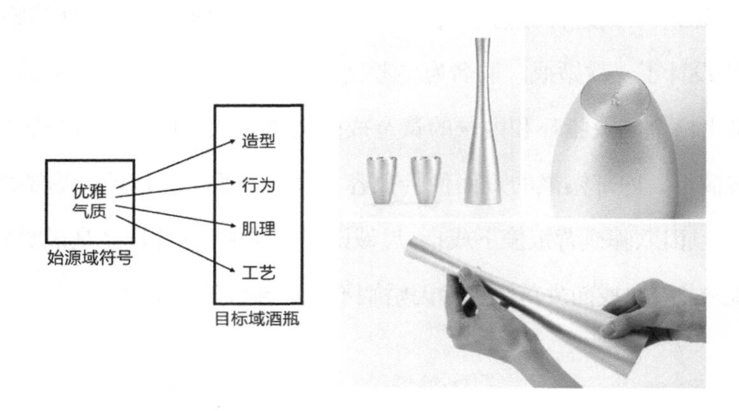


图 6–13　村田智明“优雅气质的清酒瓶”

### 3．事物与产品间的相互修辞与修辞结构的多种方式

（1）事物与产品间的相互修辞

我们通常说，产品设计是始源域事物符号对目标域产品符号的修辞解释，结构主义的产品修辞活动遵循始源域事物的符号在目标域产品文本内编写时应服务于产品系统的原则，即按照使用群集体无意识为基础构建的产品设计系统内各类元语言规约进行编写，以获得修辞表意的有效性传递。

事物与产品间“修辞”与“被修辞”的角色可以互换，产品同样可以作为始源域去修辞解释目标域事物，这在产品叙事设计中被广泛使用。产品作为叙事的载体，凭借产品自身携带的那些约定俗成的文化规约（产品文本自携元语言）去修辞解释社会文化事物，可以做到

修辞表意的有效传递。此时的修辞文本编写同样要遵循始源域符号服务于目标域系统的原则，即始源域产品的符号应按照目标域事物的系统规约进行修辞编写。

（2）事物与产品间修辞结构的多种方式

本书所讨论的产品修辞结构，是以始源域的一个符号对目标域的一个符号的修辞解释，作为一个修辞单元展开的讨论。但这并不代表所有的产品设计修辞活动都是单独符号间的修辞，因为还存在多种方式的修辞结构，例如：一个事物的多个符号同时修辞产品文本内的某一个符号，一个事物的某一个符号同时修辞产品文本内的多个符号，多个事物的不同符号同时修辞产品文本内的某一个符号，多个事物的不同符号同时修辞产品文本内不同的多个符号。

在多个符号对一个符号的修辞，一个符号对多个符号的修辞，多个符号对多个符号的修辞活动讨论中，我们需要借助符号学“文本”的定义，去判定这些修辞活动是不是一个文本整体，即各符号间的诸多修辞，是否被设计师组织在一个“整体的文本”之中，是否能够让使用者在解读这个诸多修辞组成的“整体文本”时，具有合一的时间与意义向度。

我们用如下例子说明。第一，如果我们用“向日葵”符号修辞电扇的“造型”，同时“向日葵”也修辞电扇的包装、广告招贴等，此时它们不能视为一个符号对多个符号的修辞解释，因为它们不是合一整体的文本，而是一个符号对多个文本内符号的修辞解释，即产品、包装、广告招贴是各自独立的文本。第二，假如向日葵造型的电扇市场滞销，设计师想对它进行改良，让电扇变得可爱一些，于是用一个卡通人物造型再次修辞这个向日葵造型电扇，这一系列修辞也不能视为多个符号对产品文本内一个符号的修辞，因为它们不具有合一的时间向度，即它们是两次完全独立的修辞活动。

### 6.3.6 产品隐喻的文本表意张力

前文讨论组合轴表意的产品提喻、转喻文本的表意张力，以及聚合轴表意的产品明喻文本的表意张力时，已多次表明：所有以设计师修辞表意有效性传递为目的的产品修辞活动，都必须放置在结构主义论阈，即必须放在以使用群认知经验为基础构建的产品设计系统中进行讨论。因此，隐喻文本表意的张力分析，需要在使用群认知经验内进行。

从设计师编写角度而言，产品隐喻分为两大类型：（1）利用事物与产品间客观存在或主观创造的心理相似性进行的产品隐喻构建，简称“心理相似性的隐喻”；（2）对其他已有修辞格文本中始源域符号指称晃动改造，以内化的编写方式达成事物与产品在心理层面相合的相似性关系，简称“其他修辞格文本改造的隐喻”。影响隐喻文本表意张力的因素有四种（图6-14），它们需要分别对应隐喻两大类型展开讨论。

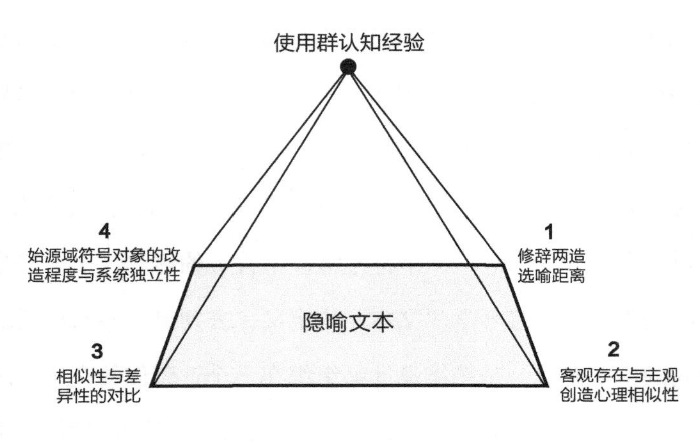


6-14　产品隐喻文本的表意张力分析

### 1．修辞两造选喻距离对表意张力的影响

修辞两造选喻距离作为影响隐喻文本表意张力的因素，同样也是针对隐喻的第一大类型——心理相似性的隐喻。

钱锺书提出的“远取譬”原则中的“远”，包含物理距离的“远”与心理距离的“远”（详见6.3.4）。产品隐喻活动中，事物与产品间因物理距离与心理距离的远近带来隐喻文本表意张力的强弱，距离越远，张力越强，反之越弱。

莱考夫提出的理想化认知模型（ICM）涵盖了认知域、框架、图式、文本、常规心智表征等，它是特定的文化背景中人们在认识事物的过程中所形成的统一的、理想化、常规的概念组织形式，它是对世界的一种总的表征[81]。ICM不仅包括某个特定领域的生活经验，也包括该领域的文化规约等。聚合轴表意的产品明喻与隐喻中的事物与产品分别来自不同的认知域或ICM，是依赖相似性（明喻物理相似性、隐喻心理相似性）进行的概念交换映射。因此，我们讨论修辞两造选喻的远近，实质是讨论事物与产品间各自认知域或ICM的远近。

81. 马真真、王震、杨新亮：《理想化认知模型四种类型关系探讨》，《语言理论研究》2011年第10期。

我们对世界的表征都具有系统化与范畴化的特征，例如，以“事物类型”归属进行系统及范畴表征的具有物理属性，而以“文化规约”归属进行系统及范畴表征的具有心理属性。因此，前者系统及范畴划分的远近关系，形成隐喻选喻两造间的“物理距离”，而后者则形成“心理距离”。

（1）物理距离的远近带来文本表意张力的强弱

第一，在科学研究领域的类型系统层级归属，从上至下依次为界、门、纲、目、科、属、种。产品隐喻活动中的事物与产品间同样存在各自层级的归属，它是任何认知活动系统化及范畴化表征的基础。选喻的物理距离可以表现为事物与产品间，在各自所属系统层级关系上的远近，以及各自系统间的差异性距离，即层级关系越远，系统差异性越大，文本表意张力越强，反之越弱。

第二，隐喻中的事物与产品间的物理距离是客观存在的距离，其客观存在具有事先被使用群熟知的先验、既有特征。例如那些经常与产品具有共同生活空间，或在产品使用的生活经验中经常或必定被涉及的事物，两者之间的物理距离近，这些事物修辞产品所形成的隐喻文本表意张力弱；反之距离远，文本表意张力强。

（2）心理距离的远近带来文本表意张力的强弱

第一，物理距离必定会对心理距离带来影响，这是因为事物与产品间在各自归属的系统类型或是层级上存在远近，导致各自所在系统文化符号在意指上的存在或大或小的差异性。隐喻修辞两造在心理距离上的差异，其本质表现在无意识深层结构在文化符号上的意指差异。因此可以说，但凡修辞两造因系统类型或层级关系形成物理距离的“远”，其心理距离也不会“近”，所形成的隐喻文本表意张力也较强。

第二，事物与产品间因各自所处的文化环境、生活习俗、宗教信仰、社会价值观等存在的差异而导致的心理距离，这是最常见且最普遍的心理距离。即使两个事物在类型的归属上“物理距离”很近，就如同我们用基督教圣杯的图案去修辞佛教的法器一样，两者因文化差异而非类型差异形成较远的心理距离，导致文本表意张力较强。

第三，与物理距离有些相同的是，那些经常与产品具有共同生活空间，或在产品使用的生活经验中经常或必定被涉及的事物，两者之间的心理距离较近，这种“近”不是物理层面的近，而是我们从心理上对两者形成了一定的关联与匹配，就如同我们看到了“鱼缸”，就会联想到“金鱼”那样。因此，事物与产品间心理匹配与关联度较强所形成的隐喻文本，心理距离较近，文本表意张力较弱，反之文本表意张力强。

### 2．客观存在与主观创造的心理相似性对表意张力的影响

产品隐喻有“心理相似性的隐喻”与“其他修辞格文本改造的隐喻”两大类型。客观存在与主观创造的心理相似性作为影响隐喻文本表意张力的因素，主要针对产品隐喻的第一大类型——心理相似性的隐喻。

一般而言，主观创造的心理相似性所构建的产品隐喻文本的表意张力，要远远大于客观存在的心理相似性所构建的隐喻文本的表意张力。具体分析如下。

（1）在讨论产品转喻文本表意张力时，我们已表明，产品修辞文本表意张力的判定权一定在使用者一端，张力形成的直接原因来自使用者在解释文本意义时释放的释意压力。在某种程度上，释意压力越大，表意张力越强。张力的大小具有向上的抛物线特征，即张力不可能无限制加强，达到极值时会迅速下滑，即使用者对修辞文本意义无解，也就是俗话讲的看不懂。这也再次表明，意义可解的修辞文本表意张力必须放置在结构主义的论阈中进行讨论。

（2）客观存在的心理相似性所构建的隐喻，其文本表意张力较弱，是因为这些心理相似性是使用群在日积月累的生活经验中沉淀积累的那些关于事物的意义解读与产品的意义解读在文化规约中的趋同性体现，这些客观存在的心理相似性在隐喻文本中易被解读理解，文本表意张力较弱。一些心理相似性在文化社群反复使用，意义积累成为一种象征后，因意指关系明确且单一，因而更容易被解读，文本表意张力会更弱。

（3）前文提及的隐喻研究理论的各种观点表明，几乎所有的当代隐喻研究者都推崇对隐喻心理相似性的主观创造。他们普遍认为，施喻者必须通过观察、思索，发现他人没有产生过的想法，在思想层面做到隐喻概念的创新，才能构建出新奇的隐喻。主观创造的心理相似性隐喻文本张力较强的原因，是来自设计师个体无意识情结以及自身的生活经验，对隐喻中的事物与产品间做出的创造性心理相似性解释。这种个体的主观意识表达与使用群集体无意识生活经验之间的差异性，是创造性心理相似性隐喻文本具有较强表意张力的本质来源。因此，设计师个体对心理相似性的创造性发掘，与使用群集体无意识生活经验间的差异性越大，所构建的隐喻文本表意张力越强。

（4）主观创造的心理相似性的意指关系对于使用群而言是陌生的，也是在使用群的文化规约中未曾出现的一种新符码。因此，主观创造的心理相似性是对使用群已有文化规约意指

关系的一种召唤性使用，即利用已有的文化意指关系对创造性的心理相似性做出在贴切度、配合度上最接近的解释，这也是一种对“适切性”进行试推的过程。可以说，文本表意的张力就在使用者不断用已有的文化意指规约关系，对设计师主观创造的心理相似性进行试推匹配的过程中产生了。也可以说，匹配的次数与难度越大，文本表意张力越强，反之张力越弱。

为防止主观创造的心理相似性隐喻文本表意的无解，我们反复强调，意义可解的修辞文本表意张力必定要放置在结构主义的论阈中进行讨论。虽然设计师对事物与产品间在心理相似性上做出的创造性关联解释是其创造力的体现，但这种创造力必须限定在以使用群集体无意识生活经验为基础建立的产品设计系统中，以结构主义产品隐喻文本的编写方式，达成隐喻文本表意张力的可解。

### 3. 相似性与差异性的比对对表意张力的影响

相似性与差异性的比对作为影响隐喻文本表意张力的因素，依旧是针对隐喻的第一大类型——心理相似性的隐喻。

产品隐喻中事物与产品间的心理相似性仅仅作为隐喻显性的映射和判断依据，但始源域事物对目标域产品修辞的特殊作用来自它们之间的差异性，而非相似性，这是产品隐喻产生新奇效果的重要来源。在隐喻选喻“远取譬”的原则基础上，钱锺书继续提出隐喻修辞两造间“合而仍离，同而存异”的观点[82]。这句话表明，即使产品隐喻依赖修辞两造心理相似性达成事物与产品间在心理层面的“相合”关系，但两造指称在文本中共存时仍然存在极大的差异性，这种差异性为使用者对两造间心理相似的意义解释带来挑战的乐趣，它也是隐喻文本表意张力的来源之一。

钱锺书认为“不同处愈多愈大，则相同处愈有烘托”。为此，钱锺书总结出隐喻“不类为类”的原则[83]。相似性与差异性在隐喻文本中应该是“似是而非”的统一。就隐喻文本的表意张力而言，差异性大于相似性的隐喻文本表意张力较强，相似性大于差异性的隐喻文本表意张力较弱。

---

82. 钱锺书：《七缀集》，生活 · 读书 · 新知三联书店，2002，第44页。

83. 同上。

**4．文本编写中始源域符号指称对象的改造程度及其系统的独立性对表意张力的影响**

隐喻文本编写中始源域符号对象的改造程度及系统的独立性作为影响隐喻文本表意张力的因素在两大类隐喻中具有相同的特征。

（1）在讨论之前需要表明，聚合轴表意的产品明喻与隐喻虽表意的目的各异，但两者具有对始源域符号对象近似的改造方式：一、两者都必须遵循始源域事物的符号在目标域产品文本内编写的过程中服务于产品系统的原则；二、始源域符号为适应产品系统，都需要对其符号对象进行必要的修正或改造，以适应目标域产品系统内的文化规约；三、与此同时，目标域的产品符号对象也必定会配合始源域符号对象的修正或改造进行必要的调整。

（2）产品明喻的始源域符号对象在修正或改造过程中，要保证与目标域符号间的物理相似的存在，保证两者以相类的关系进行类比，明喻的喻底必须要在文本中呈现。与明喻不同的是，隐喻的喻底不可能直接在文本中呈现。这是因为，一方面，隐喻的心理相似性是两造间心理层面的相合关系；另一方面，隐喻需要使用者通过对差异性的两造进行在心理层面的相似性解释才能获得喻底。

正如前文古恩所认为的那样，虽然产品明喻与隐喻的修辞两造都破坏了各自原有系统中的局部概念，但明喻与隐喻又分别以"物理"及"心理"两种不同的相似性对两造关联进行了文本整体性的恢复。两者在恢复文本整体性时采用的方法手段各异：明喻在恢复修辞文本的完整性时，不发生始源域符号意义向目标域转移的现象，因而形成相类的类比关系；而隐喻则发生了始源域符号意义向目标域转移的现象，因而形成相合的内化。

（3）心理相似性的隐喻文本在编写时，并不是以事物与产品间符号对象的"比对"为目的，而是以改造始源域符号对象后，能否获得与产品间心理相似性的意义解释为目的。这也进一步表明，心理相似性隐喻不会像物理相似性明喻那样，围绕两造对象的还原度以及系统的独立性展开改造工作，而是针对两造心理相似的适切性意义解释展开改造工作。因此，始源域符号对象的改造越趋向目标域心理相似的适切性，隐喻文本表意的张力就越弱，反之越强。

（4）隐喻对始源域符号的改造过程中，其所在系统的独立性也会随着趋向目标域心理相似的适切性而逐渐衰弱。但要强调的是，产品隐喻是始源域事物的部分概念向目标域产品的转移，这一部分概念必须依赖事物原有的系统才能得到概念的解释。因此，隐喻对始源域符号对象的改造，虽然不像明喻那样将系统的独立性关联在一起，但隐喻无论对始源域符号对象改造到怎样的程度，只要隐喻修辞还成立，那么始源域系统必定存在，只是独立性强弱的差异。

正如在分析明喻文本表意张力时表述的那样，产品符号的意义内容由环境、产品、使用群三者之间的关系所赋予；符号“意指”关系的符码由深层结构的使用群集体无意识所决定。使用者对符号意义的解释都受控于符号所在的系统，以及这个系统所处的文化环境。因此，只有始源域系统的存在，始源域符号意义的内容才存在。任何修辞活动对始源域符号对象的加工与改造，其系统必定在修辞文本中存在。这种存在当然不是以完整的、原始的样式存在，而是依赖始源域符号获得对系统的认知完形。

## 6.4 本章小结

我们在第 5 章讨论了组合轴表意的产品提喻与转喻，在第 6 章讨论了聚合轴表意的产品明喻与隐喻，至此对产品设计常用的四种修辞格在认知原理与认知方式的层面有了较为清晰的认识。当然，我们在第 5 章也对特殊的修辞格“反讽”进行了分析讨论，反讽因其对系统规约特征以及整体指称的瓦解与否定，具有鲜明的后结构主义特征。

在商业化产品设计活动中，各种修辞格运用的程度与方式各不一样，具体分析如下。

1. 组合轴表意的产品提喻、转喻要比聚合轴表意的产品明喻、隐喻较少使用。这是因为，组合轴表意的产品提喻、转喻都围绕使用群“理性经验层”的内容展开，它们都是被使用者熟知的产品系统内的各种经验，同范畴、不同产品类型的各种经验。这些经验内容所带来的修辞文本释意压力远远小于聚合轴表意修辞那些跨越认知域的“感性经验层”内容。所有的修辞文本解读都以最终的文本获意作为一种“快乐”。对于使用者而言，那些明喻、隐喻需要依赖相似性的比对，甚至创造性解释才能获得的文本意义，远比提喻、转喻依赖理性经验的完形，就能轻易获得文本意义，更加具有“破译修辞文本密码”的那种快乐。

2. 同为聚合轴表意的产品明喻与隐喻而言，物理相似性的明喻产品远远多于心理相似性的隐喻产品。因为隐喻相较于明喻而言是弱编码文本，隐喻的弱编码源于解读者要通过修辞两造在心理相似性的创造性解释才能获得文本意义，这就带来更为宽幅的文本意义解释，提出一种解读者可大致自圆其说、自己满意的文本意义。这会为以修辞的精准表意为目的商业化产品设计带来不必要的麻烦。

3. 在明喻修辞类型中，物理相似性的明喻远远多于强制性关联的明喻。那些强制性关联的明喻产品多为后现代风格的商业化产品，如果没有强大的“知名品牌”“著名设计师”或“舆论炒作”作为此类商业化产品的伴随文本，“强制性关联”的明喻产品在一般情况下很难被消费者接受，原因很简单，大多数的消费者不会理解这种强制性关联的修辞目的。

（4）在隐喻修辞类型中，主观创造的心理相似性产品隐喻，要比客观存在的心理相似性产品隐喻在使用群的选择、解读环境的选择上具有较高的要求，因此，客观存在的心理相似性隐喻产品又远远多于主观创造的心理相似性隐喻产品。主观创造的心理相似性隐喻产品更多会出现在各种设计展览中，其目的是借助产品，展现设计师编写隐喻的才华。

（5）在商业化产品设计活动中，产品的类型创新都可视为反讽的修辞方式。这是因为，反讽虽然具有鲜明的后结构主义特征，但从文本表意的目的而言可为两类：一是产品思辨设计利用外部或内部的文化符号对原有产品系统的瓦解或对系统规约的否定；二是创新的产品类型中一方面通过符号指称与符号指称之间的整合，创造出新的产品整体指称类型；另一方面利用外部符号对原有产品整体指称的否定，创造出新的产品整体指称类型。

# 第 7 章
# 修辞两造符号指称编写方式与修辞格文本间的依次渐进

首先我们回顾一下：第 4 章中明确了结构主义产品修辞研究以使用者与产品间的知觉、经验、符号感知为中心的“认知统摄”的研究范式，产品修辞的研究路径、研究机制、操作手段等都必须在认知的统摄下展开。修辞两造三元符号结构的指称是产品修辞具体的研究机制，它不但是第 5 章与第 6 章研究产品各种修辞格两造映射方式、文本编写与符形分析的主要机制，也是本章讨论设计师通过对修辞文本两造符号指称晃动达成产品各种修辞格文本之间依次渐进的研究机制。在第 5 章，我们讨论了组合轴表意的产品提喻与转喻，它们的映射方式分别是产品局部指称对整体指称的概念替代，邻近产品间对应指称的概念替代。在第 6 章中，我们讨论了聚合轴表意的产品明喻与隐喻，它们的映射方式分别依赖物理相似性与心理相似性进行外部事物与产品间局部概念的交换。至此，我们对产品设计常用的四种修辞格在认知原理与认知方式的层面有了较为清晰的认识。这些认知原理与方式虽清晰描述了产品各种修辞格两造指称在文本结构组成方式上的映射，但无法指明修辞两造指称如何可以达成这样的映射状态，这对于指导设计师去编写具体的产品修辞文本，并改造修辞文本是有一定困难的。

为此，笔者从各种修辞格的映射方式所形成的修辞两造符号指称在修辞文本中的映射状态入手，去探究达成这种映射状态的两造符号指称的改造与编写手段。在产品各种修辞格的文本编写中，设计师通过对两造符号指称的晃动改造，呈现外部事物符号进入产品文本的联接、内化、符号消隐（明喻修辞文本中文化符号消隐至直接知觉符号化）三种编写方式。这样讨论的目的在于：（1）提喻、转喻、明喻修辞两造的“联接”编写方式，以及隐喻始源域符号“内化”至产品文本系统结构的文本编写方式，它们都是针对的外部文化符号对产品文本的修辞；（2）外部事物的文化符号进入产品文本内以联接、内化编写方式使得莱考夫与约翰逊提出的各种修辞格“映射”方式在文本具体编写中从操作层面得以实现，以此达到设计师对修辞格主动控制及修辞格文本间依次渐进转化的目的，并使之成为产品修辞实践的有效指导工具；（3）“符号消隐”则是对已有“物理相似性”明喻文本中始源域符号指称的去符号化改造，使得文化符号属性消失，转向生物属性的直接知觉文本编写，以此达成文化属性的符号感知与生物属性的直接知觉之间的贯穿。

各种修辞格文本之间依次渐进的转化关系，是设计师在产品系统完备且稳定的基础上确保修辞活动表意的有效性，通过不断“晃动”改造修辞文本中两造符号指称，对文本意指不断地创新与探索。

## 7.1 修辞两造符号指称的三种编写方式

无论是以莱考夫提出的理想化认知模型（ICM）的四类认知模式为基础，结合修辞两造映射的范围与概念“替代”与“交换”等具体表征，还是雅柯布森从索绪尔组合轴与聚合轴表意倾向性出发提出的“组合－转喻”与“聚合－隐喻”的两大表意倾向的分类，它们都是修辞活动的具体认知方式。这些认知方式的表述可以清晰描述产品各种修辞格的两造指称在文本结构组成方式上的关联状态，但无法指明修辞两造指称如何可以达成这样的关联状态。如果无法指明，那么产品修辞的研究只能停留在认知语言学修辞理论向产品修辞转化的初级阶段，对于广大设计实践者并没有起到实际的操作指导作用。

### 7.1.1 “联接”“内化”“符号消隐”三种编写方式概述

产品设计是普遍的修辞，设计师通过对两造符号指称的“晃动”改造，呈现外部事物符号进入产品文本的“联接”“内化”“符号消隐”三种编写方式。

首先，“联接”“内化”编写方式针对的是外部事物的文化符号对产品文本内相关符号的修辞。外部事物的文化符号进入产品文本内，以联接、内化的方式进行编写，这使得莱考夫与约翰逊提出的各种修辞格“映射”方式在具体实际操作中得以实现。

其次，设计师可以对已有的“物理相似性”明喻文本中始源域符号指称进行去符号化的改造，使得文化符号属性消失，转为生物属性的直接知觉，再以直接知觉符号化设计方法进行文本编写，笔者将其简称为“符号消隐”编写方式（以下同）。这种对明喻修辞文本的改造编写方式也是使用者文化属性符号感知向生物属性直接知觉的贯通方式。

而“晃动”则是在三种编写方式中对两造符号指称加工与改造的具体手段。更为重要的是，晃动可以达成三种编写方式及它们对应的各修辞格文本之间依次渐进的转化关系，以及文化属性的符号感知与生物属性的直接知觉之间的贯穿。

因此，设计师对修辞两造指称的“晃动”加工改造，形成始源域符号在产品文本内“联接”“内化”“符号消隐”的三种编写方式，为广大设计实践者在产品修辞活动中提供了一系列对各类产品修辞格可以实际操作的方法与手段。

### 1. “联接”“内化”编写方式是产品各种修辞格映射方式的具体操作手段

修辞是我们通过一个事物认识另一个事物的普遍认知方式，是两个系统通过符号间意义解释的映射方式达成的局部概念的“替代”或“交换”。修辞活动中的“映射”是指将始源域的局部概念结构投射到目标域，从而使被投射的结构的元素、特征、性质被加在目标域中的对应成分上[1]。

组合轴表意的产品修辞是产品与产品间局部指称的概念，或产品内部局部指称的概念对整体指称的概念“替代”：产品转喻是同范畴、不同类型的产品间局部指称概念的“替代”；产品提喻是一个产品内局部指称的概念“替代”了其整体指称的概念。

聚合轴表意的产品修辞是事物与产品间局部概念相似性的意义交换：产品明喻是依赖事物与产品间通过对象形态或再现体品质建立起的“物理相似性”进行的局部概念意义的交换；产品隐喻是依赖事物与产品间客观存在的或主观创造的心理相似性进行的局部概念意义的交换。

莱考夫和约翰逊提出的概念“替代”与“交换”是修辞活动的认知方式，而“联接”“内化”编写方式则是在前者的基础上，对各种修辞格两造指称具体编写操作手段的两种分类。可以说，产品修辞的概念“替代”与“交换”映射是修辞活动基本的认知方式，而“联接”“内化”编写方式是各种修辞格的认知方式在文本编写中的实现，因此两者是“修辞的认知”与“文本的编写”的相互关系。

（1）修辞两造符号指称“联接”的编写方式

“联接”编写方式，是指修辞两造的符号指称中的对象以还原度较高的并列方式结合在一

1. 张炜炜：《隐喻与转喻研究》，外语教学与研究出版社，2020，第35页。

起，并保留各自较为独立的系统特征。两造符号指称联接的编写方式多用于组合轴表意的产品提喻、转喻，以及聚合轴表意的产品明喻中。当然，它们在两造符号指称“联接”的方式，对两造符号指称中对象的还原度，以及两造各自所在系统的独立性的处理方式与程度上各有不同。

（2）隐喻中始源域符号指称“内化”的编写方式

“内化”编写方式，是指始源域符号的指称适切性地融入产品文本中进行“心理相似性”的意义解释，并按照目标域产品系统规约进行指称的“晃动”加工与改造。所有的“内化”编写方式都是隐喻修辞的编写方式，是针对隐喻的始源域符号进入目标域产品系统的改造而言。

#### 2. “符号消隐”编写方式是文化符号向直接知觉贯通的方式

外部事物的一个文化符号以“物理相似性”对产品进行明喻修辞，设计师在产品使用环境内晃动其指称，直至符号属性消隐后成为可供性“纯然物”，再进行直接知觉符号化的文本编写，最终形成直接知觉符号化的文本表意。“符号消隐”编写方式是使用者文化属性符号感知向生物属性直接知觉的贯通方式。

其实质可以看作：文化符号在产品使用环境中被洗涤所有文化属性，回归纯然物之后，再次以生物属性的可供性成为一个指示符的过程。这是一个文化符号转向生物属性直接知觉的过程，即明喻始源域符号“对象-再现体”的指称关系经过去符号化的晃动，转变为一组“纯然物-可供性”直接知觉的认知关系。因此，说其是修辞已不太贴切，但它毕竟是以修辞作为出发点进行的指称去符号化改造。始源域符号属性消隐后形成直接知觉符号化编写方式在无意识设计类型中经常使用，笔者将其归为“两种跨越”类设计方法中的一种，即寻找关联至直接知觉符号化设计方法（详见 8.5.3）。

### 7.1.2 修辞两造符号指称“联接”的编写方式

#### 1. 产品提喻始源域符号指称的“联接”编写方式

雅柯布森将索绪尔的组合轴称为“结合轴”，组合轴上的操作围绕“邻近性”关系展开，它的任务是对邻接关系的黏合替代。同为组合轴表意的产品提喻与转喻一样，都是以非对称性映射方式形成一种不完整的产品概念系统。而提喻的这种不完整是产品系统内的一个符号指称对该产品整体指称的概念替代所形成的。因此，提喻的始源域是产品系统内的一个符号，目标域符号是该产品的整体指称。

（1）提喻的始源域符号在选取、编写时与转喻有所不同，它必须同时满足以下三点：一是在产品系统内应具有固有的认知凸显点特征；二是该认知凸显点在使用环境中具有唯一性；三是始源域符号在替代整体指称的编写过程中要具有与产品原型靠拢的典型性。这些条件与要求是产品提喻文本在使用环境中需要通过经验完形获得整体指称的认定所提出的。也正是因为这些必须同时满足的条件与要求，始源域符号指称中的对象必须以较高的还原度“联接”并替代掉产品的整体指称，以保证使用者依赖始源域符号指称获得被替代掉的整体指称的完形还原。

（2）产品提喻的形成及文本编写方式有“始源域符号完全替代产品整体指称”和“始源域符号非完全替代产品整体指称”两类。前一类提喻很好理解，在此不必多说。后一类提喻，因为产品系统的组成较为复杂，始源域符号指称不可能以完全替代的方式替代掉目标域（产品整体指称）内所有的组成，因此设计师都会以始源域符号为中心，将那些无法被替代掉的目标域组成“围绕”始源域符号、“适应”始源域指称特征的方式进行编写，编写时不会产生较强于始源域符号指称的认知凸显性，以此避免在提喻文本系统内存在第二个或另外的认知凸显点，干扰产品整体指称的完形。

如果把那些无法被替代掉的目标域组成以“围绕”“适应”始源域符号的方式进行编写，是不是“内化”的编写方式？不，其实它们还是“联接”的编写方式：第一，“内化”限定在两造相似性之间的编写，强调的是始源域符号进入产品系统所达成的在心理层面的“相合”的融入关系；第二，那些无法被替代掉的目标域“组成”，实质是零散的符号指称，它们必须以“围绕”与“适应”始源域符号指称的“联接”态度进行编写，一方面不会干扰始源域符号的认知凸显性，另一方面在始源域符号进行产品整体完形时作为辅助性的完形经验。

### 2. 产品转喻两造符号指称的“联接”编写方式

组合轴表意的产品转喻是同范畴、不同类型的产品间依赖邻近性的关系进行的对应位置符号指称的概念替代，转喻以非对称性映射方式形成一种不完整的产品概念系统。“非对称性映射”是始源域不会将其局部的概念以系统匹配的方式在目标域内与对应的映射概念进行共享，而是以取而代之的方式替换掉对方对应的概念[2]。可以说，转喻文本是由两个替代掉对方对应位置概念的符号以“联接”的方式组合在一起。

产品转喻修辞两造在“联接”的过程中，需要最大化地保留各自符号指称中对象的还原度以及各自两造系统的独立性。原因如下。

（1）“非对称性映射”方式所形成的产品转喻文本，在产品整体指称上是不完整的，需要依赖完形的认知机制获得产品整体指称概念的最终确认。因此，修辞两造指称在选择与编写时，必须要具有向各自产品原型靠拢的典型性，才能在遇到各自使用环境提供的适配信息时，符号指称成为认知的凸显点，继而依赖产品原型经验进行各自产品整体指称的完形指认。

（2）为了保证修辞两造向各自产品原型靠拢的典型性，以及在各自使用环境中的认知凸显点，修辞两造指称只能且必须以“联接”的编写方式保证双方符号指称中对象的较高还原度，以及双方系统较为完整的独立性。

以上我们可以看到，由于转喻的修辞两造具有互为“始源域”与“目标域”的特性，“联接”编写方式是对始源域符号指称与目标域符号指称的共同且一致性的要求。

### 3. 产品明喻两造符号指称的“联接”编写方式

聚合轴表意的产品明喻两造指称“联接”的编写方式在加工改造时的底线是保证两造间依赖指称内容建立的物理相似性必须存在，并以类比的关系使得喻底在修辞文本中呈现。而组合轴表意的产品提喻、转喻两造指称的“联接”编写方式的加工改造底线则是保证指称作为认知凸显性的存在。具体分析如下。

（1）产品明喻始源域符号指称与目标域符号指称通常也是“联接”的编写方式。但聚合轴表意的产品明喻与组合轴表意的产品提喻、转喻在文本编写时“联接”的指称内容有着本质的差异。

第一，组合轴表意的产品提喻与转喻分别围绕产品局部指称与整体指称的概念替代、产品间局部指称的概念替代展开修辞活动。这些指称都具有经验认知的凸显性，它们都属于使用群对于产品的理性经验层的内容。

第二，聚合轴表意的产品明喻与隐喻都是围绕事物与产品间的“相似性”问题展开的概

2. 张炜炜：《隐喻与转喻研究》，外语教学与研究出版社，2020，第 35 页。

念意义的交换映射。无论是事物与产品间的“物理相似性（明喻）”，还是“心理相似性（隐喻）”，它们都需要设计师主观理解与创造性联系达成相似性的关联。因此，产品明喻与隐喻活动中，所有“相似性”所涉及的都是使用群对于事物与产品的“感性经验层”的内容。

（2）产品明喻的修辞两造符号指称之所以也以“联接”的方式进行编写，是因为：首先，明喻中事物与产品间的“物理相似性”是以使用群五感认知所形成的生活经验为基础的形象化构建，即结构主义修辞活动的设计师主观意识表达必须以使用群认知为基础。其次，从两造的符号结构而言，“物理相似性”需要通过事物与产品间符号指称中“对象–对象”建立起形态造型上的相似性，或是通过事物与产品间符号指称中“再现体–再现体”建立起品质方面的相似性。

因此，明喻采用“联接”的编写方式是为了使修辞两造符号指称始终处于五感认知内容所形成的生活经验为基础的“物理相似性”的“比对”关系，这种比对关系也导致明喻的喻底必定在文本中呈现。

（3）结构主义的产品明喻与隐喻都必须遵循始源域事物符号在目标域产品文本内编写的过程中服务于产品系统的原则。始源域符号为适应产品系统，需要对符号指称中的对象进行必要的修正或改造，以适应产品系统内的文化规约；与此同时，目标域符号的对象也必定要配合始源域符号对象的修正或改造进行必要的调整。需要强调的是，“对象–再现体”的指称是相互匹配制约的关系，对象的修正或改造会带来品质的改变，这在设计师实际操作中尤其需要注意。

（4）虽然产品明喻没必要像产品提喻、转喻那样在两造“联接”编写时，保留两造指称中对象的较高还原度及两造系统的独立性，但明喻的始源域符号的对象在修正或改造的过程中，必须保证与目标域产品符号间的物理相似的存在，保证两者以“相类”的关系进行类比，以及明喻物理相似性的喻底在修辞文本中呈现。

## 7.1.3 隐喻中始源域符号指称“内化”的编写方式

聚合轴表意的产品明喻与隐喻都是围绕事物与产品间的“相似性”问题展开的概念意义的交换映射，但它们在两造指称的编写方式上有着很大的差异。明喻是修辞两造指称的“联接”编写方式，而隐喻则是修辞两造指称的“内化”编写方式。具体分析如下。

1. 从聚合轴表意的修辞依赖“相似性”进行局部概念交换的认知而言，产品明喻与隐喻的修辞两造都破坏了各自原有系统中的局部概念，但明喻与隐喻又分别以“物理”及“心理”两种不同的相似性对两造关联进行了文本整体性的恢复。明喻在恢复修辞文本的完整性时，不发生始源域符号意义向目标域转移的现象，形成“相类”的类比关系，这种“类比”的关系必须依赖两造指称“联接”的编写方式得以实现；而隐喻则发生了始源域符号意义向目标域转移的现象，形成两造解释项意义的“相合”关系，这种“相合”的关系必须以始源域符号指称“内化”于产品系统才能获得意义的解释。

2. 由上一点可以看到，从产品隐喻构建过程中的修辞两造符号结构而言，隐喻不可能像明喻那样直接通过修辞两造间“对象-对象”或“再现体-再现体”的相似性获意，即不可能直接依赖五感获得心理相似性的内容，也不可能直接通过经验本身获得文本的意义解释。产品隐喻需要设计师对始源域符号的指称或指称的内容在集体无意识的经验实践中进行意义解释，在此基础上建立起事物与产品间创造性的心理相似性。

因此，始源域符号指称以“内化”的方式编写是达成隐喻认知与映射要求以及编写与解读要求的唯一方法。“内化”的编写方式也直接导致产品隐喻的喻底不可能像明喻那样存在于文本结构的表层，它需要依赖隐喻文本中修辞两造系统的深层结构内容进行解释以后获得。隐喻文本的喻底需要使用者更多的解释努力。

3. 从设计师对隐喻文本的编写角度而言，产品隐喻的来源可以分为“心理相似性的隐喻”与“其他修辞格文本改造的隐喻”。后者是设计师通过对其他已有修辞格文本中始源域符号指称的“晃动”改造，在产品文本内形成“内化”的编写方式，以此达成事物与产品在心理层面“相合”的相似性关系。设计师可以通过“晃动”始源域符号指称，以“内化”编写方式渐进为隐喻的有两类（详见 6.3.3）：一是明喻文本至隐喻文本的渐进，二是转喻文本至明喻文本再至隐喻文本的渐进。

### 7.1.4 始源域“符号消隐”的编写方式

首先要说明的是，“联接”“内化”编写方式针对的是外部文化符号对产品文本的意义解释，“符号消隐”则是明喻修辞文本中文化符号转向为生物属性的直接知觉，也是使用者文化属性符号感知向生物属性直接知觉的贯通方式。

设计师利用使用者生物属性的“直接知觉”进行文本编写的设计方法有两种：一是直接知觉符号化的设计方法（详见 8.3.2）；二是寻找关联至直接知觉符号化的设计方法（详见 8.5.3）。两者的相同之处：都是设计师对引发使用者直接知觉的可供性之物加以修正或改造，获得与产品进行修辞的指示符，完成文本编写。两者的不同之处：前者在使用环境中、产品系统内的使用者生物属性的直接知觉，原本就是客观存在的。后者则是设计师对一个已有的“物理相似”明喻文本中始源域符号指称的晃动改造，使之去符号化后保留指称中对象的一些基本特征，这些特征在使用环境中、产品系统内，引发使用者直接知觉的产生或对应的行为。本节讨论的“符号消隐”编写方式是针对寻找关联至直接知觉符号化的设计方法。

#### 1. “符号消隐”编写方式在语言修辞活动中不可能出现

以语言文字为符号载体的修辞文本，为保证两造间各种映射方式的存在，无论是选用“联接”编写方式还是“内化”编写方式，两造指称必须要在修辞文本中保留，即文字语言的两造符号指称必须或多或少同时存在，任何一方符号指称的消失即代表文字语言的修辞消失。

产品语言来源于使用者与产品间知觉、经验、符号感知三种完整的认知方式，它们所形成的符号，是产品修辞文本编写的三种符号来源，因此产品语言是符号化的认知语言。当设计师消隐始源域符号属性之后，产品修辞也会随即消失，但与文字语言修辞不同的是，始源域符号属性的消失，并不代表符号中客观实体的对象消失。之前客观实体的对象被晃动为产品系统中的“纯然物”，使用者通过身体五感的刺激完形获得直接知觉，设计师再使之成为产品使用功能及操作的指示符。

其过程可概括为：一个文化符号以“物理相似性”对产品进行明喻修辞，设计师在产品使用环境内晃动其指称，直至消隐符号属性后成为可供性“纯然物”，再进行直接知觉符号化的编写过程。可以说，这是一个通过对外部始源域文化符号的指称晃动，洗涤掉符号的全部文化属性，其符号对象被改造为“纯然物”后，探究在使用环境中、产品系统内与使用者之间存在的可供性关系，再次以生物属性的可供性成为一个指示符的过程。

#### 2. “符号消隐”编写方式仅针对“物理相似性”明喻文本的改造

可以被消隐符号属性成为直接知觉的修辞文本必须是一个外部事物的文化符号以“物理相似性”对产品进行的明喻修辞。前文已表明，从明喻的修辞结构而言，事物与产品间可以构建“物理相似性”的两个途径是两者“对象-对象”在形态、造型上的相似性关联，以及“再现体-再现体”在品质上的相似性关联。

明喻指称以及其客观实体“对象”的造型、“再现体”的品质都是可以被我们五感认知直接获得，依赖生活经验对物理相似性进行分析判断。“符号消隐”编写过程中对“对象-再现体”指称的去符号化晃动，其最终导致的结果是晃动出了一组新的“纯然物-可供性”直接知觉的认知关系。

隐喻从修辞结构而言是事物与产品依赖“对象-对象”“再现体-再现体”或“指称-指称”间意义解释而搭建起的“解释项-解释项”之间的创造性心理相似关联。所有“心理相似性”的内容相较于“物理相似性”的内容是极为抽象的思维活动，它们无法通过我们的五感渠道直接被感受到，因此“心理相似性”的内容不可能被晃动改造为可供性的直接知觉。

### 3. 明喻文本渐进为“符号消隐”的过程必定经过隐喻的编写方式

首先，明喻的“物理相似性”是一种“相类”的比对关系，如果设计师将这种比对关系的明喻文本改造为“符号消隐”的直接知觉符号化文本，必须将明喻文本中的始源域符号指称以“内化”的隐喻编写方式融入产品文本系统之中，形成一种在心理层面相合关系的隐喻文本，之后再去除掉隐喻文本中始源域符号的符号属性，改造为在使用环境、产品系统中具有可供性的纯然物，最后才能渐进为“符号消隐”的直接知觉符号化编写方式。因此，“隐喻”的编写方式是必须经过的环节。就像我们以上海为起点，乘坐高铁去北京，必定要途经南京一样。如果将南京设为终点站，那则是明喻文本—隐喻文本的渐进，如果将北京设为终点站，则是明喻文本—隐喻文本—符号消隐的直接知觉符号化文本间的依次渐进。

### 4. “符号消隐”的直接知觉符号化编写方式对于设计活动的价值

设计界长期以来对使用者与产品之间关系的研究，一直割裂为使用者生物属性的“人机工程学”与社会文化属性的“产品修辞”之间关系的研究，直到20世纪五六十年代认知科学的发展，催生了认知心理学的产生，打破了人的生物与文化属性长期二元对立的局面。但由于认知心理学过于依赖人工智能技术与计算机技术，使得通过在实验室中对个体进行抽象感知的数据采集，利用计算机输入、分析、判断出知觉的形成，成为一种弊端。

这种弊端一直影响到20世纪70年代在日本兴起的感性工程学的发展，感性工程学希望通过对个体的研究，将感知量化后所得的数据与它们之间的关系运用到工程技术之中，完成人机之间良好的操作与感知功效。但它仍旧存在弊端：第一，知觉与行为的所有数据都来源于个体的原有经验，因此数据收集的模式适合改良设计，而非创新；第二，缺乏个体生物与社会文化之间的贯通；第三，希望发展以数据库为依托的人工智能，但任何云数据都是有限的感知，可能会限制设计师为主体设计活动的个性化意义解释与新的体验。

与建立在感知数据量化的感性工程学研究方法不同的是，将已有明喻修辞文本中始源域符号属性消隐后，原本是产品修辞的文本转化为直接知觉符号化的编写方式，其建立的源头基础并不是产品系统内使用者的直接知觉，而是社会文化环境中符号与产品间物理相似性的“明喻修辞”，设计师通过外部文化符号与直接知觉的转换加工，形成如下的循环（图7-1红色字）。

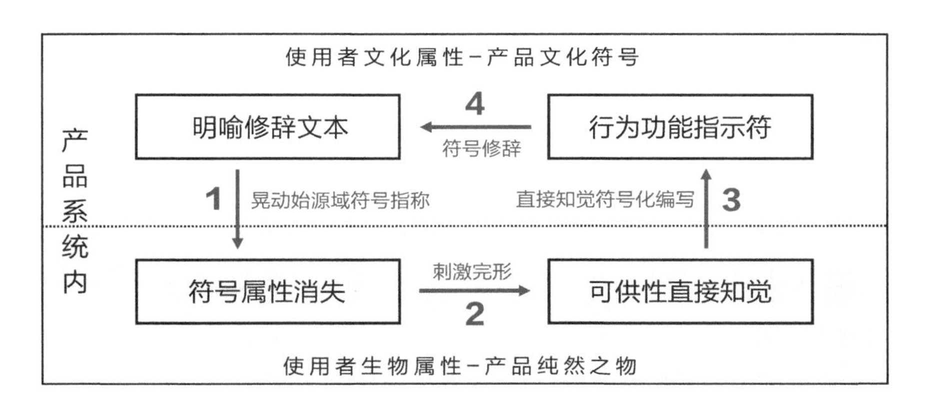


图7-1　“符号消隐”的直接知觉符号化编写方式形成的设计活动循环

（1）晃动指称：外部事物的文化符号作为始源域与产品依赖“物理相似性”的明喻修辞，设计师晃动始源域符号，使之符号属性消失。（2）刺激完形：符号中实在物“对象”成为“纯然物”，在使用环境中、产品系统内提供可供性信息，以刺激完形的方式形成直接知觉。（3）直接知觉符号化：直接知觉被符号化后，成为产品行为、操作的指示符。（4）符号修辞：新生成的指示符号进入产品文本内对产品进行修辞解释，产品文本具有指示性特征，同时为产品系统带来新的指示符。产品设计是普遍的修辞，直接知觉符号化设计方法是一种特殊的修辞，这在第8章将详细讨论（详见8.3.5）。

“符号消隐”的直接知觉符号化编写方式所形成的这个循环，不但将人的生物属性与文化属性、产品的文化符号与纯然物的二元对立格局贯通，而且可以避免让产品深陷在纷扰的文化环境中，被其所在系统的文化环境无休止地进行修辞感知的累加。这个循环可以使得产品回到功能与使用者身体接触与体验的“生物属性”的本源状态，在此基础上生成合适这个产品的新指示符。它可以再去对产品进行修辞，如此不但回到使用者的“文化属性”，且又探寻到对产品进行感知解释的新天地。

## 7.2 “晃动”是修辞两造符号指称加工改造手段

本书反复提及的“晃动”一词，是借用深泽直人在《设计的生态学》一书中对无意识设计的操作概念。他在书中的“行为与痕迹——从晃动到张力”部分提出[3]，无意识设计需要去寻找日常生活的行为与现象的痕迹，在设计过程中将它们“不合适之物变得刚刚好合适”是设计的精髓。我们可以把这段话理解为，将那些不合适之物加工成为设计活动中的合适之物的过程即为“晃动”。

从产品设计符号学的产品修辞文本编写角度而言，“晃动”一词是指设计师对始源域事物符号指称中对象的还原度，以及始源域系统的独立性在产品文本内编写过程中有计划的加工与改造。与此同时，目标域符号指称同样需要因适配而做出被动的迎合式晃动改造。“晃动”一词，是对设计师加工与改造修辞两造符号指称时极为形象的行为表述，是设计师在修辞文本编写过程中最平凡、最常态化的符号加工与改造手段。

### 7.2.1 设计师对符号指称“晃动”加工与改造的目的

需要再次表明，本书对产品修辞系统化的研究逻辑层级是：（1）结构主义产品修辞研究应该以使用者与产品间的知觉、经验、符号感知为中心，以“认知统摄”作为产品修辞的研究范式。之后的产品修辞研究路径、研究机制、操作手段等阶段，都必须在认知的统摄下展开（详见 4.5）。（2）以莱考夫提出的理想化认知模型的四类认知模式、认知域、修辞两造映射的范围与映射方式，以及雅柯布森“组合－转喻”与“聚合－隐喻”两大表意倾向为基

3. 后藤武、佐佐木正人、深泽直人：《设计的生态学》，黄友玫译，广西师范大学出版社，2016，第 121-126 页。

础对产品修辞格进行细分，它们既是产品修辞格细分的理论基础，也是产品修辞的研究路径（详见5.1）。（3）修辞两造三元符号结构的“指称”是产品修辞具体的研究机制。“指称”是特指皮尔斯三元符号结构“对象-再现体-解释项”中“对象-再现体”所建立的关联方式（详见4.5.3）。（4）设计师对修辞两造三元符号指称的晃动加工与改造则是研究机制下的具体操作手段，这是本节要讨论的内容。

以上是研究产品修辞的完整逻辑层级，而设计师对修辞两造符号指称的晃动改造，是整个逻辑层级中各种具体任务的执行与实践手段。设计师晃动修辞两造符号指称的目的各不相同，笔者列举常用的五种进行逐一分析。

### 1. “晃动”的目的之一：改造符号“指称”，调控符号“意指”

设计师对符号“对象”的还原度及其系统独立性进行晃动，就可以改造符号的指称，并对符号的“意指”做出调控，原因如下。

第一，前文已表明（详见1.2.2与4.2.2），皮尔斯三元符号结构“对象-再现体-解释项”中的对象是符号直接指向的具体事物，再现体是这个具体事物的某种品质。“对象-再现体”组成一组指称关系，解释项是这组指称解释后的符号意义。解释项与指称之间形成符号的意指关系。

我们可以看到，三元符号结构可以指向这个符号所代表的事物对象。这样一来，三元符号结构中对象的确立，就为一个符号可以被另一个符号进行修辞解释奠定了结构的基础。

第二，符号“解释项”的意义是无法直接获得的，我们只能通过对可以被我们直接感知到的指称内容的解释获得，即通过对“对象-再现体”的解释获得。指称中的“对象”与“再现体”是符号可以被我们直接感知到的内容，两者为符号的意义提供了可以解释的方向，令符号有了可以被设计师具体修改操作、编写的可能性。

第三，指称中的“对象-再现体”是相互对应的关系，这表明我们对具体对象进行不同方式的改造，随即就会形成对象的不同品质，进而获得各种不一样的解释项意义，即获得指称与解释项之间新的符号意指关系。

第四，在结构主义产品修辞活动中，我们通过“晃动”符号指称，对修辞两造的“意指”只能做到调控，而非改变。这是因为，修辞两造的符号不可能决定其自身的意义，修辞两造符号的意义内容由环境、产品、使用群三者之间的关系所赋予；两造符号“意指”关系的符码则由深层结构的使用群集体无意识所决定。因此，当我们确定了具体的产品系统、使用群以及使用的环境，修辞两造符号的“意指”规约就已经明确了基本的方向，设计师所能做的，就是调控两造符号间最适切的关联方式，以及“意指”规约的具体内容。

需要补充的是，皮尔斯三元符号结构中的“意指”关系的形成有三种方式：一是倾向指称中的“对象”获得解释项的意义，二是倾向指称中的“再现体”获得解释项的意义，三是“对象-再现体”指称创造性解释获得解释项的意义。

### 2.“晃动”的目的之二：结构主义产品修辞始源域符号服务于目标域系统的原则

（1）外部事物符号进入产品文本编写必须被产品系统规约改造

赵毅衡指出，结构主义的核心问题不是“结构”而是“系统”。一方面，一个系统是各成分关联构成的一个整体，而不是各成分的简单累积，系统大于各成分之和；另一方面，一个外部组分一旦进入系统，组分除了自身的功能，还获得了“系统功能”[4]。这段话在产品修辞活动中可表明两点。

第一，一个外部事物的文化符号进入产品文本内进行编写时，这个外部符号所代表的其系统的独立性必定存在，只是被保留了多与少的程度问题。只有这样，始源域符号在产品文本中才可以依赖其“对象”的还原度及其系统的独立性，回溯外部事物的系统。

第二，一个外部事物的文化符号进入产品文本内进行编写时，这个外部符号必定会被赋予产品系统的某些功能。产品系统赋予外部符号系统功能的方式，是要求外部符号无论是“指称”中对象的形态、再现体的品质，还是“意指”的编码方式，都应该向产品系统的要求靠拢。而具体实现的手段，则是设计师对始源域符号指称中的“对象”还原度，以及其系统独立性进行晃动改造。

（2）“晃动”同样适用于目标域符号向始源域符号匹配性的调整

一方面，结构主义产品修辞力求修辞文本系统的整体性，因此要求始源域符号进入目标域文本内进行编写时，必须要按照目标域系统的文化规约进行必要的修正与改造，即始源域符号服务于目标域系统的原则。对始源域符号指称的晃动是为了使其指称、意指向产品系统规约的靠拢。

4. 赵毅衡：《符号学原理与推演》，南京大学出版社，2016，第66页。

另一方面，“晃动”同样适用于目标域符号向始源域符号匹配性的调整。晃动在产品修辞活动中不仅仅只针对始源域一端的符号指称。晃动始源域符号指称以适应目标域产品系统结构的同时，目标域产品的符号指称也会以相同的晃动操作手段，在产品系统规约的控制范围内，与始源域符号达成协调统一的匹配关系。可以简单地理解为，在设计师对始源域符号指称加工与改造这一主动行为下，目标域符号指称同样需要因适配而做出被动的迎合式晃动改造。

最后，我们甚至可以说，任何产品修辞格在将事物与产品的两个符号进行关联编写时，设计师必定会对两造符号指称进行不同程度的加工与改造，使它们在产品文本内成为合一表意的文本结构，因此晃动两造符号指称是设计师对所有修辞格文本编写的必用手段。

### 3.“晃动”的目的之三：对始源域符号与目标域符号的“适切性”改造

（1）修辞两造的“适切性”改造适用于所有的修辞格文本编写

修辞两造的“适切性”与上一段讨论的“结构主义产品修辞始源域符号服务于目标域系统的原则”虽有相似的内容，但也有差别。后者强调的是，任何结构主义产品修辞文本在编写时，都必须对始源域符号指称进行晃动改造，以确保其向产品系统规约的匹配。这实质就是适切性的改造，只不过始源域符号此时的适切内容侧重产品系统内的各种规约，这种适切发生在始源域符号与目标域系统之间。而前者，修辞两造间的适切性改造，则强调始源域符号与目标域符号间贴切度、合适度、适当、理据性程度等匹配关系，这种适切发生在始源域符号与目标域符号之间。

适切性适用于所有结构主义产品修辞格文本在编写过程中的选喻、设喻、写喻各个阶段。各修辞格围绕各自的认知机制而展开的修辞两造间适切内容各不相同：提喻的适切内容，围绕产品局部指称对产品整体指称的概念替代展开；转喻修辞两造的适切内容，围绕两产品间对应位置符号指称的概念替代展开；明喻修辞两造的适切内容，围绕符号之间的物理相似性展开；隐喻修辞两造的适切内容，围绕符号之间的心理相似性展开。

（2）隐喻“写喻”步骤中修辞两造符号的“适切性”操作

产品隐喻修辞两造在心理层面的相合关系上，适切性表现得最为突出。它是设计师在隐喻的选喻、设喻、写喻三步骤中，为了达成相合这一心理状态而采用的手段与策略。隐喻修辞两造的心理相似性解释应具有的适切性是一种合乎情理的文化理据，理据性的评判标准则是使用群集体无意识所形成的文化规约，即产品设计系统内的各种元语言规约。

本节讨论的是对已选定的符号指称晃动改造，它在隐喻活动中特指发生在“写喻”步骤中修辞两造符号的适切性操作，具体分析如下。

一方面，几乎在所有隐喻文本的“写喻”环节，始源域符号指称都以“内化”的方式进入产品文本的系统中进行符号对象的晃动改造，以达到与目标域符号适切性的目的。另外，产品隐喻的来源可以分为“心理相似性的隐喻”与“其他修辞格文本改造的隐喻”两大类型，第二类的隐喻是通过设计师对其他已有修辞格文本中始源域符号指称的晃动改造，使得其在产品文本内形成内化的编写方式，以此达成事物与产品在心理层面相合的适切性关系。

另一方面，事物与产品间的一些符号，原先没有相似性贴切度、匹配度的符号间意指关系，经过设计师主观能动地对两造符号指称的晃动改造，它们成为符合使用群文化规约的理据性的适切项。这样创造出来的适切项在解读时，比原来就具有适切性的适切项在文本表意上更具张力，这也是设计师个体感知能力、生活经验、专业素养的彰显。

#### 4.“晃动”的目的之四：不同产品修辞格认知机制、映射方式的要求

设计师通过对始源域符号指称不同程度的晃动，呈现外部事物符号进入产品文本的联接、内化、符号消隐三种编写方式，晃动的程度主要由各种修辞格的认知机制、映射方式所决定。当然，此时目标域符号指称同样需要因适配而做出被动的迎合式晃动改造。

同为组合轴表意的产品提喻、转喻，由于对产品整体指称进行完形的认知机制需要，它们必须保留两造符号指称中对象的较高还原度、各自系统较强的独立性，修辞两造符号指称晃动幅度较小，都以联接的方式进行编写。

同为聚合轴表意的产品明喻、隐喻中，明喻对两造符号指称的晃动程度要小于隐喻。明喻依赖物理相似性形成相类关系的类比，且喻底呈现在修辞文本之中，两造符号指称通过较小的晃动改造，以联接的方式进行编写。隐喻则是心理相似性形成的相合关系，需要更大程度晃动始源域符号的指称，才能以内化的方式在产品文本中进行编写。

符号消隐是一个外部事物的文化符号以物理相似性对产品进行的明喻修辞，这个符号被洗涤所有文化属性回归纯然物之后，再次以生物属性的可供性成为一个指示符的过程。它是第 8 章无意识设计系统方法中“寻找关联至直接知觉符号化”的设计方法。

以上内容是下一节主要讨论的问题，为避免重复，在此只做概述。

### 5. “晃动”的目的之五：修辞格文本间的依次渐进

产品修辞两造三元符号结构的“指称”是研究产品各种修辞格文本编写与符形分析的主要机制。在此机制下，设计师通过晃动始源域符号指称，可以达成外部文化符号在产品文本内联接、内化、符号消隐三种不同的编写方式，以及它们对应的各修辞格文本之间依次渐进的转化关系。

产品修辞活动中可以被设计师改造且能够依次渐进的，是各种修辞格所形成的修辞文本，而不是修辞的认知模式或修辞格本身。因此活动的内容是修辞文本，活动的过程是设计师对一个修辞文本中两造符号指称的不断改造，达成从转喻文本—明喻文本—隐喻文本—符号消隐（直接知觉符号化文本）间的依次渐进。

修辞格文本间依次渐进的目的，是设计师以修辞活动表意有效性为前提，在产品系统完备且稳定的基础上，通过持续晃动改造修辞两造符号指称，以修辞格文本间依次渐进的方式，对修辞文本创新性的意指不断地进行创新与探索，同时设计师从被动地选择修辞格转向主动地改造修辞格文本类型。

本章下文将以欧阳玲同学的转喻作品《小桌－衣架》为例，分别从“转喻文本—明喻文本”的渐进、“明喻文本—隐喻文本”的渐进、“隐喻文本—符号消隐（直接知觉符号化文本）”的渐进这三个阶段进行各类修辞格文本渐进的讨论。

最后，晃动改造始源域符号指称时，目标域符号指称也会随之以晃动的手段做出适配性的改造，可以说，前者是主动性晃动改造，后者是被动性晃动改造。因此，设计师对两造符号指称同时晃动改造，以此分别达到：产品修辞活动中对符号“指称”的改造、符号“意指”的调控，结构主义产品修辞始源域符号服务于目标域系统的原则，对始源域符号与目标域符号的适切性改造，不同产品修辞格认知机制、映射方式的要求，以及修辞格文本间的依次渐进的目的。

晃动修辞两造符号指称是设计师在修辞文本编写过程中最平凡、最常态化的符号加工与改造手段。在具体的文本编写活动中，常常会有晃动指称的多个目的，因此要按照具体目的下的具体晃动要求及程度，进行综合性的考量。

## 7.2.2 “晃动”在联接、内化、符号消隐三种编写方式中的表现

各类产品修辞格在文本编写时，都会以对指称的晃动作为具体的操作手段，只是不同修

辞格晃动的程度各不相同而已，后者要由各种修辞格的认知机制、映射方式所决定。

### 1. 产品提喻、转喻最小的“晃动”程度

组合轴表意的产品提喻、转喻修辞两造指称是“联接”的编写方式，因产品提喻与转喻对产品整体指称进行完形的认知机制需要，必须保留修辞两造符号指称作为认知的凸显点，以及它们与各自产品原型对应的典型性，因而对两造符号指称的晃动幅度较小，在所有修辞各种组合轴表意的提喻与转喻两造指称中对象的还原度最高，各自系统独立性最强。产品提喻、转喻修辞两造指称的晃动加工改造底线是保证指称作为认知凸显性的存在。

### 2. 产品明喻“晃动”程度小于隐喻

聚合轴表意的产品明喻与隐喻两者相比较而言，隐喻对始源域符号指称的晃动程度要远远大于明喻。这是因为，明喻是事物与产品间的物理相似性形成的相类关系的类比，且喻底呈现在修辞文本之中。明喻是始源域符号指称与目标域符号指称间的“联接”编写方式，这就要求始源域符号指称的对象在还原度及各自系统独立性方面避免较大程度晃动。明喻修辞两造指称的晃动加工改造底线是保证了两造间依赖指称内容建立的物理相似性必须存在，并以类比的关系使喻底在修辞文本中呈现。

而隐喻则是依赖事物与产品间心理相似性形成的相合关系，为达到“合则肝胆”的目的，设计师必须以适切性为原则，更大程度晃动始源域符号的指称，以始源域符号指称“内化”于产品系统的编写方式，建立两造指称心理适配基础上的心理相似性意义解释。

### 3. “晃动”明喻文本使得始源域符号属性消失，成为直接知觉的可供性信息

只要是修辞文本，无论设计师怎样晃动始源域符号指称，所形成的修辞文本结构内必定存在始源域与目标域两种符号指称，即两造符号指称共存且不可能消失，这是所有修辞文本的本质特征，也是判断产品是否使用修辞的唯一标准。

一个外部事物的文化符号以物理相似性对产品进行的明喻修辞，如果始源域符号指称因晃动导致符号的属性消隐，此时的符号对象转化为纯然物，为使用者提供直接知觉的可供性信息。这既是“符号消隐”后的直接知觉符号化文本编写方式，也是第 8 章无意识设计系统方法中“寻找关联至直接知觉符号化”的设计方法（详见 8.5.3）。

### 7.2.3 “晃动”程度、效果的判断与达成修辞格文本间的依次渐进

#### 1. 对“晃动”程度与效果的判断依据

设计师对修辞两造符号指称的晃动，以及晃动要达到怎样的最佳程度，主要由各种修辞格的认知机制与映射方式所决定。但在具体的修辞活动中，还会有以下因素决定晃动的程度与效果的判断。（1）设计师修辞文本的意图意义与意图定点的设置；（2）产品设计系统中的语境元语言、产品文本自携元语言、使用群能力元语言；（3）设计作品所需要呈现的设计风格；（4）伴随文本对修辞文本的影响与制约；（5）设计师自身的专业能力等因素。晃动的程度以及最佳效果是各种影响与制约因素综合控制下达到的最终协调与统一。

设计师对修辞两造指称晃动的程度也带来文本表意张力的强弱，这在各类产品修辞的文本表意张力分析中都做了详细说明，在此不再赘述。

#### 2. “晃动”始源域符号指称达到修辞格文本间的依次渐进

各种修辞格认知模式及编写方式之间并不是完全独立且没有关联的，设计师可以通过晃动已有修辞文本的两造符号指称，达成三种编写方式及它们对应的各种修辞格文本之间依次渐进的转化关系。其编写的实质是始源域符号的指称在文本编写时向目标域所在的产品系统结构规约一步步妥协与融入的过程，直至始源域符号指称的符号属性消失，形成可供性的直接知觉。这一过程的晃动操作手段是始源域符号与目标域符号在产品系统规约基础上协调统一的结果。

至此，设计师可以通过对两造符号指称的晃动，从之前被动地选择修辞格转向主动地控制改造修辞格文本的类型，同时达成设计活动的文化属性符号感知向生物属性直接知觉的贯通。

## 7.3 产品修辞格文本间的依次渐进

产品修辞两造三元符号结构的指称是研究产品各种修辞格文本编写与符形分析的主要机制，在此机制下的各种修辞格两造指称的编写都会按照联接、内化、符号消隐三种编写方式进行。设计师晃动修辞两造符号指称，可以达成三种编写方式及它们对应的各修辞格文本之间依次渐进的转化关系。

晃动在实际操作过程中的手段，是设计师对始源域符号指称的对象还原度，以及其系统独立性在产品文本内编写过程中有计划的改造。晃动改造始源域符号指称时，目标域符号指称也会随之以晃动的手段做出适配性的改造，可以说，前者是主动性晃动改造，后者是被动性晃动改造。因此，修辞格文本间的依次渐进需要同时针对始源域与目标域两个符号指称的晃动改造。

需要强调的是，产品修辞活动中可以被设计师改造且能够依次渐进的，是各种修辞格所形成的修辞文本，而不是修辞的认知模式或修辞格本身。

两造指称的联接、内化、符号消隐三种编写方式，以及三种编写方式与它们对应的各修辞格文本之间依次渐进的研究目的，是希望设计师可以暂时搁置各类产品修辞格的映射方式的认知理学讨论，从设计师表意目的的实践操作出发，由修辞两造的符号指称改造方式入手，探讨因指称的能动改造所带来的修辞格文本间的转换而达到的设计意图，设计师从被动地选择修辞格转向主动地改造修辞格文本类型。

联接、内化、符号消隐三种编写方式对应了不同修辞格所形成的文本之间连贯的渐进过程，但笔者更希望将此连贯的过程拆解为几个不同的阶段，以此讨论修辞格文本与修辞格文本之间渐进的理论依据与渐进的操作手段。本节选择在第 4 章提及的欧阳玲同学的转喻作品《小桌-衣架》作为案例，分别从“转喻文本—明喻文本”的渐进、“明喻文本—隐喻文本”的渐进、“隐喻文本—符号消隐（直接知觉符号化文本）”的渐进这三个阶段进行修辞格文本渐进的讨论。

## 7.3.1 转喻文本—明喻文本的渐进

倾向组合轴表意的有产品提喻与转喻，设计师经常会通过对已有的产品转喻文本进行改造，使其渐进为倾向聚合轴表意的产品明喻文本。而在讨论“转喻文本—明喻文本”的渐进前，最需要探讨的是，倾向“组合轴表意”的产品转喻是否具有转向倾向“聚合轴表意”的产品明喻的可能性。

### 1. 同为联接编写方式的转喻与明喻的差异性

（1）映射范围与映射方式上的差异

组合轴表意的产品转喻与聚合轴表意的产品明喻在映射范围与映射方式上存在着本质差

异：产品转喻的映射模式是发生在认知域或 ICM 内部，即同范畴、不同类型的两个产品依赖邻近性进行的局部指称的相互替代；而产品明喻映射模式发生在不同的认知域或 ICM 中，依赖物理相似性从一个事物的认知域的某个概念结构向产品认知域的某个概念结构的映射，形成事物与产品间相类的比对关系，因为比对的方式导致明喻的喻底在文本中呈现。

（2）不同经验层映射内容的差异

组合轴表意的产品转喻围绕“产品范畴”“类型”展开产品间局部指称的概念替代，这些替代映射的内容，在产品整体指称的经验完形中依赖的认知凸显点内容，以及产品原型的经验内容，都是使用群对产品与产品间具体物体的理性经验，即“理性经验层”的内容。

聚合轴表意的产品明喻围绕物理相似性的问题展开事物与产品间的概念映射。这些映射内容都需要设计师主观理解，并以创造性方式达成相似性的关联。产品明喻所有物理相似性所涉及的经验内容，都是属于使用群对事物与产品间非物质知识的感性经验，即“感性经验层”的内容。

（3）编写中两造指称处理方式的差异

虽然产品转喻与产品明喻在两造指称的编写时都采用“联接”的编写方式，但具体的认知方式有着本质的差异：之所以说转喻的修辞两造可以互为始源域与目标域，是因为两造指称在各自使用环境中进行各自整体指称的完形时，在场指称是作为认知凸显点的表层结构，而不在场的指称则是完形依赖的深层结构。所有在场指称都需要依赖不在场指称的系统经验获得完形，所有不在场指称都负责激活另一方在场指称的概念。为此，两造指称的对象必须以较高的还原度进行一种势均力敌的对立方式编写，且各自系统表现出较为完整的独立性。

一方面，结构主义产品明喻修辞的始源域符号必须服务于产品系统，即按照产品系统的文化规约进行始源域符号指称的改造与调整；另一方面，产品明喻是通过事物与产品间“对象-对象”的形态或“再现体-再现体”的品质建立起物理相似性的比对关系。

### 2. 转喻文本渐进为明喻文本的操作方式

（1）已有的“理性经验层”内容向“感性经验层”内容的转变

第一，《小桌—衣架》中的“小桌”与“衣架”都属于同一认知域“家具范畴”中的不同产品类型，两者具有组合轴表意的邻近性。我们讨论的“家具范畴”是指在生活经验及环境中的一种家具认知框架结构，它包含了诸如家具的品类、功能、操作、形式、材质等，它们是家具的理性经验层内容，因此可以形成局部指称相互替代的转喻（图 7-2 左）。

图 7-2　转喻文本《小桌—衣架》渐进为明喻文本

第二，从认知拓扑机制来看，任何两件事物只要能找到一个共享要素，就可以建立拓扑通道，生成明喻或隐喻[5]。如果在已有的产品转喻文本基础上渐进为明喻文本，那么必须首先要寻找到转喻文本中两个产品之间共享的相似性要素，即将《小桌—衣架》中的“小桌”与“衣架”由之前“产品范畴”这一理性经验层的内容，向各自所属的感性经验层内容分裂，它们与各自众多的产品感性的符号捆绑在一起，形成两个产品间感性经验层独立的认知域。这是两造指称间的替代关系转换为相似性关系的认知前提。

笔者在《小桌—衣架》转喻文本中通过“衣架杆”与“桌腿”建立起两造“对象-对象”间的相似性，即“衣架杆”就像是从其中一个“桌腿”上生长延伸出来的那样（图 7-2 右）。这样，之前“衣架”与“小桌”间从转喻的同一认知域中产品范畴那些“理性经验层”内容，转向明喻跨认知域之间“感性经验层”内容；从“邻近性”关系的指称间的概念替代，转向“物理相似性”的概念交换。

（2）始源域服务目标域原则下的“物理相似性”明喻修辞编写方式

一方面，当某个产品转喻文本可以被渐进为明喻文本时，始源域产品对目标域产品的关

5. 王怿旦、刘宇红、张雪梅：《隐喻、转喻与隐转喻的认知拓扑升维研究》，《外语研究》2021 年第 4 期。

系就已经从“替代对方的指称”转向“服务对方的系统”；另一方面，由转喻文本渐进的明喻文本，修辞活动中的两个产品间必须是“物理相似”的“相类”比对关系。鉴于以上两点要求，始源域的产品符号必须要按照目标域的产品系统文化规约进行必要的改造。而且在晃动指称的改造过程中务必要以两造指称对象较高还原度及各自系统独立性呈现，以确保明喻“物理相似性”的比对关系，以及这种比对关系所形成的喻底在文本中的呈现。

笔者继续在“衣架杆”与“桌腿”间建立起的物理相似性基础上，对“衣架杆”指称按照“小桌”原有产品系统规约进行晃动，使得始源域“衣架杆”的圆柱形粗细，以及颜色都向目标域“小桌”系统靠拢。

需要指出的是，笔者没有将“衣架杆”改为“桌腿”方形的原因是，圆柱形的衣架杆更像衣架，更具有“衣架”对象的较高还原度与系统独立性，这样的“联接”编写方式才能获得“物理相似性”的比对关系，明喻的喻底才能在文本中呈现。

本节讨论的修辞格文本之间的渐进，是在已有转喻文本《小桌—衣架》基础上依次展开的，为区分修辞格文本间依次渐进的文本名称，笔者将此次渐进获得的明喻文本取名为《桌腿像衣架的小桌》。

## 7.3.2 明喻文本—隐喻文本的渐进

从设计师对隐喻文本的编写角度，产品隐喻的来源可以分为两大类型：（1）设计师分别利用事物与产品间客观存在的心理相似性，或主观创造的心理相似性进行产品隐喻的构建，简称为“心理相似性的隐喻”；（2）设计师通过对其他已有修辞格文本中始源域符号指称的晃动，使得其在产品文本内形成内化的编写方式，以此达成事物与产品在心理层面相合的心理相似性关系，简称为“其他修辞格文本改造的隐喻”。

设计师通过对已有“联接”编写方式明喻文本的始源域符号指称的改造，使其渐进为“内化”编写方式的隐喻是最常见的设计活动方式。笔者在转喻文本《小桌—衣架》渐进为明喻文本《桌腿像衣架的小桌》的基础上，再次对始源域符号指称“晃动”加工与改造，使其渐进为隐喻文本。

### 1. 两造指称从明喻“相类”改造为隐喻“相合”的可能性

（1）两种相似性在编写中“相类”与“相合”的差异

聚合轴表意的产品明喻与隐喻都是跨越认知域的事物与产品间围绕相似性（明喻物理相

似性、隐喻心理相似性）展开的概念交换映射。明喻与隐喻所涉及的所有相似性都属于使用群对于事物与产品的“感性经验层”的内容。

产品明喻的相似性是事物与产品间通过“对象-对象”的形态，或是“再现体-再现体”的品质等“物理相似性”建立的相类的比对关系，因此明喻的喻底在文本中必定呈现。这就要求修辞两造在编写时尽可能以各自对象较高还原度、系统较强独立性的“联接”方式进行文本的编写。

而产品隐喻的相似性则是事物与产品间“心理相似性”的相合关系。一方面，设计师以修辞两造三元符号结构中的“对象”“再现体”“指称”的再次解释为基础，建立修辞两造在“解释项-解释项”之间意义解释的心理相似性关联，形成心理层面相合的映射模式，以此构建隐喻的修辞结构；另一方面，产品隐喻中始源域事物的符号概念映射在目标域产品上发生了概念意义的转移。以上要求始源域的符号指称在编写时尽可削弱对象的还原度，降低其系统独立性的“内化”编写方式，与目标域产品达成在心理层面的相合关系。

（2）“物理相似性”向“心理相似性”的转化

既然产品明喻与隐喻都可以通过事物“对象”的形态，或“再现体”的品质建立与产品的“物理”与“心理”的相似性关联，那么讨论联接编写方式的明喻向内化编写方式的隐喻渐进的实质，就是要讨论“物理相似性”向“心理相似性”转化的可能性与方式问题。

“物理相似性”是事物与产品间通过五感认知直接获取，依赖生活经验转化为形象思维的内容，是事物与产品间相类的类比关系。修辞两造为保证这种类比关系，喻底都会在文本中呈现，同时修辞两造双方都会保持符号对象较高的还原度，以及各自系统较完整的独立性。如果设计师“晃动”明喻文本中始源域符号对象的还原度，其对应的再现体的品质也必定发生改变，系统的独立性也随之弱化，始源域符号以“内化”的适切性编写方式融入目标域产品文本，达成两者在心理层面的相合关系，至此，修辞两造“联接”编写方式的明喻文本，可以转化为始源域“内化”至产品文本系统的隐喻文本。

### 2．明喻文本渐进为隐喻文本的操作方式

笔者在转喻文本《小桌—衣架》改造而形成的明喻文本《桌腿像衣架的小桌》（图 7-3 左）基础上，继续晃动始源域符号指称，希望这个明喻文本可以再次渐进为隐喻文本。具体操作方式如下。

明喻文本《桌腿像衣架的小桌》中的衣架杆与一个桌腿建立起“对象–对象”的物理相似性关联，即衣架杆就像是从其中一个桌腿上生长延伸出来的那样。如果这个明喻文本继续渐进为隐喻文本，那么就要对始源域符号“衣架杆”继续晃动，削弱其对象的还原度以及系统的独立性，使其以适切性的“内化”编写方式完全融入“小桌”的文本系统中去，这样才能达成隐喻两造在心理层面的相合关系。

为此，笔者对始源域符号指称的“晃动”改造以及目标域做如下调整。

第一，将衣架杆与桌腿贯通为一方形整体，就像桌腿多出的支架，这既是保留了始源域符号的功能性，也是最大程度削弱其指称对象还原度的方式。

第二，最大程度削弱“挂衣钩”原有对象的形态还原度，使其像支架上多出的可以挂衣服的凸起，指称中对象形态概念削弱至功能性的指示符这一点尤为重要。因为这样的操作可以有效删除之前明喻文本中修辞两造依赖“对象–对象”间建立的物理相似性，

第三，将整件作品处理为单一的“蓝色”，使得修辞两造在色彩上浑然一体，更能显示出修辞两造在视觉上相合的一致性（图 7–3 右）。

同样，为区分修辞格文本间依次渐进的文本名称，以便于接下来讨论“隐喻文本—符号消隐（直接知觉符号化）”的渐进，笔者将此次渐进获得的隐喻文本取名为《具有衣架功能的小桌》。

图 7–3　明喻文本《桌腿像衣架的小桌》渐进为隐喻文本

### 7.3.3 隐喻文本—符号消隐（直接知觉符号化文本）的渐进

#### 1. 是“寻找关联至直接知觉符号化”设计方法的部分编写流程

“寻找关联至直接知觉符号化”设计方法是第8章讨论的无意识设计系统方法“两种跨越”类的一种：是指一个外部事物的文化符号作为始源域对产品进行物理相似性的明喻修辞过程中，晃动其指称关系，使其以去符号的方式成为一个纯然物，再以产品使用环境中，使用者与这个纯然物之间的直接知觉符号化的方式进行文本编写（详见8.5.3）。

之所以说“隐喻文本—符号消隐（直接知觉符号化文本）”的渐进是无意识设计系统方法中“寻找关联至直接知觉符号化”设计方法中的部分编写流程，原因如下。

（1）前文已表明，“符号消隐”所形成的直接知觉符号化编写方式仅针对物理相似性明喻文本的改造。明喻指称以及其客观实体“对象”造型、“再现体”品质都是可以被我们五感的感知渠道直接感受到的内容，符号消隐编写过程中对“对象-再现体”指称的去符号化晃动，其最终结果是改造出了一组新的“纯然物-可供性”直接知觉的认知关系。而隐喻是事物与产品依赖对生活经验进行创造性意义解释而搭建起的心理相似关联。所有心理相似性的内容都是极为抽象的思维活动，它们无法通过我们的五感渠道直接被感受到，因此心理相似性的内容不可能被晃动改造为可供性的直接知觉。

（2）明喻的“物理相似性”是一种相类的比对关系，如果设计师将这种比对关系改造为“符号消隐”的直接知觉符号化编写方式，必须将明喻的始源域符号指称以“内化”的编写方式融入产品文本系统之中，形成两造“对象-对象”间在心理层面的相合关系，之后再将隐喻文本中始源域符号去除符号属性，改造为在使用环境、产品系统中具有可供性的纯然物，最后渐进为“符号消隐”的直接知觉符号化编写方式。

因此我们说，隐喻文本—符号消隐（直接知觉符号化文本）渐进中的隐喻文本必须是由一个“物理相似性”的明喻文本改造而来，直接通过“心理相似性”的隐喻文本不可能改造为直接知觉符号化编写方式。最后可以认定为，“明喻文本—隐喻文本—符号消隐”是文化符号转向直接知觉符号化的完整编写环节，而“内化隐喻”的编写方式则是必须经过的环节。

#### 2. 隐喻文本渐进为符号消隐的操作方式

笔者在明喻文本《桌腿像衣架的小桌》改造而形成的隐喻文本《具有衣架功能的小桌》（图

7-4 左）基础上，继续晃动始源域符号指称，直至其符号属性消隐，其符号对象转化为纯然物，并在使用环境中、产品系统内具有可供性的直接知觉，具体操作方式如下。

第一，去除支架上所有可以挂衣服的凸起，使得桌腿成为一条笔直的方形长杆。这样的操作处理既可以删除原有文本中“挂衣服”的指示性符号，也使得“方形长杆”成为在使用环境中，小桌系统内没有任何符号指称概念的纯然物。

第二，降低“方形长杆”高度，调整至长杆顶端具有人们随手就可以将衣服挂在上面的可供性。这一点尤为重要，直接知觉是由使用者身体与环境中事物之间提供的可供性信息，以刺激完形的方式获得的认知内容。对“方形长杆”高度的调整，即是调整其是否具有挂衣服的可供性问题。至此，我们获得了“符号消隐”的直接知觉符号化文本，笔者将其取名为《可以挂衣服的小桌》。

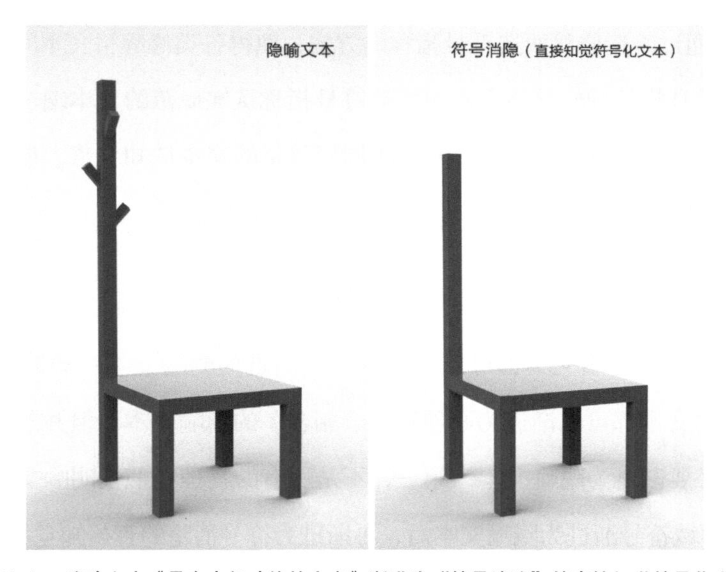


图 7-4　隐喻文本《具有衣架功能的小桌》渐进为“符号消隐”的直接知觉符号化文本

## 7.3.4 对产品修辞格文本间依次渐进的三点总结

### 1. 产品修辞活动中可以被设计师依次渐进的是“修辞文本”

产品修辞活动中可以被设计师改造且能够依次渐进的，是各种修辞格所形成的修辞文本，而不是修辞的认知模式或修辞格本身，具体分析如下。

（1）莱考夫根据结构形式的不同，将 ICM 分为命题模式、意象图式模式、隐喻模式、转喻模式四类认知模式。其中转喻模式与隐喻模式是人类重要的认知模式，它们都产生于人类对世界知识和社会文化规约的把握，以及施喻者的日常生活经验和记忆的基础之上[6]。鉴于转喻模式与隐喻模式在具体修辞活动中所涉及的认知域范围、相似性类型、映射方式等差异，很有必要将转喻模式分为提喻模式与转喻模式，把隐喻模式分为明喻模式与隐喻模式。在产品设计活动中，四种修辞的认知模式都是我们认识产品并使之与社会文化进行广泛联系的认知规律，它们更是设计师编写与使用者解读各类修辞文本时共同的认知依赖。

（2）修辞格是在不同的修辞认知模式下所形成的各种修辞活动的认知规范，这些规范来源于四种修辞的认知模式，它们对修辞活动的内容起到分类鉴别，对修辞文本的编写与解读起到指导与控制的作用。而修辞文本是设计师依赖修辞的认知模式，按照修辞格的规范要求进行产品文本编写的最终结果。

（3）设计师通过改造修辞两造符号指称的方式，使得各类修辞格文本间具有依次渐进的转换关系，其实质是将某种修辞格文本中两造符号指称认知规范的文本编写方式，转向另一种修辞格认知规范的文本编写方式，即利用不同修辞格的文本认知规范，使得一个修辞格文本向另一种修辞格文本的编写转向。

## 2. 设计师对各种修辞格文本间依次渐进的目的

第一，并非所有的转喻文本都可以或都有必要渐进为明喻文本；第二，虽然几乎所有物理相似性的明喻文本都可以渐进为心理层面“相合”的隐喻文本，但并非所有的物理相似性明喻文本都有必要渐进为隐喻文本；第三，不是所有的物理相似性明喻文本都有可能或有必要通过晃动始源域符号渐进为隐喻文本后，再渐进为符号消隐的直接知觉符号化文本。

因此，就如同产品提喻文本渐进为其他修辞格文本没有太大的价值那样，产品修辞格文本之间渐进的必要性由设计活动的目的与文本表意的价值所决定。修辞格文本之间的依次渐进，只能表明设计师具有对产品各种修辞格文本能动的驾驭与改造能力，并不代表设计活动的目的与文本表意的价值。

6. 马真真、王震、杨新亮：《理想化认知模型四种类型关系探讨》，《现代语文》2011 年第 10 期。

### 3. 依次渐进中省略的编写流程与必定存在的完整认知过程

产品修辞格文本之间存在多种渐进的可能性，有相邻两个修辞格文本之间的渐进与多个修辞格文本之间的依次渐进两种。多个修辞格文本之间的依次渐进主要是“转喻文本—明喻文本—隐喻文本”间的依次渐进，以及“明喻文本—隐喻文本—符号消隐”间的依次渐进。在这两种修辞格文本间依次渐进的转化过程中，设计师常常省略掉中间渐进环节的编写流程，即在“转喻文本—明喻文本—隐喻文本”依次渐进的转化关系中省略“明喻文本”的编写流程，直接讨论“转喻文本—隐喻文本”的转化；在“明喻文本—隐喻文本—符号消隐”的依次渐进中，省略“隐喻文本”的编写流程，直接讨论“明喻文本—符号消隐”的转化。但在设计师修辞活动的完整认知过程中，各种修辞格文本间依次渐进的完整加工过程必定存在，不可能省略，这是因为修辞活动的普遍认知规律是不可能改变的，使用者同样也依赖修辞活动的认知规律，进行修辞文本的意义解读。

（1）产品转喻文本向隐喻文本的渐进必定要经历明喻的编写方式

首先，设计师要从转喻文本中已有的邻近性“理性经验层”内容，转向明喻中相似性的“感性经验层”内容，这使得修辞活动中的两个产品从同一范畴的“理性经验认知域”，分裂为两个各自独立的“感性经验认知域”，形成跨认知域的物理相似性概念映射。之后才能从跨认知域的“物理相似性”明喻文本，通过晃动始源域符号指称，以“内化”的编写方式融入产品文本系统之中，形成在心理层面相合的隐喻的映射关系。

（2）产品明喻文本转化为“符号消隐”必定要经历隐喻的渐进

明喻的“物理相似性”是一种相类的比对关系，如果设计师将这种比对关系改造为“符号消隐”的直接知觉符号化编写方式，必须将明喻文本中的始源域符号指称以“内化”的编写方式融入产品文本系统之中，形成在心理层面相合的隐喻映射关系。之后再将隐喻文本中始源域符号去除符号属性，改造为在使用环境、产品系统中具有可供性的纯然物，最后渐进为“符号消隐”的直接知觉符号化文本编写方式。

## 7.4 产品系统构建的“四体演进”与产品修辞格文本间的依次渐进

四体演进的观点，最早出自意大利思想家维柯（Vico）。18 世纪初，维柯在《新科学》

一书中把人类历史划分为神、英雄、凡人、颓废四个时期，并用修辞表意分别描述这四个阶段。他提出，人类在神祇时期将精神赋予万物，以隐喻为主；英雄时期将精神寄予特殊人物，以转喻为主；凡人时期则共享某种精神，将特殊化为一般，以提喻为主；颓废时期则走向谎言，以反讽为主[7]。

任何一种文化发展的进程都以修辞活动的“四体演进”态势展开，指隐喻、转喻、提喻、反讽这四种修辞格不断演进的形态和过程，具体表现为：隐喻（异之同）—转喻（同之异）—提喻（分之合）—反讽（合之分）。“四体演进”被认为是人类文化演进的一般规律，美国思想家卡勒提出，它不仅是“人类掌握世界的方式之一”，而且是“唯一体系”[8]。詹姆逊（Jamason）和卡勒认为修辞四格推进是“历史规律”，是人类文化大规模的“概念基型”[9]。

赵毅衡认为在文化发展的进程中，各种修辞格之间之所以可以发生“四体演进”，原因是任何一种表意方式，不可避免会走向自身的否定。形式淡化就是文化史随着程式的过熟，必然走向自我怀疑，自我解构。任何教条、任何概念，甚至任何事业，它们本质上都是一种符号表意的修辞模式，只要是一种表意方式，就很难逃脱这个演变规律[10]。根据“四体演进”理论，以及前文对产品修辞格文本间依次渐进的讨论，笔者推论如下。

（1）产品设计活动中“四体演进”针对的内容是产品系统，活动的目的是产品系统的构建过程。产品系统作为人类文化发展的组成部分，其系统构建与发展的过程也是以修辞活动的“四体演进”为顺序而展开的。自从创造出某一新的产品类型，我们便在对该产品的使用过程中，依赖各种生活经验与文化符号逐步认识这一新产品类型，并构建起产品系统，修辞格的“四体演进”就是这个产品系统“创建—发展—完备—修正（重建）”的一般发展演变规律。

（2）产品修辞活动是我们通过外部事物与产品间的相互修辞获得产品与文化环境中各种事物的广泛联系，这是产品融入社会文化的唯一途径。因此，产品修辞活动中的修辞格文本间的依次渐进针对的内容是修辞文本。它体现了设计师对各种修辞格文本的改造能力，是设计师以修辞活动表意有效性为前提，在产品系统完备且稳定的基础上，通过不断晃动改造修

---

7. 陆正兰、李俊欣：《论游戏表意的四体演进：一个符号修辞学分析》，《现代传播》2021 年第 2 期。

8. Jonathan Culler, *The Pursuit of Signs*, Ithaca:Cornell University Press, p.65.

9. 赵毅衡：《符号学原理与推演》，南京大学出版社，2016，第 214 页。

10. 同上书，第 216 页。

辞两造符号指称，以修辞格文本间依次渐进的方式，对修辞文本创新性的意指不断进行的创新与探索。

### 7.4.1 “四体演进”是作为文化活动的产品系统自身发展的演变规律

产品系统是产品在社会文化活动中的重要组成方式，它是以产品为中心，按照环境、产品、使用群三者之间的关系组织构建而成。修辞格的“四体演进”是在每一次的设计活动中对产品系统展开具体且系统化的构建过程。

莱考夫与约翰逊的修辞理论表明，我们构建产品系统的方式是利用外部事物的文化符号对产品系统内的各组成内容进行的普遍解释。正因如此，产品系统的各组成内容被普遍修辞后所形成的文化规约，又会作为产品修辞活动的目标域（外部事物对产品的修辞）或始源域（产品对外部事物的修辞）的符号来源。笔者结合图 7-5，对产品系统构建过程中的修辞格“四体演进”做如下分析。

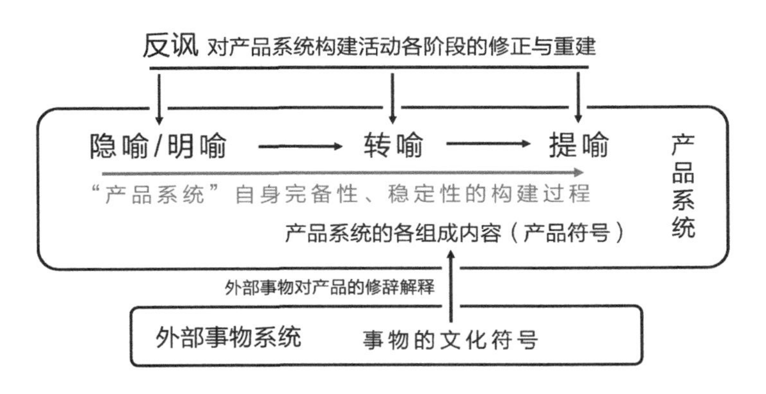


图 7-5 产品系统发展演变中修辞格的“四体演进”

#### 1. 明喻 / 隐喻：对产品系统构建的最初方式

明喻 / 隐喻是人类对事物最为普遍的一种认知模式，它是人类群体利用直接经验去认知世界的一种基本方式。当我们创新出一个新的产品类型之后，要对这个新产品进行系统的构建，我们通常都会用外部事物中那些与这个产品系统内组成内容具有“物理相似”与“心理相似”的符号，通过“异之同”的修辞方式认识该产品，建立新产品类型与我们在文化生活中的各种关联方式，当这些关联以约定俗成的文化规约被我们理解、接受，那么产品系统也就被我们构建。

### 2. 转喻：产品系统与产品系统间局部概念互换的交流方式

在对某个产品系统有了较为完整的认识后，接下来我们就会尝试与另一个可以被我们完整认识的产品系统（可视为外部事物系统的一种）进行系统间局部概念互换的对等交流。之所以说交流是对等的，是因为在“同之异”的转喻文本中，两个系统都可以在各自的使用环境中获得整体指称的认定。前文我们讨论转喻时已经表明，一旦某方产品的局部概念服务于对方的产品系统，那么前者就为对方产品系统增加文化符号的明喻或隐喻。

产品转喻必须建立在我们对两个产品系统及其产品原型较为熟知的前提下，依赖任何一方的使用环境提供适配的信息，以及对应的产品原型经验，加以整体指称的概念完形，即表现为不在场的符号指称激活对方在场符号指称的概念。

### 3. 提喻：我们对产品系统熟悉程度最高的认知表现

只有当一个产品系统发展到非常完备，也只有当我们完全熟知了产品系统的组成、系统内组成的主次关系，以及系统内哪些局部概念具有认知的凸显性，甚至熟知在使用环境中，哪个认知凸显性的局部概念具有在环境中的凸显唯一性，我们才能操控提喻修辞。

与此同时，我们需要对所提喻的产品系统足够熟悉，同时能够在使用环境中对所有可能出现的其他产品系统中凸显概念的熟练比较。只有这样，产品提喻才能依赖产品系统内具有认知凸显点的符号指称，以及与其产品原型对应的典型性，以“分之合”的方式在使用环境内通过经验完形获得整体指称的认定。

### 4. 反讽：对产品系统构建活动各阶段的修正与重建

在修辞格的四体演进规律中，我们可以看到，每一个产品修辞格都是对前一个修辞格的否定，而反讽可以做到对每一种产品修辞格的否定。一、产品明喻与隐喻依赖外部符号与产品系统内相关符号的相似性进行关联；而反讽则依赖外部事物的文化符号针对产品系统内产品符号进行系统的瓦解或规约否定；二、产品转喻是邻近的产品系统间局部概念的合作，而反讽则是邻近的产品系统间局部概念的分歧；三、产品提喻是产品系统中的部分替代这个系统整体，而反讽则是产品系统中的部分对系统整体的排斥。因此，反讽可以认为是对所有产品修辞格的“总否定”。

按照修辞的表意目的分类，反讽可以分为两大类型：一是对原有产品系统的瓦解与系统内部符号规约的否定，这类主要运用在“产品思辨设计”类型中；二是产品整体指称的创新，即新产品类型的创新。由于反讽可以针对所有产品修辞格进行各种方式的逐一否定，因此反讽在产品系统的构建过程中起到修正作用，在产品系统完善时起到重建的作用。可以说，一个产品系统在其各个阶段的修正或重建必须依赖反讽，这也推论表明，所有新的产品类型的创新即是反讽。

## 7.4.2 修辞格文本间依次渐进是依赖“产品系统”对文本意指创新的不断探索

结构主义产品修辞活动的根本目的，并非是对产品系统的再次发展或完善，产品系统在此活动中的责任是借助其完备且稳定的文化规约进行修辞文本意义的有效传递。

产品修辞格文本在设计师编写过程中形成的依次渐进（图 7-6），其活动的内容是修辞文本；其目的是设计师以修辞活动表意有效性为前提，在产品系统完备且稳定的基础上，通过不断晃动改造修辞两造符号指称，达成从转喻文本—明喻文本—隐喻文本—符号消隐（直接知觉符号化文本）的依次渐进，对修辞文本创新性的意指不断地进行创新与探索。

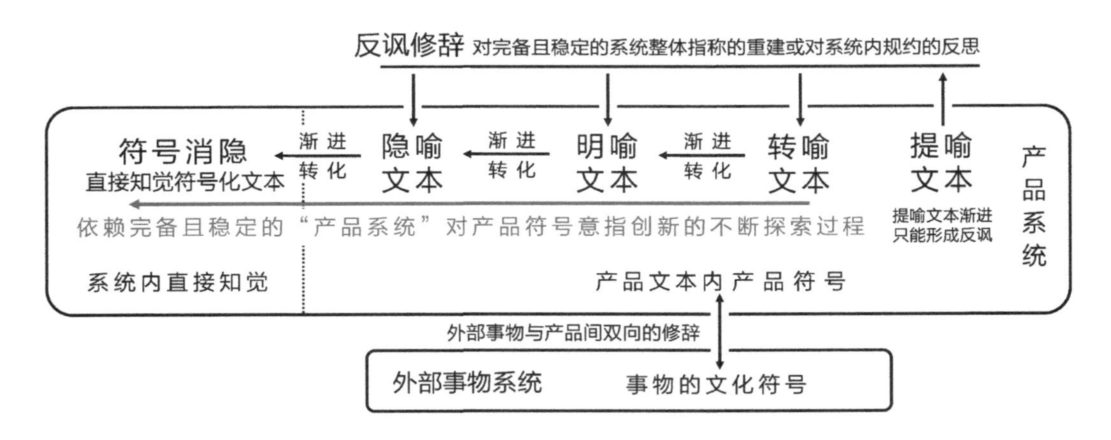


图 7-6　产品修辞格文本在编写中依次渐进的转化关系

### 1. 产品各修辞格创新产品系统内符号意指的不同方式

就所有产品修辞在认知活动的根本目的而言，产品修辞是设计师通过外部事物文化符号（提喻是自身内部符号）对产品的解释而形成的修辞文本，并在修辞活动中创建的新意指关系。

（1）组合轴表意的提喻与转喻创新的意指关系有些可以依赖使用群“理性经验层”的内容，即依赖产品系统内容以及产品原型的经验完形获得意指创新的内容，这也是它们对产品系统及产品原型的依赖所形成的结构主义产品修辞的原因。

（2）聚合轴表意的产品明喻、产品隐喻中，那些通过“感性经验层”的内容，以相似性建立起的明喻及隐喻则需要借助使用群语言的深层结构，探索并重新构建新的意指关系，它们的文本意义呈现结构主义的有效且宽幅特征。

（3）产品明喻中还包括“强制性关联”的明喻，在隐喻中也包含一些纯粹是设计师个体主观意识表达的隐喻，它们都是后结构主义的产品修辞方式。结构主义产品修辞的目的是，依赖完备且稳定的产品系统，对产品符号意指创新的内容进行文本表意的有效传递；而产品明喻、隐喻中的后结构主义修辞方式，是为了创新而去创新产品符号的新意指，这些“创新的意指”很难成为产品系统内新增的产品符号，因为它们意指关系并非符合使用群的文化规约。当然，除非这些修辞成为文化环境中的一种象征。

以上的讨论也正如本书按照提喻、转喻、明喻、隐喻的顺序讨论产品修辞那样，四种修辞格在修辞两造映射的认知域及范围从“窄”至“宽”的差异为：产品提喻发生在产品系统的内部；转喻发生在同范畴、不同类型的产品系统之间；明喻的物理相似性发生在跨越认知域的事物与产品间；隐喻的心理相似性不但发生在跨越认知域的事物与产品间，还强调对心理相似性的主观创造。

### 2. 修辞格文本间依次渐进创新符号意指的目的

就设计师在对转喻文本—明喻文本，明喻文本—隐喻文本，明喻文本—隐喻文本—符号消隐（直接知觉符号化文本）依次渐进创新符号意指的目的而言，我们可以做如下分析。

（1）转喻文本—明喻文本的渐进，是使用者“理性经验层”中依赖产品系统内容及产品原型进行经验完形获得文本意义，渐进为使用者依赖“感性经验层”中物理相似性，通过相类的比对关系，以语言深层结构对意指关系重建构建的方式提供文本意义解释的内容。

（2）明喻文本—隐喻文本的渐进，是“感性经验层”中的物理相似性的相类比对关系，渐进为心理相似性的相合关系，隐喻中的始源域概念在修辞过程中发生了意义的转移，这为语言的深层结构在重新构建意指关系上加大了难度，出现隐喻文本意义“可意会不可言说”的趣味。正因如此，戴维森提出“语言不是解释隐喻的适当货币”[11]。

（3）明喻文本—隐喻文本—符号消隐（直接知觉符号化文本）的渐进，不是针对“心理相似”隐喻文本的直接改造，而是对以“物理相似”的明喻文本为基础，对始源域符号途径隐喻的相合改造，再以去符号化的方式成为产品系统中依赖直接知觉所形成的可供性关系。因此，一个“明喻文本”途径隐喻渐进为“符号消隐”，是使用群的文化符号向它们生物属性的直接知觉的探索，并以此形成新的符号（指示行为与操作的指示符）。

### 7.4.3 修辞格文本间依次渐进将“提喻”与“反讽”排除在外的原因

#### 1．对提喻文本的始源域符号指称改造只能形成反讽

产品提喻文本无法渐进为其他结构主义修辞格类型的原因，是由产品提喻的始源域符号来源以及认知机制所决定的。

（1）产品提喻的始源域符号是这个产品的“局部指称”，目标域则是产品的“整体指称”，在提喻文本中，“整体指称”作为目标域是不在场的。也就是说，产品系统的类型不可能直接依赖提喻文本获得认定，必须依赖在场的具有认知凸显性的“局部指称”进行“整体指称”的经验完形。如果提喻文本希望渐进为其他的修辞格，那么必定要对在场的那个具有认知凸显性的“局部指称”进行对象还原度及系统独立性的改造，这势必会打破始源域符号与产品原型的对应关系，拉远始源域符号指称与其所属产品系统的认知距离。

（2）产品提喻的形成及文本编写方式有两类：一类是始源域符号完全替代产品整体指称，另一类是始源域符号非完全替代产品整体指称。如果改造第一类提喻文本的始源域符号，当这个符号指称丧失了与产品原型对应的典型性，同时这个符号指称又完全替代了产品整体指称，这个被改造后的符号指称很有可能会完形出一个全新的产品整体指称概念，以此塑造出一个新的产品类型。如果对第二类提喻文本的始源域符号指称进行改造，同样，当其丧失了与产品原型对应的典型性，那么这个被改造的始源域符号则是对其文本中原来那个位置符号的否定，即改造后的符号指称概念对未改造符号指称概念的否定。

---

11. 马蒂尼奇：《语言哲学》，牟博译，商务印书馆，1998，第867页。

### 2．反讽的任务始终针对产品系统或系统内规约进行否定

（1）修辞格文本间依次渐进将反讽排除在外的原因很简单：反讽与提喻、转喻、明喻、隐喻四种修辞格有着本质的区别，四种修辞格都力求修辞两造的符号对象异同衔接，都希望通过新符号进入产品文本编写后保持原有的产品系统的完整性。而反讽的任务是强调符号对象间的排斥与冲突，希望依赖一个外部符号进入产品系统或通过产品系统内部符号，对产品系统进行否定或瓦解，或者创造出新的产品系统类型。因而，反讽具有鲜明的后结构主义特征。

除反讽外的其他修辞格，在文本编写时都依赖产品系统，即使是明喻中强制关联的后结构主义表意方式，都依赖产品系统向使用者表述产品所属的具体类型。反讽的任务始终针对产品系统或系统内规约进行否定，导致反讽的修辞文本不可能渐进为其他的修辞格，但其他的修辞格都可以通过各种否的方式成为反讽。

其他修辞格都可以通过改造成为反讽，但这并不是渐进的方式。修辞格文本间依次渐进的目的是依赖产品系统对文化规约意指关系的探索创新，而各种修辞格改造形成反讽的途径，无一例外都是对产品系统的背离，并且自始至终都针对产品系统的否定，要么对其整体否定，要么对其局部否定。

（2）需要对反讽在四体演进与修辞格文本间依次渐进活动中的作用进行补充说明的是，它对两种活动进行否定的对象与方式是一致的：一、都针对产品系统的整体，或是系统内的符号规约展开否定；二、在“四体演进”中都可以在产品系统构建的完整过程中，对每一修辞演进做出对产品系统的修正与重建。在修辞文本的编写活动中，我们都可以对修辞文本的每一种修辞格做出对完备且稳定的系统整体指称的重建或对系统内规约的反思。

最后，我们可以得出这样的结论：（1）文化发展进程中的“四体演进”是针对产品系统的发展演变规律而言，产品系统依次通过不同的修辞方式获得自身完备性、稳定性的构建过程；（2）设计师对已有修辞文本的改造，达成修辞格文本之间的依次渐进，则是在产品系统完备且稳定的基础上确保修辞活动表意的有效性。通过文化符号与产品间的修辞，对修辞文本创新性的意指不断创新与探索的过程，创新的符号意指在文本的解读过程中为解读者带来获意的乐趣，这是所有产品修辞文本在表意上的最终目的。

## 7.5 本章小结

本章的小结可以视为是对本书讨论产品修辞的第 4 章至第 7 章的整体总结。

（1）笔者在第 4 章中强调了皮尔斯三元符号结构讨论产品修辞文本符形分析的适用性，同时，明确了产品修辞是建立在系统化逻辑层级基础上的研究。第一，产品修辞是认知修辞，结构主义产品修辞研究应该以使用者与产品间的知觉、经验、符号感知为中心，以“认知统摄”作为产品修辞的研究范式，之后的产品修辞研究路径、研究机制、研究手段等阶段，都必须在认知的统摄下展开。第二，以莱考夫提出的理想化认知模型的四类认知模式、认知域、修辞两造映射的范围与映射方式，以及雅柯布森“组合-转喻”与“聚合-隐喻”两大表意倾向为基础对产品修辞格进行细分，作为产品修辞的研究路径。第三，修辞两造三元符号结构的“指称”是产品修辞具体的研究机制。“指称”是特指皮尔斯三元符号结构“对象-再现体-解释项”中“对象-再现体”所建立的关联方式。第四，设计师对修辞两造符号指称的晃动加工与改造则是研究机制下的具体操作手段。

（2）在第 5 章中选择的产品修辞研究路径表明，产品修辞研究必须回到认知语言学的符号文本结构层面，不再受传统语言修辞理论的干扰束缚，转向认知修辞的研究。索绪尔语言符号学认为，人类大脑语言工作区分为“组合”与“聚合”，所有的符号表意都必须同时使用组合轴与聚合轴。雅柯布森以索绪尔语言符号学中的组合轴、聚合轴表意为基础推论认为，在修辞活动中，不同文本可以有偏向组合或聚合的表意倾向：倾向组合轴表意的，各组分互相之间的关系是邻近的关系，是“组合-转喻”的方式；倾向聚合轴表意的，各组分互相之间的关系依赖相似性，是“聚合-隐喻”的方式。认知语言学认为，“转喻”与“隐喻”是人类基本的认知手段[12]。

产品设计活动中，设计师的文本构思过程、文本编写过程，使用者的文本解读过程，无不受控于语言的思维模式。因而，组合轴、聚合轴表意是设计活动思考方式与行为方式的两个最基本的维度。产品的认知修辞活动在组织编写的过程中，可视为通过两造符号指称间的映射方式，达成事物与产品间两个系统局部概念的“替代”或“交换”。笔者在雅柯布森双轴表意的“组合-转喻”与“聚合-隐喻”的基础上，对产品修辞格进行了再次细分：倾向组

---

12. 张炜炜：《隐喻与转喻研究》，外语教学与研究出版社，2020，第 31 页。

合轴表意的有产品提喻、产品转喻，倾向聚合轴表意的有产品明喻、产品隐喻。

（3）我们在第5章与第6章分别对组合轴表意的产品提喻、转喻，聚合轴表意的产品明喻、隐喻展开详细的讨论：组合轴表意的产品提喻与转喻在修辞活动中所“替代”的指称概念、这些指称作为认知凸显点，以及产品原型的经验等所有内容，都是属于使用群对于产品的“理性经验层”的内容。产品提喻是一个产品内局部指称的概念“替代”了其整体指称的概念，产品转喻是同范畴、不同类型的产品间局部指称的概念“替代”。提喻与转喻在整体指称的完形过程中对于产品系统及产品原型的依赖，表明产品提喻与转喻必定是结构主义的产品修辞。

聚合轴表意的产品明喻与隐喻所“交换”的相似性内容，无论是明喻的物理相似性，还是隐喻的心理相似性，都属于使用群对于事物与产品的“感性经验层”的内容。产品明喻是依赖事物与产品间通过对象形态或再现体品质建立起的“物理相似性”进行的局部概念意义的“交换”；产品隐喻是依赖事物与产品间客观存在的，或主观创造的“心理相似性”进行的局部概念意义的“交换”。产品明喻中还包括“强制性关联”的明喻，在隐喻中也包含一些设计师个体主观意识所认定的心理相似性关联，它们都是后结构主义的产品修辞方式。

（4）第7章主要表明的是，雅柯布森对索绪尔组合轴与聚合轴表意倾向，以及莱考夫和约翰逊提出的概念映射，都是修辞活动的具体认知方式。这些认知方式虽清晰描述了产品各种修辞格的两造指称在文本结构组成方式上的关联状态，但无法指明修辞两造指称如何达成这样的关联状态，对于广大设计实践者并没有起到实际的操作指导作用。

如果说产品修辞的概念“替代”与“交换”映射是修辞活动的基本认知方式，那么设计师对修辞两造指称的联接、内化、符号消隐三种编写方式则是认知方式在文本编写中得以实现的方式。而“晃动”则是在三种编写方式中对修辞两造符号指称加工与改造的具体手段。更为重要的是，“晃动”可以达成三种编写方式及它们对应的各修辞格文本之间依次渐进的转化关系，以及文化属性的符号感知与生物属性的直接知觉之间的贯穿，最终达到设计师对修辞格主动控制及修辞文本转化的目的，并使之成为产品修辞实践的有效指导工具。

（5）“产品系统”在文化发展进程中通过各种修辞格以“四体演进”的方式发展演变规律，与设计师对修辞文本的改造达成修辞格文本之间的依次渐进在转化的过程中呈现方向相反的状态。这是因为，前者是对产品系统的构建，后者则是对产品系统的利用，即设计师在产品系统完备且稳定的基础上确保修辞活动表意的有效性，通过不断晃动改造修辞两造符号指称，以修辞格文本间依次渐进的方式，对修辞文本创新性的意指不断地进行创新与探索。

最后笔者要表明的是，产品设计活动是普遍的修辞，人类依赖符号的修辞来认识新事物，创建新感知，修辞是我们认识世界最基本的认知方式 。因此，我们没必要用这种最基本的认知方式作为我们设计活动的目的。我们应该熟练地驾驭各类产品修辞格，更多地去追求产品文本表意的创新内容，以及产品文本在设计活动中、社会文化中所创造出的价值。

# 第 8 章
# 典型结构主义的无意识设计系统方法

深泽直人对“客观写生”与“寻找关联”的分类方式，与笔者对产品语言来源于使用者在产品系统内与产品间知觉、经验、符号感知三种完整的认知方式的界定是较为一致的：“客观写生”中那些产品系统内新生成的符号规约，是三种认知方式中直接知觉的符号化，与集体无意识产品的符号化后所形成的新符号。而“寻找关联”是普遍的修辞，修辞两造中无论是产品符号还是外部事物的文化符号，都是我们分别对产品系统内的产品经验、外部事物系统内的事物经验以使用群文化规约为基础进行的意义解释，以此建立事物与产品的关联。

由于深泽直人对无意识设计方法的分类过于笼统，本章按照四种符号规约的来源，以及它们在产品文本中的表意目的、编写方式，对已有两大基础类型进行补充，并对类型进行系统化的设计方法再细分，最终分为“三大类型、六种设计方法”的无意识设计系统方法，并同时对各种设计方法进行文本编写流程以及符形分析。

无意识设计之所以具有典型结构主义特征，一方面，无意识设计活动围绕在三类环境中的四种符号规约展开：直接知觉的符号化、集体无意识的符号化、外部事物的文化符号、产品文本自携元语言。四种符号规约具有使用群的“先验”与“既有”特征，保证了文本表意的精准与有效传递。另一方面，这些符号规约在文本编写时，也必须受到产品设计系统内各类元语言文化规约的协调与调控。这两点是无意识设计系统方法文本表意有效性的基础，也是其典型结构主义文本编写方式的特征体现。四种不同的符号规约也表明，无意识设计首次通过使用者所处的三类环境（非经验化环境、经验化环境、文化符号环境），以使用者对产品的知觉 - 经验 - 符号感知三种完整的认知方式，将其生物属性与文化感知进行贯穿。

本章在深泽直人提出的无意识设计方法两大基础类型上进行补充与设计方法的细分，同时讨论各方法的文本编写与符形分析，这种讨论是以前几章的内容作为基础的。以人文主义质化研究的方式对无意识设计类型的补充与方法细分，以及各种设计方法的文本编写符形分析，其实质是建立在结构主义产品设计活动基础上，对产品文本表意有效性的方法总结，使之成为设计师在产品表意活动中行之有效的系统化工具。

# 8.1 无意识设计方法的两大基础类型

## 8.1.1 深泽直人与无意识设计方法

### 1.《设计的生态学》对无意识设计方法的概述

随着20世纪末21世纪初的人类第三次科技革命的到来、生产力的高速发展，人类的生活方式及生活品质得到显著提升，产品逐步由功能需求转向情感需求。人与产品间情感化的交流，以及产品自身情感化的表达，导致后现代主义产品风格的兴起。但在众多以情感交流为目的的设计方法指导下的产品设计，无不透露出设计师主观情绪和个体意志的过度表达，甚至是情感化的宣泄，以至于使用者被迫去接受设计师主观意识的情感交流。

1998年，深泽直人组织了一场名为“无意识设计”的工作坊，希望通过无意识设计来达到去除过多设计师主观表达的设计思考。深泽直人在其访谈类著作《设计的生态学》一书中认为，当今的设计过多地强调视觉与其他各种感官的刺激，对于使用者而言，这些刺激并非好事，当今设计作品带来的刺激实质，是让使用者有意识地被迫关注那些信息，使用者为此逐渐丧失了自我的主观体验[1]。他希望通过使用者与产品之间所建立起的“无意识感知”，达到主客观之间和谐的关系，并认为无意识设计是使用者对产品不假思索的使用过程，其途径将直接知觉与集体无意识引发的行为或心理转化为可见之物[2]。

英国著名设计师贾斯珀·莫里森（Jasper Morrison）认为，深泽直人的无意识设计方法是挖掘深层次的人类感知来展开设计的，这些被称为经验的无意识都是其在日常环境中的获取；各类系统中的符号，经由深泽直人的思考，那些具有人文素养的符号经过推翻、重建、模仿等方式，成为无意识的设计作品[3]。深泽直人认为无意识作为一种心理因素的先验存在，在所有的产品设计领域都会被运用到。这是因为，从人性化的角度考量使用者的潜在内心需求，产品便会符合使用者原有的心理感受和行为习惯[4]。深泽直人提出的无意识设计方法已被众多设计师学习效仿，并由日本当代设计师继续向前推进并拓展。

---

1. 后藤武、佐佐木正人、深泽直人：《设计的生态学》，黄友玫译，广西师范大学出版社，2016，第171页。
2. 深泽直人：《深泽直人》，路意译，浙江人民出版社，2016，第7页。
3. 后藤武、佐佐木正人、深泽直人：《设计的生态学》，黄友玫译，广西师范大学出版社，2016，第171页。
4. 深泽直人：《深泽直人》，路意译，浙江人民出版社，2016，第37页。

### 2. 无意识设计是“设计方法”而非“设计风格”

国内设计界普遍将无意识设计定义为一种简约风格而非方法，一些研究者常将无意识设计作为日本现代设计的风格，并与欧美设计风格进行比较。国内一些时尚杂志将无意识设计当作一种与日本传统文化一并组合讨论的文化时尚在宣传，他们一度认为，日本的传统文化思想是形成深泽直人无意识设计风格的直接原因。导致这样的原因有两点：（1）在当代国际设计领域，只有日本设计界正式提出以使用者的无意识作为设计活动出发点的“无意识设计”概念，并形成了一种特有的设计范式；（2）深泽直人无意识设计思想与理念对日本设计界、设计教育界产生普遍的影响，这使得“无意识设计”成为日本当代设计的代名词。

黑格尔认为“方法”是人类认识世界并改造世界的工具，这种工具是主观的改造手段，人类通过这一工具使得主观与客观产生关系，并探索出方式、规律和程序等。“设计方法”是指在某一类型的设计活动中，设计师通过分析、演绎、归纳等逻辑思维方式总结或提出某种有效的理论依据，或以理论模型作为设计实践的指导方略。作为设计方法，其贯穿并指导整个设计活动[5]。

黑格尔认为“风格”是文艺作品中可以体现作者的表现方式与人格特征的那些特点。设计风格是设计作品内容与形式获得统一后的呈现方式，它是设计师个性特征与社会、时代环境下形成的作品语言。设计师个体的生活经历、个体无意识情结、审美倾向等是形成设计风格的主观因素；客观因素则是时代、环境对设计师个体的影响，以及指导设计师设计活动的设计方法。

设计方法与设计风格是不同的概念，但两者又不可能割裂开来讨论。（1）设计作品的风格要通过设计师运用设计方法作为实施的手段，设计方法的理论依据是设计风格的指导，设计方法决定风格的样式与趋向；（2）方法是人类认识客观世界后对其的改造方式，随着时代进步发展，以及设计师个体认知对设计方法的改造，设计风格也不断呈现新的面貌；（3）不同设计师个体对相同设计方法的不同解释与运用，呈现多元化的处理手段，形成不同样式的设计风格。

---

5. 张剑：《概念产品化与创新设计方法：以国际设计大赛带动设计教学》，《装饰》2017 年第 10 期。

### 3. 无意识设计的发展呈现方法的多样化

英年早逝的著名设计师仓俣史朗（Shiro Kuramata），就曾在深泽直人正式提出无意识设计概念前的10—20年间，通过产品的视错觉、设置心理悬念等，来尝试改变使用者原有的无意识感知，并试图控制他们的心理情绪，他的作品给之后无意识设计中的心理控制与视错觉设置设计带来了启发。深泽直人早期作品偏向于通过直接知觉的符号化，以及对集体无意识的体验与验证，准确而有效地传递了功能与指示的符号意义，其文本编写具有典型的结构主义特征[6]。

日本当代一些设计师对无意识设计方法做过不同方式的创新：佐藤大的作品自如地将无意识的概念融入产品的造型及感受的各个层面，其作品大多以文化符号修辞产品的方式向使用者传递设计师个体感知[7]；铃木康広（Yasuhiro Suzuki）的作品则以产品为载体，服务并解释社会文化现象或事物，他强调个体无意识被放大后引发集体无意识的共鸣，其作品文本多以多重符号编写的方式进行意义表达，作品具有极强的叙事特征。

设计方法是设计活动的工具，每一位设计师在设计方法面前都具有较强的主观能动性。他们不断对已有的方法进行加工改造，以自己的理解方式对方法再次解释，使之成为更适合自身特质的有效设计工具。设计方法不断改造，形成了不同风格的设计作品[8]。正如18世纪法国作家、博物学家布封（Buffon）所说，“风格即其人”。设计风格是设计师个体主观力量的呈现，设计方法是其施展这股力量的工具和手段。

本章对深泽直人无意识设计方法的讨论，一方面要避免其现有设计类型的限定，另一方面也要抛开日本众多设计师个体多元化的感知而形成的风格化干扰。设计师寻找并探讨利用使用群无意识进行设计活动的手段，并对其按照使用群认知世界的知觉、经验、产品符号，以及产品符号与外部事物文化符号普遍修辞方式进行有效的分类，使之成为可以被操作实施的系统化有效工具。

---

6. 张剑：《概念产品化与创新设计方法：以国际设计大赛带动设计教学》,《装饰》2017年第10期。

7. 同上。

8. 同上。

## 8.1.2 深泽直人以“表面经验”与“知觉-符号”对无意识设计的两种分类方式

深泽直人按照吉布森视知觉理论与直接知觉的可供性概念对无意识设计进行了两种方式的分类：一种是从产品与介质的边界所形成的表面经验出发进行分类，另一种是从产品在环境中与使用者的知觉-符号感知关系出发进行分类。

### 1. 第一种分类方式：从产品与介质的边界所形成的表面经验出发

吉布森的视知觉理论认为，所谓的表面，是空气这一介质与事物之间所形成的界限，所有事物的形态都依赖这个界限得以判断，事物与介质间的界限成为我们识别事物的经验。从吉布森视知觉理论的介质与表面经验入手，深泽直人提出基于形态及材质表面处理的无意识设计方法，分为四种：表面经验、表面经验的修正、表面经验的表现、表面经验的混合[9]。

如果用吉布森的直接知觉理论结合符号学中的修辞手法，我们可以清晰地看到，深泽直人“无意识表面经验设计方法”中，四种设计类型的实质分别为：

（1）表面经验：环境中的事物通过个体生物属性的可供性获得信息的刺激完形，这是直接知觉在产品中的利用；

（2）表面经验的修正：直接知觉被个体的经验进行修正或改造，并成为具有感知的符号；

（3）表面经验的表现：被修正或改造的表面经验符号与另一个符号之间所进行的修辞；

（4）表面经验的混合：具有叙事特征的多个符号间多重的修辞表意。

### 2. 第二种分类方式：从产品在环境中与使用者的知觉-符号关系出发

符号学作为一门研究人类感知的哲学已历经百年，流派与研究方向众多，始终有两个基本问题：符号的感知意义是如何产生的，一个符号的品质是如何被另一个符号做意义解释。深泽直人的这种分类方式与符号学的研究目的具有高度的一致性，它明显涉及上述的两个基本问题：产品符号的感知意义是如何产生的，产品文本内符号的品质是如何被一个外部符号进行意义解释的。深泽直人提出的“客观写生”与“寻找关联”分别与这两个问题相对应。

---

9. 后藤武、佐佐木正人、深泽直人：《设计的生态学》，黄友玫译，广西师范大学出版社，2016，第 67-71 页。

（1）客观写生类设计方法讨论在产品系统中两种符号意义的形成

第一，非经验化环境下使用者生物属性的直接知觉，其引发行为的可供性之物通过设计师修正或改造后，成为一个指示性符号，并参与原产品文本的编写，最终产品文本具有指示符的特征。第二，组成使用群集体无意识产品原型的经验有“行为经验”与“心理经验”两种，它们通过设计师在经验化环境中的设置被唤醒，被唤醒的经验以实践的方式被符号化，分别形成行为指示与心理感受两方向的符号。

需要指出的是，本章多次提及的“产品经验”与“生活经验”是不同的概念，但两者是一种从属的关系。“产品经验”是“生活经验”的一个组成部分，产品经验就存在的形式与内容而言也是生活经验的一种，它是使用群在产品系统内日积月累的关于产品的所有生活经验。

（2）寻找关联类设计方法侧重产品系统与外部事物间文化符号的意义解释

按照产品与外部事物间修辞解释的方向，寻找关联类可以分为两种：第一，外部事物的文化符号对产品文本内相关符号的解释——设计师创造性地用外部事物的文化符号对产品文本内相关符号进行理据性的修辞解释；第二，产品文本内相关符号对外部事物的文化符号的解释——设计师依赖产品文本自携元语言文化规约去解释一个社会现象或事物。

深泽直人对“客观写生”与“寻找关联”的分类方式，与笔者对产品语言来源于使用者在产品系统内与产品间知觉、经验、符号感知三种完整的认知方式的界定是较为一致的。第一，“客观写生”中那些产品系统内新生成的符号规约，即是三种认知方式中直接知觉的符号化，与集体无意识产品经验的符号化后所形成的新符号；第二，“寻找关联”是普遍的修辞。我们都是依赖知觉、经验、符号感知对事物进行认知，我们对所有事物的认知方式都是相同的，而产品则是事物的一种。因此，修辞两造中无论是外部事物的文化符号，还是产品系统中的产品符号，它们符号意义的形成方式是相同的，都是设计师以使用群一方的文化规约为基础，对产品系统中的产品经验、事物系统中的事物经验做出的意义解释，以此建立两者在修辞解释上的创造性关联。

### 8.1.3 深泽直人对“客观写生”与“寻找关联”两大基础类型的描述

“客观写生”与“寻找关联”是无意识设计系统方法的基础类型，本章“两种跨越”类型的补充，以及各类型的设计方法细分，都是基于两大基础类型展开的。

### 1. 客观写生：对已有的客观事物的描述过程

客观写生是对产品使用环境中使用者行为与心理的客观描述。

（1）深泽直人借助日本文学家高滨虚子《俳句之道》一书中的核心术语“客观写生”来命名这种设计方法。日本的俳句由中国古代汉诗的绝句经过日本化后发展演变而来，多描写客观存在的事物作为每日的小诗，而它的特点也正是对客观事物的描述，避免添加作者的主观情感。俳句对客观事物写生的方式一直影响着日本文学，乃至日本当代设计。

（2）俳句的客观写生是对客观事物的描述，无意识设计的客观写生则是对使用者在产品原有系统内各种行为与心理的描述。俳句描述客观通过语言，无意识设计对客观的描述则依赖直接知觉符号化、集体无意识产品经验的符号化认知语言，两种认知内容的符号化既是文本编写的符号来源，也是设计活动的表意目的。因此，客观写生的实质是对知觉、经验两种认知方式中那些客观存在的先验特征进行符号化的感知传递。

### 2. 寻找关联：作品中可以分离出两种事物的重层性特征

寻找关联可以简单概括为产品外部事物的文化符号与产品文本内产品符号进行的理据性解释描述，即设计师普遍使用的结构主义产品修辞。

（1）作为设计文本最后呈现的姿态，深泽直人将其称为“重层性”是非常形象的。重层性是指使用者在一件作品中可以分离出两种事物的品质特征，而这两种品质特征被设计师设置得具有相互的关联，且协调统一、共同呈现。这与理查兹对思维是否运用比喻的判断标准不谋而合。他认为，要判断思维表达是否使用了比喻，可以通过分析它是否出现了本体和喻体，本体与喻体是否共同作用产生了一种包容性的，以及两种互相作用的意义[10]。因此，深泽直人的重层性是对所有产品修辞的统一表述，从修辞文本的结构而言，重层性即是修辞文本中产品符号指称与外部事物的符号指称共存的客观体现，是所有修辞文本在文本结构上的本质特征。

但无意识设计的修辞不是普通产品设计修辞的概念，它更强调产品修辞的重层性应是在以使用群集体无意识为基础构建的产品设计系统内，各类元语言规约协调统一后的最终呈现。

---

10. 束定芳：《理查兹的隐喻理论》，《外语研究》1997 年第 3 期。

这是由无意识设计结构主义典型特征所决定的。笔者之所以将深泽直人的“重层性”改名为“寻找关联”，是为了强调修辞活动中始源域与目标域之间的关联，即外部事物的文化符号对产品文本内相关符号的解释应具有使用群认定的理据性，这也体现了典型结构主义的无意识设计活动文本表意有效性的本质特征。

（2）深泽直人提出的“重层性”仅仅针对修辞活动中始源域事物的品质与目标域事物品质的重层，从修辞文本的结构而言是修辞两造指称的重层；但任何结构主义产品修辞中都存在另一种“重层”，即设计师主观意识与使用群认知的重层，具体表现如下。

一是在讨论修辞两造符号来源时，“产品符号”与外部事物“文化符号”，无论哪一方作为始源域或是目标域，修辞两造符号意义的形成是一致的，它们都是设计师以使用群一方的文化规约为基础，对产品系统中的产品经验、事物系统中的事物经验做出的意义解释，以此建立两者在修辞解释上的创造性关联。

二是在文本编写时，设计师必须按照以使用群集体无意识为基础所构建的产品设计系统各类元语言规约进行主观意识的表达，所有结构主义产品文本的编写，都是设计师主观意识与产品设计系统内各类元语言协调统一后的结果。

最后，由于深泽直人对“客观写生”与“寻找关联”的分类表述过于笼统，笔者希望从符号规约的来源与生成方式、符号规约在文本中的编写方式出发，对两大类型进行方法的细分，同时在深泽直人提出的两大基础类型上进行有效的类型补充。

### 8.1.4 以“客观写生”与“寻找关联”作为类型补充与方法细分的理由

#### 1. 无意识设计活动贯穿使用者知觉至符号感知的整个过程

客观写生与寻找关联作为无意识设计系统方法的基础类型，它们打破了阻隔使用者生物属性与文化属性间二元对立的壁垒。生物属性的直接知觉可以在社会文化中被符号化，成为服务于产品的指示性文化符号，这一方面表明，无意识设计对使用者生物属性与社会文化属性的贯通方式，正是个体对事物从知觉到符号感知的完整过程，而这一过程又在无意识设计的各类方法中运用得淋漓尽致。

另一方面表明，为丰富产品的文化属性，使用者不单单可以依赖产品系统外部事物的文化符号与产品进行修辞解释获得新的产品文化符号，产品系统内使用者生物属性的直接知觉、集体无意识产品经验通过符号化，同样可以作为新符号的来源，提供探索产品文化属性的新方向。同时，无意识设计贯穿了使用者与产品间直接知觉、集体无意识的产品经验、产品的符号感知，这三部分是使用者认知产品的完整方式。

### 2. 修辞两造符号指称是无意识设计“寻找关联”类符形研究的路径

如果讨论符号与产品间意义解释的理据性以及社会文化因素等，是修辞的符义学研究模式；那么讨论符号与产品间通过指称进行的修辞映射方式，以及指称在编写时的具体加工方式等结构关系问题，则是修辞的符形学研究模式。

无意识设计的“寻找关联”即是产品符号与外部事物的文化符号间的结构主义修辞。深泽直人有意避开修辞，而去讨论修辞中“重层性”的特征，其用意是不希望无意识设计被现有的各种修辞格规范束缚。一方面，外部事物的文化符号与产品文本内相关符号间的修辞解释，并非两个符号的“解释项”与“解释项”之间的意义解释，而是两个符号各自指称所对应的“感知”与“品质”间的解释。感知是抽象之物，必须通过修辞两造符号可感知的“指称”加以承载，修辞两造符号指称是研究修辞的关键，修辞两造符号指称的共存是产品修辞文本的本质特征。这也是前文多次表明的：修辞两造三元符号结构的“指称”是产品修辞具体的研究机制。另一方面，结构主义产品修辞的始源域符号应该服务产品系统。在第 7 章中已清晰论述，始源域符号的指称在产品文本中的不同编写方式，以及改造方式，会带来不同修辞格文本间依次渐进的转化关系，这也是设计师从被动地选择修辞格向主动地控制修辞格的转变。

### 3. 厘清设计界两种长期的错误认识

设计界存在两种错误的认识：一是产品与艺术的区别，是结构与后结构编写方式导致的；二是符号与产品文本间的修辞，一定是符号服务于这个产品。为此，有必要从符号与产品文本相互服务的方向上做出辨析讨论。产品与艺术的区别、结构与后结构之间的区别并没有实质的联系，更不应该在同一个逻辑范畴内讨论。从产品与外部事物的文化符号的修辞服务关系进行无意识设计分类，可以轻松地解答以上的困扰。

# 8.2 无意识设计系统方法的研究方式

## 8.2.1 人文主义的质化研究

### 1. 国内学者对无意识设计的研究方式

无意识设计作为感知传递的有效表达方法，已在国内一些院校的产品设计专业课程中加以尝试。笔者结合大量相关资料，通过近九年的无意识设计教学实践，有效归纳总结出无意识设计的方法类型，并在设计教学中得以有效实践。在此过程中，我也遇到了与国内同行相同的瓶颈问题，因此，对无意识的设计实践停留在了设计方法的效仿阶段。效仿是学习活动的第一步，但若仅停留在效仿阶段驻足不前，那么对于不断发展的日本无意识设计而言，我们就始终扮演的是无法超越的追随者，更无法谈及用无意识设计方法探索具有中国本土风格的设计。因此，亟需从理学的高度对无意识设计方法加以系统化讨论，探究其理学原理。

对无意识设计方法的理论研究，国内学者大多按以下方式进行。

（1）直接用弗洛伊德的无意识概念去解释无意识设计。一方面，无意识设计中的“无意识”不是讨论使用者个体无意识的内容及形成，而是指使用群的集体无意识，以及以它为基础构建的产品设计系统，控制协调着结构主义产品设计的文本编写与解读。荣格的集体无意识原型、个体无意识情结理论，分别是讨论无意识设计中以使用群为基础的设计系统构建，以及设计师个体主观意识参与设计活动方式的有效理论基础。另一方面，就使用群集体无意识中的行为经验与心理经验内容而言，它们是无意识设计的素材来源之一，但不是方法的理论指导。同样作为素材来源的还有使用群与产品间的直接知觉，对它的讨论需要在吉布森“生态心理学”的直接知觉理论基础上展开。

（2）用文化与时尚解读无意识设计，将无意识设计与日本文化捆绑在一起，认为无意识设计是日本传统文化的产物。日本传统文化的诸多因素确实促使了无意识设计在日本的生根与发展，正如深泽直人借用日本传统文学俳句的术语“客观写生”来描述自己设计方法中的某一类型一样，但反过来说日本文化导致了无意识设计的产生就显得荒诞了。

（3）一些学者从“情感化”的角度加以研究讨论无意识设计，希望在诺曼（Norman）《情感化设计》系列丛书中找到阐述无意识设计方法的理学路径。诺曼的很多设计理论概念已经是对生态心理学以及符号学基本理论的再次衍义后的创造性解释，如果再在其基础上进行无意识设计方法理论的推演，难免会出现艾柯所警告的在符号衍义过程中的“封闭漂流”现象。

### 2. 无意识设计系统方法人文主义质化研究方式的实质

人文社科研究普遍分为“实证主义”与“人文主义”两大类型，谢立中在此基础上提出四种人文社科的研究方式，分别是实证主义的两种研究方式：实证主义的量化研究、实证主义的质化研究，以及人文主义的两种研究方式：人文主义的量化研究、人文主义的质化研究[11]。一个课题往往以某种研究方式为主，其他研究方式为辅助。

深泽直人对无意识设计的研究与实践，主要是按照人文主义的质化研究方式进行的主观分类，他依赖的是其长期实践的丰富经验，去理解研究使用者的意义解释及系统构建。因此，选用人文主义的质化研究方式不但需要研究者具有丰富的设计实践经验，而且要求其按照自身积累的主观经验，展开一系列对使用者生活环境以及行为心理的描述与解释工作。以下是对人文主义的质化研究在无意识设计系统方法研究中的特征所做的分析。

（1）概念的非量化

格尔茨（Gary Goertz）与马奥尼（James Mahoney）认为质化研究依赖事物本质的内在意义来界定和使用概念。谢立中补充认为，质化研究讨论概念的核心是事物的本质属性，质化研究也会采用数据的统计，但对概念的定义更加独立于可测量的数据[12]。深泽直人对无意识设计方法的质化研究中，其研究的概念是非量化的，其“客观写生”与“寻找关联”两大类型都是对研究内容进行描述特征后的界定，而非数据化的统计界定。

（2）陈述的非量化

质化研究者采用非量化的方式陈述研究结果，其陈述是逻辑推理模式。它与量化的实验统计法不同，被称为质化推理法[13]。一旦涉及使用者对产品感知的意义解释，此时的量化陈述对研究成果是没有任何价值的。深泽直人深知这一点，无论是其对“客观写生”与“重层性”的概念界定，还是分析陈述，都呈现出一种逻辑推理的准确性和有效分类的模糊性。

（3）结论的灵活性

深泽直人提出的两种无意识设计基础类型的逻辑推理准确性在于，提供并普及至广泛的设计活动，使之成为有效的方法工具；有效分类的模糊性是因为，任何设计活动都必须构建不同

---

11. 谢立中：《再议社会研究领域量化研究和质化研究的关系》，《河北学刊》2019 年第 3 期。

12. 同上。

13. 同上。

的产品设计系统，系统内的三类元语言随环境、产品、使用群三者关系的变化而表现出变动不居的特征，质化方式的模糊性是希望激发设计师在处理具体设计项目时的主观能动性。

### 3. 无意识设计资料的收集方式与收集范围

笔者从 2014 年起，将无意识设计系统方法的研究任务及内容，逐步带入广州美术学院本科与研究生的课程教学之中。笔者首先与生活设计工作室各届学生一起收集了 40 余位日本设计师的作品 1300 余件，并将每一件设计作品打印成小卡片，在深泽直人“客观写生”与“寻找关联”两大类型基础上进行设计方法的细分（图 8-1）。

资料的收集聚焦于日本设计师的原因在于：（1）自 1993 年深泽直人首次提出无意识设计的概念后，作为一种有效的设计表意手段，无意识设计已在日本设计界广泛运用，一些年轻设计师在深泽直人提出的两类方法基础上不断拓展，呈现了丰富且多元化的无意识设计表意方式及风格；（2）其他国家的设计师作品虽然也利用使用群集体无意识进行设计，但仅利用无意识作为设计调研与作品验证的素材来源，而非像无意识设计那样，将使用群的知觉、经验、符号感知作为设计活动的出发点，作为结构主义产品文本表意的内容。

图 8-1　各届学生对无意识设计作品卡片进行分类

### 4. 对无意识设计资料按照知觉、经验、符号感知的分类

无意识设计系统方法研究所采用的是人文主义的质化研究方式，对使用者与产品间知觉、经验、符号感知完整认知方式的讨论，是研究无意识设计系统方法的主要途径。因此其研究的过程会涉及生态心理学、精神分析学、格式塔完形机制理论等。

但依赖符号学对认知的完整性做出系统化的归纳总结是最为有效的。

（1）皮尔斯逻辑－修辞符号学认为，一个符号的意义需要通过另一个符号的修辞解释才能获得[14]。任何产品设计活动都是一个外部符号与产品内相关符号间的修辞解释。这时我们很有必要去讨论，与产品文本进行修辞解释的那个符号是怎么形成的，其来源为何处。

一方面，无意识设计“客观写生”类与产品进行修辞解释的符号规约来源于产品系统内部，有两种来源：第一，使用者与产品间的直接知觉符号化后，被设计师编写进产品文本；第二，使用群集体无意识中的行为经验与心理经验符号化后，被设计师编写进产品文本。

另一方面，“寻找关联”中的符号规约来源于产品系统的外部事物，按照修辞的方向有两种方式：第一，设计师利用使用群文化环境中某事物的一个文化符号对产品文本内相关产品符号的修辞进行解释，即外部事物的文化符号服务于产品系统；第二，设计师利用使用群的产品文本自携元语言中的文化符号，对社会现象或事物进行修辞解释，即产品服务于文化现象或事物系统。

（2）使用群的集体无意识在包括无意识设计活动的结构主义产品设计中起到至关重要的作用：一是结构主义产品设计活动中，所有符号“意指”关系的符码，都是由深层结构的使用群集体无意识所决定；二是以使用群集体无意识为基础构建的产品设计系统内的三类元语言，是所有结构主义产品设计活动都必须遵循的规约，所有结构主义产品设计活动的文本编写都是在产品设计系统内各类元语言的协调控制下达成的统一。

因此，知觉–经验–符号感知作为使用者完整的认知内容与过程，它们在符号学中的统一，并非以符号学进行强制性地归属，而是所有类型的认知，如果需要进行意义的表达，都必须依赖符号进行。

### 5. 明确“产品系统”的概念

“产品系统”是从皮亚杰的“有机论”结构主义及列维–斯特劳斯的“系统论”结构主义的诸多概念衍生至产品设计活动的概念。从产品设计符号学视角而言，产品系统在组织构建的过程中具有以下三大特征。

（1）产品系统在组织构建中的任意与临时性特征。产品系统是以环境、产品、使用群三

---

14. 赵星植：《皮尔斯与传播符号学》，四川大学出版社，2017，第 62 页。

者的组成关系作为系统组织构建过程中的任意性与临时性的前提。产品系统内部的组成，以及组成间的相互规约关系是客观存在的，但组成中任何一方的变化都会带来系统内相互关系的变化。在每一次的设计实践中，设计师按照不同的研究内容与任务，将不同的组成以及组成间各类不同的规约关系，通过不同的选择方式组织构建为一个产品系统。

（2）产品系统绝不是在设计活动中由设计师的主观意识组织构建而成的，产品系统具有使用群一方的既有特征。也就是说，产品系统本身就是以产品为中心，依赖环境、产品、使用群三者关系而存在着的。也正如列维 – 斯特劳斯的“系统论”结构主义表明的那样，产品系统这个结构内各个组成间的关系必定大于组成之和。产品系统内的组成、组成间的各类相互关系虽然是客观存在的，但两种客观存在对应的关系却不是固定的，这些对应的关系是由产品系统的深层结构，即使用群的集体无意识所决定的。因此，产品系统是由使用群一方的集体无意识生活经验为基础组织构建而成。

（3）产品系统具有上下的层级关系。皮亚杰的“有机论”结构主义认为，所有的系统在结构的构造过程中都存在上下层级的关系，即结构建造过程中存在具有相对性的层级关系与结构规模范畴存在的大小概念（详见 2.3.4）。产品系统在结构的构建中同样具有上下的层级关系，设计师对产品系统的划分及构建则是主观研究任务及目的决定的。皮亚杰总结出这样的规律：一个结构层级的“内容”永远是下一个结构层级的“形式”，一个结构层级的“形式”永远是上一个结构层级的“内容”[15]。

（4）三类环境是产品系统构建的基础。认知心理学认为个体的心理与行为需要两种基础：生物基础与环境基础[16]。从符号学视角而言，“环境-事物-人群”赋予了符号意义解释的内容与方向，这里的“事物”是指我们在讨论事物时所形成的事物系统。产品是事物的一种，因此我们讨论的“产品”也是指向产品系统，产品系统的概念中不但包含了按照研究内容、任务而划分的各类组成，以及它们相互间错综复杂的规约关系，同时也涵盖了非经验化环境、经验化环境、文化符号环境三类环境中对应的各种认知内容，以及各自的研究方向与研究类型。因此，环境是产品系统内组成间相互关系存在的前提、形成的基础。这也表明，产品系统必须要在具体的环境中才能展开讨论。

---

15. 让・皮亚杰：《结构主义》，倪连生、王琳译，商务印书馆，2010，第 121 页。

16. 黄希庭：《心理学导论（第二版）》，人民教育出版社，2007，第 80 页。

## 8.2.2 无意识设计活动与三类环境

深泽直人提出无意识设计需要将产品与使用者之间的关系放置在特定的环境场景中进行讨论[17]。这与结构主义符号学文本传递理论中，语境元语言提供文本编写与解读的系统规约相一致。同时，对环境的重视也是胡塞尔普遍完形机制理论在各类产品修辞格中的积极体现。

正如笔者在“3.3.2 三种认知方式对环境的重新分类与界定”所表述的那样，无意识设计活动中三类环境的划分不是对设计活动整体环境的分隔，而是将一个整体环境，分别从使用者与产品间的直接知觉、生活经验、符号感知（外部事物与产品间的普遍修辞）三个不同认知维度做出不同界定，即一个环境可以同时被视为三种不同的属性。它们依次为非经验化环境、经验化环境、文化符号环境三类。三类环境也许具有同样的客观组成，但这些客观组成在不同的研究维度呈现不同的属性特征。

无意识设计活动贯穿使用者对产品的知觉、经验、符号感知三类认知方式，它将环境划分为三种类型，这是与无意识设计中使用者完整认知进行的环境匹配，因此形成：（1）“直接知觉”对应的“非经验化环境”；（2）“产品经验”对应的“经验化环境”；（3）“产品符号感知”对应的“文化符号环境”。这种使用者对产品的认知方式与环境的对应研究，也是无意识设计区别于其他设计类型的特殊之处。

对无意识设计活动在非经验化环境、经验化环境、文化符号环境三类环境中的工作任务以及贯穿三类环境的方式见图 8-2。

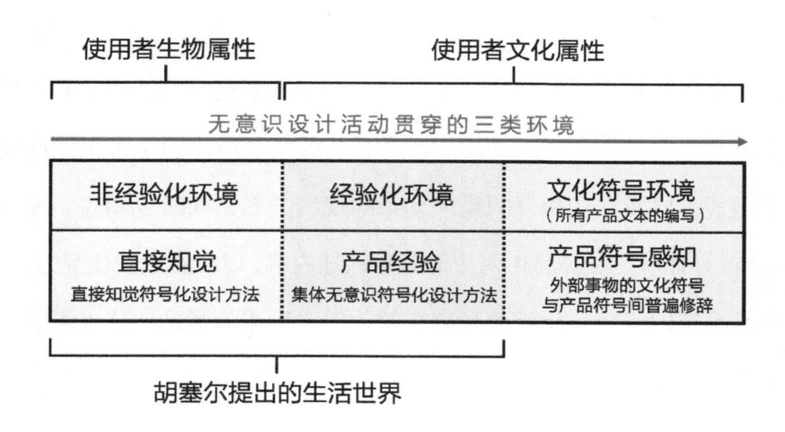


图 8-2　无意识设计活动在三类环境中的任务及对三类环境的贯穿

17. 后藤武、佐佐木正人、深泽直人：《设计的生态学》，黄友玫译，广西师范大学出版社，2016，第 79 页。

### 1．无意识设计在“直接知觉-非经验化环境”中的活动内容

（1）认知心理学认为，人的心理与行为需要生物基础与环境基础。生物基础是人类作为生物体与生俱来的，但生物基础需要在环境的作用下才能发挥其功能。环境是与生物体产生联系的外部世界，与生物体没有产生联系的外部世界不能称为环境[18]。吉布森认为，环境提供个体足够多的刺激信息，通过刺激完形获得“直接知觉”。间接知觉论者则认为，环境内的信息模糊且片面，需要依赖个体原有的经验对它们进行假设与认定，以经验完形的方式获得“间接知觉”。

非经验化环境下的产品是“产品的物化”，即原本在文化符号环境中的产品去符号化，成为纯然物。使用者生物属性在非经验化环境内，通过身体与物化的产品间的可供性信息，以刺激完形的方式获得“直接知觉”，并引发相关的行为。但使用者生活在社会文化之中，生物属性的直接知觉内容以及引发的行为，几乎都会进入生活经验中进行分析判断，继续以经验完形的方式成为“间接知觉”。

（2）无意识设计中的知觉是指直接知觉，深泽直人引用的吉布森直接知觉理论认为，它是使用者在非经验化环境中，依赖生物属性的身体与产品间的可供性关系所形成的直接知觉。而间接知觉发生在经验化环境中，其内容与产品经验息息相关，属于使用者的文化属性（图 8-2）。

设计师在非经验化环境下，对引发使用者生物属性的直接知觉的可供性之物，通过修正或改造后，成为一个指示性符号，并参与原产品文本的编写，最终产品文本具有指示符的特征，这是无意识设计客观写生类的“直接知觉符号化设计方法”。

### 2．无意识设计在“产品经验-经验化环境”中的活动内容

（1）形成使用者产品经验的来源是使用者与产品间的“直接知觉”与“间接知觉”。在图 8-2 中，胡塞尔提出的“生活世界”概念（详见 3.3.2），是指可以形成使用者众多产品经验的所有环境，即“非经验化环境”与“经验化环境”的整合。列维－斯特劳斯在研究结构时，发现集体无意识是在特定环境中日积月累的生活经验沉淀，使用者产品经验的积累最终是在经验化环境中完成的。

---

18. 黄希庭：《心理学导论》，人民教育出版社，2007，第 80 页。

经验化环境中的产品经验不是符号，但产品经验为产品符号获得感知的意义提供素材。这些日积月累的产品经验是使用群集体无意识产品原型的形成基础，产品符号的感知则是每一次集体无意识产品原型在经验实践中的意义解释。正如美国传播学研究者威尔伯·施拉姆（Wilbur Schramm）所说的，所有符号的意义皆来自经验[19]。

（2）通过设置将组成使用群集体无意识产品原型经验的“行为经验”与“心理经验”唤醒，被唤醒的经验以实践的方式被符号化，分别形成行为指示与心理感受两方向的符号。这两种方向的符号被设计师修正或改造后再参与原产品文本的编写，最终产品具有“行为指示”或“心理感受”的文本表意特征，这是无意识设计客观写生类的“集体无意识符号化设计方法”。

集体无意识的符号化所形成的符号与对产品经验以使用群文化规约为基础进行意义解释所形成的“产品符号”是两种不同的符号：集体无意识符号化是设计师对使用群集体无意识深层结构原有内容进行“意指”关系的明晰化，符号“对象－再现体－解释项”三元结构的构建过程，其过程是围绕着“意指”在产品经验中分离出事物的对象及其品质，两者构成符号“对象－再现体”的指称，在指称的基础上才能获得意指内容，即解释项。

（3）“经验化环境”中的使用群集体无意识对编写与解读的控制。任何希望产品意图可以被使用者有效解读的结构主义产品设计，都会涉及使用者的经验化环境，因为在此环境中：一方面，产品修辞两造的符号意义的内容由环境、产品、使用群三者之间的关系所赋予；而两造符号“意指”关系的符码由深层结构的使用群集体无意识所决定。三者中的任何一方发生变化，两造符号的指称与解释项之间的意指关系就会变化。另一方面，对每一次修辞两造间的理据性关联，都必须获得使用群集体无意识生活经验的认可，使用群集体无意识中的生活经验始终控制着结构主义的文本编写与解读（详见 3.5.5）。可以说，虽然所有的产品文本编写都最终落在“文化符号环境”中以修辞的方式进行文本编写，但“经验化环境”中的使用群集体无意识生活经验始终控制着修辞两造符号的意指，以及两造在文本编写中的理据性关联。

最后，“直接知觉-非经验化环境”中的直接知觉符号化设计方法与“产品经验-经验化环境”中的集体无意识符号化设计方法，都是围绕产品系统内部两种符号规约的生成及其意义的传递展开设计活动，其设计的创新即是产品系统内新符号规约的生成与意义传递。但它们的文

19. 蔡哲：《新媒体全交互危机传播模式构建研究》，硕士学位论文，湖南大学，2010，第 19 页。

本编写都必须在“产品符号感知－文化符号环境”中进行。

### 3. 无意识设计在“产品符号感知－文化符号环境”中的活动内容

（1）所有的修辞活动都在文化符号环境中进行

产品设计是普遍的修辞，所有产品文本最终的编写都会在文化符号环境中进行。“产品符号感知”在文化环境中的活动实质，是产品符号与外部事物的文化符号间进行的普遍修辞。当产品置身于“文化符号环境”中，其主要任务就是与社会文化环境中的众多事物进行广泛的联系，而联系的唯一方式就是普遍的修辞。

需要强调的是，无意识设计客观写生类中的“直接知觉符号化设计方法”与“集体无意识符号化设计方法”，分别以直接知觉的符号化、集体无意识产品经验的符号化两种新生成的符号，进入产品文本进行编写，这已经可以视为“文化符号”对原有产品文本的解释，是一种特殊的修辞方式，因此，它们必定在“文化符号环境中”进行文本的编写活动。

（2）修辞两造符号意义相同的形成方式

弗朗索瓦・多斯（François Dosse）认为符号的意义来源于环境内的经验解释，在任何特定的情景之中，每一个元素的属性本身不具备任何意义。正如笔者前文所表述的，产品符号不可能决定其自身的意义，产品符号的意义内容由环境、产品、使用群三者之间的关系所赋予，符号“意指”关系的符码由深层结构的使用群集体无意识所决定。在使用群确定的情况下，它们对产品符号意义的解释都受控于产品系统，以及这个产品系统所处的文化环境。

产品修辞活动中，外部事物的文化符号可以作为始源域，修辞解释作为目标域的产品符号；产品符号也可以作为始源域，去修辞解释作为目标域的外部事物的某个文化符号。

结构主义产品修辞为了表意的有效性，产品符号与外部事物文化符号的意义形成方式是相同的。第 3 章已表明，我们对“产品”与“外部事物”有着相同的认知方式（详见 3.3.1）。无论哪一方作为始源域或是目标域，修辞两造符号的意义形成，都是以使用群一方的文化规约为基础，对产品系统中的产品经验或事物系统中的事物经验做出意义解释，以此建立两者在修辞解释上的关联性。

外部事物的文化符号，来源于我们对外部事物生活经验的意义解释，而形成外部事物经验的途径，来源于我们对外部事物的直接知觉与间接知觉在日常生活中的积累。我们对外部事物的认知方式与对产品的认知方式是一致的，这并不代表“产品的认知方式”的特殊性，反而表明“产品”仅是我们认知的所有事物中的一种。

（3）在产品修辞活动中，无论是始源域符号还是目标域符号，它们形成符号的意义解释一定是片面化的：因为修辞两造由诸多对象组成，每一个对象又对应了不同的品质，因而具有形成多种指称关系的可能性。

以上三点促使在结构主义产品设计活动的初始阶段，设计师都会构建以使用群集体无意识为基础的产品设计系统，系统内的各类元语言控制着设计师与使用者两个主体在文化规约上达到“共在关系”，以此获得文本意义的有效传递。

最后，无意识设计对这三类环境的依赖与重视，是其他产品设计活动类型所不曾有过的；三类环境中任务的连贯性再一次表明，无意识设计在设计实践中对使用者知觉至符号感知的整个过程利用的完整程度，更是其他产品设计活动类型所不曾有过的。

## 8.2.3 无意识设计的典型结构主义特征分析

### 1. 围绕四种符号规约进行精准与有效的表意

结构主义的主体性是符号文本意义的有效传递。无意识设计之所以具有典型结构主义特征，表现在其设计活动全部围绕四种符号规约展开：直接知觉的符号化、集体无意识的符号化、外部事物的文化符号、产品文本自携元语言。

（1）客观写生类——生成于产品系统内部的两种新符号规约及其意义传递

以往设计界普遍认为，与产品文本进行修辞解释的那个符号，只能来自产品系统外部，或是仅限于文化符号环境既有的符号。但无意识设计客观写生类的符号规约来源打破了原有的狭隘认识。客观写生类的两种符号规约都生成于产品系统内部，直接知觉符号化与集体无意识符号化两种新生成的符号规约，分别具有生物遗传与社会遗传的“先验”特征。正因如此，两者作为文本意义传递的内容，可以获得使用者精准的解读。

客观写生类的两种设计方法：

第一，直接知觉的符号化：其符号规约来源于非经验化环境中，使用者生物属性的直接知觉，设计师对引发直接知觉行为的可供性之物进行修正或改造后，获得具有行为指示的指示符。

第二，集体无意识的符号化：在经验化环境中，设计师提供使用者可以唤醒其集体无意识产品原型的经验信息，以经验实践的方式使之符号化，这个符号修正或改造后进入产品文本内进行编写。

这两种符号规约是以潜隐方式存在的，它们分别具有生物遗传与社会遗传的先验性特征，两者奠定了客观写生类文本意义可以被精准传递的基础。

（2）寻找关联类——外部事物文化符号与产品文本内产品符号间的双向修辞

“寻找关联”即产品修辞，但它更强调外部事物的文化符号与产品符号在修辞解释的过程中存在的关联性，即理据性的意义解释，它是符合使用群普遍认知的结构主义产品修辞。

寻找关联类的两种设计方法：

第一，符号服务于产品。设计师利用一个产品系统外部事物的文化符号作为始源域去修辞目标域的产品符号。我们都会承认，作为“目标域”的产品符号一定是既有的文化规约，因为它们是使用群在产品系统内对产品经验的意义解释所形成的。但我们或许会质疑，作为“始源域”的外部事物文化符号是否具有既有的特征。为此，我们必须要明白这一点，结构主义产品修辞为了修辞文本的表意有效性，无论是“始源域”，还是“目标域”，修辞两造符号的意义形成，都是以使用群一方的文化规约为基础，对产品系统中的产品经验，以及事物系统中的事物经验做出的意义解释，以此建立两者在修辞解释上的创造性关联。

第二，产品服务于符号。产品文本内的符号，依赖产品文本自携元语言规约去修辞解释产品外部文化现象或事物的某个符号，产品文本内的符号服务于外部符号所在的事物系统。当产品日渐融入文化符号环境，其自身也从最初的单一功能符号向文化符号转向，并携带众多的社会文化约定俗成的符号规约——产品文本自携元语言，这些文化符号具有被社会大众认定的极强“既有”特征。此时的产品不但具有作为“始源域”解释其他社会文化现象或事物的可能性，而且借助产品文本自携元语言的既有特征，可以做到修辞表意的有效性。

（3）笔者在后文补充的两种跨越类设计方法“直接知觉符号化至寻找关联”与“寻找关联至直接知觉符号化”，分别是在客观写生与寻找关联基础上的贯穿及转换，它们依旧是围绕这四种符号规约展开的设计。

最后可以总结认为：无意识设计之所以围绕四种符号规约展开设计活动，一方面，这四种符号规约分别具有生物遗传（使用群的直接知觉）与社会遗传（使用群的产品经验）的“先验”特征，以及使用者社会文化属性的既有特征（外部事物文化符号、产品文本自携元语言）；另一方面，无意识设计活动的内容，分别以产品系统内直接知觉的符号化、集体无意识的符号化两种新符号规约的生成及意义的传递，产品系统控制下的两种文化符号修辞解释为设计内容。以上两点既是无意识设计典型结构主义的特征表现，同时也保证了文本意义传递的精准与有效性。

### 2. 设计活动遵循产品设计系统内的元语言规约

结构主义把研究的重点放在以信息为单位的符号或文本上，探讨其结构组成与组成之间的关系规则问题，雷蒙德·布东希望对结构的研究暂时搁置结构的静态、封闭、协调的特征属性，而重视作为符号文本规则的符码研究，他认为符码和结构之间的关系是主要的研究方向[20]。这为结构主义主体性奠定了系统的整体性基础，系统的整体性表现在其内部的各类元语言规约对文本编写与解读的一致性约定。

结构主义产品设计为保证设计意图的有效传递，无意识设计的典型结构主义特征还表现在设计师参与产品文本的编写方式上：对于以使用群集体无意识为基础建构的产品设计系统而言，设计师是一个外来的“佃农”，其个体无意识情结与私人化品质参与到产品设计活动之中，必须与系统内语境元语言、产品文本自携元语言、使用群能力元语言三类元语言达成协调与统一。

产品系统规约与设计师主观意识表达的协调统一是限制与被限制的关系。当设计师主观意识在文本编写时，被产品系统规约最大程度地限定，文本表意则倾向使用者的精准解读；当设计师主观意识在文本编写中逐步彰显时，系统规约对其的限制弱化，文本表意则倾向使用者多元化宽幅解读。文本意义解读的“多元化宽幅”并非后结构主义的任意性开放式解读，而是以文本意义传递的有效性为基础，具有指定方向的宽幅解读。

需要补充的是，结构主义文本与后结构主义文本编写的本质区别是，文本编写与解读的规约是否有一致性的约定。所有的无意识设计都是结构主义的文本编写方式，设计师在编写文本前，其主观的个体意识都会在使用群一方的集体无意识产品原型的经验实践中获得认可。

## 8.2.4 四种符号来源为依据的类型补充及方法细分

从文本编写时的四种符号规约的来源，以及它们各自在文本编写时的目的，进行无意识设计类型的补充及设计方法的细分，既是对使用者认知产品方式的全面覆盖，也是研究无意

20. 斯文·埃里克·拉森、约尔根·迪耐斯·约翰森：《应用符号学》，魏全风、刘楠、朱维丽译，四川大学出版社，2018，第16页。

识设计文本符形编写的有效途径。笔者在原有两大类型基础上拓展与细分，将其分为“三大类型六种方法”，它们各自对应的符号规约与编写目的见图 8-3。

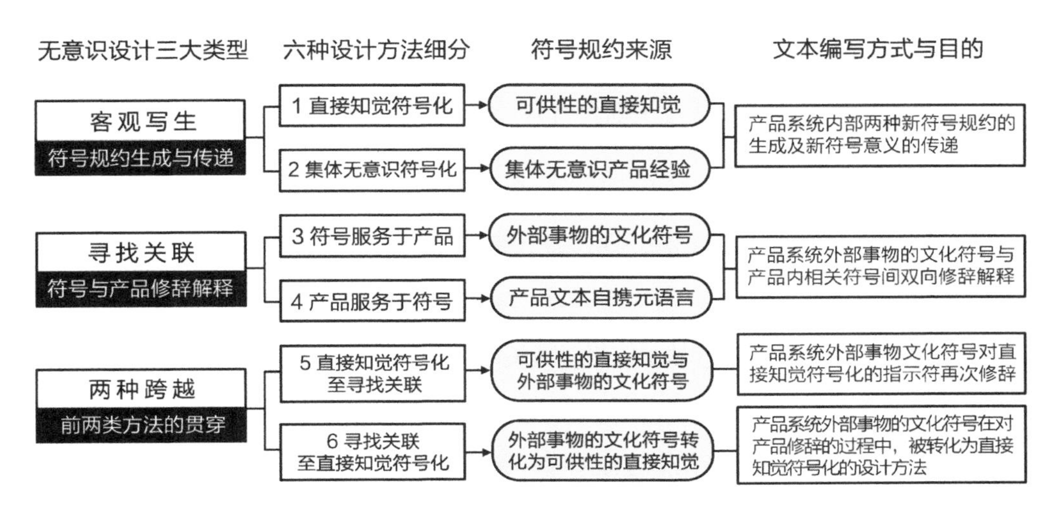


图 8-3　无意识设计系统方法对应的四种符号规约来源与文本编写目的

## 1. 客观写生类的两种设计方法细分方式

客观写生是设计师对使用者在产品原有系统及环境内各种行为与心理的描述。这类描述不带有设计师主观意识的解释，其内容是使用者知觉与经验两种认知方式中先验的客观存在。这些先验的内容只有通过符号化，才能在文本中进行感知的传递。因此，不同认知方式的先验内容形成不同符号规约进行文本编写，这是客观写生类方法细分的依据。

从使用者与产品在环境中的认知而言，产品系统内部可生产符号化的先验性认知有两种：

（1）使用者生物属性的直接知觉携带先天的遗传属性，通过环境中使用者生物属性的身体与事物之间的可供性关系及引发的行为被设计师考察后获得，对可供性之物进行修正，使之符号化后，进入产品文本进行编写，成为客观写生传递的符号规约之一。这也是深泽直人从吉布森的生态心理学上所受到的启发。

（2）作为另一种先验存在的、可以被符号化传递的规约，是使用群集体无意识产品原型的各种经验。设计师对组成使用群集体无意识产品原型经验的“行为经验”与“心理经验”，通过设置将它们唤醒，被唤醒的经验以实践的方式被符号化，分别形成行为指示与心理感受两方向的符号。这两种方向的符号被设计师修正或改造后再参与原产品文本的编写，最终产品具有“行为指示”或“心理感受”的文本表意特征。

因此，笔者将客观写生类方法细分为“直接知觉符号化设计方法”与“集体无意识符号化设计方法”两种。

### 2. 寻找关联类的两种设计方法细分方式

结构主义产品修辞的文本编写方式可统一概括为：一个外部事物的文化符号进入产品文本内与相关符号进行解释时，两个符号间的指称在产品设计系统规约下，以不同方式进行的协调与统一。

“重层性”是外部事物与产品系统修辞两造符号指称在修辞文本内的共存，它是修辞的本质特征。此外，在产品修辞文本中还一定会出现另一种“重层性”，即设计师个体主观意识与使用群集体无意识之间的重层，这种重层既保证了结构主义产品修辞文本的表意有效性，同时因为设计师个体主观意识的参与，又使得修辞文本表意具有宽幅的意义解释。

自深泽直人首次提出“无意识设计”的概念之后，越来越多的日本新锐设计师都对其加以运用，并尝试更多的拓展。例如，佐藤大擅长明喻相似性的创造性解释；铃木康広则以产品作为始源域符号，对目标域事物与现象做出哲学的思考解释。寻找关联是一个外部文化符号与产品文本内相关符号间的相互修辞解释，之所以要强调相互，是因为修辞解释是可以双向的，始源域与目标域角色是可以互换的，两者相互解释的方向则形成不同的设计方法。

（1）符号服务于产品设计方法。文化环境中产品系统外部某事物的一个符号以感知去解释产品文本内的某个符号的品质，这是普遍的修辞方式，是产品与社会文化进行广泛交流，并以关联的方式创造新的产品文化符号的唯一途径。

（2）产品服务于符号设计方法。产品文本内的符号，依赖产品文本自携元语言规约去修辞解释产品外部文化现象或事物的某个符号，产品文本内的符号服务于外部符号所在的事物系统。产品与符号两者间服务方向的互换，实质是两者在修辞时始源域与目标域的角色互换，互换后也随即改变了服务与被服务的修辞映射关系，以及修辞文本编写方式。

### 3. 两种跨越类的类型提出及其方法细分

“客观写生”与“寻找关联”是无意识设计系统方法的两大基础类型，“两种跨越”类是笔者在两大基础类型的基础上的补充。笔者在对收集的大量无意识设计作品分析研究的过程中发现，无意识设计不但贯通了使用者生物属性的知觉与文化属性的符号感知，还存在以“客观写生”与“寻找关联”为基础的两种跨越方式，即“直接知觉 – 产品经验 – 符号修辞”与“符号修辞 – 产品经验 – 直接知觉”的两种类型。对此，笔者分别将它们命名为：（1）直接知觉符号化至寻找关联；（2）寻找关联至直接知觉符号化。

以上两种跨越方法虽然归为一类，但两者操作方向正好相反：前者是从使用者直接知觉生物属性向文化符号环境谋求一个文化符号，对其进行合理性的修辞解释；后者则从文化符号对产品的修辞出发，探索在产品系统及使用环境内，通过晃动始源域符号指称，直至去符号化后所能获得的生物属性的直接知觉。因此可以认为，两种跨越类的方法，是分别在“客观写生”与“寻找关联”两大基础类型上的贯穿方式。

#### 4. 四种符号规约的特征总结

无意识设计三大类型、六种设计方法全部是围绕四种符号规约展开的，笔者绘制了“无意识设计活动的符号规约种类与来源方式”（表 8-1）作为本节的总结。笔者补充的无意识设计第三大类型“两种跨越”，是在客观写生与寻找关联两大基础类型上的相互贯穿，新类型使用的符号规约来源与两大基础类型一致，仅是文本表意方式与编写流程的差异。

表 8-1　无意识设计活动的符号规约种类与来源方式

| 无意识设计类型 | 具体设计方法 | 文本编写符号来源 | 三类环境 | 产品系统内外 | 符号规约特征 |
| --- | --- | --- | --- | --- | --- |
| 客观写生类 | 直接知觉符号化 | 可供性的直接知觉 | 非经验化环境 | 内部 | 产品系统内部新生成的两种符号规约 |
| | 集体无意识符号化 | 集体无意识产品经验 | 经验化环境 | | |
| 寻找关联类 | 符号服务于产品 | 外部事物的文化符号 | 文化符号环境 | 外部 | 文化符号环境既有的两种文化符号 |
| | 产品服务于符号 | 产品文本自携元语言 | 文化符号环境 | 内部 | |
| 两种跨越类 | 直接知觉符号化至寻找关联 | 1.可供性的直接知觉<br>2.外部事物的文化符号 | 1.非经验化环境<br>2.文化符号环境 | 内部至外部 | 产品系统内部新生成的符号规约与产品系统外部事物的文化符号 |
| | 寻找关联至直接知觉符号化 | 外部事物的文化符号转化为可供性的直接知觉 | 文化符号环境转向非经验化环境 | 外部至内部 | 产品系统外部事物的文化符号向产品系统内的直接知觉转化 |

### 8.2.5 三大类型的六种设计方法文本编写流程概述

无意识设计三大类型的六种设计方法的细分是依据四种符号规约来源进行的分类，本章围绕这种对应关系展开各类型与方法的文本编写流程与文本编写符形特征分析研究。在具体讨论之前，我们先对各类型中设计方法的文本编写流程，以及类型与方法细分进行概述（序号按照无意识的六种设计方法依次标注）（图 8-4）。

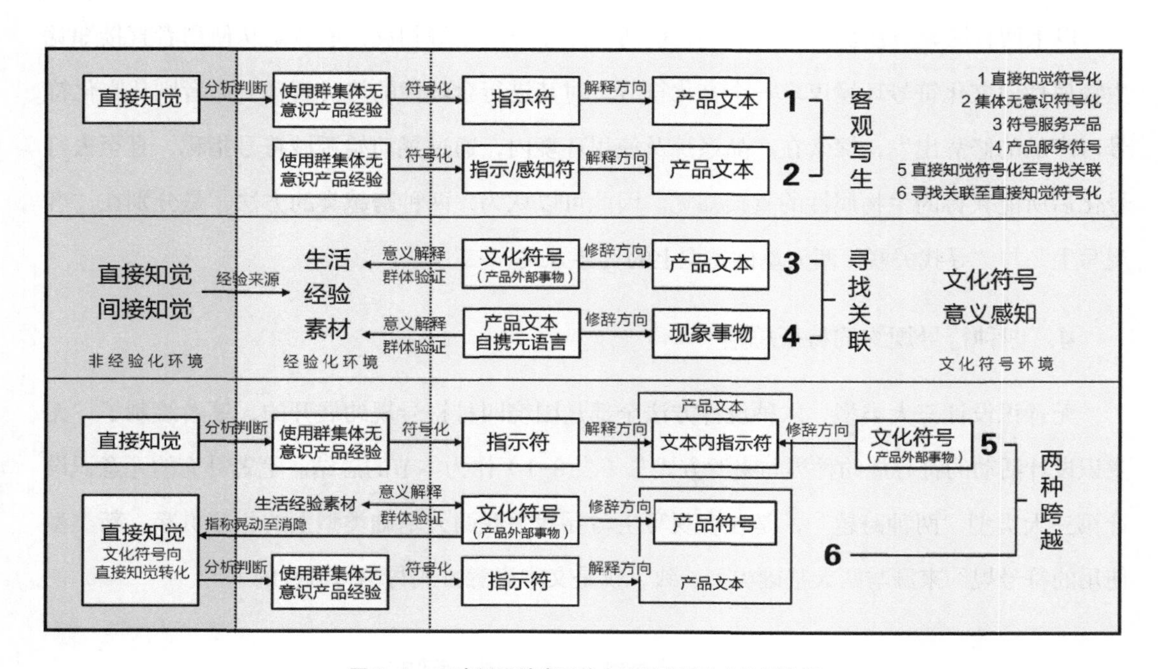


图 8-4 无意识设计类型的方法细分及文本编写流程

## 1. 第一大类：客观写生类（产品系统内部两种符号规约的生成及其意义的传递）

方法 1：直接知觉符号化设计方法。非经验化环境下使用者生物属性的直接知觉，其引发行为的可供性之物通过设计师修正或改造后，成为一个指示性符号，并参与原产品文本的编写，最终产品文本具有指示符的特征。

方法 2：集体无意识符号化设计方法。使用群集体无意识产品经验有“行为经验”与“心理经验”两种，它们通过设计师在经验化环境中的设置被唤醒，被唤醒的经验以实践的方式被符号化，分别形成行为指示与心理感受两方向的符号。这两种方向的符号被设计师修正或改造后再参与原产品文本的编写，最终产品具有“行为指示”或“心理感受”的文本表意特征。

客观写生类的两种设计方法分别围绕产品系统内部两种符号规约的生成及其意义的传递展开设计活动，其设计的创新即是产品系统内新符号规约的生成与意义传递。

### 2. 第二大类：寻找关联类（外部事物的文化符号与产品间的相互修辞）

方法3：符号服务于产品设计方法。这是设计界普遍使用的结构主义修辞方式，设计师选取使用者所属文化环境中某事物的一个文化符号作为始源域，去修辞解释目标域产品文本内相关的符号。从修辞格而言，它可以包含结构主义的提喻、转喻、明喻、隐喻四种修辞格。

方法4：产品服务于符号设计方法。产品文本内的符号作为始源域，依赖产品文本自携元语言规约去修辞解释作为目标域的产品外部文化现象或事物的某个符号，产品文本内的符号服务于外部符号所在的事物系统。这是艺术化文本意义有效传递的主要手段之一。

寻找关联的两种设计方法都是将产品视为文化符号，分别与文化现象或事物展开互为始源域与目标域的双向修辞，以相互双向的修辞为手段，获得更广泛的文化感知。在文化符号与产品相互解释的过程中，两者关联的理据性必须获得使用群集体无意识的验证，这是所有结构主义修辞文本编写的必要条件。

### 3. 第三大类：两种跨越类（客观写生与寻找关联基础上的双向贯穿）

方法5：直接知觉符号化至寻找关联设计方法。产品系统内的一个直接知觉符号化的设计文本，因文本中新生成的“指示符”在使用群文化规约的解释下存在某种不合理，设计师便借用另一个外部事物的文化符号对其进行合理性修辞解释。这种设计方法在文本编写时，分别有两种符号：直接知觉符号化的指示符与说服产品文本中新生成的指示符具有合理性的外部事物的文化符号。

方法6：寻找关联至直接知觉符号化设计方法。一个外部事物的文化符号以“物理相似性”对产品进行明喻修辞，设计师在产品使用环境内晃动这个符号的指称，直至符号属性消隐后成为可供性纯然物，再进行直接知觉符号化的过程。其实质可以看作一个外部文化符号被洗涤所有文化属性回归纯然物之后，再次以生物属性的可供性成为一个指示符的过程。

两种跨越类的设计方法是在客观写生与寻找关联基础上相互贯穿，真正做到了在使用者生物属性的直接知觉与文化属性的符号感知间游刃有余的转换。

# 8.3 “客观写生类”文本编写流程与符形分析

## 8.3.1 客观写生类文本编写的共同特征

### 1. 以产品系统内新符号规约生成及其意义传递为目的的文本编写

无意识设计的客观写生类有两种设计方法：直接知觉符号化与集体无意识符号化。它们都以产品系统内新符号规约的生成及其意义的传递为文本编写目的。

（1）产品系统内新符号规约的生成及意义传递是设计文本的创新

一方面，两种新符号规约都生成于产品系统内、具体使用环境中，它们通过每一次的考察实践，分别从使用者与产品间生物属性的直接知觉与产品经验形成的集体无意识中获取，这是先验的认知内容，从隐性至显性化的过程。它们被符号化后所新生成的符号规约，也是产品系统内部感知创新的主要途径。

另一方面，产品设计是普遍的符号间修辞，所有产品设计文本表意的创新都是针对感知的创新。客观写生类两种设计方法是以产品系统内部新符号规约表意为目的，新符号的感知表意即是其设计的创新。因此，两种新生成的符号规约及其意义的传递，即是产品文本表意的创新内容。

（2）文本意义的精准传递

直接知觉符号化设计方法中符号来源于直接知觉的产品精准表意优势，以及集体无意识设计方法中符号来源于使用群集体无意识的产品精准表意优势，在第 3 章已做了详细阐述，在此仅做必要的再次概括。

首先，直接知觉来源于产品系统内使用环境中使用者的生物属性，其具有先定性、普适性、凝固性的遗传特征，当直接知觉的内容及引发的行为被经验化分析判断，被设计师修正或改造成为一个指示性的符号后，必定具有在那个环境下，使用群的任何个体都可以精准解读到符号指示目的的普适性特征。

其次，集体无意识是群体成员基于社会遗传基础，并在特定的社会文化环境中，不断形成的隐性且共通的经验积淀，它们构成了集体无意识中的产品原型。集体无意识具有社会遗传与文化扩散的特性，产品原型在具体的使用环境中，通过经验实践被符号化之后，可获得群体内普遍性精准解读。

### 2. 客观写生同样具有设计师主观参与的痕迹

深泽直人无意识设计中客观写生类的命名，受到日本俳句大师高滨虚子的影响，后者在其《俳句之道》一书中提到，长期对客观的写生，主观意识便不自觉地在写生中显露出来，随着客观写生能力的提升，主观意识也会随之加强[21]。无意识设计客观写生是对客观存在之物在原基础上做出的筛选、判断，并对其有目的、有价值的主观修正或改造。“写生”不是“复制”，它带有设计师主观的意识，参与到对客观的描述与修正改造之中。对此，分别从客观写生的两种设计方法加以讨论。

直接知觉符号化设计方法：（1）设计师在具体真实的使用环境中，对使用者生物属性的直接知觉内容及行为进行考察、收集、分析、判断、取舍；（2）设计师凭借自身设计经验，对引发直接知觉行为的可供性之物修正或改造后，使之携带“示能”，并具有可以被使用者认可的指示性符号；（3）指示性符号进入产品设计系统内进行文本编写。因此，此类设计活动具有设计师主观参与的痕迹。

集体无意识符号化设计方法：（1）设计师需要向使用者提供使用环境以及必要的信息，有选择地唤醒使用群集体无意识产品原型的经验实践方向与内容；（2）设计师对获得的经验实践内容进行修正或改造，并使之符号化；（3）符号化的集体无意识经验实践内容的选取、修正或改造，已具有设计师主观意识的参与，但这并不代表是设计师个体主观意识的表达，这与寻找关联类的产品修辞有着本质的区别；（4）这个符号再与原产品文本进行修辞解释后，既是使用者原有产品经验的符号化，也是设计师主观意识参与的文本加工。

## 8.3.2 直接知觉符号化设计方法

设计师利用使用者生物属性的“直接知觉”进行文本编写的设计方法有两种：一是直接知觉符号化的设计方法（本节讨论的内容）；二是寻找关联至直接知觉符号化的设计方法（详见 8.5.3）。两者的相同之处：都是设计师对引发使用者直接知觉的可供性之物加以修正或改造，获得与产品进行修辞的指示符，完成文本编写。两者的不同之处：前者在使用环境中、产品系统内的使用者生物属性的直接知觉原本就是客观存在的；后者则是设计师对一个已有的“物

21. 后藤武、佐佐木正人、深泽直人：《设计的生态学》，黄友玫译，广西师范大学出版社，2016，第 171 页。

理相似”明喻文本中外部事物的始源域符号指称的晃动改造，使之去符号化后保留指称中对象的一些基本特征，这些特征在使用环境中、产品系统内，引发使用者直接知觉的产生或对应的行为。

### 1．文本的编写流程

直接知觉符号化设计方法中，符号规约的来源直至它与产品的解释，整个设计活动是在产品系统内完成的。它依次贯穿了三类环境：非经验化环境、经验化环境、文化符号环境。文本编写流程可依次具体表述为（图 8-5）：（1）设计师在“非经验化环境”内考察使用者与去符号化的产品之间的可供性信息，使用者通过可供性信息的刺激完形获得直接知觉，并引导其相应的行为与动作；（2）设计师在经验化环境中，依赖使用群集体无意识产品经验对直接知觉进行筛选、分析、判断，在对引发行为的可供性之物进行修正或改造后，使之成为一个指示符，即符号化过程；（3）设计师将这个指示符带入产品文本内进行编写，最终成为产品文本的一个指示性符号。

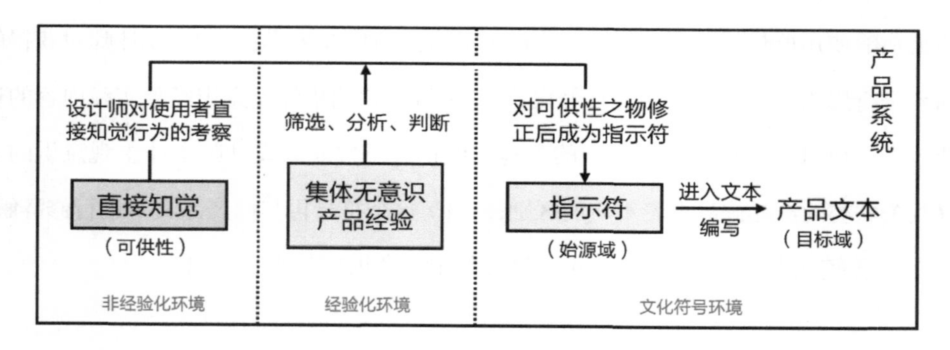


图 8-5　直接知觉符号化文本的编写流程

### 2．文本编写的符形分析——以《可挂物的雨伞》为例

直接知觉符号化的无意识设计方法是深泽直人最擅长使用的方法之一，也是他区别于其他产品设计师的主要风格特征。《可挂物的雨伞》是他运用这种设计方法最典型的案例（图 8-6）。

深泽直人观察到，人们雨天外出购物，进入室内或地铁时，都会不自觉地将塑料购物袋挂在雨伞柄上，于是他在雨伞柄上设置了一个可以挂物的凹槽，便于人们将购物袋挂在凹槽里。其文本编写的符形分析，按照三类环境中的文本编写任务展开讨论的话，如图 8-7 所示：

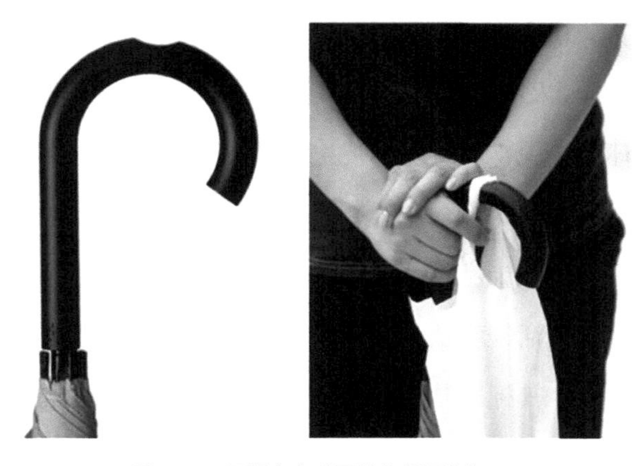

图 8-6　深泽直人《可挂物的雨伞》

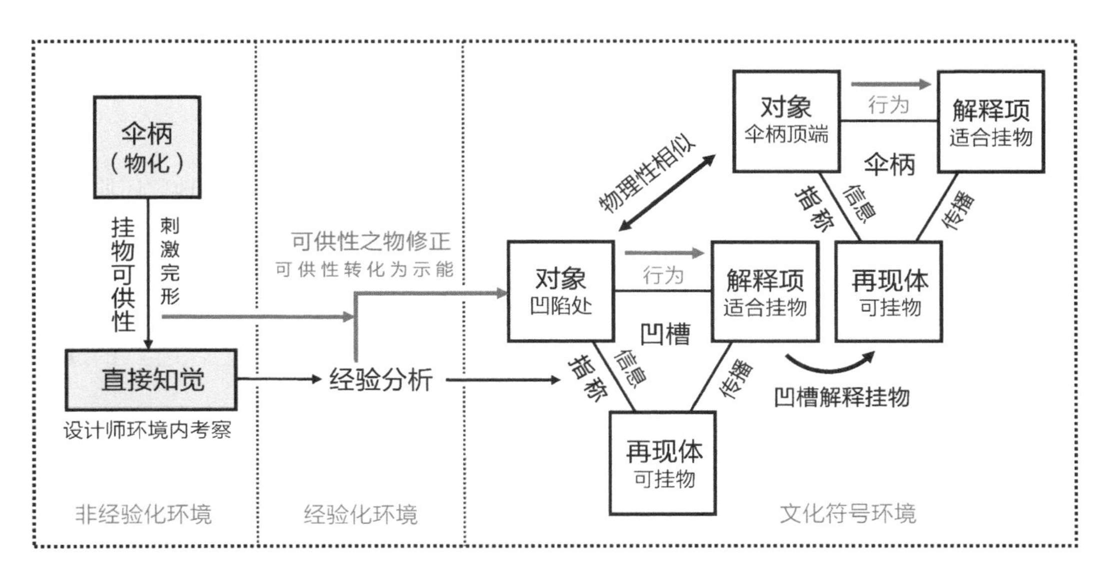


图 8-7　《可挂物的雨伞》文本编写的符形分析

（1）非经验化环境内的编写任务

吉布森坚持对个体直接知觉的考察，必须将个体放置在真实的客观环境中，考察环境内事物与身体之间的可供性关系。伞柄上端与使用者肢体间形成可以挂购物袋的可供性刺激信息，使用者以刺激完形的方式获得直接知觉，引发其完成挂物的行为动作。此时的伞柄不再是文化符号，而是顶端可挂袋子的物体。

（2）经验化环境内的编写任务

经验化环境是使用者生物属性向文化符号转换的中间环境。日积月累的生活经验是这个环境参与设计活动的主要力量。设计师在这个环境中的两个任务如下。

第一，对直接知觉内容及行为进行生活经验的筛选、分析、判断

人处在社会文化环境之中，不可能漠视生活经验对直接知觉内容以及引发行为的分析、判断，会以经验完形方式将其再次加工为“间接知觉”，这是个体生物属性行为在进入社会文化环境之前的必经之路。因为，不是所有被考察到的直接知觉及其行为都可以成为文本编写与传递的内容，那些被生活经验认为不合时宜的内容或行为必定会被放弃。对直接知觉内容及引发的行为进行筛选，其标准是依赖使用群集体无意识产品经验，对直接知觉行为做出合理性的判断。

曾有学生提出，有些人会拿衬衫衣角擦眼镜片，衬衫衣角提供我们擦眼镜的可供性。他要在衬衫衣角设计一个可以擦眼镜的眼镜布。但那位同学忽略了生活经验对这个行为的分析判断。试想，当撩起衬衫衣角擦眼镜，露出白花花的肚皮是多么尴尬的场景。

第二，对引发直接知觉行为的可供性之物的修正或改造

对直接知觉的利用存在两种选择：是将直接知觉所引发的行为原封不动地“还原”，还是在其基础上对引发行为的可供性之物做出必要的“修正或改造”。深泽直人选用日本俳句术语“客观写生”命名此类型是极为形象的解答。设计师既要客观描述直接知觉的内容以及行为现象，同时又要对可供性之物进行必要的修正或改造。修正改造既是“写生”的过程，也是设计师主观意思的流露过程。

“修正或改造”的标准是去除行为过程中无关的杂质，使其更适应使用者的肢体行为，以夸大或强化的方式使其成为具有生活经验的示能。“可供性”转化为“示能”，是使用者生物属性向生活经验的转换，它可以视为是修正或改造后的可供性之物带有了某种指示性的品质。

深泽直人对伞柄挂物可供性的修正或改造方式是：将顶端改为更合适挂物的凹槽；使用者凭经验判断凹槽具有挂物的“示能”；伞柄顶端凹槽挂物是合乎情理的行为。需要补充的是，诺曼提出的“示能”不是符号，是事物某种指示性的品质，它虽具有对行为的引导能力，但并非像符号那样通过意义的解释获得，而是生活经验的完形判断，示能属于间接知觉的经验范畴。

（3）文化符号环境内的编写任务

直接知觉不带有文化属性与符号感知，它通过对引发行为的可供性之物的修正或改造，

使之符号化，构建“对象－再现体－解释项”完整的三元符号结构，这是一个引导行为与操作的指示符。只有完整的符号才能进入产品文本内进行编写。可供性之物伞柄，被修正、改造出一个凹槽。这是一个指示符，“凹陷处”是它的对象，“可挂物”是其品质，两者组成“凹陷处-可挂物”的一对指称，获得“适合挂物”的符号意义（解释项），这就成为一个完整的符号结构（图8-7）。

“凹槽”符号进入“伞柄”文本中编写，依次从以下三点展开。

第一，克劳斯·布鲁恩·延森（Klaus Bruhn Jensen）在皮尔斯将符号三分为“对象”“再现体”“解释项”的基础上，进行了媒介关系的再次三重划分：“对象-再现体”之间是信息的关系，“对象-解释项”之间是行为的关系，“再现体-解释项”之间是意义传播的关系[22]。符号的意义解释都是通过指称获得的，有的倾向“对象”端表意，具有指示符特征；有的倾向“再现体”端的品质表意，具有意义传播特征。符号“凹槽”的结构为“凹陷处-可挂物-适合挂物”，其指称倾向于对象“凹陷处”表意，因而“凹槽”这一符号具有引导行为的指示符特征。

第二，“凹槽”可视为以物理相似的始源域符号，对目标域伞柄可挂物的品质做出解释。根据符号在文本中的编写方式是对修辞两造符号指称的改造，以及结构主义修辞活动始源域符号服务于目标域系统的原则，“凹槽”在伞柄上的形态处理以及行为操作方式，必须适应雨伞现有的系统规约，对“凹槽”的指称晃动是达到适切于雨伞系统规约的有效途径。

第三，指示符“凹槽”与伞柄进行物理相似性解释后，其指示性跟随文本编写进入伞柄中，成为“可以挂物的伞柄”，使得原本挂物的先验行为更加合理舒适。最终的凹槽伞柄带有指示符的文本特征。

### 3. 直接知觉符号化的文本具有指示符特征

赵毅衡指出“指示符”是在物理上与对象产生联系，构成有机的一对，其主导意义是对象，即指称的表意源是对象本身。皮尔斯认为，指示符的目的仅告诉我们“在那儿”，提醒我们它的存在，吸引我们的目光停留在那里，指示符为我们指出对象，但不加主观的描写。

指示符最主要的特征是，符号与对象因为一些因果、邻近、部分与整体等关系形成相互提示，引导接收者把注意力放到对象上。判断指示符的标准是，如果将对象移走，符号即刻

22. 克劳斯·布鲁恩·延森：《媒介融合：网络传播、大众传播和人际传播的三重维度》，刘君译，复旦大学出版社，2012，第36页。

消失[23]。赵毅衡补充认为，任何一个符号都具有规约符、指示符、像似符三种特征，对于其表意的特征分类，应当以三种特征在环境中更倾向于哪一类作为依据[24]。皮尔斯三元符号结构是讨论产品修辞结构的有效选择，任何三元符号结构都存在“对象”，任何符号在意义解释时都具有指向“对象”的属性。划分指示符的标准是符号在表意过程中指示性所占的比重。

直接知觉符号化的文本具有指示符的特征在于：（1）直接知觉中的可供性之物本身就会引发个体的行为，引发的行为与可供性之物间存在一种必然的关系；（2）修正或改造后的可供性之物被符号化后，并没有改变它与引发的行为之间的必然关系，而是具有了指示符的特征，并通过“对象－再现体”指称中的对象进行表意；（3）当这个指示符进入产品文本编写后，文本同样具有指示符的特征；（4）被编写进文本中的这个指示符，向使用者强化直接知觉所引发行为的合理性，修正或改造可供性之物只是让原有的行为在产品文本中获得更为强化的行为指示。

### 4. 可供性行为无需另外的文化符号对其再次解释

直接知觉符号化的文本编写，是针对产品系统内、使用环境中先验的直接知觉所引发的行为。由于直接知觉来源并脱胎于使用者的生物遗传属性，携带了人类生物属性“先定性、普适性、凝固性”，直接知觉引发的行为在那个环境中是高概率发生的，设计师只需对引发行为活动的可供性之物做出必要的修正或改造，使之更适应行为操作与体验即可。因此，没必要用产品系统之外的文化符号对其做出再次的提醒与修辞，否则会显得多余。

下图两件作品中（图 8-8），图左是笔者 2004 年作品《T 恤挂衣椅子》，笔者将椅背设计成 T 恤造型，提示衣服可以挂在上面。椅背在日常生活中本身即具有挂衣服的可供性，引发我们挂衣服的行为。再拿“T 恤”这一外部文化符号修辞这个行为，就显得多余了。那种使用者本来就有的顺畅行为，因“T 恤”这个符号再次修辞椅背，不但显得刻意，同时附加了某种强制的目的，就如同在说“衣服必须挂在椅背”的那种强制性的意义解释。

图右是奥地利设计师布鲁克（Bruckner）、克拉明格（Klamminger）和莫里奇（Moritsch）合作设计的名为 Falb 的椅子，他们让普通椅子的靠背一端高高上翘，这样的高度更便于随手挂衣服，同时衣服也不会拖在地上。这件作品的巧妙之处在于，一端翘起的椅背不但提示并

23. 赵毅衡：《符号学原理与推演》，南京大学出版社，2016，第 80–83 页。

24. 同上书，第 84 页。

强化了挂衣行为，而且使得挂衣的功能更加合理。

图 8-8 “T 恤挂衣椅子”与“Falb 椅”

通过对以上两件作品的分析，可以得出以下思考。

（1）不是所有直接知觉符号化后的产品文本，都不再需要系统外部事物的文化符号对其进行再次修辞解释，而是一旦文化符号去修辞产品文本，文本的意图将聚焦在文化符号与可供性行为间的修辞解释上。原有文本指示性会随之弱化，若始源域文化符号在修辞文本中表意过于强大，那么直接知觉符号化形成的指示性有可能消失，取而代之的是外部事物的文化符号对产品的修辞解释。

（2）当直接知觉引发的行为在经验环境中获得否定的分析，则需要产品系统外部某个事物的文化符号对可供性行为进行合理化的解释，解释之后的行为似乎就变得合情合理了。这种操作手法是无意识设计“两种跨越”类型中的“直接知觉符号化至寻找关联”设计方法，深泽直人曾将一款包的底部设计成鞋底造型的作品是最为典型的例子，这件作品将在之后做详细讨论。

### 5. 直接知觉符号化设计方法的评价标准

设计活动必须要有目的与价值，衡量直接知觉符号化设计方法所编写的文本价值，可以有以下三点标准。

（1）正如吉布森在研究个体直接知觉时，坚持要将个体放置在真实的客观环境中去考察可供性关系那样。设计师对使用者直接知觉的考察，也必须将其放置在真实的客观环境中，考察环境内事物与使用者身体之间的可供性关系。那些依赖问卷、图片等获得的数据分析并非使用者生物属性的直接知觉收集，而是使用者生活经验的间接知觉对产品的认识。

（2）直接知觉符号化设计方法，是产品系统内部通过对引发直接知觉行为的可供性之物的改造所获得的指示性符号，也是产品系统区内部新符号生成的一种方式与来源。因此，不是所有被考察到的直接知觉与行为都可以用作设计的素材。直接知觉的符号化必须要有目的与价值，其新生成的指示性符号需要服务于产品系统，达到让使用者在操作、体验时更具有行为适应性的目的。那些与产品系统无关的直接知觉及其引发的行为，则没有必要使之符号化，更没有必要添加到产品系统之中。

（3）产品是文化环境中的产品，任何被考察到的直接知觉及其引发的行为，都应该被再次放置到现实生活环境中，通过生活经验的分析判断，成为间接知觉。其目的在于，一些在现实生活环境中不合时宜的或不合情理的直接知觉行为应该被舍弃。如果它们的确能为产品系统或行为体验等带来价值，那么可以寻找一个外部的文化符号对其进行修辞，使之在使用群文化规约中具有合理性，这即是两种跨越类型中的“直接知觉符号化至寻找关联”设计方法。

最后，直接知觉符号化设计方法可总结为：它是设计师在产品系统内、使用环境中，对使用者直接知觉可供性所引发的行为现象的“写生”。设计师对其写生的方式是：对可供性之物进行适合于原有行为的修正或改造，使之符号化后，被编写进产品文本，以指示符的形式完成文本编写（图 8-7 中红色粗线）。直接知觉符号化是由产品系统内部出发，对系统规约进行指示符创新的新途径。产品系统内新符号规约的生成及意义传递，即是此类文本的设计创新目的。

## 8.3.3 集体无意识符号化设计方法

首先要表明的是，深泽直人无意识设计中的“无意识”是指以使用群进行划分的集体无意识。集体无意识不但是构建结构主义产品设计系统内各类元语言的基础，客观写生类的集体无意识符号化设计方法还将其作为文本表意的传递内容。

### 1. 文本的编写流程

集体无意识符号化设计依次在经验化环境、文化符号环境中完成，两类环境的认知活动都发生在产品系统内部。这些认知是所有与产品的功能、操作、体验有关的内容，以日常生活中关于产品经验的方式存在，是形成使用群集体无意识中关于产品原型的经验来源。

讨论集体无意识符号化的文本编写流程，主要侧重集体无意识产品经验被符号化的方式。集体无意识不是符号，但其产品原型中的行为经验、心理经验通过设计师的设置被唤醒后，被符号化后成为行为指示符号或心理感受符号。

其文本编写流程可以简述为（图8-9）：（1）设计师在经验化环境的产品系统内，通过提供使用者各种信息，唤醒使用群集体无意识产品原型中的行为经验或心理经验；（2）这两种经验内容被设计师修正或改造后符号化，成为行为指示符号或心理感受符号；（3）这两种符号进入产品文本内进行编写。以上流程可概括为：使用群在产品系统内部的产品原型的两种经验，通过设计师设置的方式被唤醒，并被符号化的一个过程，形成的新符号进入产品文本内编写。

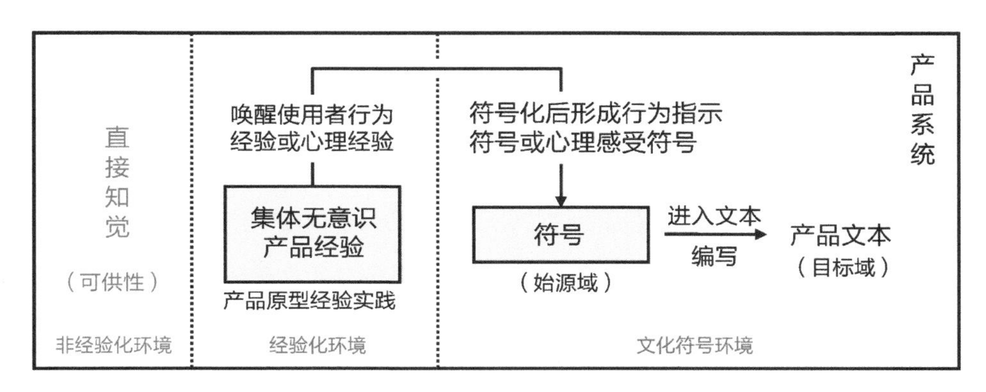


图8-9　集体无意识符号化文本编写流程

## 2. 文本编写的符形分析

集体无意识符号化的设计活动中，设计师主要聚焦于以下三点：（1）设计师对使用群集体无意识产品经验的唤醒；（2）产品原型的两种经验符号化的方式；（3）两种产品经验符号化后对应的两种表意倾向。具体分析如下（图8-10）。

（1）设计师对使用群集体无意识产品经验的唤醒

第一，虽然集体无意识隐藏在使用群对产品印象的原型之中，但如果遇到与产品系统相匹配的使用环境与必要的信息，那些隐藏的集体无意识会以经验实践的完形方式被再次唤醒。设计师在考察的过程中，所要做的是设置产品系统原有使用场景，以及提供必要的信息条件，重新唤醒隐藏在使用群集体无意识产品原型中累积的关于产品经验的记忆。

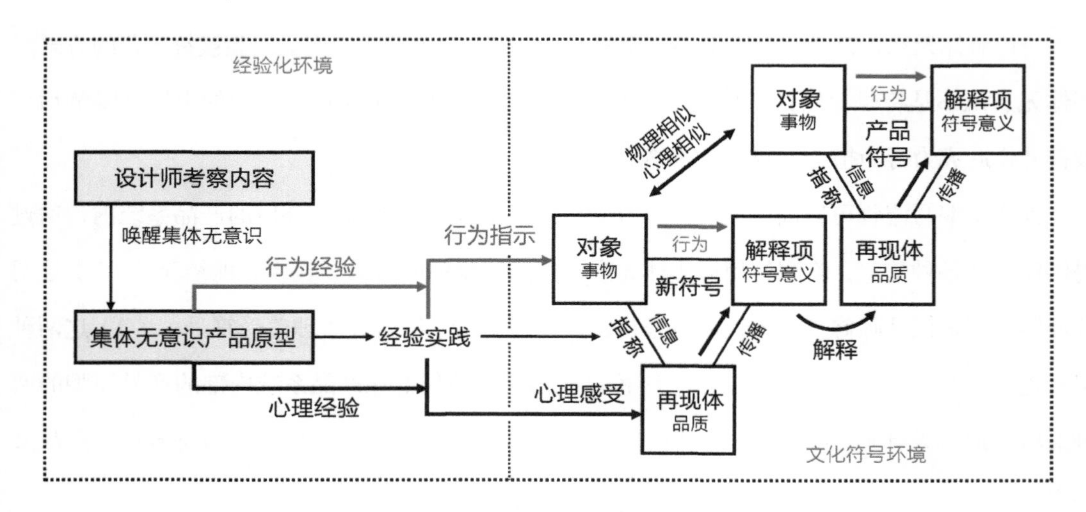


图 8-10　集体无意识符号化文本编写的符形分析

使用者对产品各种经验积累，都是在与之相匹配的产品系统中形成的，两者构成不可分割的整体。因此，设计师唤醒使用群集体无意识产品原型的经验实践活动，必须在产品系统内进行。强调原有的产品系统，是因为这些经验是产品系统内的“产品经验”，而非使用者各种丰富繁杂的生活经验，它必须与寻找关联类产品系统外的文化环境中外部事物的各种文化经验做出明确的区别。

以冰箱为例：炎热的夏季，把一杯水放进冰箱，会唤醒冰箱具有冰凉的知觉经验；饭后的一桌剩菜，会唤醒冰箱容积大小的经验；搬新家购买冰箱家电，会唤醒冰箱体积大小的知觉经验。这些都是原有产品系统内的各种先验经验，是客观写生讨论的内容。但如果将冰箱设计成像某种复古家具的风格、像汽车的流线造型，则是产品系统外部事物的文化符号对电冰箱的修辞，它们都属于寻找关联讨论的内容。

第二，同一款产品，因不同人群的物质与精神需求，也会形成不同的经验积累，成为那个群体的产品原型。冰箱对家庭主妇而言，是饭菜存储的空间；儿童则认为它是冰激凌与饮料隐藏的地方。原型的内容也由产品系统所在环境所决定，冰箱放置在餐饮店，其原型的内容也会发生改变。产品符号的意义内容由环境、产品、使用群三者之间的关系所赋予；符号“意指”关系的符码由深层结构的使用群集体无意识所决定。对于特定的人群而言，任何符号的意义解释都是由符号所在的系统，以及系统所处的环境提供解释的方向与意义的内容。

第三，约翰·杜威反对将经验归为纯粹的认知组成，还应该具有环境下个体感受到的各种情愫[25]。集体无意识的唤醒是使用群内的个体在特定环境中的每一次经验实践活动，它都会因为个体情愫的差异而得到了实践结果的差异。如同咖啡馆里播放忧伤的情歌，一对热恋情侣对歌曲的理解是舒缓、缠绵一样。这表明，设计师考察的使用者个体是普遍意义上的群体对象，虽然群体由个体形式存在，以个体方式参与原型的考察活动，这也是普遍性与特殊性的差别。

（2）集体无意识产品经验符号化的方式

集体无意识符号化讨论的是产品系统内部那些与产品相关的生活经验，即“产品经验”，它们是生活经验的一个组成部分。产品经验不是外部事物的生活经验，这与寻找关联类设计方法中“外部事物的文化符号”来源与符号加工有着本质的不同：寻找关联的外部事物文化符号来源于设计师对使用群文化环境中外部事物的生活经验进行的意义解释，其加工方式是以使用群文化规约为基础的一种主观性、创造性的意义解释活动，对外部事物文化符号的创造性解释中的“意指”关系是由使用群集体无意识深层结构的内容所决定的。

集体无意识符号化设计方法是在产品系统内，设计师通过设置的方式唤醒使用者原本就有的行为经验、心理经验，以符号化的方式将它们呈现；也就是说，集体无意识产品经验的符号化是设计师对使用群集体无意识深层结构原有内容进行“意指”关系的明晰化，符号三元结构的构建过程。其过程是围绕着“意指”在产品经验中分离出事物的对象及其品质，两者构成符号“对象－再现体”的指称，在指称的基础上才能获得意指内容，即解释项。以上是经验通过完形的实践方式，成为符号结构的完成过程。这是对产品经验进行意义解释形成产品系统内“产品符号”之外的另一种途径。

每一次对集体无意识产品原型的经验实践，都是在其原有经验基础上的再次修正、改造或补充，这也是经验实践的实质与目的，产品的原型也正是以这样的经验实践获得修正、改造、补充。集体无意识符号化是产品系统内新生成的符号规约，这从另一个角度表述了“产品创新”的概念。

（3）两种产品经验符号化后对应的两种表意倾向

由延森在皮尔斯符号三分基础上进行的媒介关系再次三重划分可以看到，当两种经验被符号化再次编入文本后，文本会分别出现（图 8-10 中粗红箭头线与粗黑箭头线的区分）：第

25. 约翰·杜威：《艺术即经验》，高建平译，商务印书馆，2013，第 XI 页。

一，由“行为经验”导向“行为指示”的符号化表意倾向。它的符号指称中，由“对象”一端获得在系统内创新的行为指示的指示符特征；第二，由“心理经验”导向“心理感受”的符号化表意倾向。它的符号指称中，由“再现体”一端获得系统内创新的心理感受的符号特征。这两类符号分别再与产品文本解释后，形成了产品文本表意的“行为”与“心理”的两种不同倾向。

### 3．行为指示与心理感受的两种文本表意倾向

（1）第一种：文本的“行为指示”表意倾向——以 KEY 椅为例

产品系统内的集体无意识产品原型中“行为经验”被唤醒后（见图 8–10 中粗红箭头线），通过经验的实践获得修正或改造。其行为经验特征被符号化后，符号的“对象－再现体”指称中以倾向于“对象”一端表意，即表现出对行为的指示特征。这个符号再与产品文本内相关符号进行解释，完成具有“行为指示”的符号文本编写活动。

日本设计师薄上紘太郎发现，当人很悠闲的时候会靠着椅背，将椅子坐得很满会感到很舒适；而当与人交谈时，人则会坐在椅子前端三分之一的位置，便于聆听。设计师对这样的集体无意识“行为经验”进行修正或改造，设计了一款名为 KEY 的椅子（见图 8–11）。他将椅面前段二分之一处改为红色，这样既符合了不同情境下的坐姿需求，同时红色也成为一种

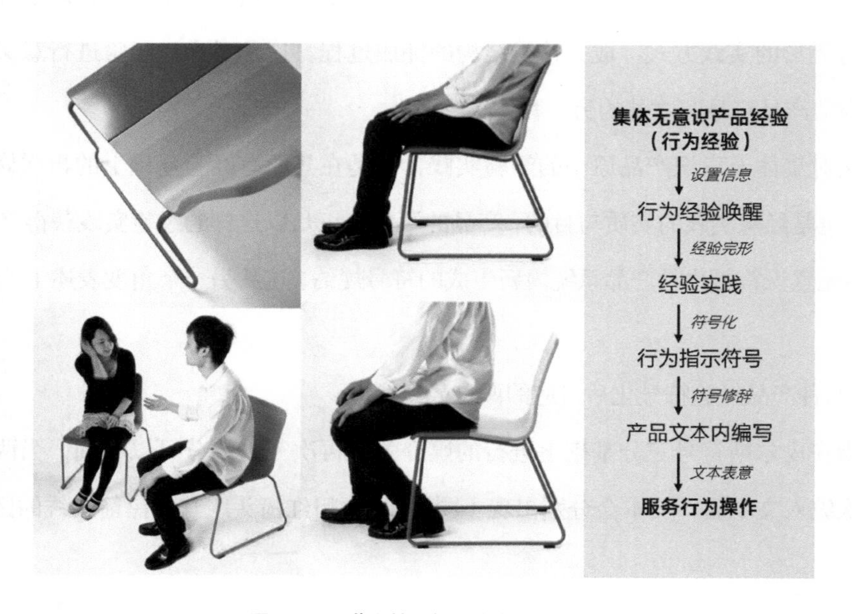


图 8–11　薄上紘太郎设计的 KEY 椅子

指示行为的符号。在图 8-11 右侧标明了集体无意识产品原型中的行为经验被唤醒、修正或改造，直至成为一个符号去解释产品文本的整个流程。

（2）第二种：文本的“心理感受”表意倾向——以 Fireworks House 为例

产品系统内的集体无意识产品原型中“心理经验”被唤醒后（见图 8-10 中粗黑箭头线），通过经验的实践获得修正或改造，其心理特征在符号化的“对象 - 再现体”指称中，以倾向于事物品质的“再现体”一端表意，即表现出心理感受的特征。这个符号再与产品文本内相关符号进行解释，完成具有“心理感受”的符号文本编写活动。

日本秩父市每年的 12 月都会有盛大的烟花节，到那天傍晚，大家都会在楼顶或高处观赏烟火，这已是当地的传统。设计师佐藤大接到一位私宅客户的委托，希望和年迈的母亲一起，全家不用出门就能看到每年的烟花表演。于是，佐藤大将其二楼朝向烟花表演方向的楼顶做成巨大的玻璃幕顶，这样，美妙的烟花表演就可以一览无余，他将作品命名为 Fireworks House（图 8-12）。

图 8-12　佐藤大设计的 Fireworks House

每年的烟花节对于秩父市居民成为一种生活经验，这个经验积累，就包含“如果在家就能看到烟花，那该多好啊”的心理感受。设计师将这个心理经验，通过“玻璃幕顶”这一事物“对象”加以修正或改造，并将其设置（文本编写）在二楼的阁楼顶面。当全家齐聚阁楼透过玻璃幕顶欣赏一年一度的烟花节时，会感叹“哇！这就是以前曾经希望的那样”。这正是对组成原型的心理经验修正或改造后的写生。

#### 4. 集体无意识符号化设计方法的评价标准

设计活动必须有目的与价值，衡量集体无意识符号化设计方法所编写的文本价值，可以有以下两点标准。

（1）使用群集体无意识的产品原型经验分为“行为经验”与“心理经验”两大类，设计师在考察使用者经验时要避免以下两种情况。一、要排除那些毫无设计价值的经验。并非设计师考察到的任何使用者与产品间的经验都可以作为设计活动的素材，被符号化的产品原型经验需要服务于产品系统，达到让使用者在行为操作、心理体验更具有适应性的目的，否则就脱离了设计活动的初衷；二、避免使用者个体的情结与经验。集体无意识符号化设计方法针对的是使用者所在的那个使用群体的普遍经验，因使用者个体情结与情愫导致的考察结果都无法获得那个使用群体的认可。

（2）设计师通过考察过程中的设置，唤醒使用群集体无意识产品原型的各种经验。这些经验内容必须被符号化后才能进入产品文本中编写。符号化的过程也是对集体无意识产品经验修正或改造的过程，修正或改造的标准既要符合产品系统规约，也要符合使用群文化规约的合理性判定。虽然，设计师私人化品质或多或少都会参与修正改造活动，但必须通过集体无意识经验的审核。

最后，集体无意识符号化设计方法可总结为：使用者在经验化环境中的产品系统内，集体无意识产品原型在设计师所提供的信息刺激下，隐藏的产品原型经验被唤醒后获得实践的修正或改造，并被设计师符号化为倾向行为与倾向心理的两类符号，它们再进入产品文本进行编写。这两种符号规约，是生成于产品系统内部，除直接知觉符号化之外的第二种创新符号来源。其文本的表意“张力”表现为设计作品的经验完形与原有集体无意识产品原型经验之间的张力。

### 8.3.4 客观写生类创建系统内新符号的作用与价值

#### 1. 两种创新符号在产品设计系统中的作用

客观写生类的“直接知觉符号化设计方法”与“集体无意识符号化设计方法”，两者从产品系统内部创建新符号的方式，对产品系统自身的作用表现如下。

（1）直接知觉符号化设计方法

由于设计界过度依赖对使用者生活经验的考察，而忽视或放弃使用者生物属性的直接知觉研究，众多产品设计实验室数据采集的方式，会丧失掉使用者通过身体获取产品刺激信息，进而经过经验实践被符号化的研究机会。

直接知觉符号化设计方法在非经验化环境中，从使用者生物属性的直接知觉出发，讨论产品的操作与体验新方式，以此创造新的、适合于使用者与产品间切身体验的新感知。直接知觉符号化设计方法正是以这种方式，为产品系统添加更多的功能与操作性的指示符号，以丰富、完善、修正或改造产品与使用者在肢体操作过程中所引发的新体验。

（2）集体无意识符号化设计方法

集体无意识符号化设计方法是对产品使用经验的符号化创建过程，它通过设计师对使用者产品原型中隐藏的“行为经验”或“心理经验”的唤醒，再对它们修正或改造后，使之具有“行为指示”或“心理感受”的符号，最后进入产品文本中进行编写。

在集体无意识经验的符号化修正或改造过程，以及这些符号进入文本的编写过程中，设计师个体主观意识虽然有所参与，但编写进程并非设计师个体主观意识的表达。集体无意识经验所形成的符号，是产品系统内部生成的新符号，它们具有与使用者使用行为与心理感受的高度契合，这是产品系统外部的任何文化符号所无法比拟的优势，因此，这些符号参与文本编写后可以获得精准的表意效果。

### 2. 产品系统内部创建新符号的价值

首先要强调的是，“客观写生”中的直接知觉符号化与集体无意识符号化在产品系统内所生成的新符号，它们不是像“寻找关联”中的修辞两造文化符号那样，是通过对各种文化经验的“意义解释”而获得的，而是通过对产品系统内先验与既有的直接知觉与集体无意识产品经验的“符号化”方式形成的。可以说，客观写生中的“符号化”强调将使用者对产品认知中的直接知觉、产品经验内容的符号化，使之成为产品系统内新的符号。

（1）设计界普遍认为，与产品进行修辞的始源域符号都是产品系统外部事物的文化符号，这种修辞方式是把产品当作被文化符号修辞的载体，而忽略产品系统内部使用者与产品之间的各种关系。这种认识有利有弊。

利在于：外部文化符号对产品的修辞，是产品融入社会文化的唯一途径。因此，产品系统外部各种事物以各种认知方式所形成的文化符号对产品的不断修辞，使得产品的文化属性不断加强，产品从单一的功能性符号逐渐转向作为众多文化符号的载体，同时因某一文化符号对其的反复修辞，而具有特定的象征性含义。

弊在于：忽视产品最初的功能本源，丧失使用者与产品建立在操作与体验上的亲密关系，因各式各样的社会文化符号对产品的修辞泛滥，使得产品最终可能沦陷为社会文化符号的表意工具。

（2）“直接知觉符号化设计方法”与“集体无意识符号化设计方法”是产品系统内部所新生成的符号规约，它们分别具有使用者生物遗传、社会遗传的稳定性与群体内部的普遍适用性。因此，客观写生类文本能够获得使用者行为与心理的契合、文本意义的精准传递。

（3）产品系统内部可以创建新的符号规约，使得产品回归与使用者依赖功能、操作体验建立起的亲密关系上，并以此为基础，在之后的设计活动中，寻找更多的系统外文化符号作为始源域，对这些新生成的符号进行修辞解释。这样一来，产品向社会文化融入的渠道就变得更为丰富。

## 8.3.5 客观写生是一种特殊的修辞方式

客观写生是一种特殊的修辞方式。为了与这种特殊修辞方式做出区别，笔者暂将第 5 章与第 6 章讨论的提喻、转喻、明喻、隐喻称为“常规修辞”。两者间有着很大的区别，在讨论客观写生是一种特殊的修辞方式时，我们首先要明确“客观写生”的文本编写也是符号对产品文本的修辞，其次再去讨论它与“常规修辞”的显著区别。

### 1. “客观写生”修辞的特殊性分析

第一，要再次强调这一点：从符号学视角而言，所有的产品设计活动都是普遍的修辞。正如皮尔斯普遍修辞学概念认为的那样，符号需要通过修辞的方式成为另一个符号。一个符号的意义必须通过另一个符号的解释所获得，这就是普遍的修辞。普遍修辞是符号间解释的唯一途径，它使得符号在社会文化活动中得以传播[26]。

---

26. 赵星植：《探究与修辞：论皮尔斯符号学中的修辞问题》，《内蒙古社会科学（汉文版）》2018 年第 1 期。

第二，人类依赖符号的修辞认识新事物、创建新感知。赵毅衡认为修辞是一种广义的比喻：一是各种修辞格都是由比喻发展出的不同变体；二是符号体系都是通过比喻积累而成，并依赖比喻延伸，由此扩展了人类的认知世界；三是社会文化活动中所有符号新的组合，都是依赖广义的比喻对原有符号做出的新描述[27]。瑞恰慈也认为，我们对世界的感受是比喻性的，我们通过与先验的经验进行比较后获得新经验，比喻是人类通过经验的比较，认识世界新信息的一种途径。

第三，前文笔者多次表明：产品设计活动是一个外部符号与产品文本内相关符号之间的解释，这种解释方式即是修辞。而所谓的产品设计“创意”，则是设计师选取怎样的一个外部符号对原产品文本内的某个符号做出创造性的意义解释。

强调以上三点后我们才能继续讨论为什么“客观写生”是一种特殊的修辞方式。

（1）直接知觉符号化设计方法中，直接知觉行为虽然在产品系统内具有先验性，但引发这个行为的可供性之物并非以指示性的符号形式存在于原有的产品文本内。设计师将引发直接知觉行为的可供性之物改造为一个指示符，这个改造过程是“符号化”的过程，而绝对不是像普通修辞活动那样，是通过意义解释而形成的符号。这个指示符再进入产品文本内编写，创造了产品在使用上符合原有行为的新体验、新感知——指示符进入文本的编写方式即是符号与产品文本间的修辞。

（2）集体无意识符号化设计方法中，设计师唤醒使用者在产品使用过程中的行为与感受两种经验，在修正或改造后成为“行为指示”或“心理感受”的符号，这同样也不是像普通修辞活动那样通过意义解释而形成的符号。这两种符号并非事先存在于原产品文本内——“行为指示”或“心理感受”的符号进入产品文本内编写，创造了产品在使用指示、心理感受方面的新体验、新感知，这同样是符号与产品文本间的修辞。

### 2.“客观写生”修辞与“常规修辞”在符号来源上的差异

正是因为修辞活动的认知目的差异，常规修辞中的产品提喻、转喻、明喻、隐喻侧重从认知心理学的认知域、范畴出发，讨论事物与产品间通过不同映射方式，所形成的不同认知机制的产品修辞格等问题。常规修辞中的两造符号来源，产品符号与外部事物文化符号，无论哪一方作为始源域或是目标域，它们都是产品或外部事物的局部概念，这些局部概念可以

27. 赵毅衡：《符号学原理与推演》，南京大学出版社，2016，第183页。

是组合轴表意的“理性经验层”的内容，也可以是聚会轴表意的“感性经验层”的内容，但它们无一例外都是以使用群一方的文化规约为基础，对产品系统中的“产品经验”与外部事物系统中的“事物经验”进行意义解释而获得的符号意义，以此建立两者在修辞解释上的创造性关联。

客观写生类中的直接知觉符号化设计方法，其文本编写中的始源域符号来源于产品使用环境中、产品系统内部使用者先验的直接知觉的“符号化”。集体无意识符号化设计方法，同样是在产品使用环境中、产品系统内部使用群两种产品经验被“符号化”后作为始源域符号对产品的修辞。因此，“客观写生”强调的是产品使用环境中、产品系统内部新感知、新符号的生成，但要强调的是，这些新生产的符号不在原有的产品文本中，而是被设计师构建为三元结构的符号。因此我们所说的“符号化”是对原有产品系统中，引发使用者直接知觉行为的可供性之物，以及集体无意识产品经验所涉及的那些事物，进行符号的三元结构的构建过程。这些由系统内部新生成的符号作为始源域去修辞产品文本。

### 3. “客观写生”修辞与“常规修辞”在认知目的上的差异

正如束定芳在讨论修辞的作用时提出的，人类要认知周围的世界，探索未知的领域，就需要借助已知的概念系统，并将它们映射到未知的领域，以获得新的知识和理解[28]。“常规修辞”表意的目的，是希望事物系统与产品系统间，通过修辞两造的符号解释达成事物系统与产品系统之间局部概念的“替代”（提喻、转喻）与“交换”（明喻、隐喻），以此使得产品从最初单一的使用功能符号携带更多的文化符号，也是产品融入社会文化的唯一途径。

一方面，客观写生中的直接知觉来源并脱胎于使用者的生物遗传属性，因此携带了人类生物属性“先定性、普适性、凝固性”的三大特征。集体无意识具有社会遗传与文化扩散的特性，一旦有与产品系统相匹配的使用环境与必要的信息，那些隐藏的集体无意识会以其原型在环境中经验实践的完形方式被再次唤醒。因此，直接知觉与集体无意识产品经验的符号化后编写的产品文本，可获得使用群普遍性的精准解读。

另一方面，客观写生类的“直接知觉符号化设计方法”与“集体无意识符号化设计方法”都是以使用环境中、产品系统内部新符号规约的生成，与新符号的意义传递为目的。可以说，这些新生成符号规约进入产品文本进行编写是特殊的修辞表意方式。

---

28. 束定芳：《隐喻学研究》，上海外语教育出版社，2000，第100页。

## 8.4 “寻找关联类”文本编写流程与符形分析

在无意识设计的系统方法中，“寻找关联”即设计师普遍使用的结构主义产品修辞，“寻找关联”强调事物与产品间存在的“关联性”，即理据性的意义解释，它是符合使用群文化规约的结构主义产品修辞。但它有别于始源域符号生成于产品系统内部的“客观写生”类特殊修辞方式，是特指产品系统外部事物的文化符号与产品符号间的相互修辞方式。

因此，以外部文化符号与产品文本间相互的修辞方式对“寻找关联”类进行方法细分：一是外部事物的文化符号作为始源域，对产品文本内相关符号的修辞解释，此时，外部事物的文化符号服务于产品系统；二是产品文本内的产品符号，依赖产品文本自携元语言规约，修辞解释产品外部的文化符号，产品符号服务于外部符号所在的事物系统。因修辞活动服务的主体差异，前者是对产品的修辞，后者是借助产品约定俗成的文化规约，进行艺术化表意的有效传递。寻找关联的两种设计方法，无论是“符号服务于产品”，还是“产品服务于符号”，都属于结构主义文本编写方式。

### 8.4.1 寻找关联类的结构主义特征分析

在讨论寻找关联类的结构主义特征前要表明以下两点：第一，无意识设计是典型的结构主义文本编写方式，本章讨论的无意识设计三大类型、六种方法的文本编写规约与解读规约都是被限定在使用者可以有效解读的前提之上的结构主义设计活动；第二，寻找关联类是我们常用的普遍修辞方式，但它强调的是产品与外部事物在修辞解释时的理据性问题，对寻找关联类的结构主义特征分析，实质就是讨论结构主义产品修辞是如何做到表意有效性的问题。

#### 1. 寻找关联类修辞两造符号意义的“既有”特征

无意识设计之所以具有典型结构主义特征，因为无意识设计活动围绕在三类环境中的四种符号规约展开：直接知觉的符号化、集体无意识的符号化、外部事物的文化符号和产品文本自携元语言。四种符号规约具有使用群的“先验”与“既有”特征，保证了文本表意的精准与有效传递。

（1）符号服务于产品设计方法

符号服务于产品设计方法，围绕外部事物的文化符号展开文本的编写。

设计师用产品系统外部事物的文化符号对产品文本内相关产品符号进行创造性的意义解释，并获得使用群集体无意识的理据性认可。这个符号进入产品文本，按照产品系统规约进行编写，与使用者达成了文化规约的一致性。

需要强调的是：第一，无论是始源域外部事物的文化符号，还是目标域产品文本的产品符号，它们都是“文化符号”；第二，无论是事物经验，还是产品经验，它们都是使用群“生活经验”的一种；第三，所有的文化符号都是对生活经验的意义解释。因此，作为始源域的外部事物文化符号，其符号意义是对使用群事物经验的意义解释；作为目标域的产品符号，其符号意义是对使用群产品经验的意义解释。

因此，结构主义产品修辞活动中，外部事物的文化符号与产品系统中的产品符号，它们符号意义的形成方式是相同的，都是设计师以使用群一方的文化规约为基础，对产品系统中的产品经验、事物系统中的事物经验做出的意义解释，以此建立两者在修辞解释上的创造性关联。

（2）产品服务于符号的设计方法

符号服务于产品设计方法，围绕产品文本自携元语言展开文本的编写。

在大多数情况下，我们会利用熟知事物的感知去解释产品文本当中那些未知的品质，以此方式将产品逐步带入社会文化符号的意义世界，促成产品从最初的功能性使用工具向社会文化符号的转向；但同时，正是因为产品逐步成为文化符号，符号的规约补充进产品文本自携元语言，并以经验积淀的方式对集体无意识的产品原型进行完善。当它们逐步成为我们熟知的感知后，设计师与艺术家会用它们去解释那些我们不熟悉事物或现象当中的一些符号特征。

一些学者将产品服务于符号的设计方法界定为后结构的文本表意，笔者对此持否定态度。产品服务于符号设计方法中，始源域符号来源于产品文本自携元语言，它们本身就是使用群关于产品约定俗成的符号规约集合，它们是产品系统内“既有”的文化规约。利用这些“既有”的符号规约去修辞文化现象或事物，可以达到有效性且宽幅的表意效果，因此，它是结构主义的文本编写方式。

### 2. 使用群集体无意识提供文化符号的意指内容与修辞理据性的判定

（1）寻找关联类两种设计方法中的所谓“既有”文化符号，是指这些文化符号的“能指－所指”之间意指的表层结构受深层结构的使用群集体无意识控制。也就是说，控制这些文化符号“意指”关系的符码都来源于使用群在各种文化环境中经验积累的无意识。这是因为，文化符号意指的“表层结构”关系是杂乱的，在无法获得符号本质意义时，必定会求助于大脑的无意识“深层结构”。深层结构是使用者在解释符号意义之前就已经存在的，这种先验性的无意识来源于使用群关于产品的日常生活经验积累，并提供在符号意义解释时的“意指”内容。

（2）在结构主义产品修辞活动中，设计师在创造性地用外部事物文化符号与产品符号建立修辞的关联性、理据性，以及这个文化符号进入产品文本内进行编写的过程中，都必须反反复复回到使用群的集体无意识生活经验中获得验证。

### 3. 产品设计系统对设计师编写与使用者解读的控制

本章讨论的无意识设计三大类型、六种方法的编写规约与解读规约都是限定在使用者可以有效解读的前提之上的设计活动。因此，无意识设计是典型的结构主义文本编写方式。设计师编写的产品文本可以有效传递，并被使用者有效解读，那就需要在设计活动之初建立以使用群集体无意识为基础的产品设计系统。所有结构主义产品文本的编写，都是设计师主观意识与产品设计系统内各类元语言协调统一后的结果，这在第2章已经论述。

产品设计系统是对符号文本发送者按照接收者那一端所做出修辞两造符号意义、两造关联的理据性判定，文本编写规约的限定。只有这样，设计师编写文本与使用者解读文本的符号规约才能达成一致，这种文化规约一致性的预设是结构主义文本表意有效性的前提。

关于产品设计系统对结构主义产品设计文本编写与解读的控制，笔者在前文各章节已详尽表述，在此不再赘述。

### 4. 始源域符号服务于目标域系统的文本编写原则

任何结构主义的产品修辞文本编写活动，都必须遵循始源域符号服务目标域系统的原则，即始源域符号的意指以及指称都必须按照目标域系统规约进行适切性的解释及编写。只有始源域符号服务于目标域系统，才能从目标域系统文化规约的内容、系统结构的稳定性、系统整体指称的完整性等层面，保证结构主义修辞活动“谁服务于谁”的逻辑关系。

因此，寻找关联类中的符号服务于产品设计方法中，外部事物的文化符号作为始源域，在意指内容与文本编写时必须服务于目标域产品系统；产品服务于符号的设计方法中，产品符号作为始源域，在意指内容与文本编写时，必须服务于目标域外部事物系统。

为符合始源域符号服务于目标域系统的原则，结构主义产品修辞都会在修辞两造符号意义的内容、两造关联的理据性方面，按照使用群文化规约对它们进行筛选、分析、判断，再在文本编写的过程中，晃动始源域符号指称，使之适应目标域系统的指称要求。

如果始源域符号并非以服务目标域系统的姿态进行文本编写，通常会有两种情况：一是始源域符号的意指内容无法与目标域系统规约进行适切性的解释，导致后结构主义文本意义的开放式解读；二是始源域符号的意指对目标域系统规约进行瓦解或否定，或破坏了系统的稳定性与系统整体指称的完整性，那必定是后结构主义的反讽修辞。

## 8.4.2 符号服务于产品设计方法

首先需要说明的是，本节仅对符号服务于产品设计方法的文本编写流程、文本编写的符形结构展开讨论。这是因为，外部事物的文化符号对产品的修辞，可以形成包括后结构主义反讽修辞格在内的所有产品修辞格类型，笔者已在第 5 章与第 6 章对产品提喻、转喻、明喻、隐喻各种产品修辞格进行了详细的讨论，故在此不再赘述。

### 1. 文本的编写流程

符号服务于产品的设计方法是产品设计领域运用最为广泛的方法之一，设计界一直将其称为“产品修辞”或“产品语义”。但因为文化符号与产品间修辞具有双向的可能，设计界讨论最多的是外部事物的文化符号作为始源域对产品文本目标域内相关符号的修辞。

符号服务于产品设计方法的文本编写活动涉及经验化环境与文化符号环境。文本编写流程为（图 8-13）：（1）设计师选取产品外部事物的局部概念作为始源域，产品文本中的局部概念作为目标域，尝试建立两者间创造性的关联解释；（2）设计师以使用群一方的文化规约为基础，依赖使用群的事物经验对其局部概念做出意义解释，成为始源域文化符号，同时，目标域的产品局部概念是对产品系统内产品经验的意义解释；（3）修辞两造符号的意义解释形成的创造性的关联，必须符合使用群集体无意识生活经验的认可；（4）始源域文化符号进入产品文本内，按照产品系统的规约进行编写。

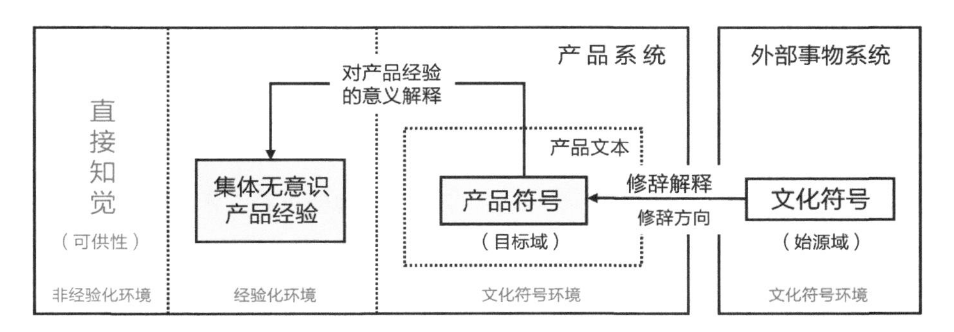


图8-13 符号服务于产品文本编写流程

## 2. 文本编写的符形分析——以《洗面奶遥控器》为例

深泽直人的《洗面奶遥控器》是典型的“符号服务于产品”的修辞案例。在日常使用过程中，他发现遥控器与其他电子产品都是平躺在桌面，寻找起来不醒目，于是他将遥控器设计成洗面奶的造型，遥控器站立在桌面就变得醒目了（图8-14）。洗面奶造型作为始源域文化符号服务于目标域遥控器文本，它的文本编写符形可做如下分析。

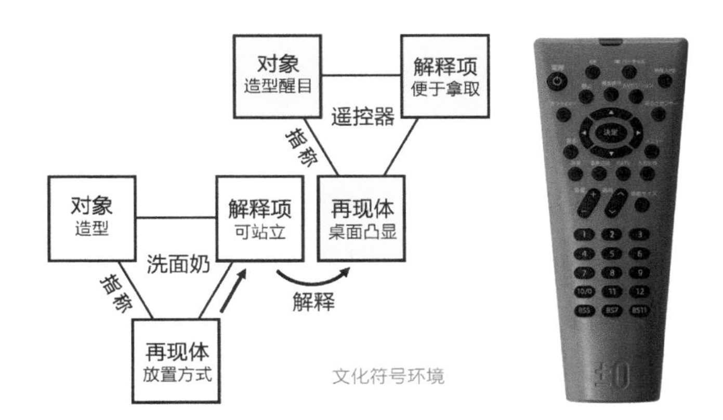


图8-14 深泽直人《洗面奶遥控器》文本编写的符形分析

（1）洗面奶的形态特征是遥控器系统之外的文化符号，洗面奶的造型与放置方式组成“造型-放置方式”的一组指称，这组指称被解释为“可站立”的感知。

（2）这是较为典型的明喻修辞，它通过修辞两造“再现体-再现体”间品质的相似性建立起物理相似性的映射（详见6.1.2与6.2.1）。对于需要醒目的遥控器而言，洗面奶“可站立”的品质可以对这个要求做出物理相似性的解释。在解释过程中，不是始源域的“对象”或“再现体”直接去解释目标域，而是其“对象-再现体”中“再现体”一端所获得的“解释项”符号意义，去解释目标域符号指称中的再现体品质。

（3）在编写过程中，设计师通过晃动始源域指称的方式，降低洗面奶指称中对象的还原度与其原有系统的独立性，其目的是按照遥控器的系统规约进行文本编写，即结构主义修辞文本编写遵循始源域符号服务于目标域系统的原则。

（4）最终的修辞文本具有洗面奶与遥控器两造符号指称的重层特征，重层的强弱取决于晃动指称时，对始源域符号对象的还原程度及其系统独立性保留的程度。修辞两造重层性的强弱也是文本表意“张力”的来源。

另一方面，始源域符号指称的晃动程度可以有效地控制文本从“明喻”向“隐喻”的渐进转化，即洗面奶与遥控器两者可以从物理相似性的“品质”，进而渐进为在心理层面的相似性，也就是说竖立起来的遥控器隐约像洗面奶的那种心理感觉。明喻文本向隐喻文本的渐进已在第6章与第7章详细表述，在此不再赘述。

### 8.4.3 产品服务于符号设计方法

外部事物的文化符号与产品文本间修辞解释的方向不同，形成两种修辞方式：一、外部事物的文化符号作为始源域，对产品文本内相关符号的修辞解释，此时外部符号服务于产品系统；二、产品文本内的符号，依赖产品文本自携元语言规约去修辞解释产品外部文化现象或事物的某个符号，产品文本内的符号服务于外部符号所在的事物系统。因修辞活动服务的主体差异，前者是对产品的修辞，后者是借助产品约定俗成的文化规约，进行艺术化表意的有效传递。

#### 1. 文本的编写流程

产品设计是普遍的修辞。设计界普遍认为，产品设计修辞活动是一个外部事物的文化符号进入产品文本内，通过修辞方式对产品的修辞解释；但产品也可以用始源域的姿态，去修辞解释产品系统外部的一种文化现象或事物，这在产品叙事设计、思辨设计以及装置艺术作品中被广泛使用。

产品文本自携元语言是使用群集体无意识产品经验对某类产品在特定文化环境下约定俗

成的解释与界定，即一个产品能够被群体认定为“是这个产品”的所有文化规约的集合。产品服务于符号的设计方法实质，是设计师借用产品文本自携元语言的文化符号规约，在解释一个文化现象或事物时，可以获得有效的解读方向和内容。产品文本自携元语言既有的文化规约是设计师编写文本、使用者解读文本时的依赖。

其文本编写流程为（图 8-15）：（1）设计师选取产品文本自携元语言中的产品符号作为始源域，外部的文化现象或事物的某个符号作为目标域，建立两者间创造性的关联解释；（2）设计师依赖产品文本自携元语言文化规约，对外部文化现象或事物的符号进行关联性的修辞解释；（3）修辞两造的关联性必须符合使用群集体无意识生活经验的认可；（4）始源域产品符号进入目标域外部事物的文本内，按照事物系统的规约进行编写。

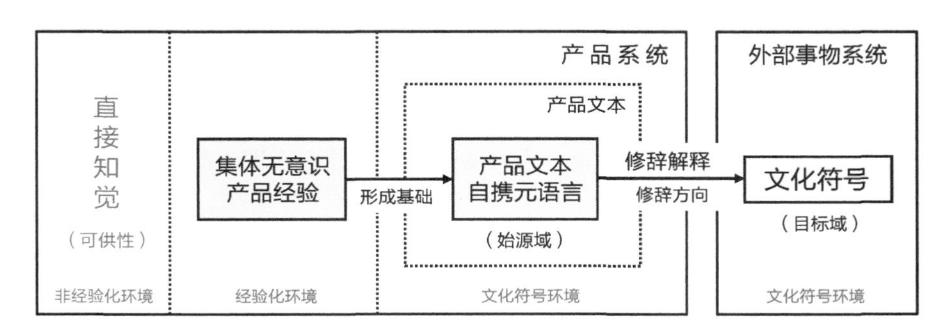


图 8-15　产品服务于符号文本编写流程

产品服务于符号设计方法的文本编写过程需要强调以下三点。

（1）选择产品文本自携元语言的某个产品符号作为始源域，去解释社会文化现象或事物，这对产品文本自携元语言既有的文化规约的依赖，其依赖的目的是获得修辞文本意义在方向与内容上的有效性解读。

（2）产品符号作为始源域在编写时晃动指称，产品符号对象的还原度以及产品系统的独立性降低，目的是适应现象或事物的系统规约。这一方面是结构主义修辞活动中，始源域符号服务于目标域的编写原则。但更主要的是，只有刻意降低产品自身所属类型的辨识度后，解读者才无法通过产品文本自携元语言做出产品类型的判定，在能力元语言的释意压力下，解读重心转向修辞意义的解释。但文本意义的传递是有效的，因为依赖产品文本自携元语言的文化规约，会为解读者提供有效的解读内容与方向。因此，产品服务于符号设计方法是结构主义的文本编写方式。

（3）结构主义修辞活动的始源域符号需要服务于目标域的原则，迫使产品符号刻意弱化其对象的还原度及产品系统的独立性，这是为了避免解读者再次按照原有产品类型的规约来分析作品，继而转向修辞的意义解释。以上操作导致文本呈现出“非产品类型”的表意特征。正因如此，一些学者将此类文本归类为装置艺术或现代艺术。笔者在此并非深究设计与艺术的边界问题，结构主义论阈下的符号间修辞表意方式以及表意的有效性才是本书研究的重点。

## 2. 文本编写的符形分析——以《水桶树桩》为例

现任教于武蔵野美术大学的铃木康広，是日本当代设计界引人关注的年轻设计师。他的作品大多以产品为载体，具有独特的观察视角、丰富细腻的情感表达，以叙事的方式阐述产品与生活现象之间的微妙关系。这件《水桶树桩》是他的代表作之一（图 8-16 右），运用的便是产品服务于符号的设计方法。

铃木康広发现，当装满水的水桶震动时，会有一圈圈向外扩散的涟漪，它很像树桩的年轮。于是他设计了一个像树桩一样的水桶，当震动树桩时，便会出现不断向外发散的“年轮”。这件作品的文本编写符形分析可做如下表述。

（1）水桶作为一件产品，装满水后震动会有一圈圈的涟漪，它具有向外发散的感觉。“水桶震动”与“涟漪”作为一组“对象 - 再现体”的指称关系，“发散感觉”是解释项，即指称的意义解释，三者构成一个完整的三元结构符号（图 8-16 左）。

（2）水桶涟漪发散的形态很像树桩的年轮。因此，这是一件典型的明喻，依赖年轮与涟漪“对象 - 对象”间的物理相似性建立起的类比关系。作为产品的水桶是始源域，它去解释

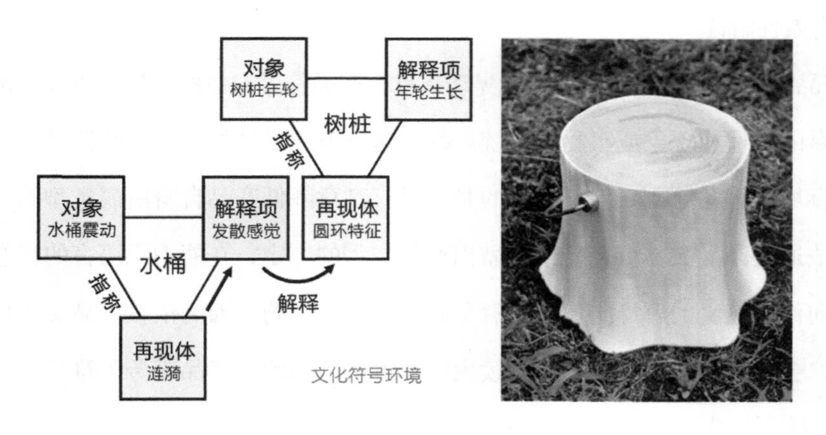


图 8-16　铃木康広《水桶树桩》文本编写的符形分析

作为自然现象的目标域年轮时，必须要按照年轮的系统规约进行文本编写。作者刻意晃动水桶的指称，降低其对象的还原度和水桶系统的独立性，仅以保留水桶把手的方式，去适应树桩的系统规约。

可以说，结构主义产品修辞在文本编写时，都会遵循始源域符号服务于目标域系统的原则。只有这样，才能保证目标域系统整体指称的完整性，以此获得明确、完整的系统指向。

（3）修辞需要两造指称的共存，水桶的“把手”可以说是水桶在这个修辞文本中仅存的痕迹。这也直接导致文本的解读趋向“一个像水桶一样的树桩”，而不是“一个像树桩一样的水桶”。这点极其重要，一旦文本的整体指称倾向水桶，那么水桶作为始源域去修辞解释年轮的目的就会失效。因此，在产品服务于符号设计方法中，只有当产品系统规约弱化后，解读者的释意方向才会被迫向产品系统之外的事物或现象滑动。

### 3. 产品作为始源域去修辞文化现象或事物的优势

利用产品文本自携元语言内使用群既有的文化符号规约作为始源域符号，去解释产品系统外的文化现象或事物的优势有以下四点。

（1）产品文本自携元语言既有的规约内容是作品表意有效传递的依赖

一方面，任何产品在自身系统确立的初始阶段，就有了明确的功能与操作规约，这些规约伴随着使用者的日常生活方式成为经验，进而成为集体无意的产品原型，之后所有与之相关的生活行为现象，都会通过原型的经验实践获得意义的解释；另一方面，随着产品融入社会文化，并不断地与各式各样的文化符号进行意义解释，产品从单一的功能操作性符号向社会文化符号转向，那些反复被解释的符号规约成为产品文本自携元语言的一部分。产品文本自携元语言携带使用群既有的文化特征。因此，以产品为始源域对其他社会现象或事物的解释，是对使用群既有的文化规约的依赖，这为解释者提供了明确的解释内容或方向。

（2）产品成为象征后具有极强且排他的意指特征

对于象征的形成方式，赵毅衡从符号学的修辞理据性角度指出，象征不是单独的符号，也不是独立的修辞，而是比喻（此处的比喻泛指各种修辞格）被反复使用后形成的一种修辞变体，它是理据性不断上升的二度修辞格，并成为社会文化约定俗成的公认规约[29]。

---

29. 赵毅衡：《符号学原理与推演》，南京大学出版社，2016，第194-200页。

当产品作为社会文化符号，在人们日积月累的生活经验积累中形成了极为固定不变的文化规约，产品则可能会以一种象征的方式作为始源域的符号，去解释社会文化中的某一现象和事物。就如，冰箱具有保鲜的象征性，风扇具有清凉的象征性，坐便器具有肮脏的象征性。一旦“象征”作为始源域符号，该产品文本自携元语言内的其他符号规约都会被暂时搁置并忽略。如果用坐便器的“肮脏”去解释其他文化现象或事物，坐便器文本自携元语言内诸如造型、尺寸、款式、品牌等符号都会被忽略。可以认为，在特定环境下的产品一旦具有象征性，象征的意义成为产品系统当中显著度最强的符号规约，系统内的其他符号规约则会被象征的强显著度所覆盖。

（3）产品自身规约具有社会各个群体共时性的感同身受

结构主义符号学认为，文本的意义在传递过程中，无论是意义编写与解释，都必须是共时性的。产品作为日常生活的必需品，始终以一种共时性的文化符号形象伴随人们的生活。随着时代的历时发展，产品又会获得新的共时性符号意义作为补充，甚至会形成新的象征。利用产品作为始源域，就是利用耳熟能详的产品共时性文化特征去解释文化现象或事物，这会比拿一些远离我们日常生活的事物作为始源域，去解释文化现象或事物更具亲切感。

（4）跨越种族文化障碍的意义解释一致性

产品因功能与操作所形成的产品系统，具有跨越种族文化的广泛且一致的集体无意识产品原型特征基础。当产品作为修辞的始源域时，只要是具有相同集体无意识产品原型经验的使用群体，都会获得修辞文本意义的有效性解读。因此，以使用功能发展而来的产品文化符号具有跨国家、跨种族、跨意识形态的普适性的特征。

## 8.4.4 寻找关联类文本的两种重层特征

修辞文本的本质特征是修辞两造指称在文本内的共存，即深泽直人提出的“重层性”。寻找关联设计类型的重层不单指两造符号指称的重层，同时还包括设计师主观意识在文本编写中与产品系统内使用群集体无意识形成的文化规约的重层。前一种重层性，是所有修辞文本在文本结构上的本质特征；后一种重层性，是所有修辞文本在表意方式上的本质特征。

### 1．文本结构中修辞两造符号指称的重层

任何产品修辞格都是符号与符号间的解释。符号解释项的意义必须通过“对象－再现体”

所组成的指称获得。因此，所有修辞格都保留了两造符号指称重层的痕迹。在始源域符号进入目标域文本内编写时，无论怎样晃动符号指称，两造符号指称在文本结构中的重层始终存在。直至始源域符号指称晃动至符号属性消隐后，符号意义也随之消失。符号消隐后，符号的对象转为纯然物，转而依赖使用者肢体的知觉获得对事物的认知，这也是下一节要提及的两种跨越中的“寻找关联至直接知觉符号化”设计方法。修辞两造符号指称的重层在第3章已详细讨论，在此不再赘述。

### 2. 文本表意中设计师主观意识与使用群集体无意识的重层

深泽直人反对产品修辞文本中刻意地叠加设计师主观意识，并作为向使用者强加的意义推销，他所反对的主观意识强加，与寻找关联中设计师主观意识与产品系统内使用群集体无意识形成的文化规约重层并不矛盾。

（1）与“客观写生类”强调对客观存在事物进行描述所不同的是，“寻找关联”中的外部文化符号与产品间的修辞侧重设计师主观意识的表达。

首先，从修辞两造符号的意义形成而言，修辞两造中的产品与外部事物，无论是哪一方作为始源域还是目标域，修辞两造的符号意义形成，都是设计师以使用群的文化规约对产品或事物的生活经验做出的意义解释，以此建立两者在修辞解释上的关联性。这些都是设计师参与设计活动的主观意识及其创造力的表现，是所有修辞文本在表意方式上的本质特征。

之后的修辞文本编写，都必须依赖设计师的主观意识对修辞两造指称的晃动，以适应始源域符号服务于目标域系统的编写规则。甚至像第7章中表述的那样，设计师可以根据主观意识对修辞两造符号指称进行改造，达成各种修辞格文本之间依次渐进的转化关系。设计师对修辞两造符号关联性解释的主观创造，既是新的感知符号的创新，也是感知表意设计活动的创新。

其次，不同的设计师，即使利用同一个事物去解释相同的产品，也会得到不同修辞解释。修辞两造符号意义的形成、修辞两造间关联性解释的差异，无不显示着设计师个体间主观意识的差异。正是设计师个体主观意识差异，才导致产品修辞表意的内容与编写方式的丰富多彩。

（2）结构主义产品文本意义有效传递的前提是，设计师能力元语言（设计师个体主观意识）必须在产品设计系统内各类元语言共同协调下完成文本的编写。设计师个体无意识情结需要在集体无意识构建的系统规约中获得实践经验的解释，只有这样才能被使用者解读。这也表明设计师主观意识与产品系统内使用群集体无意识形成的文化规约，在协调统一下的重层特性。

最后要表明的是，如果设计师的主观意识并未与产品系统规约达成协调，或不再受其限制，修辞文本则倾向后结构主义的意义开放式解读。意大利阿莱西设计品牌中的许多产品，都具有这样后结构的表意倾向。抛开产品系统内的文化规约束缚，是设计师彰显其个性化修辞表意的途径，但它必须以丧失文本意义的有效传递为代价。

**3．两种重层性在寻找关联类文本中必定同时存在**

两种重层性在寻找关联类文本中即修辞文本中必定同时存在的原因在于以下两点。

（1）修辞两造符号指称的重层，以及设计师主观意识与使用群集体无意识构建的系统规约的重层，在任何一件设计作品中都会同时存在，只是有两种重层倾向性与强弱的区别。这是因为：任何修辞文本都依赖指称的共存获得相互之间的意义解释；设计活动是设计师个体的主观参与，任何主观参与的结构主义文本编写，都存在编写者与解读者双方能力元语言在差异化基础上协调统一后的共存。

（2）重层是合一表意的文本中，两种或对峙或矛盾或不同属性的两种表意力量，以修辞两造指称或设计师个体与使用者群体的差异共存，它们都是文本张力的来源。两种重层都会导致使用者解读文本时的释意压越增加，文本表意的张力越强。张力是极为抽象的，但又以符号的表意、使用者的解读而客观存在。对文本张力的控制，是设计师文本编写能力的体现。

## 8.5 “两种跨越类”文本编写流程与符形分析

“客观写生”与“寻找关联”是无意识设计系统方法的两大基础类型。客观写生从产品系统内部的使用者生物属性的直接知觉（直接知觉的符号化）与产品经验出发（集体无意识的符号化），展开对产品系统内新符号感知的扩充；寻找关联以产品系统外部事物的文化符号与产品间双向的修辞方式，使得产品融入社会文化，获得更多的文化符号（符号服务于产品），或依赖其约定俗成的文化符号规约，解释社会文化现象或事物（产品服务于符号）。客观写生与寻找关联是无意识设计将使用者生物属性与社会文化属性进行融合的完整手段。

“两种跨越类”设计方法并不是笔者对无意识设计方法的创新，而是在深泽直人提出的“客观写生”与“寻找关联”两类方法的基础上，通过近几年对日本众多设计师作品资料的大量收集、分析、分类后，结合作品的文本编写流程与符形分析，在原有两种类型的基础上提出的补充。因此，两种跨越类的设计方法都是按照“客观写生”与“寻找关联”的表意方式进行的文本编写。与它们不同的是，两种跨越类设计方法在它们的基础上，继续形成操作方式上的双向贯通。

## 8.5.1 两种跨越类设计方法的研究方式

### 1. 客观写生与寻找关联类的双向贯穿

“两种跨越类”的设计方法是在客观写生与寻找关联两大基础类型上的贯穿，也是对使用者生物属性直接知觉——社会文化属性符号感知间的贯穿。

（1）直接知觉符号化至寻找关联设计方法：是指直接知觉符号化后的产品文本，再去寻找一个产品系统外部事物的文化符号来解释文本中新生成的“指示符”，使之通过修辞解释变得合理性。该设计方法依次经历了非经验化环境—经验化环境—文化符号环境，从使用者生物属性的直接知觉贯穿至文化属性的符号感知。

（2）寻找关联至直接知觉符号化设计方法：也是第7章讨论的三种编写方式中的“符号消隐”编写方式。一个外部事物的文化符号以“物理相似性”对产品进行明喻修辞，设计师通过晃动文化符号的指称，使符号消隐为在产品使用环境内具有可供性的纯然物，设计师再将可供性之物进行修正或改造，并使之携带示能，最终以直接知觉符号化的设计方法进行文本编写，文本具有了指示符特征。该设计方法依次经历了文化符号环境—经验化环境—非经验化环境，从使用者文化属性的符号感知贯穿至生物属性的直接知觉。

### 2. 在客观写生与寻找关联文本编写符形基础上的研究

在讨论两种跨越类设计方法时，本节将采用简化的分析方式，即简化前文已讨论过的“客观写生”与“寻找关联”的编写流程与符形分析，重点讨论两种设计方法的如下内容。

（1）直接知觉符号化至寻找关联的设计方法。首先，不再去讨论“直接知觉符号化”的编写流程与符形分析，转而重点讨论已经编写完成的文本，为何还需要一个外部事物的文化符号对文本中新生成的“指示符”进行再次的解释，即外部事物的文化符号对直接知觉符号化所形成的“指示符”再次修辞的必要性。

（2）寻找关联至直接知觉符号化的设计方法：首先，克里斯蒂娃的“文本间性”

（Intertextualite）是讨论这种设计方法在符号来源问题上的前提条件与理论支撑；其次，不再讨论系统外部符号与产品间寻找关联的修辞解释，而将重点放置在外部事物的文化符号通过消隐符号属性，转向直接知觉符号化的编写方式。

### 3. 不存在"集体无意识符号化至寻找关联"设计方法的原因

集体无意识符号化设计方法是在产品系统内，设计师通过设置的方式唤醒使用者原本就有的行为经验、心理经验，以符号化的方式将它们进行呈现。也就是说，集体无意识产品经验的符号化是设计师对使用群集体无意识深层结构原有内容进行"意指"关系的明晰化。符号三元结构的构建过程，其过程是围绕着"意指"在产品经验中分离出事物的对象及其品质，两者构成符号"对象－再现体"的指称，在指称的基础上才能获得意指内容，即解释项。以上是经验通过完形的实践方式，成为符号结构的完成过程。

可以说，集体无意识的符号化是无意识深层结构的"意指"关系显性的结构表达，它是除使用者对产品经验进行意义解释形成"产品符号"之外的另一种途径。因此"集体无意识符号化至寻找关联"本身即是"寻找关联"的产品修辞。

## 8.5.2 直接知觉符号化至寻找关联设计方法

### 1. 文本的编写流程

直接知觉符号化至寻找关联设计方法，在"客观写生"与"寻找关联"两大类型的研究基础上，按照简化的方式表述，可依次分为清晰的"1"与"2"两部分（图 8-17）。

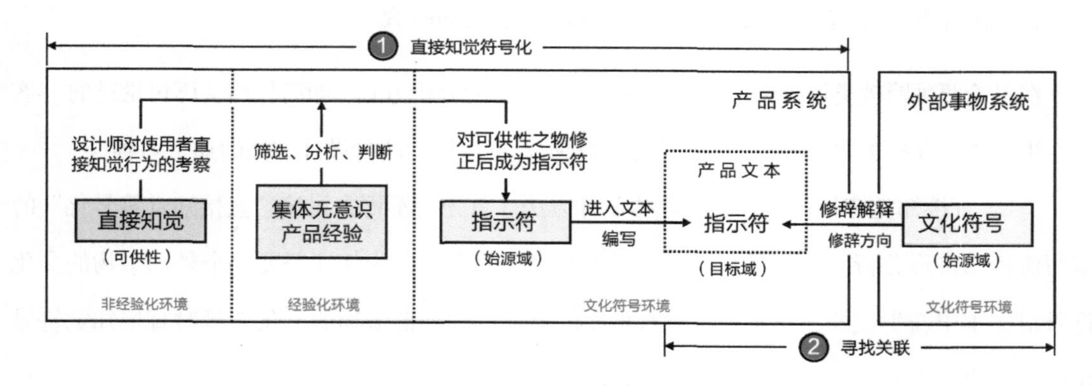


图 8-17　直接知觉符号化至寻找关联文本编写流程

①直接知觉符号化的编写流程（图 8-17 标注 1）：在产品系统内部考察使用者生物属性的直接知觉及行为现象，通过设计师对可供性之物的修正或改造，使之具有示能后，被符号化为指示性符号，这个符号进入产品文本内进行编写。

②寻找关联的编写流程（图 8-17 标注 2）：设计师寻找一个产品系统外部事物的文化符号对①文本中新生成的“指示符”进行修辞解释。因此，它可以视为是直接知觉符号化后形成的指示符，再去寻找一个产品系统外部事物的文化符号，对其进行相似性的合理化修辞解释。

之前对“直接知觉符号化”与“寻找关联”已有详细论述，在此不再赘述。

直接知觉符号化至寻找关联的文本编写流程顺序依次为：产品系统内直接知觉内容及行为的考察—对引发直接知觉行为的可供性之物修正或改造后携带示能—符号化后形成指示符进入产品文本内进行编写—产品系统外部事物的文化符号对此文本中的新生成的“指示符”做出合乎情理的修辞。需要强调的是，产品系统外部事物的文化符号是对直接知觉符号化文本中新生成的“指示符”做出修辞解释。

前文已表明，直接知觉所引发的行为具有生物遗传属性的先定性、普适性、凝固性三大特征。直接知觉所引发的行为具有先验性，会直接引导使用者的行为，无需再用其他符号补充解释。但本节讨论的设计方法，需要再次寻找一个产品系统之外的文化符号，对直接知觉符号化文本中新生成的“指示符”进行修辞解释。为什么要对新生成的“指示符”再次修辞解释呢？接下来我们针对这个问题展开讨论。

### 2. 系统外部事物文化符号对直接知觉符号化文本再次修辞的必要性

直接知觉符号化的设计方法横跨非经验化环境、经验化环境、文化符号环境三类环境。设计师首先在非经验化环境中对使用者与产品间的直接知觉进行考察。之后在经验化环境中，依赖使用群集体无意识产品经验，对直接知觉的内容以及引发的行为进行筛选、分析、判断，并对可供性之物进行修正或改造，使之成为一个指示行为的指示符，为其进入产品文本内编写做符号化的准备。那些在经验化环境中，不符合使用群集体无意识的直接知觉及其引发的行为大多都被舍弃，就像前文提到有学生希望利用衬衫角擦眼镜一样。

但是，能否通过设计让“衬衫角擦眼镜”这个行为变得似乎合理呢？它之所以不合理，是因为衣角擦眼镜会露出肚皮，成为“不雅”的意义解释。如果在掀起的衬衫角内面，绣上一对盯着肚皮看的大眼睛，是否能从“不雅”转为“诙谐”呢？相信一些年轻人会喜欢这样的幽默设计。需要强调的是，代入图 8-17“2”寻找关联中，外部事物的文化符号修辞解释的不是“衬衫衣角”这个符号，而是“撩起衬衫衣角擦眼镜”这个行为动作。因此，直接知觉符号化文本中一些不合理的行为动作，通过一个外部事物的文化符号再次对其进行修辞解释，之前的不合理就似乎被解释得合理了。

产品系统外部事物的文化符号能否把不合理的直接知觉行为说服至合理，依次需要两点：一、设计师用产品系统外部事物的文化符号对“直接知觉符号化文本”中存在的不合理行为或现象做出合乎情理的理据性修辞解释；二、这个修辞解释需要依赖使用群文化规约对修辞的理据性解释进行合理性的判断。

### 3. 文本编写的符形分析——以《鞋底包》为例

深泽直人于 2003 年创建了“±0 设计品牌”，并担任该品牌的设计总监。在这个品牌的众多产品中，他设计的一款“鞋底包”（图 8-18）是典型的以直接知觉符号化至寻找关联为设计方法的案例。深泽直人发现，许多外出购物者在累的时候都会把手拎包暂时放在地上，干净光滑的地面提供给手拎包一个可以放置的可供性，如果把手拎包底部做成平面，那么它就适合放置了。但这又带来一个新的问题，把底部修正或改造为平面的手拎包放置在地面是否会不雅观，或会弄脏手拎包。于是，他用一个鞋底的符号来解释把手拎包放置于地面，底部是鞋底的手拎包与地面接触就合乎情理了。

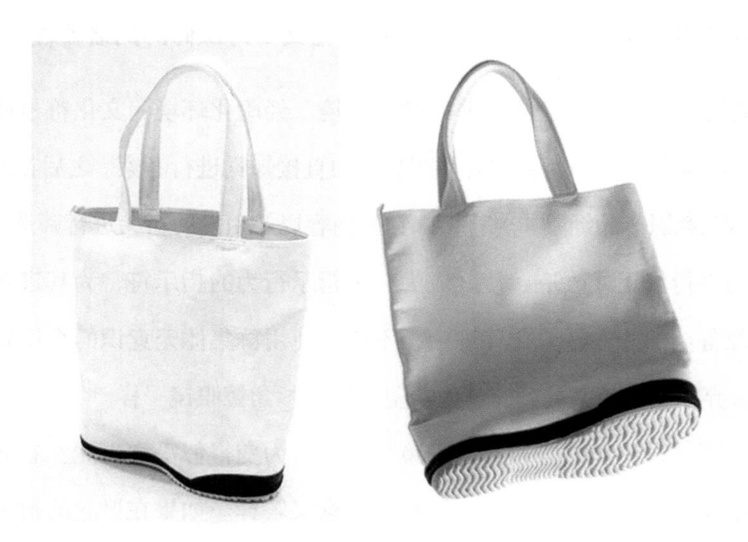

图 8-18　深泽直人《鞋底包》

以《鞋底包》为例，展开其文本编写的符形分析。它可以分为两个部分：①直接知觉符号化，②寻找关联两部分，并以简化方式加以表述（图 8-19）：

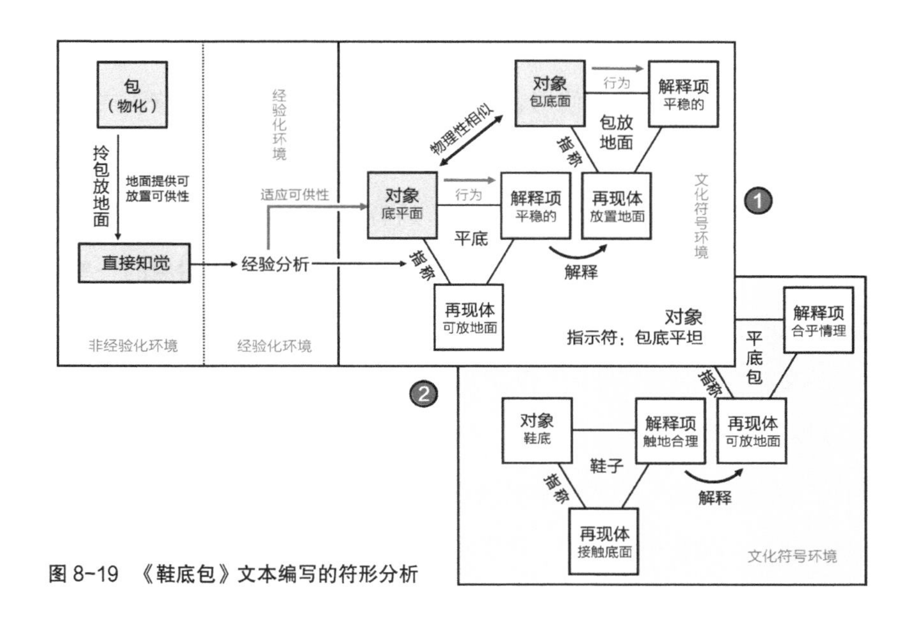


图 8-19　《鞋底包》文本编写的符形分析

①直接知觉符号化文本编写的符形分析：人们常有将拎包放置在地面的直接知觉行为，设计师通过对包底可供性之物的修正或改造，使其成为“平底”的符号，这个符号与原有的拎包进行解释，成为“平底的包”文本。在公共场所，将拎包放在地上毕竟不是一件文雅的事情，于是需要设计师利用产品系统之外的文化符号去再次解释它，使之合乎情理。

②寻找关联文本编写的符形分析：设计师在产品系统之外，寻找到“鞋底”符号去解释直接知觉符号化后的文本中“包底平坦”这个指示符。此时“包底平坦”是“对象”，与其品质“可放地面”组成一组“平底－可放地面”指称；鞋底作为始源域符号，其“鞋底－接触地面”的指称，获得“触地合理”的符号感知。这个感知再被用来解释平底包文本的再现体，达成最终“合乎情理”的解释项意义。

最后，对符号感知的合理性做以下三点补充：（1）符号感知的合理性由使用群的文化规约进行判定；（2）感知的合理与否在文化环境中不是绝对的，不合理的感知可以借用另一个事物的符号进行修辞解释，使之转向合理，反之亦然；（3）上一点也验证了符号与真实性的关系：符号不是揭示世界的真实性，而是真实性地解释世界[30]。

30. 赵毅衡：《符号学原理与推演》，南京大学出版社，2016，第 190 页。

### 8.5.3 寻找关联至直接知觉符号化设计方法

设计师利用使用者生物属性的“直接知觉”进行文本编写的设计方法有两种：一是直接知觉符号化的设计方法；二是寻找关联至直接知觉符号化的设计方法（本节讨论的内容）。两者相同之处：都是设计师对引发使用者直接知觉的可供性之物加以修正或改造，获得与产品进行修辞的指示符，完成文本编写。两者不同之处：前者在使用环境中、产品系统内的使用者生物属性的直接知觉原本就是客观存在的，后者则是设计师对一个已有的“物理相似”明喻文本始源域符号指称的晃动改造，使之去符号化后保留指称中对象的一些基本特征，这些特征在使用环境中、产品系统内，引发使用者直接知觉的产生或对应的行为。

对“寻找关联至直接知觉符号化”设计方法的讨论，首先要指出的是：

（1）“寻找关联至直接知觉符号化”设计方法是指，一个外部事物的文化符号作为始源域对产品进行“物理相似性”的明喻修辞过程中，晃动其指称关系，使其以去符号的方式成为一个纯然物，再以产品使用环境中，使用者与这个纯然物之间的直接知觉符号化的方式进行文本编写。

（2）这种编写方式仅针对“物理相似性”的明喻指称改造，而不针对“心理相似性”的隐喻。但“明喻—隐喻—直接知觉”是寻找关联至直接知觉符号化设计方法的完整环节，其中隐喻的编写方式是必须经过的环节。这是因为生物属性的直接知觉，只会作用于物理属性的指称层面，而不会是感知的文化层面。它需要依赖以“物理相似性”的明喻，并晃动始源域符号的指称，先使其以“内化”的方式成为“对象—对象”相合的隐喻文本，再使始源域符号属性消隐后，成为产品系统环境内具有可供性的纯然物，最后以直接知觉符号化的设计方法编写文本。

（3）这种设计方法是一个产品系统外部事物的文化符号，转向为使用环境中、产品系统内部直接知觉可供性修正或改造后的指示符号的过程。这种设计方法提供了文化属性的符号可以成为生物属性的可供性的方式与途径。

#### 1. “文本间性”对寻找关联隐藏的揭示

在讨论“寻找关联至直接知觉符号化”设计方法之前，必须提及“文本间性”的概念，文本间性不但是任何文本在编写过程中的普遍性，也是对这类设计方法中“隐藏”着的寻找关联设计方法的有效揭示。

“文本间性”，学界也称之为“互文性”或“文本互涉”。这个概念最早由苏联文艺理论家巴赫金孕育，之后由法国文艺理论家、符号学家克里斯蒂娃（Julia Kristeva）正式提出，再经法国巴尔特、德里达、热奈特等结构主义及后结构主义理论大师们深入讨论，逐渐成为一个功能强大、应用广泛的文艺理论体系。克里斯蒂娃在 1966 年撰写的《词语、对话和小说》一文中正式提出文本间性的概念。她认为任何文本的编写都是对于之前引用语的“镶嵌”，或者是“再加工”。任何文本的形成都以吸收和转换其他文本作为编写的基础[31]。文本间性的概念明确了任何一个文本不可能独立创造而成，在编写时必定会受到其他文本的影响。克里斯蒂娃甚至认为，任何文本的编写都是对其他文本的吸收和转换，任何一个文本的表意也都会或多或少借助其他文本作为表意的参照[32]。

克里斯蒂娃将文本间性分为“水平”和“垂直”两种，前者指一段对话与其他话语之间具有或多或少的关联文本间性，后者指一个文本对其他文本以来源方式或应答方式所形成的文本间性。文本间性又分为“狭义”与“广义”两种，前者指向结构主义或是修辞学的路径，将文本间性限定在结构系统规约范畴与修辞的形式范围内，讨论一个文本与其他文本之间在逻辑上的论证与相互涉及的关系；后者也称为解构主义文本间性，将文本间性的研究范畴视为一个文本的编写过程中，与最宽幅的社会文化文本之间的实践关系[33]。

显然，本章讨论的产品修辞的符号来源是“狭义垂直”的文本间性，即结构主义的无意识设计范围内的普遍修辞与其他文本中符号间关联性的影响。产品修辞文本在编写过程中，就始源域的符号来源而言，存在两种方式的文本间性：第一种，设计师主动地寻找另一个文本的符号概念作为产品修辞的始源域，这个符号积极地参与到文本修辞的解释活动中；第二种，设计师在文本编写时被另一个文本的某个符号概念所影响，并在编写的过程中有意削弱其影响的痕迹，即晃动那个符号文本的指称，直至符号消隐。寻找关联至直接知觉符号化设计方法要讨论的文本间性属于第二种。

### 2. 文本间性的讨论是设计师编写的立场，而非使用者解读的视角

秦海鹰认为作为一种灵活、开放的研究方法，文本间性可以从以“文本”为中心分别向

31. Kristcva，J. The Kristeva Reader［C］. Oxford Blackwel1，1986.

32. 展芳：《“伴随文本”划分再探讨》，《重庆广播电视大学学报》2017 年第 3 期。

33. 吕行：《互文性理论研究浅述》，《北京印刷学院学报》2011 年第 5 期。

文本编写者、文本接收者、文本解读语境、文本所在范畴四个方向展开讨论。本章是站在文本编写者的设计师立场，讨论结构主义无意识设计的修辞文本符号来源以及编写的结构特征。对于文本编写以及传递的有效性，远高于使用者对文本意义的解读方式，这也是符形学研究与符义学研究在形式与内容上的差异。克里斯蒂娃的文本间性概念在任何产品文本的编写过程中必定出现，其重要性在于理清文本编写的流程，以及文本与社会文化间的相互影响关系。在“寻找关联至直接知觉符号化”设计方法的符号来源问题上讨论文本间性的价值在于，它明确指出：产品文本中，那些不属于原系统环境下的直接知觉符号化的来源，必定来自系统外部事物的一个文化符号与产品的修辞，即使使用者无法察觉修辞的过程，或也无法得知是哪一个事物的符号与产品进行的修辞，但其在文本编写过程中的确存在，以及对其指称的晃动操作也必然存在。

另一方面，寻找关联至直接知觉符号化设计方法对于产品的使用者而言，解读到的只有最后的文本表意，即可供性之物修正或改造后的指示符特征，而之前晃动始源域符号指称的操作不可能会被使用者看到。这些与解读无关的编写过程，不是使用者所解读的文本范围，除非它以设计说明或文献方式的伴随文本方式特意标明。

### 3. 文本的编写流程

按照简化的方式可将直接知觉符号至寻找关联设计方法概括为寻找关联与直接知觉符号化两部分（图 8-20）。这两部分形成一个连贯的整体：一个产品系统外部事物的文化符号，经晃动指称，转向为产品系统环境内生物属性直接知觉的可供性。

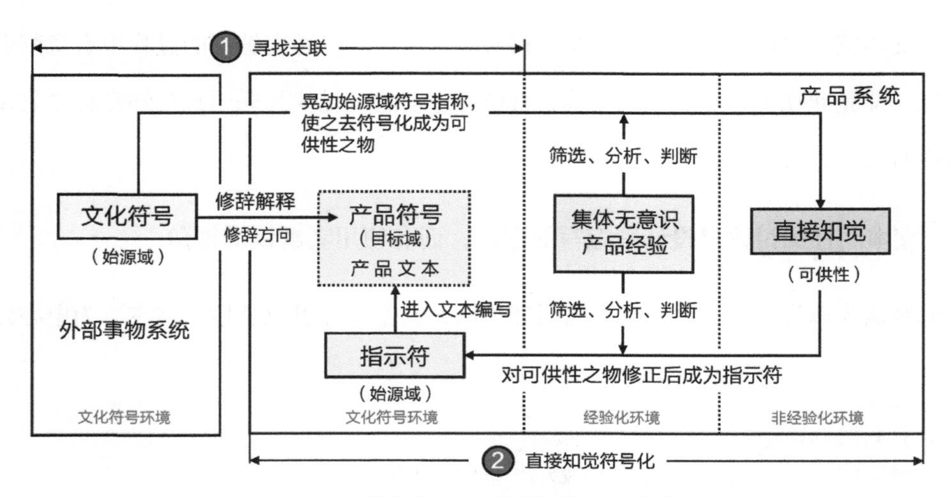


图 8-20　寻找关联至直接知觉符号化文本编写流程

文本编写的流程为：产品系统外部事物的文化符号—作为始源域修辞产品文本—设计师晃动始源域符号指称—指称中的对象转为使用环境中具有可供性的纯然物—设计师对引发直接知觉行为的可供性之物修正或改造后成为一个指示符—这个指示符再作为始源域去修辞产品文本。流程可以简述为：寻找关联的文本编写—晃动始源域指称至纯然物的可供性直接知觉—直接知觉符号化文本编写。

①寻找关联的编写流程：此阶段的设计活动，或是设计师有意寻找外部事物的某个符号对产品进行“物理相似性”的明喻修辞，或是不自觉地受到某一事物符号意义解释的影响，但这个产品系统外部的事物必定存在，这个事物对此类文本编写所起到影响作用的符号必定存在。必定存在，不单单是依据克里斯蒂娃的文本间性做出的判定，更因为，使用者与产品间的直接知觉仅存在于产品系统内部，如果某种直接知觉行为不是事先存在于使用环境中、产品系统内，那么它必定是由产品系统外部的某个符号，经过指称的晃动成为纯然物后，在非经验化环境内成为可供性的直接知觉，即图中蓝色箭头标注的内容。

这也表明，判断客观写生类“直接知觉符号化”与两种跨越类“寻找关联至直接知觉符号化”的标准是：前者在使用环境中、产品系统内的使用者生物属性的直接知觉，它原本就是客观存在的；后者则是设计师借用产品外部事物一个文化符号去修辞产品文本，通过对其去符号处理后，刻意放置在使用环境中、产品系统内，引发使用者的直接知觉。

②直接知觉符号化编写流程：上一段已提及，这里的直接知觉来自一个产品系统外部事物的文化符号，其经晃动指称转向为系统环境内的直接知觉。设计师对可供性之物进行修正或改造，使之具有经验环境下的示能，并被解释为一个指示符，这个指示符再与原产品文本进行指示性的意义解释。

其文本的编写流程可一句话概括为：一个具有文化规约的符号转化为适应使用者直接知觉行为的指示符。

### 4. 文本编写的符形分析——以《Quolo 铸铁香炉》为例

日本设计师村田智明是日本当代具有影响力的设计师，他的作品多以隐性与内敛的语言解释产品的功能与体验方式。《Quolo 铸铁香炉》（图 8-21）是其代表作品，这个作品运用了“寻找关联至直接知觉符号化”的设计方法。他将香炉设计成简洁的正方体与圆柱体造型，并分别设置内凹的棱锥与半球，“内凹”作为一个指示符，不但清晰指明插香的方式，而且可以收集香灰。

图 8-21　村田智明《Quolo 铸铁香炉》

我们以其圆柱形、配内凹半球的香炉为例，展开其文本编写的符形分析。它同样可以分为两个部分：①寻找关联，②直接知觉符号化（图 8-22）。

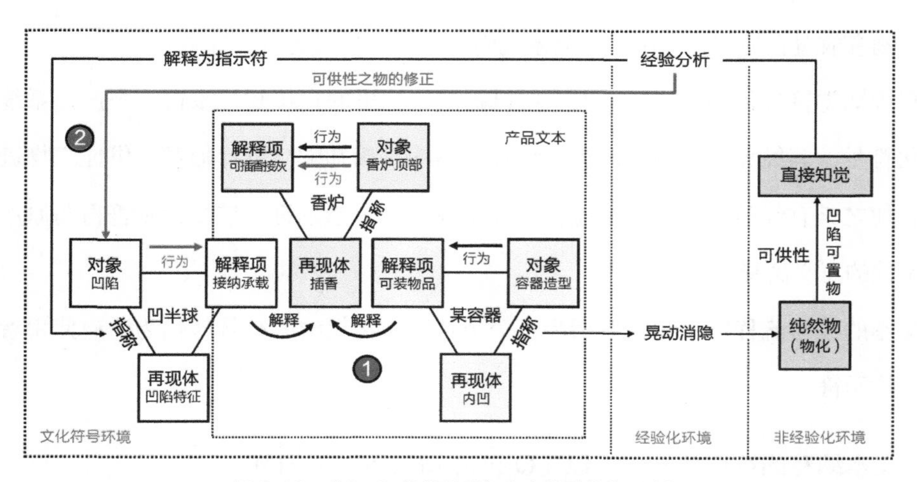


图 8-22　《Quolo 铸铁香炉》文本编写的符形分析

①寻找关联文本编写的符形分析。在之前研究基础上，需要补充两点。第一，无须讨论这里的“寻找关联”是设计师有意的明喻修辞行为，还是被某一事物的造型所影响。这个始源域符号或许是一个碗的造型，或许是另外的某个容器造型去修辞香炉，但究竟是什么器物

作为始源域已经不重要，因为文本间性理论表明，那个始源域符号必定存在。第二，这个容器与香炉间，以两造指称中再现体与再现体间的“品质－品质”相似性建立起物理相似的明喻。设计师晃动这个容器符号对象的还原度，使其去符号化后，转向具有承接香灰这一可供性的纯然物，以此引发使用者的直接知觉。

②直接知觉符号化文本编写的符形分析。同样，需要补充说明的是，某一外部事物的文化符号事先不在使用环境中、产品系统内，只有将其去符号化后，才能在产品系统内部获得可供性的直接知觉。因此，文化符号转向使用者生物属性可供性的直接知觉，唯一途径是将符号进行纯然物的加工。

寻找关联至直接知觉符号化设计方法，可以看作通过对外部始源域文化符号的指称晃动，洗涤掉符号的全部文化属性，其符号对象被改造为纯然物后，探究在使用环境中、产品系统内与使用者之间存在的可供性关系的过程。

### 5. 与直接知觉符号化设计方法及寻找关联类的区别

虽然，寻找关联至直接知觉符号化设计方法是对“寻找关联”与“直接知觉符号化”两种设计方法的贯穿，但它不是两种设计方法的简单叠加，因为从符号规约的来源以及指称的处理方式上，它们有着很大的差异性，因此有必要加以辨析。

（1）与“直接知觉符号化”设计方法的区别

“直接知觉符号化”与“寻找关联至直接知觉符号化”设计方法两者的相同之处：两者都是设计师对引发使用者直接知觉的可供性之物加以修正或改造，获得与产品进行修辞的指示符，完成文本编写。两者的不同之处：前者在使用环境中、产品系统内的使用者生物属性的直接知觉，原本就是客观存在的；后者则是设计师对一个已有的“物理相似”明喻文本始源域符号指称的“晃动”改造，使之去符号化后保留指称中对象的一些基本特征，这些特征在使用环境中、产品系统内，引发使用者直接知觉的产生或对应的行为。因此，就直接知觉的来源而言，一个是系统内部先验的存在，一个是系统外部符号进入内部物化后的所得。

（2）与“寻找关联”类设计方法的区别

区别“寻找关联”与“寻找关联至直接知觉符号化”文本的差异应回到修辞的本质特征：前者是产品系统外部事物的文化符号对产品文本内相关符号的修辞，两造符号指称的重层是修辞文本的本质特征；后者则将外部事物的始源域符号对象改造为纯然物，转向为直接知觉可供性，设计师再对可供性进行修正或改造后得到的指示符号，不会再带有原来最初的那个事物的文化属性及指称特征。因此，判断两种设计方法的标准是，最后的文本是否存在产品系统之外的另一个符号的指称特征与文化属性。

## 8.6 本章小结

无意识设计是典型的结构主义文本编写方式。深泽直人按照使用者在环境中与产品的知觉—符号关系，将无意识设计分为“客观写生”与“寻找关联（重层性）”两大基础类型：前者围绕产品系统内新生成符号规约的意义传递进行文本编写；后者则是外部文化符号与产品文本之间相互的理据性修辞解释，即结构主义的修辞方式。由于深泽直人对无意识设计方法的分类过于笼统，本章按照四种符号规约的来源，以及它们在产品文本中的表意目的、编写方式，对深泽直人提出的这两大基础类型进行补充，并对类型进行设计方法的再细分，最终分为客观写生、寻找关联、两种跨越三大类型，六种设计方法，并对六种设计方法进行系统化的文本编写流程、符形特征图式分析。具体做如下总结及补充。

1. 无意识设计在符号的来源方面与符号学研究任务高度一致，它们都将符号规约如何生成、符号间意义如何解释，视为实践活动的全部内容。无意识设计与其他结构主义产品文本编写具有对产品系统规约相同的依赖性，但无意识设计更将符号规约视为设计活动的核心，并围绕直接知觉符号化、集体无意识符号化、外部事物的文化符号、产品文本自携元语言符号规约这四种符号规约展开所有的设计活动。

四种符号规约分别来源于非经验化环境、经验化环境、文化符号环境三类环境中，完整覆盖了使用者与产品间知觉、经验、符号感知（产品与外部事物）的全域范围。它们所对应的无意识设计六种方法，达成使用者知觉、经验、符号感知的整体性贯穿，这不但是使用者三种认知方式的完整过程，也是产品回归实用工具，进而形成更多文化符号的一种途径。无意识设计活动中的四种符号规约以及它们在文本编写中的方式与目的，是无意识设计类型与方法细分的依据。

2. 四种符号规约中由直接知觉、使用群集体无意识形成的规约具有使用者生物属性与产品经验的“先验”特征，两种文化符号具有使用群所在文化环境中的“既有”特征，这些特征是无意识设计文本意义精准有效传递的前提。

无意识设计系统方法作为产品文本表意有效的编写工具，其传递意义的精准与有效性，一方面来自所有结构主义产品文本编写对产品系统结构内各类元语言的依赖与遵循，另一方面，所有设计活动围绕四种符号规约展开，这也是无意识设计具有典型结构主义特征的根本原因。

无意识设计系统方法工具服务于结构主义产品文本的编写活动，其结构主义的典型性是建立在四种符号规约的“先验”与“既有”特征的基础之上。在无意识设计的三大类型、六种设计方法中，产品文本表意越精准，作为设计师编写的与使用者解读的符号规约一致性就越强，这就强迫设计师必须按照使用群一方的符号规约进行文本的编写。

3. 无意识设计系统方法作为结构主义产品设计活动有效的表意工具，在设计实践中的运用，必须从“设计师编写”与“使用者解读”之间的对应关系出发进行讨论（表 8-2）。讨论“设计师编写 - 使用者解读”对应关系的目的是，任何结构主义的符号文本编写都以文本意义的传递为主体。本章不仅是讨论设计师对无意识设计的文本编写，而且因六种设计方法而

**表 8-2　无意识设计系统方法中设计师编写与使用者解读的对应关系**

| 类型 | 设计方法 | 符号来源 | 设计师编写特征 | 使用者解读特征 | 文本表意特征 |
|---|---|---|---|---|---|
| 客观写生 | 1.直接知觉符号化设计方法 | 可供性的直接知觉 | 对引发直接知觉行为的可供性之物进行修正，使之符号化后成为一个指示符，指示符再进入产品文本进行编写 | 符合原本就有的身体与产品间的行为文本表意倾向行为操作的指示符特征 | 行为指示（精准表意） |
| | 2. 集体无意识符号化设计方法 | 集体无意识产品经验（行为或心理经验） | 唤醒使用群集体无意识产品原型行为经验或心理经验，使之符号化后形成行为指示或心理感受的符号，再进入产品文本进行编写 | 符合在原有使用环境中既有的行为经验与心理经验，文本表意分别倾向行为操作的指示与适应心理感受两个方向 | 行为指示<br>心理感受<br>（精准表意） |
| 寻找关联 | 3.符号服务于产品设计方法 | 外部事物的文化符号 | 设计师用一个外部事物文化符号去修辞产品文本内相关符号，创造性建立事物与产品间理据性关联 | 产品融入使用群文化环境的渠道<br>文化符号与产品间理据性的意义解释 | 两造间修辞解释（有效宽幅表意） |
| | 4.产品服务于符号设计方法 | 产品文本自携元语言 | 设计师利用产品文本自携元语言约定俗成的符号规约，去解释社会文化现象或事物，产品作为叙事的载体 | 依赖产品文本自携元语言既有的文化规约提供明确的解释内容或方向 | 产品为载体叙事（有效宽幅表意） |
| 两种跨越 | 5.直接知觉符号化至寻找关联设计方法 | 1.可供性的直接知觉<br>2.外部事物文化符号 | 直接知觉符号化形成的产品文本中，因“指示符”在日常生活经验中存在不合理，设计师用一个文化符号对其进行合理性修辞解释 | 用修辞方式修正原本就有的身体与产品间行为，使之具有合理性 | 行为指示<br>与意义解释<br>（精准表意） |
| | 6.寻找关联至直接知觉符号化设计方法 | 外部事物的文化符号转化为可供性的直接知觉 | 一个与产品进行明喻修辞的外部事物文化符号，将其去符号化成为在产品系统内具有引发直接知觉行为的可供性之物，再以直接知觉符号化方法进行文本编写 | 外部事物的文化符号对产品的明喻修辞，被改造为行为指示的指示符 | 行为指示（精准表意） |

编写的文本，形成各类文本表意特征与使用者对文本不同的解读方式。

无意识设计系统方法分为三大类型、六种设计方法，设计师利用每一种设计方法所形成的产品文本，其文本从“精准表意”到“有效宽幅表意”都有不同的变化。当设计师编写文本的表意目的是产品操作行为的指示时，应当选择“精准有效”的设计方法；当文本的表意目的是修辞两造间意义的解释时，应当选用“有效宽幅表意”的设计方法。

“客观写生”类的设计方法在产品操作行为的“指示”方面的精准及有效性表达，要远远强于“寻找关联”类的修辞。这是因为，“客观写生”类中的所有“行为”，它们本身就是以使用者的直接知觉方式、产品经验方式客观存在于产品系统之中，而“寻找关联”类修辞文本编写的表达意图，则是放置在外部文化符号与产品间修辞的关联性解释方面。

4. 正如徐崇温讨论结构主义与后结构主义的区别时所认为的，后结构主义对于结构主义在其自定义为“结构”的理性与秩序中的自娱感到失望，希望把结构主义引领到或者是恢复到可以发挥主观作用的尝试[34]。如果将无意识设计活动比作“设计师与使用者在事先约定好范围内的花园里自娱自乐”，这或许一点也不过分。这是因为，无意识设计系统方法文本编写的四种符号来源具有使用群“先验”与“既有”的特征，以及文本的编写必须在使用群集体无意识为基础的产品设计系统的控制下进行。为获得结构主义文本意义的有效传递，无意识设计活动会放弃文本意义开放式的任意解读，这也必定要以丧失设计师主观意识表达作为代价。这也是结构主义文本意义传递与后结构主义文本意义解读两者主体性之间的取舍。这也表明，无意识设计系统方法作为方法研究应该具有其讨论的语境，作为实践工具必须有其适用的范围。

34. 徐崇温：《结构主义与后结构主义》，辽宁人民出版社，1987，第 278 页。

# 第 9 章
# 设计师灵感：直觉意象及其理性化呈现

心理学将个体的认知分为感觉、知觉、记忆、思维、想象和语言等内容，笔者在第 3 章将使用者与产品间的知觉、经验、符号感知三种认知方式作为使用者产品认知语言及符号来源的讨论方向。产品设计是设计师主导的设计活动，其服务对象是使用者。因此，以使用者的认知作为产品语言的研究内容，其目的是建构以使用群一方为主体的结构主义产品设计系统，以此保证文本表意的有效传递。

本章将从设计师的视角讨论产品设计活动中“灵感”的来源问题，以及这个“灵感”如何在设计作品中呈现的过程。作为内隐认知的“直觉”是生命体内在本能对外部世界的洞察与直接把握。设计师的“直觉”即是设计活动的灵感，它以“意象”的方式呈现，并贯穿整个设计活动。设计活动的整个过程可以视为设计师的直觉意象被理性化呈现的过程。此过程需要设计师的“意识”对直觉意象中的图像进行“对象”的清晰化分离、三元符号结构的构建、修辞两造符号向各自所在系统的回溯，最后通过符号间不同的映射方式，完成系统间局部概念的“替代”（提喻、转喻）或“交换”（明喻、隐喻）。

直觉、意识、产品设计系统三者间的共同作用与协调控制是产品创意表达与文本编写的系统化讨论方式。设计师的“直觉”与“意识”则分别代表着设计活动的“创意内容”与“实现途径”，而产品设计系统调控着直觉的创造性可以被使用者有效解读。产品设计是在“大直觉观”统摄下的创造性文本编写活动。

## 9.1 柏格森与荣格对直觉的讨论

### 9.1.1 作为设计灵感的直觉概念与研究倾向

《韦伯斯特辞典》对直觉的定义：不需要参考和推理而具备的认知能力或认知内容；内在的或本能的知识；熟悉的、轻易迅速的理解能力[1]。《心理学大辞典》中这样定义：直觉是

1. 法朗西斯・沃恩：《唤醒直觉》，罗爽译，新华出版社，2000，第 40 页。

不经过复杂的逻辑思维过程而直接迅速地认知事物的思维，同一般思维活动不同，直觉是对事物的直接察觉，而不是间接认识。直觉的形成与个体掌握的知识丰富程度、从事实践活动的经验积累量有着紧密的关系。直觉是创造性活动的重要特征，在生活中具有重要意义[2]。

### 1. 直觉是设计师的灵感

直觉是直接感觉，直接领悟，直接洞察，是生命对于目标的直接把握[3]。直觉是创造性思维的关键环节。它可以实现创造性思维的开拓性、突破性、独创性能力，几乎所有人类文明的新观念都源自直觉所迸发出的思想火花。人类对直觉的重视也正是因为它帮助我们洞察世界，进而引导我们去改造世界[4]。

国外的研究表明，四类具有较高创造性职业，设计师、数学家、科学家、作家中约98%的人具有直觉占优势的共同特点，而普通人群中直觉占优势的人数比例只有25% ~ 35%[5]。真实存在的直觉对设计师而言是至关重要的，设计灵感的来源依赖直觉，甚至可以说“直觉即灵感”。在设计活动的过程中，设计创意的表达是设计师的直觉产生的“意象”，被他的“意识”逻辑分析加工处理为文化符号化之后，进行的符号与产品间的各种修辞。可以直接地说，设计作品最终呈现的内容是设计师的意识对直觉意象进行理性化逻辑思维的再现。设计文本编写与反复修正或改造，也必须依赖“直觉”与“意识”的共同作用加以完成。

苏联物理学家谢苗诺夫（Semionov）曾经指出，如果只承认形式逻辑的思维方法，或仅依赖逻辑思维训练的智慧创新，那么它们对科学的发展是无益的[6]。同样，完全依赖原理与方法的逻辑思维所推导的设计作品，充其量是对某个问题的合理化解决，而非创新设计。设计的最终目的不是解决问题，而是在解决问题的过程中如何展现人类解决问题的各种智慧，设计智慧的素材来源是设计师的直觉。

### 2. 直觉研究的几种倾向

纵观哲学史对直觉的研究，国内学者董世峰认为有以下五种倾向[7]。

---

2. 林崇德、杨治良、黄希庭：《心理学大辞典》，上海教育出版社，2003，第1687页。

3. 董世峰：《大直觉观：理性与直觉的一种关系模式》，《重庆社会科学》2006年第4期。

4. 张媛媛、高文金：《创造力与直觉》，《教育研究》2006年第5期。

5. 周治金、赵晓川、刘昌：《直觉研究述评》，《心理科学进展》2005年第6期。

6. 张浩：《直觉认识的特点》，《郑州轻工业学院学报（社会科学版）》2008年第6期。

7. 董世峰：《大直觉观：理性与直觉的一种关系模式》，《重庆社会科学》2006年第4期。

（1）神秘化倾向：西方的基督教把直觉理解为上帝与神的启示，东方佛教把直觉归为冥想或开悟。法朗西斯·沃恩（Frances E.Vaughan）认为心理学研究的文献中存在很多无法用阈下知觉来解释的洞察力和预见力，例如一些人具有的心灵感应、超自然能力体验，也属于直觉[8]。

（2）内视论倾向：柏拉图的理念认为直觉是“以心为眼”，凭主观想象来认识事物。内视是一种排除外界干扰，在没有浮思杂念的情况下思考问题的状态。但如果抛开对外部世界的认知经验而光凭内在的想象，那么不但很容易陷入唯心论，同时获得的认识结果也不是对外部事物的直接洞察，而是意识对观察到的对象所进行的联想加工。

（3）理性化倾向：罗宾·乔治·科林伍德（Robin George Collingwood）将直觉归为心灵的控制能力，依赖直觉判别道德法则、指导行为。显然，他把直觉与理性的控制力等同了。

（4）经验论倾向：埃瑞克·波恩（Eric Berne）认为直觉是对外部物理世界认知界面以下的那些依赖人的内在对事物的察觉与了解的内容，直觉的认知基础是经验[9]。波恩解释了那些以外部世界已有认知内容为基础形成的直觉，但无法解释来源于外部认知以外的直觉形成的原因。对于设计活动而言，这就像是在说：只要设计师死记硬背所有的设计原理与方法，收集大量的设计资料，就可以获得设计灵感的直觉，就如同熟背所有的唐诗宋词就能成为“诗人”一样，这显然是不准确的。

（5）本能化倾向：法国哲学家柏格森（Henri Bergson）的生命哲学从“智力”与“本能”两条路径讨论生命的进化发展轨迹。以“智力”为路径是从生命的外在活动揭示生命的本质；以“本能”为路径则是从生命体内在的感悟揭示生命的本质，本能是直觉形成的基础。

柏格森的“本能直觉论”与荣格对外部世界的“认知经验直觉论”是目前学界普遍认可的两种直觉理论。柏格森注重在生命的进化发展中，人类依赖“智力”与“本能”这两种不同路径形成的对立且相互补充的形而上学哲学系统，他揭示在绵延的时间概念中的过去、现在、未来的合一性与延续特质对生命内在本质的影响，“直觉”即是对生命内在本质的揭示。荣格则是在思维与情感两种理性心理功能、感觉与直觉两种非理性心理功能的划分基础上，展开对人各种心理性格的类型分析。

---

8. 法朗西斯·沃恩：《唤醒直觉》，罗爽译，新华出版社，2000，第40页。

9. 同上。

## 9.1.2 柏格森：直觉产生于本能

柏格森希望以生命为中心建立一种新的世界观，其讨论的“直觉”是在建立新的形而上学哲学系统过程中提出的。他希望通过研究向人们展示新的生命进化图谱，形成这个图谱的有两条脉络：一是“智力—理智—科学—形而上学”，二是“本能—直觉—形而上学”。这两个系列是不应该分割的，但传统形而上学将两者割裂开来，导致形而上学呈现如今的面目[10]。

### 1. 以绵延概念讨论生命的时间

为讨论生命的本质，柏格森首先从传统时间具有的“空间化”着手。他认为传统时间学说是外在于生命的一种“框架”，时间由众多的瞬间以精准的流动方式排列在一起，它们看似连续，像独立的珠子串在一起，但又相互分离。正如英国结构主义人类文化学家埃德蒙·利奇（Edmund Leach）所认为的那样：人类对外部世界的认识是依据个人的意识的运作方式与大脑对外部刺激的加工处理方式产生的。大脑对外部事物的各种认知通常都是将时间与空间切割成无数个片段加以认识[11]，这样我们就能事先把环境看作是由大量被分门别类的个别事物组成的，把时间段看作是由个别事件的系列组成的[12]。柏格森认为这种方式定义的时间概念不是真正意义的生命时间，而是空间借助时间被框架化后的另一种描述方式。

为此，柏格森提出生命时间是一种“绵延”，绵延的特性是在生命时间内的连续与发展：过去衔接着现在，现在又衔接着未来，就像一个巨大的容器，绵延的内容如流入容器的水，随时间膨胀，没有尽头[13]。绵延的内容是无数个瞬间构成的，这些瞬间之间没有分界，相互融合渗透，就如容器内不断汇集的水，是不可能分割的有机整体[14]。直觉对世界的认知与生命的时间一样，现在包含着过去，未来包含着过去与现在，是一种绵延不断的创造[15]。

对于直觉不可能是理性的分析，柏格森这样认为：由理性形而上学获得的对物质世界的认识与自我的知觉都是清晰、明了的，这些认识彼此并列，并集合成为各种实在的对象。理

---

10. 尚新建：《重新发现直觉主义》，北京大学出版社，2000，第 85 页。

11. 董龙昌：《列维－斯特劳斯艺术人类学思想研究》，中国社会科学出版社，2017，第 93 页。

12. 埃德蒙·利奇：《列维－斯特劳斯》，吴琼译，昆仑出版社，1999，第 21 页。

13. 柏格森：《创造进化论》，湖南人民出版社，1989，第 8 页。

14. 王晋生：《柏格森绵延概念探讨》，《山东大学学报（哲学社会科学版）》2003 年第 3 期。

15. 柏格森：《创造进化论》，湖南人民出版社，1989，第 22 页。

性的形而上学让人丧失了对自我内在的探索与认识，也就失去了人所固有的真正属性。但如果我们沿着自我的内部去追溯，就可以发现自我的生命本质是一种绵延的存在，对于这些相互渗透的绵延内容，我们只能用直觉，而不是理性的分析[16]去把握它们。

### 2. 智力与本能：人生命的两种进化形式

柏格森提出生命的进化有三种形式：一是植物性的迟钝，它不属于人类进化方式，无须讨论；二是智力，它是理性主义的理智发源地；三是本能，它是直觉的发源地。人要生存，就必须面对来自外界物理与化学的各种阻力，人类因习惯性的屈从渐渐形成由“智力”与“本能”出发的两种进化发展路径[17]。

（1）以智力为进化的发展路径

由智力发展的理性主义经过科学形成的形而上学，包含了物理学、化学、天文学等。这种形而上学所擅长的理性主义方法的出现，是生命进化的必然产物。但它只能揭示生命进化过程中人对物质世界的认识与自我知觉，不能从人的内在去探索与认识生命的本质。

（2）以本能为进化的发展路径

为探明生命内在的本质，柏格森提出需要从“本能—绵延—直觉”的方式出发。以“智力”为进化的发展路径是从生命外在活动揭示生命的本质，以“本能”为进化的发展路径则是从生命体内在的感悟揭示生命的本质：两条路径相互补充，结伴而行，但相互对立。

本能与智力作为两条路径的发展基础，柏格森是这样描述两者之间的差别的。

（1）运作方式的差异

本能只为特定目的服务，本能所形成的功能性既简单又专业化。本能行为因个体间身体结构差异，深深影响对生命特质的认识。智力具有对外伸展的能力，它不限于身体本身，而是延伸到整个世界。因而，由智力形成的理性主义的形而上学逐渐成为一种绝对外在的、支配生命自身的能力。

（2）认知方面的差异

柏格森希望从“意识”与“无意识”的角度阐述两者的差别。他认为生命活动可以被定

---

16. 尚新建：《重新发现直觉主义》，北京大学出版社，2000，第71页。

17. 同上书，第87页。

义为存在于潜在活动与真实活动之间的算术差，形成这种算术差的上限是“意识”，即智力。下限则是“无意识”，即本能。意识的出现，是本能的行为与观念之间出现了差异，即本能的行动不能产生预期的效果时，意识便出现了。换句话说，本能消失的地方，才会有意识出现。

（3）认识对象与结果的差异

智力是对形式内容的理性化认识，智力发展趋势是形式化的，它建立了对客观世界事物之间关系的认识；而本能是对材料的直觉认识，这里的材料是指那些可供参考或作为素材的所有事物。本能由于具有专门化的趋势，它所认识的是事物本身。

### 3. 本能是直觉形成的基础

直觉是柏格森在研究“本能—直觉—形而上学”新的认识路径过程中提出的。柏格森认为，直觉产生于本能，但本能不是直觉，它是直觉形成的基础，就像另一认识路径中的智力是理性形而上学的基础一样。柏格森指出，本能内随生命时间绵延的内容是形成直觉的基本要素。本能不仅仅包含一般意义上的动物本能，更多的是与智力、理智、科学、形而上学相关的所有那些本能。因而，本能是人的动物本能加上与理性形而上学相关的所有“人”的本能，两种本能之间既有明显的差异，又相互统一[18]。

“本能—直觉—形而上学”的认识发展，经历了与“智力—理智—科学—形而上学”类似的历程。柏格森强调，智力和本能向相反的方向发展，智力向世界的理性领域发展，而本能深入生命本身。“智力—理智—科学—形而上学”愈来愈全面揭示物理世界的奥秘，形成“智力”与“本能”分离的现状，甚至刻意摒弃本能的作用，导致我们无法真正揭示生命的奥秘[19]。另一方面，“智力”与“本能”的对立形成支配生命过程的张力，人与人之间的差异是由这组张力在不同水平上的相互作用造成的[20]。

### 4. 直觉作为新形而上学的方法论

柏格森提出以直觉作为新的方法论，力图通过直觉走出传统形而上学，但这并不意味着他想反其道而行之，其目的在于揭示“直觉”与“理性”间的关系，通过处于二者相互作用

---

18. 尚新建：《重新发现直觉主义》，北京大学出版社，2000，第106页。

19. 同上书，第108页。

20. 同上。

中的直觉探究生命的奥秘，以此改变生命过程中完全依赖外在理性的定量化、空间化对生命的描述。他希望将生命的过程表述为纯绵延的持续状态，那是一种具有无限生机和创造力的过程。柏格森认为“理性”与“直觉”对生命而言都是必不可少的，不能强调一方而忽略另外一方。本能发展到直觉必须依赖理性化的外部认知作为绵延的积累，同样，对外部世界理性化的认知如果缺少直觉，生命充其量就是一台运转中的计算机器[21]。

## 9.1.3 荣格：直觉的基础是认知与经验

荣格把人的心理功能作为不变的分类原则，为此他将心理的功能做了两种分类：一种分为两种理性的功能——思维与情感；另一种分为两种非理性的功能——感觉与直觉[22]。他认为直觉是无意识加工方式的心理功能，其目的是获得对象感性的认知内容。荣格把直觉认识的对象分为三种：外在的对象、内在的对象、外在对象与内在对象间的联系[23]。

### 1. 直觉的来源

荣格认为直觉可能出现在个体的知觉、经验、情感以及理智的各种认知阶段或过程中，但直觉不是它们其中的任何一种，直觉独立于这些形式之外。国内学者张浩也认为，直觉是在丰富的认知与经验的基础上，通过直观的洞察而深入事物内部，进而获得认知的方式[24]。

### 2. 直觉的加工方式

荣格的论述及当代心理学的研究结果表明，人类的所有认识都是对信息的处理。对信息的处理有两种系统：一是意识加工系统，它属于通过对信息的逻辑分析而展开的有意识的加工方式；二是无意识加工系统，它是以技能与经验为基础，无须通过意志努力的自动化加工方式。直觉的特征与无意识加工非常相似，荣格甚至认为两者是一致的。由此可见，通过认知心理学的无意识认知研究是理解直觉本质的有效途径[25]。

---

21. 娄立志、张基惠：《生命与实践：柏格森生命哲学及其教育启示》，《鲁东大学学报（哲学社会科学版）》2020年第2期。
22. 荣格：《荣格性格哲学》，李德荣译，九州出版社，2003，第156页。
23. 同上书，第77页。
24. 张浩：《直觉认识的特点》，《郑州轻工业学院学报（社会科学版）》2008年第6期。
25. 周治金、赵晓川、刘昌：《直觉研究述评》，《心理科学进展》2005年第6期。

### 3. 直觉认识的内容特质

荣格认为，通过直觉所形成的认知内容呈现的是一个完全的整体，它不需要我们重复地去发现它，或揭示它的形成方式或理论依据。直觉是源自本能的领悟，它是非理性的感知功能[26]。直觉能够超越意识加工系统的程序，瞬间把握住事物及问题的关键与根本，直觉可以获得对象本质的直接认识。直觉不是经验的简单综合或原有知识的逻辑演绎，直觉以思维认识的逻辑跳跃性方式，直接接近事物的本质，因此直觉是非逻辑的认识，它能解决一些逻辑思维的理性认识无法解决的问题，对认识的创新具有重要的价值[27]。

### 4. 直觉表现形式与直觉人群类型划分

直觉的表现形式被荣格分为两种：一是主观的直觉表现形式，它是对心理主观事实经验的一种感性认识，大多形成抽象的直觉，这些抽象直觉传达着有关观念联系的感知；二是客观的直觉表现形式，是指除主观外的那些事实经验，依赖于客体的阈下感受产生的思维与情感，大多形成具体的直觉，这些具体直觉的感知会涉及事物的真实性[28]。

荣格又把具有直觉能力的人区分为两类：一类是内向型直觉者，直觉主要面向心灵的内部世界；另一类是外向型直觉者，他们对外部世界的观察提出了一个又一个的探索前沿[29]。设计构思阶段的“头脑风暴”是灵感以直觉方式迸发的过程，它属于前者；设计经理对产品市场的直觉预判则属于后者。

## 9.1.4 直觉的内隐认知加工方式

当代心理学界普遍认为，人类获取知识的方式可分为“外显认知”与“内隐认知”两大类，直觉属于内隐认知。具体分析如下。

（1）外显知识易于有意识地存取，且能根据要求进行交流与描述，当采用生成的或假设检验的精加工策略时，即为“外显认知”。在柏格森那里，外显认知相当于以智力为路径进

26. 荣格：《荣格性格哲学》，李德荣译，九州出版社，2003，第 78 页。

27. 张浩：《直觉认识的特点》，《郑州轻工业学院学报（社会科学版）》2008 年第 6 期。

28. 荣格：《荣格性格哲学》，李德荣译，九州出版社，2003，第 78 页。

29. 法朗西斯・沃恩：《唤醒直觉》，罗爽译，新华出版社，2000，第 42 页。

化发展的“智力—理智—科学—理性形而上学”，它是从生命的外在活动揭示生命的本质，对物质世界的认识与自我的知觉内容都是清晰、明了的，并可以进入逻辑思维系统中加以图式化表述。在荣格那里，外显认知的加工方式是依赖意识的加工系统，是对信息的逻辑分析、有意识的加工而获得的认知内容。

（2）内隐的知识不依赖意识进行存取，也不依照要求进行交流和描述。它特指人们在获得知识和采用方法的过程中没有依赖意识的逻辑分析与加工，它以我们意识不到的方式影响着我们现在的思想、行为和情感的过程，它也可以指代整个无意识的认知领域[30]。

直觉与内隐认知有着内在的联系，美国霍普学院迈尔（Myers）斯教授则干脆将直觉与内隐知觉、内隐学习看成是一回事。在荣格那里，内隐认知是一种无需意志努力的技能与经验自动化的加工方式，荣格直接将“直觉”与“无意识”等同。在柏格森那里，内隐认知是以本能为进化发展路径，“本能—直觉—形而上学”从生命体内在的感悟揭示生命的本质。它与智力发展的路径既对立，又相互补充：直觉消失的地方，理性开始发挥作用；理性无法解决的问题，直觉开始登场。

最后，将柏格森与荣格关于直觉的研究以列表的方式进行比较对照（表9–1），我们可以得出关于直觉较为清晰的来源与加工方式。

表9–1 柏格森与荣格对直觉研究的对照

| 比较内容 | 柏格森对直觉的讨论 | 荣格对直觉的讨论 |
|---|---|---|
| 研究领域 | 绵延的生命哲学 | 心理功能与心理（性格）类型分类 |
| 研究目的 | 在人的智力—理智—科学—形而上学的理性认识方式之外，构建本能—直觉—形而上学新的哲学系统，展开对人内在本质的探索与认识 | 从生物学角度的主客体之间的适应关系与双方修正方式出发，对人的心理功能与性格特征进行分类 |
| 研究基础 | 对传统生命时间中框架特质的批判，提出生命时间是“绵延”，过去、现在、未来以时间流方式相互渗透、融合 | 心理功能作为保持不变的分类原则，分为两种理性的功能：思维与情感。两种非理性的功能：感觉与直觉 |
| 研究方式 | 生命的两种进化路径：1.智力进化路径，从生命的外在活动揭示生命的本质；2.本能进化的路径，从生命体内在感悟揭示生命的本质 | 直觉表现形式分类：1.主观直觉表现形式；2. 客观直觉表现形式。直觉能力人群分类：1.内向型直觉者，直觉主要面向心灵的内部世界；2.外向型直觉者 |
| 直觉来源方式 | 直觉产生于本能。本能包含动物本能与所有智力—理智—科学—形而上学相关的人的本能 | 直觉来源知觉、经验、情感以及理智的各认知过程，但不是其中任何一种，直觉独立于这些形式，以无意识加工系统形成 |
| 直觉的价值 | 直觉向与智力是相反的方向发展，智力面向世界的理性领域，直觉深入进生命体本身。没有理性，本能不会发展；没有直觉，生命如同机器 | 直觉认识的内容是完全的整体。直觉超越意识加工系统，瞬间把握事物及问题关键与根本，获得对象本质的直接认识，直接对事物本质的接近，解决逻辑思维理性认识无法解决的问题 |

30. 张兴贵：《论内隐认知》，《心理学探索》2000年第2期。

（1）柏格森的直觉研究与讨论是对生命本质的内在，而非外部世界认知的探索，生命的绵延促使生命内在的本能内容持续扩张，直至无限。在那些本能内容扩充的过程中，对外部世界认知的知觉、经验、情感，以及思维等，都会以无序的纷杂方式进入其中。直觉的素材来源是外部认知对本能的绵延扩充，荣格认为直觉不属于外部世界认知方式的任何一种。

（2）直觉是内隐的认知方式，具有非理性、非逻辑的无意识加工方式特征，直觉是个体不通过意识的推理而洞察事物的能力[31]。直觉可以获得理性的逻辑推论所不能得到的直接结果，其认识内容是一种对事物突如其来的完整性顿悟，具有直接的明显性。

（3）在创造性的文化活动中，直觉与创造力呈正相关，直觉是所有创作活动的灵感来源，也可以说直觉即设计师的灵感。设计师主体对直觉的“真实性”具有确信感，对其认识过程及最终的结果具有满足感[32]。虽然直觉的加工方式是无意识的，但对直觉的存在需要有意识的唤醒，否则直觉永远都停留在本能层面。

## 9.2 设计师直觉意象的特征与符号化的修辞过程

发明家爱迪生的格言：天才是百分之一的灵感，加百分之九十九的汗水；但百分之一的灵感往往比百分之九十九的汗水更重要。虽然许多中小学抹去了格言的后半句，希望以“只要努力就能成功”作为学习的激励，但抛去“灵感”的努力只能是庸人般毫无创造性的重复性劳作。“灵感”即直觉，直觉是人类所有创造性活动的灵感源泉。设计活动的创造性来源于设计师直觉的灵感，甚至设计活动最终呈现的结果，就是对直觉最初意象进行逻辑分析后的理性化再现。

沃恩指出，认知心理学家普遍认为直觉是一种源自人内在本质的，超越了主体与客体间区别的认知方式，直觉认知的主体与客体合二为一，直觉的形成方式不是主体通过获取某个事物的信息进行意识的加工去认识客体，而是从事物内部通过主体的内在本质与这个事物获得主客体的统一共性，进而获得事物直接且完整的认知[33]。

直觉研究者普遍认为直觉是一种“意象”，直觉的认知特征主要为：1. 直觉的认知对象

31. 周治金、赵晓川、刘昌：《直觉研究述评》，《心理科学进展》2005 年第 6 期。

32. 李玖珍：《直觉思维综述》，《科学文汇》2016 年第 12 期。

33. 法朗西斯・沃恩：《唤醒直觉》，罗爽译，新华出版社，2000，第 42 页。

是非逻辑的意念图像，直觉认识的方式是图像认知方式；2. 直觉认知具有创造性、整体性、直接性、突发性、偶然性、跳跃性、顿悟性、模糊性、非逻辑性、自动性、创作者的确信感等众多特性[34]；3. 直觉形成的过程是直觉领会、直觉洞察、直觉抽象[35]。

## 9.2.1 以案例分析设计师的直觉意象形成方式与特质

按照柏格森的生命哲学理论，众多“非逻辑图像”是人对外部世界的知觉、经验、情感以及思维等，以无序杂乱的绵延方式进入生命里的本能。直觉认知的对象来源是林林总总、杂乱无章的外部认知在本能内的图像化扩充。它们是完整的、不可分割的、间断性的“非逻辑图像”记忆。这些非逻辑图像会在特定的时间或空间被我们唤醒，并瞬间以无意识的加工方式，获得对外部事物发自生命本能的直接领会与洞察。这也正是沃恩所说的“直觉是超越了主客体间区别的认知方式”。

董世峰认为直觉认知是“图像认知”，就是要把本能内的一些非逻辑图像以直观洞察的方式瞬间叠加、并置、排列、组合、堆放起来[36]。这种对非逻辑图像的无意识“拼贴”加工方式获得的结果称为“意象”。“意象”一词的“意”指意念，“象”指物象。郭鸿认为，符号学界把“意象”看作物体在大脑中刻画的印象，它与原物相似。物体的意象可以是大脑之外的某个实体，称为“外部形象”；也可以是大脑中的一个概念，称为“内部形象”。意象在大脑里产生的过程类似符号的意指过程，意象与符号形成的意指过程不同，它表达所谓的“意义”总是模糊的碎片化图像状态[37]。在心理学界，“意象”是指人们在感知体验外界事物过程中所形成的抽象表征，这种表征不是原事物具体而丰富的形象，而是删除具体细节后的有组织的结构，是事物在大脑中的一种抽象类概念[38]。

与外显的理性认知通过解构方式来探索对象功能、构建对象结构不同的是，直觉认知不解构对象，其无意识的加工方式也无法解构对象。直觉面对的是一个个孤立的、完整且不可

34. 李玖珍：《直觉思维综述》，《科学文汇》2016 年第 12 期。
35. 照日格图：《直觉与创造》，博士学位论文，吉林大学，2009，第 110 页。
36. 董世峰：《大直觉观：理性与直觉的一种关系模式》，《重庆社会科学》2006 年第 4 期。
37. 郭鸿：《现代西方符号学纲要》，复旦大学出版社，2008，第 165 页。
38. 赵艳芳：《认知语言学概论》，上海教育出版社，2001，第 131 页。

分的图像，因而直觉的认知方式只能是体验、直观、类比、想象、联想、隐喻、情感等[39]。

以笔者2016年的明喻作品《穹顶－餐桌的儿童空间》为例（图9-1），对直觉意象的形成过程与特点加以阐述：儿童平时喜欢躲在餐桌下玩耍，如何设计一款家庭餐桌满足儿童这样的行为习惯呢？如果依赖对儿童行为的理性考察，仅能获得儿童与桌底间尺寸大小等物理性的逻辑思考。虽然笔者无法从儿童的视角去获得他们的内心感受，但不代表无法依赖直觉形成的意象完成这件设计。

图9-1　《穹顶-餐桌的儿童空间》（设计：张剑、程碧亮、刘北方、洪思展）

通过回忆起儿时躲猫猫钻床底的经历，钻在床底仰望床板的空间感受，以及在英国某座教堂里看到穹顶气势恢宏的感知，这些杂乱无章的记忆图像，瞬间以拼贴的方式组合成“穹顶那样的餐桌底”的模糊意象。在此对这一直觉意象的形成特征做如下分析。

首先，形成这件作品的直觉意象不是在具体的物质世界中对餐桌的认知，而是设计师内在的本能中对众多经验的绵延记忆，以瞬间顿悟的图片拼接的方式形成的非逻辑图像。这个意象不会具体指向哪一张床、哪一张餐桌、哪一座教堂的穹顶，它是绵延记忆中的众多事物形象被直觉创造出来的一种图像拼贴。

其次，虽然直觉认知是依赖图像间关联的心理机制，但意象中的图像不是“穹顶”对“桌底”

39. 董世峰：《大直觉观：理性与直觉的一种关系模式》，《重庆社会科学》2006年第4期。

的修辞，它是无意识加工方式所形成的纯粹的意念中的图片拼贴。柏格森认为直觉是生命的纯绵延，不是通过外部可感知符号间的修辞。符号修辞是通过对外部世界对象的解构、分割、组合后的理性化逻辑加工（三元符号结构的加工过程），而直觉是对符号界域下层涌动的真实生命的切身感受[40]。

### 2. 直觉意象中图像来源与拼贴方式的多样化

直觉是无意识加工方式的图像认知，绵延中事物存在的方式是非逻辑的图像，直觉对事物的洞察是将意念中事物图像进行非理性的拼贴。图像间的无意识拼贴方式从形式上而言类似外显认知中的理性化修辞。设计师的直觉意象中，图片拼贴的方式大多来源于产品与事物之间，这表明直觉的意象具有人类修辞认知本能的“心理机制”，但直觉的意象并非修辞活动中的符号加工、概念映射。

设计师的意识对图像中的“对象”进行清晰化分离，以此完成三元符号结构的构建，以及修辞两造符号向各自所在系统的回溯，最后进行符号间的修辞，完成类似第 8 章无意识设计系统方法中“寻找关联”的结构主义产品修辞方式。另一方面，意象中的图片拼贴方式可以是产品自身的细节与产品形成的意象，这种对产品或事物内部的直觉洞察形成的设计作品，即第 8 章无意识设计系统方法中的“客观写生”。

### 3. 直觉意象的形成是在认知对象间的跳跃

直觉认知中的对象选择是“跳跃”性的。设计师那一天躺的“床”与要设计的“餐桌底”间没有任何关联，是设计师儿时躲在“床底”仰望床板的感受形成了跳跃联结；“餐桌底”与教堂的“穹顶”也没有任何联系，也仅是以跳跃性的“拼图”方式将两者图像拼贴在一起，形成了那一刻在餐桌底部仰望时真实完整的意念图像。这种真实性也是设计师“确信感”的由来。

### 4. 直觉意象是模糊性的整体画面

意象的结果是“穹顶”与“餐桌底”的非逻辑图像被无意识拼贴在一起，并在脑海中“整体性”呈现。意象是“意念”形成的物象，其画面形象具有抽象化且不确定的特征，它们是

---

40. 尚新建：《重新发现直觉主义》，北京大学出版社，2000，第 111 页。

客观世界中所有对象以无意识方式残留在记忆中的原型姿态："餐桌"不是特指某款餐桌，"穹顶"也非英国旅游时所见的那座教堂的穹顶，它们是绵延中客观事物的意念图像，以及仰望穹顶的气势恢宏的感受。

### 5. 直觉意象具有偶发性与多样性

一方面，本能不但包含设计师生物属性的动物本能，而且是设计师对外部世界的认知与经验在其生命体内部的绵延。另一方面，如果设计师当时并非躺在床上，而是在树林中，或许就会有仰望"树木"高耸入云的感觉与"餐桌"进行意念图像的拼接。

以上两方面表明：（1）无意识加工方式的直觉需要被特定的情境唤醒，否则本能内的绵延认知对象始终处于沉睡状态，这也解释了其"偶然性"的特性；（2）不同的设计师会有不同的直觉意象，不同的情境会唤醒不同的绵延记忆，形成多种多样的直觉意象。直觉意象的偶发性与多样性导致设计灵感会千变万化，设计作品的创意也才会丰富多彩。

最后需要强调的是，直觉虽然是无意识的加工方式，但直觉的发生是在意识驱动下的主动行为。这就如同在1666年的夏天，一个苹果砸在牛顿的脑袋上，让他获得灵感，提出万有引力定律一样，牛顿是在研究重力问题的"意识"驱动下，使得"直觉"灵感发生。我们经常说一些设计师麻木，没有灵感，实质是他们没有主动地去开发自身直觉所带来的内在本能对事物的意象化认识，久而久之，这种发自设计师内在本能的对产品的顿悟能力就会变得麻木，甚至退化。

## 9.2.2 直觉意象—文化符号—产品修辞的三步骤

皮尔斯逻辑－修辞符号学的普遍修辞理论表明，产品设计活动是普遍的修辞，即一个外部事物的文化符号对产品文本内相关符号的意义解释。因始源域符号与目标域符号间修辞解释的目的与概念映射方式的不同，形成了不同的产品修辞格。产品修辞的系统性表现在，修辞并非两造符号间的意义解释，而是两造符号所在的系统间局部概念的替代（提喻、转喻）或交换（明喻、隐喻）。

在前几章的讨论中，我们会概括性地指出，与产品进行修辞解释的那个文化符号是设计师对产品系统外部事物的意义解释。实际上，产品系统外部的事物成千上万，且每一事物又由众多局部对象组成，每一个对象都可以构成"对象－再现体－解释项"的三元符号结构。

因此，设计师面对文化世界无穷尽的事物对象及文化符号，怎样明确地选择一个事物的局部对象形成的符号，与产品内相关符号进行理据性的修辞解释，这是我们最需要关注的问题。

如果设计师选择符号是依赖理性的逻辑思维对所能想到的事物及符号逐一分析，恐怕这种方式只有世界上运算速度最快的计算机才能完成。如果选择一个具有理据性的合适文化符号是设计师的“碰巧”，那么这种偶发性“碰巧”显然不应该放在理性的逻辑思维中讨论，而是应该放在顿悟的直觉中讨论。我们不得不承认设计师的灵感直觉的确是偶发的“顿悟”。

产品修辞两造的符号指称形成方式是设计师的意识对其直觉意象的符号化分离过程。为阐述此观点，笔者以“直觉意象—文化符号—产品修辞三步骤”图式（图 9-2）结合《穹顶－餐桌的儿童空间》设计案例，对三步骤做如下分析：

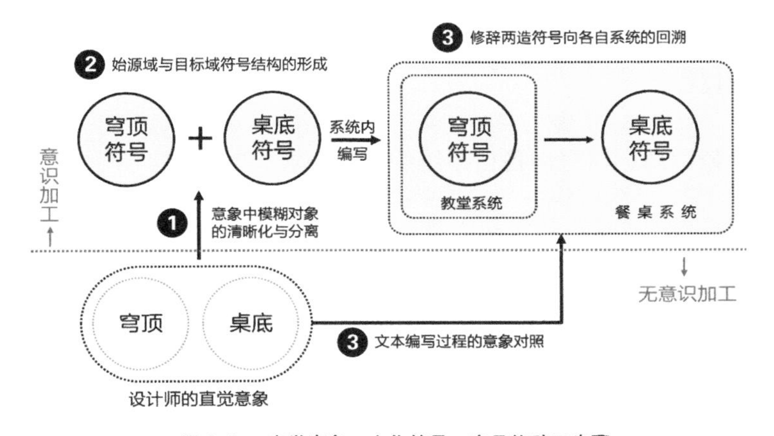


图 9-2　直觉意象—文化符号—产品修辞三步骤

## 1. 第一步：直觉意象中模糊对象的清晰化与分离

之所以称设计师的直觉是偶发的“顿悟”，是因为直觉的认知对象是非逻辑的意念图像，其认识的方式是图像认知方式，且直觉认知具有创造性、整体性、直接性、突发性、偶然性、跳跃性、顿悟性、模糊性、非逻辑性、自动性、创作者的确信感等众多特性[41]。直觉的“意象”即设计师的灵感，意象是设计师生命绵延过程中一些非逻辑图像的拼贴，它以整体性的意念模糊图像呈现。在每一次设计活动中，设计师会有多种直觉意象产生，它们都是无意识的加工方式，对它们的筛选则是意识的加工方式。

41. 李玖珍：《直觉思维综述》,《科学文汇》2016 年第 12 期。

其次，在之后的理性逻辑分析筛选过程中，意象中模糊的意念图像变得清晰，清晰到“穹顶”的风格、式样、色彩，“餐桌”的尺寸、大小、款式。随着意象的清晰，它带给设计师的确信感也逐渐增强。这个过程是对意象中的模糊对象进行清晰化的分离过程，分离的目的是使得“对象”足够清晰到构建符号“对象－再现体－解释项”的三元结构。

**2. 第二步：修辞两造三元符号结构的构建**

从意象中分离出清晰的“对象”是构建三元符号结构的基础。这是因为，对象越清晰，表明了其“品质（再现体）”越显露、明确。“对象”与“品质（再现体）”间组成的“指称”在文化环境内可以获得与“解释项”较为特定的“意指关系”，最终形成完整且明确的“对象－再现体－解释项”的三元符号结构。至此，被分离出的“穹顶”与“桌底”两个清晰对象，搭建了修辞活动中的始源域符号“穹顶”与目标域符号“桌底”，这一过程是修辞两造符号的三元结构的构建过程。

**3. 第三步：修辞两造符号向各自系统的回溯与意象的对照**

“穹顶”符号解释“桌底”符号是依赖心理相似性建立起的隐喻修辞方式。隐喻是我们用事物中某种品质的感知，去解释另一事物中某种不熟悉的品质，即设计师用仰望教堂穹顶的那种气势恢宏的感知，去解释桌底也应该具有和穹顶一样的品质，即儿童仰望桌底可以获得如观看教堂穹顶般气势恢宏的感受。

产品修辞文本的实际编写过程不应该简单地理解为仅是两个符号间的意义解释，而是两个符号所在各种系统之间局部概念的替代（提喻、转喻）或交换（明喻、隐喻），即“教堂系统”中的“穹顶”这一局部概念交换了“餐桌系统”中的“桌底”这一局部概念，形成一个明喻修辞文本。与此同时，设计师会反复且不自觉地将直觉意象与编写的文本进行对照，这既是直觉贯穿整个设计活动的表现，也是设计活动理性化再现意象的途径。

## 9.2.3 设计创意的表达是对直觉意象的理性化再现

**1. 作为设计师灵感的直觉意象及其理性化呈现**

有过设计实践经验的设计师都知道，我们在设计活动中所表达的灵感创意，并不是在设计活动的过程中依赖理性逻辑思维的系统或是设计方法推导出来的，而是在设计初始阶段的某个瞬间，脑中就已呈现出最终设计作品模糊的直觉意象。正如沃恩认为的那样，直觉远远胜过我们通过逻辑思维获得的预期规划，以及依赖符号解释获得的意义感受。直觉形成的最初阶段是被我们轻微感受到的模糊图像，但它被我们的意识注意到之后就会变得逐渐清晰，于是它在创造性活动中的作用也就越来越大[42]。

在艺术活动中，沃恩认为真正的艺术源泉往往是艺术家对现实的直觉性认识。艺术创作的灵感不是呼之即来的，而是伴随着艺术家直觉的洞察力，以及对直觉的确信感获得的。艺术家本人或许无法像设计师那样对直觉的意象进行理性的分析与符号化解释，他们以创作表现出直觉的意象。直觉在艺术活动中成了联结艺术家个人、作品以及普遍性体验三者间的纽带[43]。

设计师对此直觉意象所持有的确信感，促使他借助所学的设计经验，诸如系统方法、设计流程、技法表现等逻辑思维工具，对直觉意象进行三步骤的加工处理。第一步，设计师对直觉意象中模糊对象的清晰化及分离。第二步，分离后的清晰对象构建为修辞两造符号的三元结构。第三步，在文本编写活动中，修辞两造符号向各自所在的系统回溯，通过符号间的意义解释，完成修辞两造系统间局部概念的替代（提喻、转喻）或交换（明喻、隐喻）。

最后可以看到，最终的设计作品是对设计师最初直觉意象的理性化的再现，其再现的方式是“直觉”借助“意识”对其进行符号化的加工与修辞。

### 2. 设计师灵感的呈现是“直觉”与“意识”的共同作用

（1）从皮尔斯符号学的普遍修辞理论出发，产品设计活动是设计师利用一个外部事物的文化符号对产品文本内相关符号进行的修辞解释。从认知语言学的修辞理论而言，产品修辞的目的是通过符号间的意义解释达成事物与产品两个系统间局部概念的替代（提喻、转喻）或交换（明喻、隐喻）。因此我们可以说，产品设计活动的目的是设计师通过事物与产品间的修辞，获得产品功能以及感知层面的创新。

产品设计活动是普遍的修辞，结构主义产品修辞活动的符号来源于使用者与产品间的知觉、经验、符号感知三种认知方式所形成的符号化“认知语言”。而产品修辞两造的符号指称形成方式是设计师的意识对其直觉意象的符号化分离过程。

---

42. 法朗西斯・沃恩：《唤醒直觉》，罗爽译，新华出版社，2000，第43页。

43. 同上。

（2）直觉认知是无意识加工方式的“图像认知”，直觉认知以非逻辑图像的无意识“拼贴”加工方式获得的结果称为意象。意象在设计师大脑里产生的过程类似符号的意指过程，但意象又与符号形成的意指过程不同，其所谓的“意义”总是模糊的碎片化图像状态[44]，它是删除具体细节后的有组织的结构，是事物在大脑中的一种抽象类概念[45]。设计师的直觉意象中，图片拼贴的方式大多来源于产品与事物之间直觉意象在脑海中呈现的抽象且不具体的画面。这个画面带给设计师对任务实施方向与内容的确信感，设计师的灵感实质就是这个意象画面。设计活动的过程是对直觉意象所形成的画面进行理性化的再现过程。

（3）设计师的意识承担了直觉意象理性化再现的任务，依次通过对直觉意象中的图像进行对象的清晰化分离，再至事物与产品间两造符号的三元符号结构的构建，最后再到文本编写活动中的修辞两造符号向各自系统的回溯，以及与直觉意象的反复对照，意识最终完成产品的修辞活动。

总结以上：产品设计活动的目的是设计师通过事物与产品间的普遍修辞的方式，获得产品功能以及感知层面的创新。而设计的创新来源于设计师的灵感，灵感是设计师的直觉所产生的一种意象。设计作品最终呈现的内容，是设计师通过理性化逻辑思维的意识对其直觉意象进行的再现。设计师灵感在产品文本中的编写呈现，依赖直觉与意识的共同作用。

## 9.3 设计师的直觉、意识与产品设计系统的关系

产品设计活动围绕设计师的灵感而展开，灵感是设计师直觉形成的意象，它以非逻辑图像拼贴的方式呈现。作为设计师灵感的直觉意象，需要被其意识在产品设计系统中理性化呈现，这样，设计作品才能完成灵感的表达。意识是设计师对外部世界的认知内容、设计能力、主观表达的综合运用的体现。

评价一件优秀设计作品时，如果说设计师的灵感是优秀的“底线”，那么设计师的意识对灵感的加工与表达能力则是优秀的“上限”。因此，设计作品优秀的“底线-上限”所对应的关系是“直觉意象的生成-意识对直觉意象理性化呈现”。

设计师的“直觉”与“意识”作为两种对产品不同的认识方式，两者目的与任务各异，

44. 郭鸿：《现代西方符号学纲要》，复旦大学出版社，2008，第165页。

45. 赵艳芳：《认知语言学概论》，上海教育出版社，2001，第131页。

并在产品设计系统中协调统一，最终完成直觉意象的理性化呈现，即产品文本的编写。

### 9.3.1 设计师的直觉、意识与产品设计系统三者关系概述

在每一次的设计活动中，设计师都会同时出现“直觉”与“意识”两种不同的认识方式，两者共同参与“产品设计系统”进行文本的编写。意识与直觉在设计活动中都属于设计师个体独有的处理设计问题与发现自我品质的方式。意识是通过生命外在活动的知觉、经验、符号感知、思维等获得对设计内容与自我的认识，以及设计活动的驱动力；直觉则从生命内在的本能出发，获得对设计内容与自我的洞察与领悟。以下对设计师的直觉、意识与产品设计系统做简要概述。

1. 直觉是设计师的灵感，其认知基础是设计师内在的本能，其认知素材是外部认知对本能的绵延扩充，其认知结果是以非逻辑图像拼贴形成的意象。直觉是无意识的加工方式，但直觉的产生需要在特定的环境与条件下被设计师有意识地唤醒，否则直觉永远都停留在本能层面。由设计师的直觉形成的设计灵感贯穿整个设计活动，甚至可以说，设计创意所表达的目标，就是设计师依赖其“意识”与“产品设计系统”对设计师的“直觉意象”在产品上的理性化再现。

2. 意识是人对外部世界的高级心理反映方式，意识的内容包含主体对事物的知觉、经验、符号感知、思维，其中思维在意识活动中起到决定性的作用。在柏格森那里，意识是具有复合结构的最高级的认识活动，它属于由“智力”为路径进化发展的理性形而上学的外显认知。设计师的意识从产品设计活动的视角可以分为三部分内容。

（1）设计师的认知内容。第 3 章已表述，我们对外部世界中所有事物的认知方式与对产品的认知方式是一致的，这并不代表“产品的认知方式”的特殊性，反而表明“产品”仅是我们去认知的所有事物中的一种。设计师对外部世界中的事物认知内容包含了对事物的知觉、经验、符号感知的三种认知方式所形成的所有认知内容，以及设计师的各种文化经验、价值观念、思维逻辑等。

（2）设计师的设计能力。设计师对设计活动的驾驭能力，包括直觉意象的分析判断、修辞两造符号的构建、修辞的理据性设置、产品语言的设置、产品设计系统内的文本编写操作等各种综合能力。

（3）设计师的主观表达。产品设计是设计师主导的文本编写活动，设计师在产品设计活动中个人品质、主观情绪、文化观念等主观参与文本的编写及表达。

设计师三部分的意识内容在设计活动中不是单独或依次出现的，而是综合地运用与实施。设计师每一次设计实践的“意识”表现，都会成为其外部认知与经验，并对设计师内在本能进行绵延的扩充。

3. 产品设计系统是对设计师的意识进行的规范与约束。这是因为，产品设计是符号文本的意义传递过程，在此过程中存在设计师与使用者两个独立且自主的不同主体。设计师既服务于使用者，又是设计活动的主导。因此，以使用群集体无意识为基础构建的产品设计系统，规范约束着设计师主观的意识在文本内的编写，以达到产品文本的有效表意。但任何设计作品都会展露出设计师主观的意识，而设计师主观的意识参与设计活动的程度增加，使得产品设计由结构主义产品文本编写方式向后结构主义产品文本编写方式转向。

以上可以看出：产品设计的实质是设计师主观的“直觉”与“意识”在客观的产品设计系统（使用群集体无意识为基础形成的三类元语言）的约束下进行的文本编写活动。

## 9.3.2 产品设计系统是理性的逻辑规范

以柏格森的“本能”与“智力”两条生命进化路径而言，“直觉”属于前者，它是设计师内在本能对设计对象的洞察与领悟；“产品设计系统”属于后者，它是以“智力”为路径而发展的理性化逻辑思维方式。也可以说，任何系统都是以“智力”为路径发展的理性形而上学。产品设计系统具有理性化的实证特征，在每一次的设计活动中，产品设计系统都对设计师的编写、使用者的解读进行约束与规范，这是达成结构主义产品设计文本意义有效传递的前提基础。

### 1. 产品设计系统由使用群一方明确且清晰的文化规约组成

每一次结构主义产品设计活动都需要构建以“设计师—产品—使用者”的产品文本传递过程为基础逻辑框架的产品设计系统。任何产品设计系统构建的目的，都是希望在产品文本传递活动中，作为文本编写者的设计师与作为文本解读者的使用者，可以按照产品设计系统内事先约定好的各类元语言文化规约进行编写与解读。

由于产品文本传递过程中存在设计师与使用者两个独立且自主的不同主体，以及设计师在产品设计活动中属于服务使用者的缘故，“事先约定”的实质是由使用群集体无意识为基础构建的产品设计系统。产品设计系统由三类（四种）元语言构建而成，元语言是文化符号规约临时性的集合。元语言内的文化符号来源于使用者“外显认知”的主要内容，它们是使用者对外部物理世界在认识的过程中所形成的知觉、经验的意义解释，它们都是经过使用者意识加工后的文化符号。这些符号的意指关系清晰明确，它们是使用群约定俗成的社会文化规约，这些文化规约不同的集合方式，也就构建了在共时性基础上的理性逻辑思维的产品设计系统。因此说，产品设计系统对设计师与使用者双方的理性化逻辑思维的约束控制，是结构主义文本表意有效性的前提。

### 2. 产品设计系统在修辞过程中的两种调控机制

产品设计是普遍的修辞，每一次产品设计活动中，外部始源域符号与产品文本内目标域符号的意义解释都需要受到产品设计系统内各类元语言的控制与协调。其协调控制机制表现在两个方面：（1）通过产品设计系统内各类元语言的控制与协调，达成设计师主体与使用者主体对符号意指关系的一致，以达到设计师编写的文本意义向使用者的有效传递；（2）产品修辞是概念修辞，它是修辞两造系统间局部概念的替代（提喻、转喻）或交换（明喻、隐喻）。因此，产品设计系统在文本编写中控制修辞两造符号对象的还原度，以及两造各自所在系统的独立性程度，这也是不同产品修辞格最终呈现方式的要求。

### 3. 产品设计系统图式分析是理性化思维的依赖

产品设计系统的图式表达方式，以及产品文本编写过程中的符形图式分析都表明，每一次的设计活动都是对文化符号的理性化解构，具体表现如下。（1）产品设计活动中，图式使符号具有物理性质的模型化，并对其进行概念的标识，再向规范与理性的系统靠拢；（2）每一次产品设计活动都要构建适用于具体使用群、具体使用环境的产品设计系统，因此产品设计系统具有任意性的特征。产品设计系统内的各类元语言是使用者一方众多抽象化的文化符号规约集合，任何一个符号规约都是被使用者意识加工后的理性化客观存在。因此，产品设计系统的理性化规范，是来自元语言所有文化规约既有的文化约定性的本质；（3）使用者在产品设计系统内，纵向时间轴的行为顺序的逻辑性环环相扣；横向关系轴的产品内部组成，合理性的认知逻辑环环相扣，这些必须依赖图式分析表达。

## 9.3.3 设计师的直觉与意识在产品设计系统中的相互作用

一方面，柏格森认为生命活动是存在于潜在活动与真实活动之间的算术差，上限是“意识”，即智力，下限则是“无意识”，即本能。当本能的行为与现实的文化观念出现差异时，意识便会出现，进行选择、判断、调控，即本能消失的地方，意识便会出现。设计师的意识从产品设计活动的视角可以分为认知内容、设计能力、主观表达三部分，三部分内容在设计活动中不是单独或依次出现的，而是综合地运用与实施。

另一方面，直觉意象—文化符号—产品修辞的三步骤已对设计师直觉意象-文化符号-产品修辞过程的三步骤做了详细的表述。笔者在此基础上绘制了“设计师的直觉与意识在设计活动中的作用”（图 9-3），并做如下详细补充讨论：

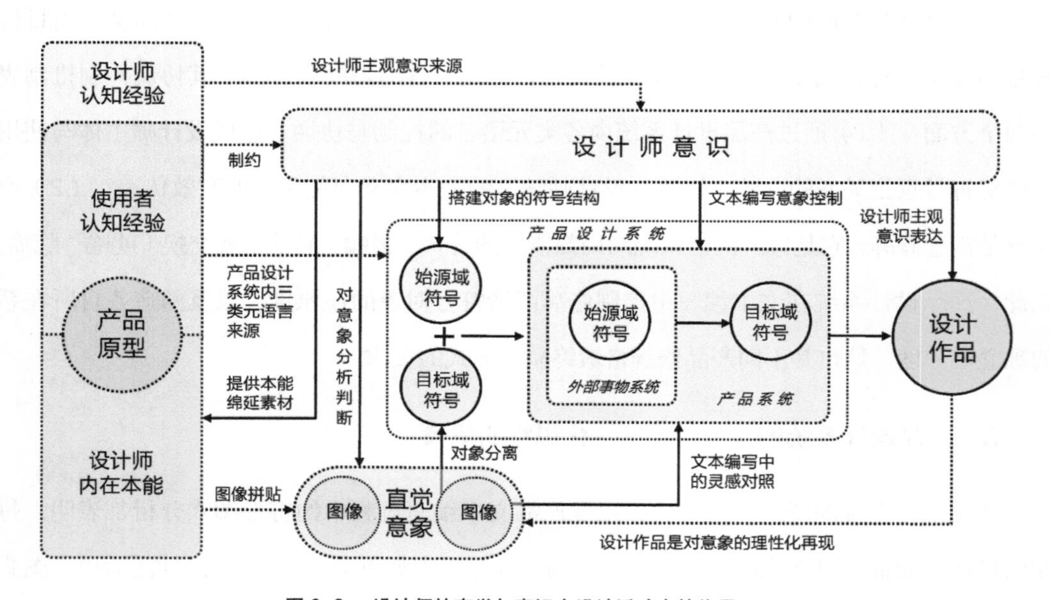


图 9-3　设计师的直觉与意识在设计活动中的作用

### 1. 设计师的“意识”将使用者的认知经验输送给“本能”作为绵延素材

（1）设计师内在本能的绵延素材来自两部分：除了具有生物属性的动物本能，更多的是与智力、理智、科学、所有与形而上学相关的那些本能，它们是设计师对外部世界认知的知觉、经验、符号感知以及思维逻辑等，以无序且纷杂的方式进入设计师内在本能的绵延与无限扩充。动物属性的本能与对外部世界认知的绵延本能，两者有明显的差异，但设计师 对设计活动中的直觉洞察，使得两者获得相互间的统一。

（2）产品设计活动是设计师理性的意识与产品设计系统的逻辑思维共同作用下的协调与控制，其目的是建立设计师主体与使用者主体在文化规约上主体间性的“共在关系”。因此，为达到设计师编写与使用者解读的主体间性一致性，设计师在每一次设计活动之初，都需要通过：一、考察、调研、收集等数据与资料的采集；二、以移情作用、具身的体验等认知手段，获得使用者关于产品的知觉、经验、符号感知以及思维逻辑等认知经验。

设计师对使用者认知经验的探究，其目的在于：（1）在设计活动中制约着设计师意识按照使用者认知经验进行文本的编写；（2）以使用者认知经验为基础构建产品设计系统；（3）自觉地扩充进设计师内在的本能，成为设计活动绵延的素材。

“直觉”与“意识”虽然属于不同的认识方式，但在设计活动中两者是相互补充与相互作用的关系，即设计师不断地掌握直觉的洞察，不断地利用意识进行各种经验素材的收集，不断地从事具体的设计实践，其直觉意象的创造性愈强，其对直觉意象的理想化呈现的意识驾驭能力就愈熟练。

### 2. 设计师的“意识”依赖使用者认知经验对“直觉”进行分析筛选

直觉的意象是模糊且抽象的，它以绵延中各种非逻辑图像拼贴的方式呈现在设计师脑海中，它是设计的灵感，也是作品最终需要呈现的那种状态或结果。因此，意象中模糊的图像需要设计师以理性的意识进行清晰化的对象分离，这是直觉意象成为具象创意的首要任务。

并非所有的设计师的直觉意象都可以称为设计的灵感。直觉是设计师内在本能对目标产品真实的洞察与领悟，但这种设计师确信感的“真实”属于设计师而非使用者，它需要通过设计师意识的筛选、分析与判别，以此获得使用者真实感的认同。

设计师的意识来源于设计师的各类认知与经验，但这些认知经验必须受到使用者认识经验的制约。如果是具有共同生活方式与文化环境的设计师与使用者，两主体间的认知经验会有一致性的可能，但更多情况下，设计师需要依赖移情作用、具身体验、观察调研等方式获得使用者的认知经验。因此可以说，结构主义产品设计活动中，设计师的意识是指那些被使用者认同的“意识”，这些意识既具有设计师主观的思想，也需要获得使用者认知经验的认同。

因此，对直觉意象的筛选、分析、判别是使用者的认知经验通过设计师意识的功能渠道所达成的。正如我们构思方案时常用的头脑风暴是直觉意象的生成，对头脑风暴结果的筛选则是设计师意识对直觉意象的分析评判。

### 3. 设计师的“意识”对“直觉”进行符号化的加工与改造

产品设计是普遍的修辞，设计作品是对设计师的直觉意象进行的理性化呈现。因此，直觉意象参与设计活动的前提是，它必须被意识加工改造成为可以进行修辞文本编写的始源域与目标域符号。

意象作为脑海中内隐的意念图像，需要被意识理性化分离，成为清晰的若干对象。意识把对象加工处理得越清晰，对象的品质就越鲜明。“对象”与“品质”组成的指称也就越能获得明确的意义解释，这样就构建了“对象-再现体-解释项”的三元符号结构。

需要强调的是，设计师在对意象中的“对象”清晰化与分离的过程中，其意识参与了对象具体细节如式样、色彩、材质、肌理、款式等的具象化加工与改造。对象细节的改造差异导致品质的差异，从而获得不同的意义解释，形成不同的符号。因此，一个直觉意象可以最终成为多件设计作品，其原因是意识对意象分离并加工出内容组成与意指关系各异的始源域与目标域符号。

### 4. 修辞过程是意识、直觉、产品设计系统规约的共同作用与协调统一

设计作品对直觉意象的呈现方式是通过意象被分离出目标域与始源域符号间的修辞。在修辞文本的编写过程中，设计师一方面用直觉的意象对文本的编写进行对照，即以脑海中最初的意念图像作为修辞编写的模板与目标；另一方面，修辞文本的编写必须依赖理性的意识进行，意识控制着修辞两造的符号以直觉意象为“蓝图”进行编写。同时，意识在编写中遵循产品系统内由使用群认知经验为基础的三类元语言规约。设计师意识对产品设计系统内元语言规约的遵循，是希望被其意识加工后的直觉意象可以获得使用者的有效解读。

产品修辞是通过符号间的意义解释达成两个系统间局部概念的替代（提喻、转喻）或交换（明喻、隐喻）。因此，始源域符号与目标域符号在回溯至各自所在系统，以及系统间局部概念的替代或交换过程中，直觉意象起到了还原的对照作用，而意识则起到对修辞两造系统还原以及系统间局部概念替代或交换的合理性控制作用，其控制的方式依赖产品设计系统内的三类元语言。

作为设计师灵感的直觉意象如果可以被理性化呈现，且能够被使用者有效解读，那么它一定是在直觉、意识、产品设计系统规约的三者共同控制下达成的协调统一。

### 5. 设计师的直觉与意识具有的“主观性”及产品设计系统对两者的控制

（1）首先，直觉是个体的生命本质对外部事物的认知方式。设计师个体间的差异导致直觉内容的差异，虽然直觉的直接洞察会带给设计师笃定的确信感，但形成直觉的基础是外显认知内容在本能内的绵延。其次，产品设计活动围绕设计师的灵感而展开，“灵感”是设计师的直觉，它以非逻辑图像拼贴的“意象”方式呈现。设计文本的编写过程是设计师的直觉意象在其意识的控制下所完成的理性化呈现。因此，任何设计作品在呈现直觉意象的过程中都融入了设计师的“主观性”表达。

越是设计经验与生活经验丰富的设计师，其“主观性”的直觉越向设计活动的“客观性”真相靠拢，而结构主义产品设计活动中所谓的“真相”，是指在使用者认知经验基础上可以获得有效意义解读的既有文化规约。

（2）直觉的意象本身就是主观性的，它是设计师内在本能对外部世界的主观认知，它与意识在设计活动中都属于设计师个体的“主观性”表达。不同的是，意象是作为主观的一种意念图像，它贯穿设计活动的目的，是希望最终的设计作品是对其的理性化呈现。而意识则是在加工、改造，并理性化呈现直觉意象过程中的驱动力，它融入了设计师个体的主观认知与各种价值理念。

同样，越是设计经验与生活经验丰富的设计师，其“主观性”的意识在改造并呈现“主观性”直觉意象的过程中，越有可能符合使用群既有文化规约，即在文本编写时越有可能获得文本意义的有效传递。

（3）首先，设计师个体的“主观直觉”与“主观意识”在设计活动的表现，一方面表明了设计活动的主导是设计师一方，以及设计师对产品的直觉意象所呈现出的创造力表现，另一方面表明了直觉与意识间相互补充相互作用的关系。其次，产品设计系统控制了直觉的创造力可以被有效传递给使用者的可能性，并引导控制着设计师意识对产品文本的编写。直觉、意识、产品设计系统三者间的共同作用与协调控制是产品创新与文本编写的途径。

我们对设计师的直觉与意识都具有“主观性”的讨论可以得出这样的结论：直觉意象是产品创意表达的“底线”，意识对其的理性化呈现是创意表达的“上限”。因此，仅有直觉的创造力，没有设计意识的执行力，或仅凭设计意识的执行力，缺乏直觉的创造力，都无法完成对产品的创新设计。

# 9.4 “大直觉观”统摄下的产品设计活动

董世峰在其文章《大直觉观：理性与直觉的一种关系模式》中提出的“大直觉观”概念对产品设计活动中“直觉”与“意识”间的统摄关系具有很大的指导价值。他认为学界在“理性”与“直觉”关系的问题上，普遍将直觉作为理性的辅助工具，即理性应该统摄直觉，因而形成了“理性—直觉—理性”的认知公式。但任何学科的发展乃至具体的项目研究，都是始于直觉，再至理性，又回到直觉，再至理性以至无穷的过程，人类的这种思维证实了直觉统摄理性的大直觉观——“直觉—理性—直觉”[46]。

## 9.4.1 设计师的直觉在设计活动中的统摄作用

首先笔者要表明：虽然直觉的意象形成是无意识的加工方式，但所有的产品设计活动是意识的活动而非无意识的活动。设计师的意识是所有设计活动的驱动力，但光有“驱动力”，没有“目标源”，设计活动就会缺乏目标与努力的方向。而作为设计师灵感的直觉意象是驱动力努力要达成的最终目标。因此，本节讨论的是关于作为驱动力的意识与作为目标源的直觉意象之间谁统摄谁的关系。

为讨论设计活动中，设计师的“直觉”与“意识”之间的统摄关系问题，笔者在图9-2与图9-3的基础上进行综合并总结，绘制出“设计师的直觉、意识与产品设计系统三者关系”图式（图9-4），结合图式做如下三点分析。

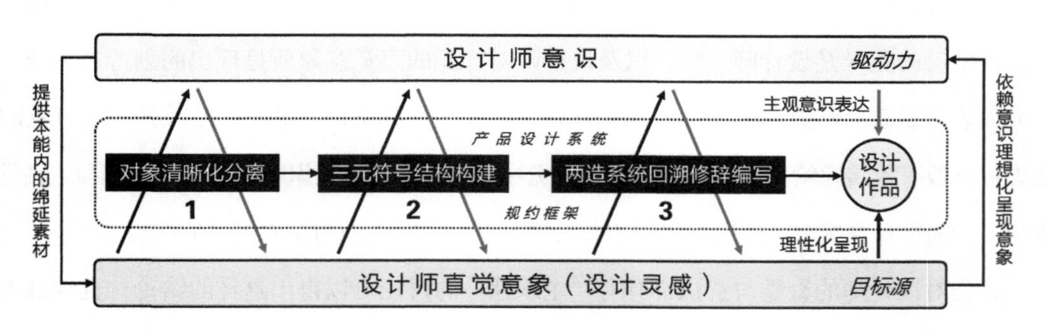


图9-4　设计师的直觉、意识与产品设计系统三者关系

46. 董世峰：《大直觉观：理性与直觉的一种关系模式》，《重庆社会科学》2006年第4期。

（1）前文（详见9.1.1）已表明，直觉是设计师内在本能对设计内容的直接洞察与领悟，设计师的直觉意象是设计活动的“灵感”，整个设计活动是设计师的意识对其直觉意象的理性化呈现过程。在此过程中直觉意象需要被意识进行符号化加工与修辞编写，分为三个步骤：第一步，意象中对象的清晰化与分离；第二步，修辞两造符号的三元结构的构建；第三步，修辞两造符号回溯至各自系统后，通过符号间的解释方式达成系统间局部概念的替代（提喻、转喻）或交换（明喻、隐喻），即修辞文本的编写活动，最终完成设计作品。

（2）设计作品是设计师的直觉、意识，以及产品设计系统三者共同控制下达成的协调与统一。就三者的存在方式而言，产品设计系统是设计活动既有的规约框架。这是因为，虽然产品设计系统的构建是任意性的，每一次设计活动都会构建不同的产品设计系统，但组成产品设计系统内的三类元语言是使用群既有文化规约的临时性集合。因此，产品设计系统的“任意性”体现在既有文化规约在集合上的临时性特征，其唯一目的就是控制每一次设计活动的文本编写与解读方式，保证产品文本表意的有效性。

（3）设计师的直觉意象与意识有共同之处，但又有本质的差异。相同之处在于，两者都具有设计师个体主观意念的表达。不同之处在于，直觉意象作为设计灵感贯穿整个设计活动，它既是设计活动最终理性化呈现的目标，也充当在设计活动过程中目标的对照。意识则是实施这一目标的“驱动力”，贯穿整个设计活动，其任务是在产品设计系统规约的控制下，主观且能动地将直觉意象进行理性化呈现，在此过程中设计师的主观情感及品质融入其中，并得以表达。

至此可以得出如下两点结论。一、产品设计系统是以使用群既有文化规约的临时集合为基础所构建的“规约框架”，设计活动被控制在此框架内的目的是保证产品文本表意的有效性；二、设计师的直觉意象是设计的灵感，它的出现即已标明了设计活动最后呈现的目标与努力的方向，直觉意象是所有设计活动的“目标源”，设计师的意识则是实施这一目标的“驱动力”。因此，设计师的直觉统摄其意识，产品设计活动的“大直觉观”表现为“直觉—意识—直觉”。

## 9.4.2 “大直觉观”在产品设计活动中的价值

产品设计活动以直觉作为统摄的“大直觉观”可以清晰地揭示以下长期以来困扰设计研究与实践的四大问题。

### 1. 明确了产品设计活动的创造性来源

首先要表明一点：产品文本编写的符号来源与产品设计的创造性来源不是一回事。笔者在第 3 章将产品的语言归类为使用者与产品间的“知觉、经验、符号感知”三种完整的认知方式（详见 3.3）。直接知觉的符号化、集体无意识原型在经验实践中的符号化、使用者所属文化环境中的文化符号（修辞两造中的产品符号与外部事物的文化符号），它们是产品文本编写时的三种符号来源，因此可以得出——这些文本编写的符号属于使用者主体一端。设计师主体的主观意识要在产品设计系统内与这些符号达成文化规约一致性的共在关系，设计师编写的文本意义才能被使用者有效解读。

产品设计的创造性来源是指设计师对产品设计活动的直接洞察所形成的直觉意象，它需要被设计师的意识进行对象分离、符号结构构建、修辞两造符号向各自系统回溯三步骤处理后，才能进行修辞文本的编写。处理的过程又回到“产品文本编写的符号来源”阶段，按照使用者可以被认定的符号规约，对直觉意象中的两个符号进行加工处理后，在产品设计系统的控制下进行文本编写。因此可以同样得出——直觉意象属于设计师一端，它是设计师主观意识在产品设计中被制约与调控的创造性表达。

产品设计活动的价值不是解决问题，而是设计师如何创造性地解决问题。直觉在设计活动中的任务是“创新”，意识与产品设计系统的任务分别是“执行”与“调控”。产品设计活动的创造性不是依赖理性的逻辑思维与产品设计系统推导出来的，设计师的直觉意象才是产品设计活动创造性的来源，设计师所有理性认知的推导是合理化呈现直觉意象的过程。

### 2. 指明了产品设计活动呈现的目标与实施方式

产品设计活动的最终目的是满足使用者在社会文化中的物质与精神需求，设计师的任务是为物质与精神需求提供创新性的可能性。这句话对于那些沉浸并陶醉在设计方法与表现技巧的设计师而言，具有纠偏与提醒的功效，但如果具体的产品设计实践与项目以此作为指导，那它仅仅是最顶层那个层级的“口号”，毫无方向感与可实施的目标性可言。

产品设计服务于使用者，产品设计的主导是设计师，设计的创新源自设计师的“灵感”，灵感是设计师的直觉对产品的洞察。产品设计活动的呈现目标是围绕设计师的直觉意象进行的理性化呈现。设计师意识在产品系统的控制下通过对直觉意象的改造加工与修辞，达成直觉意象的理性化呈现。

### 3. 产品普遍修辞活动中的符号结构形成

我们以倒推的方式对产品修辞中符号结构的形成加以阐述：产品设计是普遍的修辞－修辞两造的符号来源于使用者与产品间的知觉、经验、符号感知－修辞两造的符号是通过意识对直觉意象中的对象进行清晰化与分离后的三元符号结构的构建－直觉意象是生命绵延中非逻辑的图片拼贴。图片来源与拼贴方式大致分为两种，一种是外部事物与产品间拼贴，符号化后成为无意识设计系统方法中的“寻找关联”类；另一种是产品局部与产品间拼贴，符号化后成为无意识设计系统方法中的“客观写生”类。

### 4. 对当下人工智能参与设计创意的反思

人工智能自20世纪50年代问世以来，有几个发展阶段：第一代人工智能的主要任务是“描述分析”；第二代倾向于“判断分析”；第三代是目前的阶段，其主要任务是“预测分析”。目前阶段人工智能的预测分析是在人类外显认知的基础上所进行的理性化逻辑思维加工分析，它可以作为设计师的直觉意象被理性化实现的有效工具，但不可能像直觉的内隐认知那样，以无意识加工方式对设计活动做出直觉的洞察与领悟，这是现阶段人工智能的理性化加工处理方式决定的。

有专家预言第四代人工智能的任务是“人工直觉”，以模仿人类的直觉提出创造性的新概念，对此我们拭目以待。但至少在近几年，人工智能不可能取代设计师的直觉，产品设计活动将依旧以设计师的直觉作为统摄。

## 9.5 本章小结

设计师的直觉意象是设计活动的灵感。直觉是真实存在的，但没有学者真正地提出直觉的训练与培养方式，这也导致了直觉是一种“天赋”的说法。即使沃恩在《唤醒直觉》一书的最后几页给出了唤醒直觉的指导方针，但后者更多还是像一些朴素的辅助建议。

柏格森虽然没有提出直觉的训练方法，但他指出，讨论直觉时我们需要摆脱传统认知带来的束缚，即世界不再是物质的，更不是意识或抽象的行为活动，世界对于我们而言是形象。他希望以“形象”作为认识世界的统一性，世界之所以成为形象，是因为它们进入生命过程的绵延必须以形象的方式显现，这些形象再通过直觉被洞察[47]。柏格森提出的“形象”是所有外显认知的内容在内在本能中的影像，它们是直觉认知以非理性、非逻辑方式拼贴出意象的基础。

要强调的是，柏格森以“形象”认知世界的方式为设计师如何获得直觉提出了较为有效的方法手段，但这种认知方式在设计活动中仅适用于设计师灵感的产生阶段，以及直觉意象在设计活动中与设计作品的对照过程，毕竟产品文本在编写与解读时的语言是知觉、经验、符号感知所形成的符号化“认知语言”，而非单一的视觉感官渠道的“形象”。同样，设计师直觉意象中的“形象”在其意识的符号化加工过程中，也必定要最终转化为明确的符号，才能进行文本的编写与意义的传递。

虽然产品设计活动是在“大直觉观”统摄下的创造性文本编写活动，但就产品设计活动的整体性而言，它是设计师理性的意识与产品设计系统的逻辑思维对产品文本表意有效性的协调与控制。

47. 尚新建：《重新发现直觉主义》，北京大学出版社，2000，第131-140页。

# 第10章
## 产品文本的解读方式与评价方式

产品设计从符号学角度而言，可以视为设计师、产品文本、使用者三部分组成的文本编写与解读的传递过程。前几章我们将讨论的重点放置在设计师编写文本这一端。第10章我们将着重讨论使用者如何对产品文本进行意义的解读，产品文本在社会文化环境中如何获得多层级的解读及评价；第11章将详细讨论产品文本在构思、编写与解读过程中几类伴随文本共同表意的问题，以及设计师作为产品设计活动的主导者如何能动性控制伴随文本，文本间性中的“前文本”所带来的雷同问题的系统化讨论方式等诸多问题。

产品文本传递过程中存在设计师与使用者两个独立且自主的主体，两主体间的“主体间性”表现为：（1）“设计师-使用者”主体间性，设计师通过对使用者“解释意义”的推测进行“文本意义”的编写；（2）“使用者-设计师”主体间性，使用者通过对“文本意义”的解读展开对设计师“意图意义”的推测。

罗兰·巴尔特说：“文本的出现标志着作者的死亡。”[1]这句话表明设计师在编写完产品文本后即宣告自己在文本传递活动中的离场。皮尔斯提出的“试推法”适用于所有接收者对符号文本意义“真相”的解释。产品设计活动中，使用者对产品文本的解读，除了依赖逻辑之外，更多的是依赖自身经验，以及产品设计系统内各类元语言文化规约做出假设，再通过所处的文化环境中众多的伴随文本对假设做出实验修正。使用者对产品文本意义“真相”的探究思维方式，不是单向的线性思维“推理”与“归纳”，而是“假设”至“实证”双向思维的“试推”过程。

使用者解读产品文本的方式大致可以分为结构主义表意有效性的“主体间交流”、跨越系统层级的“无限衍义”、分散或转换概念的“分岔衍义”三种类型。使用群内每一个体试推所得的产品文本意义“真相”都是群体共同意识在不同个体形态上的映射。如果说设计师是以“编写”方式对文本意义进行了“一次书写”，那么使用群内的每一个体则是以“解读”

---

1. 罗兰·巴尔特：《从作品到文本》，杨扬译，《文艺理论研究》1988年第5期。

文本意义的方式完成了“二次书写”。使用者为了推出产品文本的意义而进行“二次书写”，是为了获得文本意义的“真相”。“真相”只能存在于使用者一端，使用者所获得的产品文本意义的“真相”不能以“对”与“错”进行判断，而要以设计师的“意图意义”是否被有效传递进行讨论。

作为文化符号的产品在不同社会文化环境中被不同人群以不同方式进行解读评价，形成多层级的主体间性。二级主体间性是对产品设计活动最直接的评价，之后的各级主体间性都以其为基础，通过分岔衍义、无限衍义形成多层级文本间性内容的“扩散蔓延”态势。设计师可以通过“产品设计系统”与“产品评价系统”的双重系统构建体系，对产品设计活动的评价进行控制。

## 10.1 设计师与使用者间的主体间性

### 10.1.1 产品文本传递过程中的两个主体及主体间性

《心理学大辞典》对“主体”做了这样的定义：主体是指有情感、意志的个人、群体，乃至人类。西方哲学和心理学将主体放在认知范畴内讨论，主体既是世界的认识者，也是世界的改造者。对主体的研究存在两种观点：第一种观点是把个体的“人”视为有生命的生物实体，认为人依赖肢体、五感及经验获得对世界的认知；第二种观点是“自我”理论，把人视为意识、精神活动的人格统一体[2]。

格式塔学派以及当代认知心理学则将两种观点整合兼顾，以此对“主体”的生物属性与文化属性以贯穿与统一的方式进行研究。本章也持两种观点兼顾的态度，把它作为产品设计符号学中“主体”的研究方式。这也与第3章中（详见3.3.1）讨论使用者与产品间的完整认知方式的态度相一致，即知觉—经验—符号感知是使用者与产品间一个由低级向高级发展的认知过程。同时，它也贯通了使用者生物属性至文化属性的认知方式。

#### 1. 两个独立且自主的主体与三个环节的意义

（1）设计师主体与使用者主体

---

2. 林崇德、杨治良、黄希庭：《心理学大辞典》，上海教育出版社，2003，第1739页。

赵毅衡提出，一个理想的符号文本表意活动必须发生在两个独立且自主的主体之间。在社会文化活动中，几乎所有的产品文本在传递的过程中都由三部分组成（图 10-1）：第一，发送者——编写产品文本的“设计师”；第二，产品文本——被设计师编写的“产品文本”；第三，接收者——对设计师编写的产品文本进行意义解释的“使用者”。

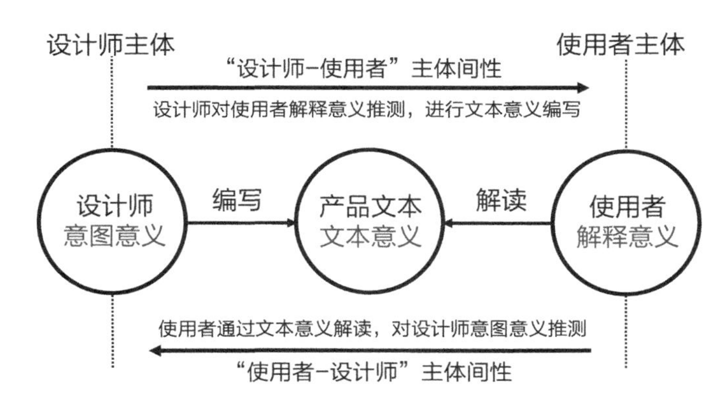


图 10-1 产品文本传递过程中的两种主体间性

产品文本传递的目的是设计师主体通过编写“产品文本”向使用者主体进行的符号表意活动，这是设计师主体与使用者主体通过产品进行的心理交流。因此，产品设计活动中存在独立的两个主体：设计师主体与使用者主体。

（2）三个环节的“意义”

产品文本的传递过程由设计师、产品文本、使用者三部分组成。因此整个文本传递过程就有三个环节的意义：第一，设计师编写产品文本的“意图意义”；第二，产品文本被编写后的“文本意义”；第三，使用者对被编写产品文本的“解释意义”。赵毅衡认为这三个环节的意义不可能同时在场，三者之间的关系是后一个否定前一个，后一个替代前一个[3]。三个环节的“意义”在符号文本传递过程中依次被否定、依次被替代的实质是意义的具象化过程：意图意义在文本编写中被具象化，文本意义在接收者的解释中被具象化[4]。这三个环节的“意义”常常不对应，但在符号文本的传递中，发送主体与接收主体积极参与的不同方式，使表意过程可以发生各种调适应变[5]。

3. 赵毅衡：《符号学原理与推演》，南京大学出版社，2016，第 49 页。

4. 同上书，第 51 页。

5. 同上书，第 334-335 页。

符号学介入产品设计活动的表意研究，几乎都会围绕三个环节意义的一致性以及差异性的控制方式、转变方式，展开文本编写与文本解释对应关系的讨论。

**2. 主体间性：设计师与使用者间的相互推测**

主体间性最早由拉康提出，后被现象学广泛运用，它是指一个主体对另一个主体意图的推测判断。在符号文本传递过程中，“发送主体”与“接收主体”能够互相承认对方是符号表意行为的主体[6]。主体间性也可以认为是交互主体性，是主体与主体间因交流而形成的共在关系。

在产品文本传递过程中，按照“编写”与“解读”的先后顺序存在两种主体间性：一是“设计师-使用者”主体间性，设计师主体通过对使用者主体“解释意义”的推测，进行“文本意义”的编写；二是“使用者-设计师”主体间性，使用者主体通过对“文本意义”的解读，展开对设计师主体“意图意义”的推测。这两种主体间性在结构主义产品设计活动中具有通过产品文本进行意义交流的一致性目的，设计师主体通过构建产品设计系统保持与使用者主体的“共在关系”。

## 10.1.2 设计师主体与使用者主体“共在关系”的研究模式

设计师主体与使用者主体的“共在关系”实质，是产品文本的编写与解读在文化规约上的一致性。结构主义产品设计活动倾向于使用者主体的研究，其目的是保证设计师文本表意的有效传递；而产品设计是以设计师为主导的文本编写活动，任何产品都是设计师直觉意象与其主观的意识呈现与表达。具体分析如下。

（1）设计师主体与使用者主体是各自独立且自主的不同主体。如果设计师编写的文本可以有效地被使用者解读，那么设计师与使用者就要事先建立可以被双方共同认可的“编写”与“解读”的规约系统。产品设计系统是由以使用群集体无意识为基础的三类元语言构建而成。为获得产品文本意义的有效传递，设计师会有意倾向于以使用者主体的认知内容进行文本的编写，以保证设计师在产品文本中编写的“意图意义”与使用者对文本的“解释意义”保持一致，这也是结构主义产品设计文本表意的追求目标。

---

6. 文一茗：《论主体性与符号表意的关联》，《社会科学》2015 年第 10 期。

（2）虽然产品设计系统是依赖使用者主体认知构建而成，但设计师是设计活动的主导。这是因为：设计师的直觉意象是产品设计的灵感，产品设计活动的过程是其意识在产品设计系统内对直觉意象理性化呈现的过程。直觉意象与主观的意识都是设计师主体的情感与品质表达。设计师的直觉意象与主观的意识参与文本编写时，会与产品设计系统内各类元语言进行不同程度的协调与统一，协调统一的不同方式可以分别获得文本精准表意、文本宽幅表意、文本开放式解读三种不同产品设计表意类型，并达成结构向后结构的转向（详见2.5）。

（3）符号文本在传递过程中是互动性文本，它发生在“发送主体”与“接收主体”之间。符号活动的“主体性”可以理解为“交互主体性”，主体性只能在两个主体之间的关系中解决，当“交互主体性”集合成“共同主体性”的共在关系，符号活动的双方才能理解别人的意义或是让别人理解[7]。

由索绪尔语言符号学为基础发展的结构主义，其主体性是符号文本意义的有效传递。因此，结构主义产品设计的“主体性”是设计师主体编写的产品文本意义的有效传递；后结构主义的“主体性”是使用者主体对产品文本意义的开放式解读。结构主义产品设计活动中的主体研究，倾向于使用者主体对产品的认知方式与内容的研究。当后结构产品设计活动文本意义成为开放式解读，交互主体性的共在关系已不复存在，文本表意的有效性也不再被讨论，则更倾向于设计师主体意识的表达研究。

最后，产品设计符号学不存在单独的主体研究。产品文本传递过程中，设计师主体与使用者主体是独立存在的，他们分担产品文本的编写与解读。结构主义产品设计并不意味着对设计师主体研究的忽略，后结构主义产品设计也并不意味着对使用者主体的无视。

## 10.1.3 设计师对使用者主体的研究内容与研究方式

### 1. 设计师对使用者主体的研究内容

产品设计活动是产品文本的意义传递。符号是携带意义的感知[8]，任何产品设计活动都是符号感知的传递。皮尔斯逻辑 - 修辞符号学表明产品设计是普遍的修辞，产品设计活动是产

7. 赵毅衡：《符号学与主体问题》，《学习与探索》2012年第3期。

8. 赵毅衡：《符号学原理与推演》，南京大学出版社，2016，第1页。

品文本外的一个符号与产品文本内相关符号间的修辞解释。产品修辞文本编写必须依赖文化符号，符号学对使用者主体的研究内容自然就倾向其认知的文化符号，但同时必须兼顾使用者的生物实体。

对使用者生物实体的兼顾，是将使用者生物属性与文化属性加以整合并贯通，也是使用者对产品完整的认知方式补充了产品修辞不同的符号来源。产品修辞的语言是符号，笔者将“产品语言”的来源归结为使用者对产品的知觉、经验、符号感知三种完整认知方式。这表明，产品修辞文本编写有三种不同的符号来源：（1）使用者生物属性的直接知觉的符号化；（2）使用群集体无意识经验的符号化；（3）使用者在文化环境中既有的文化规约。利用前两种符号来源进行设计的方法，在深泽直人的无意识设计方法中被称为“客观写生”；后一种符号来源则称为“寻找关联”，即外部文化符号对产品文本的各种结构主义修辞方式。

### 2. 设计师对使用者主体的研究方式

目前主体间性的研究基本在胡塞尔的“认知论主体间性”与梅洛·庞蒂（Merleau-Ponty）的“本体论主体间性”基础上展开，本章讨论的产品设计活动主体间性是对两种主体间性理论的整合。两种理论为达到主体间的共在关系，分别提出“移情作用”与“具身体验”的观点。

（1）移情作用

胡塞尔现象学的“认知论主体间性”侧重认知主体间的关系，试图以统觉、同感、移情作用等能力获得主体间的统一性。胡塞尔与他的助手史泰茵（Steinem）认为“移情作用”是我们对“他人”经验体会、领悟的源泉，我们可以根据对一个概念的理解，去推测感受另一个人的行为或心理，将其看作等同于我们自己内心状态的一种表达[9]。移情作用可以让设计师直观地体验到使用者的经验，但设计师不可能以原初的方式经历使用者的经验，它是设计师揭示使用者原初经验的有效手段。

（2）具身体验

同为现象学研究学者的梅洛·庞蒂最早提出“具身哲学”的思想，他的“本体论主体间性”希望依赖“具身体验”达成主体间的相互推测，并主张讨论“身体–主体–世界”的关系，依

9. 德尔默·莫兰：《现象学：一部历史的和批评的导论》，李幼蒸译，中国人民大学出版社，2017，第198页。

赖身体活动对思维与认知的影响，达到主观与客观的统一，从根本上解释人与世界的关系[10]。具身体验是设计师主体通过自身的五感与肢体对产品的体验，获得对使用者主体的推测判断。具身体验是认知心理学“具身认知”理论的研究内容，具身认知是批判主客二元对立论的产物。梅洛·庞蒂最早提出具身哲学的思想，杜威的“思维以身体经验为基础”理论也具有相同的观点，两者都强调依赖身体活动对思维与认知的影响。虽然影响深泽直人无意识设计的设计生态学中，吉布森的直接知觉理论强调“个体依赖环境与事物间的可供性关系获得对事物完整的认知”与具身认知理论有所不同，但这两种理论都强调了个体生物属性在认知活动中的重要性，并积极地讨论主客统一的问题。

虽然产品设计是普遍的符号与符号间的修辞，但符号的来源是人类对产品的知觉、经验、符号感知的三种完整认知方式。因此，皮尔斯逻辑－修辞符号学是产品修辞的理论基础，而认知心理学不但是产品修辞的研究内容与路径，而且还提供了设计师与使用者两个主体的研究方向。

最后，产品设计活动既是设计师主体与使用者主体间文化符号的交流活动，也是设计师去探究发掘使用者与产品之间知觉、经验、符号感知完整认知的过程。这样设计师、产品文本、使用者在具体的使用环境中获得以下三种统一：（1）使用者与产品间主客观的统一；（2）使用者生物属性与文化属性在产品认知方面的统一；（3）设计师主体与使用者主体在编写与解读文本时的文化符号规约的统一，这也是设计师主体与使用者主体在交流时的“共在关系”。因而，双方主体间性的统一是结构主义产品文本表意有效性的基础。

## 10.2 使用者对产品文本意义的解读方式

设计师编写完产品文本即宣告其在文本传递活动中的离场，使用者会依赖产品设计系统内各类元语言，对产品的类型及表意内容做出初步的推断，同时在文化环境中寻求各种伴随文本，参与产品文本意义的解释，获得完整的表意“真相”。

---

10. 李莉莉、高申春：《从二元论到具身现象学：意识本质问题的理论批判》，《重庆师范大学学报（哲学社会科学版）》2014年第2期。

## 10.2.1 产品文本的解读是使用者对意义“真相”的探究

### 1. 产品设计符号学讨论的“真相”

讨论符号学中意义解释的“真相”问题，首先要确定符号学的工作性质。当今符号学被当作一种有效的解释工具，运用在各类人文社科领域的理论研究与课题实践之中，甚至也出现了令人担忧的“泛符号学论”现象。艾柯指出，对于符号学有两种认识：一种是所有的研究都必须从符号学出发；另一种是所有的研究都可以用符号学的视角尝试探讨，只是成功的程度问题[11]。赵毅衡对符号及符号学的定义虽简单，却准确恰当：符号是携带意义的感知，符号学就是意义学[12]。此定义既对符号学的工作范围有更多拓展可能，同时也明确限定了涉及感知的意义解释研究领域，才可以用符号学的观点加以讨论[13]。

郭鸿给出的符号学工作内容的具体范围：符号学研究的是意指符号，而不是非意指符号[14]。符号的意指关系是一种揭示活动。就意义揭示的本质而言，虽然具有揭示者的主观片面特征，但所有的主观片面化的意义揭示，构成了人类意识形态的文化场[15]。符号的感知是生活经验在集体无意识原型经验实践过程中，被符号化的意义解释。以上的讨论表明，符号学认为意义的解释不是揭示客观世界的真实，而是解释者真实的感知反映。

约翰·迪利认为只有当探索者的主体性，以相适切的视角参与符号信息意义的交换时，主体性的意识形态才适用于符号领域[16]。产品文本编写与解读是符号文本的传递过程，这个过程存在设计师与使用者两个各自独立且自主的主体，以及“意图意义”“文本意义”与“解释意义”三种不同的意义。赵毅衡认为符号学只能从意图意义、文本意义、解释意义三个环节处理“真相”的解释问题。这三者之间的互动构成诚信、谎言、虚构等问题[17]。

因此，产品设计符号学不是科学地揭示客观的产品，而是以真实的感知反映客观的产品。作为感知实践的产品设计，探讨其揭示产品的科学真相与规律是不可行，也毫无必要的，如

---

11. Umberto Eco , *A Theory of Semiotics*, Bloommington:Indiana University Press,1976,p.27.
12. 赵毅衡：《符号学原理与推演》，南京大学出版社，2016，第 1–2 页。
13. 刘晋晋：《反符号学视野下的语词与形象：以埃尔金斯的形象研究为例》，《美术观察》2014 年第 2 期。
14. 郭鸿：《现代西方符号学纲要》，复旦大学出版社，2008，第 3 页。
15. 欧阳康：《社会认识论：人类社会自我认识之谜的哲学探索》，云南人民出版社，2002，第 134 页。
16. 约翰·迪利：《符号学基础》，张祖建译，中国人民大学出版社，2012，第 11 页。
17. 赵毅衡：《符号学原理与推演》，南京大学出版社，2016，第 254 页。

果要去讨论，实质就将产品设计符号学的讨论范围从人文科学转向技术科学，此时符号学也将不再适用。

### 2. “真相”是使用者所在群体的集体经验认定

首先，皮尔斯认为符号活动都是对前一种符号的再次解释，每一个新的符号意义都建立在前一个符号意义的基础上。我们对符号的解读并推理出意义“真相”的过程，实质是对原有的那个符号的对话行为[18]。其次，皮尔斯普遍修辞学重点研究的是“探究方法”，探究的最终目的是使得意见获得解读者所在群体的最终确定，因此，解读者“可以被群体确定的意见”即为“真相”，它与科学揭示事物本质与规律的“真相”不同。“真相”不是某个权威意见，更不属于个人，而是探究者所属那个群体的共同信念和意见[19]。

皮尔斯的以上两点表明：（1）使用者探究的文本意义“真相”不等同于设计师意图意义的“真相”，而是使用者解释产品文本后所认为的“真相”。但这两个“真相”可以达成一致性的趋同，这就需要设计师按照使用群共同意见的文化规约作为文本编写的基础，使用者才有可能获得与设计师“意图意义”一致的“真相”，这也是结构主义产品设计以文本意义有效传递作为主体性的前提条件；（2）所有的“真相”都是使用群的共同意识。因此，不但设计师的个体意识在产品文本内的表达要获得使用群共同意识的认可，使用者个体所揭示的产品文本意义“真相”，也是其所在群体共同意识在个体上的映射。

## 10.2.2 “试推法”是文本意义探究的普遍方法

皮尔斯认为笛卡尔形式逻辑的“归纳法”与“推理法”很难获得符号文本意义的有效解释：（1）归纳法从许多个符号文本出发，通过相互比较、分析，得出一个整体性的解释，其结论是“实际如何如何”；（2）推理法从一般的普遍规律或整体理解出发，以此落实在具体的符号文本的意义解释之中，其结论是“应当如何如何”[20]。归纳法与推理法的思维是一环套一环的“单向”链条模式的科学思维，一旦某个环节脱落，整个链条就会脱落，思维过程宣告失败[21]。同时，

18. 赵星植：《皮尔斯与传播符号学》，四川大学出版社，2017，第112页。

19. 同上书，第126页。

20. 同上书，第106–107页。

21. 同上书，第110–111页。

归纳法与推理法在解释文本意义时很容易出现“封闭漂流”的现象。

### 1. 试推法是对符号意义“真相”的不断接近

皮尔斯提出符号意义解释的普遍性方法是“试推法”（Abduction）：一切科学推理都开始于试推，试推是人类原初性的论证，它来源于人类的心灵与真相具有亲近的特性，而反复有限次数的猜测就会逐渐接近真相。

符号的意义解释是对一个假定的实验，试推法是一种“双向”的思维方式，以逆推的方式对事先的假设进行验证的过程中，增加解读者“猜对”文本意义的可能性，但无法做到肯定猜对，其获得“真相”的结论是“或许会如何如何”。

艾柯指出，皮尔斯的“试推法”不断向真相努力靠拢，但无法确定最终的“真相”。试推法不是纯粹的理性方法，这是由符号的文化本质所决定的。与形式逻辑的归纳法和推理法比较而言，试推法像众多根线缠绕在一起的绳子，绳子的一根线脱落不会影响到其整体的牢固度，这是一种“可错论”，但也是“试推法”探究社会文化符号意义的优越性[22]。

### 2. 使用者对产品文本意义的试推方式

（1）结构主义产品设计作为“设计师—产品文本—使用者”的文本意义传递过程，文本表意有效性的讨论不单是设计师的编写，同样涉及使用者在试推“真相”的过程中对“意图意义”的有效解读，编写与解读的一致性即是主体间性中设计师与使用者的“共在关系”。产品设计系统的各类元语言控制着设计师的编写与使用者的解读，这为两个主体在文化规约的一致性上达成了“共在关系”的可能。

产品文本意义的“真相”只能存在于使用者作为产品文本的解读者一端。使用者对产品文本“解释意义”的“真相”不能以“对”与“错”，而是要以设计师的“意图意义”是否被有效传递进行判断。“真相”不是对客观产品科学规律的揭示，而是使用者依赖产品设计系统的文化规约，对产品文本意义解释的真实感知。所有“真相”的获得都是使用者个体以试推的方式对产品文本意义的“二次书写”。

（2）使用者对产品文本的解读，除了依赖逻辑之外，更多的是依赖自身经验，以及产品设计系统内各类元语言文化规约做出的假设，再通过所处的文化环境中众多的伴随文本对假

---

22. 赵星植：《皮尔斯与传播符号学》，四川大学出版社，2017，第110–111页。

设做出实验修正。还有一点不能忽视，那就是使用者在解读时的“情愫”，即任何喜、怒、哀、乐，都会对产品文本意义“真相”的探究产生影响。使用者对产品文本意义“真相”的探究思维方式，不是单向的线性思维“推理”与“归纳”，而是“假设”至“实证”双向思维的试推过程。

（3）后结构主义的文本解读同样依赖试推的方式获得意义的“真相”。由于设计师在文本编写时已脱离产品设计系统的控制，设计师与使用者不可能存在编写与解读的文化规约“共在关系”，此时的“真相”内容已不再与设计师编写的“意图意义”一致，而是使用者依赖所在群体的普遍经验所获得的意义解释。后结构主义产品设计活动放弃产品文本表意有效性的讨论，因而“试推法”讨论的重点在于产品文本所处的文化环境，以及社会学所侧重的诸多文化问题。

### 3. 使用者对产品文本意义的任何解释都是“解释”

产品活动中不是设计师将产品文本意义传递给使用者，而是使用者在使用群能力元语言的释意压力下，对产品文本做出的强迫性意义解释，具体分析如下。

（1）能力元语言分为设计师能力元语言与使用群能力元语言。设计师与使用者是两个独立且自主的主体，设计师唯有通过对使用者认知经验的考察以及产品设计系统的构建，才能获得与使用者主体间性的共在关系。因此，产品文本发送者的意图信息可以被使用者准确解释的前提是：设计师在编写文本时，利用其与使用群相同的产品设计系统的元语言进行编写。

（2）对于使用者而言，不是设计师将产品文本意义传递给使用者，也不是使用者主动去解释产品文本的信息而获得意义，而是使用群能力元语言释放出的压力，迫使使用者对产品文本产生可解的意义，这是一种不由自主的压力下的迫使行为，即元语言释放的释意压力。赵毅衡认为，任何文本在元语言的释义压力下都会有意义，无论是否与发送者表达的一致，都会被解释。对于符号解释者一方而言，任何通过能力元语言获得的文本意义都是一种解释，噪声也是一种解释，只是发送者的符码不在接收者的元语言里[23]。

使用者对产品文本试推出的任何解释，都是“解释”。即使他们对设计师的“意图意义”做出不一样的试推结果，那也是对产品文本意义的“解释”，哪怕使用者面对一件设计作品时说“看不懂”，“看不懂”也是一种解释。

---

23. 赵毅衡：《符号学原理与推演》，南京大学出版社，2016，第 224 页。

（3）使用群能力元语言同样具有元语言的任意性、临时性划分特征。任意性并非随意性，而是使用者针对特定的产品文本，在浩瀚如海的语境元语言中，寻找到针对该产品可供解码的符码规约的临时集合，进行产品文本意义的解释。在产品设计活动中，讨论设计师编码能力元语言与使用者解码能力元语言是否一致性的问题，成为结构主义产品文本编写方式的理论前提。

**4. 结构与后结构的文本意义试推方式**

（1）结构主义产品设计活动的主体性是产品文本意义的有效传递。被使用者解释出来的"解释意义"，如果与设计师编写进产品文本内的"意图意义"一致，那么设计师与使用者在编写与解读上，就要具有事先约定好的一致性文化符号规约，使用群集体无意识构建的产品设计系统内的各类元语言担任了这样的制约与调控任务。

这样看来，结构主义产品设计中，使用者对产品文本意义"真相"的试推，其实质是在"设计师—产品文本—使用者"这个产品文本意义的传递过程中，意图意义、文本意义、解释意义三者在文化符号规约上达成的一致性统一。

（2）后结构主义产品设计活动的主体性是产品文本意义开放式解释。导致产品文本意义呈现后结构主义开放式的试推的原因有如下几种。

第一，设计师在文本编写时侧重其主观的意识表达，并未按照产品设计系统规约的要求编写，使用者无法有效依赖系统规约进行解读，在能力元语言的释意压力下，就会被迫试推出与设计师意图并不一致的"真相"结果。

第二，设计师为使用群 A 设计的产品，使用群 B 或使用群 C 对它的解读必定会试推出属于各自群体意识的文本意义"真相"。

第三，即使是产品自身的系统与使用者所处的文化环境赋予文本解释的内容与方向，同一人群在不同文化环境中对产品进行解读，也会试推出不同的"真相"。

第四，设计师没有能力调控自身主观意识的表达与产品设计系统内各类元语言的协调统一关系，即设计师编写的与使用者解读的文化规约不一致，导致使用者在能力元语言释意压力下试推出各式各样的"真相"。这种因设计师能力原因导致的文本意义开放式解读的因素不在我们讨论的范围之内。

（3）最后要说明的是，文本意义试推出的"真相"永远存在于使用者那端，但凡使用者认定为“真相”的文本意义试推的结果，即真相。我们不可能对使用者解读文本的结果“真伪”进行任何评判，我们只能讨论产品文本意义传递的有效性问题，即设计师的“意图意义”与使用者的“解释意义”是否一致。

“试推法”所获得的产品文本意义的“真相”，之所以不能用“对错”或“真伪”进行判断，是因为任何“真相”都是使用者在解读产品文本时与社会文化的不同关联方式，这种关联使得产品在不同人群、不同文化场景中获得了各式各样的存在方式与解读内容，这也是皮尔斯试推法对符号意义解释的优势所在。

## 10.2.3 使用者解读产品文本的依赖因素

使用者对产品文本意义的试推解读所依赖的各种因素可以形成一个系统的框架，以使用者为中心，这个框架又可以分为两大部分（图 10-2）：（1）产品设计系统，其中的影响因素为语境元语言、产品文本自携元语言、使用群能力元语言；（2）文本解读的特定情境，其中的影响因素是使用者在解读过程中的各类伴随文本，以及使用者在解读产品文本时的情愫。

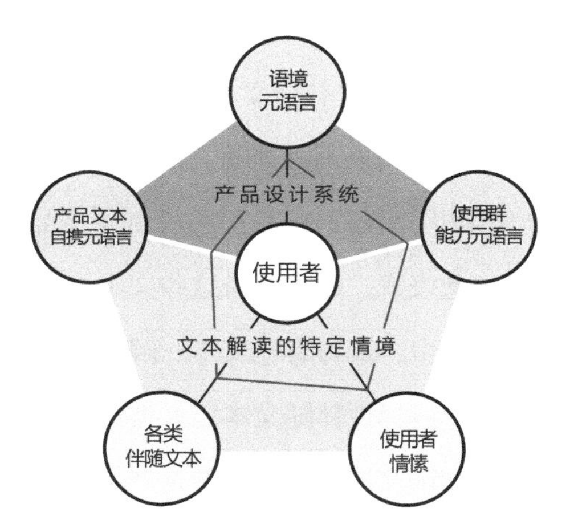


图 10-2　使用者解读产品文本的依赖因素

### 1. “产品设计系统”是使用者解读文本的文化规约依赖

产品设计系统既是设计师编写产品文本的文化规约依赖，也是使用者解读产品文本时的文化规约依赖。这是因为，从产品设计符号学角度来看，产品设计系统建立在设计师编写文本、使用者解读文本的符号传递的框架基础之上。在结构主义产品设计活动的文本传递中，设计师编写产品文本时，必须遵循使用群的各类元语言文化规约，以此达到设计师文本表意的有效性传递。

产品设计系统是由使用群一端的集体无意识为基础的语境元语言、产品文本自携元语言、使用群 / 设计师能力元语言三类（四种）元语言构建而成。每一次产品设计活动初期，设计师都会根据环境、产品、使用群三者关系，构建不同的产品设计系统，这也是系统任意性、临时性的特征表现。

结构主义产品设计活动是以设计师为主导，以服务使用者为目的的文本编写活动。在产品设计系统内各类元语言的控制下，设计师主观能动地改变其能力元语言与产品设计系统内各类元语言的协调关系，使用者可以获得三种不同的产品表意解读方式，同时也形成了结构向后结构的转向（详见 2.5）。

## 2. “文本解读的特定情境”对使用者文本解读的影响

心理学认为“情境”是个体在某种特定的场合中，可以通过感知获得的那部分内容，它是个体与环境内的要素发生了感知的相互关系，这类已经与使用者产生感知关系的环境要素的集合称为情境。任何产品文本都必定在具体的“文本解读的特定情境”中进行解读，使用者在解读产品文本时都会受到社会文化环境中各类伴随文本的影响，以及使用者个体情愫的影响。

（1）伴随文本中的显性伴随文本与解释性伴随文本对产品解读的影响

产品文本在设计师编写与使用者解读的传递过程中，除了产品自身文本的表意内容之外，同时还携带了伴随的文化规约一起表意。赵毅衡将这些文本传递过程中伴随的文化规约命名为“伴随文本”。他按照符号传递中“编写者—文本—解读者”的三段式，将伴随文本分为生成性伴随文本、显性伴随文本、解释性伴随文本三大类。在三类伴随文本中，影响使用者解读的有显性伴随文本与解释性伴随文本两类，前者是产品文本所在类型与体裁的诸多框架因素对使用者解读的控制，后者是使用者在解读文本时所受到的文化规约影响。伴随文本对产品文本的编写与解读影响将在第 11 章详细讨论。

（2）情愫是使用者个体对文本解读的影响因素

一方面，群体由众多个体组成，个体的认知经验、文化修养、个体情节等，被集体无意识原型在经验实践中逐一筛选并解释，不符合集体无意识价值观念及文化取向的解释则被抛弃。使用群中的个体意识是使用群文化规约的映射。另一方面，约翰·杜威反对将经验归为纯粹的认知组成，认为其还应该具有环境下个体感受到的各种情愫[24]。

集体无意识的每一次经验实践活动，都会因为个体情愫的差异而导致实践结果的差异。个体所处的特定情境为经验实践后的意义解释带来不同的“情愫”，因为情愫的存在，产品文本的意义解读附带了个人情感的因素，而个人的情感因素会很大程度上引导产品文本在意义“真相”的试推过程中，向情愫存在的那个方向进行意义解释。这就如同咖啡馆里播放着忧伤的情歌，但一对热恋中的情侣认为那是甜蜜的情歌一样。

### 3．使用者解读因素的可控与复杂性

（1）产品设计系统是可控且具有确定性的系统构建，它可以通过设计师在设计活动初期的构建得以较为准确地把控。

（2）“文本解读的特定情境”中存在的各类伴随文本以及使用者个体的情愫，则是不可控且不确定的因素。这也验证了罗兰·巴尔特所说的，文本的出现标志着作者的死亡[25]。由于产品设计活动的多样性，以及产品置于的文化环境多样性，使用者个体在解读产品文本时对系统框架中五种影响因素依赖的程度各不相同。它们可以在具体的设计实践中被绘制成雷达图的方式，对使用者个体解读产品的依赖因素做出比较研究。

## 10.2.4 使用者解读产品文本的三种方式

使用者解读产品文本大致可以分为三种方式：（1）结构主义表意有效性的“主体间交流”；（2）跨越系统或层级在概念上的“无限衍义”；（3）分散或转换概念的“分岔衍义”（图10–3）。

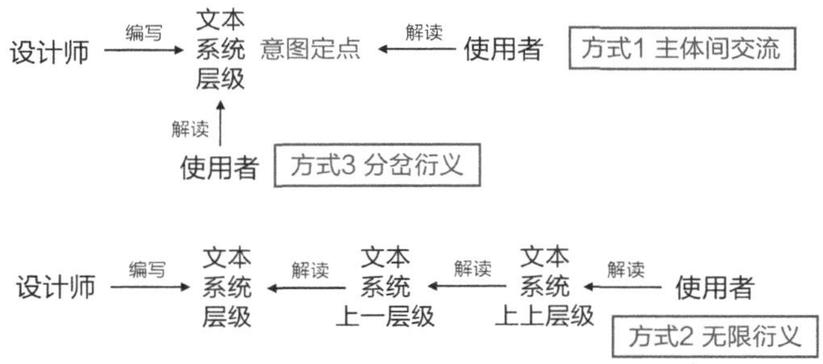

设计师 —编写→ 文本系统层级 意图定点 ←解读— 使用者　方式1 主体间交流

使用者 —解读↑ 方式3 分岔衍义

设计师 —编写→ 文本系统层级 ←解读— 文本系统上一层级 ←解读— 文本系统上上层级 ←解读— 使用者　方式2 无限衍义

图10–3　使用者解读产品文本的三种方式

24. 约翰·杜威：《艺术即经验》，高建平译，商务印书馆，2013，第XI页。

25. 罗兰·巴尔特：《从作品到文本》，杨扬译，《文艺理论研究》1988年第5期。

### 1. 文本的系统结构特征与系统的上下层级关系

我们在第 2 章中已表明，任何文本都具有系统结构的特征，任何文本的系统结构在编写以及解读时都存在系统间的上下层级概念。

第一，文本编写与解读的系统结构及任意性特征。在产品设计活动中，产品文本都在编写及解读的过程中存在于某一个系统之中，它们都具有系统结构的特征。文本系统结构具有任意性的构建特征。文本编写时的系统任意性表现在，设计师可以根据“意图意义”任意构建与其相适应的系统规模与概念。文本解读时的系统任意性表现在，使用者可以根据“解释意义”的需要，任意构建适合其解释的系统规模与概念。

结构主义产品设计活动强调编写与解读的系统一致性。因此，结构主义产品设计活动以使用群的集体无意识为基础构建的产品设计系统，其努力追求的是设计师编写的文本系统，在规模、概念，以及系统的层级上与使用者解释产品文本的系统达成一致，以此形成设计师与使用者两个主体的“共在关系”，并通过产品文本的编写与解读达成两个主体间心理层面的意义交流。

第二，系统结构存在上下层级的关系。正如皮亚杰表述的那样，无论是抽象的构造过程，还是发生学的构造过程，所有的系统结构在构造的过程中都存在上下层级的关系，结构建造过程中存在相对的层级关系，结构规模范畴存在着大小概念。一个结构层级的“内容”永远是下一个结构层级的“形式”，一个结构层级的“形式”永远是上一个结构层级的“内容”[26]。在文本编写以及解读的过程中，系统层级、概念与范畴层层递进，成为永远不会完结的构造过程。

产品文本在编写以及解读的过程中同样存在系统间的上下层级关系，它们是系统构建中对于结构的规模、概念进行讨论和确定的必然结果。

### 2. 使用者解读产品文本方式 1：结构主义表意有效性的“主体间交流”

（1）产品设计系统对编写与解读的共同控制

设计师编写的产品文本可以被使用者有效解读，那就需要在设计活动之初建立以使用群文化规约为基础的产品设计系统。结构主义产品设计系统是以产品的“文本传递过程”为基础进行的搭建，系统内部的规则是由使用群集体无意识为基础的各类元语言构建而成。产品

26. 让・皮亚杰：《结构主义》，倪连生、王琳译，商务印书馆，2010，第 121 页。

设计系统的根本任务是：一方面控制设计师必须按照系统内的三类元语言规约进行产品文本的编写，使用者才能有效地解读，这是对符号文本发送者按照接收者那一端所做出的文本编写规约限定。设计师以“佃农”的身份介入产品设计系统进行文本编写。为达成产品文本表意的有效性，设计师在文本编写的过程中，需要服务、受控于系统内的各类元语言规约，设计师个体主观意识与私人品质也要受到系统规约的控制与协调。另一方面，产品设计系统内的各类元语言本身就是以使用群集体无意识为基础构建而成，因此使用者也会依赖产品设计系统内的各类元语言对产品文本进行意义解读。

（2）设计师与使用者互相承认对方是符号表意行为的主体

拉康提出的“主体间性”是建立在主体与主体间的意图推测或判断的基础上，“发送主体”与“接收主体”首先必须互相承认对方是符号表意行为的主体[27]。这就是说“设计师–使用者”主体间性，表明了设计师希望编写的产品文本能够被使用者有效解读，而“使用者–设计师”主体间性，表明了使用者希望通过对产品文本的意义解释去探知设计师的设计意图。只有双方互相作为符号表意行为的主体，产品设计系统的构建才会有效地控制编写与解读双方，使得双方达成一种“共在关系”，设计师与使用者才能通过文本的编写与解读进行心理层面的交流。否则产品设计系统仅仅是对设计师单方面的控制与约束。

（3）设计师的“意图意义”在意图定点的设置

产品文本由众多的符号组成合一的表意整体，在结构主义产品文本编写活动中，设计师为了让使用者可以顺利、便捷、有效地解读到产品文本中的“意图意义”，特地在文本中编排了适合解读时的“落点”，这个解读文本时落的点，赵毅衡将其定义为“意图定点”[28]。“意图意义”与“意图定点”不是同一个概念，它是设计师编写文本所要表达的感知意图。简单地说，使用者所要表达的“意图意义”大多会被设计师设置在文本中“意图定点”的位置。如果“意图定点”设置得模糊，使用者很难顺利、便捷解读到设计师的“意图意义”，转而对文本内的其他内容进行解释，就会形成“分岔衍义”的文本解读方式。

赵毅衡特意强调，“意图定点”无法针对任何个体的任何一次特定的解释行为，因为个体的具体解释行为过于多变且无法控制，因此“意图定点”针对的是解释的群体，即产品设

27. 文一茗：《论主体性与符号表意的关联》，《社会科学》2015 年第 10 期。

28. 赵毅衡：《符号学原理与推演》，南京大学出版社，2016，第 180 页。

计活动中的使用群，而非使用者个体[29]。

通过以上三点，我们可以得出使用者第一种解读方式可以达成文本表意有效性的前提条件是：第一，设计活动初期构建的产品设计系统在设计师编写文本与使用者解读文本上做到共同的文化规约控制；第二，设计师与使用者双方必须互相承认对方是符号表意行为的主体，有意愿通过产品文本的编写与解读方式达成心理层面的意义交流；第三，设计师将“意图意义”编排在使用者解读文本的落点位置，使之成为“意图定点”，便于使用者顺利、便捷地有效解读。

### 3. 使用者解读产品文本方式 2：跨越系统或层级在概念上的“无限衍义”

笔者经常在研究生复试的面试环节遇到这样的情况，当老师列举一件设计作品，希望考生能从设计方法的视角谈谈设计师如何编写产品文本时，考生们要么从文化的高度，要么从国际设计潮流变迁的高度夸夸其谈。同样，我们也可以看到在网上存在不少对新闻琐事“上纲上线”的评论。这两者其实质都是在文本意义解读时存在跨越系统或层级时导致的“偷换概念”问题。具体分析如下。

（1）皮尔斯认为，A 符号的意义需要通过 B 符号的解释而获得，而解释 A 符号的 B 符号又需要另一个 C 符号对其进行意义的解释，这体现了符号的意义本身就是无限衍义的过程，没有衍义就无法讨论意义，解释意义本身就是衍义。这种不断延续的衍义解释方式，艾柯称之为“无限衍义”[30]。但是，艾柯在讨论“无限衍义”时特意提出在衍义的过程中会出现“封闭漂流”的现象：从 A 符号漂流到 C 符号，衍义过程每继续一步，前一符号文本的概念就被淡忘、消除了，即 B 符号—C 符号的过程中，A 符号的概念被淡忘、消除。漂流的快乐在于从符号漂流到符号，除了在符号与物的迷宫中游荡外，再没有其他目的，因此“无限衍义”不是对同一个符号文本的累加解释，而是不断更新了新的符号文本[31]。

产品文本在编写以及解读的过程中都具有系统结构的特征，且系统具有上下层级的关系，文本所在的系统层级提供编写与解读的规模以及概念。产品文本在解读过程中“封闭漂流”的实质是，跨越符号文本的系统或者层级关系造成讨论的文本在概念上的转换，即我们俗称的“偷换概念”现象。这实质已是一种通过上下层级的系统间或层级间的概念跳跃转换，而

---

29. 赵毅衡：《符号学原理与推演》，南京大学出版社，2016，第 181 页。

30. 胡易容、赵毅衡：《符号学 - 传媒学词典》，南京大学出版社，2012，第 53 页。

31. 同上。

形成的后结构主义文本解读方式。

（2）就艾柯对皮尔斯符号“无限衍义”解释过程中提出的“封闭漂流”警告而言，产品文本在解读时如果跨越了系统或者层级，也会存在讨论的文本概念被转换的“封闭漂流”危险。正如在前文我们所举的“微波炉控制面板”设计例子中，存在“微波炉控制面板—微波炉造型设计—企业产品PI形象—国际家电设计趋势”这样的系统与层级关系，当我们讨论“微波炉控制面板”设计时，我们会在其上一层级“微波炉造型设计”中寻找概念内容，使之成为控制面板的形式。反之，如果用“国际家电设计趋势”层级的概念内容讨论“微波炉控制面板”，那么系统及层级间就形成了跨越，讨论的文本概念也自然发生了多次转换，即造成“封闭漂流”的现象。

（3）产品文本的编写与解读必定存在于某一系统之中，系统必定是分层级存在的，产品文本的解读必定存在系统之间、层级之间的关系。虽然跨越系统或层级的文本解释存在“封闭漂流”的风险，但这是使用者解读时逻辑思维出现的问题，而不是解释意义“对错”或“真伪”的问题。

最后，作为产品文本编写者的设计师，我们没有任何权利，也没有丝毫能力去阻止使用者在解读产品文本时出现的“封闭漂流”现象。但我们有责任在产品文本的编写过程中，杜绝产品文本概念被偷换的“封闭漂流”现象。因为无限衍义所形成的文本概念跳转，不可能达到产品文本概念意义的有效传递，除非设计师对不断“漂流”的过程配上说明文字作为伴随文本，但这只能表明其因思维逻辑的混乱而带来的无奈。

### 4．使用者解读产品文本方式3：分散或转换概念的“分岔衍义”

（1）在皮尔斯符号学中，除了“无限衍义”会导致文本讨论的概念发生转换之外，“分岔衍义”也是分散或转换文本概念的一种手段。作为使用者第三种解读方式的“分岔衍义”，是针对第一种解读方式“主体间交流”而言。

首先，“主体间交流”的解读方式如果可以达成设计师与使用者以产品文本为纽带的心理层面的意义交流，那它必须满足以下三点：第一，双方必须互相承认对方是符号表意行为的主体；第二，产品设计系统在编写与解读过程中对双方在文化规约上的共同控制；第三，使用者可以顺利、便捷地通过“意图定点”，有效地获取设计师的“意图意义”。以上三点中的任何一点出现问题，都有可能导致“分岔衍义”的出现。

其次，“分岔衍义”并不是跨越系统层级的意义解释，而是解读者“有意”或“无意”地绕开或回避设计师在文本的“意图定点”位置所设置的“意图意义”，转而对文本内的其他内容进行意义的解释。这是因为使用者不以设计师作为符号表意的主体，按照自己的解读意愿构建产品文本的解读系统。就如同主人准备了一桌丰盛菜肴，希望将“美味可口”的意义传递给客人，但客人只字不提菜肴的美味，反而夸赞餐具精美。当然，“餐具”一定属于“一桌菜肴”这个文本的内容。“分岔衍义”也常作为社交活动中交谈的技巧，虽然谈的都是一件事，但人们可以通过“分岔衍义”的方式避开问题，转而讨论事情的其他内容。成语“避重就轻”即是分岔衍义的形象表达。

最后，“分岔衍义”的解读实质是绕开设计师编写进产品文本内的“意图意义”内容，转而对文本内其他符号内容进行解释的方式。正如符号学中表述的，符号的意义解释都是“片面化”的解释那样，使用者对产品文本的任何解释都是“片面化”解释。使用者“分岔衍义”所获得的产品文本意义解释同样没有“对错”或“真伪”之分，任何“分岔衍义”所获得的意义解释，都是使用者对产品文本意义“真相”的认定。使用者在“分岔衍义”的解读方式中“有意”或“无意”地绕开设计师的“意图意义”，转而对文本其他内容展开解释，此时具有对文本开放式的意义解释特征，我们可以认为它是一种后结构主义产品文本解读方式。

（2）在产品文本解读时出现“分岔衍义”现象的原因

第一，不同的使用群针对产品文本内不同内容进行解读。例如，艺术院校的毕业设计展面对人群是国内设计院校的师生以及设计圈的设计师，因此“意图意义”大多围绕设计思维及创意的表达。普通观众来看展，则关注产品的实用性、耐用性、价格等方面。当然，这些内容一定是产品文本的组成部分，但它们并非设计师所要传递的“意图意义”的那些内容。

第二，结构主义产品设计活动中，设计师在文本编写的过程中，一是对“意图定点”模糊设置，二是一个产品文本需要传递几个或多个“意图意义”，导致使用者出现“分岔衍义”的解释现象。前者是设计师能力的原因导致的文本表意无效传递，后者则会在很多的商业产品中出现，多用途、多功能的意图设置都可能引起对产品文本的“分岔”解释，这样做的目的是为产品寻找到更多的适用群体、更多的适用场景。

第三，产品解读的文化语境转换，会导致产品的体裁所属类型转变。一方面，卡勒认为一个符号文本必须按它所属的体裁规定的方式得到解释，这是一种解释者需求的“体裁期待”。体裁指示解读者应当如何构建一个适宜的解释系统去解释符号文本，体裁本身就是个指示符号，引导解读者相对应的解读类型与解读方向[32]。另一方面，文本所处的文化语境的改变，可以改变文本原有的体裁类型。例如，将毕业展的产品设计作品放置在雕塑系的展场中，观展者必定会按照“雕塑体裁”构建解释系统对其进行意义的解释。体裁的改变势必导致设计师原有的“意图意义”与解读者的“解释意义”不一致。

第四，对产品文本的任何解释都是“片面化”的解释，结构主义产品设计仅仅是努力构建了产品文本具有一致性的编写与解读的规约系统，并通过设计师以“意图定点”的方式，引导使用者趋向“意图意义”进行“片面化”的文本解释。这是设计师试图以产品文本编写的途径，与使用者进行的心理层面交流。当然，解读者可以放弃这样的交流机会，选择对“意图意义”之外的内容进行解读。就如在毕业展的答辩现场，我们面对一件“思辨设计”的作品，依然会有人提出产品制造工艺、材料成本、市场销售等问题，这实质是以刻意的“分岔衍义”方式拒绝与设计师进行交流的一种表现。类似这样的现象很多，但我们却无能为力，毕竟“放弃交流”并不代表解读者放弃对产品文本的意义解释。

## 10.2.5 主体间的对话机会与使用者解读时的“解读身份”

### 1. 产品文本解读是使用者与设计师进行对话的机会

产品文本传递活动中，存在设计师与使用者两个独立且自主的主体。产品文本的出现，标志着设计师的离场，此后，使用者以“试推”的方式对文本意义进行“二次书写”，试推不断向真相努力靠拢，但无法确定最终的“真相”。使用者依赖“试推法”对产品文本意义的任何解释都是“解释”，解释的结果不能用“对错”或“真伪”进行判断，而只能讨论使用者试推的“解释意义”与设计师编写文本的“意图意义”是否一致，即结构主义文本意义的有效传递问题。

如果说，使用者对产品文本的任何解释都是“解释”，并且使用者在解释时又存在无限衍义的“封闭漂流”与分岔衍义的解读方式，以及在“使用者解读产品文本的依赖因素”一节中提及的伴随文本以及个体情愫的影响，那么是否使用者解读产品文本的方式就具有肆意性，以及“解释意义”具有无法预判性呢？我们可以从以下两点做出分析。

32. 胡易容、赵毅衡：《符号学－传媒学词典》，南京大学出版社，2012，第163页。

（1）前文在分析结构主义表意有效性的“主体间交流”解读方式时已表明，设计师与使用者可以通过文本的编写与解读达成心理层面的意义交流的前提是必须同时满足以下三点。

第一，设计活动初期构建的产品设计系统在设计师编写文本与使用者解读文本上做到共同的文化规约控制，这在第2章进行了详细的讨论，在此不再赘述。

第二，设计师与使用者双方必须互相承认对方是符号表意行为的主体，有意愿通过产品文本的编写与解读方式达成心理层面的意义交流。这是因为，拉康提出的“主体间性”可以被讨论的前提与基础是，“发送主体”与“接收主体”必须互相承认对方是符号表意行为的主体[33]。因而就有了结构主义产品设计活动中，设计师通过对使用者主体“解释意义”的推测，进行“文本意义”的编写；使用者通过对“文本意义”的解读，展开对设计师主体“意图意义”的推测。这两点必须要同时存在，才可能达成结构主义产品设计活动中设计师与使用者两个主体间的“共在关系”，并在此基础上进行文本意义的有效传递。

第三，设计师将“意图意义”编排在使用者解读文本的落点位置，使之成为“意图定点”，便于使用者顺利、便捷地有效解读，否则可能出现因“意图定点”设置的模糊，从而导致使用者解读文本的“分岔衍义”。设计师“意图意义－意图定点”的设置，保证了编写意图在解读时的顺畅获取。

（2）将结构主义产品设计活动文本表意有效性传递的问题讨论清楚是极为复杂的。因为文本的传递过程存在两个完整且独立的主体：设计师与使用者。本书的前几章都是以设计师的视角，讨论文本表意有效性的文本编写问题。而本章则从作为文本解读者的使用者视角，讨论如何可以做到主体间的交流。正如上一段提出的主体间可以进行心理层面意义交流的三点前提条件，如果任何一点出现了问题，都会影响主体间的交流，即设计师文本表意无法有效传递，从而导致使用者后结构主义方式的“肆意”解读，即开放式任意解读。另外，产品文本表意的有效性传递，还受到文化语境中众多伴随文本的影响，这将在第11章讨论。

“使用者－设计师”主体间性是使用者与设计师进行心理交流的对话机会。然而，并不是所有的使用者都希望或都习惯于这样的解读方式，那些“我认为这件设计如何”以及“这件设计让我感觉到怎样”的解读普遍存在，可以说他们放弃了与设计师通过产品文本进行心理交流的机会。但这并不妨碍“设计师–使用者”主体间性活动中，设计师对使用者“解释意义”

33. 文一茗：《论主体性与符号表意的关联》，《社会科学》2015年第10期。

的推测判断。这是因为：第一，任何使用者在解读产品文本的时候，都具有明确的“群体身份”，任何使用者个体不可能以纯粹的“个体”身份存在；第二，解读者在特定的文化语境中解读产品文本的时候，都受到语境提供的系统文化规约的影响与制约；第三，结构主义产品设计讨论的是使用群体的普遍性，而非个体在群体中的差异性。

### 2. 使用者在产品文本解读时的“解读身份”

“解读身份”是解读者在特定的解读文化语境中应该具有的解读态度，这是文化语境对解读者应具有的身份与解读姿态的强迫要求，它迫使解读者按照文本所在文化语境的系统规约进行文本间性的分析。

（1）在“产品设计系统”中讨论使用者“解读身份”的必要性

心理学强调使用者的心理与行为是在环境、产品、使用群三者相互关系下形成的某一系统内的集中表现，这就表明了使用者解读产品的“解读身份”需要在群体、产品、环境三者构建的系统中获得确认。我们有必要将使用者“解读身份”放置在产品设计系统中进行讨论，原因如下。一、产品设计系统本身就是按照环境、产品、使用群三者关系进行的设计师主体与使用者主体在编写与解读方式基础上的构建；二、产品设计系统内的各类元语言既控制着设计师的文本编写，也是使用者解读文本的依赖对象；三、环境、产品与使用群三者关系一旦确定下来，产品设计系统内的各类元语言、使用群能力元语言也就随之确定下来，并在整个设计活动中不再更改。

（2）“使用群”对使用者“解读身份”的影响

笔者在第 2 章中已表明，构成个体无意识的是私人化的“情结”，情结无法说明个体无意识具有的全部内容和特征，它必须依赖集体无意识作为深层结构的基础。使用者个体存在于使用群之中，使用者在解读产品文本时的个体主观意识大多是其所在群体的集体无意识原型对其的映射，群体的经验积累对个体的主观意识及品质具有长期规范与养成的作用，它影响着群体成员对外部世界的反映倾向，以及行为倾向。

更为重要的是，使用者在解读产品文本时不会仅依赖其个体的主观意识获得对产品的完整解释，而是需要凭借其所处使用群集体无意识产品原型的经验实践和使用群的文化背景进行解释。因此，本书所提及的“使用者”一词，并非特指某一个使用者，而是对使用群内所有使用者个体的泛指，这一“个体”代表了使用群的普遍属性特征，即使用者的“解读身份”

是在“环境–产品–使用群”中群体属性特征的集中代表。

然而，就使用者个体而言，他的“解读身份”是多样化的，且可以随时转变。随着环境、产品、使用群三者中的任何一种因素的变化，其“解读身份”的属性与特征都会产生变化，这表明了个体身份在文化环境中的多样性。

（3）产品设计系统内元语言对使用者“解读身份”的影响

产品设计系统的“语境元语言”是按照使用者所在群体的集体无意识，以共时性为前提，在环境、产品、使用群三者关系所形成的某个特定的文化环境背景中，所有与该产品相关的文化规约的临时集合。它是产品设计系统的基础规约，控制着使用者在某种文化语境中对产品解读的方向与内容。“环境–产品–使用群”中的“环境”与“产品”对使用者“解读身份”的影响在于，当一种产品的具体类型确定，以及这个产品解读的文化环境确定，就迫使使用者应当以某一种身份，按照系统内的文化规约去解读产品。

产品设计系统的“产品文本自携元语言”是某一群体集体无意识对某类产品在特定文化环境下约定俗成的解释与身份界定，即一个产品能够在特定文化语境中被某个群体认定为“是这个产品”的所有文化规约。可以说，产品文本自携元语言是使用者在文化环境中对产品文化符号的身份界定。

（4）“解读身份”与“自身身份”往往存在不一致的情况

“解读身份”是使用者在特定的文化语境中应该具有的对产品文本的解读态度，这是文化语境对使用者的身份与解读姿态的强迫要求，它迫使使用者按照文本所在文化语境的系统规约进行产品文本意义的解读。

但使用者的“自身身份”与文化语境赋予或强加给使用者的“解读身份”往往是不一致的。在使用者的两种身份中，“自身身份”是解读产品文本的关键，它对应着使用者的认知经验与文本的解释能力。“解读身份”只是文化语境中的规约迫使或提醒使用者应该转入具体的系统与该有的解读身份去解读产品文本，但它无法改变解读者自身的认知经验与解释能力。因此，结构主义产品设计活动对产品设计系统的构建，就是希望使用者的“自身身份”与“解读身份”尽可能达成一致。

最后，通过本节的讨论内容，我们也可以得出以下的结论。

第一，不存在纯粹的使用者“个体”，使用者个体对产品文本的解读都应当在其各自所在的群体内进行讨论。不存在脱离文化语境的产品文本意义解读，语境元语言作为产品设计系统的基础元语言，是结构主义文本表意有效性最基础的保障。

第二，结构主义产品设计向后结构主义产品设计的转向，不但可以凭借设计师主观意识参与到产品设计系统内，与系统内各类元语言的协调与统一方式进行讨论，也可以从使用者对产品文本的不同解读方式进行讨论。在产品文本传递过程中，结构主义与后结构主义是由设计师与使用者两个主体共同控制的结果。因此，既存在结构主义与后结构主义方式的产品文本编写，也存在结构主义与后结构主义方式的产品文本解读。

# 10.3 产品设计活动中的多层级主体间性

## 10.3.1 文化环境下产品设计活动的多层级主体间性

### 1. 文化环境下主体间性的多层级特征

在现实的文化环境中，“主体间性”必定是多层级的：一级主体间性是主体 A 对主体 B 的推测判断，二级主体间性则是主体 C 对“主体 A 推测判断主体 B”后的推测判断[34]。二级与更多级的主体间性是文本解读评价及社会舆论的主要方式，也是本节主要讨论的内容。

产品设计除了设计师与使用者之间的文本意义传递之外，还要面临社会各群体所形成的不同层级的解读与评价方式。如果仅仅讨论产品文本的传递活动，那么只存在设计师与使用者之间的两种主体间性——“设计师-使用者”主体间性与“使用者-设计师”主体间性。但作为文化符号的产品必定会在社会文化环境中获得不同人群，不同方式的解释与评价。这就形成了具有后结构特征的两种解读与评价模式：一是不同主体对产品的差异化意义解释，二是不同主体对产品多层级的解读评价方式。本章主要讨论后者。

以一位设计师为一所中学设计的一款“紧身时尚校服”为例，结合图 10-4 展开多层级主体间性的分析。

（1）一级主体间性

设计师与女学生群在设计活动中作为“一级主体”，因此存在两个“一级主体间性”：一是“设计师-女学生群”主体间性，设计师认为中学生青春萌动、追求时尚，这是他对女学生群主体的推测判断；二是“女学生群-设计师”主体间性，女学生群也能从“紧身时尚校服”

34. 顾建峰：《主体间性理论视阈下的大学生英语网络多模态学习》，《开封教育学院学报》2015 年第 11 期。

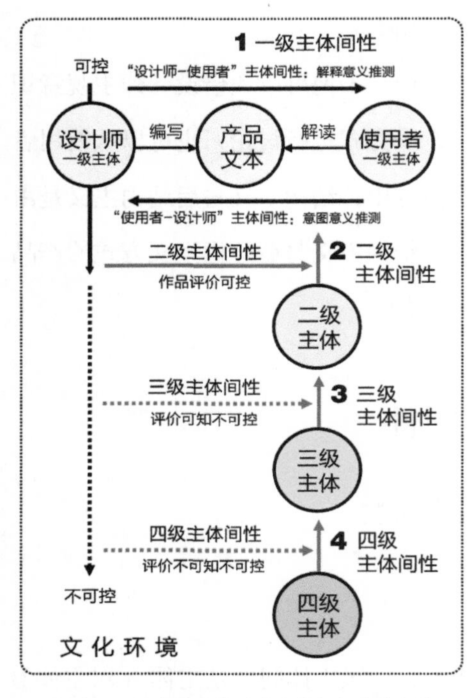

图 10-4　产品设计活动中的各级主体间性

推测判断出设计师的意图。对“设计师–女学生群”一级主体间性内容的把控是设计师的基本能力，这是产品文本表意有效性的基础。

（2）二级主体间性

众多家长作为“二级主体”，对“女生穿紧身时尚校服”这个设计作品表示不满，他们认为会引发校园早恋现象。家长们对此设计活动的解读评价是“二级主体间性”。显然，设计师并没有考虑到“二级主体”家长们的心理感受。二级主体间性的内容主要涉及对设计活动的评价，作为合格的设计师，应该要考虑到作为“二级主体”家长们的解读评价，这是可知且可控的。

（3）三级主体间性

这件事成为新闻后，一些社会人士作为“三级主体”，针对“学生穿紧身时尚校服与校园早恋现象”做出分析，认为防止早恋重在学校与家长的心理疏导以及健康的性教育。社会人士解读评价的内容显然不再是“紧身时尚校服”，而是“家长认为校服引发校园早恋”现象，这是“三级主体间性”。设计师如果事先预判到家长的评价（二级主体间性内容），即使之后的社会舆论（三级主体间性）具体内容无法得知，仍然可以预料到舆论的导向。

（4）四级主体间性

随着事件作为新闻的热度上升，“四级主体”纷纷登场，众多网民对此事的讨论呈现开放式解读评价：有指责设计师道德人品的，有女权主义人士支持女性审美自由的，有指责校方对此事监管不力的。这些四级主体间性的解读评价内容中，“紧身时尚校服”已不存在，转而是对三级主体间性的内容进行开放式解读评价。这些解读评价无论是方向还是内容，对设计师而言都是不可知且不可控的。之后还会有在四级主体间性内容基础上展开的“五级主体间性”，那更是不可知且不可控的评价，笔者不再讨论。

最后需要强调的是，各级主体解读评价的“文本”，是上一级主体间性所形成的文本，而不是各级主体间性文本的累加迭代。

## 2. 文化环境下主体间性的多层级、多系统特征

上一段结尾已表述，各级主体解读评价的“文本”，是上一级主体间性所形成的文本，而不是各级主体间性文本的累加迭代。因此，文化环境下主体间性具有多层级、多系统的特征，具体表现为：各层级主体在自身文化规约的基础上建构了不同的解读评价系统，并依赖系统内的文化规约，对上一层级主体间性所形成的文本内容进行解读评价（图 10-5）。

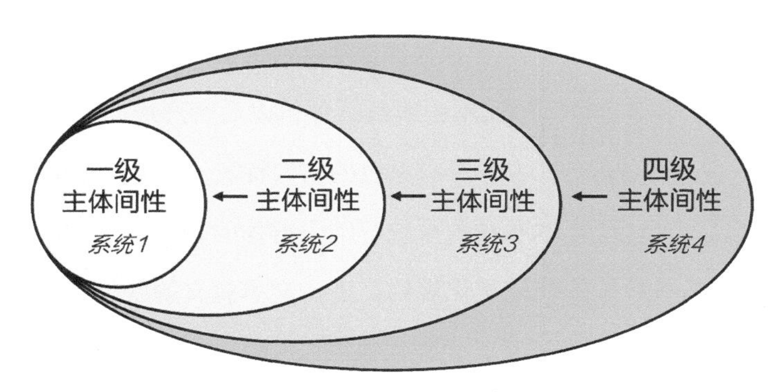


图 10-5　主体间性的多系统特征

以前文“紧身时尚校服”为例：一级主体间性，是女学生群为基础构建的“系统 1”对校服文本进行的解读评价；二级主体间性，是家长群为基础构建的“系统 2”对一级主体间性所形成的文本内容进行解读评价；三级主体间性，是社会人士群体为基础构建的“系统 3”对二级主体间性所形成的文本内容进行解读评价；四级主体间性，是网络人群为基础构建的“系统 4”对三级主体间性所形成的文本内容进行解读评价。

产品设计系统是由使用群集体无意识为基础的各类元语言构建而成，它在编写与解读的过程中控制着“设计师-使用者”与“使用者-设计师”两个“一级主体间性”的一致性。当二级主体、三级主体、四级主体的解读评价突破了产品设计系统的控制范围，就会呈现后结构的开放式解读评价。

前文表明，主体间性的一致性是主体与主体间因希望展开心理层面的交流而形成的“共在关系”。从主体间性的“共在关系”而言，设计师与使用者之间的一级主体间性，是依赖使用者一方构建的产品设计系统维持着两主体间文化规约的“共在关系”。从二级主体间性开始，各级主体在自身文化规约的基础上构建了不同解读评价系统，导致他们与设计师之间在文化规约上的“共在关系”逐渐消失，也就形成了后结构的解读方式。

## 10.3.2 多层级主体间性的文本解释方式与特征

### 1. 试推法适用于各级主体间性的文本意义解释

皮尔斯提出的“试推法”适用于所有符号文本意义“真相”的解释。“试推法”同样适用于产品设计活动中各级主体间性对设计活动的解读与评价，原因如下。

（1）符号文本具有两大特征：一是文本中有被组合在一起的符号；二是文本内符号的组合可以被符号接收者合一性地解释，并具有合一的时间和意义向度[35]。各层级主体间性都是这个层级的主体对上一层级主体间性文本内容解读评价以后所形成的新的符号文本。

（2）结构主义的文本观认为，文本具有系统的结构特征，无论是思维，还是经验的再现，都必须寄身于文本的系统中。文本所在的系统容纳了群体的行为、感知、立场等文化规约，解读者只有从具体的系统中才能获取文化规约，进行文本意义的解释。文本的解释体现了人们感知现实现象的方式本身，以及他们的感知水平[36]。

前文已表明，文化环境下的产品设计解读评价的各级主体间性具有多层级的系统特征，即每一层级的主体都会按照自身的文化规约构建各自的评价系统，对上一层级主体间性的文本内容进行“真相”的试推。需要强调的是，从二级主体开始至以后的各级主体，他们失去了产品设计系统对解读的有效控制，呈现对上一级主体间性文本内容“分岔衍义”的后结构主义开放式解读评价方式。

（3）多层级主体间性存在文本意义的“无限衍义”，这是因为，从二级主体开始至以后的各级主体，他们解读评价的“文本”都依次是上一级主体间性所形成的文本，而不是各级主体间性文本的累加迭代。正是因为同一层级主体的“分岔衍义”，以及各个层级主体的“无限衍义”，导致多层级主体间性的文本内容呈现“扩散蔓延”的态势。但需要指出的是，无论是同一层级的“分岔衍义”，还是各个层级的“无限衍义”，它们都是解读者依赖各自解读与评价系统的文化规约，以试推方式对主体间性文本意义“真相”的探究。

也就是说，无论是结构主义的文本意义的有效传递，还是后结构主义文本意义的开放式任意解读，它们都是解读者以试推方式对文本意义“真相”的探究。可以说皮尔斯的“试推法”适用于任何符号文本中对意指关系“真相”的意义探究。凡是在产品设计活动中涉及符号文

35. 赵毅衡：《广义符号叙述学：一门新兴学科的现状与前景》，《湖南社会科学》2013年第3期。
36. 安德烈·戈尔内赫：《形式论：从结构到文本极其外界》，李冬梅、朱涛译，河南大学出版社，2018，第5页。

本的意义解释，都必须依赖试推的方式获得文本意义的“真相”。

### 2. 多层级主体间性在意义解释上的“无限衍义”

（1）多层级主体间性“无限衍义”的形成原因

皮尔斯的符号结构由对象、再现体、解释项组成，他认为在接收者心里，每个解释项都可以变成一个新的再现体，构成无尽头的一系列相继的解释项[37]。符号的意义解释以此不断衍义下去，艾柯称之为“无限衍义”。符号的意义本身就是无限衍义的过程，不用衍义就无法讨论意义，意义本身就是衍义[38]。符号学本质上是动力性的，人类文化世界中的符号与符号之间始终处于相互解释的互动之中。符号间意义解释的无限衍义体现了思想间永远用对话的方式进展[39]。在产品设计活动中多层级主体间性存在的无限衍义，是指各层级主体对上一层级主体间性文本内容在解释评价过程中出现的概念意义的不断转换，即各层级主体按照各自文化规约构建的解读评价系统，依次对其上一层级主体间性文本内容解读评价所形成的无限衍义。

（2）无限衍义过程中文本概念的“封闭漂流”

再次以紧身时尚校服为例：一级主体间性的文本内容概念，是女学生群对紧身时尚校服的解读；二级主体间性的文本内容概念，是家长群讨论的这款校服会引发早恋；三级主体间性的文本内容概念，是一些社会人士讨论的如何防止学生早恋；四级主体间性的文本内容概念，是网络舆论讨论的设计师道德、女权主义审美自由。

我们可以看到，从一级主体间性衍义到四级主体间性是这样的过程：紧身时尚校服—这款校服会引发早恋—如何防止学生早恋文本—设计师道德、女权主义审美自由。从二级主体间性之后，关于“紧身时尚校服”的概念已完全消失。艾柯将此现象称为“封闭漂流”：从一个符号漂流到另一个符号，衍义过程每继续一步，前一符号文本的意义就被淡忘、消除了。漂流的快乐在于从符号漂流到符号，除了在符号与物的迷宫中游荡外，再没有其他目的，因此无限衍义不是对同一个符号文本的累加解释，而是不断更新了新的符号文本[40]。

“封闭漂流”在符号传媒领域被广泛讨论，博德利亚（Jean Baudrillard）认为当代传媒具

---

37. 胡易容、赵毅衡：《符号学－传媒学词典》，南京大学出版社，2012，第 211-212 页。

38. 罗金：《符号学与翻译研究：雅克布森符号翻译观再探》，《符号与传媒》2019 年第 2 期。

39. 赵毅衡：《符号学原理与推演》，南京大学出版社，2016，第 102 页。

40. 胡易容、赵毅衡：《符号学－传媒学词典》，南京大学出版社，2012，第 53 页。

有封闭漂流的典型特征：媒体介入突发事件后，将事件抽象化为各类信息，对大量信息的持续讨论，逐渐掩盖或远离了事件的真实，最后大家讨论的内容已与事件本身无关。无限衍义一方面可以让各个文化领域的符号意义解释产生关联，编织成网状的人类感知的符号意义世界[41]。另一方面，无限衍义的“封闭漂流”使得符号文本意义解释出现偷换概念现象。

### 3. 分岔衍义与无限衍义导致多层级主体间性文本内容的“扩散蔓延”

（1）“分岔衍义”也是分散或转换概念的一种手段

在皮尔斯符号学中，除了“无限衍义”之外，“分岔衍义”也是分散或转换概念的一种手段。分岔衍义是指同一个文本，被各种方式解读后获得不同意义解释的现象。在产品设计活动中，一个文本被“分岔衍义”的常见原因是：第一，不同使用群对产品文本的意义解释，或同一使用群对产品文本内不同符号内容的意义解释；第二，一个产品文本因“意图意义”过多，导致使用者对各种“意图意义”的解释；第三，设计师在“意图意义-意图定点”的设置上过于模糊，导致使用者无法解读设计意图，而对产品文本内其他内容进行解释；第四，因产品使用的文化环境转换，使用者对产品文本形成不同的意义解释。

结构主义产品活动中，设计师依赖使用群集体无意识为基础构建的产品设计系统进行文本意义的有效传递，这时的设计师与使用者两主体是一种文化规约的“共在关系”；而从二级主体开始至以后的各级主体，他们失去产品设计系统对解读的有效控制，呈现对上一级主体间性文本内容“分岔衍义”的后结构主义开放式解读评价方式。

前文已表明，文化环境下的产品设计解读评价的各级主体间性具有多层级的系统特征，即每一层级的主体都会按照自身的文化规约构建各自的评价系统，对上一层级主体间性的文本内容进行“真相”的试推。

（2）“扩散蔓延”是分岔衍义与无限衍义共同作用的结果

多层级主体间性的文本内容从整体而言是一种“扩散蔓延”的态势。正如博德利亚认为的那样，当各级评价主体介入事件后，事件将逐步抽象化为扩散蔓延的碎片信息，越往后的评价主体所针对的文本已不再是事件本身，而是不断衍义评价后的信息文本。

多层级主体间性的文本内容从整体上是一种“扩散蔓延”的态势（图10-6），这是“分岔衍义”

41. 王铭玉：《中外符号学的发展历程》，《天津外国语大学学报》2018年第6期。

与“无限衍义”共同作用的结果：同一层级的主体对上一层级主体间性文本的内容选取不同的符号内容进行解释，以及不同文化规约导致的不同意义解释，形成“分岔衍义”；各层级主体依次对其上一层级主体间性文本内容在解读评价的过程中出现概念意义的不断转换，形成“无限衍义”。因此，产品设计在文化环境中的各级主体间性，并非像竹节一样的线性衍义，而是像植物的根系一样扩散蔓延。多层级主体间性内容正是以这样“扩散蔓延”的态势，各级主体将产品设计活动抽象为各种系统环境中的碎片化信息，将它们与自身系统的文化类型产生广泛的关联。也正因如此，产品设计活动以舆论评价的影响方式，渗透到社会文化各个阶层、各个角落。

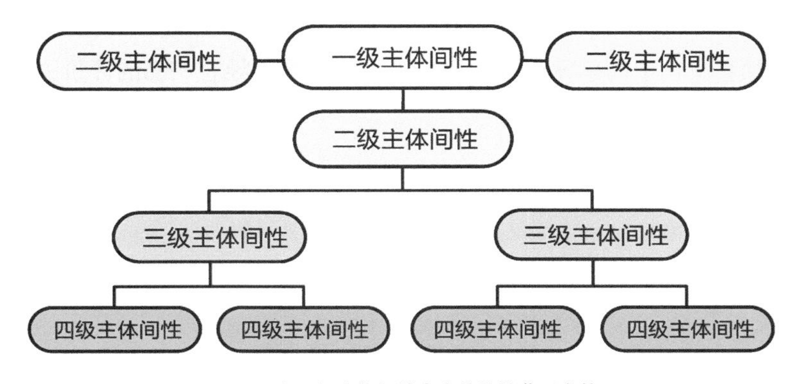


图 10-6　多层级主体间性内容的扩散蔓延态势

各级主体都是在各自系统里，利用系统内的文化规约对上一层级主体间性的文本内容进行解读评价。各级系统存在于特定的文化环境中，就如根系的扩散蔓延必须依赖土壤一样，各级主体的评价活动也必须依赖特定的文化环境。如果各级主体在相同的文化环境中，那么各级主体间性的内容与解释意义虽会出现封闭漂流的概念转换，但评价结果会呈现舆论导向的趋同性；反之，则会在各自不同的文化环境中呈现舆论导向的复杂多样性。

## 10.4 二级主体间性：产品设计的评价

本节不讨论一级主体间性的原因是，结构主义产品设计活动通过设计师与使用者相互间的一级主体间性一致性，达到产品文本意义的有效传递。对两者相互主体间性的一致性把控，是设计师最基本的能力要求，并贯穿了结构主义产品设计研究的全部讨论区域。因而，设计师与使用者相互之间的主体间性在文中也省去了“一级”的标注。

### 10.4.1 二级主体间性控制产品设计的评价方向

二级主体以移情作用、具身体验的方式，获得与使用者感同身受的解读与体验，以此作为设计活动评价的基础。使用者与二级主体针对的是不同的“文本内容”，使用者解读的是产品文本，二级主体评价的是产品设计活动。

二级主体间性对产品设计活动起到了评价方向与舆论导向的奠基作用，它是最直接地针对“设计活动”展开的评价，之后的各级主体间性都是在它的基础上依次展开各层级主体间性的分岔衍义与无限衍义，他们评价的全部概念内容与意义解释，塑造了所评价的设计活动中各种要素在社会文化中的总体形象。但二级主体间性主导着产品的评价方式与内容，并影响之后各级主体评价的舆论导向。

产品自身的合理性与产品设计活动的价值不是一回事，前者是使用者对产品的认可，后者是二级主体对产品设计活动在社会文化中的价值评判。产品文本的意义解释由使用者“一级主体”进行判断；产品设计活动在社会文化中的价值，则由二级主体进行评价。一款获得红点概念奖至尊大奖的“变色创可贴”设计：黑人贴上会变成深灰色，黄种人则变成淡黄色，白种人会变成白色。这件作品之所以能够获得至尊大奖，在于“创可贴变色可以解决因产品颜色带来的种族间肤色差异的尴尬”，这是对该设计作品最具社会价值的评价。

设计师对一级主体间性的掌控，是其基本设计能力的体现，即设计师对产品文本进行编写以达到对使用者表意有效性的控制；对二级主体间性中评判价值及舆论导向的控制，是提升整个产品设计活动在社会文化环境中各类价值的有效途径。

### 10.4.2 二级主体评价产品的三种方式

二级主体间性是二级主体对产品设计活动的评价。需要说明的是，这些评价往往来自二级主体，但也可以是一级主体使用者。使用者也可以像二级主体那样，在产品文本意义解释以及体验的基础上对产品设计活动做出评价，这是使用者对产品文本的二次解读。例如我们在商场看到一套西装，款式、面料都很喜欢，对西装文本的解读是一次解读；试穿之后感觉并不适合自身的气质与身材，这是对西装体验后的二次解读。

本章讨论的二级主体是指那些区别于使用者的评价人群，他们主导着产品设计活动的评价方式与内容，并影响之后各级主体评价的舆论导向。他们的评价方式大致可分为以下三种。

### 1. 主观判断

二级主体对“使用者操作体验产品”做出主观的判断。判断并不是个体做出的，而是二级主体群的普遍认识。就如不是个别家长，而是家长们普遍反对紧身时尚校服一样，这是二级主体以其群体的普遍认知与文化立场做出的评价，与使用者感受体验产品无关。他们不需要亲自体验产品，也不会站在使用者的认知与文化立场，而是按照自身群体文化规约标准，对产品文本或产品设计活动做出评价。

这种评价方式存在一定的弊端，二级主体很难从使用者身体与产品间的知觉、使用产品的生活经验对设计师编写进产品文本内的意图意义进行分析判断。深泽直人的一件作品（图 10-7），在一木板上预留了倾斜的钉子孔，使用者可以自行将钉子敲进墙里，使之成为一个挂衣架。二级主体在没有实际操作使用前，可能会得出挂衣架粗陋，甚至会刮坏衣物的评价，但他们体会不到使用者沿着预留的斜孔敲钉子的爽快感受，“子非鱼，安知鱼之乐”讲的即这个道理。

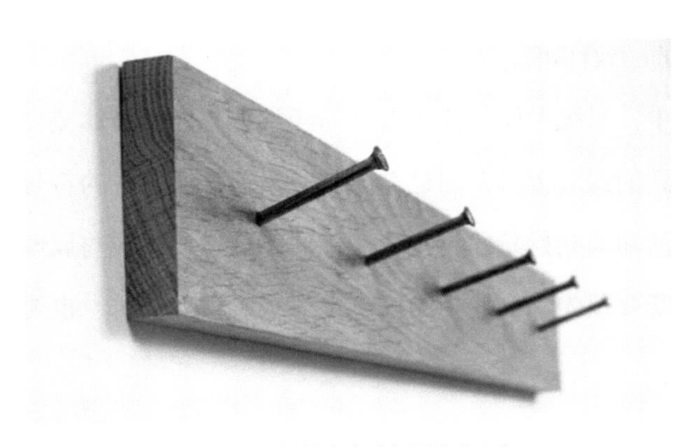

图 10-7　深泽直人《钉子挂衣架》

### 2. 移情作用

移情作用是我们对他人经验体会、领悟的源泉。二级主体可以根据使用者在产品使用过程中对一些概念的理解，去推测感受使用者的行为与心理，将其看作一种等同于二级主体自己内心状态的表达，并在此基础上对设计活动进行评价。移情作用的解读评价在日常生活中普遍存在：网上购物，看到模特穿着帅气的衣服（还未试穿），联想到自己穿上也会帅气；观看产品图片或视频广告（还未试用），假想操作体验后也会获得与广告里同样的感受。

很多以图片、版面方式参赛的国际比赛，评委作为二级主体，也是依赖移情作用对参赛作品进行推测与感受做出评选的。因此，笔者在指导学生参赛的版面制作时，要求他们务必放置产品使用的操作步骤，以及使用者在使用环境中的体验画面，这也是为了让二级主体的评委可以迅速进入移情的状态，准确有效地获得产品的体验感受。

另一方面，几乎所有通过修辞方式进行情感表达的产品文本，二级主体对其的解读评价都必须依赖移情作用，这是他们获取使用者对文本解释内容的前提。

**3. 具身体验**

二级主体通过模仿使用者操作体验产品的方式，获得属于自己的产品体验感受后再给予评价。试穿、试用、试驾等都是具身体验式评价的方式。一些国际产品奖需要提交样机或实物，目的是希望作为二级主体的评委能以具身体验的方式，对产品设计做出一级主体使用者视角的评价。从某种角度而言，二级主体在具身体验时担当了“使用者”一级主体的角色。具身体验评价过程中，二级主体可以有效地将“主观判断”与“移情作用”两种评价方式达成趋向于使用者主体间性的一致性可能。

在具身体验过程中，二级主体与使用者之间经常会存在因身体差异而导致的知觉差异，因生活习惯差异而导致的经验差异，因社会文化背景差异而导致的符号意指关系的差异。这就需要设计师在设计活动的初始阶段，对二级主体评价群的组成与属性进行必要的考察与控制。因而，设计作品既要预先确定使用的人群（一级主体人群），也要预设评价的人群（二级主体人群）。

## 10.4.3 双重系统构建对二级主体间性的控制

因二级主体间性是最直接针对产品设计活动展开的评价，之后的各级主体间性都是在它的基础上展开的分岔衍义与无限衍义，最终形成各级主体间性的“扩散蔓延”态势，二级主体间性起到了产品设计活动评价方向与舆论导向的奠基作用。如果设计师希望提升产品设计活动的价值，必须做到对二级主体间性的有效控制。

### 1. 设计师对产品设计系统与产品评价系统的双重构建

任何系统构建的目的，都是希望在符号文本传递活动中，编写者与解读者可以按照系统内事先约定好的文化规约进行文本的编写与解读，系统对编写与解读双方的约束控制是结构主义文本表意有效性的前提。

由于设计师在产品设计活动中服务使用者的缘故，事先约定的实质是以使用群集体无意识为基础的各类元语言所构建的产品设计系统。同样在产品评价活动中，设计师要想获得较好的设计评价，也必须以评价群的集体无意识为基础构建产品评价系统。正如校服案例中，如果设计师希望获得家长群（二级主体）的普遍认可，那就应该了解紧身时尚校服给予家长的心理感受。因此，在设计活动的初始阶段，设计师就应该构建双重系统（图10-8）。

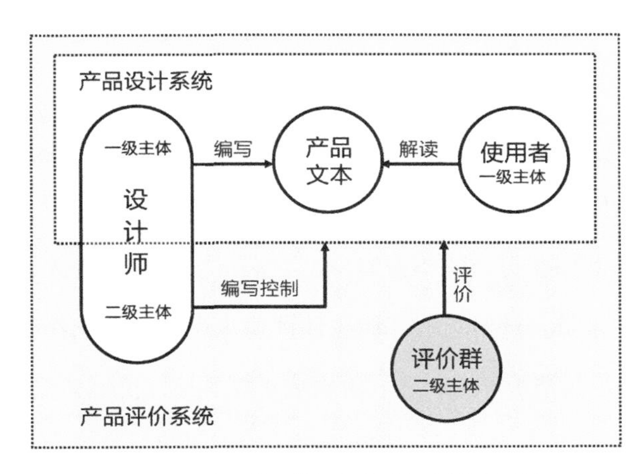


图10-8　产品设计系统与产品评价系统的双重构建

第一重系统，是以女学生作为产品使用者构建的产品设计系统。此系统存在设计师与女学生群之间两种相互的一级主体间性，它们是两个主体间对解释意义与意图意义的相互推测判断。对一级主体间性一致性的把控，是设计师最基本的能力要求。

第二重系统，是以家长为解读评价群构建的产品评价系统，它是建立在第一重系统的文本解释与使用体验基础上。产品评价系统中同样存在设计师与家长群之间两种相互的二级主体间性。设计师在双重系统中身兼两职，分别担任“一级主体”与“二级主体”。这表明，设计师如果需要获得家长的认可，既要在产品设计系统中按照女学生群的喜好设计校服，又要在产品评价系统中按照家长群对校服穿着后的形象进行设计内容把控。如此，设计师就不会像之前那样设计出紧身时尚校服，而是既按照女生群的喜好，又符合家长群的评价要求，设计出类似朴素青春款或是运动活泼款校服。

在这个案例中，女学生群作为“使用者”一级主体，与家长群作为“评价群”二级主体，他们是完全独立且自主的两类主体。设计师构建双重系统的任务是寻求“使用者”与“评价群”在文化规约中的交集，这是双重系统为达到两级主体间性文化规约一致性的控制手段。

“主体间性是主体与主体间因交流而形成的共在关系”这一点也可以表明，设计师构建的产品设计系统与产品评价系统实质是令设计师主体、使用者一级主体、评价群二级主体三者达成他们文化规约交集的一致性共同“共在关系”。

### 2. 设计师对产品评价系统的两种构建方式

产品评价系统按照构建的时间顺序，可以分为两种情况：一是与产品设计系统在设计活动初期的“共同构建”，二是在产品设计活动结束后的“置后构建”。

（1）共同构建：在产品文本编写之初就已明确评价群的组成，是由产品评价系统与产品设计系统同时构建。共同方式构建的产品设计系统在产品文本编写时，必须符合产品评价系统内各类元语言规约。例如在每年的毕业展中，我们可以确定参观人群都是各大高校师生，以及企业、公司的设计人员。针对这些二级主体评价人群，毕业创作需要突出对设计活动的思考与创新深度，而不是纠结于加工制造、价格成本等不被评价群关注的问题。

（2）置后构建：在产品文本编写完成之后再依据产品设计系统服务的群体、讨论内容、产品预设的评价内容等，确定评价群目标范围（这个目标范围可能是多个群体），围绕这些目标群所能涉及的各种评价途径构建产品评价系统。置后方式构建的产品评价系统与产品设计系统虽然是双重系统，但并不是与设计活动同步构建的双重系统。它在文本编写结束后对二级主体评价群的灵活选择，做到了控制评价结果与舆论导向的积极作用。

### 3. 产品价值评判的系统化特征

产品设计的价值是产品设计活动在社会文化中的认可度，它是二级主体评价的内容之一。产品价值牵涉到两个问题：一是评价产品设计活动的人群；二是在怎样的文化系统内进行评价。社会文化是多层级的超大系统，其下设不同类型的文化系统，不同类型之下还会有更多具体的系统区域。因此，产品设计的价值是一个宽泛的概念，它必须寻求具体“价值”所在的文化系统。任何评价活动都是建立在评价人群、产品设计活动、文化背景三者所形成的文化系统基础上。诸如产品具有的经济价值、人文价值、设计价值、环保价值、社会价值等具体价值，都是特定的评价人群在具体的产品评价系统基础上，按照不同的文化系统，以及文化系统及环境提供的各种价值评判标准，做出具体价值的评价。

## 10.5 本章小结

产品文本传递过程中存在设计师与使用者两个独立且自主的主体。两者间的“主体间性”是建立在设计师与使用者间的推测或判断的基础上，两主体的共在关系是设计师与使用者通过编写与解读产品文本而进行的心理层面的意义交流，也是结构主义产品文本表意的有效传递。这就需要同时满足以下三个条件：（1）设计师与使用者双方必须互相承认对方是符号表意行为的主体，有意愿通过产品文本的编写与解读方式达成心理层面的意义交流；（2）设计活动初期构建的产品设计系统在设计师编写文本与使用者解读文本上做到共同的文化规约控制；（3）设计师将“意图意义”编排在使用者解读文本的落点位置，使之成为“意图定点”，便于使用者顺利、便捷地有效解读。

皮尔斯提出的“试推法”适用于对所有符号文本意义的“真相”探究。产品设计活动中，使用者对产品文本的解读，除了依赖逻辑之外，更多的是依赖自身经验，以及产品设计系统内各类元语言文化规约做出假设，再通过所处的文化环境中众多的伴随文本对假设做出实验修正。使用者对产品文本意义“真相”的探究思维方式，不是单向的线性思维“推理”与“归纳”，而是“假设”至“实证”双向思维的“试推”过程。

使用群内每一个体试推所得的产品文本意义“真相”都是群体共同意识在不同个体形态上的映射，如果说设计师是以“编写”方式对文本意义的“一次书写”，那么使用群内的每一个体则是以“解读”方式对文本意义的“二次书写”。使用者以“试推”方式对产品文本意义进行“二次书写”，以此获得文本意义的“真相”。“真相”只能存在于使用者一端，他们对产品文本“解释意义”的“真相”不能以“对”与“错”，而是以设计师的“意图意义”是否被有效传递进行判断。

产品文本传递过程中，对设计师与使用者之间“一级主体间性”一致性的把控是设计师基本能力的体现，也是产品设计系统对设计师文本编写与使用者文本解读的控制。作为文化符号的产品，在社会文化环境中被不同人群、不同方式进行解读评价，形成多层级的主体间性。二级主体间性是最直接地对产品设计活动的评价，之后的各级主体间性都以其为基础而展开分岔衍义、无限衍义，最终形成多层级主体间性内容的“扩散蔓延”态势。

设计师通过“产品设计系统”与“产品评价系统”的双重系统构建方式，对产品设计活动的评价进行控制。这种对二级主体间性的控制，虽然可以获得对产品设计活动预设的评价，但在双重的系统构建过程以及对特定评价人群的选择过程中，丧失了产品与更为广泛的人群与文化语境的接触，其实质是以控制的手段制约了产品文本所能涉及的更多人群、更多文化语境。这也是 20 世纪 70 年代，后结构主义诟病结构主义的主要原因之一。

# 第 11 章
# 伴随文本及文本间性对产品设计活动的影响

产品文本在构思、编写与解读过程中必定携带了一些伴随的文化规约一同表意，赵毅衡将它们命名为“伴随文本”，并按照文本传递过程依次分为生成性伴随文本、显性伴随文本、解释性伴随文本三大类。本章在此分类基础上讨论它们在产品设计活动中的具体表现，以及三类伴随文本与产品设计系统间的共时与历时等问题。在结构主义产品设计活动中，产品设计系统控制并协调三类伴随文本在产品文本构思、编写与解读过程中达成设计师、系统、使用者三者间共时性统一，以此获得产品文本表意的有效性。同样，设计师作为产品设计活动的主导者具有控制伴随文本的能动性。

法国符号学家克里斯蒂娃的“文本间性”理论表明，任何一个产品文本不可能独立创造而成，设计师在构思、编写时必定会受到其他文本的启发或影响。赵毅衡在对伴随文本进行分类时，将“文本间性”理论中对编写的文本产生启发与影响的那个文本称为“前文本”。“前文本”具有系统结构的层级关系，笔者按照启发与影响的方式及内容将它分为五个层级。

解读者会聚焦于第二层级前文本中的同类型产品与设计作品间“意图意义-意图意义”或“指称表达-指称表达”的相似性是否存在“雷同”的问题展开讨论。评判“雷同”是较为复杂的问题，需要以系统化的方式进行讨论。

## 11.1 产品设计活动中伴随文本的三段式分类

产品文本在设计师构思、编写与使用者解读的整个传递过程中，除了产品自身文本的表意内容之外，还携带了伴随的文化规约一起表意。赵毅衡将这些文本传递过程中伴随的文化规约命名为“伴随文本”。符号文本是自身文本与伴随文本的结合体，这种结合使自身文本不仅是符号组合，而且是一个浸透了社会文化因素的复杂构造[1]。任何符号文本不可能在编写与解读时摆脱各种文化制约，伴随文本的主要作用是把文本的编写活动与解释活动与广阔的文化背景

1. 闫文君：《作为文学伴随文本的书籍装帧》，《当代文坛》2012 年第 6 期。

联系起来[2]。

赵毅衡对伴随文本的分类是按照符号文本传递中“编写者-文本-解读者”的三段式，分为生成性伴随文本、显性伴随文本、解释性伴随文本三大类（图 11-1）。

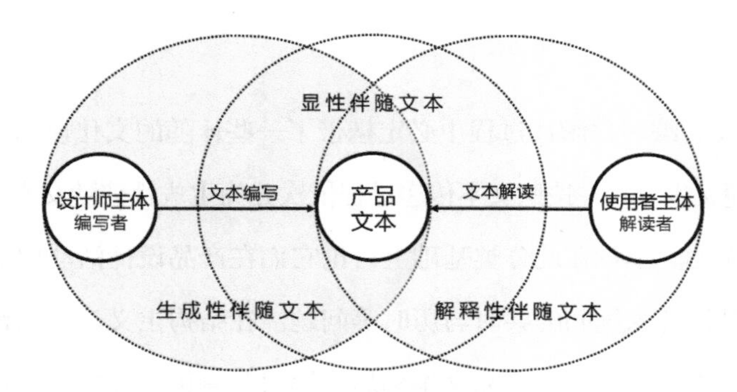


图 11-1　产品文本传递过程中的三类伴随文本

笔者遵循赵毅衡对伴随文本的“三段式”分类，并结合设计师与使用者两主体对伴随文本的依赖方式，以及产品设计系统对伴随文本的控制方式，将产品文本传递活动中的三类伴随文本概括为：（1）生成性伴随文本，设计师在构思、编写产品文本时所受到的文化规约影响；（2）显性伴随文本，产品文本所在类型与体裁的诸多框架因素，它们是对设计师编写与使用者解读的控制；（3）解释性伴随文本，使用者在解读产品文本时所受到的社会文化规约影响。具体细分如下（表 11-1）。

表 11-1　伴随文本的类型细分[3]

| 三大类型 | 类型细分 | 具体内容 |
| --- | --- | --- |
| 生成性伴随文本（设计师启发影响） | 前文本 | 狭义：先前已有文本，启发设计师构思创意、影响文本编写<br>广义：影响文本生成的所有社会文化因素与文化史 |
| | 同时文本 | 用共时性元语言可以解释的同时发生的前文本 |
| | 先/后文本 | 产品文本生成与另一个已有的文本间存在特殊的改造关系：改进版、升级本、高端版、对已有文本二次创作、致敬、恶搞等 |
| 显性伴随文本（文本框架类型） | 副文本 | 题目、作者、说明、图示、包装、版本、价格、品牌、展示等 |
| | 型文本 | 题材、体裁、类型、派别、使用群等 |
| 解释性伴随文本（使用者解读依赖） | 评论文本 | 解读产品文本前，就已经存在的对产品评价的文本 |
| | 链文本 | 延伸文本、参考文本、注解说明、网络链接等获取方式 |

2. 赵毅衡：《论“伴随文本”——扩展“文本间性”的一种方式》，《文艺理论研究》2010 年第 2 期。

3. 赵毅衡：《符号学原理与推演》，南京大学出版社，2016，第 139-154 页。

伴随文本在产品设计活动中的作用可概括为：一是设计师构思、编写产品文本时必定受到伴随文本的启发与影响；二是设计师编写的产品文本必定携带伴随文本；三是使用者对产品文本的意义解读必定依赖伴随文本。

### 11.1.1 生成性伴随文本

生成性伴随文本是在产品创意构思与文本编写过程中，对设计师有启发与影响作用的文本，它们在产品文本中必定会留下程度各异的痕迹。

#### 1. 前文本

前文本是指在设计活动先前已经有的文本，它们启发设计师的创意、影响文本的编写。“前文本”与“文本间性”理论相近，“文本间性”分为“狭义”与“广义”两种：狭义文本间性指向结构主义及修辞学的编写路径，限定在结构系统规约范畴与修辞的形式范围内，讨论文本与其他文本间在逻辑上的论证与相互涉及的关系；广义文本间性为解构主义文本间性，研究文本的编写过程中，与社会文化超大文本之间的实践关系[4]。

狭义文本间性对设计师的创意构思与文本编写影响最大。克里斯蒂娃指出：任何文本的编写都是对于之前引用语的镶嵌，或者是再加工[5]；任何文本的编写都是对其他文本的吸收和转换；任何一个文本的表意也都会或多或少借助其他文本作为表意的参照[6]。

文本间性的理论在产品设计中明确以下三点。第一，不存在“无中生有”的产品创新，任何产品文本不可能独立创造而成，在创意构思以及编写时必定会受到其他文本的影响。第二，影响与启发设计师的前文本也必定在设计作品中遗留程度各异的痕迹，对作品是否存在抄袭、雷同的质疑，几乎都源自前文本遗留的痕迹与产品文本在“意图意义”或“指称表达”上相似性程度的比对。第三，如果有人说，设计师所处的社会文化环境及其设计教育背景等，也是影响其设计的前文本，那么他就混淆了文本间性“狭义”与“广义”的两种概念。

文本系统具有宽窄与规模的层级区分，笔者将“狭义”文本间性中的前文本，按照它们

---

4. 吕行：《互文性理论研究浅述》，《北京印刷学院学报》2011年第5期。

5. 同上。

6. 展芳：《“伴随文本”划分再探讨》，《重庆广播电视大学学报》2017年第3期。

的宽窄规模以及系统结构的层级关系，分为五个层级的前文本类型（见图 11-4）。

### 2. 同时文本

同时文本从产生的时间上而言是前文本的一种，它是指在编写文本活动过程中出现，而非在文本构思阶段出现的那些影响文本编写过程的前文本。例如，设计师设计一款儿童闹钟，参考借鉴的圆润造型的儿童产品是“前文本”；在设计过程中，设计师看到憨态可掬的大熊猫很可爱，将圆润的造型设置为大熊猫形象，大熊猫形象则是“同时文本”。“前文本”与“同时文本”只是从对设计师影响的时间角度做出先后的区分，两者并不存在明显的本质性差异。因此，在接下来的文本间性的讨论中，我们可以将“同时文本”视为在设计活动的过程中，启发与影响文本编写的“前文本”。

### 3. 先 / 后文本

赵毅衡是将“先 / 后文本”放在解释性伴随文本里讨论的，笔者从它们对产品文本构思、编写的影响，将其放置在生成性伴随文本中进行讨论。产品文本的生成与另一个已有的文本间存在特殊的改造关系，包含了设计师对原有文本致敬式改造、刻意恶搞、山寨、挪用等二次创作。先出文本为“先文本”，后出文本为“后文本”[7]。正如杜尚（Marcel Duehamp）的《带胡须的蒙娜丽莎》是“后文本”，他对达·芬奇《蒙娜丽莎》这一“先文本”的挪用改造。

在“前文本”与“先文本”中，对设计师影响较大的是“前文本”，“挪用艺术”所针对的文本则是“先文本”。“前文本”与“先文本”因在产品文本中都留有痕迹，两者的作用经常被混淆，在此以图式（图 11-2）详细区分。

首先，前文本启发影响设计师文本构思、编写，它们以隐性方式存在于产品背后，并在产品文本中留有启发与影响的痕迹。文本间性理论表明，任何产品设计活动“前文本”必定存在。先文本仅存在于设计师对已有文本的刻意改造活动中，在产品文本中留有显性的痕迹。

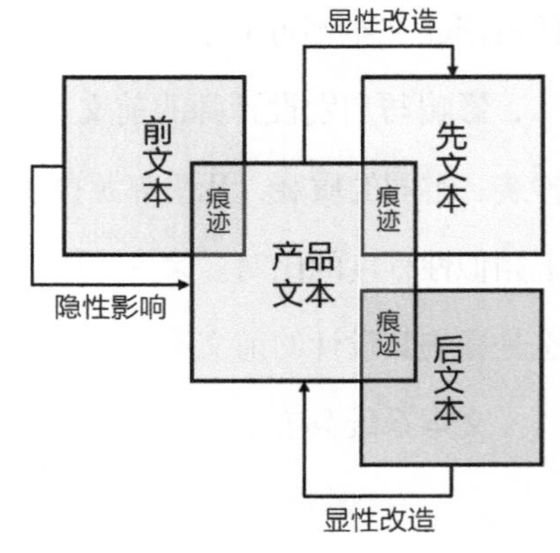


图 11-2 前文本与先 / 后文本的区别

7. 展芳：《“伴随文本”划分再探讨》，《重庆广播电视大学学报》2017 年第 3 期。

其次，前文本“隐性的启发影响”与先文本“显性的刻意改造”存在模糊的界限，一些情况下两者界定可以发生转换：一是当“前文本”在产品中遗留的痕迹过于明显，会被使用者解读为对已有文本的山寨或挪用，此时“前文本”转为“先文本”；二是设计师对“先文本”的改造幅度过大，原有文本的痕迹在产品文本中从显性转向隐性，此时“先文本”转为“前文本”。

对“前文本”与“先文本”的判定，既涉及设计师对原有文本是采取“启发影响”，还是“刻意改造”的主观态度，也涉及使用者对原有文本痕迹的遗留“程度”的主观认定。另外，解读语境的差异、解读者与解读者之间的认知经验的差异也会导致判定的差异。这也可以看出，判定一件设计作品与另一个已有文本间是启发、借鉴、抄袭、改造还是挪用是件很复杂的事情。

## 11.1.2 显性伴随文本

显性伴随文本以醒目的方式作为产品文本框架因素，它们是设计师编写、使用者解读的参照模板，并与产品文本一同表意，它们控制编写与解读的方向及类型。

### 1. 副文本

副文本以完全暴露的姿态、最为醒目的“框架因素”附着在产品文本上同时出现，它们甚至比产品文本更加醒目。以作品的题目为例：以功能、操作创新为意图的设计会以突出创意点为题目，引导使用者精准解读；以情感表达为意图的设计，会取与情感相关的题目引发宽幅的解释；名为“无题”或回避设计意图的题目，希望文本在解读时丧失解读的方向，文本意义的解释呈现后结构主义开放式特征。

伴随文本有时出现喧宾夺主的现象，甚至接管了符号接收者的解释努力，这种情况称为“伴随文本偏执”[8]。导致“伴随文本偏执”现象有两种原因：一是设计师刻意强化副文本的表意功效，让它相对于产品文本成为强势表意文本，引起使用者被迫优先解读与强行定位；二是使用者过于依赖副文本解读产品，例如评价设计作品优劣首先关注设计师，判断产品质量好坏首先关注品牌、包装、价格，展示方式很奢华的产品必定优质等。“伴随文本偏执”在各类伴随文本中都会出现，但以副文本最明显。

---

8. 胡易容、赵毅衡：《符号学－传媒学词典》，南京大学出版社，2012，第 7 页。

### 2. 型文本

型文本也是产品文本框架因素的重要组成部分，它指明产品适用的使用群，同时指明产品的体裁与产品类型。体裁是最明显、最大规模的型文本范畴，所有符号文本的意义传递过程都会落在一定的体裁类型之内[9]。体裁是符号文本传递活动中载体、渠道、媒介这些符号文本的物质形式的文化程式，它像一个指示性的符号，规范设计师文本编写的具体类型，以及使用者文本解读的阅读态度。体裁是文本与文化之间的“写法与读法契约”[10]。使用者对产品文本的解读都具有一种体裁期待，即按照他们认定的体裁进行解读。需要指出的是，文本所在的文化环境可以控制体裁的期待类型。一台洗衣机在商场售卖，它是产品；把它放在艺术馆展出，它则是艺术品。

型文本是编写与解读的参照模板文本，它与系统内的产品文本自携元语言有许多关联之处。一是产品文本自携元语言是规约的集合，其规约集合的一部分是型文本规约的组成，它们负责产品体裁类型的编写约束、解读指引。二是型文本受到产品文本自携元语言“变动不居”特征影响，呈现出随使用群、文化语境变化而变更的多样性。正如提及防止性病传播，我们使用“安全套”的称呼，但提及防止意外怀孕，我们又称其为“避孕套”一样。三是随着产品系统更新换代，使用者对产品的经验改变，导致产品文化符号意义解释的改变，型文本内容也随之改变。比如我们不会称呼现在的智能手机为“大哥大”一样。

## 11.1.3 解释性伴随文本

解释性伴随文本是设计师编写完成产品文本之后，使用者在解读之前、解读过程中受到各种影响的文本。

### 1. 评论文本

评论文本是指那些使用者解读产品文本前就已经存在的对产品评价的文本。它们影响使用者对产品的解读方向与评判标准，包含对设计作品的新闻报道、网络评论、社会舆论、标签化设定等。评论文本在系统之外，具有与系统历时性的特征。它们不但是使用者解读产品

9. 赵毅衡：《符号学原理与推演》，南京大学出版社，2016，第 142 页。

10. 同上书，第 132 页。

文本的依赖，也被各级主体间性作为评价设计活动的参照文本，随着历时性的不断评论，评论文本的内容与舆论导向会产生更加不可控的变化。

### 2. 链文本

使用者解读产品文本时，会主动或被动地与某些文本“链接”起来一同解释[11]。使用者挑选产品会货比三家，对产品间功能质量的比较，对不同商家间的价格比较，对品牌间售后服务的比较等，都是主动式的“链文本”；地铁、电梯内的灯箱广告，或是网络页面会突然弹出的产品广告，这些是被动式的“链文本”；一件深奥的设计作品，我们借助网络或书籍寻找设计师相关信息帮助理解，也属于“链文本”。

我们可以编写一些与“产品文本”具有相关性的故事作为“链文本”，产品文本与链文本一起具有了叙事的功能。几年前在网上流传了一则“虹桥机场等来了火车，而我没等到你”的故事：一对恋人在机场分手，女对男说“你别等了，我们不会有结果，就像机场永远等不来火车，我们也不会有交集”。多年以后，新建的虹桥机场跟火车站连在了一起，设计此工程的总工程师就是那个被分手的男生。我们不会介意故事的真假，但这个故事让我们牢牢记住了虹桥机场与火车站连接在一起的特殊性事实。

设计师的介绍、产品的企业背景、产品的文化传承等都是“副文本”内容，但使用者如果以链接方式去探求，它们都可被视为“链文本”。因此，“链文本”可以指向其他各种伴随文本，它强调在解读过程中以“链接”的渠道获取伴随文本的方式。

## 11.2 产品设计系统与伴随文本的关系

符号学讨论的“共时”与“历时”并非以时间、空间为界限，而是按照主体看待系统的角度[12]。以索绪尔符号学为基础的结构主义，其系统观必须以“共时”的角度观察系统，一个系统内部的众多规约必须在共同的角度进行观察与讨论，只有这样，系统才能被构建并运作。产品设计系统观是“共时性”优先，这既是系统的结构构建基础，也是依赖系统进行文本意义传递的前提。共时的系统观为产品文本意义的有效传递提供了保障。

11. 吴曦：《五月天音乐中歌词的伴随文本解读》，《人间》2016 年第 19 期。

12. 安燕玲：《春晚符号学解读》，《北方文学》2013 年第 2 期。

### 11.2.1 伴随文本与产品设计系统间历时性的必然

首先，三类伴随文本与产品设计系统间跨越了共时/历时分界的存在。一是“显性伴随文本”以文本框架因素及模板的身份存在于产品设计系统之内，它与系统内各类元语言始终保持着共时性的一致。二是“生成性伴随文本”“解释性伴随文本”则存在于产品设计系统之外的文化环境中。由于文化环境的多样化，这些伴随文本很难与产品设计系统的文化规约保持一致。因此，三类伴随文本各自存在的方式表明它们与系统之间跨越了共时/历时的分界。

其次，“生成性伴随文本”与“解释性伴随文本”存在于系统外部，它们与系统内各类元语言必定存在历时性的差异。在结构主义产品设计活动中，为达到文本表意的有效性，设计师会将“生成性伴随文本”按照产品设计系统规约进行文本构思、编写，获得与系统内元语言共时性的统一，作为文本表意有效性的保障。而后结构主义的产品设计活动，设计师则放弃“生成性伴随文本”与产品设计系统间共时性的统一关系，形成使用者对文本意义开放式任意解读的局面。

设计师与使用者是两个独立且自主的主体，“解释性伴随文本”是使用者主体一端在产品设计系统外部文化环境中的主观选择，设计师很难对“解释性伴随文本”进行主观编写与改造。但设计师可以通过对使用者、评价群的选择，以及文本呈现的方式与文化环境的选择，对使用者依赖的“解释性伴随文本”做出必要的引导与控制。就如笔者在第10章“10.4.3 双重系统构建对‘二级主体间性’的控制”中表述的，设计师可以尝试通过双重系统的构建对“二级主体间性”进行控制，最终达到表意的有效性与设计活动评价的预设目标。

最后，设计师与使用者两个主体间的认知差异是产品文本传递过程中所有历时性的本质与根源。产品设计系统由以使用群集体无意识为基础的三类元语言构建而成，设计师以“佃农”的身份进入产品设计系统进行文本的编写，设计师与系统间的共时与历时，可以看作是其主观意识向产品设计系统内文化规约的趋同性与独立性的选择。因此，一方面，设计师在文本编写时主观意识不断彰显，对其产生影响的“生成性伴随文本”就会在编写与改造的过程中与产品设计系统间形成不断差异化的历时性表现；另一方面，“生成性伴随文本”对设计师创意构思、文本编写的主观意识影响最大，并在产品文本中遗留程度不同的痕迹，这些遗留的痕迹对使用者而言是有别于产品设计系统内部的文化规约，它们以外部文本与产品文本间的历时性表现出文本解释的张力。

### 11.2.2 伴随文本与产品设计系统间共时性的目的

首先，“显性伴随文本”是产品文本的框架因素及类型模板，它们受到产品设计系统内的三类元语言在共时性上的普遍控制。也可以说，显性伴随文本自身就是系统内符号规约共时性的文本体现。为达到产品表意有效性，“显性伴随文本”既是编写的对象，又是编写的限定规范，制约着设计师编写与使用者解读时，与产品设计系统间趋向共时性的局面。

其次，设计师主体希望与使用者主体间达成的共时性，并不完全是通过对使用者的“用户调研”获得。调研虽是产品设计活动的内容组成，但仅是设计师与使用者两个主体间表层的文化经验接触。为达到产品表意的有效性，以及遗留在产品文本中“生成性伴随文本”的痕迹可以被使用者有效解读，设计师与使用者主体间的共时性，并不都是以调研后问卷的数据汇总及分析获得的，而是以设计师主观的意识趋同于产品设计系统内各类元语言所达成的。

再次，“解释性伴随文本”是使用者主体在社会文化环境中对产品的解读依赖及评判导向，它们存在于产品设计系统之外，与产品设计系统间具有历时性的特征。一方面，它们会通过使用者的解读努力，与产品设计系统进行共时性的沟通。因此，使用者解读依赖的“解释性伴随文本”与产品设计系统原有的历时性，必定在解读的过程中与产品文本达成某种共时性的和解。所谓的“和解”，是在产品设计系统内的各类元语言调控下达成的程度各异的协调与统一。另一方面，设计师虽无法直接控制影响使用者主体一方的“解释性伴随文本”，但他可以做出舆论导向及评论方向的预判，就如同我们日常的言谈举止，既要让对方理解，也要预判出对方对我们“言谈举止”的评价。

最后，伴随文本与产品设计系统间历时性、共时性的目的可以总结为如下两点。第一，产品设计活动对各类伴随文本共时性的追求，目的是通过设计师与使用者主体间文化规约的一致性，达到产品文本意义的有效传递，而达成这一目的的途径是产品设计系统对设计师编写与使用者解读的共同约束与控制。第二，产品设计活动对伴随文本与产品设计系统间历时性的追求，则是希望打破系统规约束缚，通过主体间文化规约的差异性，获得产品意义多元化或开放解读。可以说，伴随文本的“历时性”是产品文本落入文化环境的必然结果，而“共时性”则是设计师通过产品设计系统的控制，以及双重系统的构建（详见 10.4.3）做出的文化规约一致性的努力。

## 11.2.3 产品设计系统对伴随文本的共时性控制

为达成结构主义产品设计文本表意的有效性，产品设计系统由使用群集体无意识为基础的三类（四种）元语言构建而成。设计师文本编写的符号规约以及其主观的意识表达，都必须达成与系统间的共时。设计师是产品设计活动的主导者，与其说设计师控制着产品文本传递过程中伴随文本与系统间的共时性，倒不如说是产品设计系统对设计师的编写与使用者的解读起到共同的约束控制与协调统一的作用，从而达成三类伴随文本与系统间共时性的目的，这样表述会更为准确且全面。按照产品设计系统对三类伴随文本的控制，我们可以做如下分析（图 11–3）。

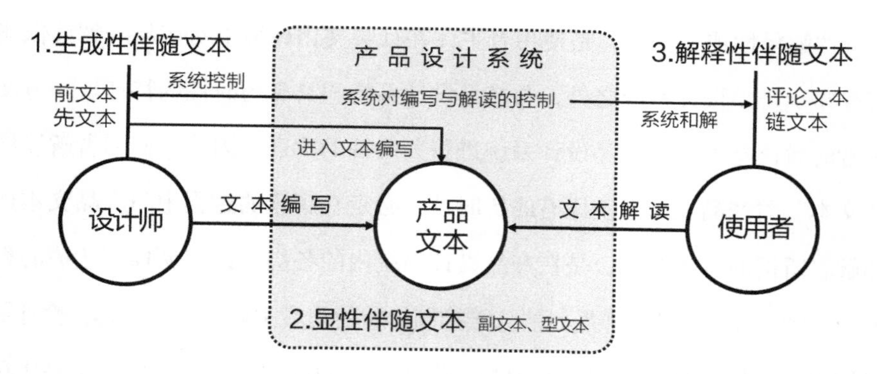


图 11–3　产品设计系统对三类伴随文本共时性的控制

（1）“生成性伴随文本”在产品创意构思与文本编写过程中，要么以“隐性”影响启发的方式（前文本），要么以“显性”刻意改造的方式（先文本）进入产品文本之中进行编写，并在产品文本内留下程度各异的痕迹。产品设计系统内的各类元语言通过协调与控制，使得“生成性伴随文本”遗留在产品文本内的痕迹，既可以体现设计师主观的意识表达，又能获得使用者的有效解读。

（2）“显性伴随文本”在前文已表述，它是产品设计系统内部产品文本的框架因素及类型模板，它们本身就具有与系统间共时性的规约基础，它们控制设计师编写与使用者解读的方向及类型，在此不再赘述。

（3）“解释性伴随文本”是使用者在各自的使用文化环境中对解读产品文本的文化依赖与指导。这些作为解读依赖的伴随文本在产品设计系统之外，与系统间存在必然的历时性差异，但在具体的解读过程中，使用者会通过自身的解读努力，以及解读时的文化语境，以系统内各类元语言的协调控制方式，达成“解释性伴随文本”与产品文本间不同程度的共时性和解。

## 11.3 设计师对各类伴随文本的控制能力

### 11.3.1 对“副文本”内容最直接且有效的控制

“副文本”的内容包括产品的名称（作品标题）、作者、设计说明、图示、包装、版本、价格、品牌、展示等。它们以最明显的文本框架因素暴露在产品文本之前，甚至比产品文本更加醒目。它们往往比产品文本更先呈现在解读者面前，所以，副文本直接影响文本的解读方向与内容。正因为它们是所有文本的框架因素，且具有普遍存在的特征，设计师对副文本的控制可以最直接、最有效地影响使用者对产品文本的解读方向与内容。

如果按照解读者对文本的解读逻辑顺序，设计作品的“标题”往往是文本外部框架中最外层的那个因素，也是最直接地影响文本的解读方向与内容。电影《无名之辈》女主角有句这样的台词：为什么会有桥？因为，路走到了尽头。若将其改为标题为《桥》的一首小诗：为什么会有桥 / 因为 / 路走到了尽头。这是对“‘桥’为什么会存在”具有哲理性的描述。如果诗的内容不做任何变动，仅将标题改为《奈何桥》，则是对走投无路的人生做出的最无奈倾诉。一件设计作品如果以《无题》为名，则会转向艺术化表意的后结构主义开放式解读。

产品作为销售的商品，包装是文本框架较为暴露的因素之一。我们经常看到，同一款产品配上红色喜庆外包装，就能成为春节的礼品；换上具有纪念意义的包装或丝网印上纪念文字，就可以成为会议的纪念品。强调作品的设计者也是以副文本方式突出烘托产品的主要方式，小米花 200 万天价设计费请原研哉设计标志在网络平台疯传，这和花同样的钱买下几个高档小区的电梯广告相比是非常合算的事情。

设计师对副文本的控制之所以能够达到最直接且最为有效，原因在于几乎所有的副文本都以“附着”方式与产品文本共同表意，即副文本在产品文本表意时始终且必定在场，并充当产品文本的框架因素，它们往往比产品文本最先出场，也最显眼。

## 11.3.2 灵活选择“使用群”的两种设计模式

“使用群”是三大类伴随文本之一显性伴随文本中“型文本”的重要内容。产品设计为满足使用群的物质与精神需求，往往在产品设计活动初期就已确定了明确的使用人群。设计师通过对使用群的调研考察，构建了产品设计系统。在现实的产品设计活动中，设计师并非都是以先确定使用人群作为设计流程的初始环节，还存在先有设计创意再去寻找使用群，以及使用群寻找设计作品的两种设计模式。

### 1. 先有设计创意再选择使用群的设计模式

设计师先有创意构想，再去寻找最为合适的人群，或是依赖使用环境构建产品设计系统，这种模式在那些先有新颖的创意构思或新的科技创新领域最为合适。“使用群”既然是伴随文本的型文本内容之一，这也表明了在产品文本意义传递活动中，使用群具有可选择性的特征。灵活地选择使用群，是设计师将“意图意义”通过文本编写，灵活且主动性地寻找到与“解释意义”文化规约一致性的解读人群（使用群）。

“先有创意再选择使用群”这种设计模式打破了事先与使用者约定好的产品设计系统构建方式，在设计活动的过程中不断寻找或修正适合的使用者，寻找可以与设计师达成文化规约“共在关系”的使用群，即在对设计创意的提升与完善的过程中，去寻找最为合适的使用群，建构适合这个使用群、使用环境的产品设计系统。

在这个以创意寻找使用群的过程中，设计师也必定会注意到这两点：（1）文本意义的有效传递只有在特定的人群、适合的文化语境中才能获得“意图意义”与“解释意义”的一致性解释；（2）不同使用群或使用场景、文化语境都会构建出不同的产品设计系统及评价系统。譬如一款在口罩上设置扬声器的设计交给两个使用群：一是雾霾天聊天唠嗑的大妈，二是外科手术室里的主刀大夫，显然我们对后者的使用群所构建的产品设计系统在作品的评价上要远高于前者。

### 2. 使用群寻找设计作品的设计模式

作为社会文化符号的产品文本，必定面对各式各样的解读人群，总有那么一些或一类人群，可以有效地解读设计师编写进文本内的“意图意义”。产品设计活动既可以是“产品寻找适合的人群”，也可以是“人群寻找适合的产品”。例如在网络购物时，我们都是在寻找适合我们的产品。另外，许多小众化品牌以及设计师品牌，它们在设计的时候似乎并没有事先寻找确定的人群，而是在创意之后的具体设计实施过程中，逐步向某类人群的文化规约努力靠拢。设计师们坚信在纷杂的文化环境中，必定会存在可以读懂他们设计作品的那一类人群。

无论是“先有设计创意再选择使用群的设计模式”，还是“使用群寻找设计作品的设计模式”，两者都是由之前的“以使用者为中心”转向“以设计创意为中心”。但必须指出的是，这样的转变并不是后结构主义产品文本的编写方式，而是强调以设计创意或设计表达作为设计活动的最终目的，并在此基础上寻找适合的使用群、使用的文化语境，再构建结构主义的产品设计系统，达成设计师与使用者的“共在关系”。

### 11.3.3 对产品体裁的“出位之思”

体裁是三大类伴随文本之一显性伴随文本中“型文本”的重要内容。产品作为一种表意的体裁，是设计师与使用者之间编写与解读的契约，产品表意不能脱离体裁，也不能不按照产品体裁的要求进行文本的编写。一些产品设计寻求突破边界，尝试向其他体裁靠拢。这具体表现为，在一种体裁内模仿另一种体裁的努力，既是对另一体裁的仰慕，也是希望突破原有体裁的束缚，以此获得新的表意空间[13]。德国艺术学界称之为Anders Strebeno，钱锺书将其翻译为“出位之思”。英国艺术哲学家佩特强调，“出位之思”是作品部分摆脱自身局限，而非跳出原来的体裁[14]。

赵毅衡认为，解读者对文本的解读有一种“体裁期待”。“体裁”是符号文本传递活动中载体、渠道、媒介这些符号文本的物质形式的文化程式，体裁本身就是一个指示符。另一方面，作为伴随文本的体裁是最明显、最大规模的型文本范畴，所有符号文本的意义传递过程都会落在一定的体裁类型之内[15]。体裁在文本编写与解读中的作用表现在，体裁是对文本的类型分类，指示编写者文本构思、编写的注意类型、提示解读者文本解读的阅读态度，它是文本与社会文化之间事先规定好的编写与解读契约[16]。

---

13. 王金玲：《古代岭南漆艺的“出位之思”》，《南京艺术学院学报（美术与设计版）》2018年第6期。

14. 戴蔚：《电视新闻编辑意图表意的符号学分析》，《西南交通大学学报（社会科学版）》2016年第3期。

15. 赵毅衡：《符号学原理与推演》，南京大学出版社，2016，第142页。

16. 同上书，第135页。

由于文本受到体裁的规定，这一点是难以跨越的障碍，出位之思不太可能出现于非艺术的体裁中，艺术家因仰慕另一种体裁而形成的跨越体裁的出位之思，只是为了创造一种新的表意风格，并不是真正进入另一个体裁[17]。

产品设计的"出位之思"是出于对其他体裁的仰慕，而绝非真的想进入另一种体裁当中，设计与艺术间的相互跨界活动也是如此。具有装置艺术特征的产品设计，是对装置艺术体裁的仰慕及模仿，它不会在装置艺术的体裁内进行解读；装置艺术也时常会仰慕产品的表意载体，它同样不会在产品体裁内进行解读。因为这些设计师或艺术家们都知道，解读者在面对一件作品时，都具有提示他们解读文本的阅读态度，即事先就已经存在的体裁期待，这些期待的规约内容可以视为文本自携元语言的组成部分。

需要补充的是，前文所举之例，一件毕业设计作品原本放置在产品设计的毕业展场，转而放置在了雕塑系的展场，那么这件设计作品就不是出位之思，而是体裁的彻底转换。这种转换是因为解读的语境赋予了这个文本属于那个语境该有的体裁期待类型，就如同杜尚在1917年将一个小便池取名为《泉》，放在纽约独立艺术家协会展览一样。

## 11.3.4 产品文本与伴随文本整合为"全文本"模式

当产品文本与伴随文本整合在一起表意时，它们被称为"全文本"。全文本表意是产品融入社会文化不可避免的方式。甚至可以说，任何产品都是其自身文本附带着伴随文本成为"全文本"表意方式后融入社会文化的。产品"全文本"表意中的伴随文本是强制性产品进入社会文化中必须附带的文本，例如产品类型、体裁、名称、题目、品牌等。它们具有强迫使用者向着规定方向与内容解读的特质。

（1）与产品自身文本通过修辞的意义解释获得设计师的"意图意义"不同的是，伴随文本更像各种指示符，坚定而明确地指向使用者解读的各种文化契约。需要提醒的是，设计师绝不可陷入全文本解读的过度依赖，如果设计师希望通过这些伴随文本的解读依赖，来弥补产品文本在编写过程中因自身设计能力问题而导致的表意缺陷，虽然"全文本"方式可以起到文本内容的弥补，与文本意义的解读指向作用，但这已经违背了产品设计活动的初衷，是

17. 胡易容、赵毅衡：《符号学－传媒学词典》，南京大学出版社，2012，第25页。

设计师能力低下的无奈之举。

（2）但对一些情节相对复杂的叙事设计文本而言，设计师可以有目的地选择或刻意设置一些与使用者所在文化环境达成共时性关联的伴随文本，并与产品文本整合为全文本。产品文本被伴随文本携带着进入文化环境，以“全文本”形式达成意义的有效传递。日本设计师铃木康広的叙事设计作品，因文本构思、编写中叙事情节的复杂性，难以让观者建立连贯的解释逻辑。因此他多以构思过程的故事版、设计说明、灵感启发等副文本、前文本与作品同时呈现，整合形成的全文本让叙事逻辑变得清晰，易于解读。

（3）一些后现代艺术作品，如果配以作者生平、创作背景、影音材料等副文本，整合为全文本，并以文献展的方式重新呈现在观众面前，之前无法解读的艺术作品便可以获得解释方向的指引。可以说，后结构主义作品的文献展，是深奥的艺术作品配以朴素的社会文化经验所形成的全文本，它努力将观众拉进艺术家编写文本时的意图世界。

## 11.4 文本间性中“前文本”的层级及各层级对产品设计活动的影响

“文本间性”，学界也称之为“互文性”或“文本互涉”。这个概念最早由巴赫金孕育，之后由克里斯蒂娃正式提出，再经巴尔特、德里达、热奈特等结构主义及后结构主义理论大师们深入讨论，逐渐成为一个功能强大、应用广泛的文艺理论体系。

赵毅衡在对伴随文本进行分类时，将“文本间性”理论中对编写的文本产生启发与影响的那个文本称为“前文本”。其实，在生成性伴随文本中的“前文本”与“先文本”都会在产品文本的编写中留有痕迹，前者是对设计师“隐性”的启发与影响，后者则是设计师“显性”地改造或“挪用”。两者并没有清晰的界限，而是一方面取决于文本编写者的借鉴、吸收与转换的方式，另一方面取决于解读者的认知经验判断。判断文本与文本间的关系是启发、借鉴、抄袭，还是改造、挪用，即判断是“前文本”还是“先文本”，是较为复杂的事情。

设计活动中，文本间性更多指向“前文本”，而非“先文本”。对设计师产品文本构思、编写带来启发与影响的“前文本”具有系统结构的层级关系，笔者按照启发与影响的方式及内容将这些“前文本”分为五个层级，其中第二层级的“前文本”泛指所有以编写的方式存在、以表意为目的的各类型文化表意文本，“雷同”问题的讨论聚焦于这个层级中同类型产品所形成的文本间性的相似性。

## 11.4.1 文本间性与“前文本”

### 1. 文本间性的概念

首先，巴赫金在文学理论中首次提到，任何一篇文本的写成都如同一幅语录、彩图的拼贴，任何一篇文本都吸收和转换了别的文本。这句话没有明确提出“文本间性”这一概念，但已经暗含了文本间性这一特征。他认为，文学是文化不可分割的一部分，文学研究不能脱离一个时代完整的文化语境，各种文化之间是相互联系、相互依赖和相互作用的，它们是对话的、开放的，这种对话和交融正是文化本身发展的动力[18]。

其次，克里斯蒂娃在1966年撰写的《词语、对话和小说》一文中正式提出“文本间性”的概念。她认为任何文本的编写都是对于之前引用语的“镶嵌”，或者是“再加工”。任何文本的形成都以吸收和转换其他文本作为编写的基础[19]。它们相互参照、彼此牵连，形成一个潜力无限的开放网络，以此构成文本过去、现在、未来的巨大开放体系和文学符号学的演变过程[20]。文本间性的理论明确了任何一个文本不可能独立创造而成，在编写时必定会受到其他文本的影响。克里斯蒂娃甚至认为，任何文本的编写都是对其他文本的吸收和转换，任何一个文本的表意也都会或多或少借助其他文本作为表意的参照[21]。她认为“文本间性”主要有两个方面的基本含义：一是一个确定的文本与它所引用、改写、吸收、扩展，或在总体上加以改造的其他文本之间的关系；二是任何文本都是一种互文。在一个文本中，不同程度地以各种多少能辨认的形式存在着其他的文本，任何文本都是对过去的引文的重新组织[22]。

最后，国内学者秦海鹰对文本间性的定义是：一个文本把其他文本（前文本）纳入自身的现象，体现了一个文本与其他文本之间发生关系的特性。这种关系可以在文本的编写过程中通过明引、暗引、拼贴、模仿、重写、戏拟、改编、抄袭等一系列互文编写手法来建立，也可以在文本的解读过程中通过解读者认知经验的搜寻、主观意识的联想，以及研究者的实

---

18. 王宁：《互文性理论的发展流向》，《太原城市职业技术学院学报》2011年第8期。
19. Kristcva , J. *The Kristeva Reader* [ C ] . Oxford Blackwel , 1986 .
20. 丁礼明：《互文性与否定互文性理论的建构与流变》，《广西社会科学》2010年第4期。
21. 展芳：《“伴随文本”划分再探讨》，《重庆广播电视大学学报》2017年第3期。
22. 丁礼明：《互文性与否定互文性理论的建构与流变》，《广西社会科学》2010年第4期。

证研究和互文分析等各种互文阅读方法建立[23]。

## 2. 文本间性的几种分类

热奈特为便于讨论文化环境中的文本与文本间的相互关系，将这些关系分为五种类型。（1）文本间性：一文本在另一文本中的忠实存在，“忠实”的程度分为部分或全部忠实，“忠实”的内容包括引语、抄袭和影射。（2）副文本性：一部文学作品所构成的整体中，正文与只能称作它的“副文本”的部分所维持的关系，副文本对读者接受文本起到一种导向和控制的作用，包括标题、副标题、互联性标题，以及前言、后记、告读者、致谢等。副文本性为读者提供了很多导向性要素，从而有效地还原了作者的意图。（3）元文性：一篇文本和它所评论的文本之间的关系。（4）超文性：文本与包围文本的广阔文化语境之间存在着连续性和历时性的关系。（5）统文性：指文本同属一类的状况。热奈特的五种分类使文本间性有了更强的操作性[24]。但热奈特的分类似乎有意将“文本间性”放置在各种伴随文本的类型中进行讨论。

与热奈特对“文本间性”讨论方式不同的是，蒂费纳·萨莫瓦约（Tiphaine Samoyault）在《互文性研究》一书中指出，文本间性存在“广义”与“狭义”的两种概念：广义的文本间性是指某一个文本中出现的多种“话语”，且所有的文本皆具有广义的文本间性。狭义的文本间性是指一个文本中的内容确实出现在另一个文本之中[25]。另一方面，克里斯蒂娃同时将文本间性分为“水平”和“垂直”的文本间性。“水平”指一段对话与其他话语之间具有或多或少的关联文本间性，“垂直”指一个文本是其他文本的来源方式或应答方式的文本间性[26]。

对于以上三位学者的分类，我们可以看到，热奈特希望将“文本间性”放置在各类伴随文本的类型中进行鲜明地区分，蒂费纳·萨莫瓦约希望讨论“文本间性”中起到影响另一个文本的那个文本的范围及规模问题，克里斯蒂娃则注重讨论“文本间性”中一个文本对另一个文本在具体影响方式上的区别。他们的分类方式为笔者在下文讨论文本间性中的“前文本”的宽窄规模与上下层级关系（详见11.4.2），以及各层级“前文本”对产品设计活动的影响方式（详见11.4.3）提供了理论基础。

---

23. 曾军山：《斯诺普斯三部曲的互文性研究》，博士学位论文，湖南师范大学，2012，第78页。

24. 王宁：《互文性理论的发展流向》，《太原城市职业技术学院学报》2011年第8期。

25. 蒂费纳·萨莫瓦约：《互文性研究》，邵炜译，天津人民出版社，2003，第137页。

26. 吕行：《互文性理论研究浅述》，《北京印刷学院学报》2011年第5期。

### 3. 文本间性与“前文本”的关系

克里斯蒂娃的“文本间性”理论表明，任何一个产品文本不可能独立创造而成，设计师在编写时必定会受到其他文本的启发或影响。任何产品文本的编写都是对其他文本的吸收和转换；任何一个产品文本的表意也都会或多或少借助其他文本作为表意的参照。赵毅衡在对伴随文本进行分类时，将“文本间性”理论中对编写的文本产生启发与影响的那个文本称为“前文本”，并将其归为生成性伴随文本这一大类（详见 11.1.1-1）。他认为，前文本是一个文化中先前的文本对此文本生成产生的影响，之所以称之为“前文本”，是因为此种影响必然在这个符号文本产生之前，前文本的概念与一般理解的“文本间性”相近。狭义的前文本包括文本中的各种引文、典故、戏仿、剽窃、暗示等，广义的前文本是指这个文本产生之前的全部文化史。前文本是文本生成时受到的全部文化语境的压力，是文本生成之前的所有文化表意文本组成的网络[27]。

我们在“11.1.1 生成性伴随文本”中已表述，“前文本”与“先文本”都会在产品文本中留有痕迹，且两者也经常被混淆，笔者就两者对产品文本的影响方式以及与“文本间性”的关系做如下两点补充。

（1）“前文本”的作用是启发设计师构思，影响产品文本编写，它们以“隐性”方式存在于产品背后，在产品文本中留有启发与影响的痕迹。而“先文本”是设计师对已有文本的刻意改造活动，在产品文本中留有“显性”的痕迹。例如艺术活动中的“挪用艺术”，被挪用的文本几乎都是指“先文本”，而非“前文本”，也就是说，挪用艺术中已有的那个文本对作品的影响是“显性”的，而非“隐性”的。

（2）“前文本”与“先文本”都是指向在产品设计活动之前就已经存在的文本，两者的区别仅是设计师对一个已有的文本从“隐性—显性”两个方向上借鉴的程度与方式差异。两者的角色是可以转换的，界限也是较为模糊的，而且对产品文本中遗留的痕迹“程度”及“方式”的判定权在解读者一方。但在产品设计活动中，设计师更多地会以对一个已有的同类型产品文本的“意图意义”以及一些“指称表达”的吸收与转换的方式，形成对设计作品的“隐性”影响，如果像“先文本”那样，在设计作品中留有“显性”的影响痕迹，很容易被解读者指责为“抄袭”。

---

27. 胡易容、赵毅衡：《符号学－传媒学词典》，南京大学出版社，2012，第 164 页。

毕竟产品设计活动不像艺术领域存在“挪用艺术”那样存在“挪用设计”，因此可以说，产品设计活动中讨论“文本间性”的问题，几乎都是指向“前文本”，而非“先文本”。我们在此基础上讨论设计师在编写产品文本的过程中，以怎样的方式借鉴“前文本”，以及解读者如何讨论“产品文本”与“前文本”之间各式各样关联性与相似性的问题。

## 11.4.2 “前文本”的宽窄规模与五个层级的分类

### 1. 文本观下的“前文本”宽窄与规模

文本观是当代人文探索理论的主导思想之一。符号作为意义表达的时候都会与其他符号一起，组成整体合一性质的表意单元或是组合，这个组合单元称为“文本”。赵毅衡认为文本具有两大特征：一是文本中有被组合在一起的符号；二是文本内符号的组合可以被符号的接收者进行合一性解释，并具有合一的时间和意义向度[28]。这表明，凡是满足以上两个条件的符号表意方式都可以视为一个“文本”。

一方面，结构主义与后结构主义的文本观对文本研究的内容范围差异很大，这源于符号研究领域的差异，直接导致文本宽窄定义的差异。另一方面，“前文本”作为一种影响设计师编写活动的文本，其存在的宽窄与规模可以是以下五种的任意一种。

（1）语言符号学的文本最窄范围。索绪尔语言学定义的文字文本，是指书面语言的表现形式，语言符号学认为文本通常是具有完整的、系统含义的一个句子或多个句子的组合，文本甚至可以是一个段落或者一个篇章。

（2）应用符号学的文本较窄范围。20 世纪 80 年代至今，符号学在各个研究领域得到广泛运用，已摆脱了语言学的研究模式。文本范围的讨论立足于人文社科各个具体研究领域的具体问题。文本概念被广泛运用，产生与之配合的各领域相对应的文本范围。

（3）结构主义的文本较宽范围。这是目前符号学界通常使用的文本范围。结构主义认为，无论是思维还是经验的再现，都必须寄身于文本以及文本的结构中。巴赫金认为文本的结构容纳了人类个体的行为、感知、立场。从这些结构中，人类才能获取最终事物的本质[29]。另一

28. 赵毅衡：《广义符号叙述学：一门新兴学科的现状与前景》，《湖南社会科学》2013 年第 3 期。

29. Dialogical Principle[M].Minneapolis:Univ of Minnesota Press,1981:17.

方面，文本不仅是以书面形式记录的概念结构，而且有人们感知现实现象的方式本身，包括接受的感知水平[30]。

（4）后结构主义从文化范围讨论的文本。乌斯宾斯基（ГлебИвановичУспенский）认为文本是文化的基本单位，也有学者认为文本就是整体的符号[31]。卡西尔甚至认为，文化构成了人类的哲学，人在创造文化的活动中成为真正意义的人[32]。文化是符号化活动的人类行为的集合，而表述这些符号意义的方式则是与之配合的文化属性文本，因此文化研究中，凡是有意义的符号组合就构成了文本，这与赵毅衡对文本的定义相一致。

（5）大局面的超大符号文本最宽范围。塔尔图-莫斯科符号学派把人类创造的各种文化看作是具有功能的多种语言的综合，符号学被看作是确定人与世界之间各种关系的体系。他们甚至认为“人”也是一个文本，整个宇宙也可以是文本，把所有可能成为符号携带意义的感知都看成是文本[33]。超大符号文本观的价值在于，任何人文社科研究领域都可以视为一个“超大文本”，这些超大文本都可以在“大局面”符号表意的文本构建内建立各自的研究层级的结构模型，以及学科与领域之间的交叉。

## 2.“前文本”五个层级的分类概述

从符号学的文本宽窄与规模，以及“前文本”对“产品文本”的影响方式而言，笔者对产品设计活动中“前文本”的类型，以及它们之间的上下层级关系做了如下五个层级的分类（图 11-4）。

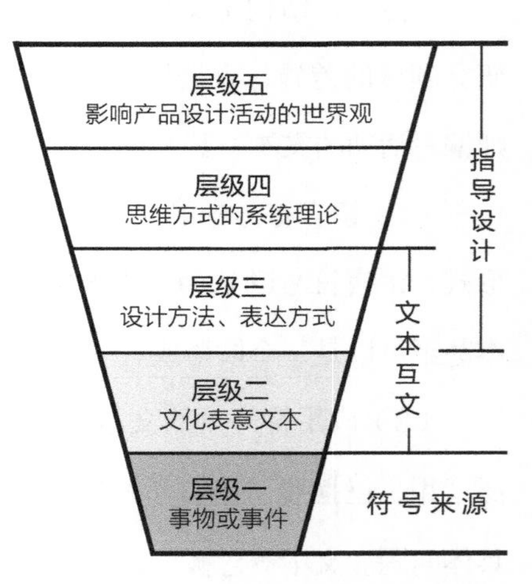


图 11-4　产品设计活动中前文本的层级关系

层级一：符号来源的事物或事件。这一层级的事物或事件作为前文本提供给设计师产品文本编写的始源域符号来源。或者说，层级一中的事物或事件为所有文化表意的文本提供符号的来源。

层级二：文化表意文本。泛指文化环境中以编写的方式存在，以表意为目的的各类型文

30. 安德烈·戈尔内赫：《形式论：从结构到文本及其外界》，李冬梅、朱涛译，河南大学出版社，2018，第 5 页。

31. 赵毅衡：《论文本的普遍性》，《重庆广播电视大学学报》2013 年第 6 期。

32. 卡西尔：《人论》，唐译译，吉林出版集团有限责任公司， 2014，第 131 页。

33. 管月娥：《乌斯宾斯基与塔尔图－莫斯科符号学派》，《俄罗斯文艺》2011 年第 1 期。

化表意文本。其中主要以同类型产品文本、跨类型产品文本、跨体裁的其他文化领域的表意文本为主，这一层级的前文本也是解读者判断文本间性中的相似性是否存在“雷同”的主要层级。

层级三：设计方法、表达方式。这一层级的前文本是设计师实践操作与表达的指导工具。

层级四：思维方式的系统理论。这一层级的前文本是设计师思维活动的指导工具。

层级五：影响产品设计活动的世界观，这一层级的前文本会对设计师形成某种设计风格或流派产生重要影响。

从文本编写的设计师角度而言，这五类上下层级的“前文本”在产品设计活动中分别担任三种任务。第一，符号的来源（层级一），产品设计是一个外部事物的文化符号对产品文本内相关符号的修辞解释，这个文化符号必定存在于事物或事件的文本系统中。第二，文本间的互文，即我们所说的产品文本对前文本的借鉴、改造，甚至抄袭等各种方式的文本间性（层级二与层级三）。第三，指导设计，分别从设计师实践操作与表达的指导工具（层级三），指导所有产品设计活动的思维工具（层级四），指导设计师形成某种设计风格或流派（层级五）。

## 11.4.3 各层级“前文本”对产品设计活动的影响

### 1. 层级一：符号来源的事物或事件

（1）第一层级的前文本提供设计师文本编写的始源域符号来源。产品设计活动是普遍的修辞，是设计师以产品文本外的一个文化符号对产品文本内相关符号进行的修辞解释。可以说，第一层级的事物或事件为所有的各类文化表意文本（包括第二层级的前文本）提供符号的来源。

产品设计活动中的设计创意是设计师选取怎样的一个文化符号，对产品文本内的符号做出如何创造性的意义解释。这个文化符号必定存在于一个事物或事件的文本系统中，这个事物或事件作为一个完整的文本，可以视为产品文本符号来源的“前文本”，它为产品修辞活动提供始源域符号的形式以及概念内容，并与产品文本发生局部概念的交换或替代，形成各种修辞格的表意方式。设计师利用外部事物的文化符号对产品文本的创造性意义解释，不但是产品融入社会文化的唯一渠道，还是产品设计活动的主导者——设计师主观意识的创造性表达。

（2）需要强调的是，解读者对第一层级符号来源的文本间性分析，都会放置在“第二层级”

的文化表意文本中进行判断，他们不会直接针对文化符号本身的来源以及其所在系统进行文本间性的讨论。这是因为，文本间性对解读者而言，主要关注文本与文本之间的吸收与转关而形成的关联性与相似性等问题，而这些问题几乎都需要在同类型的两个文本之间进行讨论。

例如：设计师用“星星”的符号去修辞一款夜灯，从解读者对于“前文本”的寻找与对应而言，他们不会在意设计师是用了“星星”还是“月亮”“太阳”去修辞了“夜灯”，更不会在意“星星”这个符号还修辞了除“夜灯”这个产品类型之外的“台灯”“吊灯”“落地灯”等不同类型的产品。解读者一定会在夜灯的产品类型中，去寻找同样用“星星”去修辞“夜灯”的产品作为“前文本”。

### 2. 层级二：文化表意文本

（1）第二层级的前文本可以泛指文化环境中以编写的方式存在，以表意为目的的各类型文化表意文本。其中主要以同类型的产品文本，跨类型的产品文本，跨体裁的平面设计、建筑设计、工艺美术、舞蹈、音乐、诗歌、影视、小说、绘画、雕塑等其他文化领域的表意文本三大类为主。

这些文本间性内容众多繁杂，按照表意目的及表意方式可以概括分为两大类：第一大类，“意图意义-意图意义”间的文本间性，倾向两个文本在意义解释层面的内容；第二大类，“指称表达-指称表达”间的文本间性，倾向两个文本在造型形态、品质特征层面的内容。

（2）从上一段“星星”修辞“夜灯”的例子，我们可以看到：对于解读者而言，判断“产品文本”与“前文本”之间是否存在“雷同”，主要关注第二层级的前文本，尤其是对同类型产品与设计作品间的“文本间性”内容，诸如两个同类型产品间的造型、功能、操作、体验、材质、肌理、技术工艺、心理感知等相似性是否存在“雷同”的问题展开讨论。

（3）对于第一层级与第二层级“前文本”的关系，以及文本间性中“雷同”问题的讨论需要补充以下两点。第一，第二层级的前文本都是以编写的方式存在、以表意为目的的各类型文化表意文本，它们文本编写的符号来源都来源于第一层级的事物或事件，即第一层级的事物或事件为第二层级的文化表意前文本，乃至所有文化表意的文本提供符号来源。第二，同类型产品间的相似性所导致的“雷同”评判是复杂且多样化的，它需要放置在一个系统中，并且要围绕系统组成间的相互关系进行讨论（详见 11.6）。这也是笔者不愿去讨论解读者判断“雷同”的标准，而只谈它们判断的各种方式，以及设计师文本构思、编写如何导致“雷同”

的主要原因。

### 3. 层级三：设计方法或表达方式

（1）第三层级的设计方法与表达方式作为影响产品设计活动的“前文本”，主要担当着设计师实践操作与文本表达的指导工具作用。黑格尔认为“方法”是工具，是我们认识世界并改造世界的工具，这种工具是主观的改造手段，我们通过这一工具使得主观与客观产生关系，并探索出方式、规律和程序等。“设计方法”是指在某一类型的设计活动中，设计师通过分析、演绎、归纳等逻辑思维方式总结，或提出某种有效的理论依据或理论模型作为设计实践的指导方略，指导并贯穿整个设计活动[34]。在第 8 章中讨论的无意识设计系统方法的三大类型、六种设计方法即属于第三层级的“前文本”。在结构主义产品设计活动中，设计师可以通过借鉴无意识设计系统方法作为实践工具，获得产品文本精准及有效的表意。

（2）作为第三层级前文本的设计方法与表达方式，解读者很少讨论它们与产品文本间的“雷同”关系，而是评价它们与产品文本在表意方式中的某些相似性的感知体验，就如同设计师借鉴了无意识设计系统方法中的“直接知觉符号化设计方法”后，解读者会通过身体与产品间的直接知觉感受，来比较设计作品与无意识设计在产品体验方式上的相似性。

（3）第三层级的前文本更多会在设计圈中被众多设计师群体评判与讨论，虽然设计师的学习过程肯定脱离不了向优秀设计方法的效仿与借鉴，但过度效仿或遵循会制约设计师个性化风格的发展与设计方法的创新。

### 4. 层级四：思维方式的系统理论

第四层级的前文本从内容而言已上升到形而上学的哲学层面，它们几乎都是对无形世界的一种非经验化、非理性化的哲学研究。可以说，第四层级的前文本是指导所有设计活动的思维工具。就如同索绪尔与皮尔斯两种符号学模式、认知语言学的修辞理论等，都可视作一种指导设计活动思维的“前文本”。

思维方式的系统理论作为设计活动的前文本，随着设计师的学习经历或工作经验的不断发展而被广泛关注，因为思维方式的系统理论可以让设计师避免依赖自身个体经验去编写文本时出现的诸多弊端，转而从哲学的层面去思考并控制在编写产品文本的过程中，利用使用

---

34. 张剑：《无意识设计系统方法的符形学研究》，江苏凤凰美术出版社，2022，第 2 页。

群普遍心理、行为规律达到文本意义的有效性传递。

很多产品文本的解读者都会放弃这一层级前文本与产品文本间的文本间性讨论，毕竟解读产品文本时，这些前文本对解读者而言没有任何直接的关联与分析的必要。反而学术界的专业群体对这一层级的前文本与产品文本间的关联性很感兴趣，因为他们坚信，设计师有怎样的思维方式的系统理论，就会指导出怎样表意的设计作品。

**5. 层级五：影响产品设计活动的世界观**

第五层级的前文本是以某种价值观以及世界观的形式对设计师的影响，这种影响往往会指导设计师形成某种设计风格或流派，可以说它们是产品设计活动中最高层级的前文本类型。对于解读者而言，这类前文本会变成解读时的价值观或风格的期待，即引领解读者以怎样的世界观、价值观、人生感悟、风格流派等各种预设的文化态度去解读产品文本。这是因为，“文化态度”既是设计活动的前文本，也是人类文化最高层级的符号规约，它不但控制设计师的文本编写，也指引解读者的文化态度。

诸如绿色设计、低碳设计、思辨设计等具有明显价值取向的设计潮流及风格，都可以视为这一层级的前文本类型，它们以最顶层的文化价值观、世界观指导并影响着设计活动，乃至影响到人类所有文化活动的文本编写与表意。

最后需要补充的是，任何一件产品落入文化环境，会被除使用者之外的各式各样的人群解读，因此，从“层级一”至“层级五”的各类前文本，都会有相对应的人群去关注解读，并针对文本间性的不同内容进行分析讨论。这也正是本节中我们将分析讨论文本间性的人群统称为“解读者”的原因，虽然“使用者”也包含在其中，也是本章讨论“雷同”判定的主要群体，但笔者还是希望对“解读者”与“使用者”两者做出区别。

## 11.5 文本间性中“雷同”问题的讨论态度及所关注的内容

克里斯蒂娃的“文本间性”理论表明：在产品设计活动中，任何一个产品文本不可能凭空且独立创造而成，设计师在编写产品文本时，必定存在对不同层级、各种类型前文本各式各样的吸收和转换。几乎所有产品文本表意内容的“意图意义”，以及产品中各种指称在“对象”的形态或“再现体”的品质上的组成与内容，都会或多或少借鉴其他前文本作为参照。

产品设计是文本表意的传递过程，在这个过程中存在设计师与解读者两个完整且独立的主体，对文本间性中“雷同”问题的讨论不可能离开两个主体各自主观意识的操作与判断：（1）文本间性中“雷同”的形成是设计师一端在编写产品文本时，对同类型产品吸收和转换的主观态度，以及操作方式所导致；（2）产品文本的完成标志着设计师的离场，“雷同”判定的话语权在解读者一端。“雷同”是解读者对文本间性中两个同类型的产品在“意图意义-意图意义”或“指称表达-指称表达”上是否存在相似性的主观判定。

## 11.5.1 讨论“文本间性”中相似性的态度

设计创意是设计作品的灵魂，任何设计师都不愿看到自己的设计创意被他人抄袭，任何解读者也不愿看到抄袭他人创意的设计作品。产品文本在现实的文化环境中，很多解读者一旦发现产品文本与已有的同类型产品存在某些相似之处，便立刻指责设计师的“抄袭”行为；他们丝毫不去探究设计作品的意图意义，反而热衷于寻找设计作品与另一件产品存在的各种造型的相似性，这像极了学龄前儿童在两张图片中寻找到几处不同的那种“视力游戏”的狂喜。更有一些解读者抱着“证据收集”式的偏执态度，通过收集各类前文本与产品文本间的相似性关联，以此推断出设计师的“抄袭”劣迹，显然是不合适的。

### 1. 抄袭、撞车、雷同三个词汇概念的辨析

在我们日常生活中，如果张三手里拿着与李四一模一样的钱包，我们是否可以立即断定：张三偷了李四的钱包，张三是个“贼”。这当然不行，因为存在着两种情况：第一，张三的确偷了李四的钱包，张三是贼，这好比设计活动中的“抄袭”；第二，张三有一款和李四一模一样的钱包，这是一种巧合，这好比设计活动中的“撞车”。因此，在这种情况下，我们作为旁观者（解读者）只能说张三的钱包与李四的钱包极为相似（雷同），除非有确凿的偷盗证据，我们才能认定张三是个“贼”。

通过上面的例子，我们可以看到产品设计活动中，解读者对文本间性中相似性讨论的用词“术语”就存在与以上案例类似的三个不同的概念。

（1）抄袭：这是设计师借鉴同类型产品作为前文本的主观态度，以及吸收与转换的方式造成的。最突出的表现在同类型的产品间“意图意义-意图意义”或“指称表达－指称表达”的相似性，这就如同张三偷盗了李四的钱包。因此，抄袭是设计师主观故意地造成文本间性中设计“意图意义”或“指称表达”的高度相似。笔者必须要强调的是，抄袭的主观态度及

行为对于设计师而言是绝对不允许的，也是设计界不可容忍的。现实中确有一些设计师或艺术家因抄袭而东窗事发，自毁了前程。

（2）撞车：是指在没有借鉴的情况下，设计师的设计作品在“意图意义-意图意义”或“指称表达-指称表达”上与同类型的某一件产品产生相似性的巧合。撞车的情况在创意过程中非常普遍，它们经常出现在第一层级文本间性中，下文会详细讨论这个普遍性的问题（详见 11.5.4）。撞车就如同张三有一款和李四一样的钱包。因此，撞车是设计师在创意构思过程中的设计“意图意义”或“指称表达”与同类型产品相似性的巧合。

需要强调的是，从严格意义上来说，设计作品在“意图意义”或“指称表达”上撞车的那件产品文本不应该称为“前文本”。前文本是在设计师构思、文本编写中起到实际的启发与借鉴作用的文本，此处的产品文本我们只能称其为“相似文本”；如果相似性程度很高，也可称其为“高度相似文本”。

但现实却非常遗憾，无论是抄袭，还是撞车，判定权始终在解读者一端。许多解读者只会看到设计作品与某件作品在“意图意义”或“指称表达”的相似性，不会去分析形成相似的原因是抄袭，还是撞车，他们几乎都会将两者统一概括为抄袭，认定设计师一定是借鉴或受到那件作品的启发或影响，并在舆论上对设计师进行道德谴责。

（3）雷同：一方面，解读者在自身的认知经验中寻找与设计文本在“意图意义”或“指称表达”上具有相似性的某个产品文本，进而依赖自身的解读与分析能力，对两个文本做出是否存在相似性的判断，即去揣测张三有没有偷李四钱包的可能。因此，解读者寻找或发现的那个产品文本可能是“前文本”，也可能是“相似文本”。另一方面，文化语境中解释性伴随文本中的“评论文本”以及“链文本”提供给解读者明确的“前文本”指向，以及文本间性的具体讨论内容，甚至讨论的舆论导向，即便那个文本只是一个“相似文本”，但解读者也会受到舆论导向的影响。

综上可见，“雷同”就如同我们看到张三手里拿的钱包和李四的很像，甚至一模一样。“雷同”是我们依赖两个钱包客观存在的相似性而进行的主观判定。至于是张三“偷”了李四的钱包（抄袭），还是张三有一个与李四一模一样的钱包（撞车），那都是我们在“雷同”基础上做出的进一步主观猜测。为此，笔者不得不将因对前文本的借鉴、启发而形成的“抄袭”，设计文本与另一件相似文本的产品形成的“撞车”统称为“雷同”。

因相似性而导致的“雷同”判定的话语权必定在解读者一端，但在“雷同”基础上去猜测设计师到底是抄袭了“前文本”，还是与“相似文本”撞车，对于非设计行业的普通解读者而言是很难分辨的。如果纠结于是抄袭，还是撞车，这显然不是我们讨论文本间性问题该有的学术态度。同样，笔者也不得不将“相似文本”包含在“前文本”中进行讨论，此时的“前文本”概念比之前文本间性所指向的文本在范围上更为宽泛，它涵盖了解读者主观上可以实施“雷同”问题讨论的所有与设计作品具有相似性的同类型产品文本。我们知道，这样宽泛的概念与文本间性理论对应的那个“前文本”概念相比较而言并不严谨，但对解读者一端而言，但凡他们认为设计作品与另外一件产品具有相似性，且可以进行“雷同”问题的讨论时，这两件作品在他们的主观意识上已经具有了“文本间性”实质性的属性特征。

### 2. 选择“雷同”一词对文本间性中相似性讨论的理由

（1）“抄袭”与“撞车”是针对设计师一方而言，是指他们在文本构思、编写时对前文本借鉴的主观态度，以及吸收转换的方式。而“雷同”则是解读者一方对设计作品与另一件同类型的产品存在的相似性做出的主观判定。如果解读者没有确凿的证据以及丰富的认知经验，对设计师“抄袭”的指责很大程度上是不负责任的臆想。

在现实情境中，除非是具有丰富设计经验的设计师或是与设计师密切相关的知情人，我们很难判断出与设计作品具有相似性的另一件产品是“前文本”（抄袭）还是“相似文本”（撞车）。因此，笔者主张采用“雷同”一词涵盖“抄袭”与“撞车”，希望以理性的方式展开对于文本间性中相似性问题的讨论。我们既站在解读者的视角，分析文本间性中“雷同”问题的判断方式，又从设计师视角讨论“雷同”的形成以及如何规避等问题。“雷同”的评判是较为复杂的问题，它需要放置在一个系统中，并且要围绕系统组成间的相互关系进行讨论，这也是下一节要讨论的主要内容。

（2）产品文本在文化环境中面临各类语境与解读的人群，对“雷同”问题的讨论必定具有后结构主义不可知或不可控的讨论局面，因此要判定文本间性中的相似性达到什么程度才是“雷同”，或什么是判断“雷同”的标准，是件不可能的事情。因此本节所阐述的，对于文本间性中的“雷同”问题的讨论需要秉持的态度，也仅是针对设计师以及文本间性的研究者而言，希望对“雷同”的形成、评判、影响因素等问题做出系统化的分析。

### 3. 讨论文本间性中“雷同”问题的共时性原则

（1）文本间性的内容不受历时与共时的影响与限制

五个层级的前文本与产品文本所形成的文本间性的“内容”，必定存在是否跨越了认知域，是否跨越了范畴、类型而导致的历时与共时的区别，但它们不存在因文本间性内容的历时与共时对设计活动有启发、借鉴、影响的限制。文本间性的“内容”是跨越历时与共时的文化符号或文本，它们对产品设计活动的启发与影响不受时间、空间、结构与后结构吸收、借鉴，甚至不同解读方式的影响与限制。反而那些越是历时性的文本间性内容对产品设计的启发与影响，越能出现新奇特的产品创意效果。

但文本间性的内容引发了前文本与产品文本间的相似性比较的时候，判断它们是否“雷同”的问题就出现了，这时因相似性而导致的“雷同”问题必须放置在共时性的基础上进行讨论。

（2）文本间性的相似性“雷同”判定秉持共时性原则

“雷同”讨论的是文本间性的内容在相似性程度上的问题，并往往聚焦于第二层级前文本中，同类型产品间“意图意义-意图意义”以及“指称表达-指称表达”的相似性是否存在雷同。“意图意义-意图意义”的相似，即设计创意的相似，它们的相似最易被判定为“雷同”，然而“意图意义-意图意义”的相似性比对存在历时性的变化，也就是说，同类型产品各自所在系统随着时代的发展，因为文化语境的改变，或是解读人群的更换等历时性情况的发生，“意图意义”会随之改变，这就直接影响相似性是否构成“雷同”的最终判定结果。

苹果公司于 2007 年 6 月推出 iPhone，从此开启智能手机时代。三星公司随即也推出造型、操作相似的智能手机，于是苹果公司状告三星公司抄袭。与以往的翻盖、按键手机相比，苹果手机的造型、操作无疑是其设计活动的“意图意义”，与之相似的三星手机必定会被判定为“抄袭”。然而随着智能手机十几年的发展，之前苹果手机的造型、操作那些“意图意义”内容已成为所有智能手机，而非苹果手机的象征。现今各种品牌的智能手机造型类似，几乎都是一样的操作方式，它们“意图意义”的区别已转向为具体操作系统、操作体验的创新或提升。

（3）产品系统历时性的发展带来“雷同”判定的内容变化

通过以上的讨论，我们可以得出这样的推论：当一种全新的产品类型概念出现的时候，其“整体指称的概念”就是其“意图意义”的主要组成内容。而随着这类产品系统的不断发展，其设计活动的“意图意义”会由“整体指称的概念”转向并细分到这个产品系统内“局部指称的概念”的创新或提升，即随着产品系统自身的发展完善，其“意图意义”的概念层级将不断向下拓展、延伸、分散。文本间性中相似性的“雷同”判断的具体内容也必须随之变化。

## 11.5.2 “雷同”问题所关注的前文本层级及内容

### 1. “雷同”主要关注第二层级同类型的前文本

（1）产品文本与第二层级的前文本都属于以编写的方式存在，以表意为目的的各类型文化表意文本。一方面，如果按照蒂费纳·萨莫瓦约提出的“广义”与“狭义”文本间性概念进行划分，“层级一”“层级二”中的前文本与产品文本之间是“狭义”的文本间性，其他层级的前文本与产品文本之间皆可视为“广义”的文本间性。另一方面，如果按照克里斯蒂娃提出的“水平”和“垂直”文本间性概念进行划分，“层级二”中的前文本与产品文本之间是“水平”的文本间性，其他层级的前文本与产品文本之间皆可视为“垂直”的文本间性。因此，层级二的前文本与产品文本之间可以视为是“狭义-水平”的文本间性。

（2）层级二前文本包括与设计作品同类型的产品作为前文本，设计师以启发、借鉴、改造甚至抄袭等各种吸收与转换方式建立起同类型产品与设计作品之间的文本间性。从解读者解读产品文本的角度，他们更多关注同类型产品与设计作品之间的“意图意义-意图意义”或“指称表达-指称表达”的相似性是否存在“雷同”的问题。所谓的“雷同”，实质是解读者对文本间性中相似性程度的判断，而相似性程度的比较几乎都需要在同类型的产品文本之间进行。

（3）不可忽视的是，除了第二层级的前文本之外，对设计师的设计创意构思及文本编写起到启发和借鉴作用的还有第一层级的事物或事件。它们是产品文本符号来源的“前文本”，为产品修辞活动提供始源域符号的形式及概念内容。可以说，第一层级的事物或事件是所有文化表意文本编写时的符号来源，但第一层级的文本间性需要放置在第二层级讨论。

### 2. “雷同”关注文本间性中“意图意义-意图意义”的相似性

解读者会聚焦于第二层级前文本中，同类型产品间的“意图意义-意图意义”或“指称表达-指称表达”的相似性是否存在“雷同”的问题。

（1）对于文本间性中“雷同”的判定，解读者首先会聚焦于同类型的产品间“意图意义-意图意义”的相似性。这是因为设计师编写进产品文本内的“意图意义”即是产品设计的创意内容。任何同类型的两个产品间在文本意义的解释上存在相似性，即表明两个产品的设计师在设计创意内容上的“雷同”。文本间性中设计创意的“意图意义-意图意义”的相似性是最容易被解读者判定为“雷同”的。

（2）关于文本间性中“意图意义-意图意义”的相似性分辨方式，后文“11.6.1 前文本—产品文本：文本间性的内容与各种关系”中表明，前文本以及产品文本设计创意的“意图意义”都必须依赖“对象-再现体-解释项”的三元符号结构进行表意。第一，倾向“对象”表意的“意图意义”大多指向产品的形态、造型、指示、操作行为等。第二，倾向“再现体”表意的“意图意义”大多指向产品各种物理属性特征的内容，诸如CMF中的材质、肌理、工艺、操作体验等。第三，倾向“解释项”表意的“设计意图”大多指向产品“感性经验层”的内容，它们大多以感性的心理层面内容表达为目的。倾向解释项表意的内容必须通过“对象－再现体”指称的解释而获得。

### 3.“雷同”关注文本间性中“指称表达-指称表达”的相似性

解读者对文本间性中“雷同”的判定也会聚焦于同类型的产品间“指称表达-指称表达”的相似性，但它要比“意图意义-意图意义”的相似性导致的“雷同”在形成原因以及分析判断上复杂很多。

“指称表达”是产品文本都必须依赖可以被我们直接感受到的“对象-再现体”的指称内容进行文本的编写，诸如“对象”的造型、形态，“再现体”的品质、肌理、工艺等。同类型产品文本间性中“指称表达-指称表达”的相似性导致的“雷同”原因可以分为“全局指称”相似、“凸显指称”相似两类。

（1）“全局指称”相似

产品文本与前文本在指称表达上具有“全局指称”的相似，即一件产品在整体造型、造型的细节，甚至品质等全局指称特征上与另一件产品高度相似；也可以通俗地说，一件产品与另一件同类型的产品在造型及细节上一模一样。“山寨”与“高仿”属于典型的指称表达上的“完整性”相似。

但凡两个同类型的产品文本在整体造型或细节，甚至品质等全局指称特征上存在高度的相似性，就会很容易被解读者判定为“雷同”。即使两件产品各自的“意图意义”完全不一样，也很难摆脱“雷同”的判定。在《设计中的设计》一书中，日本设计师面出薰（Kaoru

Mende）收集庭院中散落的枯树枝，将它们裁切后做成火柴。设计师的“意图意义”是希望划着了火柴，重新给枯树枝一次生命燃烧的机会，这是一种非常浪漫的叙事表意。如果有位设计师看到这件作品后，希望在野外旅行的过程中收集一些枯树枝，裁切后也做成火柴，其“意图意义”是希望在野外的旅行中可以方便地获得火源，这是一种非常实用的功能表意。虽然两者“意图意义”各异，但呈现在解读者面前的两款“树枝火柴”全局指称完全一样，解读者很难避免对两者做出“雷同”的判定。

（2）“凸显指称”相似

产品文本与前文本在“凸显指称”上的相似。所谓的“凸显指称”是指某件产品在设计中选用了一些相较于其“产品原型”而言具有特殊性的指称，这种指称的特殊性也是这件作品有别于其他同类型产品的重要识别标志，因而在同类型的产品中极具指称凸显的特征。

我们可以借用假设的案例进行如下三种情况分析。

第一种情况，你用不锈钢材料做了一款台灯（前文本），我也跟着用不锈钢材料做一款台灯（设计作品）。“不锈钢”是“台灯产品原型”中普遍使用的材料，因此文本间性中不锈钢材料虽然相似，但如果两件不锈钢台灯造型不一样的话，那就不构成“雷同”，除非材料一样，造型也一样，那就构成了上段所讲的“全局指称”相似而导致的“雷同”。

第二种情况，如果市面上没有用毛线编织的台灯，你用“毛线编织”做出一款台灯（前文本），我也跟着用“毛线编织”做出一款台灯（设计作品），即使编织手法、毛线颜色不一样，但这种文本间性中特殊材料及加工工艺的相似性会构成“雷同”。这是因为“毛线编织”并不属于“台灯产品原型”中的材料加工工艺，它相较于所有其他台灯而言是“凸显指称”。

第三种情况，如果“毛线编织”的台灯被大家不断借鉴、抄袭、效仿而成为一种“毛线编织”的台灯类型，那么“毛线编织”就不再成为“凸显指称”，“毛线编织”下一个层级的指称元素，诸如编织的图案、编织的技法则会成为区分同类型台灯的“凸显指称”。

第三种情况就如同前文讲的手机造型侵权的案例一样（详见 11.5.1–3），当一种创新的“指称”出现时，这个创新指称会作为这款产品的“凸显指称”，与其他同类型产品进行相似性的“雷同”判定。而当创新的指称不断被同类型产品效仿，其凸显性也就消失，转而向原有“凸显指称”的下一个层级拓展、延伸、分散，去寻找新的“凸显指称”。

（3）“凸显指称”的相似判断对“产品原型”的依赖

文本间性中“凸显指称”的相似性判定，离不开同类型产品共同的“产品原型”，可以说“产品原型”是判定一个产品的指称表达是否具有凸显性的依据，也是判断两件同类型的产品在“凸显指称”上是否具有相似性的“雷同”的判断依据，具体分析如下。

首先，使用群集体无意识的“产品原型”既不是经验，也不是符号。产品的操作体验与各类社会文化经验的汇集是使用群对产品的整体印象，当它们在社会文化生活中反复出现时，集体无意识的产品原型便会以一种“象征”的形式存在。

其次，产品文本中各种符号指称的内容都指向使用群“理性经验层”的内容，诸如“对象”的造型、形态，“再现体”的品质、肌理、工艺等。“指称表达”一方面围绕这个产品所属范畴、类型中的“产品原型”应该具有的众多指称特性展开文本的编写，以此获得解读者对该产品所属产品类型的确认，另一方面，“凸显指称”之所以可以被解读者认定为指称的“凸显”，那是他们将该产品与其“产品原型”的诸多指称内容进行比对后，所得出的差异化且凸显性的确认。

## 11.5.3 第二层级前文本与第一层级前文本的关系

### 1. 第二层级前文本形成的文本间性内容与“雷同”的判定方式

（1）解读者在对文本间性中“雷同”的判定几乎都会聚焦于层级二的前文本，它们都是以编写的方式存在、以表意为目的的各类型文化表意文本。层级二的前文本可以是同类型产品文本、跨类型产品文本，也可以是跨体裁的平面设计、建筑设计、工艺美术、舞蹈、音乐、诗歌、影视、小说、绘画、雕塑等各类文化领域的表意文本，它们与产品文本间是“狭义-水平”的文本间性。

（2）解读者会聚焦于层级二前文本中同类型产品与设计作品间“意图意义-意图意义”或“指称表达-指称表达”的相似性是否存在“雷同”的问题展开讨论，为此笔者绘制了“层级二前文本形成的文本间性内容与‘雷同’判定方式”的图式（图 11-5）。

（3）虽然产品文本与层级二前文本都属于“文化表意文本”，但在此层级中有很多前文本与产品文本跨越了“认知域”，以及“认知域”内部不同“范畴”、不同“类型”的距离差异。两者间的认知域距离越远，文本间性中“雷同”的判定就越弱，甚至跨类型的产品间形成的文本间性中的相似性不会被解读者认定为“雷同”。正因如此，许多设计师都会寻找跨体裁的文化表意文本进行“意图意义-意图意义”的吸收与转换，从而获得绝佳的借鉴效果。

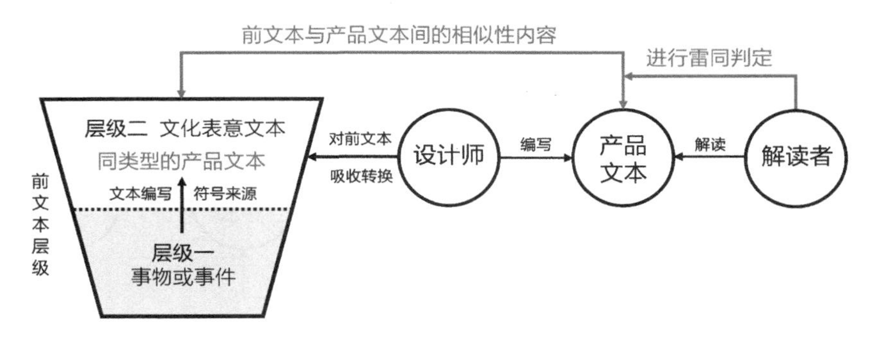


图 11-5 第二层级前文本形成的文本间性内容与“雷同”的判定方式

（4）本节中的“解读者”包括了“使用者”之外更为广泛的人群，即产品文本落入各种文化语境中可以被接收与解读到的所有人群。因此，解读者的多样性也表明可以被确定为“前文本”的那个文本的多样性，以及某个确定了的“前文本”中可以被分析判断的文本间性具体内容的多样性。同时，由于各类人群认知经验的差异，一些解读者凭借丰富的认知经验，可以迅速地寻找到与设计作品具有相似性的“前文本”，以及文本间性中有相似性的内容。而更多的解读者则是依赖文化语境中“评论文本”以及“链文本”等解释性伴随文本提供的“前文本”明确指向，以及文本间性的具体讨论内容，甚至伴随文本的舆论导向，进行“雷同”问题的评判。

## 2. 第一层级前文本的文本间性内容需要放置在第二层级讨论

（1）对设计师的创意构思、文本编写起到直接的启发与影响作用的，除了第二层级的前文本，还有第一层级的事物或事件。产品设计活动是普遍的修辞，是设计师以产品文本外的文化符号对产品文本内相关符号进行的修辞解释。这个“文化符号”必定存在于一个事物或事件的文本系统中，这个事物或事件作为一个完整的文本，可以视为产品文本符号来源的“前文本”，它为产品修辞活动提供始源域符号，并与产品文本发生局部概念的交换或替代，形成各种修辞格的表意方式。

第一层级的事物或事件是产品文本编写的符号来源，也是第二层级所有文化表意前文本的符号来源，甚至可以说它们是所有文化表意文本编写时的符号来源（图 11-6）。

（2）所谓的“雷同”，实质是解读者对同类型产品文本间性中“意图意义-意图意义”或者“指称表达-指称表达”相似性程度的讨论，而相似性程度的比较几乎都需要在同类型的文本之间进行。

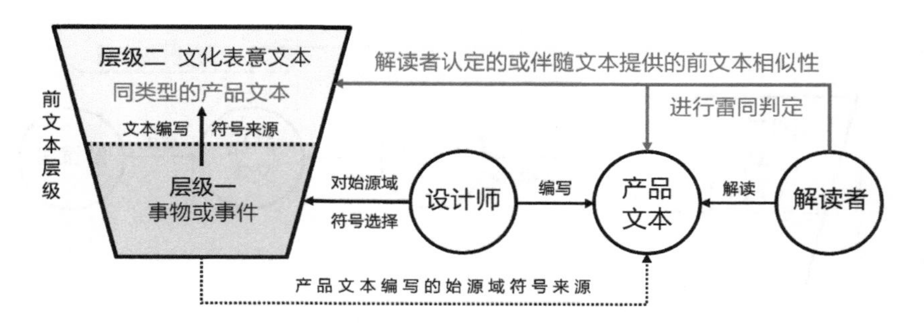


**图 11-6　第一层级前文本形成的文本间性内容与“雷同”的判定方式**

设计师从第一层级前文本的事物与事件中提取始源域符号进行产品文本的编写。由于这些事物与事件并非以编写的方式存在，也不是以表意为目的的文化文本，同时第一层级前文本的事物、事件与产品文本间存在较大的认知域距离，因此解读者不可能将这些事物或事件与产品文本进行文本间性的相似性比较，而是寻找是否存在利用这个符号来源的相似文化表意文本，尤其是同类型的产品文本。因此解读者对“第一层级”符号来源的文本间性讨论都会放置在“第二层级”中，寻找产品类型相同的文本进行相似性的比较。

因此，从设计师启发创意、编写文本而对前文本选择的层级而言，存在对“第二层级”的前文本在“意图意义-意图意义”或“指称表达-指称表达”上的吸收与转换，以及“第一层级”的始源域符号来源两种文本间性方式。前者形成的“雷同”有可能是设计师有意为之的“抄袭”，而后者形成的“雷同”则是“撞车”的巧合。对这两种不同层级前文本而形成的“雷同”，解读者只有具备丰富的设计实践经验，才可以从文本构思、编写与意义表达的方式细节去分析“抄袭”与“撞车”的差异，但大多数解读者并不具备这样的经验与能力。经验丰富的设计师可以通过设计作品中细微的设计表达痕迹分辨出“抄袭”与“撞车”的区别，这是作为成熟设计师的基本素养。

（3）解读者一旦被伴随文本告知了某个同类型产品也是利用这个相同符号进行修辞表意，并且表意的“意图意义”以及“指称表达”上具有相似性，他们便会视其为设计作品的“前文本”，进而对他们所认定的这个“前文本”与设计作品进行相似性的“雷同”判定。需要强调的是，由于产品文本编写的完成、设计师的离场，这个过程是解读者对前文本寻找与确认的普遍方式。

### 11.5.4 设计作品出现“撞车”的普遍性

解读者对文本间性中“雷同”的判定，都会聚焦于产品文本与第二层级同类型产品间“意图意义”与“指称表述”的相似性程度比较。然而，第一层级前文本提供的产品文本编写的符号来源，也会放置在第二层级中进行讨论及判定。因此，导致“雷同”的可能性有两种：（1）设计师主观故意的“抄袭”导致的“雷同”；（2）设计师选取事物或事件的符号来源“撞车”导致的“雷同”。然而，第二种因“撞车”而导致的“雷同”，在结构主义产品设计活动中是较为普遍的现象。究其原因，有以下两点。

**1．符号来源：设计师与解读者具有共同的认知内容**

因符号来源、符号对产品的修辞解释与某一同类型产品的“撞车”而形成的“雷同”是极其普遍的现象。第 3 章中已表明，产品语言是使用者与产品间三种完整认知方式所形成的符号化“认知语言”，它们来源于使用者与产品间知觉、经验、符号感知三种完整的认知方式，它们所形成的符号是产品文本编写的三种符号来源，按照符号来源对应了直接知觉的符号化、集体无意识符号化、文化符号对产品的修辞三种文本编写方式。

就使用者与产品间三种认知方式所形成的三种符号来源而言：第一，设计师如果与使用者具有相同的生物属性，那么他们与产品间通过可供性而形成的直接知觉是一致的；第二，设计师与使用者在共同的经验化环境中必定存在“理性经验”与“感性经验”上的相似或一致，而这些生活经验都是围绕着我们生活中的各种事物与事件而形成的；第三，结构主义产品修辞活动中，设计师依赖使用者所处的文化环境中的文化符号对产品进行修辞解释，而文化符号的形成是使用者对各种事物与事件所形成的生活经验的意义解释。

因此，如果某一个设计师与解读者在认知的内容上一致，那么这些认知内容所形成的符号来源极有可能会与同类型的另一件产品的符号来源“雷同”，因为另一件产品的设计师必定也具有与解读者相同的认知。结构主义产品设计要求设计师必须要按照使用群的认知内容进行文本的编写，这就导致无论是三种符号的来源，还是这些符号对产品的修辞解释，很大程度上存在相似性的可能。

**2．产品设计系统：结构主义产品修辞活动表意有效性**

产品设计是普遍的修辞，凡是希望使用者可以有效解读设计意图的结构主义产品修辞，设计师在产品设计活动的整个流程都受控于“产品设计系统”。其具体表现为：（1）在与使用群共同的生活经验中选取事物或事件作为始源域符号的来源；（2）按照可以被使用群文化规约认定的意指对事物或事件做出符号化的意义解释；（3）以事物或事件为来源的文化符号在修辞产品时，关联性与理据性必须符合使用群生活经验与文化规约的认同；（4）外部的文化符号进入产品文本内编写时，设计师主观意识的表达必须与产品设计系统内的各类元语言达成协调与统一。以上四点是“产品设计系统”对所有设计师的要求与约束，它们使得设计作品与同类型产品设计活动中的“意图意义”以及“指称表达”“撞车”的相似性成为普遍现象，即设计活动中同类型产品间出现“相似文本”的现象很难避免。

### 3．设计师对“撞车”现象的规避

正是因为第一层级的符号来源、修辞解释所导致的同类型产品间的“撞车”现象是极为普遍的，许多国际著名设计师在面对“在产品设计初期，是否会收集大量的同类型产品资料以免‘撞车’”的提问时，他们都异口同声地做出了否定的回答。一方面，这些设计大师已具有明显的设计风格以及知名度（这是设计作品较为强大的伴随文本），即使他们的设计作品与某件同类型产品出现符号来源、修辞解释的“撞车”，解读者也很少认为设计大师“抄袭”。另一方面，也是最为可贵的一点，大师们不避讳“撞车”的原因在于，可以有相同的符号来源，以及相似的修辞解释，但不可能有完全一模一样的设计作品。虽然结构主义产品设计受控于使用者一方生活经验与文化规约的限定，但任何设计作品都具有设计师私人化的主观表达。设计师个体之间的主观意识与私人化品质的差异，必定会在相似性的基础上有差异性的表现，而这些“差异性”正是设计大师们追求的内容。

当然，普通的设计师以及学习阶段的学生在出现作品“撞车”的情况时，不可能得到同样的“礼遇”，多半会招来“抄袭”的指责。这就要求我们注意以下几点。（1）设计资料的收集。在设计初期必须收集大量的同类型产品设计，以避免“撞车”的发生。（2）对“雷同”的规避。如果设计师发现设计作品与已有产品在符号来源与修辞解释上出现“雷同”，那么要主动地在文本编写中的“意图意义”或“指称表达”上通过指称改造等加工方式进行规避。（3）对设计作品原创的公证。在作品完成后，要积极地申请设计作品的专利保护，并将设计作品发布与公开，其目的是在时间点上为之后出现“雷同”的产品做出“谁先谁后”的公证。

“撞车”是现实的产品设计活动中，众多的设计师在寻找始源域文化符号、文化符号与产品间的修辞解释与使用者达成文化规约“共在关系”过程中不可避免的现象。设计师正是在这种不可避免的现象中，寻找着差异化的“意图意义”以及“指称表达”的各种方式，并小心翼翼地做出对“雷同”的各种规避措施。

## 11.6 文本间性中“雷同”问题的系统化讨论方式

首先，产品文本与第二层级的前文本都属于以编写的方式存在、以表意为目的的各类型文化表意文本，它们可以是同类型产品文本、跨类型产品文本，也可以是跨体裁的平面设计、建筑设计、工艺美术、舞蹈、音乐、诗歌、影视、小说、绘画、雕塑等各类文化领域的表意文本。这一层级的文化表意“前文本”与“产品文本”间是“狭义-水平”的文本间性，也是解读者判断它们与产品文本是否存在“雷同”的主要层级。但解读者更多聚焦于同类型产品间的“意图意义-意图意义”或“指称表达-指称表达”这两大类文本间性中的相似性是否存在“雷同”的问题展开讨论。

其次，讨论文本间性中的“雷同”问题是较为复杂的：（1）“雷同”涉及两个文本间文本间性的各种复杂关系；（2）产品设计活动存在设计师与解读者两个完整且独立的主体，设计师对前文本的吸收和转换态度与方式导致了“雷同”；（3）“雷同”是解读者对文本间性中那些“意图意义”或“指称表达”中的相似性内容的分析所做出的最终判断，它涉及解读者的身份、解读态度与经验能力；（4）解读者对“雷同”的判定都必须在文化语境中进行，文化语境提供解读者分析判断“雷同”的各式伴随文本。

再次，产品设计活动中文本间性以及“雷同”的问题需要以系统化的方式进行讨论。就如列维 - 斯特劳斯的系统论结构主义所认为的那样，系统关注的是相互作用形成整体的各个成分，以及各个成分相互作用的关系和规则，即结构是系统性的特征体现，系统由许多的组分构成，其中任何组分在没有受到其他组分的影响下是不会改变的，系统内任何一个组分的变化都会带来系统内其他成分的变化[35]。

因此，产品设计活动中的文本间性以及“雷同”问题的讨论，其系统化的组成分别为：设计师、解读者、前文本、产品文本、文化语境。在此需要依次讨论如下的相互关系。

---

35. 赵毅衡：《符号学原理与推演》，南京大学出版社，2016，第 68 页。

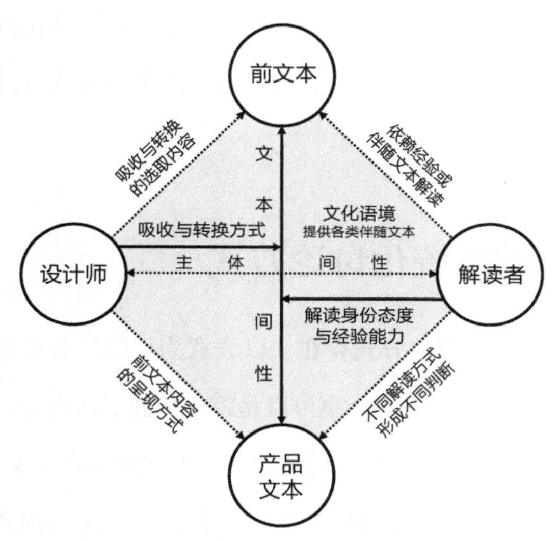

图 11-7 文本间性中“雷同”问题的讨论系统

（1）设计师–解读者：产品文本传递过程中两个主体间的“主体间性”（详见10.1.1），以及使用者解读产品文本的三种方式（详见 10.2.4），这些内容在第 10 章已详细讨论，在此不再赘述。（2）前文本 – 产品文本：文本间性的内容与各种关系。（3）设计师–文本间性：设计师对前文本的吸收与转换方式。(4)解读者–文本间性：解读者的身份、解读态度与经验能力。（5）文化语境–解读者：规定解读身份、提供各类伴随文本。

笔者绘制了“文本间性中‘雷同’问题的讨论系统”图式（图 11–7），并根据此图式做各种相互关系的分析。

## 11.6.1 前文本—产品文本：文本间性的内容与各种关系

### 1. 前文本与产品文本间的认知域距离

第一，“认知域”是在概念化形成的过程中构建而成的一个内在的、连贯的、凝聚在一起的范围结构。“概念”是由复杂的语义概念结构组成的，在这个范围结构内可以进行语义描写，意义就是概念化的过程与结果，它们涉及产品文本所要表达的意图意义，以及表达过程中的指称表达方式与内容。

第二，笔者将文本间性中的前文本分为五个层级，产品文本与这五个层级中的前文本在认知域的距离上表现为：产品文本与同一层级的前文本在认知域的距离上较近，与不同层级的前文本在认知域的距离上较远，这是一个普遍性的规律。

第三，虽然产品文本与第二层级前文本都属于通过文本的编写方式而形成的各类文化表意文本，但它们存在“认知域”之间，以及“认知域”内部不同“范畴”、不同“类型”的距离差异。范畴、类型与“概念”不同，前两者是认知中的归类，其主要功能是每一次认知活动为解读者划定了内容的边界。概念是在范畴、类型基础上形成的符号的意义范围，是解读者试推时的基础与结果。

因此，解读者对文本间性中“产品文本”与“前文本”之间的认知域距离带来的“雷同”判定的差别，在具体的设计案例中有如下表现。

（1）同类型产品之间形成的文本间性，解读者对两者的相似性关注度最高，“雷同”的判定也最为普遍。例如，将一款台灯设计成像另一款台灯的造型，此时的前文本“另一款台灯”属于第二层级，且这两款“台灯”属于同类型的产品。

（2）同范畴、不同类型的产品间形成的文本间性，解读者对两者的相似性关注度较低，也很少存在“雷同”的判定。例如，将一款台灯设计成像一款落地灯的造型，此时前文本“落地灯”虽然属于第二层级，但与“台灯”不属于同类型的产品。

（3）不同范畴的产品间形成的文本间性，解读者对两者的相似性关注度更低，不存在“雷同”的判定。不同范畴产品间的文本间性内容，往往成为设计师常用的修辞符号来源。例如，将一款台灯设计成一辆汽车的造型，此时的前文本“汽车”既可以视为第二层级，与“台灯”属于不同范畴的产品，也可以视为第一层级符号来源的事物或事件。

（4）产品与不同认知域的前文本形成的文本间性，“雷同”的问题已不存在，反而是对产品文本启发与影响最为普遍的修辞方式与来源。例如，一套酒具通过设计，再现了诗句“举杯邀明月，对影成三人”的情境画面，解读者不但不认为“雷同”，反而赞赏为绝佳的关联与情境再现。这是因为：一方面，前三个案例中文本间性的内容是“理性经验层”的内容，而此案例是两个文本间“感性经验层”的内容；另一方面，“诗歌”属于第一层级符号来源的事物或事件，相较于其他案例中产品与前文本间的认知域距离，“诗歌”是最远的。

最后可总结出以下三点。

第一，在第二层级的前文本中，产品文本与前文本间的认知域距离越近，“雷同”的关注度、认定程度越高；反之“雷同”的关注度、认定程度越低，甚至不存在。

第二，第二层级以外的各层级前文本与产品文本间的各种文本间性内容不会存在“雷同”的判定，因为这两个文本本身就存在较远的认知域距离。

第三，“理性经验层”建立起的文本间性内容要比“感性经验层”的内容更易引起解读者的关注，其相似性更容易被认定为“雷同”。这是因为，理性经验层的内容都是倾向三元符号结构中“对象-再现体”的指称进行产品文本的表意。“对象”或“再现体”都指向产品的造型、形态、品质、肌理、工艺等，它们是解读者可以直接感受到的内容，也是凭借经验可以直接进行分析判断的内容。

### 2. 产品文本的“意图意义”在“意图定点”的对应设置

产品文本的解读者几乎都会针对第二层级前文本，尤其对同类型产品间的“意图意义-意图意义”或“指称表达-指称表达”这两大类文本间性中的相似性是否存在“雷同”的问题展开讨论。在这两种相似性中，几乎所有的解读者都会认为，产品文本的设计创意如果与已有的同类型产品在“意图意义”上相似，那么就应该判定其为“雷同”。那么解读者是如何获得产品文本与前文本中，编写者们所要表达的“意图意义”的呢？这就涉及“意图意义”与“意图定点”的两个概念。

我们可以将设计师需要传递给解读者的设计创意视为“意图意义”，其在文本编写中希望解读者解释文本的落点视为“意图定点”，因此产品文本的编写活动就必须以“意图意义-意图定点”的对应设置方式，便于解读者在解读文本的落点处准确、有效地获得设计创意。可以简单地说，设计师在文本编写时需要将“意图意义”设置在解读者解读文本时“意图定点”的位置上。

一方面，第二层级的前文本都是文化表意文本，因此它们同样存在“意图意义-意图定点”的对应设置。这种对应设置是所有文本编写者希望解读者可以通过“意图定点”准确、有效获得“意图意义”的普遍文本编写方式。另一方面，解读者在产品文本的“意图定点”中，以试推法获取设计师所要表达的“意图意义”，即设计师的创意内容。同样，解读者也会以同样的解读方式获得前文本编写者“意图意义”的创意内容。因此可以说，文本间性中关于两个文本的“意图意义”相似性比对，都是“意图意义-意图定点”在编写时的对应关系，以及解读文本的方式上达成的。

### 3. 产品文本的“意图意义”在符号结构中的表意倾向

如果产品文本与某个已有的同类型产品之间存在“意图意义”的相似性，即设计创意的相似性，那么很有可能会被解读者认定为“雷同”。然而在解读的过程中经常会出现因“意图意义”与“指称表达”错位而导致的“雷同”误判。例如，两件同类型的产品在某些指称表达上，即造型、形态，或操作等方面高度相似，但它们设计创意的“意图意义”各不相同，也常会被我们判定为“雷同”。为此，我们必须从前文本与产品文本“意图意义”在符号结构中的表意倾向谈起。

前文本以及产品文本，甚至可以说任何文化表意文本的“意图意义”，都必须倾向“对象-再现体-解释项”三元符号结构的某一端进行表意。在产品设计活动中，设计师的“意图意义”按照表意内容与性质，分别会倾向对象、再现体、解释项三种方式进行表意：

（1）“对象”是符号客观且具体的实在物，倾向“对象”表意的“意图意义”大多指向产品的形态、造型、指示、操作行为等；

（2）“再现体”是符号中那个对象的“品质”，倾向“再现体”表意的“意图意义”大多指向产品“理性经验层”中各种物理属性特征的那些内容，诸如 CMF 中的材质、肌理、工艺、操作体验等；

（3）“解释项”是符号的意义感知，倾向“解释项”表意的“设计意图”大多指向产品“感性经验层”的内容，它们大多以感性的心理层面内容表达为目的。必须指出的是，倾向解释项表意的内容必须通过“对象-再现体”指称的解释而获得。

从以上分析可以看到，设计师的“意图意义”在表意的时候不可能脱离“指称表达”，即“对象”的形态、“再现体”的品质，以及“解释项”的心理感知中的任何一种表意倾向。它们都必须依赖“对象-再现体”组成的指称进行表意，因为指称是解读者可以直接感受到的内容，也是解读者凭借经验可以直接进行分析判断的内容。而“解释项”的意义必须在此基础上进行解释才能获得。这也是很多解读者将文本间性中“指称表达”的相似性误认为是“意图意义”相似性的原因。

因此，本段讨论“意图意义”在符号结构中的表意倾向问题，一是为解读者提供有效且准确地获取“意图意义”的方式；二是为了避免前文本与产品文本之间因“意图意义”与“指称表达”的错位而导致“雷同”的误判。

## 11.6.2 设计师—文本间性：对前文本的吸收与转换方式

由于第二层级的“前文本”与“产品文本”都属于以编写的方式存在，以表意为目的的各类型文化表意文本，解读者会针对这一层级前文本，尤其对同类型产品间的“意图意义-意图意义”或“指称表达-指称表达”这两大类文本间性中的相似性是否存在“雷同”的问题展开讨论。导致同类型前文本与产品文本间的“雷同”原因，从设计师一端的角度可以大致做如下分析。

### 1. 文本间性中多样化的前文本层级与多样化内容

在讨论“设计师－文本间性”关系前要表明的是，绝大多数的产品设计活动中，被设计师吸收与转换的前文本不可能只有一个，必定存在多层级的不同前文本，或同一层级的多个前文本。也就是说，产品文本必定会与多个层级的前文本，或一个层级的多个前文本发生文本间性的关系。

比如说，设计师要设计一款“像古典花瓶一样的竹纤维环保材料花盆”。首先，第五层级中的“绿色环保设计”是影响指导其设计观的前文本；第四层级中的“明喻修辞方式”是影响其思维方式的前文本；第三层级中的“竹纤维加工方法工艺”是影响其设计实践方式方法的前文本。其次，第二层级中各种款式的“花盆”作为同类型前文本产品，提供设计师关于花盆的造型、壁厚、尺寸、颜色、工艺等文本间性的内容。最后，第一层级中的“古典花瓶”是修辞活动的始源域符号来源的前文本。

需要再次强调的是，解读者对第一层级符号来源的前文本与产品文本间的“雷同”判定，必定都要放在第二层级的文化表意前文本中，尤其是放在同类型的产品间进行分析判断，是否存在已有的“像古典花瓶造型的花盆”那样的前文本。

### 2. 设计师对待文本间性中“雷同”的主观态度

“雷同”是因为设计师对待同类型产品前文本吸收和转换的不同方式，以及主观态度造成的。这里分为两种“雷同”情况：文本间性中“意图意义–意图意义”的雷同、文本间性中“指称表达–指称表达”的雷同。

（1）任何产品文本的编写与表达都围绕设计师的“意图意义”展开，同类型产品前文本与产品文本都有各自的“意图意义”，它们被视为产品设计活动的“设计创意”。一方面，设计师可能能力不及，不得不借鉴引用同类型某个产品的创意内容，导致前文本的“意图意义”与自身编写的产品文本“意图意义”极其相似或完全一致；另一方面，商业行为中为了获取利益，充斥着抄袭创意的产品，它们与原创设计在“意图意义”上几乎一致。因此可以说，文本间性中的两个产品文本设计创意的“意图意义”相似或一致，是形成与判断“雷同”最显著的标志。

（2）虽然设计师的设计作品在借鉴前文本时不存在“意图意义–意图意义”的雷同，但设计师因为设计能力的原因，照搬了前文本某些“指称表达”方式与内容，造成产品文本与前文本间“指称表达–指称表达”的雷同。这种指称表达的雷同范围很广，可以说但凡不是因为“意图意义”之外的雷同，都是因为某些“指称表达”的高度相似而造成的。

因此，作为设计创意的“意图意义”形成的雷同是最易被解读者判断的，而那些因某些“指称表达”所形成的雷同，则会在文本间性的解读分析过程中形成“刺点”。赵毅衡认为，“刺点”是文化“正常性”的断裂，是日常状态的破坏，刺点是艺术文本刺激“读者性”解读，要求读者介入以求得狂喜的段落[36]。两件产品因“指称表达”高度相似性所形成的文本间性解读“刺点”，迫使解读者分析前文本与产品文本在“对象”的形态、“再现体”品质上的相似性程度，并依赖各自的认知经验做出是否构成雷同的最终评判。

### 3. 设计师对“意图意义–意图意义”相似性的“雷同”规避方式

解读者会聚焦于第二层级前文本中，同类型产品间的“意图意义–意图意义”或“指称表达–指称表达”的相似性是否存在雷同的问题展开讨论。解读者首先会聚焦于同类型的产品间“意图意义–意图意义”的相似性。

“意图意义”是产品设计的创意内容，任何同类型的两个产品设计创意相似，往往被解读者判定为雷同。前文本以及产品文本设计创意的“意图意义”都必须倾向“对象–再现体–解释项”三元符号结构中的某一端进行表意。以上内容已在上文详细表述（详见 11.5.2），在此不再赘述。

设计师对“意图意义–意图意义”相似性的“雷同”规避方式有以下两种。

（1）通过跨越产品类型、跨越体裁拉大两文本的认知域距离

同类型产品间“意图意义–意图意义”的转换与吸收存在很大的雷同风险，许多设计师都会寻找同在第二层级中那些跨类型的产品文本，或是跨体裁的平面设计、建筑设计、工艺美术、舞蹈、音乐、诗歌、影视、小说、绘画、雕塑等文本的“意图意义”进行吸收与转换。由于这些前文本与产品文本存在认知域之间的较远距离，“意图意义 – 意图意义”的相似性不但不会被解读者视为雷同，反而会被认为是绝佳的借鉴或修辞。

36. 胡易容、赵毅衡：《符号学 – 传媒学词典》，南京大学出版社，2012，第 262 页。

（2）“意图意义-意图意义”在符号结构表意倾向上的错位

产品文本都会通过三元符号结构“对象—再现体—解释项”中的某一端进行文本表意。产品文本的“意图意义”在构思时，设计师会借鉴另一产品的“意图意义”，但在文本编写时可以有意错开前文本符号结构的表意倾向，即前文本如果是通过符号“对象”的造型作为表意倾向，那么设计师会有意规避，转为倾向“再现体”的品质或“解释项”的意义解释进行表意。前文本“意图意义”如果倾向“再现体”或“解释项”表意的，那么设计师会转为倾向“对象”的造型进行表意，以此做出同样的规避操作。

以上的规避操作的目的是，前文本与产品文本在“意图意义－意图意义”相似的情况下，通过符号结构表意倾向的转向，进而改变“意图意义－意图意义”的相似性，从而避免“雷同”的判定。

### 4. 设计师对“指称表达－指称表达”相似性的“雷同”规避方式

“指称表达”是产品文本都必须依赖可以被我们直接感受到的“对象－再现体”的指称内容进行文本的编写，诸如“对象”的造型、形态，“再现体”的品质、肌理、工艺等。设计师如果规避了与前文本“意图意义”的相似性而导致的“雷同”，是否就可以肆无忌惮地照搬、照抄同类型产品“指称表达”中的符号内容呢？那显然是不可取的。例如，设计师希望以声控设计创意，设计一款声控台灯，但苦于台灯的造型没想法，于是完全照搬了已有的一款台灯造型来表达其“声控”的设计创意。虽然这两款台灯在“意图意义”的表达上各异，但两者“全局指称”的高度相似，必定会被解读者判定为雷同。

文本间性中“指称表达-指称表达”的相似性，除了“全局指称”的相似外，还有“凸显指称”的相似。这两种指称表达的相似性在前文已有详细讨论（详见 11.5.2），在此不再赘述。

设计师对“指称表达-指称表达”相似性的“雷同”规避方式有以下三种。

（1）通过跨越产品类型、跨越体裁拉大两文本的认知域距离

如果上文那款台灯照搬或借用一款路灯的造型，那是否会被解读为雷同呢？这显然不会，反而会被解读者认为是极有趣味的明喻修辞。这一原因在前文已表明（详见 11.6.1），产品文本与前文本间的认知域距离越远，雷同的认定程度、关注度越低，甚至不存在雷同的判定。因此，文本间性中无论是“意图意义-意图意义”的相似性，还是“指称表达-指称表达”的相似性，跨越前文本与产品文本间的类型或拉大两者认知域的距离是规避雷同的有效方法。

（2）对前文本符号指称的“晃动”

设计师对借鉴的前文本符号指称进行晃动的实质，就是对文本间性中“指称表达 - 指称表达”的相似性指称内容的改造，以此进行相似性的规避。晃动是对符号指称进行加工与改造的形象化表述，在这里主要针对文本间性中符号对象的不同方向、不同方式的加工改造。

设计师通过晃动所借鉴的前文本符号指称中的对象，可以作为一种吸收和转换的操作手段，它可以有效规避文本间性中因符号指称中对象与对象的相似性造成的雷同。在晃动符号对象的过程中可以出现各式各样的造型创意，甚至可以形成明喻至隐喻的修辞格渐进。如果把下图（图 11-8）左上角的“猪造型存钱罐”视为一个前文本，设计师可以在前文本“猪”这个符号对象的造型基础上，对其采取不同方式的晃动，形成各式各样的造型创意。

图 11-8　对“猪”符号对象的“晃动”获得不同的造型创意

（3）对同类型产品前文本凸显指称的“借用”

在文本间性中，设计师对前文本凸显指称的“借用”与“晃动”是不一样的处理手法，其目的也各异。

晃动是设计师在产品文本中借鉴了前文本的某个符号指称，为避免解读者对此做出雷同的判定，通过削弱所借鉴符号指称中“对象”的还原度，以及降低其系统的独立性的方式，尽可能规避指称表达中对象的造型或再现体的品质的相似性。

借用是一种在产品文本中不避讳使用了同类型产品的“凸显指称”，甚至有意告诉解读者产品文本就是在借用某个同类型产品“凸显指称”基础上的改造活动。因此，借用也可以理解为在同类型产品“凸显指称”基础上的创造性解释，其创造性解释的途径是通过突出设计作品与同类型产品在“凸显指称”上的差异性，正是这种不避讳的借用后的再次改造，为解读者带来寻找文本间性中差异化的乐趣。

《蝴蝶凳》是日本设计师柳宗理（Sori Yanagi）在 1956 年创作的作品（图 11-9 左），这件作品即使经历了半个多世纪还是被人们所津津乐道。法国著名设计师菲利普·斯塔克在 2022 年设计了一款名为《安德鲁世界》的凳子（图 11-9 右），设计师在借用蝴蝶凳的凸显指称的基础上进行创造性的改造，将蝴蝶凳内弯的板材改造为外卷造型，将原来金属螺栓固定的结构改为木质插销的固定方式。

图 11-9 《蝴蝶凳》（左）与《安德鲁世界》（右）

设计师在借用同类型产品“凸显指称”之前，这个凸显指称已经与该产品捆绑在一起，在文化语境中具有特定的文化象征。这就导致借用了“凸显指称”的设计作品迅速地指向那个前文本。由于设计师围绕前文本的“凸显指称”展开设计活动，前文本的“凸显指称”在设计作品中“部分在场”，设计作品中遗留的前文本特征痕迹较为明显。因而，“借用”对于非专业人士的解读者而言，存在雷同判定的风险很大，对它的解读需要解读者的身份、解读态度与经验能力。

#### 5. 前文本符号指称的“借用”与“挪用艺术”的区别

首先要表明，讨论产品设计活动的文本间性是针对前文本而言，而挪用艺术则是针对先文本（详见 11.1.1）。

两者不同之处如下。（1）借用是设计师借用同类型产品在指称表达上的凸显指称，且这个凸显指称具有特定的文化象征。设计师在不规避这些特性的基础上进行主观改造，获得借用后的创新解释。挪用艺术虽然也借助原有作品显著的文化象征，但艺术家对先文本的改造程度较小，例如杜尚的作品《带胡须的蒙娜丽莎》，艺术家不愿意去过多改造，只是在其基础上简单地添加了胡须，将其放置在新的语境中，去探索新的文化意义。（2）借用以前文本部分在场的方式，使得解读者探究文本间性中凸显指称在相似性基础上的差异性。挪用则是以先文本完整在场的方式，促使解读者去探究艺术家在其基础上所添加的新意义。

两者相同之处如下。（1）借用与挪用都利用了已有的文本，而且这些文本在文化语境中具有某种特定的文化象征。借用设计活动中的前文本与挪用艺术中的先文本，它们都作为伴随文本一同参加作品的意义解释。（2）借用与挪用对于非专业人士的解读者而言，都存在雷同判定的风险，对它们的解读都需要解读者的身份、解读态度与经验能力。

### 11.6.3 解读者—文本间性：解读者的身份、解读态度与经验能力

前文本与产品文本间“意图意义-意图意义”或“指称表达-指称表达”相似性的雷同判定是由解读者一方最终决定的。或者说，雷同判定的话语权必定在解读者一端。影响解读者“雷同”判断的主要因素表现在以下几点。

#### 1. 文化语境确定了解读者的“解读身份”

解读身份是解读者在特定的解读文化语境中应该具有的解读态度，这是文化语境对解读者应具有的身份与解读姿态的强迫要求，它迫使解读者按照文本所在文化语境的系统规约进行文本间性的分析。解读者的心理与行为是在环境、产品、使用群三者相互关系下形成的某一系统内的集中表现，这就表明了解读产品的解读身份可以在群体、产品、环境三者构建的系统中获得确认。

但解读者的自身身份与文化语境赋予或强加给解读者的解读身份往往是不一致的，就如

同大爷大妈在美术馆看到杜尚的《带胡须的蒙娜丽莎》，一定会认为他是抄袭了达·芬奇的作品。解读者的自身身份是分析判断文本间性的关键，文化语境只是迫使或提醒他们转入该有的文化规约系统与该有的解读身份。因此，“文化语境—解读身份”是以文化语境作为一种强迫性，对解读者提出的解读身份要求，但它又无法改变解读者自身的认知经验与能力。

### 2. 解读者自身的经验能力

解读者自身的经验能力是讨论文本间性以及雷同问题的关键。首先，解读者面对产品文本，如果在其认知经验中没有前文本的存在，自然不会存在文本间性以及“雷同”的问题。其次，解读者讨论文本间性内容具有局限与狭隘的特性，很多解读者仅仅按照前文本与产品文本间对象的相似性作为雷同的评判标准，而不去思考两者在表意内容上的差异以及各自表意目的（这里需要排除那些对象的形态就是意图意义的文本间性内容）。造成此现象的原因是，产品文本的表意类型丰富多样，解读者受自身认知能力限制，以及固有思维模式禁锢，无法切入产品文本表意的具体类型、具体语境，并且不愿与设计师建立主体间的交流。

### 3. 解读者在文化环境中的“分岔衍义”

解读者的“自身身份”是复杂多样的，文本间性的内容与雷同的结果是不可预判的。任何产品文本与前文本的文本间性内容，一旦落在社会文化环境中，必定面对产品设计系统预先设定的使用群之外的各类解读人群，这也是本节将讨论文本间性的主体称为“解读者”，而非“使用者”的原因。各类人群对文本间性内容的解读必定是后结构的解读与评判方式，在前文关于多层级主体间性文本内容的“扩散蔓延”的讨论中可推论出：文本间性的内容在多样化的文化语境中必定以“分岔衍义”的方式被任意且多样化地解读，且无法预判。对“雷同”的讨论结果自然也就无法预判（详见 10.3.2）。

虽然设计师可以通过双重系统构建（详见 10.4.3），对“二级主体间性”进行文本间性中“雷同”问题的控制，或者将伴随文本与产品文本整合为“全文本”的模式（详见 11.3.4），对文本间性的内容进行陈述。但这些都必须以解读群、文化语境的预设，以及限定作为代价。

### 4. 解读者对文本间性的多种解读方式

结构主义表意有效性的“主体间交流”，是解读者有意愿通过文本的解读与设计师达成心理层面的交流。因此，产品文本解读是解读者与设计师进行对话的机会。文本间性的解读同样存在“主体间交流”的方式，即解读者首先要以试推的方式获得设计师编写进文本中的“意图意义”，以及前文本中的“意图意义”，并对两个文本各自“意图意义”进行相互比较，才能判定是否存在雷同。否则解读者很容易为了判定雷同，而去寻找文本间性中的相似之处。

## 11.6.4 文化语境—解读者：规定解读身份、提供各类伴随文本

罗兰·巴尔特提出的，文本的出现标志着作者的死亡[37]。这句话表明设计师编写完产品文本即宣告其在文本传递活动中的离场。设计师对待文本间性的主观态度，以及其对前文本的吸收与转换方式只能以明显或不明显的痕迹方式残留在产品文本中，依赖解读者的主观推断，分析出文本间性的内容与实质。除非设计师通过伴随文本中类似设计说明、文献展示等形式，清晰明确地向解读者表明前文本与产品文本间的来龙去脉。

任何符号都是依赖其所在的文本系统以及文化语境赋予其意义，前文本与产品文本的文本间性关系以及“雷同”的判定也必须依赖文化语境才能进行讨论。

### 1. 文化语境对解读者身份的要求以及文本间性内容的界定

“解读者—文本间性”关系的讨论中已表明了文化语境对解读者“解读身份”的强迫要求，迫使解读者按照文本所在文化语境的系统规约进行文本间性的分析。除此之外，文化语境对文本间性的内容在“意指”关系上事先已经做出了明确的界定。例如“挪用艺术”，艺术家常会利用一些已具有象征性的知名艺术家作品作为文本构思、编写的词汇，即将它们作为“先文本”，在其基础上覆盖自己的语言。在艺术语境中“挪用艺术”是司空见惯的艺术文本构思与编写方式，但放置在大众文化语境中，那简直就是赤裸裸的抄袭行为。

### 2. 文化语境提供分析文本间性以及“雷同”问题的各类伴随文本

文化语境不但确定了解读者的“解读身份”，同时提供分析文本间性以及“雷同”问题的各类伴随文本，并影响、指引解读者的评价方向。这主要表现在两个方面。第一，解读者自身的认知经验与分析能力有限，不可能或很难获取文本间性中具体的“前文本”。文化语

37. 罗兰·巴尔特：《从作品到文本》，杨扬译，《文艺理论研究》1988 年第 5 期。

境中解释性伴随文本中的“评论文本”以及“链文本”提供给解读者明确的“前文本”指向，这些解释性伴随文本还会提供文本间性的具体讨论内容，甚至控制了评判雷同问题的舆论导向。第二，正是因为第一点，文化语境中的各类伴随文本引导解读者对文本间性中的雷同问题做出趋向舆论导向的判定，除非解读者具有自主的经验与判断能力，否则都会趋同于伴随文本中舆论的判断结果。

### 3. 文化语境的多样性导致开放式多元化文本间性的解读

需要提醒的是，文化语境提供的伴随文本对文本间性以及雷同问题的讨论，几乎都是二级主体间性的评价与分析模式（详见 10.4），它们具有后结构主义“分岔衍义”的多系统解读特征。这种模式并非以主体间交流的解读态度，主动与设计师建立在意图意义以及编写者在文本间性中的实质性目的层面的沟通与交流，而是解读者依赖所处的文化语境规约，按照各自的认知经验构建解读与评价系统，对文本间性的内容以及雷同问题做出片面化且极具主观性的分析判定。

在现实社会环境中，文化语境是多样性的，因此，不同文化语境提供解读者分析文本间性以及雷同问题的各类伴随文本也各不相同。从整体而言，它们形成了开放式的多元化后结构主义解读倾向。解读者会根据具体的文化语境，结合自身的认知经验能力，选择对应的伴随文本解读倾向，对文本间性的内容以及雷同问题给出评价结论。

最后，笔者要表明的是，由于当下产品设计活动对抄袭、撞车、雷同三个词汇的随意混用，以及文化环境中产品文本必定面临不同解读群体、不同解读语境而形成的后结构主义的解读方式，这就造成了学界对文本间性中相似性的雷同问题讨论变得极为敏感，相关人不愿轻易讨论的局面。本章对雷同问题的系统化讨论，希望建立以设计师为视角的分析体系，着重讨论雷同的内容与实质，以及设计师对文本间性中雷同问题的规避方法。但无论怎样，我们都无法改变错综复杂的文化环境下，各类解读者对雷同问题的评判标准及解读态度，这一点我们必须要清楚。

## 11.7 本章小结

产品文本无论是在其构思的形成过程、编写过程，还是解读过程，都受到文化语境中各类伴随文本的影响。众多伴随文本对产品设计活动的影响与控制，无不表明产品文本在文化符号环境这个场域中与众多文化文本间形成的错综复杂的交织与关联方式。因此可以说，任何产品文本都不可能在构思、编写与解读时摆脱各种文化文本的影响与制约，各类伴随文本的主要作用是把完整的产品设计活动与广阔的文化背景联系起来。

产品文本的表意可以说是其“自身文本”与“伴随文本”作为结合体的共同表意，这种结合使产品自身文本不仅是单纯的符号组合，而且是一个浸透了产品从构思、编写到解读阶段与社会文化因素所形成的复杂构造。同时，产品自身文本与很多伴随文本间的角色是相对而言的，它们存在融合、互换、吸纳等各种可能。（1）如果伴随文本逐步发展成为产品的某种象征，那么它会被产品系统吸纳成为组成部分，并以系统的规约形式在之后的设计中被编写进产品文本；（2）当伴随文本成为社会文化的“强势”表意文本，而产品文本变成“弱势”表意文本时，两者由之前并列表意的方式变为包容表意的方式，就如一些家电企业不再宣传产品本身，转而强调生活方式一样，产品文本就会被吸纳进“生活方式”这个更大的系统文本内作为一个符号，这一点在企业发展规划中被广泛运用。

各类伴随文本对产品文本的启发、影响、控制以及各种关联的方式都存在结构主义与后结构主义的方式，即可控与不可控的局面。设计师努力地依赖由使用群一方为基础构建的产品设计系统内各类元语言，对生成性伴随文本、显性伴随文本进行协调控制，做到结构主义产品文本意义的有效传递。虽然设计师也可以尝试通过构建双重的系统，对使用群之外的“二级主体间性”进行控制，但产品文本落入各种文化语境，被各类人群解读的时候，就会生成各种后结构解读方式的解释性伴随文本。它们又会作用并影响本是结构主义产品设计的文本意义的解读活动。因此“结构主义”与“后结构主义”的可控与不可控局面，形成丰富的交错状态，这也是产品文本被融入丰富多彩的文化环境中的特征表现。

笔者将克里斯蒂娃“文本间性”理论中对产品文本编写起到启发、影响、借鉴的“前文本”分为五个不同的层级，解读者通常会在第二层级前文本中寻找同类型产品与设计作品在文本间性中的“意图意义-意图意义”以及“指称表达-指称表达”的相似性，试图进行雷同问题的讨论与评判。从积极的层面而言，这也是设计作品与同类型产品文本在解读者一端，努力地寻求产品设计活动与各种文化文本之间存在各式各样的关联性的一种表现。

# 后记

产品设计的感知表达，一直是我设计教学及实践的主要方向，也可以说是唯一的方向。从1995年无锡轻工大学（现江南大学）本科毕业到南京艺术学院任教，再到2009年底来广州美术学院教书至今的28年间，这一研究与实践方向从未放弃或中断。

在近些年的教学实践中遇到的设计师文本表意有效性的问题，促使我利用符号学的理论对其展开解析。2017年至2021四年的读博期间，我在对符号学系统学习与梳理的过程中收集了众多的文献，记录了大量的笔记，绘制了各类图式模型。但这些内容在出版的博士论文《无意识设计系统方法的符形学研究》中仅使用了不到四分之一，毕竟对无意识设计系统方法的讨论在符号学的研究体系中仅仅涉及结构主义文本表意有效性的问题。本以为从博士毕业的那个暑假开始，将博士论文没有用到的那些“四分之三”的研究与思考内容整理成册是一件较为轻松的事情，但我在本书章节框架构建的过程中才发现，那些内容不足以构建起较为完整且令我满意的产品符号学系统。这迫使我再次回到读书学习的状态，力求将符号学与产品设计的结合方式回归使用者认知的顶层。

《产品设计符号学》并非单纯地围绕符号学在产品设计活动中的转换作为研究的目的，而是以结构主义产品设计为中心，以使用者认知方式为基础，产品文本意义的有效传递为目的的系统化构建。在构建结构主义“产品设计符号学”这个系统的过程中，更多的是对“设计师—产品文本—使用者”文本传递过程中的产品设计系统构建问题、产品认知语言的来源问题、结构主义产品文本的编写及各类修辞结构问题、产品文本的解读及文化环境对解读的影响等问题展开贯通式的讨论。因此，本书最初书名为《产品设计符号学通论》，后在邵水一编辑的建议下删除了“通论”一词，以免显得过于学术，吓跑众多读者。

我们不能否认这一点，设计作品是设计师依赖抽象思维的具象化表达，设计实践是在设计师的思维指导下完成的，设计师思维的高下决定了其作品的优劣。在设计院校的本科乃至研究生教学中，“思维先行”的培养方式远比方法、技能的培养更为重要。

设计理论可以从思维层面让我们在脑海中建构出某种设计活动的体系框架或是结构系统，这种思维层面的体系或系统可以将我们熟练运用的设计方法与设计经验进行有效的系统化归类。同时，我们可以借助构建体系与系统时的理学原理，对原有的设计方法与实践经验进行深入且透彻的解析，达到我们常说的“知其然，并知其所以然”的清晰局面，这种清晰的局面是我们从认知与符号的视角，重新去审视使用者作为“人”的生物属性与文化属性的本质特征及贯通方式。设计理论虽不可能直接生产出或推导出创新的设计方法，但在作为思维工具的设计理论指导下的设计实践，会为设计方法的创新带来诸多的可能性。

作为应用学科的产品设计，自身很难形成系统理论，其系统理论的探索与发展几乎都要依靠外部学科的诸多基础理论对其方法及经验的深入解析，“产品设计符号学”正是符号学以认知为基础，联合其他各学科理论对产品设计活动的系统化讨论。这也表明，设计理论的研究必须依赖其他学科基础理论的共同支撑才能获得深入的探讨。

因此，对所依赖的其他学科的基础理论进行完整且系统化的学习及梳理是极为必要的，这也就带来了学习讨论“产品设计符号学”需要一定门槛的问题。可以说，任何希望通过理论学习以获得思维层面“质”的提升的想法，必定存在阅读的门槛，门槛的高低决定了探究问题的深浅，这也是我在广美工业设计学院的本科开设“产品设计感知原理”系列课程的原因。

当然，很多理论界的学术大咖在讲座时都会对深奥的理学知识以“深入浅出”的方式加以表述。在写作此书前，也有学生及朋友希望我能写一本深入浅出、易读易懂的产品设计符号学普及教材，这对于我而言是较为困难的。我学习符号学，并将其与产品设计活动结合也就是最近五六年的事情，这本《产品设计符号学》有两种写作方式摆在我面前：一是原原本本、老老实实地按照符号学系统理论对产品设计活动进行深入且透彻的分析讨论；二是为了便于学生的阅读，以自身现有的符号学研究能力水平加以浅显直白地表述，这样不严谨且不说，同时还会漏洞百出。因此，在目前的阶段，我只能选择第一种方式。我对符号学五六年的研读与那些符号学专业领域的学者们相比，只是小学生的水平，在书中定会存在各种问题，也恳请大家指出，便于以后的修改。

作为后记，免不了要写一些致谢的话语。从事设计教学的二十八年间，很幸运能得到许多师长、朋友、学生们的关心与帮助，那些情景历历在目，他们给了我当下即是佳境的工作状态。在写下这段文字的时候，回忆仿佛让世界变得柔软了。谢谢你们！

回老家看望父母，对他们说，我要送他们一件礼物。父母叫我不要乱花钱。我说，没花钱——就是花了时间。谨以此书献给我的父母！

2023年 霜降
广州 番禺

图书在版编目（CIP）数据

产品设计符号学 / 张剑著. -- 上海 : 上海人民美术出版社，2024.6（2025.1重印）
ISBN 978-7-5586-2874-0

Ⅰ. ①产… Ⅱ. ①张… Ⅲ. ①产品设计—符号学 Ⅳ. ①TB472

中国国家版本馆CIP数据核字(2024)第011299号

---

**产品设计符号学**

**The Semiotics of Product Design**

著　　者：张　剑
责任编辑：邵水一
装帧设计：陈　劼
技术编辑：史　湧
出版发行：上海人民美術出版社
地　　址：上海市闵行区号景路159弄A座7楼　邮编：201101
印　　刷：上海印刷(集团)有限公司
开　　本：787×1092　1/16　35.5印张　51万字
版　　次：2024年6月第1版
印　　次：2025年1月第2次
书　　号：ISBN 978-7-5586-2874-0
定　　价：198.00元